数据包络分析 第六卷

广义数据包络分析方法Ⅲ

——类型交叉与数据模糊

马占新 斯琴 木仁 著

科学出版社

北 京

内 容 简 介

为了进一步完善广义数据包络分析方法的理论与模型体系，本书围绕交叉类型决策单元与指标数据不精确决策单元的效率评价问题开展研究，针对类型交叉与数据模糊主题，给出了比较系统的广义 DEA 理论与方法体系. 同时，也探讨了如何应用 DEA 思想增强模糊综合评判方法分析问题的能力. 其中，第 1 章主要介绍 DEA 方法的基本思想和基本模型. 第 2 章和第 3 章主要介绍精确数据视角下的广义 DEA 模型及方法. 第 4 章和第 5 章主要介绍基于可能集重构与样本点重构的交叉类型决策单元有效性分析方法. 第 6 章和第 7 章主要考虑多种政策环境与混合规模收益下决策单元的有效性评价方法. 第 8 章和第 9 章主要探讨基于区间数的广义 DEA 模型. 第 10 章和第 11 章给出基于样本评价的广义模糊数据包络分析模型. 第 12~14 章首先介绍模糊综合评判方法，然后给出如何应用 DEA 方法解析模糊综合评判无效的原因. 第 15 章和第 16 章给出复杂指标度量方法下的模糊综合评判无效原因的分析模型.

本书可供管理系、经济系、数学系的本科生、研究生和教师使用，也可供经济、管理领域从事数据分析和评价工作的人员参考.

图书在版编目(CIP)数据

广义数据包络分析方法. Ⅲ，类型交叉与数据模糊/马占新，斯琴，木仁著. —北京：科学出版社，2021.2
(数据包络分析；第六卷)
ISBN 978-7-03-067980-2

Ⅰ. ①广… Ⅱ. ①马… ②斯… ③木… Ⅲ. ①包络-系统分析 Ⅳ. ①N945.12

中国版本图书馆 CIP 数据核字(2021) 第 019189 号

责任编辑：王丽平 贾晓瑞 / 责任校对：杨聪敏
责任印制：吴兆东 / 封面设计：陈 敬

科学出版社 出版
北京东黄城根北街 16 号
邮政编码：100717
http://www.sciencep.com
北京厚诚则铭印刷科技有限公司 印刷
科学出版社发行 各地新华书店经销
*
2021 年 2 月第 一 版 开本：720 × 1000 B5
2024 年 2 月第二次印刷 印张：22 1/2
字数：450 000
定价：138.00 元
(如有印装质量问题，我社负责调换)

前　　言

数据包络分析 (data envelopment analysis, DEA) 是管理学、经济学和系统科学等领域中一种常用而且重要的分析工具. 经过 40 多年的发展, DEA 理论日趋成熟, DEA 方法的应用不断拓展, 目前已经成为经济管理学科最为活跃的研究领域之一, 其中比较主要的方向有技术经济与技术管理、资源优化配置、绩效考评、人力资源测评、技术创新与技术进步、财务管理、银行管理、物流与供应链管理、组合与博弈、风险评估、产业结构分析、可持续发展评价等. 有关数据表明：自 1978 年以来 DEA 方法的研究保持了持续、快速增长的趋势. 特别是在 2000 年以后, DEA 方法的应用迅速增长、应用的范围也在不断扩大, 已经成为国内外经济管理学科研究的热点领域.

尽管 DEA 理论和应用方面获得了空前发展, 但 DEA 方法本身仍然存在着不同程度的局限性.

首先, 传统 DEA 产生的理论基础主要依赖于生产函数理论, 目标在于构建一种与传统参数方法并重的非参数经济分析方法. 因此, 传统 DEA 方法参考的对象必然是 “优秀单元”(即生产前沿面). 而现实中决策者希望获得的还可能是和一般单元 (比如录取线)、较差单元 (可容忍的底线)、特殊的单元 (标准等) 比较的信息, 而 DEA 方法无法解决这些问题. 为了解决这些问题, 作者从 1999~2012 年将精力主要集中在广义 DEA 方法的研究, 陆续提出了基于 C^2R 模型、BC^2 模型的广义 DEA 模型 (2002)、基于 C^2WH 模型的广义 DEA 模型 (2006)、基于 C^2W 模型的广义 DEA 模型 (2009)、基于 C^2WY 模型的广义 DEA 模型 (2011)、基于面板数据的广义 DEA 模型 (2010)、用于多属性决策单元评价的广义 DEA 模型 (2011) 等, 用了大约 13 年的时间初步建立了广义 DEA 方法的理论和方法体系. 但这些研究主要专注于指标数据取精确值的情况. 而如何深入研究不确定性条件下的广义 DEA 方法是一项十分有意义的工作.

其次, 由于 DEA 生产可能集是由同类决策单元构成的, 这也导致了 DEA 方法只能评价同类单元. 而现实世界中存在大量的非同类或交叉类型的决策单元, 对这些单元的评价也是一项重要且具挑战性的工作.

为了进一步完善广义数据包络分析方法的理论与模型体系, 本书围绕交叉类型决策单元与指标数据不精确决策单元的效率评价问题开展研究, 针对类型交叉与不确定性主题, 给出了比较系统的广义 DEA 理论与方法体系. 同时, 也研究了如何应用 DEA 分析思想完善模糊综合评判方法.

本书主要内容取材于马占新教授带领研究生在相关领域获得的与本书主题相关的成果. 与其他学者合作的章节包括: 第 13 章到第 16 章与斯琴博士共同完成, 第 10 章和第 11 章与木仁博士共同完成, 第 8 章与伊茹博士共同完成, 第 9 章与天津商业大学安建业教授共同完成. 全书主要包括交叉类型决策单元的有效性分析、指标数据不确定决策单元的有效性分析和模糊综合评判方法的无效原因分析三部分内容. 这三部分内容研究的主要问题如下.

(一) 在交叉类型决策单元的有效性分析方面.

首先, 数据包络分析方法要求决策单元具有相同的类型和外部条件, 但许多情况下被评价决策单元不仅可能具有多种类型, 而且很难被划分成几个界限清晰的群组, 同时决策单元所处的外部条件也可能不同, 这时传统 DEA 方法在评价该类问题时遇到了困难. 其次, 不同群组的管理政策对交叉类型决策单元的效率结果会产生重要影响, 但由于交叉类型的多样性, 决策者很难制定个性化的政策标准, 因此, 如何依据有限的群组信息来评价多种管理政策下交叉类型决策单元的有效性问题也具有一定的挑战性. 最后, DEA 方法要求决策单元的生产活动必须满足同样的规模收益类型. 然而, 现实中有些被评价决策单元的生产活动却可能服从不同的规模收益规律, 原有的 DEA 方法并不能评价该类问题.

(二) 在指标数据不确定决策单元的有效性分析方面.

首先, 在应用多个绩效指标综合评价决策单元有效性时, 决策单元的指标数据可能为精确数, 也可能为区间数. 评价的参照系可能为有效决策单元、一般决策单元、较差决策单元或者特定标准等多种情况, 有时决策单元的指标也具有一定的权重约束, 如何评价这种情况下决策单元的有效性问题也是一个需要进一步探讨的问题. 其次, 在广义参考集下如何评价具有模糊投入产出数据的决策问题, 也是本书讨论的问题.

(三) 在模糊综合评判方法的无效原因分析方面.

对于一个模糊对象, 决策者不仅希望知道综合评价的结果, 而且还希望知道导致这种结果的原因以及改进的策略. 当应用模糊综合评判方法进行分析时, 该方法只能提供模糊对象综合评判结果的好坏, 但无法提供导致这种结果的原因和可能的改进方案. 另外, 模糊指标合成后要想应用数据包络分析方法找到更微观指标的改进信息, 也是一项十分困难的工作. 数据包络分析方法与模糊综合评判方法是两个十分重要但又相互独立的评价方法, 如何能够找到两种方法的某种关联, 进而实现方法的共同提升将是一项非常有意义的工作.

在本书的撰写过程中, 为了帮助读者更好地阅读本书, 在内容安排上, 尽量保持内容的简洁性、完整性和易读性. 同时, 尽量保持每个章节的独立性和完整性, 以便于读者在阅读时内容上能够更加清晰和便利. 其中, 第 1 章主要介绍 DEA 方法的基本思想和基本模型, 这是 DEA 方法研究的基础. 第 2 章和第 3 章主要介绍精确数据视角下的广义 DEA 模型及方法, 这不仅是后续研究的基础, 同时对全面了解广义 DEA 方法体系也是十分必要的. 第 4 章和第 5 章主要介绍基于可能集重构与样本点重构的交叉类型决策单元有效性分析方法. 第 6 章和第 7 章主要考虑多种政策环境与混合规模收益下决策单元的有效性评价方法. 第 8 章和第 9 章主要探讨只有输出的广义样本区间 DEA 模型和带有偏好锥的广义区间数 DEA 模型. 第 10 章和第 11 章给出了基于样本点评价的广义模糊数据包络分析模型. 第 12 ~14 章首先介绍了模糊综合评判方法, 然后, 给出如何应用 DEA 方法解析模糊综合评判无效的原因. 第 15 章和第 16 章给出复杂指标度量方法下的模糊综合评判无效原因的分析模型. 其结构如下:

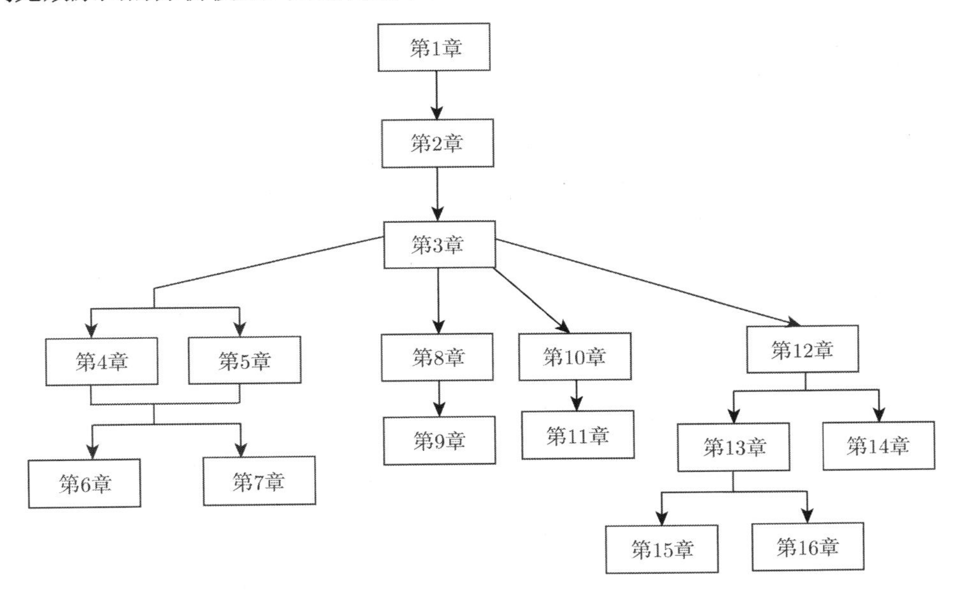

在长达 25 年的 DEA 研究过程中, 本人衷心感谢导师的指导、同学的鼓励和学生们的陪伴. 衷心感谢国内外同行和朋友们的大力支持和热情帮助. 衷心感谢家人几十年来默默的支持和无私的奉献. 在 DEA 的研究过程中, 我们曾经克服了许多困难与阻力, 也曾获得了解决问题后的无限快乐与欣喜. 所有亲人和朋友们的支持与帮助是我们前进道路上最大的动力与希望.

本书的出版得到了国家自然科学基金 (71661025, 71261017)、内蒙古自治区自然科学基金 (2016MS0705)、内蒙古自治区 “草原英才” 基金 (12000-12102012) 的资助, 在此表示深深的感谢!

马占新

2020 年 1 月 1 日于内蒙古大学

目录

第 1 章 DEA 基本模型及其性质

C^2R 模型与 BC^2 模型是 DEA 最基本的模型, 也是进行 DEA 研究必须首先了解的模型. 本章主要介绍这两个模型的构造方法、计算求解, 以及 DEA 有效的含义和判定方法. 最后, 介绍决策单元在 DEA 生产前沿面上的投影问题.

第一个重要的 DEA 模型是 C^2R 模型[1], 它是由美国著名运筹学家 Charnes 等以相对效率概念为基础提出的一种崭新的系统分析方法. 该方法将工程效率的定义推广到多输入、多输出系统的相对效率评价中, 为决策单元 (DMU) 之间的相对效率评价提出了一个可行的方法和有效的工具.

最初的 C^2R 模型是一个分式规划, 使用 1962 年由 Charnes 和 Cooper 给出的 C^2 变换 (即 Charnes-Cooper 变换), 可将分式规划化为一个与其等价的线性规划问题. 由线性规划的对偶理论, 可以得到 C^2R 模型的对偶模型, 该对偶模型的提出具有十分重要的意义, 这主要表现在以下三个方面.

(1) 由于应用原始的 DEA 模型判断 DEA 有效性比较困难, 当将非阿基米德无穷小量引入其对偶模型时, 就可以很容易地判断出决策单元的有效性.

(2) 通过其对偶模型就可以讨论 DEA 有效与相应的多目标规划 Pareto 有效之间的关系. 这为应用 DEA 方法描述生产函数理论提供了可能性.

(3) 应用其对偶模型还能判断各决策单元的投入规模是否适当, 并给出各决策单元调整投入、扩大产出的可能方向和程度, 因而, 具有独特的优势.

1984 年, Banker 等提出了不考虑生产可能集满足锥性的 DEA 模型, 一般简记为 BC^2 模型[2]. 从生产理论看, C^2R 模型对应的生产可能集满足平凡性、凸性、锥性、无效性和最小性假设, 但在某些情况下, 把生产可能集用凸锥来描述可能缺乏准确性. 因此, 当在 C^2R 模型中去掉锥性假设后就得到了另一个重要的 DEA 模型 ——BC^2 模型, 应用该模型就可以评价部门间的相对技术有效性. C^2R 模型与 BC^2 模型是 DEA 方法最基本的模型.

DEA 方法以传统的工程效率概念和生产函数理论为基础来评价决策单元之间的相对效率, 不仅可以对决策单元的有效性作出度量, 而且还能指出决策单元非有效的原因和程度, 给主管部门提供管理信息. 从多目标规划的角度看, 其对偶规划把 DEA 有效与相应的生产可能集和生产前沿面联系起来, 获得的结果表明: 判断一个决策单元是否为 DEA 有效, 本质上是判断该决策单元是否落在生产可能集的生产前沿面上. 这里生产前沿面由观察到的决策单元输入输出数据包络面的有效部分构成, 这也是该分析方法被称为“数据包络分析”的原因所在[3].

为了使读者更好地了解 DEA 方法, 以下将 C^2R 模型和 BC^2 模型的核心内容进行了系统归纳和概括性介绍.

1.1　C^2R 模型及其性质

1.1.1　基于工程效率概念的 C^2R 模型

第一个重要的 DEA 模型是 C^2R 模型[1], 它将工程效率的概念推广到多输入、多输出系统的相对效率评价中, 为决策单元之间的相对效率评价提出了一个可行的方法和有效的工具, 下面首先对 DEA 基础模型和概念进行简要的介绍 (详细内容参见文献 [1]~[5]).

一个经济系统或一个生产过程可以看成一个单元在一定的可能范围内, 通过投入一定数量生产要素并产生一定数量产品的活动, 虽然这种活动的具体内容各不相同, 但其目的都是尽可能地使这一活动取得最大的效益.

假设有 n 个决策单元, 每个决策单元都有 m 种类型的“输入”(表示该决策单元对“资源”的耗费) 以及 s 种类型的“输出”(它们是决策单元在消耗了“资源”之后, 表明“成效”的一些指标), 各决策单元的输入和输出数据可由表 1.1 给出.

表 1.1　决策单元的输入输出数据

			决策单元	1	2	$\cdots$	j	$\cdots$	n			
v_1	1	$\rightarrow$		x_{11}	x_{12}	$\cdots$	x_{1j}	$\cdots$	x_{1n}			
v_2	2	$\rightarrow$		x_{21}	x_{22}	$\cdots$	x_{2j}	$\cdots$	x_{2n}			
$\vdots$	$\vdots$			$\vdots$	$\vdots$		$\vdots$		$\vdots$			
v_m	m	$\rightarrow$		x_{m1}	x_{m2}	$\cdots$	x_{mj}	$\cdots$	x_{mn}			
				y_{11}	y_{12}	$\cdots$	y_{1j}	$\cdots$	y_{1n}	$\rightarrow$	1	u_1
				y_{21}	y_{22}	$\cdots$	y_{2j}	$\cdots$	y_{2n}	$\rightarrow$	2	u_2
				$\vdots$	$\vdots$		$\vdots$		$\vdots$		$\vdots$	$\vdots$
				y_{s1}	y_{s2}	$\cdots$	y_{sj}	$\cdots$	y_{sn}	$\rightarrow$	s	u_s

表中,

x_{ij} 为第 j 个决策单元对第 i 种输入的投入量, $x_{ij} > 0$;

y_{rj} 为第 j 个决策单元对第 r 种输出的产出量, $y_{rj} > 0$;

v_i 为对第 i 种输入的一种度量 (或称权);

u_r 为对第 r 种输出的一种度量 (或称权),

其中, $i=1,2,\cdots,m, r=1,2,\cdots,s, j=1,2,\cdots,n$. 为方便起见, 记

$$\begin{aligned}
&\boldsymbol{x}_j=(x_{1j},x_{2j},\cdots,x_{mj})^{\mathrm{T}}, \quad j=1,2,\cdots,n,\\
&\boldsymbol{y}_j=(y_{1j},y_{2j},\cdots,y_{sj})^{\mathrm{T}}, \quad j=1,2,\cdots,n,\\
&\boldsymbol{v}=(v_1,v_2,\cdots,v_m)^{\mathrm{T}},\\
&\boldsymbol{u}=(u_1,u_2,\cdots,u_s)^{\mathrm{T}}.
\end{aligned}$$

对于权系数 $\boldsymbol{v}\in E^m$ 和 $\boldsymbol{u}\in E^s$(即 $\boldsymbol{v}$ 为 m 维实数向量, $\boldsymbol{u}$ 为 s 维实数向量), 决策单元 j 的效率评价指数为

$$h_j=\frac{\sum_{r=1}^{s}u_r y_{rj}}{\sum_{i=1}^{m}v_i x_{ij}}.$$

总可以适当地选取权系数 $\boldsymbol{v}$ 和 $\boldsymbol{u}$, 使其满足

$$h_j\leqq 1, \quad j=1,2,\cdots,n.$$

当对第 $j_0(1\leqq j_0\leqq n)$ 个决策单元的效率进行评价时, 以权系数 $\boldsymbol{v}$ 和 $\boldsymbol{u}$ 为变量, 以第 j_0 个决策单元的效率指数为目标, 以所有决策单元的效率指数

$$h_j\leqq 1, \quad j=1,2,\cdots,n$$

为约束, 构成如下的 C²R 模型

$$(\bar{\mathrm{P}}_{\mathrm{C^2R}})\left\{\begin{array}{l}
\max \dfrac{\boldsymbol{u}^{\mathrm{T}}\boldsymbol{y}_{j_0}}{\boldsymbol{v}^{\mathrm{T}}\boldsymbol{x}_{j_0}}=V_{\overline{\mathrm{P}}},\\
\text{s.t.}\ \ \dfrac{\boldsymbol{u}^{\mathrm{T}}\boldsymbol{y}_{j}}{\boldsymbol{v}^{\mathrm{T}}\boldsymbol{x}_{j}}\leqq 1, j=1,2,\cdots,n,\\
\qquad \boldsymbol{v}\geqslant \boldsymbol{0},\\
\qquad \boldsymbol{u}\geqslant \boldsymbol{0}.
\end{array}\right.$$

这里 "$\leqq$" 表示每个分量都小于或等于, "$\leqslant$" 表示每个分量都小于或等于且至少有一个分量不等于, "$<$" 表示每个分量都小于且不等于. "$\geqq$" 表示每个分量都大于或等于, "$\geqslant$" 表示每个分量都大于或等于且至少有一个分量不等于, "$>$" 表示每个分量都大于且不等于.

下面用一个例子说明 DEA 有效性的定义是有其工程技术方面背景的.

例 1.1　考虑由煤燃烧产生一定热量的某种燃烧装置. 燃烧装置的效率用燃烧比 E_r 来刻画,

$$E_r = \frac{y_r}{y_R},$$

其中, y_R 为燃烧给定数量为 $x(x>0)$ 的煤所能产生的最大热量 (所产生热量的理想值), y_r 为燃烧装置燃烧相同数量为 $x(x>0)$ 的煤所能产生的热量 (产生热量的实测值).

显然有 $0 \leqq E_r \leqq 1$.

当利用 $\mathrm{C^2R}$ 模型研究设计的燃烧装置时, 可以得出效率指数的含义就是燃烧比 E_r.

实际上, 上述问题对应的 $(\bar{\mathrm{P}}_{\mathrm{C^2R}})$ 模型如下:

$$(\bar{\mathrm{P}}_{\mathrm{C^2R}})\begin{cases} \max \dfrac{uy_r}{vx} = V_{\overline{\mathrm{P}}}, \\ \text{s.t.} \ \dfrac{uy_R}{vx} \leqq 1, \\ \qquad \dfrac{uy_r}{vx} \leqq 1, \\ \qquad u>0, v>0. \end{cases}$$

假设 v^*, u^* 是分式规划 $(\bar{\mathrm{P}}_{\mathrm{C^2R}})$ 的一个最优解, 由 $y_r \leqq y_R$ 以及

$$\frac{u^* y_R}{v^* x} \leqq 1,$$

可得到

$$\frac{u^*}{v^*} \leqq \frac{x}{y_R} \leqq \frac{x}{y_r}.$$

可以证明 $(\bar{\mathrm{P}}_{\mathrm{C^2R}})$ 的最优解 v^*, u^* 满足

$$\frac{u^*}{v^*} = \frac{x}{y_R},$$

因而, $(\bar{\mathrm{P}}_{\mathrm{C^2R}})$ 的最优值 (效率指数) 为

$$V_{\overline{\mathrm{P}}} = \frac{u^* y_r}{v^* x} = \frac{x}{y_R} \times \frac{y_r}{x} = \frac{y_r}{y_R} = E_r,$$

这就是说, 对于燃烧装置的最优效率评价指数 $V_{\overline{\mathrm{P}}}$ 就是燃烧比 E_r. 可见, $\mathrm{C^2R}$ 模型将科学工程效率的概念推广到了多输入、多输出系统情况.

1.1.2 基于生产函数理论的 $\mathrm{C^2R}$ 模型

1. DEA 有效性的定义

DEA 有效性的定义及决策单元投影是 DEA 方法中两个最重要的概念, 通过 DEA 有效性的度量可以描述决策单元的生产效率, 通过决策单元在 DEA 生产前沿面上的投影可以分析决策单元无效的原因.

最初的 $\mathrm{C^2R}$ 模型是一个分式规划, 使用 Charnes-Cooper 变换, 可以把它化为一个等价的线性规划问题. 为此, 令

$$t=\frac{1}{\boldsymbol{v}^{\mathrm{T}}\boldsymbol{x}_{j_0}},\quad \boldsymbol{\omega}=t\boldsymbol{v},\quad \boldsymbol{\mu}=t\boldsymbol{u},$$

则有

$$\begin{aligned}
&\boldsymbol{\mu}^{\mathrm{T}}\boldsymbol{y}_{j_0}=\frac{\boldsymbol{u}^{\mathrm{T}}\boldsymbol{y}_{j_0}}{\boldsymbol{v}^{\mathrm{T}}\boldsymbol{x}_{j_0}},\\
&\frac{\boldsymbol{\mu}^{\mathrm{T}}\boldsymbol{y}_j}{\boldsymbol{\omega}^{\mathrm{T}}\boldsymbol{x}_j}=\frac{\boldsymbol{u}^{\mathrm{T}}\boldsymbol{y}_j}{\boldsymbol{v}^{\mathrm{T}}\boldsymbol{x}_j}\leqq 1,\quad j=1,2,\cdots,n,\\
&\boldsymbol{\omega}^{\mathrm{T}}\boldsymbol{x}_{j_0}=1,\\
&\boldsymbol{\omega}\geqslant\mathbf{0},\quad \boldsymbol{\mu}\geqslant\mathbf{0}.
\end{aligned}$$

因此, 可以获得以下线性规划:

$$(\mathrm{P_{C^2R}})\left\{\begin{array}{l}
\max \boldsymbol{\mu}^{\mathrm{T}}\boldsymbol{y}_{j_0}=V_{\mathrm{P}},\\
\text{s.t.}\ \ \boldsymbol{\omega}^{\mathrm{T}}\boldsymbol{x}_j-\boldsymbol{\mu}^{\mathrm{T}}\boldsymbol{y}_j\geqq 0,\quad j=1,2,\cdots,n,\\
\qquad \boldsymbol{\omega}^{\mathrm{T}}\boldsymbol{x}_{j_0}=1,\\
\qquad \boldsymbol{\omega}\geqq\mathbf{0},\boldsymbol{\mu}\geqq\mathbf{0}.
\end{array}\right.$$

分式规划 $(\bar{\mathrm{P}}_{\mathrm{C^2R}})$ 与线性规划 $(\mathrm{P_{C^2R}})$ 是等价的, 这可由以下定理得出.

定理 1.1 分式规划 $(\bar{\mathrm{P}}_{\mathrm{C^2R}})$ 与线性规划 $(\mathrm{P_{C^2R}})$ 在下述意义下等价:

(1) 若 $\boldsymbol{v}^0,\boldsymbol{u}^0$ 为 $(\bar{\mathrm{P}}_{\mathrm{C^2R}})$ 的最优解, 则

$$\boldsymbol{\omega}^0=t^0\boldsymbol{v}^0,\quad \boldsymbol{\mu}^0=t^0\boldsymbol{u}^0$$

为 $(\mathrm{P_{C^2R}})$ 的最优解, 并且最优值相等, 其中

$$t^0=\frac{1}{\boldsymbol{v}^{0\mathrm{T}}\boldsymbol{x}_{j_0}};$$

(2) 若 $\boldsymbol{\omega}^0,\boldsymbol{\mu}^0$ 为 $(\mathrm{P_{C^2R}})$ 的最优解, 则 $\boldsymbol{\omega}^0,\boldsymbol{\mu}^0$ 也为 $(\bar{\mathrm{P}}_{\mathrm{C^2R}})$ 的最优解, 并且最优值相等.

证明　(1) 设 $\boldsymbol{v}^0, \boldsymbol{u}^0$ 为 $(\bar{\mathrm{P}}_{\mathrm{C^2R}})$ 的最优解. 对于 $(\mathrm{P}_{\mathrm{C^2R}})$ 满足 $\boldsymbol{\omega} \geqslant \mathbf{0}$, $\boldsymbol{\mu} \geqslant \mathbf{0}$ 的可行解, 不难看出它也是 $(\bar{\mathrm{P}}_{\mathrm{C^2R}})$ 的可行解, 故 (由 $\boldsymbol{\omega}^{\mathrm{T}} \boldsymbol{x}_{j_0} = 1$)

$$\frac{\boldsymbol{u}^{0\mathrm{T}} \boldsymbol{y}_{j_0}}{\boldsymbol{v}^{0\mathrm{T}} \boldsymbol{x}_{j_0}} \geqq \frac{\boldsymbol{\mu}^{\mathrm{T}} \boldsymbol{y}_{j_0}}{\boldsymbol{\omega}^{\mathrm{T}} \boldsymbol{x}_{j_0}} = \boldsymbol{\mu}^{\mathrm{T}} \boldsymbol{y}_{j_0}.$$

又由

$$\frac{\boldsymbol{u}^{0\mathrm{T}} \boldsymbol{y}_{j_0}}{\boldsymbol{v}^{0\mathrm{T}} \boldsymbol{x}_{j_0}} = \boldsymbol{\mu}^{0\mathrm{T}} \boldsymbol{y}_{j_0},$$

以及

$$\boldsymbol{\omega}^0 = t^0 \boldsymbol{v}^0 = \frac{\boldsymbol{v}^0}{\boldsymbol{v}^{0\mathrm{T}} \boldsymbol{x}_{j_0}},$$

$$\boldsymbol{\mu}^0 = t^0 \boldsymbol{u}^0 = \frac{\boldsymbol{u}^0}{\boldsymbol{v}^{0\mathrm{T}} \boldsymbol{x}_{j_0}}$$

为 $(\mathrm{P}_{\mathrm{C^2R}})$ 的可行解, 因此, $\boldsymbol{\omega}^0, \boldsymbol{\mu}^0$ 为 $(\mathrm{P}_{\mathrm{C^2R}})$ 的最优解, 并且两问题的最优值

$$V_{\overline{\mathrm{P}}} = \frac{\boldsymbol{u}^{0\mathrm{T}} \boldsymbol{y}_{j_0}}{\boldsymbol{v}^{0\mathrm{T}} \boldsymbol{x}_{j_0}} = \boldsymbol{\mu}^{0\mathrm{T}} \boldsymbol{y}_{j_0} = V_{\mathrm{P}}.$$

(2) 设 $\boldsymbol{\omega}^0, \boldsymbol{\mu}^0$ 为 $(\mathrm{P}_{\mathrm{C^2R}})$ 的最优解. 可知 $\boldsymbol{\omega}^0 \geqslant \mathbf{0}, \boldsymbol{\mu}^0 \geqslant \mathbf{0}$, 并且是 $(\bar{\mathrm{P}}_{\mathrm{C^2R}})$ 的可行解. 此外, 对于 $(\bar{\mathrm{P}}_{\mathrm{C^2R}})$ 的任意可行解 $\boldsymbol{v}, \boldsymbol{u}$, 不难看出

$$\boldsymbol{\omega} = t\boldsymbol{v}, \quad \boldsymbol{\mu} = t\boldsymbol{u}$$

也为 $(\mathrm{P}_{\mathrm{C^2R}})$ 的可行解, 其中

$$t = \frac{1}{\boldsymbol{v}^{\mathrm{T}} \boldsymbol{x}_{j_0}},$$

于是有

$$\boldsymbol{\mu}^{0\mathrm{T}} \boldsymbol{y}_{j_0} \geqq \boldsymbol{\mu}^{\mathrm{T}} \boldsymbol{y}_{j_0} = \frac{\boldsymbol{u}^{\mathrm{T}} \boldsymbol{y}_{j_0}}{\boldsymbol{v}^{\mathrm{T}} \boldsymbol{x}_{j_0}}.$$

由于 $\boldsymbol{\omega}^{0\mathrm{T}} \boldsymbol{x}_{j_0} = 1$, 故

$$\frac{\boldsymbol{\mu}^{0\mathrm{T}} \boldsymbol{y}_{j_0}}{\boldsymbol{\omega}^{0\mathrm{T}} \boldsymbol{x}_{j_0}} = \boldsymbol{\mu}^{0\mathrm{T}} \boldsymbol{y}_{j_0},$$

因此, 对于 $(\bar{\mathrm{P}}_{\mathrm{C^2R}})$ 的任意可行解 $\boldsymbol{v}, \boldsymbol{u}$ 均有

$$\frac{\boldsymbol{\mu}^{0\mathrm{T}} \boldsymbol{y}_{j_0}}{\boldsymbol{\omega}^{0\mathrm{T}} \boldsymbol{x}_{j_0}} \geqq \frac{\boldsymbol{u}^{\mathrm{T}} \boldsymbol{y}_{j_0}}{\boldsymbol{v}^{\mathrm{T}} \boldsymbol{x}_{j_0}},$$

于是知 $\boldsymbol{\omega}^0, \boldsymbol{\mu}^0$ 也为 $(\bar{\mathrm{P}}_{\mathrm{C^2R}})$ 的最优解, 并且两问题的最优值

$$V_{\overline{\mathrm{P}}} = \frac{\boldsymbol{\mu}^{0\mathrm{T}} \boldsymbol{y}_{j_0}}{\boldsymbol{\omega}^{0\mathrm{T}} \boldsymbol{x}_{j_0}} = \boldsymbol{\mu}^{0\mathrm{T}} \boldsymbol{y}_{j_0} = V_{\mathrm{P}}.$$

证毕.

定义 1.1 若线性规划 (P_{C^2R}) 的最优解 $\boldsymbol{\omega}^0, \boldsymbol{\mu}^0$ 满足

$$V_P = \boldsymbol{\mu}^{0T}\boldsymbol{y}_{j_0} = 1,$$

则称决策单元 j_0 为弱 DEA 有效 (C^2R).

定义 1.2 若线性规划 (P_{C^2R}) 的最优解中存在 $\boldsymbol{\omega}^0 > \mathbf{0}, \boldsymbol{\mu}^0 > \mathbf{0}$ 满足

$$V_P = \boldsymbol{\mu}^{0T}\boldsymbol{y}_{j_0} = 1,$$

则称决策单元 j_0 为 DEA 有效 (C^2R).

例 1.2 表 1.2 给出了三个决策单元的输入/输出数据, 试用 (P_{C^2R}) 模型判断决策单元 1 的有效性.

表 1.2 决策单元的输入和输出数据

决策单元	1	2	3
输入	2	4	5
输出	2	1	3.5

实际上, 决策单元 1 对应的线性规划 (P_{C^2R}) 为

$$(P_{C^2R})\begin{cases}\max 2\mu_1 = V_P, \\ \text{s.t. } 2\omega_1 - 2\mu_1 \geqq 0, \\ \quad 4\omega_1 - \mu_1 \geqq 0, \\ \quad 5\omega_1 - 3.5\mu_1 \geqq 0, \\ \quad 2\omega_1 = 1, \\ \quad \omega_1 \geqq 0, \mu_1 \geqq 0.\end{cases}$$

线性规划 (P_{C^2R}) 的一个最优解是 $\omega_1^0 = \dfrac{1}{2}, \mu_1^0 = \dfrac{1}{2}$, 最优目标函数值是 1, 因此, 由定义 1.2 知决策单元 1 为 DEA 有效 (C^2R).

2. DEA 有效性的判定

线性规划 (P_{C^2R}) 的对偶规划为

$$(D_{C^2R})\begin{cases}\min \theta = V_D, \\ \text{s.t. } \sum_{j=1}^{n}\boldsymbol{x}_j\lambda_j \leqq \theta\boldsymbol{x}_{j_0}, \\ \quad \sum_{j=1}^{n}\boldsymbol{y}_j\lambda_j \geqq \boldsymbol{y}_{j_0}, \\ \quad \lambda_j \geqq 0, j = 1, 2, \cdots, n.\end{cases}$$

对线性规划 $(\mathrm{D}_{\mathrm{C^2R}})$ 分别引入松弛变量 $\boldsymbol{s}^-$ 和剩余变量 $\boldsymbol{s}^+$, 可得以下线性规划问题 $(\bar{\mathrm{D}}_{\mathrm{C^2R}})$:

$$(\bar{\mathrm{D}}_{\mathrm{C^2R}})\begin{cases}\min \theta = V_{\bar{\mathrm{D}}},\\ \text{s.t. } \displaystyle\sum_{j=1}^{n} \boldsymbol{x}_j\lambda_j + \boldsymbol{s}^- = \theta \boldsymbol{x}_{j_0},\\ \quad\ \ \displaystyle\sum_{j=1}^{n} \boldsymbol{y}_j\lambda_j - \boldsymbol{s}^+ = \boldsymbol{y}_{j_0},\\ \quad\ \ \lambda_j \geqq 0, j=1,2,\cdots,n,\\ \quad\ \ \boldsymbol{s}^- \geqq \mathbf{0}, \boldsymbol{s}^+ \geqq \mathbf{0}.\end{cases}$$

根据线性规划的对偶理论容易证明以下结论成立.

定理 1.2　(1) 若 $(\bar{\mathrm{D}}_{\mathrm{C^2R}})$ 的最优值等于 1, 则决策单元 j_0 为弱 DEA 有效 $(\mathrm{C^2R})$; 反之也成立.

(2) 若 $(\bar{\mathrm{D}}_{\mathrm{C^2R}})$ 的最优值等于 1, 并且它的每个最优解

$$\boldsymbol{\lambda}^0 = (\lambda_1^0, \cdots, \lambda_n^0)^{\mathrm{T}}, \quad \boldsymbol{s}^{-0}, \quad \boldsymbol{s}^{+0}, \quad \theta^0$$

都有

$$\boldsymbol{s}^{-0} = \mathbf{0}, \quad \boldsymbol{s}^{+0} = \mathbf{0},$$

则决策单元 j_0 为 DEA 有效 $(\mathrm{C^2R})$; 反之也成立.

无论利用线性规划 $(\mathrm{P}_{\mathrm{C^2R}})$ 还是利用线性规划 $(\bar{\mathrm{D}}_{\mathrm{C^2R}})$, 判断 DEA 有效性都不是很容易得到的. 于是引入了非阿基米德无穷小的概念, 来判断决策单元的 DEA 有效性, 令 ε 是非阿基米德无穷小量 (non-Archimedean infinitesimal), 它是一个小于任何正数且大于零的数, 可以构造以下模型:

$$(\mathrm{D}_{\varepsilon})\begin{cases}\min \theta - \varepsilon\left(\hat{\boldsymbol{e}}^{\mathrm{T}}\boldsymbol{s}^- + \boldsymbol{e}^{\mathrm{T}}\boldsymbol{s}^+\right) = V_{\mathrm{D}_{\varepsilon}},\\ \text{s.t. } \displaystyle\sum_{j=1}^{n} \boldsymbol{x}_j\lambda_j + \boldsymbol{s}^- = \theta \boldsymbol{x}_{j_0},\\ \quad\ \ \displaystyle\sum_{j=1}^{n} \boldsymbol{y}_j\lambda_j - \boldsymbol{s}^+ = \boldsymbol{y}_{j_0},\\ \quad\ \ \lambda_j \geqq 0, j=1,2,\cdots,n,\\ \quad\ \ \boldsymbol{s}^- \geqq \mathbf{0}, \boldsymbol{s}^+ \geqq \mathbf{0}.\end{cases}$$

其中

$$\hat{\boldsymbol{e}}^{\mathrm{T}} = (1,1,\cdots,1) \in E^m, \quad \boldsymbol{e}^{\mathrm{T}} = (1,1,\cdots,1) \in E^s.$$

引理 1.1　假设对任意 $\boldsymbol{x} \in R$ 均有 $\boldsymbol{d}^{\mathrm{T}}\boldsymbol{x} \geqq 0$, 其中 (不失一般性)

$$R = \{\boldsymbol{x} | \boldsymbol{A}\boldsymbol{x} = \boldsymbol{b}, \boldsymbol{x} \geqq \mathbf{0}\}.$$

考虑线性规划问题

$$\begin{cases} \min \boldsymbol{c}^{\mathrm{T}}\boldsymbol{x}, \\ \text{s.t. } \boldsymbol{A}\boldsymbol{x} = \boldsymbol{b}, \\ \quad\ \boldsymbol{x} \geqq \boldsymbol{0}. \end{cases}$$

若其最优解集合为 R^*, 则存在 $\bar{\varepsilon} > 0$, 对于任意 $\varepsilon \in (0, \bar{\varepsilon})$, 线性规划问题

$$\begin{cases} \min \boldsymbol{c}^{\mathrm{T}}\boldsymbol{x} - \varepsilon \cdot \boldsymbol{d}^{\mathrm{T}}\boldsymbol{x}, \\ \text{s.t. } \boldsymbol{A}\boldsymbol{x} = \boldsymbol{b}, \\ \quad\ \boldsymbol{x} \geqq \boldsymbol{0} \end{cases}$$

的最优解 (顶点) 也是下面的线性规划问题的最优解:

$$\begin{cases} \max \boldsymbol{d}^{\mathrm{T}}\boldsymbol{x}, \\ \text{s.t. } \boldsymbol{x} \in R^*. \end{cases}$$

证明 设约束集合

$$R = \{\boldsymbol{x} | \boldsymbol{A}\boldsymbol{x} = \boldsymbol{b}, \boldsymbol{x} \geqq \boldsymbol{0}\}$$

的顶点 (基础可行解) 全体为

$$S = \left\{\boldsymbol{x}^1, \boldsymbol{x}^2, \cdots, \boldsymbol{x}^k\right\}.$$

可以将 S 按目标 $\boldsymbol{c}^{\mathrm{T}}\boldsymbol{x}$ 值的大小进行分类. 设集合

$$S_1, S_2, \cdots, S_l, \quad 1 \leqq l \leqq k$$

具有如下性质:

(1) $S_1 \cup S_2 \cup \cdots \cup S_l = S$;

(2) 对任意 $\boldsymbol{x} \in S_i, \boldsymbol{y} \in S_i$, $1 \leqq i \leqq l$, 有 $\boldsymbol{c}^{\mathrm{T}}\boldsymbol{x} = \boldsymbol{c}^{\mathrm{T}}\boldsymbol{y}$;

(3) 若 $1 \leqq i < j \leqq l$, 对任意 $\boldsymbol{x} \in S_i, \boldsymbol{y} \in S_j$, 有 $\boldsymbol{c}^{\mathrm{T}}\boldsymbol{x} > \boldsymbol{c}^{\mathrm{T}}\boldsymbol{y}$.

由于线性规划的最优解可以在 R 的顶点上达到, 故对于上面分类所得到的 S_l, 有 $S_l \subset R^*$. 令

$$\bar{\varepsilon} = \begin{cases} \dfrac{\boldsymbol{c}^{\mathrm{T}}\boldsymbol{y}^0 - \boldsymbol{c}^{\mathrm{T}}\boldsymbol{x}^0}{\max\limits_{\substack{\boldsymbol{y} \in S \backslash S_l \\ \boldsymbol{d}^{\mathrm{T}}\boldsymbol{y} > 0}} \boldsymbol{d}^{\mathrm{T}}\boldsymbol{y}}, & \text{存在 } \boldsymbol{y} \in S \backslash S_l \text{ 使 } \boldsymbol{d}^{\mathrm{T}}\boldsymbol{y} > 0, \\ +\infty, & \text{对任意 } \boldsymbol{y} \in S \backslash S_l \text{ 都有 } \boldsymbol{d}^{\mathrm{T}}\boldsymbol{y} = 0, \end{cases}$$

其中, $\boldsymbol{x}^0 \in S_l, \boldsymbol{y}^0 \in S_{l-1}$. 因此, 对任意 $\varepsilon \in (0, \bar{\varepsilon})$ 以及任意 $\boldsymbol{y} \in S \backslash S_l$, 都有

$$\Delta = (\boldsymbol{c}^{\mathrm{T}}\boldsymbol{x}^0 - \varepsilon \cdot \boldsymbol{d}^{\mathrm{T}}\boldsymbol{x}^0) - (\boldsymbol{c}^{\mathrm{T}}\boldsymbol{y} - \varepsilon \cdot \boldsymbol{d}^{\mathrm{T}}\boldsymbol{y})$$

$$
\begin{aligned}
&= (\boldsymbol{c}^{\mathrm{T}}\boldsymbol{x}^0 - \boldsymbol{c}^{\mathrm{T}}\boldsymbol{y}) - \varepsilon \cdot \boldsymbol{d}^{\mathrm{T}}\boldsymbol{x}^0 + \varepsilon \cdot \boldsymbol{d}^{\mathrm{T}}\boldsymbol{y} \\
&\leqq (\boldsymbol{c}^{\mathrm{T}}\boldsymbol{x}^0 - \boldsymbol{c}^{\mathrm{T}}\boldsymbol{y}^0) - \varepsilon \cdot \boldsymbol{d}^{\mathrm{T}}\boldsymbol{x}^0 + \varepsilon \cdot \boldsymbol{d}^{\mathrm{T}}\boldsymbol{y} \quad (\text{因 } \boldsymbol{c}^{\mathrm{T}}\boldsymbol{y} \geqq \boldsymbol{c}^{\mathrm{T}}\boldsymbol{y}^0) \\
&\leqq (\boldsymbol{c}^{\mathrm{T}}\boldsymbol{x}^0 - \boldsymbol{c}^{\mathrm{T}}\boldsymbol{y}^0) + \varepsilon \cdot \boldsymbol{d}^{\mathrm{T}}\boldsymbol{y} \quad (\text{因 } \boldsymbol{d}^{\mathrm{T}}\boldsymbol{x}^0 \geqq 0).
\end{aligned}
$$

当 $\boldsymbol{y} \in S \backslash S_l$ 且 $\boldsymbol{d}^{\mathrm{T}}\boldsymbol{y} > 0$ 时, 有

$$
\begin{aligned}
\Delta &\leqq (\boldsymbol{c}^{\mathrm{T}}\boldsymbol{x}^0 - \boldsymbol{c}^{\mathrm{T}}\boldsymbol{y}^0) + \varepsilon \cdot \boldsymbol{d}^{\mathrm{T}}\boldsymbol{y} \\
&\leqq (\boldsymbol{c}^{\mathrm{T}}\boldsymbol{x}^0 - \boldsymbol{c}^{\mathrm{T}}\boldsymbol{y}^0) + \frac{\boldsymbol{c}^{\mathrm{T}}\boldsymbol{y}^0 - \boldsymbol{c}^{\mathrm{T}}\boldsymbol{x}^0}{\max\limits_{\substack{\boldsymbol{y} \in S \backslash S_l \\ \boldsymbol{d}^{\mathrm{T}}\boldsymbol{y} > 0}} \boldsymbol{d}^{\mathrm{T}}\boldsymbol{y}} \cdot \boldsymbol{d}^{\mathrm{T}}\boldsymbol{y} \\
&\leqq (\boldsymbol{c}^{\mathrm{T}}\boldsymbol{x}^0 - \boldsymbol{c}^{\mathrm{T}}\boldsymbol{y}^0) + (\boldsymbol{c}^{\mathrm{T}}\boldsymbol{y}^0 - \boldsymbol{c}^{\mathrm{T}}\boldsymbol{x}^0) = 0;
\end{aligned}
$$

当 $\boldsymbol{y} \in S \backslash S_l$ 且 $\boldsymbol{d}^{\mathrm{T}}\boldsymbol{y} = 0$ 时, 有

$$
\begin{aligned}
\Delta &\leqq (\boldsymbol{c}^{\mathrm{T}}\boldsymbol{x}^0 - \boldsymbol{c}^{\mathrm{T}}\boldsymbol{y}^0) + \varepsilon \cdot \boldsymbol{d}^{\mathrm{T}}\boldsymbol{y} \\
&= \boldsymbol{c}^{\mathrm{T}}\boldsymbol{x}^0 - \boldsymbol{c}^{\mathrm{T}}\boldsymbol{y}^0 \\
&< 0 \quad (\text{因 } \boldsymbol{c}^{\mathrm{T}}\boldsymbol{x}^0 < \boldsymbol{c}^{\mathrm{T}}\boldsymbol{y}^0).
\end{aligned}
$$

因此, 当 $\varepsilon \in (0, \bar{\varepsilon})$ 时, 规划问题

$$
\begin{cases}
\min \boldsymbol{c}^{\mathrm{T}}\boldsymbol{x} - \varepsilon \cdot \boldsymbol{d}^{\mathrm{T}}\boldsymbol{x}, \\
\text{s.t.} \ \ \boldsymbol{A}\boldsymbol{x} = \boldsymbol{b}, \\
\qquad \boldsymbol{x} \geqq \boldsymbol{0}
\end{cases}
$$

存在最优解 (顶点) $\bar{\boldsymbol{x}} \in S_l$, 并且有

$$
\begin{aligned}
\boldsymbol{c}^{\mathrm{T}}\bar{\boldsymbol{x}} - \varepsilon \cdot \boldsymbol{d}^{\mathrm{T}}\bar{\boldsymbol{x}} &= \min_{\boldsymbol{x} \in R} (\boldsymbol{c}^{\mathrm{T}}\boldsymbol{x} - \varepsilon \cdot \boldsymbol{d}^{\mathrm{T}}\boldsymbol{x}) \\
&= \min_{\boldsymbol{x} \in S_l} (\boldsymbol{c}^{\mathrm{T}}\boldsymbol{x} - \varepsilon \cdot \boldsymbol{d}^{\mathrm{T}}\boldsymbol{x}),
\end{aligned}
$$

再由 $S_l \subset R^* \subset R$ 得到

$$
\min_{\boldsymbol{x} \in S_l} (\boldsymbol{c}^{\mathrm{T}}\boldsymbol{x} - \varepsilon \cdot \boldsymbol{d}^{\mathrm{T}}\boldsymbol{x}) = \min_{\boldsymbol{x} \in R^*} (\boldsymbol{c}^{\mathrm{T}}\boldsymbol{x} - \varepsilon \cdot \boldsymbol{d}^{\mathrm{T}}\boldsymbol{x}).
$$

由于 $\boldsymbol{c}^{\mathrm{T}}\boldsymbol{x}$ 在 R^* 上的值为常数 $\boldsymbol{c}^{\mathrm{T}}\bar{\boldsymbol{x}}$, 因此

$$
\begin{aligned}
\boldsymbol{c}^{\mathrm{T}}\bar{\boldsymbol{x}} - \varepsilon \cdot \boldsymbol{d}^{\mathrm{T}}\bar{\boldsymbol{x}} &= \min_{\boldsymbol{x} \in R^*} (\boldsymbol{c}^{\mathrm{T}}\boldsymbol{x} - \varepsilon \cdot \boldsymbol{d}^{\mathrm{T}}\boldsymbol{x}) \\
&= \boldsymbol{c}^{\mathrm{T}}\bar{\boldsymbol{x}} + \min_{\boldsymbol{x} \in R^*} (-\varepsilon \cdot \boldsymbol{d}^{\mathrm{T}}\boldsymbol{x}),
\end{aligned}
$$

即

$$\boldsymbol{d}^{\mathrm{T}}\bar{\boldsymbol{x}} = \max_{\boldsymbol{x}\in R^*} \boldsymbol{d}^{\mathrm{T}}\boldsymbol{x}.$$

证毕.

定理 1.3　设 ε 为非阿基米德无穷小量, 并且线性规划 (D_ε) 的最优解为 $\boldsymbol{\lambda}^0, \boldsymbol{s}^{-0}, \boldsymbol{s}^{+0}, \theta^0$, 则有

(i) 若 $\theta^0 = 1$, 则决策单元 j_0 为弱 DEA 有效 $(\mathrm{C^2R})$.

(ii) 若 $\theta^0 = 1$, 并且 $\boldsymbol{s}^{-0} = \boldsymbol{0}, \boldsymbol{s}^{+0} = \boldsymbol{0}$, 则决策单元 j_0 为 DEA 有效 $(\mathrm{C^2R})$.

证明　由引理 1.1 知 $\boldsymbol{\lambda}^0, \boldsymbol{s}^{-0}, \boldsymbol{s}^{+0}, \theta^0$ 是线性规划

$$(\bar{\mathrm{D}}_{\mathrm{C^2R}})\begin{cases}\min \theta,\\ \text{s.t. } \displaystyle\sum_{j=1}^{n} \boldsymbol{x}_j\lambda_j + \boldsymbol{s}^- = \theta\boldsymbol{x}_{j_0},\\ \qquad \displaystyle\sum_{j=1}^{n} \boldsymbol{y}_j\lambda_j - \boldsymbol{s}^+ = \boldsymbol{y}_{j_0},\\ \qquad \lambda_j \geqq 0, j = 1, 2, \cdots, n,\\ \qquad \boldsymbol{s}^- \geqq \boldsymbol{0}, \boldsymbol{s}^+ \geqq \boldsymbol{0}\end{cases}$$

的最优解中使目标函数 $\hat{\boldsymbol{e}}^{\mathrm{T}}\boldsymbol{s}^- + \boldsymbol{e}^{\mathrm{T}}\boldsymbol{s}^+$ 达到最大值的最优解. 因此, 若 $\theta^0 = 1$, 则可知决策单元 j_0 为弱 DEA 有效. 若 $\theta^0 = 1$, 且 $\boldsymbol{s}^{-0} = \boldsymbol{0}, \boldsymbol{s}^{+0} = \boldsymbol{0}$, 则可知 $(\bar{\mathrm{D}}_{\mathrm{C^2R}})$ 的每个最优解中都有 $\boldsymbol{s}^- = \boldsymbol{0}, \boldsymbol{s}^+ = \boldsymbol{0}$. 由定理 1.2 可知决策单元 j_0 为 DEA 有效. 证毕.

例 1.3　本例中所描述的问题具有 4 个决策单元、2 个输入指标和 1 个输出指标, 相应的输入输出数据由表 1.3 给出.

表 1.3　决策单元的输入和输出数据

决策单元	1	2	3	4
输入 1	1	3	3	4
输入 2	3	1	3	2
输出	1	1	2	1

考察决策单元 1 所对应的线性规划 (D_ε), 取 $\varepsilon = 10^{-5}$,

$$(\mathrm{D}_\varepsilon)\begin{cases}\min \theta - \varepsilon(s_1^- + s_2^- + s_1^+),\\ \text{s.t. } \lambda_1 + 3\lambda_2 + 3\lambda_3 + 4\lambda_4 + s_1^- = \theta,\\ \qquad 3\lambda_1 + \lambda_2 + 3\lambda_3 + 2\lambda_4 + s_2^- = 3\theta,\\ \qquad \lambda_1 + \lambda_2 + 2\lambda_3 + \lambda_4 - s_1^+ = 1,\\ \qquad \lambda_1 \geqq 0, \lambda_2 \geqq 0, \lambda_3 \geqq 0, \lambda_4 \geqq 0, s_1^- \geqq 0, s_2^- \geqq 0, s_1^+ \geqq 0.\end{cases}$$

线性规划 (D_ε) 的最优解为

$$\boldsymbol{\lambda}^0=(1,0,0,0)^{\mathrm{T}},\quad s_1^{-0}=0,\quad s_2^{-0}=0,\quad s_1^{+0}=0,\quad \theta^0=1,$$

因此, 决策单元 1 为 DEA 有效.

类似地, 对决策单元 2 及决策单元 3 进行检验, 可知它们都为 DEA 有效.

现在对决策单元 4 进行判断, 它所对应的线性规划为

$$(\mathrm{D}_\varepsilon)\begin{cases}\min\theta-\varepsilon(s_1^-+s_2^-+s_1^+),\\ \text{s.t. }\ \lambda_1+3\lambda_2+3\lambda_3+4\lambda_4+s_1^-=4\theta,\\ \qquad 3\lambda_1+\lambda_2+3\lambda_3+2\lambda_4+s_2^-=2\theta,\\ \qquad \lambda_1+\lambda_2+2\lambda_3+\lambda_4-s_1^+=1,\\ \qquad \lambda_1\geqq 0,\lambda_2\geqq 0,\lambda_3\geqq 0,\lambda_4\geqq 0,s_1^-\geqq 0,s_2^-\geqq 0,s_1^+\geqq 0.\end{cases}$$

最优解为

$$\boldsymbol{\lambda}^0=\left(0,\frac{3}{5},\frac{1}{5},0\right)^{\mathrm{T}},\quad s_1^{-0}=0,\quad s_2^{-0}=0,\quad s_1^{+0}=0,\quad \theta^0=\frac{3}{5},$$

因为 $\theta^0=\dfrac{3}{5}<1$, 故决策单元 4 不为弱 DEA 有效, 当然, 也不为 DEA 有效.

3. DEA 有效性的含义

DEA 方法和生产函数理论之间具有密切联系, 以下从生产函数理论出发, 来分析 DEA 有效性的含义.

考虑投入量为 $\boldsymbol{x}=(x_1,x_2,\cdots,x_m)^{\mathrm{T}}$, 产出量为 $\boldsymbol{y}=(y_1,y_2,\cdots,y_s)^{\mathrm{T}}$ 的某种 “生产” 活动.

设 n 个决策单元所对应的输入输出向量分别为

$$\boldsymbol{x}_j=(x_{1j},x_{2j},\cdots,x_{mj})^{\mathrm{T}},\quad j=1,\cdots,n,$$

$$\boldsymbol{y}_j=(y_{1j},y_{2j},\cdots,y_{sj})^{\mathrm{T}},\quad j=1,\cdots,n.$$

以下希望根据所观察到的生产活动 $(\boldsymbol{x}_j,\boldsymbol{y}_j)(j=1,2,\cdots,n)$ 去描述生产可能集, 特别是根据这些观察数据去确定哪些生产活动是相对有效的.

下面先介绍生产可能集的公理体系.

定义 1.3 称

$$T=\{(\boldsymbol{x},\boldsymbol{y})|\ \text{产出向量}\ \boldsymbol{y}\ \text{可以由投入向量}\ \boldsymbol{x}\ \text{生产出来}\}$$

为所有可能的生产活动构成的生产可能集.

假设生产可能集 T 的构成满足下面 5 条公理.

(1) **平凡性公理**

$$(\boldsymbol{x}_j, \boldsymbol{y}_j) \in T, \quad j = 1, 2, \cdots, n.$$

平凡性公理表明对于投入 $\boldsymbol{x}_j$, 产出 $\boldsymbol{y}_j$ 的基本活动 $(\boldsymbol{x}_j, \boldsymbol{y}_j)$, 理所当然是生产可能集中的一种投入产出关系.

(2) **凸性公理** 对任意的 $(\boldsymbol{x}, \boldsymbol{y}) \in T$ 和 $(\bar{\boldsymbol{x}}, \bar{\boldsymbol{y}}) \in T$, 以及任意的 $\lambda \in [0,1]$ 均有

$$\begin{aligned}&\lambda(\boldsymbol{x}, \boldsymbol{y}) + (1-\lambda)(\bar{\boldsymbol{x}}, \bar{\boldsymbol{y}}) \\ =& (\lambda \boldsymbol{x} + (1-\lambda)\bar{\boldsymbol{x}}, \lambda \boldsymbol{y} + (1-\lambda)\bar{\boldsymbol{y}}) \in T,\end{aligned}$$

即如果分别以 $\boldsymbol{x}$ 和 $\bar{\boldsymbol{x}}$ 的 λ 及 $1-\lambda$ 比例之和输入, 可以产生分别以 $\boldsymbol{y}$ 和 $\bar{\boldsymbol{y}}$ 的相同比例之和的输出.

(3) **锥性公理**(经济学界称为可加性公理) 对任意 $(\boldsymbol{x}, \boldsymbol{y}) \in T$ 及数 $k \geqq 0$, 均有

$$k(\boldsymbol{x}, \boldsymbol{y}) = (k\boldsymbol{x}, k\boldsymbol{y}) \in T.$$

这就是说, 若以投入量 $\boldsymbol{x}$ 的 k 倍进行输入, 那么输出量也以原来产出 $\boldsymbol{y}$ 的 k 倍产出是可能的.

(4) **无效性公理**(经济学中也称其为自由处置性公理)

(i) 对任意的 $(\boldsymbol{x}, \boldsymbol{y}) \in T$ 且 $\hat{\boldsymbol{x}} \geqq \boldsymbol{x}$ 均有 $(\hat{\boldsymbol{x}}, \boldsymbol{y}) \in T$;

(ii) 对任意的 $(\boldsymbol{x}, \boldsymbol{y}) \in T$ 且 $\hat{\boldsymbol{y}} \leqq \boldsymbol{y}$ 均有 $(\boldsymbol{x}, \hat{\boldsymbol{y}}) \in T$.

这表明在原来生产活动基础上增加投入或减少产出进行生产总是可能的.

(5) **最小性公理** 生产可能集 T 是满足公理 (1)~ 公理 (4) 的所有集合的交集.

可以看出, 满足上述 5 个条件的集合 T 是唯一确定的.

$$T = \left\{ (\boldsymbol{x}, \boldsymbol{y}) \left| \sum_{j=1}^{n} \boldsymbol{x}_j \lambda_j \leqq \boldsymbol{x}, \sum_{j=1}^{n} \boldsymbol{y}_j \lambda_j \geqq \boldsymbol{y}, \lambda_j \geqq 0, j = 1, 2, \cdots, n \right. \right\}.$$

对于只有一个输入和一个输出的情况, 用下面的例子给以说明.

例 1.4 表 1.4 给出了 4 个决策单元的输入数据和输出数据.

表 1.4 决策单元的输入数据和输出数据

决策单元	1	2	3	4
输入数据	1	2	3	4
输出数据	3	1	4	2

决策单元对应的数据 $(\boldsymbol{x}_j, \boldsymbol{y}_j)$ 在图中用黑点标出, 上述 4 个决策单元确定的生产可能集 T 即为图 1.1 中的阴影部分.

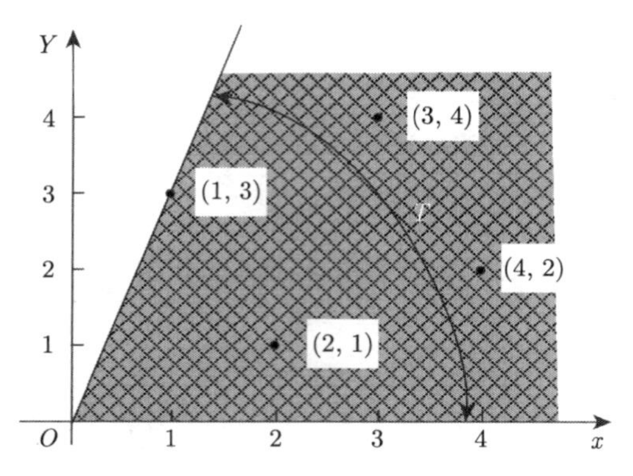

图 1.1　决策单元确定的生产可能集 (C^2R)

仍以单输入及单输出的情况来说明 DEA 有效性的经济含义.

首先, 生产函数 $Y = y(x)$ 表示在生产处于最好的理想状态时, 投入量为 x 所能获得的最大输出. 因此, 生产函数图像上的点 (x 表示输入, Y 表示输出) 所对应的决策单元, 从生产函数的角度看, 是处于技术有效的状态.

一般说来, 生产函数 $Y = y(x)$ 的图像如图 1.2 所示. 由于生产函数的边际 $Y' = y'(x) > 0$, 即生产函数是增函数.

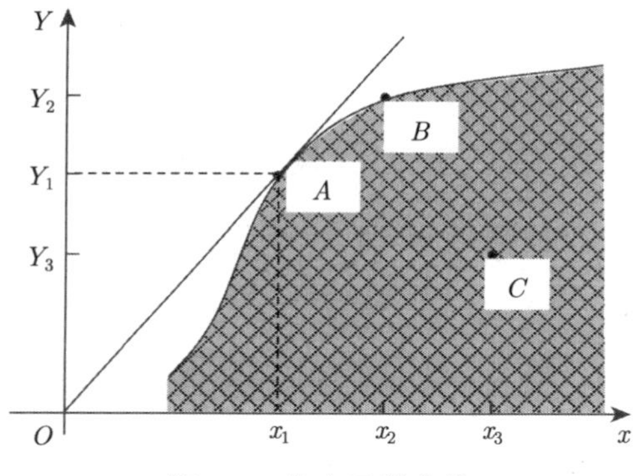

图 1.2　生产函数曲线

当 $x \in (0, x_1)$ 时, 有 $Y'' = y''(x) > 0$($Y = y(x)$ 为凸函数), 表示当投入值小于 x_1 时, 厂商有投资的积极性 (因为边际函数 $Y' = y'(x)$ 为增函数), 此时称规模收益递增;

当 $x \in (x_1, +\infty)$ 时, 有 $Y'' = y''(x) < 0$($Y = y(x)$ 为凹函数), 表示投入再增加时, 收益 (产出) 增加的效率已不高了, 即厂商已没有再继续增加投资的积极性 (因为边际函数 $Y' = y'(x)$ 为减函数), 此时称规模收益递减.

从图 1.2 可见, 生产函数图像上的点 A 对应的决策单元 (x_1, Y_1), 从生产理论的角度看, 除了是技术有效外, 还是规模有效的. 这是因为小于投入量 x_1 以及大于投入量 x_1 的生产规模都不是最好的. 点 B 对应的决策单元 (x_2, Y_2) 是技术有效的, 因为它位于生产函数的曲线上, 但它却不是规模有效的. 点 C 所对应的决策单元 (x_3, Y_3) 既不是技术有效, 也不是规模有效的, 因为它不位于生产函数曲线上, 而且投入规模 x_3 过大.

现在来研究一下在模型 $\mathrm{C^2R}$ 之下的 DEA 有效性的经济含义.

当检验决策单元 j_0 的 DEA 有效性, 即考虑线性规划问题

$$
(\mathrm{D_{C^2R}})\begin{cases}\min\theta = V_{\mathrm{D}},\\ \text{s.t. } \sum\limits_{j=1}^{n}\boldsymbol{x}_j\lambda_j \leqq \theta\boldsymbol{x}_{j_0},\\ \qquad \sum\limits_{j=1}^{n}\boldsymbol{y}_j\lambda_j \geqq \boldsymbol{y}_{j_0},\\ \qquad \lambda_j \geqq 0, j=1,2,\cdots,n.\end{cases}
$$

由于 $(\boldsymbol{x}_{j_0}, \boldsymbol{y}_{j_0}) \in T$, 即 $(\boldsymbol{x}_{j_0}, \boldsymbol{y}_{j_0})$ 满足

$$
\sum_{j=1}^{n}\boldsymbol{x}_j\lambda_j \leqq \boldsymbol{x}_{j_0}, \quad \sum_{j=1}^{n}\boldsymbol{y}_j\lambda_j \geqq \boldsymbol{y}_{j_0},
$$

其中, $\lambda_j \geqq 0, j=1,2,\cdots,n$. 可以看出, 线性规划 $(\mathrm{D_{C^2R}})$ 是表示在生产可能集 T 内, 在产出 $\boldsymbol{y}_{j_0}$ 保持不变的情况下, 尽量将投入量 $\boldsymbol{x}_{j_0}$ 按同一比例 θ 减少. 如果投入量 $\boldsymbol{x}_{j_0}$ 不能按同一比例 θ 减少, 即线性规划 $(\mathrm{D_{C^2R}})$ 的最优值 $V_{\mathrm{D}} = \theta^0 = 1$, 那么, 在单输入与单输出的情况下, 决策单元 j_0 既为技术有效也为规模有效, 如在图 1.2 中点 A 所对应的决策单元 1; 如果投入量 $\boldsymbol{x}_{j_0}$ 能按同一比例 θ 减少, 即线性规划 $(\mathrm{D_{C^2R}})$ 的最优值 $V_{\mathrm{D}} = \theta^0 < 1$, 那么决策单元 j_0 不为技术有效或不为规模有效.

用下面的例子进一步说明.

例 1.5 表 1.5 给出了三个决策单元的输入数据和输出数据. 相应的决策单元对应的点 A, B, C 在图 1.3 中已标出, 其中, 点 A 和点 C 在生产曲线上, 点 B 在生产曲线的下方. 由三个决策单元所确定的生产可能集 T 也已在图中标出.

表 1.5 决策单元的输入数据和输出数据

决策单元	1	2	3
输入数据	2	4	5
输出数据	2	1	3.5

由图 1.3 可见决策单元 1(对应于点 A) 是技术有效和规模有效的.

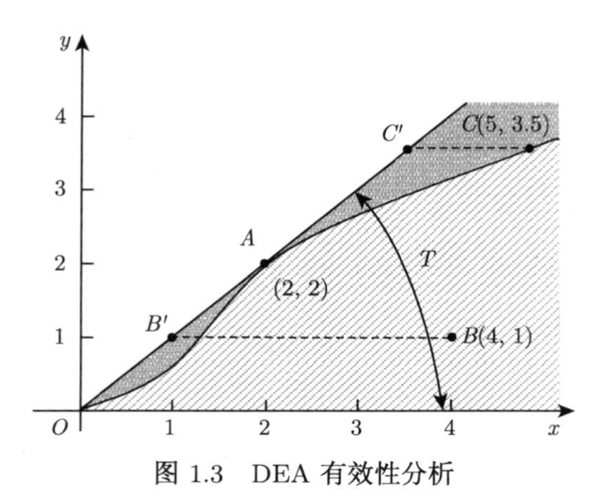

图 1.3　DEA 有效性分析

从 DEA 有效看, 决策单元 1 所对应的带有非阿基米德无穷小量 ε 的 $\mathrm{C^2R}$ 模型为

$$
(\mathrm{D}_\varepsilon)\begin{cases}\min \theta-\varepsilon(s_1^-+s_1^+),\\ \text{s.t. } 2\lambda_1+4\lambda_2+5\lambda_3+s_1^-=2\theta,\\ \qquad 2\lambda_1+\lambda_2+3.5\lambda_3-s_1^+=2,\\ \qquad \lambda_1,\lambda_2,\lambda_3,s_1^-,s_1^+\geqq 0.\end{cases}
$$

线性规划 (D_ε) 的最优解为

$$
\boldsymbol{\lambda}^0=(1,0,0)^{\mathrm{T}},\quad s_1^{-0}=0,\quad s_1^{+0}=0,\quad \theta^0=1.
$$

根据定理 1.3, 决策单元 1 为 DEA 有效 $(\mathrm{C^2R})$.

由图 1.3 可见决策单元 2 (对应于点 B) 不为技术有效, 因为点 B 不在生产函数曲线上, 也不为规模有效, 这是因为它的投入规模太大.

从 DEA 有效看, 决策单元 2 所对应的线性规划 $(\mathrm{D_{C^2R}})$ 为

$$
(\mathrm{D_{C^2R}})\begin{cases}\min \theta=V_{\mathrm{D}},\\ \text{s.t. } 2\lambda_1+4\lambda_2+5\lambda_3\leqq 4\theta,\\ \qquad 2\lambda_1+\lambda_2+3.5\lambda_3\geqq 1,\\ \qquad \lambda_1,\lambda_2,\lambda_3\geqq 0.\end{cases}
$$

它的最优解为

$$
\boldsymbol{\lambda}^0=\left(\frac{1}{2},0,0\right)^{\mathrm{T}},\quad \theta^0=\frac{1}{4}.
$$

由于最优值 $V_{\mathrm{D}}=\theta^0<1$, 故决策单元 2 不为 DEA 有效 $(\mathrm{C^2R})$.

对于决策单元 3, 因为相应的点 C 是在生产函数曲线上, 故为技术有效, 但是由于它的投资规模过大, 所以不为规模有效. 它所对应的线性规划 $(\mathrm{D_{C^2R}})$ 为

$$(\mathrm{D_{C^2R}})\begin{cases}\min\theta=V_{\mathrm{D}},\\ \text{s.t. } 2\lambda_1+4\lambda_2+5\lambda_3\leqq 5\theta,\\ \qquad 2\lambda_1+\lambda_2+3.5\lambda_3\geqq 3.5,\\ \qquad \lambda_1\geqq 0,\lambda_2\geqq 0,\lambda_3\geqq 0.\end{cases}$$

最优解为

$$\boldsymbol{\lambda}^0=\left(\frac{7}{4},0,0\right)^{\mathrm{T}},\quad \theta^0=\frac{7}{10}.$$

由于最优值 $\mathrm{V_D}=\theta^0<1$, 故决策单元 3 不为 DEA 有效 $(\mathrm{C^2R})$.

4. 决策单元在 DEA 相对有效面上的“投影”

输入数据和输出数据对应的集合 (称为参考集) 为

$$\hat{T}=\{(\boldsymbol{x}_1,\boldsymbol{y}_1),(\boldsymbol{x}_2,\boldsymbol{y}_2),\cdots,(\boldsymbol{x}_n,\boldsymbol{y}_n)\}.$$

由集合 $\hat{T}$ 生成的凸锥为

$$C(\hat{T})=\left\{\sum_{j=1}^{n}(\boldsymbol{x}_j,\boldsymbol{y}_j)\lambda_j\,\middle|\,\lambda_j\geqq 0,j=1,2,\cdots,n\right\},$$

它是参考集中 n 个点 $(\boldsymbol{x}_j,\boldsymbol{y}_j)(j=1,2,\cdots,n)$ 的数据包络.

由集合 $\hat{T}$ 生成的生产可能集为

$$T=\left\{(\boldsymbol{x},\boldsymbol{y})\,\middle|\,\sum_{j=1}^{n}\boldsymbol{x}_j\lambda_j\leqq\boldsymbol{x},\sum_{j=1}^{n}\boldsymbol{y}_j\lambda_j\geqq\boldsymbol{y},\lambda_j\geqq 0,j=1,2,\cdots,n\right\}.$$

若存在 $\boldsymbol{\omega}^0\in E^m$, $\boldsymbol{\mu}^0\in E^s$ 满足

$$\boldsymbol{\omega}^0>\mathbf{0},\quad \boldsymbol{\mu}^0>\mathbf{0},$$

$(\boldsymbol{\omega}^{0\mathrm{T}},-\boldsymbol{\mu}^{0\mathrm{T}})$ 是多面锥 $C(\hat{T})$ 的某个平面的法方向, 并且 $C(\hat{T})$ 在该面的法方向 $(\boldsymbol{\omega}^{0\mathrm{T}},-\boldsymbol{\mu}^{0\mathrm{T}})$ 的同侧, 则称该平面为生产前沿面或 DEA 的相对有效面.

从多目标的角度看, 生产前沿面就是 Pareto 有效点构成的面. 具体而言, DEA 生产前沿面可以定义如下:

设 $\hat{\boldsymbol{\omega}},\hat{\boldsymbol{\mu}}$ 满足

$$\hat{\boldsymbol{\omega}}>\mathbf{0},\quad \hat{\boldsymbol{\mu}}>\mathbf{0},$$

以及超平面

$$L = \{(\boldsymbol{x}, \boldsymbol{y}) | \hat{\boldsymbol{\omega}}^{\mathrm{T}}\boldsymbol{x} - \hat{\boldsymbol{\mu}}^{\mathrm{T}}\boldsymbol{y} = 0\}$$

满足

$$T \subset \{(\boldsymbol{x}, \boldsymbol{y}) | \hat{\boldsymbol{\omega}}^{\mathrm{T}}\boldsymbol{x} - \hat{\boldsymbol{\mu}}^{\mathrm{T}}\boldsymbol{y} \geqq 0\},$$

$$L \cap T \neq \varnothing,$$

则 L 为生产可能集 T 的有效面, $L \cap T$ 为生产可能集 T 的生产前沿面.

生产前沿面由于是由观察到的 n 个点 $(\boldsymbol{x}_j, \boldsymbol{y}_j)(j = 1, 2, \cdots, n)$ 所决定的, 所以, 也称为经验生产前沿面或 DEA 的相对有效面.

例 1.6　考虑由表 1.6 中数据给出的例子.

表 1.6　决策单元的输入输出数据

决策单元	1	2	3	4
输入 1	1	3	3	4
输入 2	3	1	3	2
输出	1	1	2	1

这个例子中参考集 $\hat{T}$ 和多面凸集 $C(\hat{T})$ 分别是

$$\hat{T} = \{(1,\ 3,\ 1),\ (3,\ 1,\ 1),\ (3,\ 3,\ 2),\ (4,\ 2,\ 1)\},$$

$$C(\hat{T}) = \{(1,3,1)\lambda_1 + (3,1,1)\lambda_2 + (3,3,2)\lambda_3 + (4,2,1)\lambda_4 | \lambda_j \geqq 0, j = 1, \cdots, 4\}.$$

其中, 决策单元 1, 2, 3, 4 对应的点分别记为 A, B, C, D(图 1.4). 由图 1.4 可以看出 A, B 和 C 是 Pareto 有效解, 多面凸锥 $C(\hat{T})$ 的面 AOC 与面 BOC 是 Pareto 有效面.

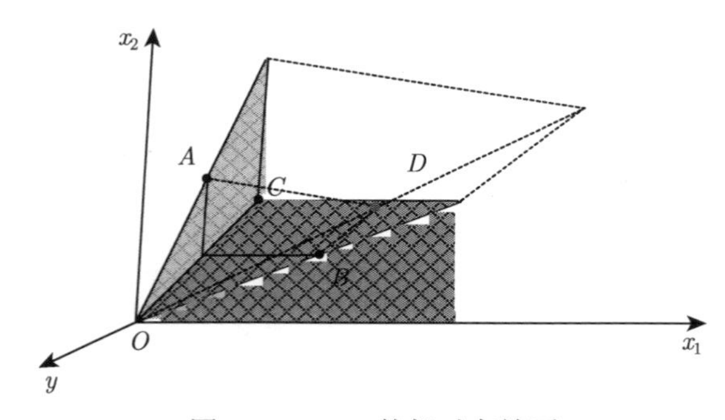

图 1.4　DEA 的相对有效面

决策单元在 DEA 相对有效面上的投影是 DEA 方法中的重要内容, DEA 方法通过投影来分析决策单元无效的原因和程度, 预测决策单元可能达到的有效程度,发现各决策单元调整投入规模的正确方向和程度, 为管理提供重要的决策信息. 这也正是 DEA 方法的独特之处.

对于带有非阿基米德无穷小量 ε 的线性规划

$$
(\mathrm{D}_\varepsilon)\begin{cases}\min\left[\theta-\varepsilon(\hat{\boldsymbol{e}}^{\mathrm{T}}\boldsymbol{s}^-+\boldsymbol{e}^{\mathrm{T}}\boldsymbol{s}^+)\right]=V_{\mathrm{D}_\varepsilon},\\ \text{s.t. } \sum\limits_{j=1}^n \boldsymbol{x}_j\lambda_j+\boldsymbol{s}^-=\theta\boldsymbol{x}_{j_0},\\ \qquad \sum\limits_{j=1}^n \boldsymbol{y}_j\lambda_j-\boldsymbol{s}^+=\boldsymbol{y}_{j_0},\\ \qquad \lambda_j\geqq 0, j=1,2,\cdots,n,\\ \qquad \boldsymbol{s}^-\geqq\boldsymbol{0},\boldsymbol{s}^+\geqq\boldsymbol{0}\end{cases}
$$

有以下定义.

定义 1.4 设 $\boldsymbol{\lambda}^0,\boldsymbol{s}^{-0},\boldsymbol{s}^{+0},\theta^0$ 是线性规划问题 (D_ε) 的最优解, 令

$$
\begin{aligned}\hat{\boldsymbol{x}}_{j_0}&=\theta^0\boldsymbol{x}_{j_0}-\boldsymbol{s}^{-0},\\ \hat{\boldsymbol{y}}_{j_0}&=\boldsymbol{y}_{j_0}+\boldsymbol{s}^{+0},\end{aligned}
$$

称 $(\hat{\boldsymbol{x}}_{j_0},\hat{\boldsymbol{y}}_{j_0})$ 为决策单元 j_0 对应的 $(\boldsymbol{x}_{j_0},\boldsymbol{y}_{j_0})$ 在 DEA 的相对有效面上的投影.

可以看出

$$
\begin{aligned}\hat{\boldsymbol{x}}_{j_0}&=\theta^0\boldsymbol{x}_{j_0}-\boldsymbol{s}^{-0}=\sum_{j=1}^n\boldsymbol{x}_j\lambda_j^0,\\ \hat{\boldsymbol{y}}_{j_0}&=\boldsymbol{y}_{j_0}+\boldsymbol{s}^{+0}=\sum_{j=1}^n\boldsymbol{y}_j\lambda_j^0,\end{aligned}
$$

并且, 若决策单元 j_0 为弱 DEA 有效, 则

$$
\begin{aligned}\hat{\boldsymbol{x}}_{j_0}&=\boldsymbol{x}_{j_0}-\boldsymbol{s}^{-0},\\ \hat{\boldsymbol{y}}_{j_0}&=\boldsymbol{y}_{j_0}+\boldsymbol{s}^{+0}.\end{aligned}
$$

若决策单元 j_0 为 DEA 有效, 则

$$
\begin{aligned}\hat{\boldsymbol{x}}_{j_0}&=\boldsymbol{x}_{j_0},\\ \hat{\boldsymbol{y}}_{j_0}&=\boldsymbol{y}_{j_0}.\end{aligned}
$$

进一步, 可以得到下面的定理, 即决策单元 j_0 对应的 $(\boldsymbol{x}_{j_0},\boldsymbol{y}_{j_0})$ 的投影 $(\hat{\boldsymbol{x}}_{j_0},\hat{\boldsymbol{y}}_{j_0})$ 构成了一个新的决策单元, 它是 DEA 有效的. 也就是说, 新的决策单元 $(\hat{\boldsymbol{x}}_{j_0},\hat{\boldsymbol{y}}_{j_0})$ 在多面凸锥 $C(\hat{T})$ 的生产前沿面上, 从而可以看出, DEA 方法有助于估计未知的生产函数.

定理 1.4　设

$$\begin{aligned}\hat{\boldsymbol{x}}_{j_0} &= \theta^0\boldsymbol{x}_{j_0} - \boldsymbol{s}^{-0},\\ \hat{\boldsymbol{y}}_{j_0} &= \boldsymbol{y}_{j_0} + \boldsymbol{s}^{+0},\end{aligned}$$

其中 $\boldsymbol{\lambda}^0, \boldsymbol{s}^{-0}, \boldsymbol{s}^{+0}, \theta^0$ 是决策单元 j_0 对应的线性规划问题 (D_ε) 的最优解, 则 $(\hat{\boldsymbol{x}}_{j_0}, \hat{\boldsymbol{y}}_{j_0})$ 相对于原来的 n 个决策单元来说是 DEA 有效的.

证明　对应于 $(\hat{\boldsymbol{x}}_{j_0}, \hat{\boldsymbol{y}}_{j_0})$ 的线性规划问题为

$$(\hat{\mathrm{P}})\begin{cases}\max \boldsymbol{\mu}^{\mathrm{T}}\hat{\boldsymbol{y}}_{j_0} = V_{\hat{\mathrm{P}}},\\ \text{s.t. } \boldsymbol{\omega}^{\mathrm{T}}\boldsymbol{x}_j - \boldsymbol{\mu}^{\mathrm{T}}\boldsymbol{y}_j \geqq 0, \quad j = 1, 2, \cdots, n,\\ \qquad \boldsymbol{\omega}^{\mathrm{T}}\hat{\boldsymbol{x}}_{j_0} - \boldsymbol{\mu}^{\mathrm{T}}\hat{\boldsymbol{y}}_{j_0} \geqq 0,\\ \qquad \boldsymbol{\omega}^{\mathrm{T}}\hat{\boldsymbol{x}}_{j_0} = 1,\\ \qquad \boldsymbol{\omega} \geqq \boldsymbol{0}, \boldsymbol{\mu} \geqq \boldsymbol{0}.\end{cases}$$

线性规划 $(\hat{\mathrm{P}})$ 的对偶规划问题为

$$(\hat{\mathrm{D}})\begin{cases}\min \theta = V_{\hat{\mathrm{D}}},\\ \text{s.t. } \sum\limits_{j=1}^{n}\boldsymbol{x}_j\lambda_j + \hat{\boldsymbol{x}}_{j_0}\lambda_{n+1} + \boldsymbol{s}^- = \theta\hat{\boldsymbol{x}}_{j_0},\\ \qquad \sum\limits_{j=1}^{n}\boldsymbol{y}_j\lambda_j + \hat{\boldsymbol{y}}_{j_0}\lambda_{n+1} - \boldsymbol{s}^+ = \hat{\boldsymbol{y}}_{j_0},\\ \qquad \lambda_j \geqq 0, j = 1, 2, \cdots, n, n+1,\\ \qquad \boldsymbol{s}^- \geqq \boldsymbol{0}, \boldsymbol{s}^+ \geqq \boldsymbol{0}.\end{cases}$$

带有非阿基米德无穷小量的线性规划问题为

$$(\hat{\mathrm{D}}_\varepsilon)\begin{cases}\min \left[\theta - \varepsilon(\hat{\boldsymbol{e}}^{\mathrm{T}}\boldsymbol{s}^- + \boldsymbol{e}^{\mathrm{T}}\boldsymbol{s}^+)\right] = V_{\hat{\mathrm{D}}_\varepsilon},\\ \text{s.t. } \sum\limits_{j=1}^{n}\boldsymbol{x}_j\lambda_j + \hat{\boldsymbol{x}}_{j_0}\lambda_{n+1} + \boldsymbol{s}^- = \theta\hat{\boldsymbol{x}}_{j_0},\\ \qquad \sum\limits_{j=1}^{n}\boldsymbol{y}_j\lambda_j + \hat{\boldsymbol{y}}_{j_0}\lambda_{n+1} - \boldsymbol{s}^+ = \hat{\boldsymbol{y}}_{j_0},\\ \qquad \lambda_j \geqq 0, j = 1, 2, \cdots, n, n+1,\\ \qquad \boldsymbol{s}^- \geqq \boldsymbol{0}, \boldsymbol{s}^+ \geqq \boldsymbol{0}.\end{cases}$$

假设 $(\hat{\boldsymbol{x}}_0, \hat{\boldsymbol{y}}_0)$ 相对于原来的 n 个决策单元来说不是 DEA 有效的, 由定理 1.3 可知线性规划 $(\hat{\mathrm{D}}_\varepsilon)$ 的最优解 $\boldsymbol{\lambda}^*, \boldsymbol{s}^{-*}, \boldsymbol{s}^{+*}, \theta^*$ 必满足以下两种情况之一:

(1) $\theta^* \neq 1$;

(2) $\theta^* = 1$, 但 $(\boldsymbol{s}^{-*}, \boldsymbol{s}^{+*}) \neq \boldsymbol{0}$.

若 $\theta^* \neq 1$, 则必有 $\theta^* < 1$. 令

$$\tilde{\boldsymbol{s}}^- = (1-\theta)\hat{\boldsymbol{x}}_{j_0} + \boldsymbol{s}^{-*} \neq \boldsymbol{0}, \quad \tilde{\theta} = 1,$$

则有 $\boldsymbol{\lambda}^*, \tilde{\boldsymbol{s}}^-, \boldsymbol{s}^{+*}$, $\tilde{\theta}$ 是线性规划 $(\hat{\mathrm{D}}_\varepsilon)$ 的可行解. 因此, 对于情况 (1) 和 (2) 可以统一讨论如下.

线性规划 $(\hat{\mathrm{D}}_\varepsilon)$ 存在一个可行解 $\boldsymbol{\lambda}, \boldsymbol{s}^-, \boldsymbol{s}^+, \theta$ 满足

$$\theta = 1, \quad (\boldsymbol{s}^-, \boldsymbol{s}^+) \neq \boldsymbol{0}.$$

由于 $\boldsymbol{\lambda}, \boldsymbol{s}^-, \boldsymbol{s}^+, \theta$ 是线性规划 $(\hat{\mathrm{D}}_\varepsilon)$ 的一个可行解, 所以

$$\sum_{j=1}^{n} \boldsymbol{x}_j\lambda_j + \hat{\boldsymbol{x}}_{j_0}\lambda_{n+1} + \boldsymbol{s}^- = \hat{\boldsymbol{x}}_{j_0},$$
$$\sum_{j=1}^{n} \boldsymbol{y}_j\lambda_j + \hat{\boldsymbol{y}}_{j_0}\lambda_{n+1} - \boldsymbol{s}^+ = \hat{\boldsymbol{y}}_{j_0},$$

由

$$\hat{\boldsymbol{x}}_{j_0} = \theta^0\boldsymbol{x}_{j_0} - \boldsymbol{s}^{-0} = \sum_{j=1}^{n} \boldsymbol{x}_j\lambda_j^0,$$
$$\hat{\boldsymbol{y}}_{j_0} = \boldsymbol{y}_{j_0} + \boldsymbol{s}^{+0} = \sum_{j=1}^{n} \boldsymbol{y}_j\lambda_j^0,$$

可以得到

$$\sum_{j=1}^{n} \boldsymbol{x}_j(\lambda_j + \lambda_j^0\lambda_{n+1}) + (\boldsymbol{s}^- + \boldsymbol{s}^{-0}) = \theta^0\boldsymbol{x}_{j_0},$$
$$\sum_{j=1}^{n} \boldsymbol{y}_j(\lambda_j + \lambda_j^0\lambda_{n+1}) - (\boldsymbol{s}^+ + \boldsymbol{s}^{+0}) = \boldsymbol{y}_{j_0},$$
$$\lambda_j + \lambda_j^0\lambda_{n+1} \geqq 0, j = 1, 2, \cdots, n.$$

由于 $\lambda_j + \lambda_j^0\lambda_{n+1}(j = 1, 2, \cdots, n), (\boldsymbol{s}^- + \boldsymbol{s}^{-0}), (\boldsymbol{s}^+ + \boldsymbol{s}^{+0}), \theta^0$ 也是线性规划问题 (D_ε) 的一个可行解, 并且有

$$\theta^0 - \varepsilon(\hat{\boldsymbol{e}}^{\mathrm{T}}(\boldsymbol{s}^- + \boldsymbol{s}^{-0}) + \boldsymbol{e}^{\mathrm{T}}(\boldsymbol{s}^+ + \boldsymbol{s}^{+0})) < \theta^0 - \varepsilon(\hat{\boldsymbol{e}}^{\mathrm{T}}\boldsymbol{s}^{-0} + \boldsymbol{e}^{\mathrm{T}}\boldsymbol{s}^{+0}),$$

这与 $\boldsymbol{\lambda}^0, \boldsymbol{s}^{-0}, \boldsymbol{s}^{+0}, \theta^0$ 是决策单元 j_0 对应的线性规划问题 (D_ε) 的最优解矛盾. 证毕.

一般地, 记

$$\Delta\boldsymbol{x}_{j_0} = \boldsymbol{x}_{j_0} - \hat{\boldsymbol{x}}_{j_0} = (1-\theta^0)\boldsymbol{x}_{j_0} + \boldsymbol{s}^{-0} \geqq \boldsymbol{0},$$
$$\Delta\boldsymbol{y}_{j_0} = \hat{\boldsymbol{y}}_{j_0} - \boldsymbol{y}_{j_0} = \boldsymbol{s}^{+0} \geqq \boldsymbol{0},$$

分别称为输入剩余和输出亏空. 即 $\Delta \boldsymbol{x}_{j_0}, \Delta \boldsymbol{y}_{j_0}$ 分别表示当决策单元 j_0 要想转变为 DEA 有效时的输入与输出变化的估计量.

决策单元 j_0 在 DEA 相对有效面上的投影, 实际上为改进非有效的决策单元 j_0 提供了一个可行的方案, 同时也指出了非有效的原因. 显然, 若原来的 $(\boldsymbol{x}_{j_0}, \boldsymbol{y}_{j_0})$ 非 DEA 有效, 则通过对其投影, 可以在不减少输出的前提下, 使原来的输入有所减少 (当 $\Delta \boldsymbol{x}_{j_0} \geqslant \mathbf{0}$ 时), 或在不增加输入的前提下, 使输出有所增加 (当 $\Delta \boldsymbol{y}_{j_0} \geqslant \mathbf{0}$ 时).

1.2 评价技术有效性的 BC^2 模型

由于本节许多概念和结果与 C^{2}R 模型有极大的相似之处, 在此只进行简要介绍.

假设 n 个决策单元对应的输入数据和输出数据分别为

$$\boldsymbol{x}_j = (x_{1j}, x_{2j}, \cdots, x_{mj})^{\mathrm{T}}, \quad j = 1, 2, \cdots, n,$$
$$\boldsymbol{y}_j = (y_{1j}, y_{2j}, \cdots, y_{sj})^{\mathrm{T}}, \quad j = 1, 2, \cdots, n,$$

其中, $\boldsymbol{x}_j \in E^m$, $\boldsymbol{y}_j \in E^s, \boldsymbol{x}_j > \mathbf{0}, \boldsymbol{y}_j > \mathbf{0}, j = 1, 2, \cdots, n$, 则 BC^2 模型为

$$(\mathrm{P_{BC^2}})\begin{cases} \max\left(\boldsymbol{\mu}^{\mathrm{T}} \boldsymbol{y}_{j_0} + \mu_0\right) = V_{\mathrm{P}}, \\ \text{s.t.}\ \ \boldsymbol{\omega}^{\mathrm{T}} \boldsymbol{x}_j - \boldsymbol{\mu}^{\mathrm{T}} \boldsymbol{y}_j - \mu_0 \geqq 0, j = 1, 2, \cdots, n, \\ \qquad \boldsymbol{\omega}^{\mathrm{T}} \boldsymbol{x}_{j_0} = 1, \\ \qquad \boldsymbol{\omega} \geqq \mathbf{0}, \boldsymbol{\mu} \geqq \mathbf{0}. \end{cases}$$

上述模型的对偶规划为

$$(\mathrm{D_{BC^2}})\begin{cases} \min \theta = V_{\mathrm{D}}, \\ \text{s.t.}\ \ \sum\limits_{j=1}^{n} \boldsymbol{x}_j \lambda_j + \boldsymbol{s}^- = \theta \boldsymbol{x}_{j_0}, \\ \qquad \sum\limits_{j=1}^{n} \boldsymbol{y}_j \lambda_j - \boldsymbol{s}^+ = \boldsymbol{y}_{j_0}, \\ \qquad \sum\limits_{j=1}^{n} \lambda_j = 1, \\ \qquad \boldsymbol{s}^- \geqq \mathbf{0}, \boldsymbol{s}^+ \geqq \mathbf{0}, \lambda_j \geqq 0, j = 1, 2, \cdots, n. \end{cases}$$

定义 1.5 若线性规划 $(\mathrm{P_{BC^2}})$ 存在最优解 $\boldsymbol{\omega}^0, \boldsymbol{\mu}^0, \mu_0^0$ 满足

$$V_{\mathrm{P}} = \boldsymbol{\mu}^{0\mathrm{T}} \boldsymbol{y}_{j_0} + \mu_0^0 = 1,$$

则称决策单元 j_0 为弱 DEA 有效 (BC^2). 若进而满足

$$\boldsymbol{\omega}^0 > \mathbf{0}, \quad \boldsymbol{\mu}^0 > \mathbf{0},$$

则称决策单元 j_0 为 DEA 有效 (BC^2).

由线性规划的对偶理论可知以下结论成立.

定理 1.5 如果线性规划问题 ($\mathrm{D}_{\mathrm{BC}^2}$) 的任意最优解

$$\boldsymbol{\lambda}^0, \quad \boldsymbol{s}^{-0}, \quad \boldsymbol{s}^{+0}, \quad \theta^0,$$

都有

(1) 若 $\theta^0 = 1$, 则决策单元 j_0 为弱 DEA 有效 (BC^2);

(2) 若 $\theta^0 = 1$, 并且 $\boldsymbol{s}^{-0} = \mathbf{0}, \boldsymbol{s}^{+0} = \mathbf{0}$, 则决策单元 j_0 为 DEA 有效 (BC^2).

当引进非阿基米德无穷小量 ε 后, 可以得到下面线性规划问题:

$$(\bar{\mathrm{P}}_\varepsilon)\begin{cases} \max\left(\boldsymbol{\mu}^{\mathrm{T}}\boldsymbol{y}_{j_0} + \mu_0\right) = V_{\bar{\mathrm{P}}_\varepsilon}, \\ \text{s.t. } \boldsymbol{\omega}^{\mathrm{T}}\boldsymbol{x}_j - \boldsymbol{\mu}^{\mathrm{T}}\boldsymbol{y}_j - \mu_0 \geqq 0, \quad j = 1, 2, \cdots, n, \\ \quad \boldsymbol{\omega}^{\mathrm{T}}\boldsymbol{x}_{j_0} = 1, \\ \quad \boldsymbol{\omega} \geqq \varepsilon\hat{\boldsymbol{e}}, \\ \quad \boldsymbol{\mu} \geqq \varepsilon\boldsymbol{e}. \end{cases}$$

($\bar{\mathrm{P}}_\varepsilon$) 的对偶规划 ($\bar{\mathrm{D}}_\varepsilon$) 如下:

$$(\bar{\mathrm{D}}_\varepsilon)\begin{cases} \min \theta - \varepsilon\left(\hat{\boldsymbol{e}}^{\mathrm{T}}\boldsymbol{s}^- + \boldsymbol{e}^{\mathrm{T}}\boldsymbol{s}^+\right), \\ \text{s.t. } \sum\limits_{j=1}^{n}\boldsymbol{x}_j\lambda_j + \boldsymbol{s}^- = \theta\boldsymbol{x}_{j_0}, \\ \quad \sum\limits_{j=1}^{n}\boldsymbol{y}_j\lambda_j - \boldsymbol{s}^+ = \boldsymbol{y}_{j_0}, \\ \quad \sum\limits_{j=1}^{n}\lambda_j = 1, \\ \quad \boldsymbol{s}^- \geqq \mathbf{0}, \boldsymbol{s}^+ \geqq \mathbf{0}, \lambda_j \geqq 0, j = 1, 2, \cdots, n. \end{cases}$$

其中

$$\hat{\boldsymbol{e}}^{\mathrm{T}} = (1, 1, \cdots, 1) \in E^m, \quad \boldsymbol{e}^{\mathrm{T}} = (1, 1, \cdots, 1) \in E^s.$$

类似于定理 1.3, 可以得到如下的定理.

定理 1.6 设 ε 为非阿基米德无穷小量, 并且线性规划问题 ($\bar{\mathrm{D}}_\varepsilon$) 的最优解为

$$\boldsymbol{\lambda}^0, \quad \boldsymbol{s}^{-0}, \quad \boldsymbol{s}^{+0}, \quad \theta^0,$$

则有

(1) 若 $\theta^0=1$, 则决策单元 j_0 为弱 DEA 有效 (BC^2);

(2) 若 $\theta^0=1$, 并且 $\boldsymbol{s}^{-0}=\mathbf{0}, \boldsymbol{s}^{+0}=\mathbf{0}$, 则决策单元 j_0 为 DEA 有效 (BC^2).

应用定理 1.6 就可以判断决策单元的 DEA 有效性 (BC^2), 为了便于说明问题, 以下给出一个算例.

例 1.7　考虑具有一个输入和一个输出的问题, 决策单元的输入输出数据由表 1.7 给出.

表 1.7　决策单元的输入输出数据

决策单元	1	2	3
输入	1	3	4
输出	2	3	1

对于决策单元 1, 相应的带有非阿基米德无穷小量的线性规划模型为

$$(\bar{\mathrm{D}}_\varepsilon)\left\{\begin{array}{l}\min \theta-\varepsilon\left(s_1^{-}+s_1^{+}\right), \\ \text{s.t. } \lambda_1+3\lambda_2+4\lambda_3+s_1^{-}=\theta, \\ \qquad 2\lambda_1+3\lambda_2+\lambda_3-s_1^{+}=2, \\ \qquad \lambda_1+\lambda_2+\lambda_3=1, \\ \qquad \lambda_1 \geqq 0, \lambda_2 \geqq 0, \lambda_3 \geqq 0, s_1^{-} \geqq 0, s_1^{+} \geqq 0.\end{array}\right.$$

利用单纯形法求解, 得到最优解为

$$\boldsymbol{\lambda}^0=(1,0,0)^{\mathrm{T}}, \quad s_1^{-0}=0, \quad s_1^{+0}=0, \quad \theta^0=1.$$

可知决策单元 1 为 DEA 有效 (BC^2).

对于决策单元 2, 相应的带有非阿基米德无穷小量的线性规划模型为

$$(\bar{\mathrm{D}}_\varepsilon)\left\{\begin{array}{l}\min \theta-\varepsilon\left(s_1^{-}+s_1^{+}\right), \\ \text{s.t. } \lambda_1+3\lambda_2+4\lambda_3+s_1^{-}=3\theta, \\ \qquad 2\lambda_1+3\lambda_2+\lambda_3-s_1^{+}=3, \\ \qquad \lambda_1+\lambda_2+\lambda_3=1, \\ \qquad \lambda_1 \geqq 0, \lambda_2 \geqq 0, \lambda_3 \geqq 0, s_1^{-} \geqq 0, s_1^{+} \geqq 0.\end{array}\right.$$

利用单纯形法求解, 得到最优解为

$$\boldsymbol{\lambda}^0=(0,1,0)^{\mathrm{T}}, \quad s_1^{-0}=0, \quad s_1^{+0}=0, \quad \theta^0=1.$$

因此, 决策单元 2 为 DEA 有效 (BC^2).

对于决策单元 3, 相应的带有非阿基米德无穷小量的线性规划模型为

$$
(\bar{\mathrm{D}}_{\varepsilon})\begin{cases}\min\theta-\varepsilon\left(s_1^-+s_1^+\right),\\ \text{s.t. } \lambda_1+3\lambda_2+4\lambda_3+s_1^-=4\theta,\\ \qquad 2\lambda_1+3\lambda_2+\lambda_3-s_1^+=1,\\ \qquad \lambda_1+\lambda_2+\lambda_3=1,\\ \qquad \lambda_1\geqq 0,\lambda_2\geqq 0,\lambda_3\geqq 0,s_1^-\geqq 0,s_1^+\geqq 0.\end{cases}
$$

用单纯形方法求解, 得到最优解为

$$
\boldsymbol{\lambda}^0=(1,0,0)^{\mathrm{T}},\quad s_1^{-0}=0,\quad s_1^{+0}=1,\quad \theta^0=\frac{1}{4}.
$$

因此, 决策单元 3 不为 DEA 有效 (BC^2).

事实上, DEA 有效 (BC^2) 也具有深刻的经济背景.

假设生产可能集 $\bar{T}$ 满足如下公理: 平凡性公理、凸性公理、无效性公理和最小性公理 (见定义 1.3), 则可知

$$
\bar{T}=\left\{(\boldsymbol{x},\boldsymbol{y})\left|\sum_{j=1}^n\boldsymbol{x}_j\lambda_j\leqq\boldsymbol{x},\sum_{j=1}^n\boldsymbol{y}_j\lambda_j\geqq\boldsymbol{y},\sum_{j=1}^n\lambda_j=1,\lambda_j\geqq 0,j=1,2,\cdots,n\right.\right\},
$$

其中, $\bar{T}$ 为凸多面体.

为了说明 DEA 有效 (BC^2) 的经济含义, 仍以例 1.7 为例, 生产可能集 $\bar{T}$ 由图 1.5 给出.

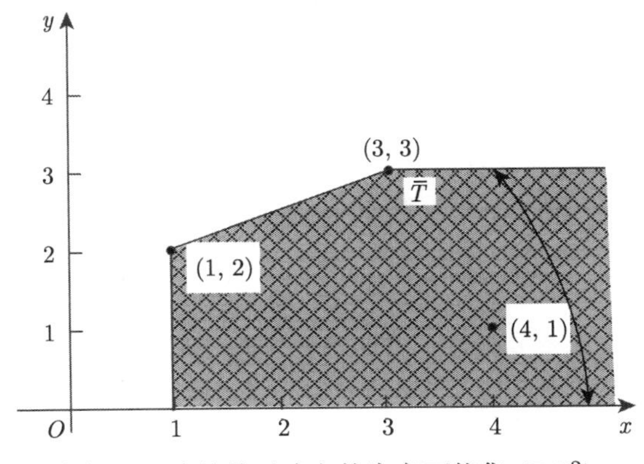

图 1.5 决策单元确定的生产可能集 (BC^2)

对于 BC^2 模型来说, 对应的线性规划为

$$
(\mathrm{D}_{\mathrm{BC}^2})\begin{cases}\min\theta=V_{\mathrm{D}},\\ \text{s.t. }\sum\limits_{j=1}^{n}\boldsymbol{x}_j\lambda_j\leqq\theta\boldsymbol{x}_{j_0},\\ \qquad\sum\limits_{j=1}^{n}\boldsymbol{y}_j\lambda_j\geqq\boldsymbol{y}_{j_0},\\ \qquad\sum\limits_{j=1}^{n}\lambda_j=1,\\ \qquad\lambda_j\geqq 0,j=1,2,\cdots,n.\end{cases}
$$

由于 $(\boldsymbol{x}_{j_0},\boldsymbol{y}_{j_0})\in\bar{T}$, 故满足

$$
\sum_{j=1}^{n}\boldsymbol{x}_j\lambda_j\leqq\boldsymbol{x}_{j_0},\quad \sum_{j=1}^{n}\boldsymbol{y}_j\lambda_j\geqq\boldsymbol{y}_{j_0},
$$

其中

$$
\sum_{j=1}^{n}\lambda_j=1,\quad \lambda_j\geqq 0,\quad j=1,2,\cdots,n.
$$

线性规划 $(\mathrm{D}_{\mathrm{BC}^2})$ 的经济解释是: 在生产可能集 $\bar{T}$ 内, 在产出 $\boldsymbol{y}_{j_0}$ 保持不变的情况下, 尽量将投入量 $\boldsymbol{x}_{j_0}$ 按同一比例 $\theta\,(0<\theta\leqq 1)$ 减少. 如果投入量 $\boldsymbol{x}_{j_0}$ 不能按同一比例 θ 减少, 即线性规划问题 $(\mathrm{D}_{\mathrm{BC}^2})$ 的最优值 $V_{\mathrm{D}}=\theta^0=1$, 在单输入和单输出的情况下, 当 $\boldsymbol{y}_{j_0}$ 不能继续改进时, 决策单元 j_0 是技术有效的. 在这里之所以与 $\mathrm{C}^2\mathrm{R}$ 模型的情况不同 (在 $\mathrm{C}^2\mathrm{R}$ 模型中, 若 $V_{\mathrm{D}}=\theta^0=1$, 决策单元 j_0 既是技术有效, 也是规模有效), 是因为生产可能集 $\bar{T}$ 的构成不满足锥性公理的假设. 在图 1.5 中的点 $(3,3)$ 位于生产可能集 $\bar{T}$ 的生产前沿面上, 当产出量 $y=3$ 保持不变时, 将投入量 $x=3$ 尽量减少已经不可能了, 即线性规划问题

$$
(\mathrm{D}_{\mathrm{BC}^2})\begin{cases}\min\theta=V_{\mathrm{D}},\\ \text{s.t. }\lambda_1+3\lambda_2+4\lambda_3\leqq 3\theta,\\ \qquad 2\lambda_1+3\lambda_2+\lambda_3\geqq 3,\\ \qquad \lambda_1+\lambda_2+\lambda_3=1,\\ \qquad \lambda_1\geqq 0,\lambda_2\geqq 0,\lambda_3\geqq 0\end{cases}
$$

的最优解 $\boldsymbol{\lambda}^0=(0,1,0)^{\mathrm{T}},\theta^0=1$, 满足 $V_{\mathrm{D}}=\theta^0=1$, 因此, 决策单元 2 为 DEA 有效 (BC^2). 但是, 当用 $\mathrm{C}^2\mathrm{R}$ 模型评价时, 由于生产可能集的构成需要满足锥性公理假设, DEA 有效性会发生变化. 此时集合 T 由图 1.6 给出.

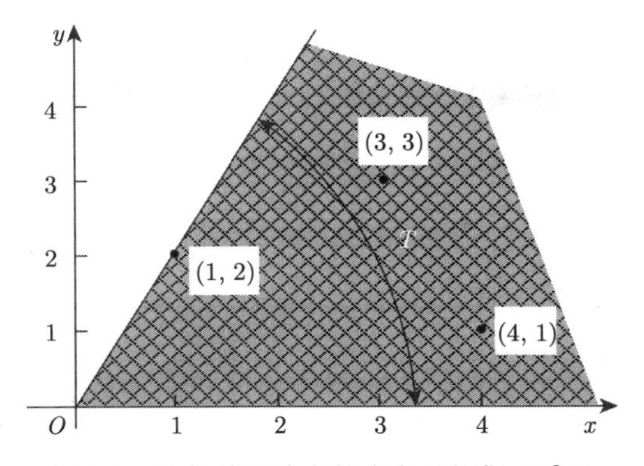

图 1.6 决策单元确定的生产可能集 (C^{2}R)

利用模型 C^{2}R 评价决策单元 2(对应 $x=3, y=3$), 相应的线性规划问题为

$$(\mathrm{D}_{\mathrm{C^2R}})\begin{cases}\min\theta=V_{\mathrm{D}},\\ \text{s.t. } \lambda_1+3\lambda_2+4\lambda_3\leqq 3\theta,\\ \qquad 2\lambda_1+3\lambda_2+\lambda_3\geqq 3,\\ \qquad \lambda_1\geqq 0,\lambda_2\geqq 0,\lambda_3\geqq 0.\end{cases}$$

它的最优解为

$$\boldsymbol{\lambda}^0=\left(\frac{3}{2},0,0\right)^{\mathrm{T}},\quad \theta^0=\frac{1}{2},$$

因为

$$V_{\mathrm{D}}=\theta^0=\frac{1}{2}<1,$$

所以, 决策单元 2 不为 DEA 有效 (C^{2}R).

对于 BC^2 模型也可以定义决策单元在 DEA 相对有效面上的 “投影”. 令

$$\hat{\boldsymbol{x}}_{j_0}=\theta^0\boldsymbol{x}_{j_0}-\boldsymbol{s}^{-0}=\sum_{j=1}^{n}\boldsymbol{x}_j\lambda_j^0,$$

$$\hat{\boldsymbol{y}}_{j_0}=\boldsymbol{y}_{j_0}+\boldsymbol{s}^{+0}=\sum_{j=1}^{n}\boldsymbol{y}_j\lambda_j^0,$$

其中, $\boldsymbol{\lambda}^0,\boldsymbol{s}^{-0},\boldsymbol{s}^{+0},\theta^0$ 为线性规划问题

$$
(\bar{\mathrm{D}}_{\varepsilon})\begin{cases}\min \theta - \varepsilon(\hat{\boldsymbol{e}}^{\mathrm{T}}\boldsymbol{s}^{-} + \boldsymbol{e}^{\mathrm{T}}\boldsymbol{s}^{+}) = V_{\bar{\mathrm{D}}_{\varepsilon}},\\ \text{s.t. } \sum\limits_{j=1}^{n}\boldsymbol{x}_j\lambda_j + \boldsymbol{s}^{-} = \theta\boldsymbol{x}_{j_0},\\ \qquad \sum\limits_{j=1}^{n}\boldsymbol{y}_j\lambda_j - \boldsymbol{s}^{+} = \boldsymbol{y}_{j_0},\\ \qquad \sum\limits_{j=1}^{n}\lambda_j = 1,\\ \qquad \boldsymbol{s}^{-} \geqq \boldsymbol{0}, \boldsymbol{s}^{+} \geqq \boldsymbol{0}, \lambda_j \geqq 0, j = 1, 2, \cdots, n\end{cases}
$$

的最优解, 称 $(\hat{\boldsymbol{x}}_{j_0}, \hat{\boldsymbol{y}}_{j_0})$ 为决策单元 j_0 在 DEA 相对有效面上的 “投影”, 有如下定理.

定理 1.7　设

$$
\hat{\boldsymbol{x}}_{j_0} = \theta^0\boldsymbol{x}_{j_0} - \boldsymbol{s}^{-0} = \sum_{j=1}^{n}\boldsymbol{x}_j\lambda_j^0,
$$

$$
\hat{\boldsymbol{y}}_{j_0} = \boldsymbol{y}_{j_0} + \boldsymbol{s}^{+0} = \sum_{j=1}^{n}\boldsymbol{y}_j\lambda_j^0,
$$

其中, $\boldsymbol{\lambda}^0, \boldsymbol{s}^{-0}, \boldsymbol{s}^{+0}, \theta^0$ 是决策单元 j_0 对应的线性规划问题 $(\bar{\mathrm{D}}_{\varepsilon})$ 的最优解, 则 $(\hat{\boldsymbol{x}}_{j_0}, \hat{\boldsymbol{y}}_{j_0})$ 相对于原来的 n 个决策单元来说是 DEA 有效的 (BC^2).

参 考 文 献

[1] Charnes A, Cooper W W, Rhodes E. Measuring the efficiency of decision making units[J]. European Journal of Operational Research, 1978, 2(6): 429-444

[2] Banker R D, Charnes A, Cooper W W. Some models for estimating technical and scale inefficiencies in data envelopment analysis[J]. Management Science, 1984, 30(9): 1078-1092

[3] 魏权龄. 评价相对有效性的 DEA 方法[M]. 北京: 中国人民大学出版社, 1988

[4] 盛昭瀚, 朱乔, 吴广谋. DEA 理论、方法与应用[M]. 北京: 科学出版社, 1996

[5] 马占新. 数据包络分析模型与方法[M]. 北京: 科学出版社, 2010

第 2 章　广义 DEA 基本模型及其性质

由于传统 DEA 方法的评价参照系是有效决策单元, 即传统 DEA 方法只能获得与有效决策单元比较的信息, 而实际上人们需要比较的对象不仅仅限于优秀单元, 还可能是一般单元 (如录取线)、较差单元 (如可容忍的底线) 或者某种特殊单元 (如选定的样板、标准或某些特定对象), 而传统 DEA 方法无法评价这些问题. 为此, 本章给出一种适用于上述所有情况的广义 DEA 方法, 并探讨它的相关性质. 主要包括: ① 提出基本的广义 DEA 模型和广义 DEA 有效性概念; ② 分析广义 DEA 有效性含义; ③ 给出决策单元在样本前沿面上的投影, 以及如何应用样本前沿面分析决策单元的有效性.

2.1　广义 DEA 方法提出的背景

2.1.1　问题提出的背景

DEA 模型的经济解释主要依托经济学的生产函数理论, 它用有效生产前沿面来模拟经验生产函数. 因此, 它给出的效率值反映的是被评价单元相对于优秀单元的信息. 但在现实中, 许多问题的评价参考集并不仅限于此. 例如,

(1) 在高考中, 一般考生更关心的是自己是否超过了录取线, 而不是和优秀考生的差距.

(2) 在由计划经济向市场经济转型时, 决策者不是看哪个企业更有效, 而是要寻找按市场经济配置的改革样板进行学习.

(3) 和每个单元进行比较不仅浪费时间和资源, 而且有些比较可能是没有意义的. 例如高考中, 一个考生可能会将比较的对象确定为录取线、某些特定区域考生或自己熟悉的考生等, 而不可能和全国每个具体考生都进行比较.

由此可见, 传统 DEA 方法的参照系是有效的决策单元, 而实际上人们需要比较的对象不仅限于优秀单元, 还可能是一般单元 (如录取线)、较差单元 (如可容忍的底线), 也可能是决策者指定的单元 (如榜样、标准或决策者感兴趣的对象). 为了解决这些问题, 本章尝试给出一种更具广泛含义的 DEA 方法. 该方法不仅具有传统 DEA 方法的全部性质, 而且还能依据任意参考集进行评价. 因此, 该方法可以

看成传统 DEA 方法的推广, 为区别称为广义 DEA 方法[1-2]. 以下主要从评价的参考集出发来阐述广义 DEA 方法与传统 DEA 方法的关系.

2.1.2 广义 DEA 方法与传统 DEA 方法的关系

假设被评价对象的集合 (决策单元集) 为 A, 样本单元集 (构成生产可能集的观测点集) 为 B, 则图 2.1 和图 2.2 描述了传统 DEA 方法和广义 DEA 方法中样本单元集与决策单元集之间的关系.

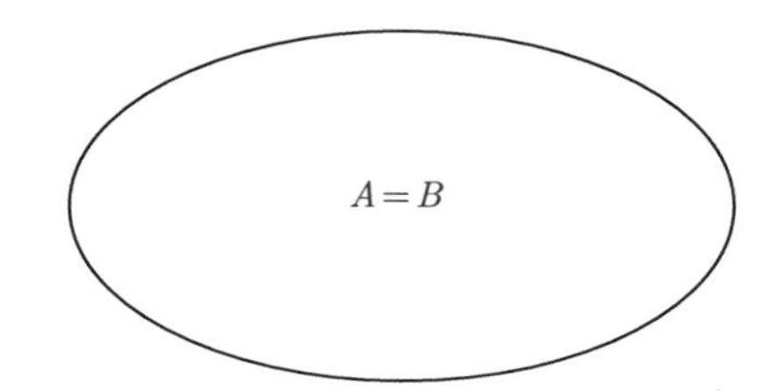

图 2.1 传统 DEA 方法中决策单元集与样本单元集的关系

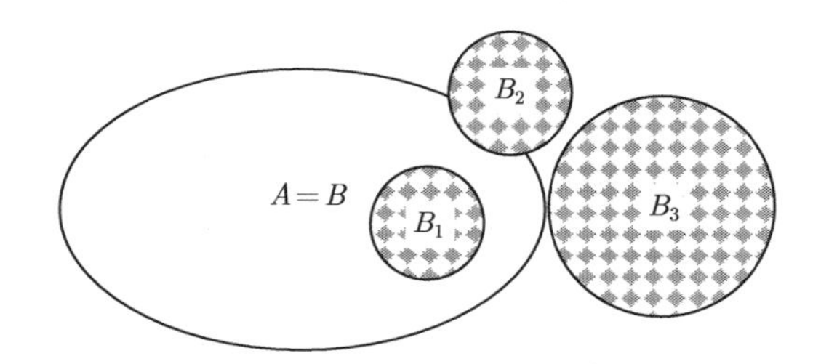

图 2.2 广义 DEA 方法中决策单元集与样本单元集的关系

在传统 DEA 模型 (如 C^2R 模型[3]、BC^2 模型[4]、FG 模型[5]、ST 模型[6]) 中样本单元集 B 就是决策单元集 A. 这不仅使 DEA 方法陷入随机化的困境, 同时也使 DEA 方法的应用受到很大的限制.

广义 DEA 方法 (Sam-Eva$_d$ 模型[1-2]、PSam-C^2WH 模型[7]、Sam-C^2W 模型[8]、Sam-C^2WY 模型[9]) 中样本单元集 B 与决策单元集 A 之间的关系可能有多种情况. 传统 DEA 方法中样本单元集 B 与决策单元集 A 必须相同, 但广义 DEA 方法中如果决策单元集为 A, 则样本单元集可以是 B, B_1, B_2, B_3.

图 2.3 从评价参照系的角度粗略地说明了广义 DEA 方法与传统 DEA 方法处理问题的不同视角, 其中传统 DEA 方法中评价的参照系只能是有效决策单元, 而广义 DEA 方法还可以是一般单元 (如录取线)、较差单元 (如可容忍的底线) 或某些指定的单元 (如榜样、标准或决策者感兴趣的对象).

广义 DEA 方法以样本单元为参照物, 以决策单元为研究对象来构造模型, 它不仅具有传统 DEA 模型[3-6] 的几乎全部性质和特征, 而且还有许多独特的优点, 这主要表现在以下几个方面.

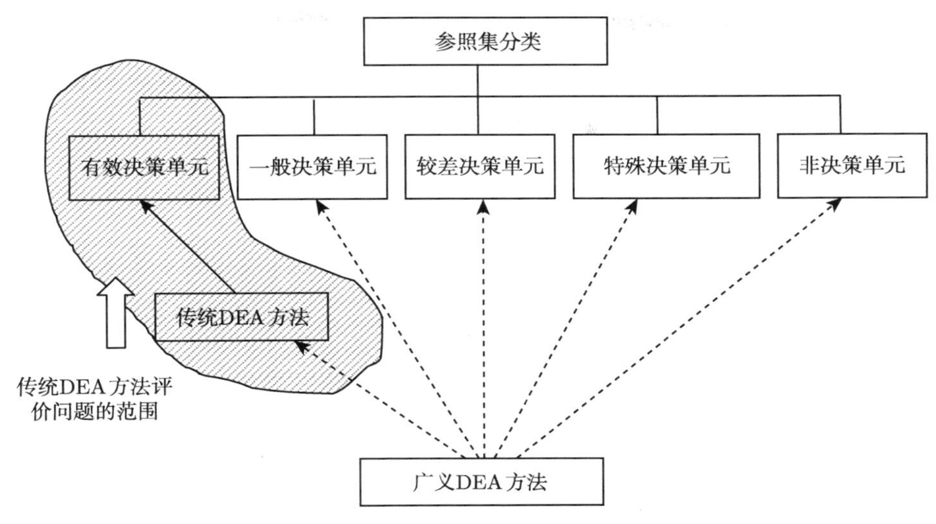

图 2.3 广义 DEA 方法可评价问题的范围

(1) DEA 方法依据有效生产前沿面提供决策信息, 广义 DEA 方法依据样本数据前沿面来提供决策信息, 而样本数据前沿面除了包含有效生产前沿面之外, 还有更加广泛的含义和应用背景.

(2) 传统的 DEA 模型只能依据全部决策单元进行评价, 而广义 DEA 方法能依据任何决策单元子集或决策单元集之外的同类单元集进行评价.

(3) 广义 DEA 方法拓展了原有的 DEA 理论, 可以证明 C^2R 模型[3]、BC^2 模型[4] 都是广义 DEA 模型的特例.

(4) 现有的 DEA 模型对有效单元能给出的信息较少[10], 而广义 DEA 模型可以对有效单元给出进一步的改进信息.

(5) 从该方法出发, 可以在择优排序[1]、风险评估[11-12]、评价组合效率[13-15] 等许多方面给出更为有效的分析方法. 例如, 应用该方法不仅可以将传统的 F-N 曲线分析方法推广到 n 维空间, 而且可以通过构造各种风险数据包络面来划分风险区域、预测风险大小以及给出风险状况综合排序等.

2.2 基本的广义 DEA 模型

2.2.1 满足规模收益不变的广义 DEA 模型

假设共有 n 个待评价的决策单元和 $\bar{n}$ 个样本单元或标准 (以下统称样本单元),

它们的特征可由 m 种输入和 s 种输出指标表示,

$\boldsymbol{x}_p = (x_{1p}, x_{2p}, \cdots, x_{mp})^{\mathrm{T}}$ 表示第 p 个决策单元的输入指标值,

$\boldsymbol{y}_p = (y_{1p}, y_{2p}, \cdots, y_{sp})^{\mathrm{T}}$ 表示第 p 个决策单元的输出指标值,

$\bar{\boldsymbol{x}}_j = (\bar{x}_{1j}, \bar{x}_{2j}, \cdots, \bar{x}_{mj})^{\mathrm{T}}$ 表示第 j 个样本单元的输入指标值,

$\bar{\boldsymbol{y}}_j = (\bar{y}_{1j}, \bar{y}_{2j}, \cdots, \bar{y}_{sj})^{\mathrm{T}}$ 表示第 j 个样本单元的输出指标值,

并且它们均为正数, 则对决策单元 p 有以下模型:

$$
(\text{G-C}^2\text{R})\quad \begin{cases} \max \boldsymbol{\mu}^{\mathrm{T}} \boldsymbol{y}_p = V(d), \\ \text{s.t.}\ \ \boldsymbol{\omega}^{\mathrm{T}} \bar{\boldsymbol{x}}_j - \boldsymbol{\mu}^{\mathrm{T}} d \bar{\boldsymbol{y}}_j \geqq 0, j = 1, 2, \cdots, \bar{n}, \\ \qquad \boldsymbol{\omega}^{\mathrm{T}} \boldsymbol{x}_p = 1, \\ \qquad \boldsymbol{\omega} \geqq \mathbf{0}, \boldsymbol{\mu} \geqq \mathbf{0}. \end{cases}
$$

其中 $\boldsymbol{\omega} = (\omega_1, \omega_2, \cdots, \omega_m)^{\mathrm{T}}$ 表示输入指标的权重, $\boldsymbol{\mu} = (\mu_1, \mu_2, \cdots, \mu_s)^{\mathrm{T}}$ 表示输出指标的权重, d 为一个正数, 称为移动因子.

模型 (G-C^{2}R) 的对偶模型可以表示如下:

$$
(\text{DG-C}^2\text{R})\quad \begin{cases} \min \quad \theta = D(d), \\ \text{s.t.}\ \displaystyle\sum_{j=1}^{\bar{n}} \bar{\boldsymbol{x}}_j \lambda_j \leqq \theta \boldsymbol{x}_p, \\ \qquad \displaystyle\sum_{j=1}^{\bar{n}} d \bar{\boldsymbol{y}}_j \lambda_j \geqq \boldsymbol{y}_p, \\ \qquad \lambda_j \geqq 0, j = 1, 2, \cdots, \bar{n}. \end{cases}
$$

可以证明模型 (G-C^{2}R) 存在最优解.

定义 2.1　(1) 若规划 (G-C^{2}R) 的最优值 $V(d) \geqq 1$, 则称决策单元 p 相对样本数据前沿面的 d 移动为弱有效, 简称为 G-DEA(d)(general data envelopment analysis) 弱有效 (G-C^{2}R).

(2) 若规划 (G-C^{2}R) 的最优解中有下列情况之一:

(i) $\boldsymbol{\omega}^0 > \mathbf{0}, \boldsymbol{\mu}^0 > \mathbf{0}$, 使得 $V(d) = 1$;

(ii) $V(d) > 1$,

则称决策单元 p 相对样本数据前沿面的 d 移动为有效, 简称为 G-DEA(d) 有效 (G-C^{2}R).

特别地, 当 $d = 1$ 时, 记 G-DEA(1) 弱有效为 G-DEA 弱有效, 记 G-DEA(1) 有效为 G-DEA 有效.

例 2.1　表 2.1 给出了 3 个决策单元和 3 个样本单元的输入输出数据, 试判断决策单元 1 ~ 决策单元 3 的 DEA 有效性 (C^{2}R) 及 G-DEA 有效性 (G-C^{2}R).

表 2.1 决策单元与样本单元的输入输出数据

单元序号	决策单元			样本单元		
	1	2	3	1	2	3
输入	2	2	6	2	4	5
输出	2	3	4	2	1	3.5

(1) 首先, 应用传统的 C^2R 模型进行计算, 结果如下.

对于决策单元 1, 应用传统的 C^2R 模型评价, 则有以下模型:

$$(\mathrm{P}_1)\begin{cases}\max 2\mu_1 = V_{\mathrm{P}_1},\\ \text{s.t.}\ \ 2\omega_1 - 2\mu_1 \geqq 0,\\ \quad\ \ 2\omega_1 - 3\mu_1 \geqq 0,\\ \quad\ \ 6\omega_1 - 4\mu_1 \geqq 0,\\ \quad\ \ 2\omega_1 = 1,\\ \quad\ \ \omega_1 \geqq 0, \mu_1 \geqq 0.\end{cases}$$

线性规划 (P_1) 的最优解是 $\omega_1^0 = \dfrac{1}{2}, \mu_1^0 = \dfrac{1}{3}$, 最优目标函数值是 $\dfrac{2}{3}$. 因此, 由定义 1.2 可知决策单元 1 为 DEA 无效 (C^2R).

对于决策单元 2, 应用传统的 C^2R 模型评价, 则有以下模型:

$$(\mathrm{P}_2)\begin{cases}\max 3\mu_1 = V_{\mathrm{P}_2},\\ \text{s.t.}\ \ 2\omega_1 - 2\mu_1 \geqq 0,\\ \quad\ \ 2\omega_1 - 3\mu_1 \geqq 0,\\ \quad\ \ 6\omega_1 - 4\mu_1 \geqq 0,\\ \quad\ \ 2\omega_1 = 1,\\ \quad\ \ \omega_1 \geqq 0, \mu_1 \geqq 0.\end{cases}$$

线性规划 (P_2) 的最优解是 $\omega_1^0 = \dfrac{1}{2}, \mu_1^0 = \dfrac{1}{3}$, 最优目标函数值是 1. 因此, 由定义 1.2 可知决策单元 2 为 DEA 有效 (C^2R).

对于决策单元 3, 应用传统的 C^2R 模型评价, 则有以下模型:

$$(\mathrm{P}_3)\begin{cases}\max 4\mu_1 = V_{\mathrm{P}_3},\\ \text{s.t.}\ \ 2\omega_1 - 2\mu_1 \geqq 0,\\ \quad\ \ 2\omega_1 - 3\mu_1 \geqq 0,\\ \quad\ \ 6\omega_1 - 4\mu_1 \geqq 0,\\ \quad\ \ 6\omega_1 = 1,\\ \quad\ \ \omega_1 \geqq 0, \mu_1 \geqq 0.\end{cases}$$

线性规划 (P_3) 的最优解是 $\omega_1^0=\dfrac{1}{6},\mu_1^0=\dfrac{1}{9}$, 最优目标函数值是 $\dfrac{4}{9}$. 因此, 由定义 1.2 可知决策单元 3 为 DEA 无效 (C^2R).

(2) 应用本章给出的广义 DEA 模型进行计算, 结果如下.

对于决策单元 1, 取 $d=1$, 应用模型 $(G\text{-}C^2R)$ 评价, 则有以下模型:

$$(G_1)\left\{\begin{array}{l}\max 2\mu_1=V_{G_1},\\ \text{s.t.}\ \ 2\omega_1-2\mu_1\geqq 0,\\ \qquad 4\omega_1-\mu_1\geqq 0,\\ \qquad 5\omega_1-3.5\mu_1\geqq 0,\\ \qquad 2\omega_1=1,\\ \qquad \omega_1\geqq 0,\mu_1\geqq 0.\end{array}\right.$$

线性规划 (G_1) 的最优解是 $\omega_1^0=\dfrac{1}{2},\mu_1^0=\dfrac{1}{2}$, 最优目标函数值是 1. 因此, 由定义 2.1 可知决策单元 1 为 G-DEA 有效 $(G\text{-}C^2R)$.

对于决策单元 2, 取 $d=1$, 应用模型 $(G\text{-}C^2R)$ 评价, 则有以下模型:

$$(G_2)\left\{\begin{array}{l}\max 3\mu_1=V_{G_2},\\ \text{s.t.}\ \ 2\omega_1-2\mu_1\geqq 0,\\ \qquad 4\omega_1-\mu_1\geqq 0,\\ \qquad 5\omega_1-3.5\mu_1\geqq 0,\\ \qquad 2\omega_1=1,\\ \qquad \omega_1\geqq 0,\mu_1\geqq 0.\end{array}\right.$$

线性规划 (G_2) 的最优解是 $\omega_1^0=\dfrac{1}{2},\mu_1^0=\dfrac{1}{2}$, 最优目标函数值是 $\dfrac{3}{2}$. 因此, 由定义 2.1 可知决策单元 2 为 G-DEA 有效 $(G\text{-}C^2R)$.

对于决策单元 3, 取 $d=1$, 应用模型 $(G\text{-}C^2R)$ 评价, 则有以下模型:

$$(G_3)\left\{\begin{array}{l}\max 4\mu_1=V_{G_3},\\ \text{s.t.}\ \ 2\omega_1-2\mu_1\geqq 0,\\ \qquad 4\omega_1-\mu_1\geqq 0,\\ \qquad 5\omega_1-3.5\mu_1\geqq 0,\\ \qquad 6\omega_1=1,\\ \qquad \omega_1\geqq 0,\mu_1\geqq 0.\end{array}\right.$$

线性规划 (G_3) 的最优解是 $\omega_1^0=\dfrac{1}{6},\mu_1^0=\dfrac{1}{6}$, 最优目标函数值是 $\dfrac{2}{3}$. 因此, 由定义 2.1 可知决策单元 3 为 G-DEA 无效 $(G\text{-}C^2R)$.

2.2.2 满足规模收益可变的广义 DEA 模型

当系统满足规模收益可变时, 对决策单元 p 有以下模型:

$$
(\text{G-BC}^2)\begin{cases}\max\,(\boldsymbol{\mu}^{\mathrm{T}}\boldsymbol{y}_p+\mu_0)=V(d),\\ \text{s.t.}\ \ \boldsymbol{\omega}^{\mathrm{T}}\bar{\boldsymbol{x}}_j-\boldsymbol{\mu}^{\mathrm{T}}d\bar{\boldsymbol{y}}_j-\mu_0\geqq 0,\quad j=1,2,\cdots,\bar{n},\\ \qquad \boldsymbol{\omega}^{\mathrm{T}}\boldsymbol{x}_p=1,\\ \qquad \boldsymbol{\omega}\geqq\boldsymbol{0},\boldsymbol{\mu}\geqq\boldsymbol{0}.\end{cases}
$$

模型 (G-BC^2) 的对偶模型可以表示如下:

$$
(\text{DG-BC}^2)\begin{cases}\min\theta=D(d),\\ \text{s.t.}\ \ \sum\limits_{j=1}^{\bar{n}}\bar{\boldsymbol{x}}_j\lambda_j\leqq\theta\boldsymbol{x}_p,\\ \qquad \sum\limits_{j=1}^{\bar{n}}d\bar{\boldsymbol{y}}_j\lambda_j\geqq\boldsymbol{y}_p,\\ \qquad \sum\limits_{j=1}^{\bar{n}}\lambda_j=1,\\ \qquad \lambda_j\geqq 0,j=1,2,\cdots,\bar{n}.\end{cases}
$$

可以证明模型 (G-BC^2) 或者存在最优解, 或者有无界解.

定义 2.2 (1) 若规划 (G-BC^2) 的最优值 $V(d)\geqq 1$ 或者 (G-BC^2) 有无界解, 则称决策单元 p 相对样本数据前沿面的 d 移动为弱有效, 简称 G-DEA(d) 弱有效 (G-BC^2).

(2) 若规划 (G-BC^2) 的最优解满足下列情况之一:

(i) 存在最优解满足 $\boldsymbol{\omega}^0>\boldsymbol{0},\boldsymbol{\mu}^0>\boldsymbol{0}$, $V(d)=1$;

(ii) $V(d)>1$ 或者规划 (G-BC^2) 有无界解,

则称决策单元 p 相对样本数据前沿面的 d 移动为有效, 简称 G-DEA(d) 有效 (G-BC^2).

同样地, 当 $d=1$ 时, 记 G-DEA(1) 弱有效为 G-DEA 弱有效 (G-BC^2), 记 G-DEA(1) 有效为 G-DEA 有效 (G-BC^2).

实际上, 模型 ($\text{G-C}^2\text{R}$) 和模型 (G-BC^2) 可以统一地表示如下:

$$
(\text{G-RB})\begin{cases}\max\,(\boldsymbol{\mu}^{\mathrm{T}}\boldsymbol{y}_p+\delta\mu_0)=V(d),\\ \text{s.t.}\ \ \boldsymbol{\omega}^{\mathrm{T}}\bar{\boldsymbol{x}}_j-\boldsymbol{\mu}^{\mathrm{T}}d\bar{\boldsymbol{y}}_j-\delta\mu_0\geqq 0,j=1,2,\cdots,\bar{n},\\ \qquad \boldsymbol{\omega}^{\mathrm{T}}\boldsymbol{x}_p=1,\\ \qquad \boldsymbol{\omega}\geqq\boldsymbol{0},\boldsymbol{\mu}\geqq\boldsymbol{0}.\end{cases}
$$

当 $\delta=0$ 时, 模型 (G-RB) 为模型 (G-C^{2}R); 当 $\delta=1$ 时, 模型 (G-RB) 为模型 (G-BC^2).

类似于传统 DEA 方法的求解方式, 可以通过含有非阿基米德无穷小量的线性规划给出决策单元的投影概念.

$$(\mathrm{M}_\varepsilon)\begin{cases}\min\theta-\varepsilon(\hat{\boldsymbol{e}}^{\mathrm{T}}\boldsymbol{s}^-+\boldsymbol{e}^{\mathrm{T}}\boldsymbol{s}^+),\\ \text{s.t. } \displaystyle\sum_{j=1}^{\bar{n}}\bar{\boldsymbol{x}}_j\lambda_j+\boldsymbol{s}^-=\theta\boldsymbol{x}_p,\\ \displaystyle\sum_{j=1}^{\bar{n}}d\bar{\boldsymbol{y}}_j\lambda_j-\boldsymbol{s}^+=\boldsymbol{y}_p,\\ \delta\displaystyle\sum_{j=1}^{\bar{n}}\lambda_j=\delta,\\ \lambda_j\geqq 0,\quad j=1,2,\cdots,\bar{n},\\ \boldsymbol{s}^-\geqq\boldsymbol{0},\quad \boldsymbol{s}^+\geqq\boldsymbol{0}.\end{cases}$$

定义 2.3　假设 $\boldsymbol{\lambda}^0,\boldsymbol{s}^{-0},\boldsymbol{s}^{+0},\theta^0$ 是线性规划问题 (M_ε) 的最优解, 令

$$\hat{\boldsymbol{x}}_p=\theta^0\boldsymbol{x}_p-\boldsymbol{s}^{-0},\quad \hat{\boldsymbol{y}}_p=\boldsymbol{y}_p+\boldsymbol{s}^{+0},$$

称 $(\hat{\boldsymbol{x}}_p,\hat{\boldsymbol{y}}_p)$ 为决策单元 p 在样本有效前沿面上的 “投影”.

2.3　广义 DEA 有效性含义

假设共有 n 个待评价的决策单元和 $\bar{n}$ 个样本单元, 它们的特征可由 m 种输入和 s 种输出指标表示. 其中 $(\boldsymbol{x}_p,\boldsymbol{y}_p)$ 表示第 p 个决策单元的输入输出指标值, $(\bar{\boldsymbol{x}}_j,\bar{\boldsymbol{y}}_j)$ 表示第 j 个样本单元的输入输出指标值, 并且它们均为正数, 则由 $\bar{n}$ 个样本单元确定的生产可能集[16] 如下:

$$T(1)=\left\{(\boldsymbol{x},\boldsymbol{y})\left|\boldsymbol{x}\geqq\sum_{j=1}^{\bar{n}}\bar{\boldsymbol{x}}_j\lambda_j,\boldsymbol{y}\leqq\sum_{j=1}^{\bar{n}}\bar{\boldsymbol{y}}_j\lambda_j,\delta\sum_{j=1}^{\bar{n}}\lambda_j=\delta,\boldsymbol{\lambda}=(\lambda_1,\lambda_2,\cdots,\lambda_{\bar{n}})\geqq\boldsymbol{0}\right.\right\}.$$

$T(1)$ 中的每组值都代表了样本单元的一种可能的输入输出状态.

广义 DEA 模型以样本前沿面为参考集进行评价, 如果被评价单元的投入产出指标值不比样本数据包络面上的点更差, 则这一单元即为 G-DEA 有效单元; 否则, 表明被评价单元的输入输出指标值和样本单元的有效水平相比, 还没有达到 Pareto 有效状态.

比如, 在图 2.4 中, 决策单元集为$\{D,\ E,\ G\}$, 样本单元集为$\{a,\ b,\ c\}$, $\delta=1$, 其中样本可能集如图 2.4 中阴影部分所示, 样本前沿面为线段 ab, 其中决策单元 G, E 为 G-DEA 有效, D 为 G-DEA 无效.

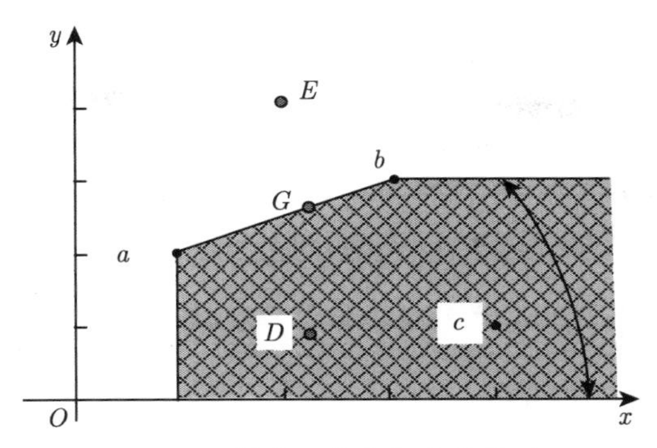

图 2.4 样本可能集与决策单元

在应用模型 (G-RB) 进行计算时, 决策单元 D 的效率值小于 1, 表示被评价单元 D 的效率劣于优秀样本单元; 决策单元 G 的效率值等于 1, 表示被评价单元 G 的效率与优秀样本单元相当; 决策单元 E 对应的模型无可行解, 表示被评价单元的效率优于样本单元.

这里效率值越大, 表明被评价单元的效率越高. 下面给出一个具体的例子来说明 G-DEA 有效性的含义.

例 2.2 假设某班级有 9 名学生, 学校准备在一次期末实验考试中, 测试学生的实验效率. 学校根据实际情况, 规定学生完成实验的效率评价标准为以下 4 种.

(1) 优秀：完成实验耗时不超过 40min.

(2) 良好：完成实验耗时 41~60 min.

(3) 一般：完成实验耗时 61~80 min.

(4) 较差：完成实验耗时超过 80 min.

为了便于说明问题, 假设学生的考试成绩均为 60 分. 有关考试成绩和完成考试时间如表 2.2 所示.

表 2.2 某班级学生的实验时间和测试成绩

学号	一般			良好			优秀		
	1	2	3	4	5	6	7	8	9
知识查阅时间 (x_1)	20	40	60	15	30	45	10	20	30
实验实施时间 (x_2)	60	40	20	45	30	15	30	20	10
实验成绩 (y)	60	60	60	60	60	60	60	60	60

以下分别用优秀效率、良好效率、一般效率标准来分析学生 2、学生 5 和学生 8 的 G-DEA 有效值.

根据问题的要求在模型 (G-BC^2) 中取决策单元集 ={学生 2, 学生 5, 学生 8},

样本单元集 1(优秀学生的集合)={学生 7, 学生 8, 学生 9},

样本单元集 2(良好学生的集合)={学生 4, 学生 5, 学生 6},

样本单元集 3(一般学生的集合)={学生 1, 学生 2, 学生 3},

则当取 $y=60$ 不变时, 样本单元集 1 ~ 样本单元集 3 构成的样本可能集投影到输入指标空间的图形如图 2.5 所示. 其中, A_1, A_2, A_3 为学生 7、学生 4、学生 1 对应的点, B_1, B_2, B_3 为学生 9、学生 6、学生 3 对应的点.

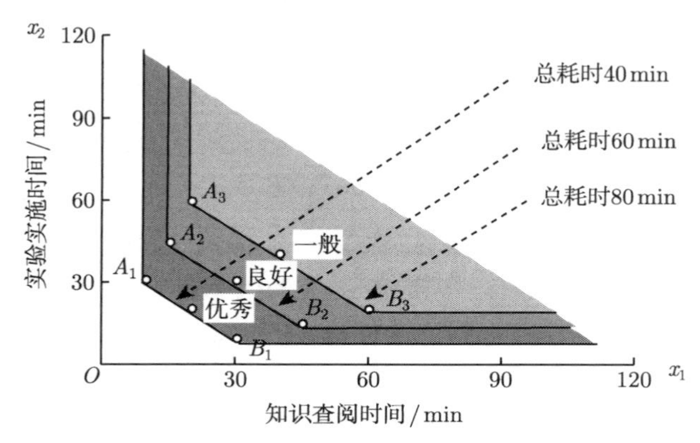

图 2.5　决策单元及评价参照集

应用线性规划 (G-BC^2) 可以算得各决策单元的效率值如表 2.3 所示.

表 2.3　被评价学生的效率值

评价对象	优秀的标准	良好的标准	一般的标准
学生 2	0.500	0.750	1.0000
学生 5	0.667	1.000	1.3333
学生 8	1.000	1.500	2.0000

从上面的样本单元集合可以看到, 选择的参考集 (样本单元集合) 不同, 则各决策单元的评价结果不同.

(1) 当选择的参考集合为优秀学生集时, 学生 2 和学生 5 的效率值小于 1, 表明这两个学生的效率劣于优秀学生; 学生 8 的效率值等于 1, 表明学生 8 和优秀学生同样优秀.

(2) 当选择的参考集合为良好学生集时, 学生 2 的效率值小于 1, 表明学生 2 的效率劣于良好学生; 学生 5 的效率值等于 1, 表明学生 5 的效率与良好的学生相当; 学生 8 的效率值大于 1, 表明学生 8 的效率优于良好的学生.

(3) 当选择的参考集合为一般学生集时, 学生 2 的效率值等于 1, 表明学生 2 和一般学生的效率相当; 学生 5 和学生 8 的效率值大于 1, 表明这两个学生的效率优于一般学生.

从例 2.2 可以看出, 广义 DEA 方法可以通过自主选择参考集合来提供决策者希望获得的信息, 而且广义 DEA 方法可以依据不同的参考集进行评价, 而传统 DEA 方法仅仅依靠 DEA 有效生产前沿面评价.

当移动因子 d 取不同值时, 样本前沿面就产生相应移动, 这样可以进一步预测在整体技术水平提高或降低的情况下决策单元的有效性变化. 例如, 在图 2.6 中对学习的绩效空间可以分为优、良、中、差等.

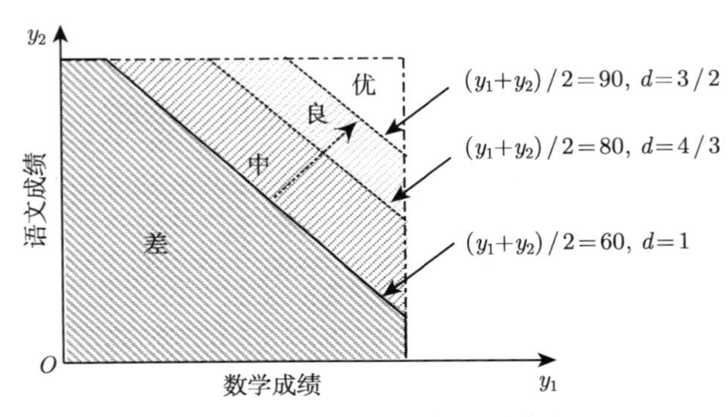

图 2.6 参照集及其有效面移动

同时, 应用样本前沿面的移动也可以将决策空间分成不同性质的区域. 例如, 在图 2.7 中将风险区域分成高风险区域、中风险区域、低风险区域等.

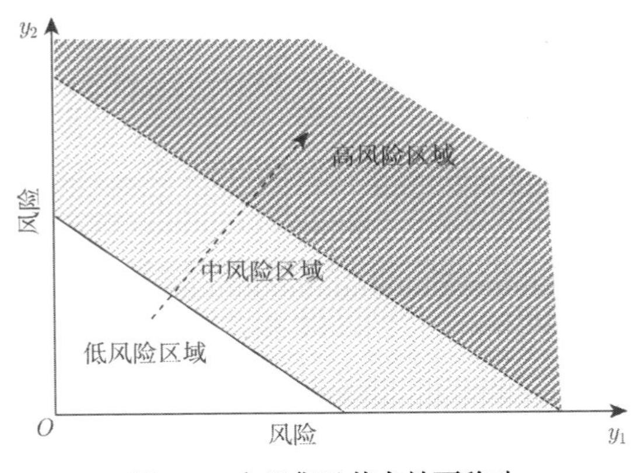

图 2.7 参照集及其有效面移动

在实际应用中, d 的取值要根据实际情况而定, 如在生产有效性分析中, 要根据时间、地点、技术进步等因素的不同来估计 d 的可能取值.

2.4 广义 DEA 方法在企业效率分析中的应用

以下首先举例说明如何应用广义 DEA 方法获得决策单元和某些指定对象比

较的信息.

例 2.3 假设甲、乙两个企业同处一个地区, 在经营中, 它们都希望和该地区经营模式已经转型成功的 8 家同类企业进行比较, 希望以此为本企业的未来转型提供参考信息.

以下收集了这 8 家转型企业的有关数据资料, 为了简单起见, 仅选取了其中三个指标, 各指标数据如表 2.4 所示.

表 2.4 某 8 家样本企业的部分指标数据

企业序号	资产总额/亿元	职工人数/人	总产值/亿元
1	51.14	46421	36.71
2	58.05	59976	36.51
3	70.32	46954	31.52
4	66.40	19100	21.80
5	20.21	24598	19.87
6	34.32	32188	19.75
7	29.50	19050	18.74
8	18.34	22897	18.05

假设各企业的生产满足规模可变, 甲、乙两个企业相应的指标数据如表 2.5 所示.

表 2.5 甲企业和乙企业的部分指标数据

企业名称	资产总额/亿元	职工人数/人	总产值/亿元
甲	69.77	35953	30.24
乙	32.64	37437	27.52

(1) 企业未来转型的参考信息. 在模型 (G-DEA) 中取 $\delta = 1, d = 1$, 通过计算可知, 乙企业的生产满足 G-DEA 有效, 而甲企业则为 G-DEA 无效. 其中甲企业的计算结果为

$$\theta = 0.961, \quad s_1^- = 9.315, \quad s_2^- = 0.000, \quad s_1^+ = 0.000.$$

这表明甲企业无效的主要原因是资产的整体产出不足, 即以目前的资产投入情况应该获得更大的产值, 当然, 在人员效率上也需进一步提高. 因此, 作为甲企业的决策者应仔细研究其他企业的经营策略和资源配置情况, 使自身企业的整体效益得到进一步提高.

(2) 以往的 DEA 模型对有效单元能给出的信息较少, 应用模型 (G-DEA), 通过移动样本前沿面还可以给出有效单元改进的信息. 在模型 (G-DEA) 中取 $\delta = 1$,

$d = 1.1$, 则乙企业的计算结果为

$$\theta = 0.909, \quad s_1^- = 0.000, \quad s_2^- = 2756, \quad s_1^+ = 0.000.$$

这表明乙企业在生产力整体水平进一步提高的情况下, 效率会出现下降, 特别是将出现人力资本产出不足的现象. 因此, 企业为了提高生产效益未来应该注重优化岗位结构, 加强员工培训, 使生产资料和人力资本得到合理配置, 以进一步达到有效提高生产效益的目的.

上述方法可以把多种数据信息综合集成, 不仅能为无效单元提供进一步改进的信息, 而且也能为有效单元提出发展的方向, 尤其对于一些关系复杂的系统, 该方法具有十分突出的优点. 当然, 该方法提供的信息还是宏观上的分析结果和预测性的建议, 在实际应用中还需要进一步论证和更为详细地分析.

参 考 文 献

[1] 马占新. 一种基于样本前沿面的综合评价方法[J]. 内蒙古大学学报, 2002, 33(6): 606-610

[2] 马占新. 广义参考集 DEA 模型及其相关性质[J]. 系统工程与电子技术, 2012, 34(4): 709-714

[3] Charnes A, Cooper W W, Rhodes E. Measuring the efficiency of decision making units[J]. European Journal of Operational Research, 1978, 2(6): 429-444

[4] Banker R D, Charnes A, Cooper W W. Some models for estimating technical and scale inefficiencies in data envelopment analysis[J]. Management Science, 1984, 30(9): 1078-1092

[5] Färe R, Grosskopf S. A nonparametric cost approach to scale efficiency[J]. Scandinavian Journal of Economics, 1985, 87(4): 594-604

[6] Seiford L M, Thrall R M. Recent developments in DEA: the mathematical programming approach to frontier analysis[J]. Journal of Econometrics, 1990, 46(1/2): 7-38

[7] 马占新, 吕喜明. 带有偏好锥的样本数据包络分析方法研究[J]. 系统工程与电子技术, 2007, 29(8): 1275-1281

[8] 马占新, 马生昀. 基于 C^2W 模型的广义数据包络分析方法研究[J]. 系统工程与电子技术, 2009, 31(2): 366-372

[9] 马占新, 马生昀. 基于 C^2WY 模型的广义数据包络分析方法[J]. 系统工程学报, 2011, 26(2): 251-261

[10] 赵勇, 岳超源, 陈珽. 数据包络分析中有效单元的进一步分析[J]. 系统工程学报, 1995, (4): 95-100

[11] 马占新, 任慧龙, 戴仰山. DEA 方法在多风险事件综合评价中的应用研究[J]. 系统工程与电子技术, 2001, 23(8): 7-11

[12] 马占新, 任慧龙. 一种基于样本的综合评价方法及其在 FSA 中的应用研究[J]. 系统工程理论与实践, 2003, 23(2): 95-100
[13] 马占新, 张海娟. 用于组合有效性综合评价的非参数方法研究[J]. 系统工程与电子技术, 2006, 28(5): 699-703, 787
[14] 马占新. 竞争环境与组合效率综合评价的非参数方法研究[J]. 控制与决策, 2008, 23(4): 420-424, 430
[15] Ma Z X, Zhang H J, Cui X H. Study on the combination efficiency of industrial enterprises[C]. Proceedings of International Conference on Management of Technology, Australia: Aussino Academic Publishing House, 2007: 225-230
[16] 魏权龄. 数据包络分析[M]. 北京: 科学出版社, 2004: 259-261

第3章　广义 DEA 模型及其拓展

为进一步介绍广义 DEA 方法的模型体系，也为后面章节应用的需要，本章将介绍几个典型的广义 DEA 模型，并探讨这些模型与传统 DEA 模型之间的关系．通过比较发现：DEA 方法与广义 DEA 之间不仅具有较好的传承关系，更重要的是广义 DEA 方法能够将传统 DEA 方法的应用范围拓展到一个更大的空间．特别是在理论基础层面，DEA 有效性的含义不再是基于工程效率和生产函数的背景，而是基于偏序集理论．

自 1978 年 Charnes 等给出评价决策单元相对有效的 C^2R 模型[1]以来，DEA 方法在经济管理领域得到普遍接受和广泛应用，其中比较主要的方向有技术经济与技术管理、资源优化配置、绩效考评、人力资源测评、技术创新与技术进步、财务管理、银行管理、物流与供应链管理、组合与博弈、风险评估、产业结构分析、可持续发展评价等[2]．

尽管 DEA 方法在理论和应用方面获得了空前发展，但 DEA 方法本身仍存在较大的提升空间[3]．例如：①在高考中，一般考生更关心的是自己是否超过了录取线，而不是和优秀考生的差距；②在由计划经济向市场经济转型时，决策者不是看哪个企业更有效，而是要寻找按市场经济配置的改革样板进行学习；③和每个单元进行比较不仅浪费时间和资源，而且有些比较可能是没有意义的．

如果将效率评价问题比较的对象分为"群体内部单元"和"群体外部单元"两类，那么，传统 DEA 方法参照的对象也只是第一类中的一部分单元，即它只能给出相对于"优秀"单元的信息[3]．为了解决这些问题，文献 [4] 首先以企业重组为背景提出了基于样本点评价的广义 DEA 模型，随着研究的深入，其他的相关模型被陆续提出，包括基于 C^2R 模型、BC^2 模型的广义 DEA 模型[5]、基于 C^2WH 模型的广义 DEA 模型[6]、基于 C^2W 模型的广义 DEA 模型[7]、基于 C^2WY 模型的广义 DEA 模型[8]、基于面板数据的广义 DEA 模型[9]、基于模糊综合评判的广义 DEA 模型[10]、用于交叉类型决策单元评价的广义 DEA 模型[11]等．和传统 DEA 模型相比，广义 DEA 模型可以依据包括群体内部和外部单元在内的更广泛的单元集进行评价，因而，适用的范围更加广泛．为了进一步介绍广义 DEA 方法的模型体系，也为了后面章节应用的需要，本章将从基础模型的层面，介绍以下几个典型的广义 DEA 模型．

3.1 基于不同规模收益的广义 DEA 模型

在 DEA 模型中, C^2R 模型[1]、BC^2模型[12]、FG 模型[13]和 ST 模型[14]是四个经典的模型. 应用这几个模型可以分别描述生产活动满足规模收益不变、规模收益可变、规模收益非递增和规模收益非递减情况下的生产效率. 以下在这四个模型的基础上, 给出一类基于样本单元评价的基本广义数据包络分析模型[3,15], 可以证明四个经典 DEA 模型是该模型的特例.

3.1.1 面向输入的基本广义 DEA 模型

假设共有 n 个待评价的决策单元和 $\bar{n}$ 个样本单元或标准 (以下统称样本单元), 它们的特征可由 m 种输入和 s 种输出指标表示.

第 p 个决策单元的输入指标值为

$$\boldsymbol{x}_p = (x_{1p}, x_{2p}, \cdots, x_{mp})^{\mathrm{T}},$$

第 p 个决策单元的输出指标值为

$$\boldsymbol{y}_p = (y_{1p}, y_{2p}, \cdots, y_{sp})^{\mathrm{T}},$$

第 j 个样本单元的输入指标值为

$$\bar{\boldsymbol{x}}_j = (\bar{x}_{1j}, \bar{x}_{2j}, \cdots, \bar{x}_{mj})^{\mathrm{T}},$$

第 j 个样本单元的输出指标值为

$$\bar{\boldsymbol{y}}_j = (\bar{y}_{1j}, \bar{y}_{2j}, \cdots, \bar{y}_{sj})^{\mathrm{T}},$$

并且它们均为正数, 则对决策单元 p 有以下模型:

$$(\text{G-DEA}_{\mathrm{I}})\begin{cases} \max \boldsymbol{\mu}^{\mathrm{T}}\boldsymbol{y}_p + \delta_1\mu_0, \\ \text{s.t.}\ \ \boldsymbol{\omega}^{\mathrm{T}}\bar{\boldsymbol{x}}_j - \boldsymbol{\mu}^{\mathrm{T}}d\bar{\boldsymbol{y}}_j - \delta_1\mu_0 \geqq 0, j = 1, 2, \cdots, \bar{n}, \\ \qquad \boldsymbol{\omega}^{\mathrm{T}}\boldsymbol{x}_p = 1, \\ \qquad \boldsymbol{\omega} \geqq \mathbf{0}, \boldsymbol{\mu} \geqq \mathbf{0}, \\ \qquad \delta_1\delta_2(-1)^{\delta_3}\mu_0 \geqq 0, \end{cases}$$

其中 $\boldsymbol{\omega} = (\omega_1, \omega_2, \cdots, \omega_m)^{\mathrm{T}}$ 表示输入指标的权重, $\boldsymbol{\mu} = (\mu_1, \mu_2, \cdots, \mu_s)^{\mathrm{T}}$ 表示输出指标的权重, d 为一个正数, 称为移动因子. $\delta_1, \delta_2, \delta_3$ 为取值 0 或 1 的参数.

模型 (G-DEA$_{\mathrm{I}}$) 的对偶模型可以表示如下：

$$
(\text{DG-DEA}_{\mathrm{I}})\begin{cases}
\min\theta,\\
\text{s.t. } \sum_{j=1}^{\bar{n}} \bar{\boldsymbol{x}}_j\lambda_j \leqq \theta\boldsymbol{x}_p,\\
\sum_{j=1}^{\bar{n}} d\bar{\boldsymbol{y}}_j\lambda_j \geqq \boldsymbol{y}_p,\\
\delta_1\left(\sum_{j=1}^{\bar{n}}\lambda_j-\delta_2(-1)^{\delta_3}\lambda_{\bar{n}+1}\right)=\delta_1,\\
\lambda_j \geqq 0, j=1,2,\cdots,\bar{n}+1,
\end{cases}
$$

根据数据包络分析方法构造生产可能集的思想, 由 $\bar{n}$ 个样本单元确定的生产可能集如下：

$$
T=\left\{(\boldsymbol{x},\boldsymbol{y})\left|\sum_{j=1}^{\bar{n}}\bar{\boldsymbol{x}}_j\lambda_j \leqq \boldsymbol{x}, \sum_{j=1}^{\bar{n}}\bar{\boldsymbol{y}}_j\lambda_j \geqq \boldsymbol{y},\right.\right.
$$
$$
\left.\delta_1\left(\sum_{j=1}^{\bar{n}}\lambda_j-\delta_2(-1)^{\delta_3}\lambda_{\bar{n}+1}\right)=\delta_1, \lambda_j \geqq 0, j=1,2,\cdots,\bar{n}+1\right\}.
$$

令

$$
T(d)=\left\{(\boldsymbol{x},\boldsymbol{y})\left|\sum_{j=1}^{\bar{n}}\bar{\boldsymbol{x}}_j\lambda_j \leqq \boldsymbol{x}, \sum_{j=1}^{\bar{n}}d\bar{\boldsymbol{y}}_j\lambda_j \geqq \boldsymbol{y},\right.\right.
$$
$$
\left.\delta_1\left(\sum_{j=1}^{\bar{n}}\lambda_j-\delta_2(-1)^{\delta_3}\lambda_{\bar{n}+1}\right)=\delta_1, \lambda_j \geqq 0, j=1,2,\cdots,\bar{n}+1\right\},
$$

称 $T(d)$ 为样本单元确定的生产可能集的伴随生产可能集. 显然, $T(1)=T$.

从上面的模型看, DEA 模型与广义 DEA 模型之间具有较好的传承关系. 为了使广义 DEA 方法的应用领域更广泛, 以下不再从工程效率和生产函数的背景去定义 DEA 有效性的概念, 而是从偏序集理论[16-17]出发来定义广义 DEA 有效性的概念.

定义 3.1 如果不存在 $(\boldsymbol{x},\boldsymbol{y})\in T$, 使得 $\boldsymbol{x}_p \geqq \boldsymbol{x}, \boldsymbol{y}_p \leqq \boldsymbol{y}$ 且至少有一个不等式严格成立, 则称决策单元 p 相对于样本生产前沿面有效, 简称 G-DEA 有效. 反之, 为 G-DEA 无效.

定义 3.2　如果不存在 $(\boldsymbol{x},\boldsymbol{y})\in T(d)$, 使得 $\boldsymbol{x}_p \geqq \boldsymbol{x}, \boldsymbol{y}_p \leqq \boldsymbol{y}$ 且至少有一个不等式严格成立, 则称决策单元 p 相对于样本生产前沿面的 d 移动有效, 简称 G-DEA$_d$ 有效. 反之, 称为 G-DEA$_d$ 无效.

定义 3.1 相当于定义 3.2 中 $d=1$ 时的情形, 即此时 G-DEA$_1$ 有效与 G-DEA 有效相同.

令

$$T_{\mathrm{DMU}}=\{(\boldsymbol{x}_1,\boldsymbol{y}_1),(\boldsymbol{x}_2,\boldsymbol{y}_2),\cdots,(\boldsymbol{x}_n,\boldsymbol{y}_n)\},$$

称 T_{DMU} 为决策单元集.

令

$$T_{\mathrm{SU}}=\{(\bar{\boldsymbol{x}}_1,\bar{\boldsymbol{y}}_1),(\bar{\boldsymbol{x}}_2,\bar{\boldsymbol{y}}_2),\cdots,(\bar{\boldsymbol{x}}_{\bar{n}},\bar{\boldsymbol{y}}_{\bar{n}})\},$$

称 T_{SU} 为样本单元集.

模型 (G-DEA$_\mathrm{I}$) 不仅应用范围广, 而且还具有很好的包容性. 当 $\delta_1,\delta_2,\delta_3$ 取不同参数时, 可以验证 C^{2}R, BC^2, FG, ST 模型都是模型 (G-DEA$_\mathrm{I}$) 的特例.

(1) 当 $T_{\mathrm{DMU}}=T_{\mathrm{SU}}$, $\delta_1=0, d=1$ 时, 模型 (G-DEA$_\mathrm{I}$) 为 C^{2}R 模型, 模型 (DG-DEA$_\mathrm{I}$) 即为面向输入的 C^{2}R 模型的对偶模型. 面向输入的 C^{2}R 模型及其对偶模型[1]为

$$(\mathrm{P}^{\mathrm{I}}_{\mathrm{C^2R}})\begin{cases}\max \boldsymbol{\mu}^{\mathrm{T}}\boldsymbol{y}_{j_0},\\ \text{s.t. }\ \boldsymbol{\omega}^{\mathrm{T}}\boldsymbol{x}_j-\boldsymbol{\mu}^{\mathrm{T}}\boldsymbol{y}_j\geqq 0, j=1,\cdots,n,\\ \qquad \boldsymbol{\omega}^{\mathrm{T}}\boldsymbol{x}_{j_0}=1,\\ \qquad \boldsymbol{\omega}\geqq\mathbf{0},\boldsymbol{\mu}\geqq\mathbf{0}.\end{cases}$$

$$(\mathrm{D}^{\mathrm{I}}_{\mathrm{C^2R}})\begin{cases}\min\quad \theta,\\ \text{s.t. }\ \displaystyle\sum_{j=1}^{n}\boldsymbol{x}_j\lambda_j\leqq\theta\boldsymbol{x}_{j_0},\\ \qquad \displaystyle\sum_{j=1}^{n}\boldsymbol{y}_j\lambda_j\geqq\boldsymbol{y}_{j_0},\\ \qquad \lambda_j\geqq 0, j=1,\cdots,n.\end{cases}$$

(2) 当 $T_{\mathrm{DMU}}=T_{\mathrm{SU}}$, $\delta_1=1$, $\delta_2=0$, $d=1$ 时, 模型 (G-DEA$_\mathrm{I}$) 为 BC^2 模型[12], 模型 (DG-DEA$_\mathrm{I}$) 即为 BC^2 模型的对偶模型. 面向输入的 BC^2 模型及其对偶模型为

$$(\mathrm{P}^{\mathrm{I}}_{\mathrm{BC^2}})\begin{cases}\max \boldsymbol{\mu}^{\mathrm{T}}\boldsymbol{y}_{j_0}+\mu_0,\\ \text{s.t. }\ \boldsymbol{\omega}^{\mathrm{T}}\boldsymbol{x}_j-\boldsymbol{\mu}^{\mathrm{T}}\boldsymbol{y}_j-\mu_0\geqq 0, j=1,\cdots,n,\\ \qquad \boldsymbol{\omega}^{\mathrm{T}}\boldsymbol{x}_{j_0}=1,\\ \qquad \boldsymbol{\omega}\geqq\mathbf{0},\boldsymbol{\mu}\geqq\mathbf{0}.\end{cases}$$

$$(\mathrm{D}_{\mathrm{BC}^2}^{\mathrm{I}})\begin{cases}\min\theta,\\ \text{s.t.}\ \sum_{j=1}^{n}\boldsymbol{x}_j\lambda_j\leqq\theta\boldsymbol{x}_{j_0},\\ \quad\sum_{j=1}^{n}\boldsymbol{y}_j\lambda_j\geqq\boldsymbol{y}_{j_0},\\ \quad\sum_{j=1}^{n}\lambda_j=1,\\ \quad\lambda_j\geqq 0,j=1,\cdots,n.\end{cases}$$

(3) 当 $T_{\mathrm{DMU}}=T_{\mathrm{SU}}$, $\delta_1=1$, $\delta_2=1$, $\delta_3=1,d=1$ 时, 模型 (G-DEA$_{\mathrm{I}}$) 为 FG 模型[13], 模型 (DG-DEA$_{\mathrm{I}}$) 即为 FG 模型的对偶模型. 面向输入的 FG 模型及其对偶模型为

$$(\mathrm{P}_{\mathrm{FG}}^{\mathrm{I}})\begin{cases}\max\boldsymbol{\mu}^{\mathrm{T}}\boldsymbol{y}_{j_0}+\mu_0,\\ \text{s.t.}\ \boldsymbol{\omega}^{\mathrm{T}}\boldsymbol{x}_j-\boldsymbol{\mu}^{\mathrm{T}}\boldsymbol{y}_j-\mu_0\geqq 0,j=1,\cdots,n,\\ \quad\boldsymbol{\omega}^{\mathrm{T}}\boldsymbol{x}_{j_0}=1,\\ \quad\boldsymbol{\omega}\geqq\mathbf{0},\boldsymbol{\mu}\geqq\mathbf{0},\mu_0\leqq 0.\end{cases}$$

$$(\mathrm{D}_{\mathrm{FG}}^{\mathrm{I}})\begin{cases}\min\theta,\\ \text{s.t.}\ \sum_{j=1}^{n}\boldsymbol{x}_j\lambda_j\leqq\theta\boldsymbol{x}_{j_0},\\ \quad\sum_{j=1}^{n}\boldsymbol{y}_j\lambda_j\geqq\boldsymbol{y}_{j_0},\\ \quad\sum_{j=1}^{n}\lambda_j\leqq 1,\\ \quad\lambda_j\geqq 0,j=1,\cdots,n.\end{cases}$$

(4) 当 $T_{\mathrm{DMU}}=T_{\mathrm{SU}}$, $\delta_1=1$, $\delta_2=1$, $\delta_3=0$, $d=1$ 时, 模型 (G-DEA$_{\mathrm{I}}$) 为 ST 模型[14], 模型 (DG-DEA$_{\mathrm{I}}$) 即为 ST 模型的对偶模型. 面向输入的 ST 模型及其对偶规划为

$$(\mathrm{P}_{\mathrm{ST}}^{\mathrm{I}})\begin{cases}\max\boldsymbol{\mu}^{\mathrm{T}}\boldsymbol{y}_{j_0}+\mu_0,\\ \text{s.t.}\ \boldsymbol{\omega}^{\mathrm{T}}\boldsymbol{x}_j-\boldsymbol{\mu}^{\mathrm{T}}\boldsymbol{y}_j-\mu_0\geqq 0,j=1,\cdots,n,\\ \quad\boldsymbol{\omega}^{\mathrm{T}}\boldsymbol{x}_{j_0}=1,\\ \quad\boldsymbol{\omega}\geqq\mathbf{0},\boldsymbol{\mu}\geqq\mathbf{0},\mu_0\geqq 0.\end{cases}$$

$$
(\mathrm{D}_{\mathrm{ST}}^{\mathrm{I}})\begin{cases}\min \theta, \\ \text{s.t. } \sum_{j=1}^{n} \boldsymbol{x}_j \lambda_j \leqq \theta \boldsymbol{x}_{j_0}, \\ \quad \sum_{j=1}^{n} \boldsymbol{y}_j \lambda_j \geqq \boldsymbol{y}_{j_0}, \\ \quad \sum_{j=1}^{n} \lambda_j \geqq 1, \\ \quad \lambda_j \geqq 0, j=1,\cdots,n.\end{cases}
$$

以上是面向输入的广义 DEA 模型, 该类模型主要是希望在输出不减少的情况下, 如何使输入尽可能地减少. 相对地, 若决策者追求的是在输入不增加的情况下, 如何尽可能地使输出增大, 则有以下面向输出的广义 DEA 模型.

3.1.2 面向输出的基本广义 DEA 模型

面向输出的基本广义 DEA 模型及对偶模型可以表示如下:

$$
(\text{G-DEA}_{\mathrm{O}})\begin{cases}\min \boldsymbol{\omega}^{\mathrm{T}} \boldsymbol{x}_p - \delta_1 \mu_0, \\ \text{s.t. } \boldsymbol{\omega}^{\mathrm{T}} \bar{\boldsymbol{x}}_j - \boldsymbol{\mu}^{\mathrm{T}} d \bar{\boldsymbol{y}}_j - \delta_1 \mu_0 \geqq 0, j=1,2,\cdots,\bar{n}, \\ \quad \boldsymbol{\mu}^{\mathrm{T}} \boldsymbol{y}_p = 1, \\ \quad \boldsymbol{\omega} \geqq \mathbf{0}, \boldsymbol{\mu} \geqq \mathbf{0}, \\ \quad \delta_1 \delta_2 (-1)^{\delta_3} \mu_0 \geqq 0,\end{cases}
$$

模型 ($\text{G-DEA}_{\mathrm{O}}$) 的对偶模型可以表示如下:

$$
(\text{DG-DEA}_{\mathrm{O}})\begin{cases}\max z, \\ \text{s.t. } \sum_{j=1}^{\bar{n}} \bar{\boldsymbol{x}}_j \lambda_j \leqq \boldsymbol{x}_p, \\ \quad \sum_{j=1}^{\bar{n}} d \bar{\boldsymbol{y}}_j \lambda_j \geqq z \boldsymbol{y}_p, \\ \quad \delta_1 \left(\sum_{j=1}^{\bar{n}} \lambda_j - \delta_2 (-1)^{\delta_3} \lambda_{\bar{n}+1} \right) = \delta_1, \\ \quad \lambda_j \geqq 0, j=1,2,\cdots,\bar{n}+1.\end{cases}
$$

对于面向输出的广义 DEA 模型同样包含了面向输出的基本 DEA 模型.

(1) 当 $T_{\mathrm{DMU}} = T_{\mathrm{SU}}$, $\delta_1 = 0$, $d = 1$ 时, 模型 ($\text{G-DEA}_{\mathrm{O}}$) 为面向输出的 $\mathrm{C}^2\mathrm{R}$ 模型, 模型 ($\text{DG-DEA}_{\mathrm{O}}$) 即为其对偶模型. 面向输出的 $\mathrm{C}^2\mathrm{R}$ 模型及其对偶模型为

$$
(\mathrm{P}_{\mathrm{C^2R}}^{\mathrm{O}})\begin{cases}\min \boldsymbol{\omega}^{\mathrm{T}}\boldsymbol{x}_{j_0},\\ \text{s.t. } \boldsymbol{\omega}^{\mathrm{T}}\boldsymbol{x}_j-\boldsymbol{\mu}^{\mathrm{T}}\boldsymbol{y}_j\geqq 0, j=1,\cdots,n,\\ \qquad \boldsymbol{\mu}^{\mathrm{T}}\boldsymbol{y}_{j_0}=1,\\ \qquad \boldsymbol{\omega}\geqq \mathbf{0},\boldsymbol{\mu}\geqq \mathbf{0}.\end{cases}
$$

$$
(\mathrm{D}_{\mathrm{C^2R}}^{\mathrm{O}})\begin{cases}\max z,\\ \text{s.t. } \displaystyle\sum_{j=1}^{n}\boldsymbol{x}_j\lambda_j\leqq \boldsymbol{x}_{j_0},\\ \qquad \displaystyle\sum_{j=1}^{n}\boldsymbol{y}_j\lambda_j\geqq z\boldsymbol{y}_{j_0},\\ \qquad \lambda_j\geqq 0, j=1,\cdots,n.\end{cases}
$$

(2) 当 $T_{\mathrm{DMU}}=T_{\mathrm{SU}}$, $\delta_1=1$, $\delta_2=0$, $d=1$ 时, 模型 (G-DEA$_{\mathrm{O}}$) 为面向输出的 BC^2 模型, 模型 (DG-DEA$_{\mathrm{O}}$) 即为其对偶模型. 面向输出的 BC^2 模型及其对偶模型为

$$
(\mathrm{P}_{\mathrm{BC^2}}^{\mathrm{O}})\begin{cases}\min \boldsymbol{\omega}^{\mathrm{T}}\boldsymbol{x}_{j_0}-\mu_0,\\ \text{s.t. } \boldsymbol{\omega}^{\mathrm{T}}\boldsymbol{x}_j-\boldsymbol{\mu}^{\mathrm{T}}\boldsymbol{y}_j-\mu_0\geqq 0, j=1,\cdots,n,\\ \qquad \boldsymbol{\mu}^{\mathrm{T}}\boldsymbol{y}_{j_0}=1,\\ \qquad \boldsymbol{\omega}\geqq \mathbf{0},\boldsymbol{\mu}\geqq \mathbf{0}.\end{cases}
$$

$$
(\mathrm{D}_{\mathrm{BC^2}}^{\mathrm{O}})\begin{cases}\max z,\\ \text{s.t. } \displaystyle\sum_{j=1}^{n}\boldsymbol{x}_j\lambda_j\leqq \boldsymbol{x}_{j_0},\\ \qquad \displaystyle\sum_{j=1}^{n}\boldsymbol{y}_j\lambda_j\geqq z\boldsymbol{y}_{j_0},\\ \qquad \displaystyle\sum_{j=1}^{n}\lambda_j=1,\\ \qquad \lambda_j\geqq 0, j=1,\cdots,n.\end{cases}
$$

(3) 当 $T_{\mathrm{DMU}}=T_{\mathrm{SU}}$, $\delta_1=1,\delta_2=1$, $\delta_3=1,d=1$ 时, 模型 (G-DEA$_{\mathrm{O}}$) 为面向输出的 FG 模型, 模型 (DG-DEA$_{\mathrm{O}}$) 即为其对偶模型. 面向输出的 FG 模型及其对偶模型为

$$
(\mathrm{P}_{\mathrm{FG}}^{\mathrm{O}})\begin{cases}\min \boldsymbol{\omega}^{\mathrm{T}}\boldsymbol{x}_{j_0}-\mu_0,\\ \text{s.t. } \boldsymbol{\omega}^{\mathrm{T}}\boldsymbol{x}_j-\boldsymbol{\mu}^{\mathrm{T}}\boldsymbol{y}_j-\mu_0\geqq 0, j=1,\cdots,n,\\ \qquad \boldsymbol{\mu}^{\mathrm{T}}\boldsymbol{y}_{j_0}=1,\\ \qquad \boldsymbol{\omega}\geqq \mathbf{0},\boldsymbol{\mu}\geqq \mathbf{0},\mu_0\leqq 0.\end{cases}
$$

$$
(\mathrm{D}_{\mathrm{FG}}^{\mathrm{O}})\begin{cases}\max z,\\ \text{s.t. } \sum_{j=1}^{n} \boldsymbol{x}_j\lambda_j \leqq \boldsymbol{x}_{j_0},\\ \qquad \sum_{j=1}^{n} \boldsymbol{y}_j\lambda_j \geqq z\boldsymbol{y}_{j_0},\\ \qquad \sum_{j=1}^{n} \lambda_j \leqq 1,\\ \qquad \lambda_j \geqq 0, j=1,\cdots,n.\end{cases}
$$

(4) 当 $T_{\mathrm{DMU}}=T_{\mathrm{SU}}$, $\delta_1=1$, $\delta_2=1$, $\delta_3=0$, $d=1$ 时, 模型 (G-DEA$_{\mathrm{O}}$) 为面向输出的 ST 模型, 模型 (DG-DEA$_{\mathrm{O}}$) 即为其对偶模型. 面向输出的 ST 模型及其对偶模型为

$$
(\mathrm{P}_{\mathrm{ST}}^{\mathrm{O}})\begin{cases}\min \boldsymbol{\omega}^{\mathrm{T}}\boldsymbol{x}_{j_0}-\mu_0,\\ \text{s.t. } \boldsymbol{\omega}^{\mathrm{T}}\boldsymbol{x}_j-\boldsymbol{\mu}^{\mathrm{T}}\boldsymbol{y}_j-\mu_0 \geqq 0, j=1,\cdots,n,\\ \qquad \boldsymbol{\mu}^{\mathrm{T}}\boldsymbol{y}_{j_0}=1,\\ \qquad \boldsymbol{\omega} \geqq \mathbf{0}, \boldsymbol{\mu} \geqq \mathbf{0}, \mu_0 \geqq 0.\end{cases}
$$

$$
(\mathrm{D}_{\mathrm{ST}}^{\mathrm{O}})\begin{cases}\max z,\\ \text{s.t. } \sum_{j=1}^{n} \boldsymbol{x}_j\lambda_j \leqq \boldsymbol{x}_{j_0},\\ \qquad \sum_{j=1}^{n} \boldsymbol{y}_j\lambda_j \geqq z\boldsymbol{y}_{j_0},\\ \qquad \sum_{j=1}^{n} \lambda_j \geqq 1,\\ \qquad \lambda_j \geqq 0, j=1,\cdots,n.\end{cases}
$$

3.2　带有偏好锥的广义 DEA 模型

以下从 C²WH 模型[18] 的基本思想出发, 给出了带有偏好锥的广义 DEA 模型 (PSam-C²WH) 和相应的 SCDEA 有效性及弱有效性概念. 分析了模型 (PSam-C²WH) 与传统 C²WH 模型之间的关系.

假设共有 n 个待评价的决策单元和 $\bar{n}$ 个样本单元, 它们的特征可由 m 种输入和 s 种输出指标表示, 第 p 个决策单元的输入指标值为

$$
\boldsymbol{x}_p=(x_{1p},x_{2p},\cdots,x_{mp})^{\mathrm{T}},
$$

输出指标值为

$$
\boldsymbol{y}_p=(y_{1p},y_{2p},\cdots,y_{sp})^{\mathrm{T}},
$$

第 j 个样本单元的输入指标值为

$$\bar{\boldsymbol{x}}_j = (\bar{x}_{1j}, \bar{x}_{2j}, \cdots, \bar{x}_{mj})^{\mathrm{T}},$$

输出指标值为

$$\bar{\boldsymbol{y}}_j = (\bar{y}_{1j}, \bar{y}_{2j}, \cdots, \bar{y}_{sj})^{\mathrm{T}},$$

并且

$$\boldsymbol{x}_p, \bar{\boldsymbol{x}}_j \in \operatorname{int}(-V^*),$$

$$\boldsymbol{y}_p, \bar{\boldsymbol{y}}_j \in \operatorname{int}(-U^*).$$

其中

$$V \subseteq E_+^m, \quad U \subseteq E_+^s, \quad K \subseteq E^{\bar{n}}$$

均为闭凸锥, V^*, U^* 为 V, U 的极锥, 并且

$$\operatorname{int}V \neq \varnothing, \quad \operatorname{int}U \neq \varnothing.$$

另外, 对 $j = 1,2,\cdots,\bar{n}$, 有

$$\boldsymbol{\delta}_j = (0, \cdots, 0, \underset{j}{1}, 0, \cdots, 0)^{\mathrm{T}} \in -K^*.$$

$$K^* = \left\{\boldsymbol{k} | \hat{\boldsymbol{k}}^{\mathrm{T}} \boldsymbol{k} \leqq 0,\ 对于任意的\ \hat{\boldsymbol{k}} \in K\right\}$$

为 K 的极锥.

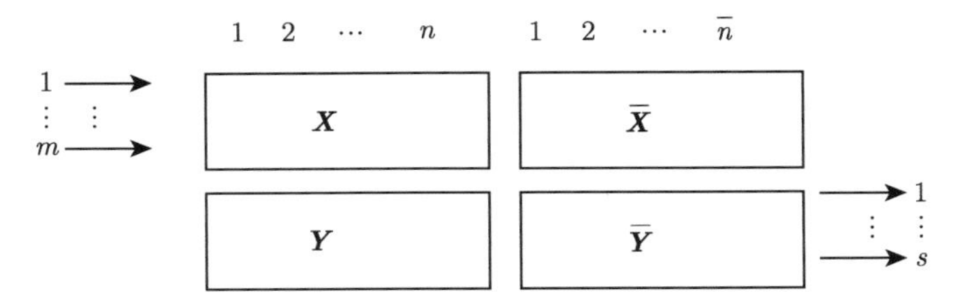

令

$$\boldsymbol{X} = (\boldsymbol{x}_1, \boldsymbol{x}_2, \cdots, \boldsymbol{x}_n)$$

为 $m \times n$ 矩阵,

$$\boldsymbol{Y} = (\boldsymbol{y}_1, \boldsymbol{y}_2, \cdots, \boldsymbol{y}_n)$$

为 $s \times n$ 矩阵,

$$\bar{\boldsymbol{X}} = (\bar{\boldsymbol{x}}_1, \bar{\boldsymbol{x}}_2, \cdots, \bar{\boldsymbol{x}}_{\bar{n}})$$

为 $m \times \bar{n}$ 矩阵,

$$\bar{\boldsymbol{Y}} = (\bar{\boldsymbol{y}}_1, \bar{\boldsymbol{y}}_2, \cdots, \bar{\boldsymbol{y}}_{\bar{n}})$$

为 $s \times \bar{n}$ 矩阵, d 是一个大于 0 的数, 被称为移动因子.

下面采用样本单元为 "参照物", 以决策单元 p 的效率指数为评价对象构造评价模型如下:

$$
(\text{Sam-C}^2\text{WH}) \begin{cases} \max \dfrac{\boldsymbol{u}^{\mathrm{T}}\boldsymbol{y}_p}{\boldsymbol{v}^{\mathrm{T}}\boldsymbol{x}_p} = V_{\mathrm{SC}}, \\ \text{s.t.} \ \ \boldsymbol{v}^{\mathrm{T}}\bar{\boldsymbol{X}} - d\boldsymbol{u}^{\mathrm{T}}\bar{\boldsymbol{Y}} \in K, \\ \qquad \boldsymbol{v}^{\mathrm{T}}\boldsymbol{x}_p - \boldsymbol{u}^{\mathrm{T}}\boldsymbol{y}_p \geqq 0, \\ \qquad \boldsymbol{v} \in V\backslash\{\boldsymbol{0}\}, \boldsymbol{u} \in U\backslash\{\boldsymbol{0}\}. \end{cases}
$$

定义 3.3　若规划 (Sam-C^{2}WH) 的最优解中有 $\boldsymbol{v}^0, \boldsymbol{u}^0$ 满足 $V_{\mathrm{SC}}=1$, 则称决策单元 p 相对样本前沿面的 d 移动为弱 SCDEA 有效, 简称弱 SCDEA 有效. 反之, 称为弱 SCDEA 无效.

定义 3.4　若规划 (Sam-C^{2}WH) 的最优解中有 $\boldsymbol{v}^0, \boldsymbol{u}^0$ 满足 $V_{\mathrm{SC}}=1$ 且

$$
\boldsymbol{v}^0 \in \mathrm{int}V, \quad \boldsymbol{u}^0 \in \mathrm{int}U,
$$

则称决策单元 p 相对样本前沿面的 d 移动为 SCDEA 有效, 简称 SCDEA 有效. 反之, 称为 SCDEA 无效.

对于规划问题 (PSam-C^{2}WH)

$$
(\text{PSam-C}^2\text{WH}) \begin{cases} \max \boldsymbol{\mu}^{\mathrm{T}}\boldsymbol{y}_p = V_{\mathrm{PSC}}, \\ \text{s.t.} \ \ \boldsymbol{\omega}^{\mathrm{T}}\bar{\boldsymbol{X}} - d\boldsymbol{\mu}^{\mathrm{T}}\bar{\boldsymbol{Y}} \in K, \\ \qquad \boldsymbol{\omega}^{\mathrm{T}}\boldsymbol{x}_p - \boldsymbol{\mu}^{\mathrm{T}}\boldsymbol{y}_p \geqq 0, \\ \qquad \boldsymbol{\omega}^{\mathrm{T}}\boldsymbol{x}_p = 1, \\ \qquad \boldsymbol{\omega} \in V, \boldsymbol{\mu} \in U. \end{cases}
$$

可以证明有以下结论成立:

(1) 决策单元 p 为弱 SCDEA 有效当且仅当规划 (PSam-C^{2}WH) 的最优值 $V_{\mathrm{PSC}}=1$.

(2) 决策单元 p 为 SCDEA 有效当且仅当规划 (PSam-C^{2}WH) 的最优解中有 $\bar{\boldsymbol{\omega}}, \bar{\boldsymbol{\mu}}$ 满足

$$
V_{\mathrm{PSC}} = \bar{\boldsymbol{\mu}}^{\mathrm{T}}\boldsymbol{y}_p = 1
$$

且

$$
\bar{\boldsymbol{\omega}} \in \mathrm{int}V, \quad \bar{\boldsymbol{\mu}} \in \mathrm{int}U.
$$

由于对 $j = 1, 2, \cdots, \bar{n}$ 有

$$
\boldsymbol{\delta}_j = (0, \cdots, 0, \underset{j}{1}, 0, \cdots, 0)^{\mathrm{T}} \in -K^*,
$$

因此, 对任意的 $\hat{\boldsymbol{k}} \in K$, 有

$$\hat{\boldsymbol{k}}^{\mathrm{T}}\boldsymbol{\delta}_j = \hat{k}_j \geqq 0,$$

所以 $K \subseteq E_+^{\bar{n}}$. 如果决策单元集和样本单元集相同, 即

$$\{(\boldsymbol{x}_1, \boldsymbol{y}_1), (\boldsymbol{x}_2, \boldsymbol{y}_2), \cdots, (\boldsymbol{x}_n, \boldsymbol{y}_n)\} = \{(\bar{\boldsymbol{x}}_1, \bar{\boldsymbol{y}}_1), (\bar{\boldsymbol{x}}_2, \bar{\boldsymbol{y}}_2), \cdots, (\bar{\boldsymbol{x}}_{\bar{n}}, \bar{\boldsymbol{y}}_{\bar{n}})\},$$

并且 $d = 1$, 则

$$\boldsymbol{\omega}^{\mathrm{T}}\boldsymbol{x}_p - \boldsymbol{\mu}^{\mathrm{T}}\boldsymbol{y}_p \geqq 0$$

蕴含在

$$\boldsymbol{\omega}^{\mathrm{T}}\bar{\boldsymbol{X}} - d\boldsymbol{\mu}^{\mathrm{T}}\bar{\boldsymbol{Y}} \in K$$

中, 这样 (Sam-C^{2}WH) 即为 C^{2}WH 模型, C^{2}WH 模型可表示如下:

$$(\mathrm{C^2WH})\begin{cases} \max \dfrac{\boldsymbol{u}^{\mathrm{T}}\boldsymbol{y}_{j_0}}{\boldsymbol{v}^{\mathrm{T}}\boldsymbol{x}_{j_0}}, \\ \text{s.t.} \ \ \boldsymbol{v}^{\mathrm{T}}\boldsymbol{X} - \boldsymbol{u}^{\mathrm{T}}\boldsymbol{Y} \in K, \\ \quad\quad \boldsymbol{v} \in V \backslash \{\boldsymbol{0}\}, \\ \quad\quad \boldsymbol{u} \in U \backslash \{\boldsymbol{0}\}. \end{cases}$$

$$(\mathrm{P_{C^2WH}})\begin{cases} \max \boldsymbol{\mu}^{\mathrm{T}}\boldsymbol{y}_{j_0} = V_{\mathrm{P}}, \\ \text{s.t.} \ \ \boldsymbol{\omega}^{\mathrm{T}}\boldsymbol{X} - \boldsymbol{\mu}^{\mathrm{T}}\boldsymbol{Y} \in K, \\ \quad\quad \boldsymbol{\omega}^{\mathrm{T}}\boldsymbol{x}_{j_0} = 1, \\ \quad\quad \boldsymbol{\omega} \in V, \boldsymbol{\mu} \in U. \end{cases}$$

带有偏好锥的样本 DEA 方法以样本单元为 “参照物”, 以决策单元为研究对象, 以决策者对各评价指标的偏好为约束来构造模型, 它不仅包含了传统 DEA 模型的特征, 而且, 还有许多独特的优点.

3.3 具有无穷多个决策单元的广义 DEA 模型

假设有若干个决策单元, 它们的特征可由 m 种输入和 s 种输出指标表示, 对某个决策单元 $\tau \in C$, 它的输入指标值为

$$\boldsymbol{X}(\tau) = (X_1(\tau), X_2(\tau), \cdots, X_m(\tau))^{\mathrm{T}},$$

输出指标值为

$$\boldsymbol{Y}(\tau) = (Y_1(\tau), Y_2(\tau), \cdots, Y_s(\tau))^{\mathrm{T}},$$

其中 C 为决策单元的集合,

$$(\boldsymbol{X}(\tau), \boldsymbol{Y}(\tau)) > \boldsymbol{0}.$$

令

$$T_{\mathrm{DMU}} = \{(\boldsymbol{X}(\tau), \boldsymbol{Y}(\tau)) | \tau \in C\},$$

称为决策单元集.

假设有若干样本单元或样本点 (以下统称样本单元), 它们和决策单元具有相同的特征, 属于同类单元. 并且对某个样本单元 $\bar{\tau} \in \bar{C}$, 它的输入指标值为

$$\bar{\boldsymbol{X}}(\bar{\tau}) = (\bar{X}_1(\bar{\tau}), \bar{X}_2(\bar{\tau}), \cdots, \bar{X}_m(\bar{\tau}))^{\mathrm{T}},$$

输出指标值为

$$\bar{\boldsymbol{Y}}(\bar{\tau}) = (\bar{Y}_1(\bar{\tau}), \bar{Y}_2(\bar{\tau}), \cdots, \bar{Y}_s(\bar{\tau}))^{\mathrm{T}},$$

其中 $\bar{C}$ 为样本单元的集合 (它为有界闭集, 有限或无限),

$$(\bar{\boldsymbol{X}}(\bar{\tau}), \bar{\boldsymbol{Y}}(\bar{\tau})) > \boldsymbol{0}.$$

令

$$T^* = \{(\bar{\boldsymbol{X}}(\bar{\tau}), \bar{\boldsymbol{Y}}(\bar{\tau})) | \bar{\tau} \in \bar{C}\},$$

称 T^* 为样本单元集.

根据 DEA 方法[19] 构造生产可能集的思想, 样本单元确定的生产可能集 T 可表示如下:

$$T = \left\{ (\boldsymbol{X}, \boldsymbol{Y}) \left| \boldsymbol{X} \geqq \sum_{\bar{\tau} \in \bar{C}} \bar{\boldsymbol{X}}(\bar{\tau}) \lambda(\bar{\tau}), \boldsymbol{Y} \leqq \sum_{\bar{\tau} \in \bar{C}} \bar{\boldsymbol{Y}}(\bar{\tau}) \lambda(\bar{\tau}) \right., \right.$$
$$\left. \delta_1 \left(\sum_{\bar{\tau} \in \bar{C}} \lambda(\bar{\tau}) - \delta_2 (-1)^{\delta_3} \tilde{\lambda} \right) = \delta_1, \lambda(\bar{\tau}) \geqq 0, \forall \bar{\tau} \in \bar{C}, \tilde{\lambda} \geqq 0 \right\},$$

其中

$$\lambda(\bar{\tau}) \in E^1, \quad \boldsymbol{\lambda} = [\lambda(\bar{\tau}) : \bar{\tau} \in \bar{C}] \in S,$$

S 为广义有限序列空间, 其中向量 $\boldsymbol{\lambda}$ 只有有限多个不为零的分量, $\delta_1, \delta_2, \delta_3$ 是取值为 0,1 的参数. 以下对 $\boldsymbol{\lambda}$ 均有此限制, 不再一一注释.

定义 3.5 如果不存在 $(\boldsymbol{X}, \boldsymbol{Y}) \in T$, 使得

$$\boldsymbol{X}(\tau) \geqq \boldsymbol{X}, \quad \boldsymbol{Y}(\tau) \leqq \boldsymbol{Y}$$

且至少有一个不等式严格成立, 则称决策单元相对于样本生产前沿面有效, 简称 Sam-DEA 有效. 反之, 称为 Sam-DEA 无效.

根据 Sam-DEA 有效的概念, 可以构造了以下模型 (Sam-C²W) 及其对偶模型 (DSam-C²W).

$$
(\text{Sam-C}^2\text{W})\begin{cases}\max\left(\boldsymbol{\mu}^{\mathrm{T}}\boldsymbol{Y}(\tau)+\delta_1\mu_0\right)=V(d),\\ \text{s.t. }\ \boldsymbol{\omega}^{\mathrm{T}}\bar{\boldsymbol{X}}(\bar{\tau})-\boldsymbol{\mu}^{\mathrm{T}}d\bar{\boldsymbol{Y}}(\bar{\tau})-\delta_1\mu_0\geqq 0,\bar{\tau}\in\bar{C},\\ \qquad \delta_1\delta_2(-1)^{\delta_3}\mu_0\geqq 0,\\ \qquad \boldsymbol{\omega}^{\mathrm{T}}\boldsymbol{X}(\tau)=1.\\ \qquad \boldsymbol{\omega}\geqq\mathbf{0},\boldsymbol{\mu}\geqq\mathbf{0}.\end{cases}
$$

$$
(\text{DSam-C}^2\text{W})\begin{cases}\min\theta=D(d),\\ \text{s.t. }\ \theta\boldsymbol{X}(\tau)-\sum\limits_{\bar{\tau}\in\bar{C}}\bar{\boldsymbol{X}}(\bar{\tau})\lambda(\bar{\tau})\geqq\mathbf{0},\\ \qquad -\boldsymbol{Y}(\tau)+\sum\limits_{\bar{\tau}\in\bar{C}}d\bar{\boldsymbol{Y}}(\bar{\tau})\lambda(\bar{\tau})\geqq\mathbf{0},\\ \qquad \delta_1\left(\sum\limits_{\bar{\tau}\in\bar{C}}\lambda(\bar{\tau})-\delta_2(-1)^{\delta_3}\tilde{\lambda}\right)=\delta_1,\\ \qquad \lambda(\bar{\tau})\geqq 0,\bar{\tau}\in\bar{C},\tilde{\lambda}\geqq 0,\theta\in E^1.\end{cases}
$$

其中 d 是一个正数, 称为移动因子.

$$
\boldsymbol{\omega}=(\omega_1,\omega_2,\cdots,\omega_m)^{\mathrm{T}},
$$

$$
\boldsymbol{\mu}=(\mu_1,\mu_2,\cdots,\mu_s)^{\mathrm{T}}
$$

是一组变量, $\delta_1,\delta_2,\delta_3$ 是可以取值为 0, 1 的参数.

当 $T_{\mathrm{DMU}}=T^*$, $\delta_1=0$, $d=1$ 时, 模型 Sam-C²W 为 C²W 模型[19],

$$
(\mathrm{P}_{\mathrm{C^2W}})\begin{cases}\max\boldsymbol{\mu}^{\mathrm{T}}\bar{\boldsymbol{Y}}(\bar{\tau}_0),\\ \text{s.t. }\ \boldsymbol{\omega}^{\mathrm{T}}\bar{\boldsymbol{X}}(\bar{\tau})-\boldsymbol{\mu}^{\mathrm{T}}\bar{\boldsymbol{Y}}(\bar{\tau})\geqq 0,\bar{\tau}\in\bar{C},\\ \qquad \boldsymbol{\omega}^{\mathrm{T}}\bar{\boldsymbol{X}}(\bar{\tau}_0)=1,\\ \qquad \boldsymbol{\omega}\geqq\mathbf{0},\boldsymbol{\mu}\geqq\mathbf{0}.\end{cases}
$$

$$
(\mathrm{D}_{\mathrm{C^2W}})\begin{cases}\min\theta,\\ \text{s.t. }\ \sum\limits_{\bar{\tau}\in\bar{C}}\bar{\boldsymbol{X}}(\bar{\tau})\lambda(\bar{\tau})-\theta\bar{\boldsymbol{X}}(\bar{\tau}_0)\leqq\mathbf{0},\\ \qquad -\sum\limits_{\bar{\tau}\in\bar{C}}d\bar{\boldsymbol{Y}}(\bar{\tau})\lambda(\bar{\tau})+\bar{\boldsymbol{Y}}(\bar{\tau}_0)\leqq\mathbf{0},\\ \qquad \lambda(\bar{\tau})\geqq 0,\forall\bar{\tau}\in\bar{C}.\end{cases}
$$

3.4　综合的广义 DEA 模型

假设决策单元的特征可由 m 种输入和 s 种输出指标表示, 对某个决策单元 $\tau \in C$, 它的输入指标值为

$$\boldsymbol{X}(\tau)=(X_1(\tau),X_2(\tau),\cdots,X_m(\tau))^{\mathrm{T}},$$

输出指标值为

$$\boldsymbol{Y}(\tau)=(Y_1(\tau),Y_2(\tau),\cdots,Y_s(\tau))^{\mathrm{T}},$$

其中 C 为决策单元的集合, 是一个有界闭集.

令

$$T_{\mathrm{DMU}}=\{(\boldsymbol{X}(\tau),\boldsymbol{Y}(\tau))|\tau\in C\},$$

称为决策单元集.

以下把用于决策的参照对象统称为样本单元. 显然, 根据决策者的评价目标不同, 样本单元可能是全部或部分决策单元, 也可能是决策单元之外的单元. 对于某个样本单元 $\bar{\tau}\in\bar{C}$, 假设它的输入指标值为

$$\bar{\boldsymbol{X}}(\bar{\tau})=(\bar{X}_1(\bar{\tau}),\bar{X}_2(\bar{\tau}),\cdots,\bar{X}_m(\bar{\tau}))^{\mathrm{T}},$$

输出指标值为

$$\bar{\boldsymbol{Y}}(\bar{\tau})=(\bar{Y}_1(\bar{\tau}),\bar{Y}_2(\bar{\tau}),\cdots,\bar{Y}_s(\bar{\tau}))^{\mathrm{T}},$$

其中 $\bar{C}$ 为样本单元的集合, 是一个有界闭集 (有限或无限).

令

$$T^*=\{(\bar{\boldsymbol{X}}(\bar{\tau}),\bar{\boldsymbol{Y}}(\bar{\tau}))|\bar{\tau}\in\bar{C}\},$$

称 T^* 为样本单元集.

根据 DEA 方法构造生产可能集的思想[20], 由样本单元确定的生产可能集 T 可表示如下:

$$T=\left\{(\boldsymbol{X},\boldsymbol{Y})\left|\sum_{\bar{\tau}\in\bar{C}}\bar{\boldsymbol{X}}(\bar{\tau})\lambda(\bar{\tau})-\boldsymbol{X}\in V^*,\boldsymbol{Y}-\sum_{\bar{\tau}\in\bar{C}}\bar{\boldsymbol{Y}}(\bar{\tau})\lambda(\bar{\tau})\in U^*\right.,\right.$$
$$\left.\delta_1\left(\sum_{\bar{\tau}\in\bar{C}}\lambda(\bar{\tau})-\delta_2(-1)^{\delta_3}\tilde{\lambda}\right)=\delta_1,(\lambda(\bar{\tau}),\forall\bar{\tau}\in\bar{C},\tilde{\lambda})\geqq\boldsymbol{0}\right\},$$

其中

$$\lambda(\bar{\tau})\in E_1,\quad \boldsymbol{\lambda}=[\lambda(\bar{\tau}):\bar{\tau}\in\bar{C}]\in S,$$

S 为广义有限序列空间, 其中向量 $\boldsymbol{\lambda}$ 只有有限多个不为零的分量. 并且 $\delta_1, \delta_2, \delta_3$ 是取值为 0, 1 的参数,

$$\bar{\boldsymbol{X}}(\bar{\tau}), \boldsymbol{X}(\tau) \in \operatorname{int}(-V^*),$$

$$\bar{\boldsymbol{Y}}(\bar{\tau}), \boldsymbol{Y}(\tau) \in \operatorname{int}(-U^*),$$

$V \subseteq E_+^m, U \subseteq E_+^s$ 均为闭凸锥, 并且

$$\operatorname{int}V \neq \varnothing, \quad \operatorname{int}U \neq \varnothing.$$

$$(\boldsymbol{X}(\tau), \boldsymbol{Y}(\tau)), \quad (\bar{\boldsymbol{X}}(\bar{\tau}), \bar{\boldsymbol{Y}}(\bar{\tau})), \quad \tau \in C, \quad \bar{\tau} \in \bar{C}$$

为连续的向量函数. (以下模型与结论中均有上述限制, 不再一一注释.)

V^*, U^* 分别为 V, U 的极锥,

$$V^* = \{\boldsymbol{x} | \boldsymbol{x}^{\mathrm{T}} \boldsymbol{v} \leqq 0, \forall \boldsymbol{v} \in V\},$$

$$U^* = \{\boldsymbol{x} | \boldsymbol{x}^{\mathrm{T}} \boldsymbol{u} \leqq 0, \forall \boldsymbol{u} \in U\},$$

则综合的广义 DEA 模型可以表示如下:

$$(\text{Sam-C}^2\text{WY}) \begin{cases} \max\left(\boldsymbol{\mu}^{\mathrm{T}} \boldsymbol{Y}(\tau) + \delta_1 \mu_0\right) = V(d), \\ \text{s.t.} \ \ \boldsymbol{\omega}^{\mathrm{T}} \bar{\boldsymbol{X}}(\bar{\tau}) - \boldsymbol{\mu}^{\mathrm{T}} d \bar{\boldsymbol{Y}}(\bar{\tau}) - \delta_1 \mu_0 \geqq 0, \bar{\tau} \in \bar{C}, \\ \qquad \delta_1 \delta_2 (-1)^{\delta_3} \mu_0 \geqq 0, \\ \qquad \boldsymbol{\omega}^{\mathrm{T}} \boldsymbol{X}(\tau) = 1, \\ \qquad \boldsymbol{\omega} \in V, \boldsymbol{\mu} \in U. \end{cases}$$

$$(\text{DSam-C}^2\text{WY}) \begin{cases} \min \theta = D(d), \\ \text{s.t.} \ \ \displaystyle\sum_{\bar{\tau} \in \bar{C}} \bar{\boldsymbol{X}}(\bar{\tau}) \lambda(\bar{\tau}) - \theta \boldsymbol{X}(\tau) \in V^*, \\ \qquad -\displaystyle\sum_{\bar{\tau} \in \bar{C}} d \bar{\boldsymbol{Y}}(\bar{\tau}) \lambda(\bar{\tau}) + \boldsymbol{Y}(\tau) \in U^*, \\ \qquad \delta_1 \left(\displaystyle\sum_{\bar{\tau} \in \bar{C}} \lambda(\bar{\tau}) - \delta_2 (-1)^{\delta_3} \tilde{\lambda} \right) = \delta_1, \\ \qquad \lambda(\bar{\tau}) \geqq 0, \bar{\tau} \in \bar{C}, \tilde{\lambda} \geqq 0. \end{cases}$$

其中 $\delta_1, \delta_2, \delta_3$ 是可以取值为 0, 1 的参数.

当

$$T_{\mathrm{DMU}} = T^*, \quad \delta_1 = 1, \quad \delta_2 = 0, \quad d = 1$$

时, 模型 (Sam-C^{2}WY) 为 C^{2}WY 模型[20].

对于任意的 $\tau_0 \in C$, $\mathrm{C^2WY}$ 模型及其对偶规划可以表示如下:

$$
(\mathrm{P_{C^2WY}})\begin{cases}\max \boldsymbol{\mu}^{\mathrm{T}}\boldsymbol{y}(\tau_0)+\delta\mu_0,\\ \text{s.t.}\ \ \boldsymbol{\omega}^{\mathrm{T}}\boldsymbol{x}(\tau)-\boldsymbol{\mu}^{\mathrm{T}}\boldsymbol{y}(\tau)-\delta\mu_0 \geqq 0, \tau\in C,\\ \qquad \boldsymbol{\omega}^{\mathrm{T}}\boldsymbol{x}(\tau_0)=1,\\ \qquad \boldsymbol{\omega}\in V, \boldsymbol{\mu}\in U.\end{cases}
$$

$$
(\mathrm{D_{C^2WY}})\begin{cases}\min\theta,\\ \text{s.t.}\ \ \sum\limits_{\tau\in C}\boldsymbol{x}(\tau)\lambda(\tau)-\theta\boldsymbol{x}(\tau_0)\in V^*,\\ \qquad -\sum\limits_{\tau\in C}\boldsymbol{y}(\tau)\lambda(\tau)+\boldsymbol{y}(\tau_0)\in U^*,\\ \qquad \delta\sum\limits_{\tau\in C}\boldsymbol{\lambda}(\tau)=\delta,\\ \qquad \lambda(\tau)\geqq 0, \tau\in C.\end{cases}
$$

上述模型并未考虑决策单元类型交叉以及不确定性问题, 以后的章节将对这一问题进行分析.

参 考 文 献

[1] Charnes A, Cooper W W, Rhodes E. Measuring the efficiency of decision making units[J]. European Journal of Operational Research, 1978, 2(6): 429-444

[2] 马占新. 数据包络分析方法在中国经济管理中的应用进展[J]. 管理学报, 2010, 7(5): 785-789

[3] 马占新. 广义参考集 DEA 模型及其相关性质[J]. 系统工程与电子技术, 2012, 34(4): 709-714

[4] Ma Z X, Zhou D S, Tang H W. Research on the Method for Evaluating the Combination Efficiency of Energy Enterprises[C]. Proceedings of '99 International Conference on Improving Management through University Industry Partnership. Dalian: Dalian University of Technology Press, 1999: 559-565

[5] 马占新. 一种基于样本前沿面的综合评价方法[J]. 内蒙古大学学报, 2002, 33(6): 606-610

[6] 马占新, 吕喜明. 带有偏好锥的样本数据包络分析方法研究[J]. 系统工程与电子技术, 2007, 29(8): 1275-1281

[7] 马占新, 马生昀. 基于 $\mathrm{C^2W}$ 模型的广义数据包络分析方法研究[J]. 系统工程与电子技术, 2009, 31(2): 366-372

[8] 马占新, 马生昀. 基于 $\mathrm{C^2WY}$ 模型的广义数据包络分析方法[J]. 系统工程学报, 2011, 26(2): 251-261

[9] 马占新, 温秀晶. 基于面板数据的中国煤炭企业经济效率分析[J]. 煤炭经济研究, 2010, 30(7): 50-53

[10] 马占新, 任慧龙, 戴仰山. 模糊综合评判方法的进一步分析[J]. 模糊系统与数学, 2001, 15(3): 61-68

[11] 马占新, 侯翔. 具有多属性决策单元的有效性分析方法研究[J]. 系统工程与电子技术, 2011, 33(2): 339-345

[12] Banker R D, Charnes A, Cooper W W. Some models for estimating technical and scale inefficiencies in data envelopment analysis[J]. Management Science, 1984, 30(9): 1078-1092

[13] Färe R, Grosskopf S. A nonparametric cost approach to scale efficiency[J]. Scandinavian Journal of Economics, 1985, 87(4): 594-604

[14] Seiford L M, Thrall R M. Recent developments in DEA: the mathematical programming approach to frontier analysis[J]. Journal of Econometrics, 1990, 46(1-2): 7-38

[15] 马占新, 马生昀. 基于样本广义数据包络分析方法[J]. 数学的认识与实践, 2011, 41(21): 155-171

[16] 马占新, 唐焕文. DEA 有效单元的特征及 SEA 方法[J]. 大连理工大学学报, 1999, 39(4): 577-582

[17] 马占新. 基于偏序集理论的数据包络分析方法研究[J]. 系统工程理论与实践, 2003, 23(4): 11-17

[18] Charnes A, Cooper W W, Wei Q L, et al. Cone ratio data envelopment analysis and multi-objective programming[J]. International Journal of Systems Science, 1989, 20(7): 1099-1118

[19] Charnes A, Cooper W W, Wei Q L. A semi-infinite multi-criteria programming approach to data envelopment analysis with infinitely many decision making units[R]. The University of Texas at Austin, Center for Cybernetic Studies Report, CCS 551, September, 1986

[20] Charnes A, Cooper W W, Wei Q L, et al. Compositive data envelopment analysis and multi-objective programming[R]. The University of Texas at Austin, Center for Cybernetic Studies Report, CCS 633, June, 1989

第4章　基于可能集重构的交叉类型决策单元有效性分析

DEA 方法是评价同类决策单元有效性的一种重要方法, 但许多情况下被评价单元可能具有多类决策单元的属性, 这时传统 DEA 方法在评价该类问题时遇到了困难. 针对交叉类型决策单元的有效性评价问题, 采用多类样本单元合成不同属性生产可能集合的方法, 首先给出评价两种类型交叉决策单元有效性的 DEA 模型 (TweDEA) 和相应的 TweDEA 有效性概念. 分析了两种类型交叉决策单元的投影性质以及 (TweDEA) 模型和传统 DEA 模型的关系. 在此基础上, 给出了多种类型交叉决策单元有效性评价的一般模型 (MueDEA), 并讨论了相关性质. 本章内容主要取材于文献 [1].

自 1978 年著名的运筹学家 Charnes 等提出 C^2R 模型以来[2], DEA 方法在技术经济与管理[3-6]、资源优化配置[7-8]、物流与供应链管理[9]、风险评估[10]、组合博弈[11]等众多领域得到了广泛应用和快速发展[12-14]. 传统 DEA 方法并不考虑决策单元的内部结构[15-16], 要求被评价的决策单元都必须具有相同的类型[2,4]. 然而, 在当今复杂的社会系统环境中, 决策单元群很难仅仅保持一种纯粹的类型. 同时, 如果将评价的参照集分成 "决策单元集" 和 "非决策单元集" 两类, 那么传统的 DEA 方法只能给出相对于 "优秀决策单元集" 的信息, 而无法依据某些指定的 "样本点或标准" 进行评价[17-20], 这使得 DEA 方法在许多评价问题中的应用受到限制. 因此, 以下针对多目标、多标准下的多类型决策单元有效性进行了评价, 并讨论了相关性质.

4.1　两种类型交叉决策单元的有效性评价

DEA 方法要求被评价的决策单元必须具有相同的属性, 属于同类单元, 但在现实的生产活动中, 往往处于同一系统的各个决策单元属于不同的类型, 这时传统 DEA 方法在评价该类问题时遇到了困难. 以下首先探讨两种类型交叉决策单元的有效性评价问题.

4.1.1 两种类型交叉决策单元的参照系构造与有效性分析

设有 n 个决策单元, 每个决策单元分别在不同程度上具有两个系统 (即系统 1、系统 2) 的属性.

决策单元 p 对于系统 1 的隶属度为 α_p, 对于系统 2 的隶属度为 β_p, 它的输入输出指标值为 $(\boldsymbol{x}_p,\boldsymbol{y}_p)$, 其中

$$\alpha_p+\beta_p=1,\quad \alpha_p,\beta_p\in[0,1],$$

$$\boldsymbol{x}_p=(x_{1p},x_{2p},\cdots,x_{mp})^{\mathrm{T}}\geqslant \mathbf{0},\quad \boldsymbol{y}_p=(y_{1p},y_{2p},\cdots,y_{sp})^{\mathrm{T}}\geqslant \mathbf{0}.$$

假设决策者对系统 1 和系统 2 的单元分别制定了相应的考核标准和管理机制. 显然这些标准对于交叉类型决策单元并不适合, 而作为管理者又很难为每个交叉类型决策单元分别量身定制专门的标准. 为了解决这个矛盾, 以下考虑如何在不增加管理成本和信息的情况下科学评价交叉类型决策单元的有效性.

如果系统 1 包含 n_1 个样本单元, 其中第 j 个样本单元的输入输出指标值分别为

$$\boldsymbol{x}_j^{(1)}=(x_{1j}^{(1)},x_{2j}^{(1)},\cdots,x_{mj}^{(1)})^{\mathrm{T}}\geqslant \mathbf{0},\quad \boldsymbol{y}_j^{(1)}=(y_{1j}^{(1)},y_{2j}^{(1)},\cdots,y_{sj}^{(1)})^{\mathrm{T}}\geqslant \mathbf{0}.$$

系统 2 包含 n_2 个样本单元, 其中第 l 个样本单元的输入输出指标值分别为

$$\boldsymbol{x}_l^{(2)}=(x_{1l}^{(2)},x_{2l}^{(2)},\cdots,x_{ml}^{(2)})^{\mathrm{T}}\geqslant \mathbf{0},\quad \boldsymbol{y}_l^{(2)}=(y_{1l}^{(2)},y_{2l}^{(2)},\cdots,y_{sl}^{(2)})^{\mathrm{T}}\geqslant \mathbf{0}.$$

根据有关样本 DEA 理论[17-20] 可知, 系统 1 的样本生产可能集为

$$T_1=\left\{(\boldsymbol{x},\boldsymbol{y})\left|\sum_{j=1}^{n_1}\boldsymbol{x}_j^{(1)}\lambda_j^{(1)}\leqq\boldsymbol{x},\ \sum_{j=1}^{n_1}\boldsymbol{y}_j^{(1)}\lambda_j^{(1)}\geqq\boldsymbol{y},\right.\right.$$
$$\left.\delta_1\left(\sum_{j=1}^{n_1}\lambda_j^{(1)}-\delta_2\left(-1\right)^{\delta_3}\lambda_{n_1+1}^{(1)}\right)=\delta_1,\lambda_j^{(1)}\geqq 0,j=1,\cdots,n_1+1\right\};$$

系统 2 的样本生产可能集为

$$T_2=\left\{(\boldsymbol{x},\boldsymbol{y})\left|\sum_{l=1}^{n_2}\boldsymbol{x}_l^{(2)}\lambda_l^{(2)}\leqq\boldsymbol{x},\ \sum_{l=1}^{n_2}\boldsymbol{y}_l^{(2)}\lambda_l^{(2)}\geqq\boldsymbol{y},\right.\right.$$
$$\left.\delta_1\left(\sum_{l=1}^{n_2}\lambda_l^{(2)}-\delta_2\left(-1\right)^{\delta_3}\lambda_{n_2+1}^{(2)}\right)=\delta_1,\lambda_l^{(2)}\geqq 0,l=1,\cdots,n_2+1\right\},$$

其中 $\delta_1,\delta_2,\delta_3$ 为可以取值 0 或 1 的参数.

因为决策单元 p 与 T_1 和 T_2 中的单元属于不同类型, 所以, 这两个样本生产可能集不能作为决策单元 p 的参考集.

由于 DEA 生产可能集必须由同类决策单元来构成, 故决策单元 p 的参考集 T_p 也应该是由对系统 1 的隶属度为 α_p 和对系统 2 的隶属度为 β_p 的单元构成的, 即若 $(\tilde{\boldsymbol{x}},\tilde{\boldsymbol{y}})\in T_1,(\bar{\boldsymbol{x}},\bar{\boldsymbol{y}})\in T_2$, 则

$$(\hat{\boldsymbol{x}},\hat{\boldsymbol{y}})=\alpha_p(\tilde{\boldsymbol{x}},\tilde{\boldsymbol{y}})+\beta_p(\bar{\boldsymbol{x}},\bar{\boldsymbol{y}})\in T_p.$$

由于考虑生产的有效性, 故认为比 $(\hat{\boldsymbol{x}},\hat{\boldsymbol{y}})$ 无效的生产活动也是可能发生的, 因此, $(\boldsymbol{x}_p,\boldsymbol{y}_p)$ 的评价参考集 T_p 为

$$\bar{T}_p^e(2)=\{(\boldsymbol{x},\boldsymbol{y})\,|(-\boldsymbol{x},\boldsymbol{y})\leqq\alpha_p(-\tilde{\boldsymbol{x}},\tilde{\boldsymbol{y}})+\beta_p(-\bar{\boldsymbol{x}},\bar{\boldsymbol{y}}),(\tilde{\boldsymbol{x}},\tilde{\boldsymbol{y}})\in T_1,(\bar{\boldsymbol{x}},\bar{\boldsymbol{y}})\in T_2\}.$$

令

$$\begin{aligned}T_p^e(2)=\Bigg\{(\boldsymbol{x},\boldsymbol{y})\Bigg|&\sum_{j=1}^{n_1}\alpha_p\boldsymbol{x}_j^{(1)}\lambda_j^{(1)}+\sum_{l=1}^{n_2}\beta_p\boldsymbol{x}_l^{(2)}\lambda_l^{(2)}\leqq\boldsymbol{x},\\&\sum_{j=1}^{n_1}\alpha_p\boldsymbol{y}_j^{(1)}\lambda_j^{(1)}+\sum_{l=1}^{n_2}\beta_p\boldsymbol{y}_l^{(2)}\lambda_l^{(2)}\geqq\boldsymbol{y},\\&\delta_1\left(\sum_{j=1}^{n_1}\alpha_p\lambda_j^{(1)}-\delta_2(-1)^{\delta_3}\alpha_p\lambda_{n_1+1}^{(1)}\right)=\alpha_p\delta_1,\\&\delta_1\left(\sum_{l=1}^{n_2}\beta_p\lambda_l^{(2)}-\delta_2(-1)^{\delta_3}\beta_p\lambda_{n_2+1}^{(2)}\right)=\beta_p\delta_1,\\&\lambda_j^{(1)}\geqq0,j=1,\cdots,n_1+1,\lambda_l^{(2)}\geqq0,l=1,\cdots,n_2+1\Bigg\},\end{aligned}$$

则有以下结论.

定理 4.1 假设系统 1 和系统 2 的样本单元都满足同样的公理体系, 则集合

$$\bar{T}_p^e(2)=T_p^e(2).$$

证明 若 $(\boldsymbol{x},\boldsymbol{y})\in\bar{T}_p^e(2)$, 则存在 $(\tilde{\boldsymbol{x}},\tilde{\boldsymbol{y}})\in T_1,(\bar{\boldsymbol{x}},\bar{\boldsymbol{y}})\in T_2$ 使得

$$(-\boldsymbol{x},\boldsymbol{y})\leqq\alpha_p(-\tilde{\boldsymbol{x}},\tilde{\boldsymbol{y}})+\beta_p(-\bar{\boldsymbol{x}},\bar{\boldsymbol{y}}).$$

由于 $(\tilde{\boldsymbol{x}},\tilde{\boldsymbol{y}})\in T_1$, 故存在 $\lambda_j^{(1)}\geqq0(j=1,\cdots,n_1+1)$, 使得

$$\sum_{j=1}^{n_1}\boldsymbol{x}_j^{(1)}\lambda_j^{(1)}\leqq\tilde{\boldsymbol{x}},\quad\sum_{j=1}^{n_1}\boldsymbol{y}_j^{(1)}\lambda_j^{(1)}\geqq\tilde{\boldsymbol{y}},$$

$$\delta_1\left(\sum_{j=1}^{n_1}\lambda_j^{(1)}-\delta_2\left(-1\right)^{\delta_3}\lambda_{n_1+1}^{(1)}\right)=\delta_1.$$

由于 $(\bar{\boldsymbol{x}},\bar{\boldsymbol{y}})\in T_2$, 存在 $\lambda_l^{(2)}\geqq 0(l=1,\cdots,n_2+1)$, 使得

$$\sum_{l=1}^{n_2}\boldsymbol{x}_l^{(2)}\lambda_l^{(2)}\leqq\bar{\boldsymbol{x}},\quad \sum_{l=1}^{n_2}\boldsymbol{y}_l^{(2)}\lambda_l^{(2)}\geqq\bar{\boldsymbol{y}},$$

$$\delta_1\left(\sum_{l=1}^{n_2}\lambda_l^{(2)}-\delta_2\left(-1\right)^{\delta_3}\lambda_{n_2+1}^{(2)}\right)=\delta_1.$$

故有

$$\sum_{j=1}^{n_1}\alpha_p\boldsymbol{x}_j^{(1)}\lambda_j^{(1)}+\sum_{l=1}^{n_2}\beta_p\boldsymbol{x}_l^{(2)}\lambda_l^{(2)}\leqq\alpha_p\tilde{\boldsymbol{x}}+\beta_p\bar{\boldsymbol{x}}\leqq\boldsymbol{x},$$

$$\sum_{j=1}^{n_1}\alpha_p\boldsymbol{y}_j^{(1)}\lambda_j^{(1)}+\sum_{l=1}^{n_2}\beta_p\boldsymbol{y}_l^{(2)}\lambda_l^{(2)}\geqq\alpha_p\tilde{\boldsymbol{y}}+\beta_p\bar{\boldsymbol{y}}\geqq\boldsymbol{y},$$

$$\delta_1\left(\sum_{j=1}^{n_1}\alpha_p\lambda_j^{(1)}-\delta_2\left(-1\right)^{\delta_3}\alpha_p\lambda_{n_1+1}^{(1)}\right)=\alpha_p\delta_1,$$

$$\delta_1\left(\sum_{l=1}^{n_2}\beta_p\lambda_l^{(2)}-\delta_2\left(-1\right)^{\delta_3}\beta_p\lambda_{n_2+1}^{(2)}\right)=\beta_p\delta_1,$$

从而有 $(\boldsymbol{x},\boldsymbol{y})\in T_p^e(2)$, 即 $T_p^e(2)\supseteq\bar{T}_p^e(2)$.

另一方面, $\forall\,(\boldsymbol{x},\boldsymbol{y})\in T_p^e(2)$, 存在

$$\lambda_j^{(1)}\geqq 0,\quad j=1,\cdots,n_1+1,\quad \lambda_l^{(2)}\geqq 0,\quad l=1,\cdots,n_2+1$$

使得

$$\sum_{j=1}^{n_1}\alpha_p\boldsymbol{x}_j^{(1)}\lambda_j^{(1)}+\sum_{l=1}^{n_2}\beta_p\boldsymbol{x}_l^{(2)}\lambda_l^{(2)}\leqq\boldsymbol{x},\quad \sum_{j=1}^{n_1}\alpha_p\boldsymbol{y}_j^{(1)}\lambda_j^{(1)}+\sum_{l=1}^{n_2}\beta_p\boldsymbol{y}_l^{(2)}\lambda_l^{(2)}\geqq\boldsymbol{y},$$

$$\delta_1\left(\sum_{j=1}^{n_1}\alpha_p\lambda_j^{(1)}-\delta_2\left(-1\right)^{\delta_3}\alpha_p\lambda_{n_1+1}^{(1)}\right)=\alpha_p\delta_1,$$

$$\delta_1\left(\sum_{l=1}^{n_2}\beta_p\lambda_l^{(2)}-\delta_2\left(-1\right)^{\delta_3}\beta_p\lambda_{n_2+1}^{(2)}\right)=\beta_p\delta_1,$$

若 $\beta_p=0$, 则 $\alpha_p=1$, 对于 $(\boldsymbol{x},\boldsymbol{y})\in T_p^e(2)$ 有

$$\sum_{j=1}^{n_1}\boldsymbol{x}_j^{(1)}\lambda_j^{(1)}\leqq\boldsymbol{x},\quad \sum_{j=1}^{n_1}\boldsymbol{y}_j^{(1)}\lambda_j^{(1)}\geqq\boldsymbol{y},$$

$$\delta_1\left(\sum_{j=1}^{n_1}\lambda_j^{(1)}-\delta_2\left(-1\right)^{\delta_3}\lambda_{n_1+1}^{(1)}\right)=\delta_1,$$

从而可知 $(\boldsymbol{x},\boldsymbol{y})\in T_1\subseteq \bar{T}_p^e(2)$, 故有 $T_p^e(2)\subseteq \bar{T}_p^e(2)$.

若 $\beta_p=1$, 则 $\alpha_p=0$, 同样有 $T_p^e(2)\subseteq \bar{T}_p^e(2)$.

若 $\beta_p\neq 0, \alpha_p\neq 0$, 则有

$$\delta_1\left(\sum_{j=1}^{n_1}\lambda_j^{(1)}-\delta_2\left(-1\right)^{\delta_3}\lambda_{n_1+1}^{(1)}\right)=\delta_1,$$

$$\delta_1\left(\sum_{l=1}^{n_2}\lambda_l^{(2)}-\delta_2\left(-1\right)^{\delta_3}\lambda_{n_2+1}^{(2)}\right)=\delta_1,$$

令

$$\tilde{\boldsymbol{x}}=\sum_{j=1}^{n_1}\boldsymbol{x}_j^{(1)}\lambda_j^{(1)},\quad \bar{\boldsymbol{x}}=\sum_{l=1}^{n_2}\boldsymbol{x}_l^{(2)}\lambda_l^{(2)},$$
$$\tilde{\boldsymbol{y}}=\sum_{j=1}^{n_1}\boldsymbol{y}_j^{(1)}\lambda_j^{(1)},\quad \bar{\boldsymbol{y}}=\sum_{l=1}^{n_2}\boldsymbol{y}_l^{(2)}\lambda_l^{(2)},$$

由于

$$\lambda_j^{(1)}\geqq 0,\quad j=1,\cdots,n_1+1,\quad \lambda_l^{(2)}\geqq 0,\quad l=1,\cdots,n_2+1,$$

可知 $(\tilde{\boldsymbol{x}},\tilde{\boldsymbol{y}})\in T_1$, $(\bar{\boldsymbol{x}},\bar{\boldsymbol{y}})\in T_2$, 并且有

$$(-\boldsymbol{x},\boldsymbol{y})\leqq \alpha_p\left(-\tilde{\boldsymbol{x}},\tilde{\boldsymbol{y}}\right)+\beta_p\left(-\bar{\boldsymbol{x}},\bar{\boldsymbol{y}}\right),$$

故 $(\boldsymbol{x},\boldsymbol{y})\in \bar{T}_p^e(2)$, 综上可知 $T_p^e(2)\subseteq \bar{T}_p^e(2)$. 证毕.

定理 4.1 给出了参考集 $\bar{T}_p^e(2)$ 的具体形式. 它是由所有与决策单元 p 具有相同隶属度的单元构成的. 由此可以进一步给出以下定义.

定义 4.1 如果不存在 $(\boldsymbol{x},\boldsymbol{y})\in \bar{T}_p^e(2)$, 使得

$$\boldsymbol{x}_p\geqq \boldsymbol{x},\quad \boldsymbol{y}_p\leqq \boldsymbol{y}$$

且至少有一个不等式严格成立, 则称决策单元 p 为有效的决策单元, 简称 TweDEA 有效.

定义 4.1 表明: 如果参考集 $\bar{T}_p^e(2)$ 中不存在一种生产方式比决策单元 p 更好, 则认为决策单元 p 的生产是有效的.

特别地, 若 $(\alpha_p,\beta_p)=(1,0)$, 则 $\bar{T}_p^e(2)=T_1$ 就是系统 1 的样本生产可能集; 若 $(\alpha_p,\beta_p)=(0,1)$, 则 $\bar{T}_p^e(2)=T_2$ 就是系统 2 的样本生产可能集.

4.1.2 两种类型交叉决策单元的有效性评价模型

根据上述评价参考集 $\bar{T}_p^e(2)$ 的构造以及 TweDEA 有效的概念, 可以构造出如下 DEA 模型:

$$
(\text{DTweDEA})\left\{\begin{array}{l}
\min\theta = V_{\text{D}},\\
\text{s.t. } \boldsymbol{x}_p(\theta-\lambda_0)-\sum_{j=1}^{n_1}\alpha_p\boldsymbol{x}_j^{(1)}\lambda_j^{(1)}-\sum_{l=1}^{n_2}\beta_p\boldsymbol{x}_l^{(2)}\lambda_l^{(2)}-\boldsymbol{s}^-=\boldsymbol{0},\\
\qquad \boldsymbol{y}_p(\lambda_0-1)+\sum_{j=1}^{n_1}\alpha_p\boldsymbol{y}_j^{(1)}\lambda_j^{(1)}+\sum_{l=1}^{n_2}\beta_p\boldsymbol{y}_l^{(2)}\lambda_l^{(2)}-\boldsymbol{s}^+=\boldsymbol{0},\\
\qquad \delta_1\left(\alpha_p\lambda_0+\sum_{j=1}^{n_1}\alpha_p\lambda_j^{(1)}-\delta_2(-1)^{\delta_3}\alpha_p\lambda_{n_1+1}^{(1)}\right)=\alpha_p\delta_1,\\
\qquad \delta_1\left(\beta_p\lambda_0+\sum_{l=1}^{n_2}\beta_p\lambda_l^{(2)}-\delta_2(-1)^{\delta_3}\beta_p\lambda_{n_2+1}^{(2)}\right)=\beta_p\delta_1,\\
\qquad \boldsymbol{s}^-,\boldsymbol{s}^+\geqq\boldsymbol{0},\lambda_0,\lambda_j^{(1)},\lambda_l^{(2)}\geqq 0, j=1,\cdots,n_1+1, l=1,\cdots,n_2+1.
\end{array}\right.
$$

定理 4.2 决策单元 p 为 TweDEA 有效当且仅当线性规划 (DTweDEA) 的任意最优解 $\bar{\theta},\bar{\boldsymbol{s}}^-,\bar{\boldsymbol{s}}^+,\bar{\lambda}_0,\bar{\lambda}_j^{(1)},\bar{\lambda}_l^{(2)}(j=1,\cdots,n_1+1,l=1,\cdots,n_2+1)$, 有

$$\bar{\theta}=1,\quad \bar{\boldsymbol{s}}^-=\boldsymbol{0},\quad \bar{\boldsymbol{s}}^+=\boldsymbol{0}.$$

证明 ($\Rightarrow$) 若决策单元 p 为 TweDEA 有效, 即不存在 $(\boldsymbol{x},\boldsymbol{y})\in\bar{T}_p^e(2)$, 使得

$$\boldsymbol{x}_p\geqq\boldsymbol{x},\quad \boldsymbol{y}_p\leqq\boldsymbol{y}$$

且至少有一个不等式严格成立.

假设线性规划 (DTweDEA) 存在最优解 $\bar{\theta},\bar{\boldsymbol{s}}^-,\bar{\boldsymbol{s}}^+,\bar{\lambda}_0,\bar{\lambda}_j^{(1)},\bar{\lambda}_l^{(2)}(j=1,\cdots,n_1+1,l=1,\cdots,n_2+1)$ 满足以下两种情况:

(1) $\bar{\theta}\neq 1$;

(2) $\bar{\theta}=1$, 但 $(\bar{\boldsymbol{s}}^-,\bar{\boldsymbol{s}}^+)\neq\boldsymbol{0}$.

下面分别进行讨论.

(1) 若 $\bar{\theta}\neq 1$, 则必有 $\bar{\theta}<1$. 这是因为

$$\theta=1,\quad \boldsymbol{s}^-=\boldsymbol{0},\quad \boldsymbol{s}^+=\boldsymbol{0},\quad \lambda_0=1,\quad \lambda_j^{(1)}=0,\quad \lambda_l^{(2)}=0,$$

$$j=1,\cdots,n_1+1,\quad l=1,\cdots,n_2+1$$

为线性规划 (DTweDEA) 的一个可行解, 故 $\bar{\theta}<1$. 由约束条件

$$\boldsymbol{x}_p(\bar{\theta}-\bar{\lambda}_0)-\sum_{j=1}^{n_1}\alpha_p\boldsymbol{x}_j^{(1)}\bar{\lambda}_j^{(1)}-\sum_{l=1}^{n_2}\beta_p\boldsymbol{x}_l^{(2)}\bar{\lambda}_l^{(2)}-\bar{\boldsymbol{s}}^-=\boldsymbol{0},$$

可知

$$\boldsymbol{x}_p(1-\bar{\lambda}_0)-\sum_{j=1}^{n_1}\alpha_p\boldsymbol{x}_j^{(1)}\bar{\lambda}_j^{(1)}-\sum_{l=1}^{n_2}\beta_p\boldsymbol{x}_l^{(2)}\bar{\lambda}_l^{(2)}\geqslant\mathbf{0},$$

这可以归结到情况 (2) 中进行讨论.

(2) 若 $\bar{\theta}=1$, 但 $\bar{\boldsymbol{s}}^+\neq\mathbf{0}$ 或 $\bar{\boldsymbol{s}}^-\neq\mathbf{0}$, 即

$$\boldsymbol{x}_p(1-\bar{\lambda}_0)-\sum_{j=1}^{n_1}\alpha_p\boldsymbol{x}_j^{(1)}\bar{\lambda}_j^{(1)}-\sum_{l=1}^{n_2}\beta_p\boldsymbol{x}_l^{(2)}\bar{\lambda}_l^{(2)}\geqslant\mathbf{0}$$

成立, 或者

$$\boldsymbol{y}_p(\bar{\lambda}_0-1)+\sum_{j=1}^{n_1}\alpha_p\boldsymbol{y}_j^{(1)}\bar{\lambda}_j^{(1)}+\sum_{l=1}^{n_2}\beta_p\boldsymbol{y}_l^{(2)}\bar{\lambda}_l^{(2)}\geqslant\mathbf{0}$$

成立. 下面证明 $\bar{\lambda}_0<1$.

若 $\bar{\lambda}_0>1$, 则可知

$$\boldsymbol{x}_p\left(\bar{\lambda}_0-1\right)\geqslant\mathbf{0},$$

因此有

$$\boldsymbol{x}_p(1-\bar{\lambda}_0)-\sum_{j=1}^{n_1}\alpha_p\boldsymbol{x}_j^{(1)}\bar{\lambda}_j^{(1)}-\sum_{i=1}^{n_2}\beta_p\boldsymbol{x}_i^{(2)}\bar{\lambda}_i^{(2)}-\bar{\boldsymbol{s}}^-\leqslant\mathbf{0}.$$

这与约束条件矛盾.

若最优解 $\bar{\lambda}_0=1$, 故可知

$$-\sum_{j=1}^{n_1}\alpha_p\boldsymbol{x}_j^{(1)}\bar{\lambda}_j^{(1)}-\sum_{l=1}^{n_2}\beta_p\boldsymbol{x}_l^{(2)}\bar{\lambda}_l^{(2)}-\bar{\boldsymbol{s}}^-=\mathbf{0},$$

即

$$\sum_{j=1}^{n_1}\alpha_p\boldsymbol{x}_j^{(1)}\bar{\lambda}_j^{(1)}=\mathbf{0},\quad \bar{\boldsymbol{s}}^-=\mathbf{0},\quad \sum_{l=1}^{n_2}\beta_p\boldsymbol{x}_l^{(2)}\bar{\lambda}_l^{(2)}=\mathbf{0}.$$

假设 $\alpha_p,\beta_p\neq0$, 对任意 j, 因为 $\boldsymbol{x}_j^{(1)}\geqslant\mathbf{0}$, 则必存在 i_0 使得 $x_{i_0j}^{(1)}\neq0$, 故由

$$\sum_{j=1}^{n_1}\alpha_p\boldsymbol{x}_j^{(1)}\bar{\lambda}_j^{(1)}=\mathbf{0}$$

可得

$$x_{i_0j}^{(1)}\bar{\lambda}_j^{(1)}=0,$$

即 $\bar{\lambda}_j^{(1)}=0$. 由 j 的任意性知 $\bar{\lambda}_j^{(1)}=0(j=1,\cdots,n_1)$, 同理可得 $\bar{\lambda}_l^{(2)}=0(l=1,\cdots,n_2)$. 又由约束条件

$$\boldsymbol{y}_p(\bar{\lambda}_0-1)+\sum_{j=1}^{n_1}\alpha_p\boldsymbol{y}_j^{(1)}\bar{\lambda}_j^{(1)}+\sum_{l=1}^{n_2}\beta_p\boldsymbol{y}_l^{(2)}\bar{\lambda}_l^{(2)}-\bar{\boldsymbol{s}}^+=\mathbf{0},$$

可知最优解 $\bar{\boldsymbol{s}}^{+}=\mathbf{0}$, 这与假设

$$\left(\bar{\boldsymbol{s}}^{-},\bar{\boldsymbol{s}}^{+}\right)\neq\mathbf{0}$$

矛盾!

若 $\alpha_p=0$ 或 $\beta_p=0$, 则类似可证

$$\left(\bar{\boldsymbol{s}}^{-},\bar{\boldsymbol{s}}^{+}\right)=\mathbf{0}.$$

矛盾!

综上可知 $\bar{\lambda}_0<1$, 即

$$1-\bar{\lambda}_0>0.$$

因为

$$\boldsymbol{x}_p(1-\bar{\lambda}_0)-\sum_{j=1}^{n_1}\alpha_p\boldsymbol{x}_j^{(1)}\bar{\lambda}_j^{(1)}-\sum_{l=1}^{n_2}\beta_p\boldsymbol{x}_l^{(2)}\bar{\lambda}_l^{(2)}\geqslant\mathbf{0}$$

或

$$\boldsymbol{y}_p(\bar{\lambda}_0-1)+\sum_{j=1}^{n_1}\alpha_p\boldsymbol{y}_j^{(1)}\bar{\lambda}_j^{(1)}+\sum_{l=1}^{n_2}\beta_p\boldsymbol{y}_l^{(2)}\bar{\lambda}_l^{(2)}\geqslant\mathbf{0}$$

之一成立, 则有

$$\boldsymbol{x}_p\geqslant\sum_{j=1}^{n_1}\alpha_p\boldsymbol{x}_j^{(1)}\frac{\bar{\lambda}_j^{(1)}}{(1-\bar{\lambda}_0)}+\sum_{l=1}^{n_2}\beta_p\boldsymbol{x}_l^{(2)}\frac{\bar{\lambda}_l^{(2)}}{(1-\bar{\lambda}_0)}$$

或

$$\boldsymbol{y}_p\leqslant\sum_{j=1}^{n_1}\alpha_p\boldsymbol{y}_j^{(1)}\frac{\bar{\lambda}_j^{(1)}}{(1-\bar{\lambda}_0)}+\sum_{l=1}^{n_2}\beta_p\boldsymbol{y}_l^{(2)}\frac{\bar{\lambda}_l^{(2)}}{(1-\bar{\lambda}_0)}$$

成立.

由于

$$\delta_1\left(\alpha_p\frac{\bar{\lambda}_0}{1-\bar{\lambda}_0}+\sum_{j=1}^{n_1}\alpha_p\frac{\bar{\lambda}_j^{(1)}}{1-\bar{\lambda}_0}-\delta_2\left(-1\right)^{\delta_3}\alpha_p\frac{\bar{\lambda}_{n_1+1}^{(1)}}{1-\bar{\lambda}_0}\right)=\alpha_p\frac{\delta_1}{1-\bar{\lambda}_0},$$

$$\delta_1\left(\beta_p\frac{\bar{\lambda}_0}{1-\bar{\lambda}_0}+\sum_{l=1}^{n_2}\beta_p\frac{\bar{\lambda}_l^{(2)}}{1-\bar{\lambda}_0}-\delta_2\left(-1\right)^{\delta_3}\beta_p\frac{\bar{\lambda}_{n_2+1}^{(2)}}{1-\bar{\lambda}_0}\right)=\beta_p\frac{\delta_1}{1-\bar{\lambda}_0},$$

故可得

$$\delta_1\left(\sum_{j=1}^{n_1}\alpha_p\frac{\bar{\lambda}_j^{(1)}}{1-\bar{\lambda}_0}-\delta_2\left(-1\right)^{\delta_3}\alpha_p\frac{\bar{\lambda}_{n_1+1}^{(1)}}{1-\bar{\lambda}_0}\right)=\alpha_p\delta_1,$$

$$\delta_1\left(\sum_{l=1}^{n_2}\beta_p\frac{\bar{\lambda}_l^{(2)}}{1-\bar{\lambda}_0}-\delta_2\left(-1\right)^{\delta_3}\beta_p\frac{\bar{\lambda}_{n_2+1}^{(2)}}{1-\bar{\lambda}_0}\right)=\beta_p\delta_1,$$

其中 $\bar{\lambda}_j^{(1)},\bar{\lambda}_l^{(2)}\geqq 0(j=1,\cdots,n_1+1,l=1,\cdots,n_2+1)$, 故可知

$$\left(\sum_{j=1}^{n_1}\alpha_p\boldsymbol{x}_j^{(1)}\frac{\bar{\lambda}_j^{(1)}}{(1-\bar{\lambda}_0)}+\sum_{l=1}^{n_2}\beta_p\boldsymbol{x}_l^{(2)}\frac{\bar{\lambda}_l^{(2)}}{(1-\bar{\lambda}_0)},\right.$$
$$\left.\sum_{j=1}^{n_1}\alpha_p\boldsymbol{y}_j^{(1)}\frac{\bar{\lambda}_j^{(1)}}{(1-\bar{\lambda}_0)}+\sum_{l=1}^{n_2}\beta_p\boldsymbol{y}_l^{(2)}\frac{\bar{\lambda}_l^{(2)}}{(1-\bar{\lambda}_0)}\right)\in\bar{T}_p^e(2),$$

这与决策单元 p 为 TweDEA 有效的定义矛盾.

(⇐) 假设决策单元 p 为 TweDEA 无效, 即存在 $(\boldsymbol{x},\boldsymbol{y})\in\bar{T}_p^e(2)$, 使得 $\boldsymbol{x}_p\geqq\boldsymbol{x},\boldsymbol{y}_p\leqq\boldsymbol{y}$ 且至少有一个不等式严格成立, 即存在 $\lambda_j^{(1)},\lambda_l^{(2)}\geqq 0(j=1,\cdots,n_1+1,l=1,\cdots,n_2+1)$, 使得

$$\sum_{j=1}^{n_1}\alpha_p\boldsymbol{x}_j^{(1)}\lambda_j^{(1)}+\sum_{l=1}^{n_2}\beta_p\boldsymbol{x}_l^{(2)}\lambda_l^{(2)}\leqq\boldsymbol{x}\leqq\boldsymbol{x}_p,$$
$$\sum_{j=1}^{n_1}\alpha_p\boldsymbol{y}_j^{(1)}\lambda_j^{(1)}+\sum_{l=1}^{n_2}\beta_p\boldsymbol{y}_l^{(2)}\lambda_l^{(2)}\geqq\boldsymbol{y}\geqq\boldsymbol{y}_p$$

且至少有一个不等式严格成立, 其中

$$\delta_1\left(\sum_{j=1}^{n_1}\alpha_p\lambda_j^{(1)}-\delta_2\left(-1\right)^{\delta_3}\alpha_p\lambda_{n_1+1}^{(1)}\right)=\alpha_p\delta_1,$$
$$\delta_1\left(\sum_{l=1}^{n_2}\beta_p\lambda_l^{(2)}-\delta_2\left(-1\right)^{\delta_3}\beta_p\lambda_{n_2+1}^{(2)}\right)=\beta_p\delta_1.$$

令

$$\lambda_0=0,\quad\theta=1,$$
$$\boldsymbol{s}^-=\boldsymbol{x}_p-\sum_{j=1}^{n_1}\alpha_p\boldsymbol{x}_j^{(1)}\lambda_j^{(1)}-\sum_{l=1}^{n_2}\beta_p\boldsymbol{x}_l^{(2)}\lambda_l^{(2)},$$
$$\boldsymbol{s}^+=\sum_{j=1}^{n_1}\alpha_p\boldsymbol{y}_j^{(1)}\lambda_j^{(1)}+\sum_{l=1}^{n_2}\beta_p\boldsymbol{y}_l^{(2)}\lambda_l^{(2)}-\boldsymbol{y}_p,$$

则 $\theta,\boldsymbol{s}^-,\boldsymbol{s}^+,\lambda_0,\lambda_j^{(1)},\lambda_l^{(2)}(j=1,\cdots,n_1+1,l=1,\cdots,n_2+1)$ 满足模型 (DTweDEA) 的约束条件, 是 (DTweDEA) 的一个最优解, 但由于 $(\boldsymbol{s}^-,\boldsymbol{s}^+)\neq\mathbf{0}$, 这与线性规划 (DTweDEA) 的任意最优解 $\bar{\theta},\bar{\boldsymbol{s}}^-,\bar{\boldsymbol{s}}^+,\bar{\lambda}_0,\bar{\lambda}_j^{(1)},\bar{\lambda}_l^{(2)}(j=1,\cdots,n_1+1,l=1,\cdots,n_2+1)$ 都有 $\bar{\theta}=1,\bar{\boldsymbol{s}}^-=\mathbf{0},\bar{\boldsymbol{s}}^+=\mathbf{0}$ 矛盾. 证毕.

考虑以下具有非阿基米德无穷小量 ε 的模型 $(\mathrm{DTweDEA})_{\varepsilon}$.

$$(\mathrm{DTweDEA})_{\varepsilon}\left\{\begin{array}{l}\min\theta-\varepsilon\left(\hat{\boldsymbol{e}}^{\mathrm{T}}\boldsymbol{s}^{-}+\boldsymbol{e}^{\mathrm{T}}\boldsymbol{s}^{+}\right),\\ \text{s.t. } \boldsymbol{x}_p(\theta-\lambda_0)-\sum_{j=1}^{n_1}\alpha_p\boldsymbol{x}_j^{(1)}\lambda_j^{(1)}-\sum_{l=1}^{n_2}\beta_p\boldsymbol{x}_l^{(2)}\lambda_l^{(2)}-\boldsymbol{s}^{-}=\mathbf{0},\\ \qquad \boldsymbol{y}_p(\lambda_0-1)+\sum_{j=1}^{n_1}\alpha_p\boldsymbol{y}_j^{(1)}\lambda_j^{(1)}+\sum_{l=1}^{n_2}\beta_p\boldsymbol{y}_l^{(2)}\lambda_l^{(2)}-\boldsymbol{s}^{+}=\mathbf{0},\\ \qquad \delta_1\left(\alpha_p\lambda_0+\sum_{j=1}^{n_1}\alpha_p\lambda_j^{(1)}-\delta_2\left(-1\right)^{\delta_3}\alpha_p\lambda_{n_1+1}^{(1)}\right)=\alpha_p\delta_1,\\ \qquad \delta_1\left(\beta_p\lambda_0+\sum_{l=1}^{n_2}\beta_p\lambda_l^{(2)}-\delta_2\left(-1\right)^{\delta_3}\beta_p\lambda_{n_2+1}^{(2)}\right)=\beta_p\delta_1,\\ \qquad \boldsymbol{s}^{-},\boldsymbol{s}^{+}\geqq\mathbf{0},\lambda_0,\lambda_j^{(1)},\lambda_l^{(2)}\geqq 0, j=1,\cdots,n_1+1, l=1,\cdots,n_2+1,\end{array}\right.$$

其中

$$\hat{\boldsymbol{e}}=(1,1,\cdots,1)^{\mathrm{T}}\in E^m,\quad \boldsymbol{e}=(1,1,\cdots,1)^{\mathrm{T}}\in E^s,$$

$\varepsilon>0$ 是一个非阿基米德无穷小量.

定理 4.3 若 $(\mathrm{DTweDEA})_{\varepsilon}$ 的最优解 $\bar{\theta},\bar{\boldsymbol{s}}^{-},\bar{\boldsymbol{s}}^{+},\bar{\lambda}_0,\bar{\lambda}_j^{(1)},\bar{\lambda}_l^{(2)}(j=1,\cdots,n_1+1,$ $l=1,\cdots,n_2+1)$ 满足 $\bar{\theta}=1,\bar{\boldsymbol{s}}^{-}=\mathbf{0},\bar{\boldsymbol{s}}^{+}=\mathbf{0}$, 则决策单元 p 为 TweDEA 有效.

证明 假设决策单元 p 为 TweDEA 无效, 由定理 4.2 的充分性证明可知, 线性规划 (DTweDEA) 必存在可行解 $\theta,\boldsymbol{s}^{-},\boldsymbol{s}^{+},\lambda_0,\lambda_j^{(1)},\lambda_l^{(2)}(j=1,\cdots,n_1+1,l=1,\cdots,n_2+1)$, 满足

$$\theta=1,\quad(\boldsymbol{s}^{-},\boldsymbol{s}^{+})\neq\mathbf{0}.$$

该可行解是模型 $(\mathrm{DTweDEA})_{\varepsilon}$ 的一个可行解, 但

$$\theta-\varepsilon\left(\hat{\boldsymbol{e}}^{\mathrm{T}}\boldsymbol{s}^{-}+\boldsymbol{e}^{\mathrm{T}}\boldsymbol{s}^{+}\right)<1.$$

这与 $(\mathrm{DTweDEA})_{\varepsilon}$ 存在最优解 $\bar{\theta},\bar{\boldsymbol{s}}^{-},\bar{\boldsymbol{s}}^{+},\bar{\lambda}_0,\bar{\lambda}_j^{(1)},\bar{\lambda}_l^{(2)}(j=1,\cdots,n_1+1,l=1,\cdots,$ $n_2+1)$, 使得

$$\bar{\theta}=1,\quad\bar{\boldsymbol{s}}^{-}=\mathbf{0},\quad\bar{\boldsymbol{s}}^{+}=\mathbf{0}$$

矛盾, 故决策单元 p 为 TweDEA 有效. 证毕.

两种类型交叉决策单元的有效性评价模型 (DTweDEA) 和传统 DEA 模型和 DEA 生产可能集之间具有以下关系:

(1) 当 $n=n_1,\boldsymbol{x}_j^{(1)}=\boldsymbol{x}_j,\boldsymbol{y}_j^{(1)}=\boldsymbol{y}_j(j=1,\cdots,n)$, $\delta_1=0$, $\alpha_p=1,\beta_p=0$ 时, 模型 (DTweDEA) 为 $\mathrm{C^2R}$ 模型. $\bar{T}_p^e(2)$ 为 $\mathrm{C^2R}$ 模型对应的生产可能集.

(2) 当 $n=n_1, \boldsymbol{x}_j^{(1)}=\boldsymbol{x}_j, \boldsymbol{y}_j^{(1)}=\boldsymbol{y}_j(j=1,\cdots,n)$, $\delta_1=1$, $\delta_2=0$, $\alpha_p=1,\beta_p=0$ 时, 模型 (DTweDEA) 为 BC² 模型. $\bar{T}_p^e(2)$ 为 BC² 模型对应的生产可能集.

(3) 当 $n=n_1, \boldsymbol{x}_j^{(1)}=\boldsymbol{x}_j, \boldsymbol{y}_j^{(1)}=\boldsymbol{y}_j(j=1,\cdots,n)$, $\delta_1=1,\delta_2=1,\delta_3=1$, $\alpha_p=1,\beta_p=0$ 时, 模型 (DTweDEA) 为 FG 模型. $\bar{T}_p^e(2)$ 为 FG 模型对应的生产可能集.

(4) 当 $n=n_1, \boldsymbol{x}_j^{(1)}=\boldsymbol{x}_j, \boldsymbol{y}_j^{(1)}=\boldsymbol{y}_j(j=1,\cdots,n)$, $\delta_1=1,\delta_2=1,\delta_3=0$, $\alpha_p=1,\beta_p=0$ 时, 模型 (DTweDEA) 为 ST 模型. $\bar{T}_p^e(2)$ 为 ST 模型对应的生产可能集.

对称地, 当 $\alpha_p=0,\beta_p=1$ 时, 也有类似的结果.

4.1.3 两种类型交叉决策单元的投影性质

以下讨论具有两种类型交叉决策单元的投影性质.

定义 4.2 设 $\bar{\theta}, \bar{\boldsymbol{s}}^-, \bar{\boldsymbol{s}}^+, \bar{\lambda}_0, \bar{\lambda}_j^{(1)}, \bar{\lambda}_l^{(2)}(j=1,\cdots,n_1+1, l=1,\cdots,n_2+1)$ 为 $(\text{DTweDEA})_\varepsilon$ 的最优解, 令 $\hat{\boldsymbol{x}}_p=\bar{\theta}\boldsymbol{x}_p-\bar{\boldsymbol{s}}^-$, $\hat{\boldsymbol{y}}_p=\boldsymbol{y}_p+\bar{\boldsymbol{s}}^+$, 称 $(\hat{\boldsymbol{x}}_p,\hat{\boldsymbol{y}}_p)$ 为决策单元 p 在评价参考集 $\bar{T}_p^e(2)$ 有效前沿面上的投影.

定理 4.4 决策单元 p 在评价参考集 $\bar{T}_p^e(2)$ 有效前沿面上的投影 $(\hat{\boldsymbol{x}}_p,\hat{\boldsymbol{y}}_p)$ 为 TweDEA 有效.

证明 假设决策单元 p 在评价参考集 $\bar{T}_p^e(2)$ 有效前沿面上的投影 $(\hat{\boldsymbol{x}}_p,\hat{\boldsymbol{y}}_p)$ 为 TweDEA 无效, 即存在 $(\boldsymbol{x},\boldsymbol{y})\in\bar{T}_p^e(2)$, 使得

$$\hat{\boldsymbol{x}}_p \geqq \boldsymbol{x}, \quad \hat{\boldsymbol{y}}_p \leqq \boldsymbol{y}$$

且至少有一个不等式严格成立. 即存在 $\lambda_j^{(1)},\lambda_l^{(2)}\geqq 0(j=1,\cdots,n_1+1, l=1,\cdots,n_2+1)$ 使得

$$\sum_{j=1}^{n_1}\alpha_p\boldsymbol{x}_j^{(1)}\lambda_j^{(1)}+\sum_{l=1}^{n_2}\beta_p\boldsymbol{x}_l^{(2)}\lambda_l^{(2)} \leqq \boldsymbol{x} \leqq \hat{\boldsymbol{x}}_p=\bar{\theta}\boldsymbol{x}_p-\bar{\boldsymbol{s}}^-,$$

$$\sum_{j=1}^{n_1}\alpha_p\boldsymbol{y}_j^{(1)}\lambda_j^{(1)}+\sum_{l=1}^{n_2}\beta_p\boldsymbol{y}_l^{(2)}\lambda_l^{(2)} \geqq \boldsymbol{y} \geqq \hat{\boldsymbol{y}}_p=\boldsymbol{y}_p+\bar{\boldsymbol{s}}^+$$

且至少有一个不等式严格成立, 其中

$$\delta_1\left(\sum_{j=1}^{n_1}\alpha_p\lambda_j^{(1)}-\delta_2\left(-1\right)^{\delta_3}\alpha_p\lambda_{n_1+1}^{(1)}\right)=\alpha_p\delta_1,$$

$$\delta_1\left(\sum_{l=1}^{n_2}\beta_p\lambda_l^{(2)}-\delta_2\left(-1\right)^{\delta_3}\beta_p\lambda_{n_2+1}^{(2)}\right)=\beta_p\delta_1,$$

故有

$$\hat{\boldsymbol{x}}_p - \sum_{j=1}^{n_1} \alpha_p \boldsymbol{x}_j^{(1)} \lambda_j^{(1)} - \sum_{l=1}^{n_2} \beta_p \boldsymbol{x}_l^{(2)} \lambda_l^{(2)} \geqq \mathbf{0},$$

$$-\hat{\boldsymbol{y}}_p + \sum_{j=1}^{n_1} \alpha_p \boldsymbol{y}_j^{(1)} \lambda_j^{(1)} + \sum_{l=1}^{n_2} \beta_p \boldsymbol{y}_l^{(2)} \lambda_l^{(2)} \geqq \mathbf{0}$$

且至少有一个不等式严格成立, 故存在 $\hat{\boldsymbol{s}}^-, \hat{\boldsymbol{s}}^+ \geqq \mathbf{0}$, 使得

$$\hat{\boldsymbol{x}}_p - \sum_{j=1}^{n_1} \alpha_p \boldsymbol{x}_j^{(1)} \lambda_j^{(1)} - \sum_{l=1}^{n_2} \beta_p \boldsymbol{x}_l^{(2)} \lambda_l^{(2)} - \hat{\boldsymbol{s}}^- = \mathbf{0},$$

$$-\hat{\boldsymbol{y}}_p + \sum_{j=1}^{n_1} \alpha_p \boldsymbol{y}_j^{(1)} \lambda_j^{(1)} + \sum_{l=1}^{n_2} \beta_p \boldsymbol{y}_l^{(2)} \lambda_l^{(2)} - \hat{\boldsymbol{s}}^+ = \mathbf{0},$$

且有 $(\hat{\boldsymbol{s}}^-, \hat{\boldsymbol{s}}^+) \neq \mathbf{0}$, 即有

$$\bar{\theta} \boldsymbol{x}_p - \sum_{j=1}^{n_1} \alpha_p \boldsymbol{x}_j^{(1)} \lambda_j^{(1)} - \sum_{l=1}^{n_2} \beta_p \boldsymbol{x}_l^{(2)} \lambda_l^{(2)} - \hat{\boldsymbol{s}}^- - \bar{\boldsymbol{s}}^- = \mathbf{0},$$

$$-\boldsymbol{y}_p + \sum_{j=1}^{n_1} \alpha_p \boldsymbol{y}_j^{(1)} \lambda_j^{(1)} + \sum_{l=1}^{n_2} \beta_p \boldsymbol{y}_l^{(2)} \lambda_l^{(2)} - \hat{\boldsymbol{s}}^+ - \bar{\boldsymbol{s}}^+ = \mathbf{0},$$

令 $\lambda_0 = 0$, 故 $\bar{\theta}, \bar{\boldsymbol{s}}^- + \hat{\boldsymbol{s}}^-, \bar{\boldsymbol{s}}^+ + \hat{\boldsymbol{s}}^+, \lambda_0, \lambda_j^{(1)}, \lambda_l^{(2)} \geqq 0 (j = 1, \cdots, n_1+1, l = 1, \cdots, n_2+1)$ 是模型 $(\text{DTweDEA})_\varepsilon$ 的一个可行解. 但

$$\bar{\theta} - \varepsilon \left(\hat{\boldsymbol{e}}^{\mathrm{T}} \bar{\boldsymbol{s}}^- + \boldsymbol{e}^{\mathrm{T}} \bar{\boldsymbol{s}}^+ \right) > \bar{\theta} - \varepsilon \left(\hat{\boldsymbol{e}}^{\mathrm{T}} (\bar{\boldsymbol{s}}^- + \hat{\boldsymbol{s}}^-) + \boldsymbol{e}^{\mathrm{T}} (\bar{\boldsymbol{s}}^+ + \hat{\boldsymbol{s}}^+) \right),$$

这与假设条件 $\bar{\theta}, \bar{\boldsymbol{s}}^-, \bar{\boldsymbol{s}}^+, \bar{\lambda}_0, \bar{\lambda}_j^{(1)}, \bar{\lambda}_l^{(2)} (j = 1, \cdots, n_1 + 1, l = 1, \cdots, n_2 + 1)$ 是模型 $(\text{DTweDEA})_\varepsilon$ 的最优解矛盾, 故投影 $(\hat{\boldsymbol{x}}_p, \hat{\boldsymbol{y}}_p)$ 为 TweDEA 有效. 证毕.

4.2 多类型交叉决策单元的有效性分析

本节针对多类型交叉决策单元的有效性评价问题, 给出了评价多类型交叉决策单元有效性的 DEA 模型 (MueDEA) 和相应的 MueDEA 有效性概念. 分析了模型 (MueDEA) 的性质以及决策单元的投影性质等问题.

4.2.1　多类型交叉决策单元的参照系构造与有效性分析

假设有 n 个决策单元, 每个决策单元分别在不同程度上具有 q 个系统的属性, 其中 q 个系统的属性彼此互不相同, 假设第 p 个决策单元 $(\boldsymbol{x}_p,\boldsymbol{y}_p)$ 的输入输出指标值分别是

$$\boldsymbol{x}_p=(x_1,x_2,\cdots,x_m)^{\mathrm{T}}\geqslant\mathbf{0},\quad \boldsymbol{y}_p=(y_1,y_2,\cdots,y_s)^{\mathrm{T}}\geqslant\mathbf{0}.$$

每一个决策单元对各系统的隶属度不同, 假设决策单元 p 对于系统 k 的隶属度为 $\alpha_p^{(k)}(k=1,\cdots,q)$, 其中

$$\sum_{k=1}^{q}\alpha_p^{(k)}=1,\quad \alpha_p^{(k)}\in[0,1],\quad k=1,\cdots,q.$$

假设系统 k 包含 n_k 个样本单元, 其中系统 k 中第 j 个单元的输入输出指标值分别为

$$\boldsymbol{x}_j^{(k)}=(x_{1j}^{(k)},x_{2j}^{(k)},\cdots,x_{mj}^{(k)})^{\mathrm{T}}\geqslant\mathbf{0},\quad \boldsymbol{y}_j^{(k)}=(y_{1j}^{(k)},y_{2j}^{(k)},\cdots,y_{sj}^{(k)})^{\mathrm{T}}\geqslant\mathbf{0},$$

根据样本 DEA 的相关原理可知, 系统 k 的样本生产可能集为

$$T_k=\left\{(\boldsymbol{x},\boldsymbol{y})\left|\sum_{j=1}^{n_k}\boldsymbol{x}_j^{(k)}\lambda_j^{(k)}\leqq\boldsymbol{x},\ \sum_{j=1}^{n_k}\boldsymbol{y}_j^{(k)}\lambda_j^{(k)}\geqq\boldsymbol{y},\right.\right.$$
$$\left.\delta_1\left(\sum_{j=1}^{n_k}\lambda_j^{(k)}-\delta_2\left(-1\right)^{\delta_3}\lambda_{n_k+1}^{(k)}\right)=\delta_1,\lambda_j^{(k)}\geqq0,j=1,\cdots,n_k+1\right\}$$

其中 $\delta_1,\delta_2,\delta_3$ 为可以取值 0 或 1 的参数.

由于 DEA 生产可能集的构成必须由同类决策单元来构成, 所以类似于具有两种类型交叉决策单元评价的参照系构造方法, 构成决策单元 p 评价参照系的样本也应该与被评价单元具有相同的属性 (隶属度), 因此, $(\boldsymbol{x}_p,\boldsymbol{y}_p)$ 的评价参考集 T_p 应为

$$\bar{T}_p^e(q)=\left\{(\boldsymbol{x},\boldsymbol{y})\left|(-\boldsymbol{x},\boldsymbol{y})\leqq\sum_{k=1}^{q}\alpha_p^{(k)}\left(-\boldsymbol{x}^{(k)},\boldsymbol{y}^{(k)}\right),\left(\boldsymbol{x}^{(k)},\boldsymbol{y}^{(k)}\right)\in T_k,k=1,\cdots,q\right.\right\}$$

令

$$T_p^e(q)=\left\{(\boldsymbol{x},\boldsymbol{y})\left|\sum_{k=1}^{q}\sum_{j=1}^{n_k}\alpha_p^{(k)}\boldsymbol{x}_j^{(k)}\lambda_j^{(k)}\leqq\boldsymbol{x},\ \sum_{k=1}^{q}\sum_{j=1}^{n_k}\alpha_p^{(k)}\boldsymbol{y}_j^{(k)}\lambda_j^{(k)}\geqq\boldsymbol{y},\right.\right.$$
$$\delta_1\left(\sum_{j=1}^{n_k}\alpha_p^{(k)}\lambda_j^{(k)}-\delta_2\left(-1\right)^{\delta_3}\alpha_p^{(k)}\lambda_{n_k+1}^{(k)}\right)=\alpha_p^{(k)}\delta_1,$$
$$\left.\lambda_j^{(k)}\geqq0,j=1,\cdots,n_k+1,k=1,\cdots,q\right\}.$$

定理 4.5 假设所有系统的单元都满足同样的公理体系, 则集合

$$\bar{T}_p^e(q) = T_p^e(q).$$

证明 要证 $\bar{T}_p^e(q) = T_p^e(q)$, 只需证明

$$\bar{T}_p^e(q) \supseteq T_p^e(q) \quad 和 \quad \bar{T}_p^e(q) \subseteq T_p^e(q).$$

首先, 若 $(\boldsymbol{x}, \boldsymbol{y}) \in \bar{T}_p^e(q)$, 则存在 $\left(\boldsymbol{x}^{(k)}, \boldsymbol{y}^{(k)}\right) \in T_k, k = 1, \cdots, q$ 使得

$$(-\boldsymbol{x}, \boldsymbol{y}) \leqq \sum_{k=1}^{q} \alpha_p^{(k)} \left(-\boldsymbol{x}^{(k)}, \boldsymbol{y}^{(k)}\right),$$

因此, 存在 $\lambda_j^{(k)} \geqq 0 (j = 1, \cdots, n_k + 1)$, 使得

$$\sum_{j=1}^{n_k} \boldsymbol{x}_j^{(k)} \lambda_j^{(k)} \leqq \boldsymbol{x}^{(k)}, \quad \sum_{j=1}^{n_k} \boldsymbol{y}_j^{(k)} \lambda_j^{(k)} \geqq \boldsymbol{y}^{(k)},$$

$$\delta_1 \left(\sum_{j=1}^{n_k} \lambda_j^{(k)} - \delta_2 (-1)^{\delta_3} \lambda_{n_k+1}^{(k)} \right) = \delta_1,$$

故对于

$$\sum_{k=1}^{q} \alpha_p^{(k)} \left(\boldsymbol{x}^{(k)}, \boldsymbol{y}^{(k)}\right) = \left(\sum_{k=1}^{q} \alpha_p^{(k)} \boldsymbol{x}^{(k)}, \sum_{k=1}^{q} \alpha_p^{(k)} \boldsymbol{y}^{(k)} \right),$$

有

$$\sum_{k=1}^{q} \sum_{j=1}^{n_k} \alpha_p^{(k)} \boldsymbol{x}_j^{(k)} \lambda_j^{(k)} \leqq \sum_{k=1}^{q} \alpha_p^{(k)} \boldsymbol{x}^{(k)} \leqq \boldsymbol{x},$$

$$\sum_{k=1}^{q} \sum_{j=1}^{n_k} \alpha_p^{(k)} \boldsymbol{y}_j^{(k)} \lambda_j^{(k)} \geqq \sum_{k=1}^{q} \alpha_p^{(k)} \boldsymbol{y}^{(k)} \geqq \boldsymbol{y},$$

$$\delta_1 \left(\sum_{j=1}^{n_k} \alpha_p^{(k)} \lambda_j^{(k)} - \delta_2 (-1)^{\delta_3} \alpha_p^{(k)} \lambda_{n_k+1}^{(k)} \right) = \alpha_p^{(k)} \delta_1, \quad k = 1, \cdots, q.$$

于是有 $(\boldsymbol{x}, \boldsymbol{y}) \in T_p^e(q)$, 即

$$\bar{T}_p^e(q) \subseteq T_p^e(q).$$

下面用数学归纳法证明 $\bar{T}_p^e(q) \supseteq T_p^e(q)$.

当 $q = 2$ 时, 根据定理 4.1 有

$$T_p^e(2) = \bar{T}_p^e(2),$$

故有

$$\bar{T}_p^e(2) \supseteq T_p^e(2).$$

假设

$$\bar{T}_p^e(q-1) \supseteq T_p^e(q-1)$$

成立, 若 $(\boldsymbol{x}, \boldsymbol{y}) \in T_p^e(q)$, 则存在 $\lambda_j^{(k)} \geqq 0(j=1,\cdots,n_k+1, k=1,\cdots,q)$, 使得

$$\sum_{k=1}^{q}\sum_{j=1}^{n_k}\alpha_p^{(k)}\boldsymbol{x}_j^{(k)}\lambda_j^{(k)} \leqq \boldsymbol{x}, \quad \sum_{k=1}^{q}\sum_{j=1}^{n_k}\alpha_p^{(k)}\boldsymbol{y}_j^{(k)}\lambda_j^{(k)} \geqq \boldsymbol{y},$$

$$\delta_1\left(\sum_{j=1}^{n_k}\alpha_p^{(k)}\lambda_j^{(k)} - \delta_2(-1)^{\delta_3}\alpha_p^{(k)}\lambda_{n_k+1}^{(k)}\right) = \alpha_p^{(k)}\delta_1, \quad k=1,\cdots,q,$$

令

$$\sum_{k=1}^{q-1}\sum_{j=1}^{n_k}\alpha_p^{(k)}\boldsymbol{x}_j^{(k)}\lambda_j^{(k)} \leqq \boldsymbol{x} - \alpha_p^{(q)}\sum_{j=1}^{n_q}\boldsymbol{x}_j^{(q)}\lambda_j^{(q)} = \boldsymbol{x}',$$

$$\sum_{k=1}^{q-1}\sum_{j=1}^{n_k}\alpha_p^{(k)}\boldsymbol{y}_j^{(k)}\lambda_j^{(k)} \geqq \boldsymbol{y} - \alpha_p^{(q)}\sum_{j=1}^{n_q}\boldsymbol{y}_j^{(q)}\lambda_j^{(q)} = \boldsymbol{y}',$$

$$\delta_1\left(\sum_{j=1}^{n_k}\alpha_p^{(k)}\lambda_j^{(k)} - \delta_2(-1)^{\delta_3}\alpha_p^{(k)}\lambda_{n_k+1}^{(k)}\right) = \alpha_p^{(k)}\delta_1, \quad k=1,\cdots,q-1,$$

从而可知

$$(\boldsymbol{x}', \boldsymbol{y}') \in T_p^e(q-1) \subseteq \bar{T}_p^e(q-1),$$

故存在 $\left(\boldsymbol{x}^{(k)}, \boldsymbol{y}^{(k)}\right) \in T_k(k=1,\cdots,q-1)$, 使得

$$(-\boldsymbol{x}', \boldsymbol{y}') \leqq \sum_{k=1}^{q-1}\alpha_p^{(k)}\left(-\boldsymbol{x}^{(k)}, \boldsymbol{y}^{(k)}\right),$$

因此

$$(-\boldsymbol{x}, \boldsymbol{y}) \leqq \alpha_p^{(q)}\left(-\sum_{j=1}^{n_q}\boldsymbol{x}_j^{(q)}\lambda_j^{(q)}, \sum_{j=1}^{n_q}\boldsymbol{y}_j^{(q)}\lambda_j^{(q)}\right) + \sum_{k=1}^{q-1}\alpha_p^{(k)}\left(-\boldsymbol{x}^{(k)}, \boldsymbol{y}^{(k)}\right).$$

又因为

$$\left(\sum_{j=1}^{n_q}\boldsymbol{x}_j^{(q)}\lambda_j^{(q)}, \sum_{j=1}^{n_q}\boldsymbol{y}_j^{(q)}\lambda_j^{(q)}\right) \in T_q,$$

故 $(\boldsymbol{x}, \boldsymbol{y}) \in \bar{T}_p^e(q)$, 即 $\bar{T}_p^e(q) \supseteq T_p^e(q)$. 证毕.

定义 4.3 如果不存在 $(\boldsymbol{x},\boldsymbol{y})\in T_p^e(q)$, 使得

$$\boldsymbol{x}_p \geqq \boldsymbol{x},\quad \boldsymbol{y}_p \leqq \boldsymbol{y}$$

且至少有一个不等式严格成立, 则称决策单元 p 为有效决策单元, 简称 MueDEA 有效.

4.2.2 多类型交叉决策单元的评价模型

假设被评价决策单元含有多种类型决策单元的属性, 根据上述生产可能集的构造, 以及 MueDEA 有效的概念, 可以构造出如下 DEA 模型:

$$(\text{DMueDEA})\begin{cases}\min\theta=V_{\mathrm{D}},\\ \text{s.t. } \boldsymbol{x}_p(\theta-\lambda_0)-\displaystyle\sum_{k=1}^{q}\sum_{j=1}^{n_k}\alpha_p^{(k)}\boldsymbol{x}_j^{(k)}\lambda_j^{(k)}-\boldsymbol{s}^-=\boldsymbol{0},\\ \quad\boldsymbol{y}_p(\lambda_0-1)+\displaystyle\sum_{k=1}^{q}\sum_{j=1}^{n_k}\alpha_p^{(k)}\boldsymbol{y}_j^{(k)}\lambda_j^{(k)}-\boldsymbol{s}^+=\boldsymbol{0},\\ \quad\delta_1\left(\alpha_p^{(k)}\lambda_0+\displaystyle\sum_{j=1}^{n_k}\alpha_p^{(k)}\lambda_j^{(k)}-\delta_2\left(-1\right)^{\delta_3}\alpha_p^{(k)}\lambda_{n_k+1}^{(k)}\right)=\alpha_p^{(k)}\delta_1,\\ \quad k=1,\cdots,q,\\ \quad\boldsymbol{s}^-,\boldsymbol{s}^+\geqq\boldsymbol{0},\lambda_0,\lambda_j^{(k)},j=1,\cdots,n_k+1,k=1,\cdots,q.\end{cases}$$

定理 4.6 决策单元 p 为 MueDEA 有效当且仅当线性规划 (DMueDEA) 的任意最优解 $\bar{\theta},\bar{\boldsymbol{s}}^-,\bar{\boldsymbol{s}}^+,\bar{\lambda}_0,\bar{\lambda}_j^{(k)}(j=1,\cdots,n_k+1,k=1,\cdots,q)$ 都有

$$\bar{\theta}=1,\quad \bar{\boldsymbol{s}}^-=\boldsymbol{0},\quad \bar{\boldsymbol{s}}^+=\boldsymbol{0}.$$

证明 ($\Rightarrow$) 假设决策单元 p 为 MueDEA 有效, 则不存在 $(\boldsymbol{x},\boldsymbol{y})\in T_p^e(q)$, 使得

$$\boldsymbol{x}_p \geqq \boldsymbol{x},\quad \boldsymbol{y}_p \leqq \boldsymbol{y}$$

且至少有一个不等式严格成立.

若线性规划 (DMueDEA) 存在最优解 $\bar{\theta},\bar{\boldsymbol{s}}^-,\bar{\boldsymbol{s}}^+,\bar{\lambda}_0,\bar{\lambda}_j^{(k)}(j=1,\cdots,n_k+1,k=1,\cdots,q)$ 满足以下两种情况:

(1) $\bar{\theta}\neq 1$;

(2) $\bar{\theta}=1$, 但 $(\bar{\boldsymbol{s}}^-,\bar{\boldsymbol{s}}^+)\neq\boldsymbol{0}$.

下面分别进行讨论.

(1) 若 $\bar{\theta}\neq 1$, 则必有 $\bar{\theta}<1$. 这是因为

$$\theta=1,\quad \boldsymbol{s}^-=\boldsymbol{0},\quad \boldsymbol{s}^+=\boldsymbol{0},\quad \lambda_0=1,\quad \lambda_j^{(k)}=0,\quad j=1,\cdots,n_k+1,k=1,\cdots,q$$

为线性规划 (DMueDEA) 的一个可行解, 故 $\bar{\theta} < 1$.

由约束条件

$$\boldsymbol{x}_p(\bar{\theta} - \bar{\lambda}_0) - \sum_{k=1}^{q}\sum_{j=1}^{n_k} \alpha_p^{(k)} \boldsymbol{x}_j^{(k)} \bar{\lambda}_j^{(k)} - \bar{\boldsymbol{s}}^- = \boldsymbol{0},$$

可知

$$\boldsymbol{x}_p(1 - \bar{\lambda}_0) - \sum_{k=1}^{q}\sum_{j=1}^{n_k} \alpha_p^{(k)} \boldsymbol{x}_j^{(k)} \bar{\lambda}_j^{(k)} \geqslant \boldsymbol{0},$$

这可以归结到情况 (2) 中进行讨论.

(2) 若 $\bar{\theta} = 1$, 但 $\bar{\boldsymbol{s}}^+ \neq \boldsymbol{0}$ 或 $\bar{\boldsymbol{s}}^- \neq \boldsymbol{0}$. 即

$$\boldsymbol{x}_p(1 - \bar{\lambda}_0) - \sum_{k=1}^{q}\sum_{j=1}^{n_k} \alpha_p^{(k)} \boldsymbol{x}_j^{(k)} \bar{\lambda}_j^{(k)} \geqslant \boldsymbol{0}$$

成立, 或者

$$\boldsymbol{y}_p(\bar{\lambda}_0 - 1) + \sum_{k=1}^{q}\sum_{j=1}^{n_k} \alpha_p^{(k)} \boldsymbol{y}_j^{(k)} \bar{\lambda}_j^{(k)} \geqslant \boldsymbol{0}$$

成立. 下面证明 $\bar{\lambda}_0 < 1$.

若 $\bar{\lambda}_0 > 1$, 则可知

$$\boldsymbol{x}_p\left(\bar{\lambda}_0 - 1\right) \geqslant \boldsymbol{0},$$

因此有

$$\boldsymbol{x}_p(1 - \bar{\lambda}_0) - \sum_{k=1}^{q}\sum_{j=1}^{n_k} \alpha_p^{(k)} \boldsymbol{x}_j^{(k)} \bar{\lambda}_j^{(k)} - \bar{\boldsymbol{s}}^- \leqslant \boldsymbol{0},$$

这与约束条件矛盾.

若最优解中 $\bar{\lambda}_0 = 1$, 则可知

$$-\sum_{k=1}^{q}\sum_{j=1}^{n_k} \alpha_p^{(k)} \boldsymbol{x}_j^{(k)} \bar{\lambda}_j^{(k)} - \bar{\boldsymbol{s}}^- = \boldsymbol{0},$$

即

$$\sum_{k=1}^{q}\sum_{j=1}^{n_k} \alpha_p^{(k)} \boldsymbol{x}_j^{(k)} \bar{\lambda}_j^{(k)} = \boldsymbol{0}, \quad \bar{\boldsymbol{s}}^- = \boldsymbol{0}.$$

对任意 j, k, 因为 $\boldsymbol{x}_j^{(k)} \geqslant \boldsymbol{0}$, 则必存在 i_0 使得 $x_{i_0 j}^{(k)} \neq 0$. 若 $\alpha_p^{(k)} \neq 0$, 由

$$\sum_{j=1}^{n_k} \alpha_p^{(k)} \boldsymbol{x}_j^{(k)} \bar{\lambda}_j^{(k)} = \boldsymbol{0},$$

则可得

$$x_{i_0j}^{(k)}\bar{\lambda}_j^{(k)}=0,$$

即 $\bar{\lambda}_j^{(k)}=0$. 由 j,k 的任意性知 $\bar{\lambda}_j^{(k)}=0(j=1,\cdots,n_k+1,k=1,\cdots,q)$. 又由约束条件

$$\boldsymbol{y}_p(\bar{\lambda}_0-1)+\sum_{k=1}^{q}\sum_{j=1}^{n_k}\alpha_p^{(k)}\boldsymbol{y}_j^{(k)}\bar{\lambda}_j^{(k)}-\bar{\boldsymbol{s}}^+=\boldsymbol{0},$$

可知 $\bar{\boldsymbol{s}}^+=\boldsymbol{0}$, 这与假设 $(\bar{\boldsymbol{s}}^-,\bar{\boldsymbol{s}}^+)\neq\boldsymbol{0}$ 矛盾. 综上可知 $\bar{\lambda}_0<1$, 即

$$1-\bar{\lambda}_0>0.$$

因为

$$\boldsymbol{x}_p(1-\bar{\lambda}_0)-\sum_{k=1}^{q}\sum_{j=1}^{n_k}\alpha_p^{(k)}\boldsymbol{x}_j^{(k)}\bar{\lambda}_j^{(k)}\geqslant\boldsymbol{0}$$

或

$$\boldsymbol{y}_p(\bar{\lambda}_0-1)+\sum_{k=1}^{q}\sum_{j=1}^{n_k}\alpha_p^{(k)}\boldsymbol{y}_j^{(k)}\bar{\lambda}_j^{(k)}\geqslant\boldsymbol{0}$$

成立, 则有

$$\boldsymbol{x}_p\geqslant\sum_{k=1}^{q}\sum_{j=1}^{n_k}\alpha_p^{(k)}\boldsymbol{x}_j^{(k)}\frac{\bar{\lambda}_j^{(k)}}{(1-\bar{\lambda}_0)}$$

或

$$\boldsymbol{y}_p\leqslant\sum_{k=1}^{q}\sum_{j=1}^{n_k}\alpha_p^{(k)}\boldsymbol{y}_j^{(k)}\frac{\bar{\lambda}_j^{(k)}}{(1-\bar{\lambda}_0)}$$

成立.

由于

$$\begin{aligned}&\delta_1\left(\alpha_p^{(k)}\frac{\bar{\lambda}_0}{(1-\bar{\lambda}_0)}+\sum_{j=1}^{n_k}\alpha_p^{(k)}\frac{\bar{\lambda}_j^{(k)}}{(1-\bar{\lambda}_0)}-\delta_2\left(-1\right)^{\delta_3}\alpha_p^{(k)}\frac{\bar{\lambda}_{n_k+1}^{(k)}}{(1-\bar{\lambda}_0)}\right)\\&=\alpha_p^{(k)}\frac{\delta_1}{(1-\bar{\lambda}_0)},\quad k=1,\cdots,q,\end{aligned}$$

故可得

$$\delta_1\left(\sum_{j=1}^{n_k}\alpha_p^{(k)}\frac{\bar{\lambda}_j^{(k)}}{(1-\bar{\lambda}_0)}-\delta_2\left(-1\right)^{\delta_3}\alpha_p^{(k)}\frac{\bar{\lambda}_{n_k+1}^{(k)}}{(1-\bar{\lambda}_0)}\right)=\alpha_p^{(k)}\delta_1,\quad k=1,\cdots,q,$$

从而可知

$$\left(\sum_{k=1}^{q}\sum_{j=1}^{n_k}\alpha_p^{(k)}\boldsymbol{x}_j^{(k)}\frac{\bar{\lambda}_j^{(k)}}{(1-\bar{\lambda}_0)},\sum_{k=1}^{q}\sum_{j=1}^{n_k}\alpha_p^{(k)}\boldsymbol{y}_j^{(k)}\frac{\bar{\lambda}_j^{(k)}}{(1-\bar{\lambda}_0)}\right)\in T_p^e(q),$$

这与决策单元 p 为 MueDEA 有效的定义矛盾!

($\Leftarrow$) 假设决策单元 p 为 MueDEA 无效, 即存在 $(\boldsymbol{x},\boldsymbol{y})\in T_p^e(q)$, 使得

$$\boldsymbol{x}_p \geqq \boldsymbol{x},\quad \boldsymbol{y}_p \leqq \boldsymbol{y}$$

且至少有一个不等式严格成立, 存在 $\lambda_j^{(k)}\geqq 0(j=1,\cdots,n_k+1,k=1,\cdots,q)$, 使得

$$\sum_{k=1}^{q}\sum_{j=1}^{n_k}\alpha_p^{(k)}\boldsymbol{x}_j^{(k)}\lambda_j^{(k)}\leqq \boldsymbol{x}\leqq \boldsymbol{x}_p,\quad \sum_{k=1}^{q}\sum_{j=1}^{n_k}\alpha_p^{(k)}\boldsymbol{y}_j^{(k)}\lambda_j^{(k)}\geqq \boldsymbol{y}\geqq \boldsymbol{y}_p$$

且至少有一个不等式严格成立, 其中

$$\delta_1\left(\sum_{j=1}^{n_k}\alpha_p^{(k)}\lambda_j^{(k)}-\delta_2\left(-1\right)^{\delta_3}\alpha_p^{(k)}\lambda_{n_k+1}^{(k)}\right)=\alpha_p^{(k)}\delta_1,\quad k=1,\cdots,q.$$

令

$$\lambda_0=0,\quad \theta=1,\quad \boldsymbol{s}^-=\boldsymbol{x}_p-\sum_{k=1}^{q}\sum_{j=1}^{n_k}\alpha_p^{(k)}\boldsymbol{x}_j^{(k)}\lambda_j^{(k)},$$

$$\boldsymbol{s}^+=\sum_{k=1}^{q}\sum_{j=1}^{n_k}\alpha_p^{(k)}\boldsymbol{y}_j^{(k)}\lambda_j^{(k)}-\boldsymbol{y}_p,$$

则 $\theta,\boldsymbol{s}^-,\boldsymbol{s}^+,\lambda_0,\lambda_j^{(k)}(j=1,\cdots,n_k+1,k=1,\cdots,q)$ 满足模型 (DMueDEA) 的约束条件, 是 (DMueDEA) 的一个最优解, 但由于

$$(\boldsymbol{s}^-,\boldsymbol{s}^+)\neq\boldsymbol{0},$$

这与 (DMueDEA) 的任意最优解 $\bar{\theta},\bar{\boldsymbol{s}}^-,\bar{\boldsymbol{s}}^+,\bar{\lambda}_0,\bar{\lambda}_j^{(k)}(j=1,\cdots,n_k+1,k=1,\cdots,q)$ 都有

$$\bar{\theta}=1,\quad \bar{\boldsymbol{s}}^-=\boldsymbol{0},\quad \bar{\boldsymbol{s}}^+=\boldsymbol{0}$$

矛盾! 证毕.

考虑下面具有非阿基米德无穷小量 ε 的模型 $(\text{DMueDEA})_\varepsilon$.

$$
(\text{DMueDEA})_\varepsilon \left\{ \begin{array}{l} \min \theta - \varepsilon \left(\hat{\boldsymbol{e}}^{\mathrm{T}} \boldsymbol{s}^- + \boldsymbol{e}^{\mathrm{T}} \boldsymbol{s}^+ \right), \\ \text{s.t. } \boldsymbol{x}_p(\theta - \lambda_0) - \sum\limits_{k=1}^{q} \sum\limits_{j=1}^{n_k} \alpha_p^{(k)} \boldsymbol{x}_j^{(k)} \lambda_j^{(k)} - \boldsymbol{s}^- = \boldsymbol{0}, \\ \qquad \boldsymbol{y}_p(\lambda_0 - 1) + \sum\limits_{k=1}^{q} \sum\limits_{j=1}^{n_k} \alpha_p^{(k)} \boldsymbol{y}_j^{(k)} \lambda_j^{(k)} - \boldsymbol{s}^+ = \boldsymbol{0}, \\ \qquad \delta_1 \left(\alpha_p^{(k)} \lambda_0 + \sum\limits_{j=1}^{n_k} \alpha_p^{(k)} \lambda_j^{(k)} - \delta_2 \left(-1\right)^{\delta_3} \alpha_p^{(k)} \lambda_{n_k+1}^{(k)} \right) = \alpha_p^{(k)} \delta_1, \\ \qquad k = 1, \cdots, q, \\ \qquad \boldsymbol{s}^-, \boldsymbol{s}^+ \geqq \boldsymbol{0}, \lambda_0, \lambda_j^{(k)} \geqq 0, j = 1, \cdots, n_k + 1, k = 1, \cdots, q. \end{array} \right.
$$

其中

$$
\hat{\boldsymbol{e}} = (1, 1, \cdots, 1)^{\mathrm{T}} \in E^m, \quad \boldsymbol{e} = (1, 1, \cdots, 1)^{\mathrm{T}} \in E^s.
$$

定理 4.7 若模型 $(\text{DMueDEA})_\varepsilon$ 的最优解 $\bar{\theta}, \bar{\boldsymbol{s}}^-, \bar{\boldsymbol{s}}^+, \bar{\lambda}_0, \bar{\lambda}_j^{(k)} (j = 1, \cdots, n_k + 1, k = 1, \cdots, q)$ 满足

$$
\bar{\theta} = 1, \quad \bar{\boldsymbol{s}}^- = \boldsymbol{0}, \quad \bar{\boldsymbol{s}}^+ = \boldsymbol{0},
$$

则决策单元 p 为 MueDEA 有效.

证明 假设决策单元 p 为 MueDEA 无效, 由定理 4.6 的充分性证明可知, 线性规划 (DMueDEA) 必存在可行解 $\theta, \boldsymbol{s}^-, \boldsymbol{s}^+, \lambda_0, \lambda_j^{(k)} (j = 1, \cdots, n_k + 1, k = 1, \cdots, q)$, 使得

$$
\theta = 1, \quad \left(\boldsymbol{s}^-, \boldsymbol{s}^+ \right) \neq \boldsymbol{0}.
$$

该可行解是模型 $(\text{DMueDEA})_\varepsilon$ 的一个可行解, 但

$$
\theta - \varepsilon \left(\hat{\boldsymbol{e}}^{\mathrm{T}} \boldsymbol{s}^- + \boldsymbol{e}^{\mathrm{T}} \boldsymbol{s}^+ \right) < 1.
$$

这与 $(\text{DMueDEA})_\varepsilon$ 存在最优解 $\bar{\theta}, \bar{\boldsymbol{s}}^-, \bar{\boldsymbol{s}}^+, \bar{\lambda}_0, \bar{\lambda}_j^{(k)} (j = 1, \cdots, n_k + 1, k = 1, \cdots, q)$ 使

$$
\bar{\theta} = 1, \quad \bar{\boldsymbol{s}}^- = \boldsymbol{0}, \quad \bar{\boldsymbol{s}}^+ = \boldsymbol{0}
$$

矛盾, 故决策单元 p 为 MueDEA 有效. 证毕.

以下讨论交叉类型决策单元的投影性质.

定义 4.4 设 $\bar{\theta}, \bar{\boldsymbol{s}}^-, \bar{\boldsymbol{s}}^+, \bar{\lambda}_0, \bar{\lambda}_j^{(k)} (j = 1, \cdots, n_k + 1, k = 1, \cdots, q)$ 为 $(\text{DMueDEA})_\varepsilon$ 的最优解, 令

$$
\hat{\boldsymbol{x}}_p = \bar{\theta} \boldsymbol{x}_p - \bar{\boldsymbol{s}}^-, \quad \hat{\boldsymbol{y}}_p = \boldsymbol{y}_p + \bar{\boldsymbol{s}}^+,
$$

称 $(\hat{\boldsymbol{x}}_p, \hat{\boldsymbol{y}}_p)$ 为决策单元 p 在评价参考集 $T_p^e(q)$ 有效前沿面上的投影.

定理 4.8　决策单元 p 在评价参考集 $T_p^e(q)$ 有效前沿面上的投影 $(\hat{\boldsymbol{x}}_p, \hat{\boldsymbol{y}}_p)$ 为 MueDEA 有效的.

证明　假设 $(\hat{\boldsymbol{x}}_p, \hat{\boldsymbol{y}}_p)$ 为 MueDEA 无效, 即存在 $(\boldsymbol{x}, \boldsymbol{y}) \in T_p^e(q)$, 使得

$$\hat{\boldsymbol{x}}_p \geqq \boldsymbol{x}, \quad \hat{\boldsymbol{y}}_p \leqq \boldsymbol{y}$$

且至少有一个不等式严格成立. 即存在 $\lambda_j^{(k)} \geqq 0, j = 1, \cdots, n_k + 1, k = 1, \cdots, q$ 使得

$$\sum_{k=1}^{q}\sum_{j=1}^{n_k} \alpha_p^{(k)} \boldsymbol{x}_j^{(k)} \lambda_j^{(k)} \leqq \boldsymbol{x} \leqq \hat{\boldsymbol{x}}_p = \bar{\theta}\boldsymbol{x}_p - \bar{\boldsymbol{s}}^-,$$

$$\sum_{k=1}^{q}\sum_{j=1}^{n_k} \alpha_p^{(k)} \boldsymbol{y}_j^{(k)} \lambda_j^{(k)} \geqq \boldsymbol{y} \geqq \hat{\boldsymbol{y}}_p = \boldsymbol{y}_p + \bar{\boldsymbol{s}}^+$$

且至少有一个不等式严格成立, 其中

$$\delta_1 \left(\sum_{j=1}^{n_k} \alpha_p^{(k)} \lambda_j^{(k)} - \delta_2 \left(-1\right)^{\delta_3} \alpha_p^{(k)} \lambda_{n_k+1}^{(k)} \right) = \alpha_p^{(k)} \delta_1, \quad k = 1, \cdots, q,$$

故有

$$\hat{\boldsymbol{x}}_p - \sum_{k=1}^{q}\sum_{j=1}^{n_k} \alpha_p^{(k)} \boldsymbol{x}_j^{(k)} \lambda_j^{(k)} \geqq \boldsymbol{0},$$

$$-\hat{\boldsymbol{y}}_p + \sum_{k=1}^{q}\sum_{j=1}^{n_k} \alpha_p^{(k)} \boldsymbol{y}_j^{(k)} \lambda_j^{(k)} \geqq \boldsymbol{0}$$

且至少有一个不等式严格成立, 故存在 $\hat{\boldsymbol{s}}^-, \hat{\boldsymbol{s}}^+ \geqq \boldsymbol{0}$, 使得

$$\hat{\boldsymbol{x}}_p - \sum_{k=1}^{q}\sum_{j=1}^{n_k} \alpha_p^{(k)} \boldsymbol{x}_j^{(k)} \lambda_j^{(k)} - \hat{\boldsymbol{s}}^- = \boldsymbol{0},$$

$$-\hat{\boldsymbol{y}}_p + \sum_{k=1}^{q}\sum_{j=1}^{n_k} \alpha_p^{(k)} \boldsymbol{y}_j^{(k)} \lambda_j^{(k)} - \hat{\boldsymbol{s}}^+ = \boldsymbol{0}$$

且有 $\left(\hat{\boldsymbol{s}}^-, \hat{\boldsymbol{s}}^+\right) \neq \boldsymbol{0}$, 即有

$$\bar{\theta}\boldsymbol{x}_p - \sum_{k=1}^{q}\sum_{j=1}^{n_k} \alpha_p^{(k)} \boldsymbol{x}_j^{(k)} \lambda_j^{(k)} - \hat{\boldsymbol{s}}^- - \bar{\boldsymbol{s}}^- = \boldsymbol{0},$$

$$-\boldsymbol{y}_p + \sum_{k=1}^{q}\sum_{j=1}^{n_k} \alpha_p^{(k)} \boldsymbol{y}_j^{(k)} \lambda_j^{(k)} - \hat{\boldsymbol{s}}^+ - \bar{\boldsymbol{s}}^+ = \boldsymbol{0}.$$

令 $\lambda_0 = 0$, 故 $\bar{\theta}, \bar{\boldsymbol{s}}^- + \hat{\boldsymbol{s}}^-, \bar{\boldsymbol{s}}^+ + \hat{\boldsymbol{s}}^+, \lambda_0, \lambda_j^{(k)} \geqq 0(j = 1, \cdots, n_1 + 1, k = 1, \cdots, q)$ 是模型 $(\text{DMueDEA})_\varepsilon$ 的一个可行解, 且 $(\hat{\boldsymbol{s}}^-, \hat{\boldsymbol{s}}^+) \neq \mathbf{0}$. 但

$$\bar{\theta} - \varepsilon\left(\hat{\boldsymbol{e}}^{\mathrm{T}}\bar{\boldsymbol{s}}^- + \boldsymbol{e}^{\mathrm{T}}\bar{\boldsymbol{s}}^+\right) > \bar{\theta} - \varepsilon\left(\hat{\boldsymbol{e}}^{\mathrm{T}}(\bar{\boldsymbol{s}}^- + \hat{\boldsymbol{s}}^-) + \boldsymbol{e}^{\mathrm{T}}(\bar{\boldsymbol{s}}^+ + \hat{\boldsymbol{s}}^+)\right),$$

这与假设条件 $\bar{\theta}, \bar{\boldsymbol{s}}^-, \bar{\boldsymbol{s}}^+, \bar{\lambda}_0, \bar{\lambda}_j^{(k)}(j = 1, \cdots, n_k+1, k = 1, \cdots, q)$ 是模型 $(\text{DMueDEA})_\varepsilon$ 的最优解矛盾, 故投影 $(\hat{\boldsymbol{x}}_p, \hat{\boldsymbol{y}}_p)$ 为 MuleDEA 有效. 证毕.

4.3 算例分析

某系统内有多个决策单元, 为了便于控制与管理, 决策者将这些单元划分成两个种类 (*Kind*-1 类和 *Kind*-2 类) 进行管理, 并对每类单元分别制定了相应的评价标准. 由于该系统中还有许多决策单元在不同程度上同时具有两个决策单元类的属性, 但在管理中一般不可能给每个具有不同隶属度的单元分别制定一个特殊的标准, 因此, 常常根据实际情况把它们强行归入到 *Kind*-1 或 *Kind*-2 类中去评价.

假设有 4 个决策单元, 决策单元 1 属于 *Kind*-1, 决策单元 4 属于 *Kind*-2, 决策单元 2 和决策单元 3 不同程度上同时含有两种类型的属性, 根据实际需要决策者把决策单元 1～ 决策单元 3 归到 *Kind*-1 类中, 把决策单元 4 归到 *Kind*-2 中. 为了便于比较, 这里取每个决策单元的输入输出指标值相等, 决策单元 1～ 决策单元 4 的隶属度和投入产出指标值如表 4.1 所示.

表 4.1　决策单元的隶属度和投入产出指标值

	决策单元 1	决策单元 2	决策单元 3	决策单元 4
投入指标	7	7	7	7
产出指标	3	3	3	3
对系统 1 的隶属度	100%	2/3	1/3	0
对系统 2 的隶属度	0	1/3	2/3	100%

如果决策者在第一类单元集 *Kind*-1 中选取了两个观测点 (或标准)A_1, B_1, 在第二类单元集 *Kind*-2 中也选取了两个观测点 (或标准)A_2, B_2, 并且认为 A_1 和 A_2 水平相当, B_1 和 B_2 水平相当. 相应样本观测点数据如表 4.2 所示.

表 4.2　样本点的投入产出数据

样本点	*Kind*-1		*Kind*-2	
	A_1	B_1	A_2	B_2
投入指标	1	2	4	8
产出指标	1	4	1	6

根据原有的评价单一类型决策单元的广义 DEA 方法[17-19], 应用第 3 章的模型 (DG-DEA_I) 可以得到相应的效率值如表 4.3 所示.

表 4.3　基于模型 (DG-DEA_I) 的评价结果

	条件	决策单元 1	决策单元 2	决策单元 3	决策单元 4
效率值	规模收益不变	0.2143	0.2143	0.2143	0.5714
	规模收益可变	0.2381	0.2381	0.2381	0.8
	规模收益非递增	0.2143	0.2143	0.2143	0.5714
	规模收益非递减	0.2381	0.2381	0.2381	0.8

从表 4.3 可以看出, 尽管决策单元 1 和决策单元 4 的输入输出指标值相同, 但由于它们的类型不同, 评价的标准不同, 因此, 对应的效率值也不同. 但从表 4.3 同时也可以看到, 尽管决策单元 2、决策单元 3 和决策单元 1 的属性也不同, 但它们的效率值却相同. 这主要是由于对决策单元 2、决策单元 3 的评价采用了 $Kind$-1 类单元的标准. 因此, 这样的结果并不能反映决策单元 2、决策单元 3 的真实情况. 那么, 如何对决策单元 2 和决策单元 3 给出更为客观的评价呢?

首先, 根据定理 4.1 可知决策单元 1 的参照集为

$$T_1=\left\{(x,y)\left|\lambda_1^{(1)}+2\lambda_2^{(1)}\leqq x,\ \lambda_1^{(1)}+4\lambda_2^{(1)}\geqq y,\right.\right.$$
$$\left.\delta_1\left(\lambda_1^{(1)}+\lambda_2^{(1)}-\delta_2\left(-1\right)^{\delta_3}\lambda_3^{(1)}\right)=\delta_1,\lambda_1^{(1)},\lambda_2^{(1)},\lambda_3^{(1)}\geqq 0\right\}.$$

决策单元 2 的参照集为

$$T_2=\left\{(x,y)\left|\frac{2}{3}\lambda_1^{(1)}+\frac{4}{3}\lambda_2^{(1)}+\frac{4}{3}\lambda_1^{(2)}+\frac{8}{3}\lambda_2^{(2)}\leqq x,\ \frac{2}{3}\lambda_1^{(1)}+\frac{8}{3}\lambda_2^{(1)}+\frac{1}{3}\lambda_1^{(2)}+2\lambda_2^{(2)}\geqq y,\right.\right.$$
$$\delta_1\left(\lambda_1^{(1)}+\lambda_2^{(1)}-\delta_2\left(-1\right)^{\delta_3}\lambda_3^{(1)}\right)=\delta_1,\delta_1\left(\lambda_1^{(2)}+\lambda_2^{(2)}-\delta_2\left(-1\right)^{\delta_3}\lambda_3^{(2)}\right)=\delta_1,$$
$$\left.\lambda_1^{(1)},\lambda_2^{(1)},\lambda_3^{(1)},\lambda_1^{(2)},\lambda_2^{(2)},\lambda_3^{(2)}\geqq 0\right\}.$$

决策单元 3 的参照集为

$$T_3=\left\{(x,y)\left|\frac{1}{3}\lambda_1^{(1)}+\frac{2}{3}\lambda_2^{(1)}+\frac{8}{3}\lambda_1^{(2)}+\frac{16}{3}\lambda_2^{(2)}\leqq x,\ \frac{1}{3}\lambda_1^{(1)}+\frac{4}{3}\lambda_2^{(1)}+\frac{2}{3}\lambda_1^{(2)}+4\lambda_2^{(2)}\geqq y,\right.\right.$$
$$\delta_1\left(\lambda_1^{(1)}+\lambda_2^{(1)}-\delta_2\left(-1\right)^{\delta_3}\lambda_3^{(1)}\right)=\delta_1,\delta_1\left(\lambda_1^{(2)}+\lambda_2^{(2)}-\delta_2\left(-1\right)^{\delta_3}\lambda_3^{(2)}\right)=\delta_1,$$
$$\left.\lambda_1^{(1)},\lambda_2^{(1)},\lambda_3^{(1)},\lambda_1^{(2)},\lambda_2^{(2)},\lambda_3^{(2)}\geqq 0\right\}.$$

决策单元 4 的参照集为

$$T_4=\left\{(x,y)\left|4\lambda_1^{(2)}+8\lambda_2^{(2)}\leqq x,\ \lambda_1^{(2)}+6\lambda_2^{(2)}\geqq y,\right.\right.$$
$$\left.\delta_1\left(\lambda_1^{(2)}+\lambda_2^{(2)}-\delta_2\left(-1\right)^{\delta_3}\lambda_3^{(2)}\right)=\delta_1,\lambda_1^{(2)},\lambda_2^{(2)},\lambda_3^{(2)}\geqq 0\right\}.$$

当系统满足不同的公理体系时, 这几个可能集可以分别描述如下.

(1) 当 $\delta_1 = 0$ 时, 决策参照集满足规模收益不变, $T_1 \sim T_4$ 如图 4.1 所示.

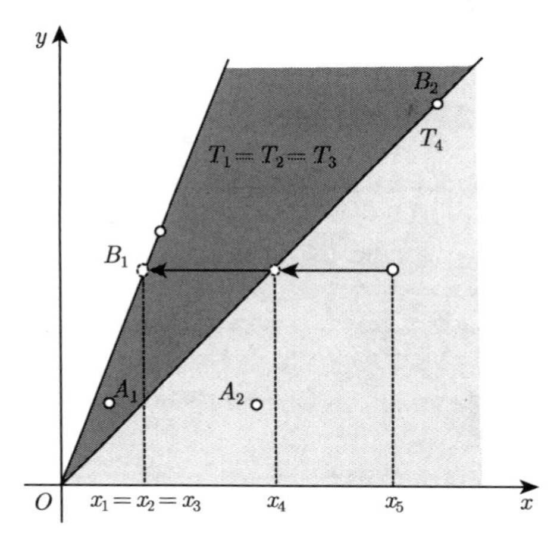

图 4.1 满足规模收益不变的决策参照集

在规模收益不变的情况下, 由于 $(0,0) \in T_4$, 若 $(2,4) \in T_1$, 显然,

$$\frac{2}{3} \times (2,4) + \frac{1}{3} \times (0,0) \in T_2,$$

由于规模收益不变可知 $(2,4) \in T_2$, 因此, $T_1 = T_2 = T_3$.

(2) 当 $\delta_1 = 1, \delta_2 = 0$ 时, 决策参照集满足规模收益可变, $T_1 \sim T_4$ 如图 4.2 所示.

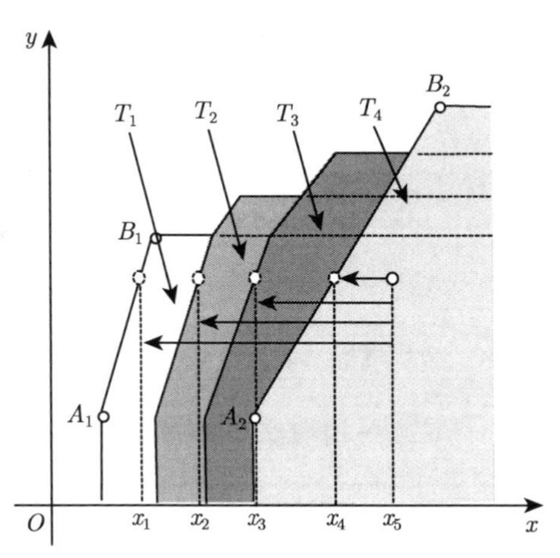

图 4.2 满足规模收益可变的决策参照集

(3) 当 $\delta_1=1,\delta_2=1,\delta_3=1$ 时, 决策参照集满足规模收益非递增, $T_1\sim T_4$ 如图 4.3 所示.

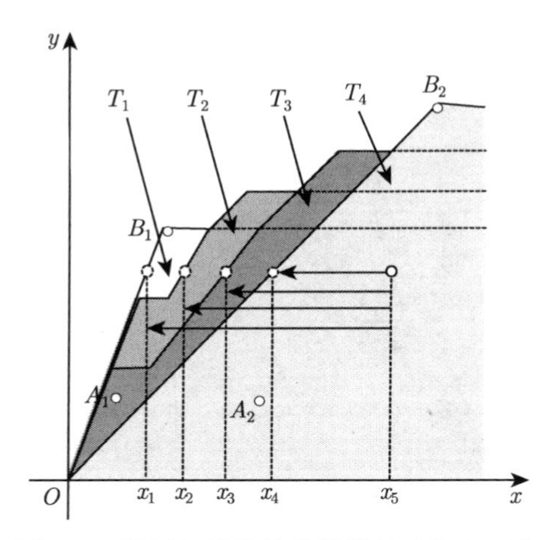

图 4.3　满足规模收益非递增的决策参照集

(4) 当 $\delta_1=1,\delta_2=1,\delta_3=0$ 时, 决策参照集满足规模收益非递减, $T_1\sim T_4$ 如图 4.4 所示.

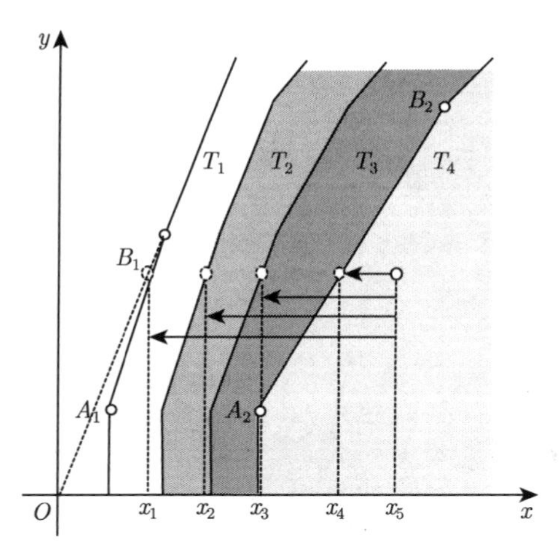

图 4.4　满足规模收益非递减的决策参照集

应用模型 $(\text{DMueDEA})_\varepsilon$ 可算得相应结果如表 4.4 所示.

从表 4.4 可以看出, 模型 $(\text{DMueDEA})_\varepsilon$ 算得的效率值反映了各决策单元的类型差异. 评价结果更有客观性. 在规模收益不变、在规模收益可变、规模收益非递增、规模收益非递减的情况下, 决策单元 1~ 决策单元 4 很好地反映出了效率大小和类型属性的相关性.

表 4.4 基于模型 $(\mathrm{DMueDEA})_\varepsilon$ 的计算结果

	条件	决策单元 1	决策单元 2	决策单元 3	决策单元 4
效率值	规模收益不变	0.2143	0.2143	0.2143	0.5714
	规模收益可变	0.2381	0.381	0.59	0.8
	规模收益非递增	0.2143	0.254	0.413	0.5714
	规模收益非递减	0.2381	0.381	0.548	0.8

从上述应用可以看出, 本章方法的提出解决了传统 DEA 方法只能评价同类决策单元的弱点, 为复杂多类型决策单元评价问题提供了一种可行的方法. 而且该方法模型简单, 理论完备, 不必增加额外的数据信息和条件, 因而具有一定优势.

参 考 文 献

[1] 马占新, 侯翔. 具有多属性决策单元的有效性分析方法[J]. 系统工程与电子技术, 2011, 33(2): 339-345

[2] Charnes A, Cooper W W, Rhodes E. Measuring the efficiency of decision making units[J]. European Journal of Operational Research, 1978, 2(6): 429-444

[3] Wei Q L, Yu G, Lu S J. The necessary and sufficient conditions for returns to scale properties in generalized data envelopment analysis models[J]. Chinese Science, 2002, 45(5): 503-517

[4] Banker R D, Charnes A, Cooper W W. Some models for estimating technical and scale inefficiencies in data envelopment analysis[J]. Management Science, 1984, 30(9): 1078-1092

[5] Färe R, Grosskopf S. A nonparametric cost approach to scale efficiency[J]. Journal of Economics, 1985, 87(4): 594-604

[6] Seiford L M, Thrall R M. Recent developments in DEA: the mathematical programming approach to frontier analysis[J]. Journal of Economics, 1990, 46(1/2): 7-38

[7] Asmilda M, Paradib J C, Pastorc J T. Centralized resource allocation BCC models[J]. Omega, 2009, 37(1): 40-49.

[8] Lozano S, Villa G. Centralized resource allocation using data envelopment analysis[J]. Journal of Productivity Analysis, 2004, 22(1/2): 143-161

[9] Liang L, Yang F, Cook W D, et al. DEA models for supply chain efficiency evaluation[J]. Annals of Operations Research, 2006, 145(1): 35-49

[10] 马占新, 任慧龙. 一种基于样本的综合评价方法及其在 FSA 中的应用研究[J]. 系统工程理论与实践, 2003, 23(2): 95-101

[11] Ma Z X, Zhang H J, Cui X H. Study on the combination efficiency of industrial enterprises[C]. Proceedings of International Conference on Management of Technology, Australia: Aussino Academic Publishing House, 2007: 225-230

[12] 马占新. 数据包络分析方法的研究进展[J]. 系统工程与电子技术, 2002, 24(3): 42-46
[13] Cooper W W, Seiford L M, Zhu J. Handbook on Data Envelopment Analysis[M]. Boston: Kluwer Academic Publishers, 2004.
[14] Cooper W W, Seiford L M, Thanassoulis E, et al. DEA and its uses in different countries[J]. European Journal of Operational Research, 2004, 154(2): 337-344
[15] Kao C, Hwang S N. Efficiency decomposition in two-stage data envelopment analysis: an application to non-life insurance companies in Taiwan[J]. European Journal of Operational Research, 2008, 185(1): 418-429
[16] Yang Y S, Ma B J, Koike M. Efficiency-measuring DEA model for production system with k independent subsystems[J]. Journal of the Operational Research Society of Japan, 2000, 43(3): 343-354
[17] 马占新. 一种基于样本前沿面的综合评价方法[J]. 内蒙古大学学报, 2002, 33(6): 606-610
[18] 马占新. 样本数据包络面的研究与应用[J]. 系统工程理论与实践, 2003, 23(12): 32-37
[19] 马占新, 吕喜明. 带有偏好锥的样本数据包络分析方法研究[J]. 系统工程与电子技术, 2007, 29(8): 1275-1281
[20] 马占新, 马生昀. 基于 C^2W 模型的广义数据包络分析方法研究[J]. 系统工程与电子技术, 2009, 31(2): 366-372

第 5 章　基于样本点重构的交叉类型决策单元有效性分析

数据包络分析方法是评价同类决策单元有效性的一种重要方法，但有时一个决策单元可能具有几类决策单元的交叉属性. 为了解决具有交叉类型决策单元的有效性评价问题，本章应用样本点重构的方法，首先给出依据决策单元群组评价交叉类型决策单元有效性的 DEA 模型和相应的有效性概念. 其次，分析了交叉类型决策单元的投影性质. 最后，与原有 DEA 模型进行了比较研究.

数据包络分析方法 (data envelopment analysis, DEA) 是评价同类决策单元有效性的一种重要方法[1-3]，自从 1978 年 Charnes 等给出了评价决策单元相对有效性的 C^2R 模型[4]以来，DEA 方法发展十分迅速，已经成为经济管理学研究的新领域. 其中 C^2R 模型[4]、BC^2模型[5]、FG 模型[6]和 ST 模型[7]是刻画在不同规模收益下生产系统有效性的重要方法. 这些方法都是针对同类决策单元进行评价的，但有时一个决策单元可能具有几类决策单元的交叉属性，传统 DEA 方法在分析该类问题时遇到了困难. 广义 DEA 方法的提出为该类问题的解决提出了一个新的思路. 从以往的研究看，传统 DEA 模型的理论基础是经济学的生产函数理论，它们评价的参考集是有效生产前沿面[8]. 然而，在现实中许多问题评价的参考集可能会更加广泛. 比如高考中考生更加关注的是录取分数线，而不是最好成绩；经济转型企业参考的对象可能是已经成功转型的企业，而不是效率最高的企业. 而广义 DEA 方法从偏序集理论出发[9-13]给出了依据决策参考集评价决策单元有效性的新思路，并提出了依据样本点评价的广义 DEA 方法体系[8,14-21]. 应用广义 DEA 方法，文献 [22] 曾对具有交叉类型决策单元的有效性评价问题进行过探讨，给出了评价具有交叉类型决策单元有效性的评价方法. 在规模收益不变的情况下，随着投入的不断增加，产出就会等比例不断增加，但现实中很多问题并不一定符合这一条件，比如对于一个教师当经费投入不断增加时，他的科研成果并不会无限增加. 因此，本章针对评价指标值有限的情况，给出了另一种交叉类型决策单元生产可能集的构造方法，并进一步给出了依据决策单元群组评价交叉类型决策单元有效性的 DEA 模型和相应的有效性概念. 然后，分析了交叉类型决策单元的投影性质. 最后，与原有 DEA 模型进行了比较研究.

5.1 用于交叉类型决策单元有效性评价的模型

DEA 方法要求被评价的决策单元必须属于同一类单元, 但在现实生产活动中, 处于同一系统的各个决策单元可能具有多个类型决策单元的交叉属性, 比如大学中从事文理交叉学科研究的教师. 当评价该类问题时传统 DEA 方法遇到了困难. 针对这一问题, 文献 [22] 给出了如下具有两种类型决策单元交叉属性的生产可能集的构造方法.

假设一个系统有两类决策单元, 类 1 包含 n_1 个样本单元, 其中第 j 个样本单元的输入输出指标值分别为

$$\boldsymbol{x}_j^{(1)} = (x_{1j}^{(1)}, x_{2j}^{(1)}, \cdots, x_{mj}^{(1)})^{\mathrm{T}} \geqslant \mathbf{0}, \quad \boldsymbol{y}_j^{(1)} = (y_{1j}^{(1)}, y_{2j}^{(1)}, \cdots, y_{sj}^{(1)})^{\mathrm{T}} \geqslant \mathbf{0}.$$

类 2 包含 n_2 个样本单元, 其中第 l 个样本单元的输入输出指标值分别为

$$\boldsymbol{x}_l^{(2)} = (x_{1l}^{(2)}, x_{2l}^{(2)}, \cdots, x_{ml}^{(2)})^{\mathrm{T}} \geqslant \mathbf{0}, \quad \boldsymbol{y}_l^{(2)} = (y_{1l}^{(2)}, y_{2l}^{(2)}, \cdots, y_{sl}^{(2)})^{\mathrm{T}} \geqslant \mathbf{0}.$$

假设另有 n 个单元, 每个单元分别在不同程度上具有两类决策单元集 (以下简称类 1、类 2) 的属性. 其中决策单元 p 具有类 1 的属性为 α_p, 具有类 2 的属性为 β_p, 它的输入输出指标值为 $(\boldsymbol{x}_p, \boldsymbol{y}_p)$, 这里

$$\alpha_p + \beta_p = 1, \quad \alpha_p, \beta_p \in [0, 1],$$

$$\boldsymbol{x}_p = (x_{1p}, x_{2p}, \cdots, x_{mp})^{\mathrm{T}} \geqslant \mathbf{0}, \quad \boldsymbol{y}_p = (y_{1p}, y_{2p}, \cdots, y_{sp})^{\mathrm{T}} \geqslant \mathbf{0},$$

则决策单元 p 的评价参考集 $T_p^e(2)$[22] 可以表示如下:

$$\begin{aligned} T_p^e(2) = \Bigg\{ (\boldsymbol{x}, \boldsymbol{y}) \Bigg| & \sum_{j=1}^{n_1} \alpha_p \boldsymbol{x}_j^{(1)} \lambda_j^{(1)} + \sum_{l=1}^{n_2} \beta_p \boldsymbol{x}_l^{(2)} \lambda_l^{(2)} \leqq \boldsymbol{x}, \\ & \sum_{j=1}^{n_1} \alpha_p \boldsymbol{y}_j^{(1)} \lambda_j^{(1)} + \sum_{l=1}^{n_2} \beta_p \boldsymbol{y}_l^{(2)} \lambda_l^{(2)} \geqq \boldsymbol{y}, \\ & \delta_1 \left(\sum_{j=1}^{n_1} \alpha_p \lambda_j^{(1)} - \delta_2 (-1)^{\delta_3} \alpha_p \lambda_{n_1+1}^{(1)} \right) = \alpha_p \delta_1, \\ & \delta_1 \left(\sum_{l=1}^{n_2} \beta_p \lambda_l^{(2)} - \delta_2 (-1)^{\delta_3} \beta_p \lambda_{n_2+1}^{(2)} \right) = \beta_p \delta_1, \\ & \lambda_j^{(1)} \geqq 0, j = 1, 2, \cdots, n_1 + 1, \lambda_l^{(2)} \geqq 0, l = 1, 2, \cdots, n_2 + 1 \Bigg\}. \end{aligned}$$

进一步有以下评价两种类型交叉单元有效性的 DEA 模型[22]

$$
(\mathrm{DTweDEA})_{\varepsilon}\left\{\begin{array}{l}
\min \theta-\varepsilon\left(\hat{\boldsymbol{e}}^{\mathrm{T}} \boldsymbol{s}^{-}+\boldsymbol{e}^{\mathrm{T}} \boldsymbol{s}^{+}\right), \\
\text{s.t. } \boldsymbol{x}_{p}(\theta-\lambda_{0})-\sum_{j=1}^{n_{1}} \alpha_{p} \boldsymbol{x}_{j}^{(1)} \lambda_{j}^{(1)}-\sum_{l=1}^{n_{2}} \beta_{p} \boldsymbol{x}_{l}^{(2)} \lambda_{l}^{(2)}-\boldsymbol{s}^{-}=\mathbf{0}, \\
\qquad \boldsymbol{y}_{p}(\lambda_{0}-1)+\sum_{j=1}^{n_{1}} \alpha_{p} \boldsymbol{y}_{j}^{(1)} \lambda_{j}^{(1)}+\sum_{l=1}^{n_{2}} \beta_{p} \boldsymbol{y}_{l}^{(2)} \lambda_{l}^{(2)}-\boldsymbol{s}^{+}=\mathbf{0}, \\
\qquad \delta_{1}\left(\alpha_{p} \lambda_{0}+\sum_{j=1}^{n_{1}} \alpha_{p} \lambda_{j}^{(1)}-\delta_{2}(-1)^{\delta_{3}} \alpha_{p} \lambda_{n_{1}+1}^{(1)}\right)=\alpha_{p} \delta_{1}, \\
\qquad \delta_{1}\left(\beta_{p} \lambda_{0}+\sum_{l=1}^{n_{2}} \beta_{p} \lambda_{l}^{(2)}-\delta_{2}(-1)^{\delta_{3}} \beta_{p} \lambda_{n_{2}+1}^{(2)}\right)=\beta_{p} \delta_{1}, \\
\qquad \boldsymbol{s}^{-}, \boldsymbol{s}^{+} \geqq \mathbf{0}, \lambda_{0}, \lambda_{j}^{(1)}, \lambda_{l}^{(2)} \geqq 0, j=1,2, \cdots, n_{1}+1, \\
\qquad \quad l=1,2, \cdots, n_{2}+1,
\end{array}\right.
$$

其中 $\varepsilon>0$ 是一个非阿基米德无穷小量, $\hat{\boldsymbol{e}}=(1,\cdots,1)^{\mathrm{T}} \in E^{m}$, $\boldsymbol{e}=(1,\cdots,1)^{\mathrm{T}} \in E^{s}$.

特别地, 若 $(\alpha_p,\beta_p)=(1,0)$, 则 $T_p^e(2)$ 就是类 1 的样本生产可能集; 若 $(\alpha_p,\beta_p)=(0,1)$, 则 $T_p^e(2)$ 就是类 2 的样本生产可能集.

当生产系统满足规模收益不变时, 容易验证某些不同交叉类型决策单元的生产可能集可能会出现相等的情况. 这可以由文献 [22] 给出的例子加以说明.

例 5.1 假设有两类样本单元构成的集合分别为 *Kind*-1 和 *Kind*-2, 其中类 1 的样本单元集合 *Kind*-1=$\{A_1, B_1\}$, 类 2 的样本单元集合 *Kind*-2=$\{A_2, B_2\}$. 另外, 有 4 个需要评价的决策单元, 它们的输入输出指标值如表 5.1 所示.

表 5.1 样本单元和决策单元的输入输出指标值

	决策单元				样本单元			
	1	2	3	4	A_1	B_1	A_2	B_2
输入指标	7	7	7	7	1	2	4	8
输出指标	3	3	3	3	1	4	1	6
对类 1 的隶属度	100%	2/3	1/3	0%	100%	100%	0%	0%
对类 2 的隶属度	0%	1/3	2/3	100%	0%	0%	100%	100%

当 $\delta_1=0$ 时, 根据 $T_p^e(2)$ 的表达式可以获得决策单元 1、决策单元 2、决策单元 3 和决策单元 4 的评价参考集 T_1, T_2, T_3 和 T_4 如图 5.1 所示, 其中决策单元 1～决策单元 3 的生产可能集相等, $T_1=T_2=T_3 \supseteq T_4$.

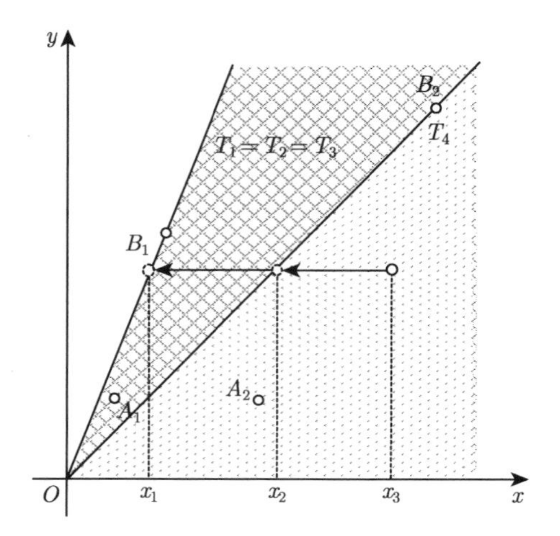

图 5.1 满足规模收益不变的决策参考集 $T_p^e(2)$

当 $\delta_1 = 0$ 时, 应用模型 $(\mathrm{DTweDEA})_\varepsilon$ 的计算结果如表 5.2 所示.

表 5.2 基于模型 $(\mathbf{DTweDEA})_\varepsilon$ 的计算结果

决策单元	1	2	3	4
效率值	0.2143	0.2143	0.2143	0.5714

从表 5.2 可以看出, 一方面, 在规模收益不变情况下, 虽然决策单元 1∼ 决策单元 4 的输入输出值相同, 但由于它们的类别不同, 所以决策单元 1 和决策单元 4 的效率值不同是合理的. 但从另一个角度看, 尽管决策单元 1∼ 决策单元 4 的属性具有一定的递进关系, 但决策单元 1∼ 决策单元 3 的效率值相等, 而没有出现一种递进性. 导致这种情况的原因在于 DEA 方法的锥性假设的成立. 即当决策单元满足锥性假设时, 随着输入的不断增加, 输出就会等比例不断增加, 但现实中很多问题并不一定符合这一条件. 比如在课时费固定的情况下, 一个教师当年投入的时间和工资收益之间是成正比的, 但投入的时间和收益却并不会是无限增加. 因此, 针对评价指标值有一定极限的情况, 以下给出另一种生产可能集的构造方法, 并进一步给出了依据决策单元群组评价交叉类型决策单元有效性的 DEA 模型和相应的有效性概念.

5.2 用于两种类型交叉决策单元有效性评价的模型

本节研究的决策单元及样本单元集有关符号与 5.1 节类似. 系统 1 对应的样本单元集记为

$$\bar{S}_1 = \left\{ (\boldsymbol{x}_j^{(1)}, \boldsymbol{y}_j^{(1)}) \middle| j = 1, 2, \cdots, n_1 \right\},$$

系统 2 对应的样本单元集记为

$$\bar{S}_2=\left\{(\boldsymbol{x}_l^{(2)},\boldsymbol{y}_l^{(2)})\middle|l=1,2,\cdots,n_2\right\}.$$

针对具有交叉类型决策单元的有效性评价问题, 下面给出了依据样本单元群组评价交叉类型决策单元有效性的 DEA 模型.

5.2.1 两种类型交叉决策单元的参考集构造与有效性分析

由于决策单元 p 的样本单元集应该与决策单元 p 有相同的属性, 即每个样本单元拥有样本集 $\bar{S}_1$ 的属性为 α_p, 拥有样本集 $\bar{S}_2$ 的属性为 β_p, 故决策单元 p 的样本单元集可以近似的估计如下:

$$\bar{S}_p=\left\{\alpha_p(\boldsymbol{x}_j^{(1)},\boldsymbol{y}_j^{(1)})+\beta_p(\boldsymbol{x}_l^{(2)},\boldsymbol{y}_l^{(2)})\middle|(\boldsymbol{x}_j^{(1)},\boldsymbol{y}_j^{(1)})\in\bar{S}_1,(\boldsymbol{x}_l^{(2)},\boldsymbol{y}_l^{(2)})\in\bar{S}_2\right\},$$

由 $\bar{S}_p$ 可进一步构造决策单元 p 的评价参考集为

$$\begin{aligned}T_p^a(2)=\Bigg\{(\boldsymbol{x},\boldsymbol{y})\Bigg|&\sum_{j=1}^{n_1}\sum_{l=1}^{n_2}(\alpha_p\boldsymbol{x}_j^{(1)}+\beta_p\boldsymbol{x}_l^{(2)})\lambda_{jl}\leqq\boldsymbol{x},\sum_{j=1}^{n_1}\sum_{l=1}^{n_2}(\alpha_p\boldsymbol{y}_j^{(1)}+\beta_p\boldsymbol{y}_l^{(2)})\lambda_{jl}\geqq\boldsymbol{y},\\&\delta_1\left(\sum_{j=1}^{n_1}\sum_{l=1}^{n_2}\lambda_{jl}-\delta_2(-1)^{\delta_3}\lambda_{n_1\times n_2+1}\right)=\delta_1,\lambda_{jl}\geqq 0,\\&j=1,2,\cdots,n_1,l=1,2,\cdots,n_2,\lambda_{n_1\times n_2+1}\geqq 0\Bigg\}.\end{aligned}$$

定义 5.1 如果不存在 $(\boldsymbol{x},\boldsymbol{y})\in T_p^a(2)$ 使得 $\boldsymbol{x}_p\geqq\boldsymbol{x},\boldsymbol{y}_p\leqq\boldsymbol{y}$ 且至少有一个不等式严格成立, 则称决策单元 p 为有效的决策单元, 简称 TwaDEA 有效.

定义 5.1 表明: 如果参考集 $T_p^a(2)$ 中不存在一种生产方式比决策单元 p 更好, 则认为决策单元 p 的生产是有效的.

5.2.2 两种类型交叉决策单元有效性评价的 DEA 模型

根据上述评价参考集 $T_p^a(2)$ 的构造以及 TwaDEA 有效的概念, 可以给出如下 DEA 模型:

$$(\text{DTwaDEA})\left\{\begin{array}{l}\min\theta,\\ \text{s.t. }\boldsymbol{x}_p(\theta-\lambda_0)-\displaystyle\sum_{j=1}^{n_1}\sum_{l=1}^{n_2}(\alpha_p\boldsymbol{x}_j^{(1)}+\beta_p\boldsymbol{x}_l^{(2)})\lambda_{jl}-\boldsymbol{s}^-=\boldsymbol{0},\\ \qquad\boldsymbol{y}_p(\lambda_0-1)+\displaystyle\sum_{j=1}^{n_1}\sum_{l=1}^{n_2}(\alpha_p\boldsymbol{y}_j^{(1)}+\beta_p\boldsymbol{y}_l^{(2)})\lambda_{jl}-\boldsymbol{s}^+=\boldsymbol{0},\\ \qquad\delta_1\left(\lambda_0+\displaystyle\sum_{j=1}^{n_1}\sum_{l=1}^{n_2}\lambda_{jl}-\delta_2(-1)^{\delta_3}\lambda_{n_1\times n_2+1}\right)=\delta_1,\\ \qquad\boldsymbol{s}^-,\boldsymbol{s}^+\geqq\boldsymbol{0},\lambda_0,\lambda_{jl}\geqq 0,j=1,2,\cdots,n_1,l=1,2,\cdots,n_2,\lambda_{n_1\times n_2+1}\geqq 0.\end{array}\right.$$

定理 5.1 决策单元 p 为 TwaDEA 有效当且仅当模型 (DTwaDEA) 的任意最优解 $\bar{\theta}, \bar{\boldsymbol{s}}^-, \bar{\boldsymbol{s}}^+, \bar{\lambda}_0, \bar{\lambda}_{jl}(j=1,2,\cdots,n_1, l=1,2,\cdots,n_2), \bar{\lambda}_{n_1\times n_2+1}$ 都有 $\bar{\theta}=1, \bar{\boldsymbol{s}}^-=\mathbf{0}, \bar{\boldsymbol{s}}^+=\mathbf{0}$.

证明 $(\Rightarrow)$ 若决策单元 p 为 TwaDEA 有效, 即不存在 $(\boldsymbol{x},\boldsymbol{y})\in T_p^a(2)$ 使得 $\boldsymbol{x}_p \geqq \boldsymbol{x}, \boldsymbol{y}_p \leqq \boldsymbol{y}$ 且至少有一个不等式严格成立.

用反证法, 假设模型 (DTwaDEA) 存在最优解 $\bar{\theta}, \bar{\boldsymbol{s}}^-, \bar{\boldsymbol{s}}^+, \bar{\lambda}_0, \bar{\lambda}_{jl}(j=1,2,\cdots,n_1, l=1,2,\cdots,n_2), \bar{\lambda}_{n_1\times n_2+1}$ 满足以下两种情况之一:

(1) $\bar{\theta}\neq 1$;

(2) $\bar{\theta}=1$, 但 $(\bar{\boldsymbol{s}}^-, \bar{\boldsymbol{s}}^+)\neq\mathbf{0}$.

下面对这两种情况分别进行讨论.

(1) 因为

$$\theta=1,\quad \boldsymbol{s}^-=\mathbf{0},\quad \boldsymbol{s}^+=\mathbf{0},\quad \lambda_0=1,$$

$$\lambda_{jl}=0\quad (j=1,2,\cdots,n_1, l=1,2,\cdots,n_2),\quad \lambda_{n_1\times n_2+1}=0$$

为模型 (DTwaDEA) 的一个可行解, 若 $\bar{\theta}\neq 1$, 则必有 $\bar{\theta}<1$. 由约束条件可知

$$\boldsymbol{x}_p(\bar{\theta}-\bar{\lambda}_0)-\sum_{j=1}^{n_1}\sum_{l=1}^{n_2}(\alpha_p\boldsymbol{x}_j^{(1)}+\beta_p\boldsymbol{x}_l^{(2)})\bar{\lambda}_{jl}-\bar{\boldsymbol{s}}^-=\mathbf{0},$$

因而

$$\boldsymbol{x}_p(1-\bar{\lambda}_0)-\sum_{j=1}^{n_1}\sum_{l=1}^{n_2}(\alpha_p\boldsymbol{x}_j^{(1)}+\beta_p\boldsymbol{x}_l^{(2)})\bar{\lambda}_{jl}\geqslant \boldsymbol{x}_p(\bar{\theta}-\bar{\lambda}_0)-\sum_{j=1}^{n_1}\sum_{l=1}^{n_2}(\alpha_p\boldsymbol{x}_j^{(1)}+\beta_p\boldsymbol{x}_l^{(2)})\bar{\lambda}_{jl}\geqq\mathbf{0},$$

这可以归结到情况 (2) 中进行讨论.

(2) $\bar{\theta}=1$, 但 $(\bar{\boldsymbol{s}}^-, \bar{\boldsymbol{s}}^+)\neq\mathbf{0}$. 即

$$\boldsymbol{x}_p(1-\bar{\lambda}_0)-\sum_{j=1}^{n_1}\sum_{l=1}^{n_2}(\alpha_p\boldsymbol{x}_j^{(1)}+\beta_p\boldsymbol{x}_l^{(2)})\bar{\lambda}_{jl}\geqslant\mathbf{0}$$

成立, 或者

$$\boldsymbol{y}_p(\bar{\lambda}_0-1)+\sum_{j=1}^{n_1}\sum_{l=1}^{n_2}(\alpha_p\boldsymbol{y}_j^{(1)}+\beta_p\boldsymbol{y}_l^{(2)})\bar{\lambda}_{jl}\geqslant\mathbf{0}$$

成立. 下面证明 $\bar{\lambda}_0<1$.

若 $\bar{\lambda}_0>1$, 则 $\boldsymbol{x}_p(\bar{\lambda}_0-1)\geqslant\mathbf{0}$, 因此有

$$\boldsymbol{x}_p(1-\bar{\lambda}_0)-\sum_{j=1}^{n_1}\sum_{l=1}^{n_2}(\alpha_p\boldsymbol{x}_j^{(1)}+\beta_p\boldsymbol{x}_l^{(2)})\bar{\lambda}_{jl}-\bar{\boldsymbol{s}}^-\leqslant\mathbf{0}.$$

这与约束条件矛盾.

若 $\bar{\lambda}_0=1$, 则有

$$-\sum_{j=1}^{n_1}\sum_{l=1}^{n_2}(\alpha_p\boldsymbol{x}_j^{(1)}+\beta_p\boldsymbol{x}_l^{(2)})\bar{\lambda}_{jl}-\bar{\boldsymbol{s}}^-=\boldsymbol{0},$$

因此

$$\sum_{j=1}^{n_1}\sum_{l=1}^{n_2}(\alpha_p\boldsymbol{x}_j^{(1)}+\beta_p\boldsymbol{x}_l^{(2)})\bar{\lambda}_{jl}=\boldsymbol{0},\quad \bar{\boldsymbol{s}}^-=\boldsymbol{0}.$$

假设 $\alpha_p,\beta_p\neq 0$, 对任意 j,l, 因为 $\boldsymbol{x}_j^{(1)}\geqslant\boldsymbol{0},\boldsymbol{x}_l^{(2)}\geqslant\boldsymbol{0},\bar{\lambda}_{jl}\geqq 0$, 所以由

$$\sum_{j=1}^{n_1}\sum_{l=1}^{n_2}(\alpha_p\boldsymbol{x}_j^{(1)}+\beta_p\boldsymbol{x}_l^{(2)})\bar{\lambda}_{jl}=\boldsymbol{0},$$

可得 $\bar{\lambda}_{jl}=0$. 由 j,l 的任意性知 $\bar{\lambda}_{jl}=0(j=1,2,\cdots,n_1,l=1,2,\cdots,n_2)$, 又由约束条件

$$\boldsymbol{y}_p(\bar{\lambda}_0-1)+\sum_{j=1}^{n_1}\sum_{l=1}^{n_2}(\alpha_p\boldsymbol{y}_j^{(1)}+\beta_p\boldsymbol{y}_l^{(2)})\bar{\lambda}_{jl}-\bar{\boldsymbol{s}}^+=\boldsymbol{0},$$

可知 $\bar{\boldsymbol{s}}^+=\boldsymbol{0}$, 这与假设 $(\bar{\boldsymbol{s}}^-,\bar{\boldsymbol{s}}^+)\neq\boldsymbol{0}$ 矛盾.

若 $\alpha_p=0$ 或 $\beta_p=0$, 则类似可证 $(\bar{\boldsymbol{s}}^-,\bar{\boldsymbol{s}}^+)=\boldsymbol{0}$, 与假设 $(\bar{\boldsymbol{s}}^-,\bar{\boldsymbol{s}}^+)\neq\boldsymbol{0}$ 矛盾!

综上可知 $\bar{\lambda}_0<1$, 即 $1-\bar{\lambda}_0>0$.

因为

$$\boldsymbol{x}_p(1-\bar{\lambda}_0)-\sum_{j=1}^{n_1}\sum_{l=1}^{n_2}(\alpha_p\boldsymbol{x}_j^{(1)}+\beta_p\boldsymbol{x}_l^{(2)})\bar{\lambda}_{jl}\geqslant\boldsymbol{0}$$

或

$$\boldsymbol{y}_p(\bar{\lambda}_0-1)+\sum_{j=1}^{n_1}\sum_{l=1}^{n_2}(\alpha_p\boldsymbol{y}_j^{(1)}+\beta_p\boldsymbol{y}_l^{(2)})\bar{\lambda}_{jl}\geqslant\boldsymbol{0}$$

之一成立, 则有

$$\boldsymbol{x}_p\geqslant\sum_{j=1}^{n_1}\sum_{l=1}^{n_2}(\alpha_p\boldsymbol{x}_j^{(1)}+\beta_p\boldsymbol{x}_l^{(2)})\frac{\bar{\lambda}_{jl}}{1-\bar{\lambda}_0}$$

或

$$\boldsymbol{y}_p\leqslant\sum_{j=1}^{n_1}\sum_{l=1}^{n_2}(\alpha_p\boldsymbol{y}_j^{(1)}+\beta_p\boldsymbol{y}_l^{(2)})\frac{\bar{\lambda}_{jl}}{(1-\bar{\lambda}_0)}$$

成立.

由于

$$\delta_1\left(\frac{\bar{\lambda}_0}{1-\bar{\lambda}_0}+\sum_{j=1}^{n_1}\sum_{l=1}^{n_2}\frac{\bar{\lambda}_{jl}}{1-\bar{\lambda}_0}-\delta_2(-1)^{\delta_3}\frac{\bar{\lambda}_{n_1\times n_2+1}}{1-\bar{\lambda}_0}\right)=\frac{\delta_1}{1-\bar{\lambda}_0},$$

故可得

$$\delta_1\left(\sum_{j=1}^{n_1}\sum_{l=1}^{n_2}\frac{\bar{\lambda}_{jl}}{1-\bar{\lambda}_0}-\delta_2(-1)^{\delta_3}\frac{\bar{\lambda}_{n_1\times n_2+1}}{1-\bar{\lambda}_0}\right)=\delta_1,$$

其中 $\bar{\lambda}_{jl}\geqq 0(j=1,2,\cdots,n_1,l=1,2,\cdots,n_2),\bar{\lambda}_{n_1\times n_2+1}\geqq 0$, 由上述讨论可知

$$\left(\sum_{j=1}^{n_1}\sum_{l=1}^{n_2}(\alpha_p\boldsymbol{x}_j^{(1)}+\beta_p\boldsymbol{x}_l^{(2)})\frac{\bar{\lambda}_{jl}}{1-\bar{\lambda}_0},\sum_{j=1}^{n_1}\sum_{l=1}^{n_2}(\alpha_p\boldsymbol{y}_j^{(1)}+\beta_p\boldsymbol{y}_l^{(2)})\frac{\bar{\lambda}_{jl}}{(1-\bar{\lambda}_0)}\right)\in T_p^a(2),$$

这与决策单元 p 为 TwaDEA 有效的定义矛盾.

(⇐) 假设决策单元 p 为 TwaDEA 无效, 即存在 $(\boldsymbol{x},\boldsymbol{y})\in T_p^a(2)$, 使得 $\boldsymbol{x}_p\geqq\boldsymbol{x},\boldsymbol{y}_p\leqq\boldsymbol{y}$ 且至少有一个不等式严格成立, 即存在 $\lambda_{jl}\geqq 0(j=1,2,\cdots,n_1,l=1,2,\cdots,n_2)$, $\lambda_{n_1\times n_2+1}\geqq 0$, 使得

$$\sum_{j=1}^{n_1}\sum_{l=1}^{n_2}(\alpha_p\boldsymbol{x}_j^{(1)}+\beta_p\boldsymbol{x}_l^{(2)})\lambda_{jl}\leqq\boldsymbol{x}\leqq\boldsymbol{x}_p,$$
$$\sum_{j=1}^{n_1}\sum_{l=1}^{n_2}(\alpha_p\boldsymbol{y}_j^{(1)}+\beta_p\boldsymbol{y}_l^{(2)})\lambda_{jl}\geqq\boldsymbol{y}\geqq\boldsymbol{y}_p$$

且至少有一个不等式严格成立, 其中

$$\delta_1\left(\sum_{j=1}^{n_1}\sum_{l=1}^{n_2}\lambda_{jl}-\delta_2(-1)^{\delta_3}\lambda_{n_1\times n_2+1}\right)=\delta_1,$$

令

$$\lambda_0=0,\quad \theta=1,\quad \boldsymbol{s}^-=\boldsymbol{x}_p-\sum_{j=1}^{n_1}\sum_{l=1}^{n_2}(\alpha_p\boldsymbol{x}_j^{(1)}+\beta_p\boldsymbol{x}_l^{(2)})\lambda_{jl},$$

$$\boldsymbol{s}^+=\sum_{j=1}^{n_1}\sum_{l=1}^{n_2}(\alpha_p\boldsymbol{y}_j^{(1)}+\beta_p\boldsymbol{y}_l^{(2)})\lambda_{jl}-\boldsymbol{y}_p,$$

可以验证 $\theta,\boldsymbol{s}^-,\boldsymbol{s}^+,\lambda_0,\lambda_{jl}$ $(j=1,2,\cdots,n_1,\ l=1,2,\cdots,n_2)$, $\lambda_{n_1\times n_2+1}$ 满足 (DTwaDEA) 约束条件, 是 (DTwaDEA) 的一个最优解, 但由于 $(\boldsymbol{s}^-,\boldsymbol{s}^+)\neq\boldsymbol{0}$, 这与模型 (DTwaDEA) 的任意最优解 $\bar{\theta},\bar{\boldsymbol{s}}^-,\bar{\boldsymbol{s}}^+,\bar{\lambda}_0,\bar{\lambda}_{jl}(j=1,2,\cdots,n_1,l=1,2,\cdots,n_2)$, $\bar{\lambda}_{n_1\times n_2+1}$ 都有 $\bar{\theta}=1,\bar{\boldsymbol{s}}^-=\boldsymbol{0},\bar{\boldsymbol{s}}^+=\boldsymbol{0}$ 矛盾. 证毕.

考虑以下具有非阿基米德无穷小量的 DEA 模型

$$
(\mathrm{DTwaDEA})_{\varepsilon}\begin{cases}\min \theta-\varepsilon(\hat{\boldsymbol{e}}^{\mathrm{T}}\boldsymbol{s}^{-}+\boldsymbol{e}^{\mathrm{T}}\boldsymbol{s}^{+}),\\ \text{s.t. } \boldsymbol{x}_p(\theta-\lambda_0)-\sum_{j=1}^{n_1}\sum_{l=1}^{n_2}(\alpha_p\boldsymbol{x}_j^{(1)}+\beta_p\boldsymbol{x}_l^{(2)})\lambda_{jl}-\boldsymbol{s}^{-}=\boldsymbol{0},\\ \qquad \boldsymbol{y}_p(\lambda_0-1)+\sum_{j=1}^{n_1}\sum_{l=1}^{n_2}(\alpha_p\boldsymbol{y}_j^{(1)}+\beta_p\boldsymbol{y}_l^{(2)})\lambda_{jl}-\boldsymbol{s}^{+}=\boldsymbol{0},\\ \qquad \delta_1\left(\lambda_0+\sum_{j=1}^{n_1}\sum_{l=1}^{n_2}\lambda_{jl}-\delta_2(-1)^{\delta_3}\lambda_{n_1\times n_2+1}\right)=\delta_1,\\ \qquad \boldsymbol{s}^{-},\boldsymbol{s}^{+}\geqq\boldsymbol{0},\lambda_0,\lambda_{jl}\geqq 0, j=1,2,\cdots,n_1,\\ \qquad\quad l=1,2,\cdots,n_2,\lambda_{n_1\times n_2+1}\geqq 0.\end{cases}
$$

其中 $\hat{\boldsymbol{e}}=(1,1,\cdots,1)^{\mathrm{T}}\in E^m,\boldsymbol{e}=(1,1,\cdots,1)^{\mathrm{T}}\in E^s,\varepsilon>0$ 是一个非阿基米德无穷小量.

定理 5.2 若 $(\mathrm{DTwaDEA})_{\varepsilon}$ 的最优解 $\bar{\theta},\bar{\boldsymbol{s}}^{-},\bar{\boldsymbol{s}}^{+},\bar{\lambda}_0,\bar{\lambda}_{jl}(j=1,2,\cdots,n_1,l=1,2,\cdots,n_2),\bar{\lambda}_{n_1\times n_2+1}$ 满足 $\bar{\theta}=1,\bar{\boldsymbol{s}}^{-}=\boldsymbol{0},\bar{\boldsymbol{s}}^{+}=\boldsymbol{0}$, 则决策单元 p 为 TwaDEA 有效.

证明 假设决策单元 p 为 TwaDEA 无效, 由定理 5.1 的充分性证明可知模型 (DTwaDEA) 必存在可行解 $\theta,\boldsymbol{s}^{-},\boldsymbol{s}^{+},\lambda_0,\lambda_{jl}(j=1,2,\cdots,n_1,l=1,2,\cdots,n_2)$, $\lambda_{n_1\times n_2+1}$, 满足 $\theta=1,(\boldsymbol{s}^{-},\boldsymbol{s}^{+})\neq\boldsymbol{0}$. 该解也是模型 $(\mathrm{DTwaDEA})_{\varepsilon}$ 的一个可行解, 但

$$
\theta-\varepsilon(\hat{\boldsymbol{e}}^{\mathrm{T}}\boldsymbol{s}^{-}+\boldsymbol{e}^{\mathrm{T}}\boldsymbol{s}^{+})<1,
$$

这与 $(\mathrm{DTwaDEA})_{\varepsilon}$ 存在最优解 $\bar{\theta},\bar{\boldsymbol{s}}^{-},\bar{\boldsymbol{s}}^{+},\bar{\lambda}_0,\bar{\lambda}_{jl}(j=1,2,\cdots,n_1,l=1,2,\cdots,n_2)$, $\bar{\lambda}_{n_1\times n_2+1}$ 满足 $\bar{\theta}=1,\bar{\boldsymbol{s}}^{-}=\boldsymbol{0},\bar{\boldsymbol{s}}^{+}=\boldsymbol{0}$ 矛盾! 故决策单元 p 为 TwaDEA 有效. 证毕.

5.2.3 两种类型交叉决策单元的投影性质

以下讨论具有两种交叉类型决策单元的投影性质, 首先给出投影的定义.

定义 5.2 如果 $\bar{\theta},\bar{\boldsymbol{s}}^{-},\bar{\boldsymbol{s}}^{+},\bar{\lambda}_0,\bar{\lambda}_{jl}(j=1,2,\cdots,n_1,l=1,2,\cdots,n_2),\bar{\lambda}_{n_1\times n_2+1}$ 为 $(\mathrm{DTwaDEA})_{\varepsilon}$ 的最优解, 令

$$
\hat{\boldsymbol{x}}_p=\bar{\theta}\boldsymbol{x}_p-\bar{\boldsymbol{s}}^{-},\quad \hat{\boldsymbol{y}}_p=\boldsymbol{y}_p+\bar{\boldsymbol{s}}^{+},
$$

称 $(\hat{\boldsymbol{x}}_p,\hat{\boldsymbol{y}}_p)$ 为决策单元 p 在评价参考集 $T_p^a(2)$ 有效前沿面上的投影.

定理 5.3 决策单元 p 在评价参考集 $T_p^a(2)$ 有效前沿面上的投影 $(\hat{\boldsymbol{x}}_p,\hat{\boldsymbol{y}}_p)$ 为 TwaDEA 有效.

证明 假设决策单元 p 在评价参考集 $T_p^a(2)$ 有效前沿面上的投影 $(\hat{\boldsymbol{x}}_p,\hat{\boldsymbol{y}}_p)$ 为 TwaDEA 无效, 即存在 $(\boldsymbol{x},\boldsymbol{y})\in T_p^a(2)$ 使得 $\hat{\boldsymbol{x}}_p\geqq\boldsymbol{x},\hat{\boldsymbol{y}}_p\leqq\boldsymbol{y}$ 且至少有一个不等式严

格成立. 即存在 $\lambda_{jl} \geqq 0(j=1,2,\cdots,n_1,l=1,2,\cdots,n_2),\lambda_{n_1\times n_2+1}\geqq 0$, 使得

$$\sum_{j=1}^{n_1}\sum_{l=1}^{n_2}(\alpha_p\boldsymbol{x}_j^{(1)}+\beta_p\boldsymbol{x}_l^{(2)})\lambda_{jl}\leqq\boldsymbol{x}\leqq\hat{\boldsymbol{x}}_p=\bar{\theta}\boldsymbol{x}_p-\bar{\boldsymbol{s}}^-,$$

$$\sum_{j=1}^{n_1}\sum_{l=1}^{n_2}(\alpha_p\boldsymbol{y}_j^{(1)}+\beta_p\boldsymbol{y}_l^{(2)})\lambda_{jl}\geqq\boldsymbol{y}\geqq\hat{\boldsymbol{y}}_p=\boldsymbol{y}_p+\bar{\boldsymbol{s}}^+$$

且至少有一个不等式严格成立, 其中

$$\delta_1\left(\sum_{j=1}^{n_1}\sum_{l=1}^{n_2}\lambda_{jl}-\delta_2(-1)^{\delta_3}\lambda_{n_1\times n_2+1}\right)=\delta_1,$$

故存在 $\hat{\boldsymbol{s}}^-,\hat{\boldsymbol{s}}^+\geqq\mathbf{0}$, 使得

$$\hat{\boldsymbol{x}}_p-\sum_{j=1}^{n_1}\sum_{l=1}^{n_2}(\alpha_p\boldsymbol{x}_j^{(1)}+\beta_p\boldsymbol{x}_l^{(2)})\lambda_{jl}-\hat{\boldsymbol{s}}^-=\mathbf{0},$$

$$-\hat{\boldsymbol{y}}_p+\sum_{j=1}^{n_1}\sum_{l=1}^{n_2}(\alpha_p\boldsymbol{y}_j^{(1)}+\beta_p\boldsymbol{y}_l^{(2)})\lambda_{jl}-\hat{\boldsymbol{s}}^+=\mathbf{0},$$

且有 $(\hat{\boldsymbol{s}}^-,\hat{\boldsymbol{s}}^+)\neq\mathbf{0}$, 即有

$$\bar{\theta}\boldsymbol{x}_p-\sum_{j=1}^{n_1}\sum_{l=1}^{n_2}(\alpha_p\boldsymbol{x}_j^{(1)}+\beta_p\boldsymbol{x}_l^{(2)})\lambda_{jl}-\hat{\boldsymbol{s}}^--\bar{\boldsymbol{s}}^-=\mathbf{0},$$

$$-\boldsymbol{y}_p+\sum_{j=1}^{n_1}\sum_{l=1}^{n_2}(\alpha_p\boldsymbol{y}_j^{(1)}+\beta_p\boldsymbol{y}_l^{(2)})\lambda_{jl}-\hat{\boldsymbol{s}}^+-\bar{\boldsymbol{s}}^+=\mathbf{0},$$

令 $\lambda_0=0$, 可以验证 $\bar{\theta},\bar{\boldsymbol{s}}^-+\hat{\boldsymbol{s}}^-,\bar{\boldsymbol{s}}^++\hat{\boldsymbol{s}}^+,\lambda_0,\lambda_{jl}\geqq 0(j=1,2,\cdots,n_1,l=1,2,\cdots,n_2)$, $\lambda_{n_1\times n_2+1}\geqq 0$ 是模型 $(\text{DTwaDEA})_\varepsilon$ 的一个可行解, 但

$$\bar{\theta}-\varepsilon\left(\hat{\boldsymbol{e}}^{\mathrm{T}}\bar{\boldsymbol{s}}^-+\boldsymbol{e}^{\mathrm{T}}\bar{\boldsymbol{s}}^+\right)>\bar{\theta}-\varepsilon\left(\hat{\boldsymbol{e}}^{\mathrm{T}}(\bar{\boldsymbol{s}}^-+\hat{\boldsymbol{s}}^-)+e^{\mathrm{T}}(\bar{\boldsymbol{s}}^++\hat{\boldsymbol{s}}^+)\right),$$

这与假设条件 $\bar{\theta},\bar{\boldsymbol{s}}^-,\bar{\boldsymbol{s}}^+,\bar{\lambda}_0,\bar{\lambda}_{jl}(j=1,2,\cdots,n_1,l=1,2,\cdots,n_2),\bar{\lambda}_{n_1\times n_2+1}$ 为模型 $(\text{DTwaDEA})_\varepsilon$ 的最优解矛盾, 故投影 $(\hat{\boldsymbol{x}}_p,\hat{\boldsymbol{y}}_p)$ 为 TwaDEA 有效. 证毕.

5.3 用于多种类型交叉决策单元有效性评价的 DEA 模型

以下针对多种交叉类型决策单元的有效性评价问题, 给出了依据样本单元群组评价多种属性决策单元有效性的模型 (MuaDEA) 和相应的 MuaDEA 有效性概念. 分析了模型 (MuaDEA) 的性质以及决策单元的投影性质等问题.

假设有 n 个决策单元, 每个决策单元分别在不同程度上具有 q 种类型决策单元的属性, 决策单元 p 的输入输出指标值 $(\boldsymbol{x}_p,\boldsymbol{y}_p)$ 分别是 $\boldsymbol{x}_p=(x_1,x_2,\cdots,x_m)^{\mathrm{T}}\geqslant \mathbf{0}$, $\boldsymbol{y}_p=(y_1,y_2,\cdots,y_s)^{\mathrm{T}}\geqslant \mathbf{0}$, 并且决策单元 p 对第 k 类决策单元的隶属度为 $\alpha_p^{(k)}, k=1,2,\cdots,q$, 其中

$$\sum_{k=1}^{q}\alpha_p^{(k)}=1,\quad \alpha_p^{(k)}\in[0,1],\quad k=1,2,\cdots,q.$$

假设第 k 类决策单元集包含 n_k 个样本单元, 其中第 k 类决策单元集中第 j 个样本单元的输入输出指标值分别为 $\boldsymbol{x}_j^{(k)}=\left(x_{1j}^{(k)},x_{2j}^{(k)},\cdots,x_{mj}^{(k)}\right)^{\mathrm{T}}\geqslant \mathbf{0},\boldsymbol{y}_j^{(k)}=\left(y_{1j}^{(k)},y_{2j}^{(k)},\cdots,y_{sj}^{(k)}\right)^{\mathrm{T}}\geqslant \mathbf{0}$. 把第 k 类决策单元集记为

$$\bar{S}_k=\left\{(\boldsymbol{x}_{i_k}^{(k)},\boldsymbol{y}_{i_k}^{(k)})\Big| i_k=1,2,\cdots,n_k\right\},\quad k=1,2,\cdots,q,$$

则决策单元 p 的样本单元集可以近似的估计如下:

$$\bar{S}_p=\alpha_p^{(1)}\bar{S}_1+\alpha_p^{(2)}\bar{S}_2+\cdots+\alpha_p^{(q)}\bar{S}_q.$$

由 $\bar{S}_p$ 可进一步构造决策单元 p 的评价参考集为

$$\begin{aligned}T_p^a(q)=\Bigg\{(\boldsymbol{x},\boldsymbol{y})\Bigg|&\sum_{i_1=1}^{n_1}\sum_{i_2=1}^{n_2}\cdots\sum_{i_q=1}^{n_q}(\alpha_p^{(1)}\boldsymbol{x}_{i_1}^{(1)}+\alpha_p^{(2)}\boldsymbol{x}_{i_2}^{(2)}+\cdots\\&+\alpha_p^{(k)}\boldsymbol{x}_{i_k}^{(k)}+\cdots+\alpha_p^{(q)}\boldsymbol{x}_{i_q}^{(q)})\lambda_{i_1i_2\cdots i_q}\leqq \boldsymbol{x},\\&\sum_{i_1=1}^{n_1}\sum_{i_2=1}^{n_2}\cdots\sum_{i_q=1}^{n_q}(\alpha_p^{(1)}\boldsymbol{y}_{i_1}^{(1)}+\alpha_p^{(2)}\boldsymbol{y}_{i_2}^{(2)}+\cdots+\alpha_p^{(k)}\boldsymbol{y}_{i_k}^{(k)}+\cdots+\alpha_p^{(q)}\boldsymbol{y}_{i_q}^{(q)})\lambda_{i_1i_2\cdots i_q}\geqq \boldsymbol{y},\\&\delta_1\left(\sum_{i_1=1}^{n_1}\sum_{i_2=1}^{n_2}\cdots\sum_{i_q=1}^{n_q}\lambda_{i_1i_2\cdots i_q}-\delta_2(-1)^{\delta_3}\lambda_{n_1\times n_2\times\cdots\times n_q+1}\right)=\delta_1,\\&\lambda_{i_1i_2\cdots i_q}\geqq 0, i_k=1,2,\cdots,n_k,k=1,2,\cdots,q,\lambda_{n_1\times n_2\times\cdots\times n_q+1}\geqq 0\Bigg\}.\end{aligned}$$

定义 5.3 如果不存在 $(\boldsymbol{x},\boldsymbol{y})\in T_p^a(q)$ 使得 $\boldsymbol{x}_p\geqq \boldsymbol{x},\boldsymbol{y}_p\leqq \boldsymbol{y}$ 且至少有一个不等式严格成立, 则称决策单元 p 为有效的决策单元, 简称 MuaDEA 有效.

根据上述生产可能集 $T_p^a(q)$ 的构造, 以及 MuaDEA 有效的概念, 可以给出如下 DEA 模型:

$$
(\text{DMuaDEA})\begin{cases}\min\theta,\\ \text{s.t. } \boldsymbol{x}_p(\theta-\lambda_0)-\sum\limits_{i_1=1}^{n_1}\sum\limits_{i_2=1}^{n_2}\cdots\sum\limits_{i_q=1}^{n_q}(\alpha_p^{(1)}\boldsymbol{x}_{i_1}^{(1)}+\alpha_p^{(2)}\boldsymbol{x}_{i_2}^{(2)}+\cdots\\ \quad +\alpha_p^{(q)}\boldsymbol{x}_{i_q}^{(q)})\lambda_{i_1i_2\cdots i_q}-\boldsymbol{s}^-=\boldsymbol{0},\\ \quad \boldsymbol{y}_p(\lambda_0-1)+\sum\limits_{i_1=1}^{n_1}\sum\limits_{i_2=1}^{n_2}\cdots\sum\limits_{i_q=1}^{n_q}(\alpha_p^{(1)}\boldsymbol{y}_{i_1}^{(1)}+\alpha_p^{(2)}\boldsymbol{y}_{i_2}^{(2)}+\cdots\\ \quad +\alpha_p^{(q)}\boldsymbol{y}_{i_q}^{(q)})\lambda_{i_1i_2\cdots i_q}-\boldsymbol{s}^+=\boldsymbol{0},\\ \quad \delta_1\left(\lambda_0+\sum\limits_{i_1=1}^{n_1}\sum\limits_{i_2=1}^{n_2}\cdots\sum\limits_{i_q=1}^{n_q}\lambda_{i_1i_2\cdots i_q}-\delta_2(-1)^{\delta_3}\lambda_{n_1\times n_2\times\cdots\times n_q+1}\right)=\delta_1,\\ \quad \boldsymbol{s}^-,\boldsymbol{s}^+\geqq\boldsymbol{0},\lambda_0,\lambda_{i_1i_2\cdots i_q}\geqq 0,i_k=1,2,\cdots,n_k,\\ \quad k=1,2,\cdots,q,\lambda_{n_1\times n_2\times\cdots\times n_q+1}\geqq 0.\end{cases}
$$

类似于定理 5.1, 定理 5.2 和定理 5.3 可以证明定理 5.4、定理 5.5 和定理 5.6 成立.

定理 5.4 决策单元 p 为 MuaDEA 有效当且仅当模型 (DMuaDEA) 的任意最优解 $\bar{\theta},\bar{\boldsymbol{s}}^-,\bar{\boldsymbol{s}}^+,\bar{\lambda}_0,\bar{\lambda}_{i_1i_2\cdots i_q}(i_k=1,2,\cdots,n_k,k=1,2,\cdots,q),\bar{\lambda}_{n_1\times n_2\times\cdots\times n_q+1}$ 都有 $\bar{\theta}=1,\bar{\boldsymbol{s}}^-=\boldsymbol{0},\bar{\boldsymbol{s}}^+=\boldsymbol{0}$.

考虑具有非阿基米德无穷小量 ε 的模型 $(\text{DMuaDEA})_\varepsilon$ 为

$$
(\text{DMuaDEA})_\varepsilon\begin{cases}\min\theta-\varepsilon(\hat{\boldsymbol{e}}^{\mathrm{T}}\boldsymbol{s}^-+\boldsymbol{e}^{\mathrm{T}}\boldsymbol{s}^+),\\ \text{s.t. } \boldsymbol{x}_p(\theta-\lambda_0)-\sum\limits_{i_1=1}^{n_1}\sum\limits_{i_2=1}^{n_2}\cdots\sum\limits_{i_q=1}^{n_q}(\alpha_p^{(1)}\boldsymbol{x}_{i_1}^{(1)}+\alpha_p^{(2)}\boldsymbol{x}_{i_2}^{(2)}+\cdots\\ \quad +\alpha_p^{(q)}\boldsymbol{x}_{i_q}^{(q)})\lambda_{i_1i_2\cdots i_q}-\boldsymbol{s}^-=\boldsymbol{0},\\ \quad \boldsymbol{y}_p(\lambda_0-1)+\sum\limits_{i_1=1}^{n_1}\sum\limits_{i_2=1}^{n_2}\cdots\sum\limits_{i_q=1}^{n_q}(\alpha_p^{(1)}\boldsymbol{y}_{i_1}^{(1)}+\alpha_p^{(2)}\boldsymbol{y}_{i_2}^{(2)}+\cdots\\ \quad +\alpha_p^{(q)}\boldsymbol{y}_{i_q}^{(q)})\lambda_{i_1i_2\cdots i_q}-\boldsymbol{s}^+=\boldsymbol{0},\\ \quad \delta_1\left(\lambda_0+\sum\limits_{i_1=1}^{n_1}\sum\limits_{i_2=1}^{n_2}\cdots\sum\limits_{i_q=1}^{n_q}\lambda_{i_1i_2\cdots i_q}-\delta_2(-1)^{\delta_3}\lambda_{n_1\times n_2\times\cdots\times n_q+1}\right)=\delta_1,\\ \quad \boldsymbol{s}^-,\boldsymbol{s}^+\geqq\boldsymbol{0},\lambda_0,\lambda_{i_1i_2\cdots i_q}\geqq 0,i_k=1,2,\cdots,n_k,\\ \quad k=1,2,\cdots,q,\lambda_{n_1\times n_2\times\cdots\times n_q+1}\geqq 0.\end{cases}
$$

其中 $\hat{\boldsymbol{e}}=(1,1,\cdots,1)^{\mathrm{T}}\in E^m,\boldsymbol{e}=(1,1,\cdots,1)^{\mathrm{T}}\in E^s$.

定理 5.5 若模型 $(\mathrm{DMuaDEA})_\varepsilon$ 的最优解 $\bar{\theta},\bar{\boldsymbol{s}}^-,\bar{\boldsymbol{s}}^+,\bar{\lambda}_0,\bar{\lambda}_{i_1i_2\cdots i_q}(i_k=1,2,\cdots,n_k,k=1,2,\cdots,q),\bar{\lambda}_{n_1\times n_2\times\cdots\times n_q+1}$ 满足 $\bar{\theta}=1,\bar{\boldsymbol{s}}^-=\boldsymbol{0},\bar{\boldsymbol{s}}^+=\boldsymbol{0}$, 则决策单元 p 为 MuaDEA 有效.

定义 5.4 如果 $\bar{\theta},\bar{\boldsymbol{s}}^-,\bar{\boldsymbol{s}}^+,\bar{\lambda}_0,\bar{\lambda}_{i_1i_2\cdots i_q}$ $(i_k=1,2,\cdots,n_k,\ k=1,2,\cdots,q)$, $\bar{\lambda}_{n_1\times n_2\times\cdots\times n_q+1}$ 为 $(\mathrm{DMuaDEA})_\varepsilon$ 的最优解, 令

$$\hat{\boldsymbol{x}}_p=\bar{\theta}\boldsymbol{x}_p-\bar{\boldsymbol{s}}^-,\quad \hat{\boldsymbol{y}}_p=\boldsymbol{y}_p+\bar{\boldsymbol{s}}^+,$$

称 $(\hat{\boldsymbol{x}}_p,\hat{\boldsymbol{y}}_p)$ 为决策单元 p 在评价参考集 $T_p^a(q)$ 前沿面上的投影.

定理 5.6 决策单元 p 在评价参考集 $T_p^a(q)$ 前沿面上的投影 $(\hat{\boldsymbol{x}}_p,\hat{\boldsymbol{y}}_p)$ 为 MuaDEA 有效.

5.4 算例分析

假设某系统具有两类决策单元构成的样本集, 其中类 1 的样本单元集合 *Kind*-1=$\{A_1, B_1\}$, 类 2 的样本单元集合 *Kind*-2=$\{A_2, B_2\}$. 同时, 另外有 4 个具有两类样本单元交叉属性的决策单元, 它们的输入输出指标值如表 5.3 所示.

表 5.3 样本单元和决策单元的指标值和隶属度

	决策单元				样本单元			
	1	2	3	4	A_1	B_1	A_2	B_2
输入指标	8	8	8	8	1	2	4	8
输出指标	3	3	3	3	1	4	1	6
对类 1 的隶属度	100%	4/5	1/5	0%	100%	100%	0%	0%
对类 2 的隶属度	0%	1/5	4/5	100%	0%	0%	100%	100%

当 $\delta_1=0$ 时, 根据 $T_p^a(2)$ 的表达式可以获得决策单元 1、决策单元 2、决策单元 3 和决策单元 4 的评价参考集 T_1,T_2,T_3 和 T_4 如图 5.2 所示, 其中 $T_1\supseteq T_2\supseteq T_3\supseteq T_4$.

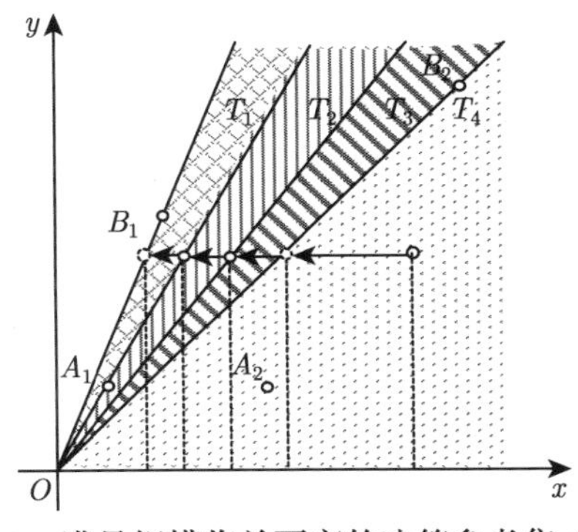

图 5.2 满足规模收益不变的决策参考集 $T_p^a(2)$

应用模型 $(\text{DTweDEA})_\varepsilon$ 和 $(\text{DTwaDEA})_\varepsilon$ 可以获得表 5.4 中的结果.

表 5.4 基于模型 $(\text{DTweDEA})_\varepsilon$ 和 $(\text{DTwaDEA})_\varepsilon$ 的计算结果比较

决策单元	模型 $(\text{DTweDEA})_\varepsilon$ 效率值				模型 $(\text{DTwaDEA})_\varepsilon$ 效率值			
	1	2	3	4	1	2	3	4
规模收益不变	0.1880	0.1880	0.1880	0.5000	0.1880	0.2650	0.4550	0.5000
规模收益可变	0.2080	0.3070	0.6020	0.7000	0.2080	0.2830	0.5900	0.7000
规模收益非递增	0.1880	0.1880	0.1880	0.5000	0.1880	0.2650	0.4550	0.5000
规模收益非递减	0.2080	0.3070	0.6020	0.7000	0.2080	0.2830	0.5900	0.7000

从表 5.4 可以看出, 模型 $(\text{DTweDEA})_\varepsilon$ 和模型 $(\text{DTwaDEA})_\varepsilon$ 对于单一类型决策单元 (决策单元 1 和决策单元 4) 的效率度量是相同的. 但对于交叉类型决策单元 (决策单元 2 和决策单元 3), 在规模收益不变和规模收益非递增的情况下, 文献 [22] 给出的模型 $(\text{DTweDEA})_\varepsilon$ 无法区分决策单元 1~ 决策单元 3, 效率值都是 0.1880. 而本章给出的模型 $(\text{DTwaDEA})_\varepsilon$ 能够区分具有不同交叉类型决策单元 1~决策单元 4. 因此, 本章给出的模型更符合实际情况.

参 考 文 献

[1] Emrouznejad A, Parker B, Tavares G. Evaluation of research in efficiency and productivity: a survey and analysis of the first 30 years of scholarly literature in DEA[J]. Journal of Socio-Economics Planning Science, 2008, 42(3): 151-157

[2] 马占新. 数据包络分析方法的研究进展[J]. 系统工程与电子技术, 2002, 24(3): 42-46

[3] 马占新. 数据包络分析模型与方法[M]. 北京: 科学出版社, 2010

[4] Charnes A, Cooper W W, Rhodes E. Measuring the efficiency of decision making units[J]. European Journal of Operational Research, 1978, 2(6): 429-444

[5] Banker R D, Charnes A, Cooper W W. Some models for estimating technical and scale inefficiencies in data envelopment analysis[J]. Management Science, 1984, 30(9): 1078-1092

[6] Färe R, Grosskopf S. A nonparametric cost approach to scale efficiency[J]. Scandinavian Journal of Economics, 1985, 87(4): 594-604

[7] Seiford L M, Thrall R M. Recent developments in DEA: the mathematical programming approach to frontier analysis[J]. Journal of Economics, 1990, 46(1/2): 7-38

[8] 马占新. 一种基于样本前沿面的综合评价方法[J]. 内蒙古大学学报, 2002, 33(6): 606-610

[9] 马占新, 唐焕文. DEA 有效单元的特征及 SEA 方法[J]. 大连理工大学学报, 1999, 39(4): 577-582

[10] 马占新, 唐焕文, 戴仰山. 偏序集理论在数据包络分析中的应用研究[J]. 系统工程学报, 2002, 17(1): 19-25

[11] 马占新. 偏序集理论在 DEA 相关理论中的应用研究[J]. 系统工程学报, 2002, 17(3): 193-198

[12] 马占新. 基于偏序集理论的数据包络分析方法研究[J]. 系统工程理论与实践, 2003, 23 (4): 11-17

[13] 马占新. 偏序集与数据包络分析[M]. 北京: 科学出版社, 2013

[14] 马占新. 样本数据包络面的研究与应用[J]. 系统工程理论与实践, 2003, 23(12): 32-37

[15] 马占新, 吕喜明. 带有偏好锥的样本数据包络分析方法研究[J]. 系统工程与电子技术, 2007, 29(8): 1275-1281

[16] 马占新. 广义参考集 DEA 模型及其相关性质[J]. 系统工程与电子技术, 2012, 34(4): 709-714

[17] 马占新, 马生昀. 基于 C^2W 模型的广义数据包络分析方法研究[J]. 系统工程与电子技术, 2009, 31(2): 366-372

[18] 马占新, 马生昀. 基于 C^2WY 模型的广义数据包络分析方法[J]. 系统工程学报, 2011, 26(2): 251-261

[19] Muren, Ma Z X, Cui W. Fuzzy data envelopment analysis approach based on sample decision making units[J]. Systems Engineering and Electronics, 2012, 23(3): 399-407

[20] Muren, Ma Z X, Cui W. Generalied fuzzy data envelopment analysis methods[J]. Applied Soft Computing Journal, 2014, 19(1): 215-225

[21] 马占新. 广义数据包络分析方法[M]. 北京: 科学出版社, 2012

[22] 马占新, 侯翔. 具有多属性决策单元的有效性分析方法研究[J]. 系统工程与电子技术, 2011, 33(2): 339-345

第 6 章　多种政策环境下交叉类型决策单元的有效性分析

数据包络分析方法要求决策单元具有相同的类型和外部条件, 但许多情况下被评价单元不仅可能具有多种类型, 而且很难被划分成几个界限清晰的群组, 同时决策单元所处的外部条件也可能不同. 本章针对多种管理政策下交叉类型决策单元的有效性评价问题, 首先给出政策因子和交叉可能集的概念. 其次, 给出一种依据两类决策单元群组评价交叉类型决策单元有效性的 DEA 模型 (DTwoDEA) 和相应的 DEA 有效性概念. 在此基础上, 给出一种依据多类决策单元群组评价交叉类型决策单元有效性的 DEA 模型 (DMuoDEA). 最后, 应用该方法分析了高等学校教师的科研效率评价问题.

1957 年, Farrell[1]提出了分段线性凸包的前沿估计方法, 但在此后的二十年中有关这一方面的研究却很少见, 直到 1978 年 Charnes 等[2]给出了基于工程效率概念的 C^2R 模型以后, DEA 方法才得到广泛关注和快速发展, 目前已经成为效率分析的重要方法之一.

C^2R 模型作为 DEA 方法的基础性模型, 它利用线性规划方法估计经验生产前沿面, 应用被评价单元与有效前沿面的差距来评价其有效性. 一般来说, DEA 方法要求决策单元具有相同的类型和外部条件, 然而, 由于很多情况下决策单元的特点不同, 使用单一的前沿面进行效率和生产率分析存在着明显的不合理性. 而共同前沿面的概念则为这一问题的解决提供了新的思路. 1971 年, Hayami 和 Ruttan[3-4]提出了共同前沿面的概念. 2004 年, Battese 等[5]将 DEA 方法与共同前沿面的概念相结合, 提出了一种放松技术同质性约束的共同边界分析方法. 2008 年, O'Donnell 等[6]对这一方法进行了进一步分析. 共同边界分析方法是基于两种生产前沿面进行分析的: 一种是由每个群组的决策单元构造的生产前沿面; 另一种为全部决策单元构造的生产前沿面.

在共同边界分析方法框架下, 需要根据决策单元的特点和技术的相似性对决策单元进行分组. 然而, 在许多情况下, 由于决策单元在不同程度上具有两个或多个群组的交叉属性, 很难将它们划分为具有清晰边界的几个群组. 比如, 在研究高校教师科研绩效时, 一些教师可能从事两个或多个学科的跨学科研究. 尽管跨学科研究已经成为当前科学研究的重要组成部分和新知识的有力增长点, 但由于交叉的程度和方式的种类多样, 各学院很难为参与跨学科研究的教师制定个性化的标准. 这可能会导致交叉学科教师绩效评估的偏差. 同时, 由于不同群组还可能执行不同的管理政策和度量标准, 以往共同边界分析方法并未考虑政策因素的影响. 因此, 原有的 DEA 方法并不适合评估多种政策机制下的交叉类型决策单元的效率问题. 为此, 本章给出修正的共同边界 DEA 模型, 用于评价多种政策机制下交叉类型决策单元的有效性问题. 并分析了该方法在高校教师绩效评价中的应用.

6.1 DEA 方法评价交叉类型决策单元存在的问题

数据包络分析方法要求被评价的决策单元必须属于同类单元, 但许多情况下被评价决策单元可能具有多种类型, 而且也很难被划分成几个界限清晰的群组, 比如对于一些从事数学和经济学交叉学科研究的教师究竟是属于数学群组还是经济群组就很难划分. 同时, 不同群组所使用的评估政策也可能不同. 比如, 文科学院与理科学院由于学科特点不同, 相应的评估政策也可能会有很大不同. 应用传统 DEA 方法评估该类问题时遇到了困难. 以下通过两个例子加以说明.

6.1.1 相同评估政策下高校教师科研效率评价

假设一个系统有 2 个不同类型的群组, 其中群组 1 包含 n_1 个单元, 第 j 个单元的输入输出指标值分别为

$$\boldsymbol{x}_j^{(1)} = \left(x_{1j}^{(1)}, x_{2j}^{(1)}, \cdots, x_{mj}^{(1)}\right)^{\mathrm{T}} \geqslant \mathbf{0}, \quad \boldsymbol{y}_j^{(1)} = \left(y_{1j}^{(1)}, y_{2j}^{(1)}, \cdots, y_{sj}^{(1)}\right)^{\mathrm{T}} \geqslant \mathbf{0}.$$

群组 2 包含 n_2 个单元, 第 l 个单元的输入输出指标值分别为

$$\boldsymbol{x}_l^{(2)} = \left(x_{1l}^{(2)}, x_{2l}^{(2)}, \cdots, x_{ml}^{(2)}\right)^{\mathrm{T}} \geqslant \mathbf{0}, \quad \boldsymbol{y}_l^{(2)} = \left(y_{1l}^{(2)}, y_{2l}^{(2)}, \cdots, y_{sl}^{(2)}\right)^{\mathrm{T}} \geqslant \mathbf{0}.$$

记群组 1 对应的决策单元集

$$\overline{S}_1 = \left\{(\boldsymbol{x}_j^{(1)}, \boldsymbol{y}_j^{(1)}) \middle| j = 1, 2, \cdots, n_1\right\},$$

群组 2 对应的决策单元集记为

$$\overline{S}_2 = \left\{(\boldsymbol{x}_l^{(2)}, \boldsymbol{y}_l^{(2)}) \middle| l = 1, 2, \cdots, n_2\right\}.$$

由群组 1 和群组 2 的决策单元构成的生产可能集[5]如下:

$$P_{\text{Meta}} = \left\{(\boldsymbol{x}, \boldsymbol{y}) \middle| \sum_{j=1}^{n_1} \boldsymbol{x}_j^{(1)} \lambda_j^{(1)} + \sum_{l=1}^{n_2} \boldsymbol{x}_l^{(2)} \lambda_l^{(2)} \leqq \boldsymbol{x}, \sum_{j=1}^{n_1} \boldsymbol{y}_j^{(1)} \lambda_j^{(1)} + \sum_{l=1}^{n_2} \boldsymbol{y}_l^{(2)} \lambda_l^{(2)} \geqq \boldsymbol{y},\right.$$

$$\delta_1\Big(\sum_{j=1}^{n_1}\lambda_j^{(1)}+\sum_{l=1}^{n_2}\lambda_l^{(2)}\Big)=\delta_1,\lambda_j^{(1)},\lambda_l^{(2)}\geqq 0,j=1,2,\cdots,n_1,l=1,2,\cdots,n_2\Big\}.$$

应用群组 1 和群组 2 构成的前沿面度量决策单元 $(\boldsymbol{x}_q^{(k)},\boldsymbol{y}_q^{(k)})\in\overline{S}_1\bigcup\overline{S}_2$ 效率的 DEA 模型[5]为

$$(\mathrm{D_{Meta}})\left\{\begin{array}{l}\min\theta^{\mathrm{Meta}}-\varepsilon(\hat{\boldsymbol{e}}^{\mathrm{T}}\boldsymbol{s}^-+\boldsymbol{e}^{\mathrm{T}}\boldsymbol{s}^+),\\ \text{s.t.}\quad \displaystyle\sum_{j=1}^{n_1}\boldsymbol{x}_j^{(1)}\lambda_j^{(1)}+\sum_{l=1}^{n_2}\boldsymbol{x}_l^{(2)}\lambda_l^{(2)}+\boldsymbol{s}^-=\theta^{\mathrm{Meta}}\boldsymbol{x}_q^{(k)},\\ \qquad \displaystyle\sum_{j=1}^{n_1}\boldsymbol{y}_j^{(1)}\lambda_j^{(1)}+\sum_{j=1}^{n_2}\boldsymbol{y}_l^{(2)}\lambda_l^{(2)}-\boldsymbol{s}^+=\boldsymbol{y}_q^{(k)},\\ \qquad \displaystyle\delta_1\Big(\sum_{j=1}^{n_1}\lambda_j^{(1)}+\sum_{l=1}^{n_2}\lambda_l^{(2)}\Big)=\delta_1,\\ \qquad \boldsymbol{s}^-,\boldsymbol{s}^+\geqq\boldsymbol{0},\lambda_j^{(1)},\lambda_l^{(2)}\geqq 0,j=1,2,\cdots,n_1,l=1,2,\cdots,n_2,\end{array}\right.$$

其中 $\hat{\boldsymbol{e}}=(1,1,\cdots,1)^{\mathrm{T}}\in E^m,\boldsymbol{e}=(1,1,\cdots,1)^{\mathrm{T}}\in E^s,\varepsilon$ 为非阿基米德无穷小量.

下面通过一个例子来说明应用共同边界测算群组效率存在的问题.

例 6.1 某高校在科研论文成果评价过程中, 为了体现评价的公平性, 各学院均采用 SCI(Science Citation Index) 检索期刊、EI(Engineering Index) 检索期刊和中国中文核心期刊作为论文成果分级标准. 通过该方法计算得到的各学院教师的人均论文加权业绩值如表 6.1 所示.

表 6.1 相同评估政策下各学院人均论文加权业绩值 (单位: 分数/人)

	年份	法学院	公共管理学院	人文学院	经济管理学院	外国语学院	蒙古学学院	均值
社科类	2004	0.667	0.468	1.396	0.577	0.059	1.365	0.755
	2005	0.377	0.238	1.29	1.122	0.165	1.182	0.729
	2006	0.5	0.536	1.089	0.93	0.228	1.252	0.756
	年份	化学化工学院	计算机学院	理工学院	生命科学学院			均值
理工类	2004	2.973	0.179	1.232	1.377			1.440
	2005	3.547	1.074	1.053	1.059			1.683
	2006	3.487	0.879	2.027	1.198			1.898

如果选取投入指标为时间, 并且每个人的投入指标值相同, 均为 1 年, 产出指标为论文加权业绩值, 令 $\delta_1=0$, 应用模型 $(\mathrm{D_{Meta}})$ 可得各学院教师的平均效率值如表 6.2 所示.

表 6.2 各学院人均论文产出的效率值

年份	法学院	公共管理学院	人文学院	经济管理学院	外国语学院	蒙古学学院	化学化工学院	计算机学院	理工学院	生命科学学院	均值
2004	0.224	0.157	0.47	0.194	0.02	0.459	1	0.060	0.414	0.463	0.346
2005	0.106	0.067	0.364	0.316	0.047	0.333	1	0.303	0.297	0.299	0.313
2006	0.143	0.154	0.312	0.267	0.065	0.359	1	0.252	0.581	0.344	0.348

从表 6.1 和表 6.2 可以看出, 化学化工学院的人均论文绩效较高, 差不多是全校平均值的 3 倍左右, 是外国语学院的 15 倍以上. 化学化工学院的人均论文产出效率则是外国语学院的 15 倍以上. 该校科技部门分析发现导致这种情况的原因主要是被 SCI 收录的中文化学类的学术期刊相对其他学科较多. 因此, 对各学院采用统一的评价标准和共同的前沿面进行评价存在很大的不合理性.

6.1.2 不同评估政策下高校教师科研效率评价

由于每个群组的情况不同, 采用共同的标准进行评价显然存在着一定的不合理性. 那么, 对各群组单元分别进行评价是否能够解决上述问题呢?

根据文献 [5], 群组 1 或群组 2 的决策单元构成的生产可能集如下:

$$T_k = \left\{ (\boldsymbol{x}, \boldsymbol{y}) \middle| \sum_{j=1}^{n_k} \boldsymbol{x}_j^{(k)} \lambda_j^{(k)} \leqq \boldsymbol{x}, \sum_{j=1}^{n_k} \boldsymbol{y}_j^{(k)} \lambda_j^{(k)} \geqq \boldsymbol{y}, \right.$$
$$\left. \delta_1 \sum_{j=1}^{n_k} \lambda_j^{(k)} = \delta_1, \lambda_j^{(k)} \geqq 0, j = 1, 2, \cdots, n_k \right\},$$

这里 k=1 或 2.

基于群组 1 和群组 2 的数据分别评价决策单元 $(\boldsymbol{x}_q^{(k)}, \boldsymbol{y}_q^{(k)}) \in \overline{S}_k(k$=1 或 2) 效率的 DEA 模型[5]为

$$(\mathrm{D_{Grou}}) \begin{cases} \min \theta_q^{(k)} - \varepsilon(\hat{\boldsymbol{e}}^{\mathrm{T}} \boldsymbol{s}^- + \boldsymbol{e}^{\mathrm{T}} \boldsymbol{s}^+), \\ \text{s.t.} \ \ \sum_{j=1}^{n_k} \boldsymbol{x}_j^{(k)} \lambda_j^{(k)} + \boldsymbol{s}^- = \theta_q^{(k)} \boldsymbol{x}_q^{(k)}, \\ \qquad \sum_{j=1}^{n_k} \boldsymbol{y}_j^{(k)} \lambda_j^{(k)} - \boldsymbol{s}^+ = \boldsymbol{y}_q^{(k)}, \\ \qquad \delta_1 \sum_{j=1}^{n_k} \lambda_j^{(k)} = \delta_1, \\ \qquad \boldsymbol{s}^-, \boldsymbol{s}^+ \geqq \boldsymbol{0}, \lambda_j^{(k)} \geqq 0, j = 1, 2, \cdots, n_k. \end{cases}$$

下面仍然采用例 6.1 的高校进行分析.

例 6.2　由于学科特点不同，使用统一的评估政策对每位教师进行评价存在一定的不合理性. 因此，该校采用各学院分别制定政策，并由学院负责本学院教师的评价. 以下分别抽取该校经济管理学院和数学学院的部分论文定级标准 (表 6.3) 和教师论文发表情况 (表 6.4) 进行分析.

表 6.3　2015 年某高校经济管理学院和数学学院论文定级标准

期刊名称	经济管理学院		数学学院	
	论文类别	绩效值	论文类别	绩效值
《经济研究》	A	10 分/篇	D	0 分/篇
《数学学报》	D	0 分/篇	A	10 分/篇

表 6.4　2015 年经济管理学院和数学学院 6 名教师的论文发表情况

教师序号	经济管理学院			数学学院		
	1	2	3	4	5	6
研究方向	区域经济	区域经济	经济数学	经济数学	数学优化	数学优化
投入时间/年	1	1	1	1	1	1
《经济研究》/篇	2	1	0	2	0	0
《数学学报》/篇	0	0	2	0	2	4
论文总绩效值/分	20	10	0	0	20	40

从表 6.3 可见，由于各学院独立制定本学院教师的考核标准，这样就会导致同样的科研成果在不同学院会有较大差异. 产生这种情况的原因主要是由于每个学院教师从事的学科方向不同，以及各学院 A 类期刊的总量有严格限制. 比如尽管《经济研究》和《数学学报》都是相应学科比较重要的中文期刊，但在二选一的情况下，经济管理学院不会放弃经济类刊物，而选择数学类刊物作为经济学科的 A 类期刊. 对数学学科也是如此.

如果选取投入指标为时间，并且每个人的投入指标值相同，均为 1 年，产出指标为论文加权业绩值，按照各学院独立考核的办法，6 名教师可以按所在学院不同分成两个组，应用模型 ($\mathrm{D_{Grou}}$) 可得各学院教师的效率值如表 6.5 所示.

表 6.5　2015 年经济管理学院和数学学院 6 名教师的论文产出效率值

教师序号	群组 1(经济管理学院)			群组 2(数学学院)		
	1	2	3	4	5	6
效率值	1	0.5	0	0	0.5	1

从表 6.4 和表 6.5 可见，教师 1 和教师 4 均在 1 年的时间内在相同期刊上发表了同样数量的论文，但教师 1 的效率值为 1，而教师 4 的效率值则为 0，因此教师 4

的效率被严重低估.

产生这种情况的原因在于: 评估政策是由各个学院制定的, 而评估政策作用的群体则是学院的在岗职工. 这实际上是把两个学院的教师人为分成了数学和经济管理两个群组, 如果一个教师从事交叉学科, 或者所在学院不同, 他的绩效评级结果会有很大差异.

由于学科交叉程度可能有无穷多种情况, 因此, 一个学院也不可能为每位交叉学科的教师制定个性化的政策. 那么, 如何在不同政策条件下更好地评价交叉学科教师的绩效呢? 以下首先讨论在不同评价机制下, 依据两类决策单元群组评价具有交叉类型决策单元有效性的 DEA 方法.

6.2 两种评估政策下决策单元有效性评价的 DEA 模型

数据包络分析方法要求被评价的决策单元必须属于同类单元, 但许多情况下被评价决策单元可能具有多种类型, 而且也很难被划分成几个界限清晰的群组. 同时, 不同群组所使用的评估政策可能不同, 政策倾斜程度可能不同. 这时传统 DEA 方法无法评价该类问题. 以下首先讨论在不同评价机制下, 依据两类决策单元群评价具有交叉类型决策单元有效性的参考集的构造.

6.2.1 含有两个群组隶属性的交叉可能集的构造

假设有 n 个交叉类型的决策单元, 其中决策单元 p 对群组 1 的隶属度为 α_p, 对群组 2 的隶属度为 β_p,

$$\alpha_p + \beta_p = 1, \quad \alpha_p, \beta_p \in [0,1],$$

其输入输出指标值分别为

$$\boldsymbol{x}_p = (x_{1p}, x_{2p}, \cdots, x_{mp})^{\mathrm{T}}, \quad \boldsymbol{y}_p = (y_{1p}, y_{2p}, \cdots, y_{sp})^{\mathrm{T}}, \quad (\boldsymbol{x}_p, \boldsymbol{y}_p) \geqslant \mathbf{0}.$$

交叉类型决策单元与群组 1 和群组 2 中的决策单元的关系如图 6.1 所示.

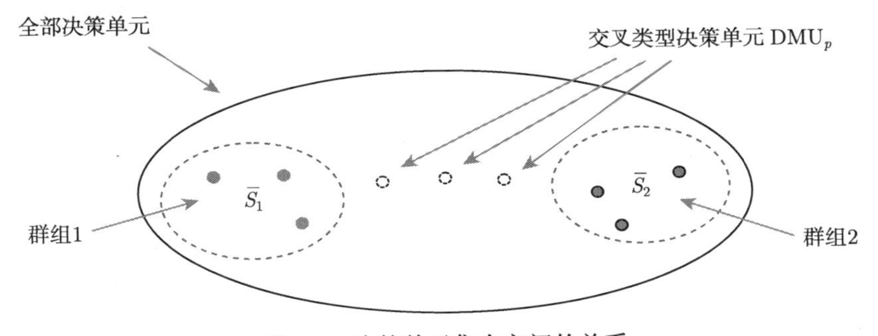

图 6.1 决策单元集合之间的关系

由于每个群组的计量方式以及对不同指标的政策倾斜程度不同, 因此, 各个指标的权重也不同. 比如一个高校内的两个学院, 为了达到某种学科评估条件, 一个学院需要提升高质量论文的数量, 另一个学院可能需要提升项目的数量. 这时, 各学院的评估政策必然会有不同程度的倾斜和引导. 因此, 这里引入政策因子来反映不同群组管理者在政策引导上的差异化.

假设群组 1 的输入指标的政策因子为

$$\boldsymbol{a}^{(1)} = \left(a_1^{(1)}, a_2^{(1)}, \cdots, a_m^{(1)}\right)^{\mathrm{T}},$$

输出指标的政策因子为

$$\boldsymbol{b}^{(1)} = \left(b_1^{(1)}, b_2^{(1)}, \cdots, b_s^{(1)}\right)^{\mathrm{T}}.$$

群组 2 的输入指标的政策因子为

$$\boldsymbol{a}^{(2)} = \left(a_1^{(2)}, a_2^{(2)}, \cdots, a_m^{(2)}\right)^{\mathrm{T}},$$

输出指标的政策因子为

$$\boldsymbol{b}^{(2)} = \left(b_1^{(2)}, b_2^{(2)}, \cdots, b_s^{(2)}\right)^{\mathrm{T}},$$

这里

$$(\boldsymbol{a}^{(1)}, \boldsymbol{b}^{(1)}, \boldsymbol{a}^{(2)}, \boldsymbol{b}^{(2)}) > \boldsymbol{0}.$$

首先, 在不同的政策取向下, 群组 1 的经验数据集变为

$$\tilde{S}_1 = \left\{(\boldsymbol{a}^{(1)} \vec{\times} \boldsymbol{x}_j^{(1)}, \boldsymbol{b}^{(1)} \vec{\times} \boldsymbol{y}_j^{(1)}) \middle| (\boldsymbol{x}_j^{(1)}, \boldsymbol{y}_j^{(1)}) \in \overline{S}_1\right\},$$

群组 2 的经验数据集变为

$$\tilde{S}_2 = \left\{(\boldsymbol{a}^{(2)} \vec{\times} \boldsymbol{x}_l^{(2)}, \boldsymbol{b}^{(2)} \vec{\times} \boldsymbol{y}_l^{(2)}) \middle| (\boldsymbol{x}_l^{(2)}, \boldsymbol{y}_l^{(2)}) \in \overline{S}_2\right\},$$

这里定义

$$\boldsymbol{a}^{(1)} \vec{\times} \boldsymbol{x}_j^{(1)} = (a_1^{(1)} x_{1j}^{(1)}, a_2^{(1)} x_{2j}^{(1)}, \cdots, a_m^{(1)} x_{mj}^{(1)})^{\mathrm{T}}.$$

交叉类型决策单元评价中的关键问题是被评价单元缺乏同质的参考样本集. 因此, 以下探讨如何在现有数据信息的基础上, 构造出交叉类型决策单元的评价参考集.

对于决策单元 p, 由于构造其生产可能集的经验数据 S_p 必须与决策单元 p 具有相同的属性, 但决策者很难从目前的信息中获得这些数据. 因此, 以下应用经验数据集 $\tilde{S}_1$ 和 $\tilde{S}_2$ 来近似估计 S_p.

由于决策单元 p 对应的经验数据集 S_p 应该具有群组 1 的隶属度为 α_p、群组 2 的隶属度为 β_p, 因此可以给出以下经验数据集合:

$$S_p = \Big\{ \alpha_p((\boldsymbol{a}^{(1)} \vec{\times} \boldsymbol{x}_j^{(1)}), (\boldsymbol{b}^{(1)} \vec{\times} \boldsymbol{y}_j^{(1)})) + \beta_p((\boldsymbol{a}^{(2)} \vec{\times} \boldsymbol{x}_l^{(2)}), (\boldsymbol{b}^{(2)} \vec{\times} \boldsymbol{y}_l^{(2)})) \Big| (\boldsymbol{x}_j^{(1)}, \boldsymbol{y}_j^{(1)}) \in \overline{S}_1, (\boldsymbol{x}_l^{(2)}, \boldsymbol{y}_l^{(2)}) \in \overline{S}_2 \Big\}.$$

根据有关 DEA 理论[2,7-9], 由经验数据集确定的决策单元 p 的生产可能集 T_p 为

$$\begin{aligned} T_p^o(2) = \Bigg\{ (\boldsymbol{x}, \boldsymbol{y}) \Bigg| & \sum_{j=1}^{n_1} \sum_{l=1}^{n_2} (\alpha_p(\boldsymbol{a}^{(1)} \vec{\times} \boldsymbol{x}_j^{(1)}) + \beta_p(\boldsymbol{a}^{(2)} \vec{\times} \boldsymbol{x}_l^{(2)}))\lambda_{jl} \leqq \boldsymbol{x}, \\ & \sum_{j=1}^{n_1} \sum_{l=1}^{n_2} (\alpha_p(\boldsymbol{b}^{(1)} \vec{\times} \boldsymbol{y}_j^{(1)}) + \beta_p(\boldsymbol{b}^{(2)} \vec{\times} \boldsymbol{y}_l^{(2)}))\lambda_{jl} \geqq \boldsymbol{y}, \\ & \delta_1 \left(\sum_{j=1}^{n_1} \sum_{l=1}^{n_2} \lambda_{jl} - \delta_2 (-1)^{\delta_3} \lambda_{n_1 \times n_2 + 1} \right) = \delta_1, \\ & \lambda_{jl} \geqq 0, j = 1, 2, \cdots, n_1, l = 1, 2, \cdots, n_2, \lambda_{n_1 \times n_2 + 1} \geqq 0 \Bigg\}, \end{aligned}$$

其中 $\delta_1, \delta_2, \delta_3$ 为可以取值 0 或 1 的参数.

(1) 当 $\delta_1 = 0$ 时, 生产可能集满足规模收益不变;

(2) 当 $\delta_1 = 1, \delta_2 = 0$ 时, 生产可能集满足规模收益可变;

(3) 当 $\delta_1 = 1, \delta_2 = 1, \delta_3 = 1$ 时, 生产可能集满足规模收益非递增;

(4) 当 $\delta_1 = 1, \delta_2 = 1, \delta_3 = 0$ 时, 生产可能集满足规模收益非递减.

定义 6.1 如果不存在 $(\boldsymbol{x}, \boldsymbol{y}) \in T_p^o(2)$ 使得

$$(\alpha_p \boldsymbol{a}^{(1)} + \beta_p \boldsymbol{a}^{(2)}) \vec{\times} \boldsymbol{x}_p \geqq \boldsymbol{x}, \quad (\alpha_p \boldsymbol{b}^{(1)} + \beta_p \boldsymbol{b}^{(2)}) \vec{\times} \boldsymbol{y}_p \leqq \boldsymbol{y}$$

且至少有一个不等式严格成立, 则称决策单元 p 相对于参考集 $T_p^o(2)$ 为有效决策单元, 简称 TwoDEA 有效.

定义 6.1 表明: 如果参考集 $T_p^o(2)$ 中不存在一种生产方式比决策单元 p 更好, 则认为决策单元 p 的生产是 TwoDEA 有效的.

6.2.2 评价含有交叉类型决策单元有效性的 DEA 模型

根据上述评价参考集 $T_p^o(2)$ 的构造以及 TwoDEA 有效的概念, 可以构造以下模型来度量决策单元的有效性.

$$
(\text{DTwoDEA})\left\{\begin{array}{l}
\min\theta,\\
\text{s.t.}\quad ((\alpha_p\boldsymbol{a}^{(1)}+\beta_p\boldsymbol{a}^{(2)})\vec{\times}\boldsymbol{x}_p)(\theta-\lambda_0)\\
\qquad -\sum\limits_{j=1}^{n_1}\sum\limits_{l=1}^{n_2}(\alpha_p(\boldsymbol{a}^{(1)}\vec{\times}\boldsymbol{x}_j^{(1)})+\beta_p(\boldsymbol{a}^{(2)}\vec{\times}\boldsymbol{x}_l^{(2)}))\lambda_{jl}-\boldsymbol{s}^-=\boldsymbol{0},\\
\qquad ((\alpha_p\boldsymbol{b}^{(1)}+\beta_p\boldsymbol{b}^{(2)})\vec{\times}\boldsymbol{y}_p)(\lambda_0-1)+\sum\limits_{j=1}^{n_1}\sum\limits_{l=1}^{n_2}(\alpha_p(\boldsymbol{b}^{(1)}\vec{\times}\boldsymbol{y}_j^{(1)})\\
\qquad +\beta_p(\boldsymbol{b}^{(2)}\vec{\times}\boldsymbol{y}_l^{(2)}))\lambda_{jl}-\boldsymbol{s}^+=\boldsymbol{0},\\
\qquad \delta_1\left(\lambda_0+\sum\limits_{j=1}^{n_1}\sum\limits_{l=1}^{n_2}\lambda_{jl}-\delta_2(-1)^{\delta_3}\lambda_{n_1\times n_2+1}\right)=\delta_1,\\
\qquad \boldsymbol{s}^-,\boldsymbol{s}^+\geqq\boldsymbol{0},\lambda_0,\lambda_{jl}\geqq 0, j=1,2,\cdots,n_1,\\
\qquad l=1,2,\cdots,n_2,\lambda_{n_1\times n_2+1}\geqq 0.
\end{array}\right.
$$

定理 6.1　决策单元 p 为 TwoDEA 有效当且仅当线性规划 (DTwoDEA) 的任意最优解 $\overline{\theta},\overline{\boldsymbol{s}^-},\overline{\boldsymbol{s}^+},\overline{\lambda}_0,\overline{\lambda}_{jl}(j=1,2,\cdots,n_1,l=1,2,\cdots,n_2),\overline{\lambda}_{n_1\times n_2+1}$, 有

$$\overline{\theta}=1,\quad \overline{\boldsymbol{s}^-}=\boldsymbol{0},\quad \overline{\boldsymbol{s}^+}=\boldsymbol{0}.$$

证明　($\Rightarrow$) 若决策单元 p 为 TwoDEA 有效, 即不存在 $(\boldsymbol{x},\boldsymbol{y})\in T_p^o(2)$, 使得

$$(\alpha_p\boldsymbol{a}^{(1)}+\beta_p\boldsymbol{a}^{(2)})\vec{\times}\boldsymbol{x}_p\geqq\boldsymbol{x},\quad (\alpha_p\boldsymbol{b}^{(1)}+\beta_p\boldsymbol{b}^{(2)})\vec{\times}\boldsymbol{y}_p\leqq\boldsymbol{y}$$

且至少有一个不等式严格成立.

假设线性规划 (DTwoDEA) 存在最优解 $\overline{\theta},\overline{\boldsymbol{s}^-},\overline{\boldsymbol{s}^+},\overline{\lambda}_0,\overline{\lambda}_{jl},j=1,2,\cdots,n_1,l=1,2,\cdots,n_2,\overline{\lambda}_{n_1\times n_2+1}$ 满足以下两种情况之一:

(1) $\overline{\theta}\neq 1$;

(2) $\overline{\theta}=1$, 但 $(\overline{\boldsymbol{s}^-},\overline{\boldsymbol{s}^+})\neq\boldsymbol{0}$.

以下分别进行讨论.

(1) 若 $\overline{\theta}\neq 1$, 则必有 $\overline{\theta}<1$. 这是因为

$$\theta=1,\quad \lambda_0=1,\quad \boldsymbol{s}^-=\boldsymbol{0},\quad \boldsymbol{s}^+=\boldsymbol{0},\quad \lambda_{jl}=0\quad (j=1,2,\cdots,n_1,\\ l=1,2,\cdots,n_2),\quad \lambda_{n_1\times n_2+1}=0$$

为线性规划 (DTwoDEA) 的一个可行解, 故 $\overline{\theta}<1$.

由约束条件

$$((\alpha_p\boldsymbol{a}^{(1)}+\beta_p\boldsymbol{a}^{(2)})\vec{\times}\boldsymbol{x}_p)(\overline{\theta}-\overline{\lambda}_0)-\sum_{j=1}^{n_1}\sum_{l=1}^{n_2}(\alpha_p(\boldsymbol{a}^{(1)}\vec{\times}\boldsymbol{x}_j^{(1)})+\beta_p(\boldsymbol{a}^{(2)}\vec{\times}\boldsymbol{x}_l^{(2)}))\overline{\lambda}_{jl}-\overline{\boldsymbol{s}^-}=\boldsymbol{0},$$

可知

$$((\alpha_p \boldsymbol{a}^{(1)} + \beta_p \boldsymbol{a}^{(2)})\vec{\times}\boldsymbol{x}_p)(1-\overline{\lambda}_0) - \sum_{j=1}^{n_1}\sum_{l=1}^{n_2}(\alpha_p(\boldsymbol{a}^{(1)}\vec{\times}\boldsymbol{x}_j^{(1)}) + \beta_p(\boldsymbol{a}^{(2)}\vec{\times}\boldsymbol{x}_l^{(2)}))\overline{\lambda}_{jl} \geqslant \boldsymbol{0},$$

这可以归结到情况 (2) 中进行讨论.

(2) $\overline{\theta}=1$, 但 $\overline{\boldsymbol{s}}^- \neq \boldsymbol{0}$ 或 $\overline{\boldsymbol{s}}^+ \neq \boldsymbol{0}$. 即

$$((\alpha_p \boldsymbol{a}^{(1)} + \beta_p \boldsymbol{a}^{(2)})\vec{\times}\boldsymbol{x}_p)(1-\overline{\lambda}_0) - \sum_{j=1}^{n_1}\sum_{l=1}^{n_2}(\alpha_p(\boldsymbol{a}^{(1)}\vec{\times}\boldsymbol{x}_j^{(1)}) + \beta_p(\boldsymbol{a}^{(2)}\vec{\times}\boldsymbol{x}_l^{(2)}))\overline{\lambda}_{jl} \geqslant \boldsymbol{0},$$

或者

$$((\alpha_p \boldsymbol{b}^{(1)} + \beta_p \boldsymbol{b}^{(2)})\vec{\times}\boldsymbol{y}_p)(\overline{\lambda}_0-1) + \sum_{j=1}^{n_1}\sum_{l=1}^{n_2}(\alpha_p(\boldsymbol{b}^{(1)}\vec{\times}\boldsymbol{y}_j^{(1)}) + \beta_p(\boldsymbol{b}^{(2)}\vec{\times}\boldsymbol{y}_l^{(2)}))\overline{\lambda}_{jl} \geqslant \boldsymbol{0}.$$

下面证明 $\overline{\lambda}_0 < 1$.

若 $\overline{\lambda}_0 > 1$, 则可知

$$((\alpha_p \boldsymbol{a}^{(1)} + \beta_p \boldsymbol{a}^{(2)})\vec{\times}\boldsymbol{x}_p)(\overline{\lambda}_0-1) \geqslant \boldsymbol{0},$$

因此有

$$((\alpha_p \boldsymbol{a}^{(1)} + \beta_p \boldsymbol{a}^{(2)})\vec{\times}\boldsymbol{x}_p)(1-\overline{\lambda}_0) - \sum_{j=1}^{n_1}\sum_{l=1}^{n_2}(\alpha_p(\boldsymbol{a}^{(1)}\vec{\times}\boldsymbol{x}_j^{(1)}) + \beta_p(\boldsymbol{a}^{(2)}\vec{\times}\boldsymbol{x}_l^{(2)}))\overline{\lambda}_{jl} - \overline{\boldsymbol{s}}^- \leqslant \boldsymbol{0},$$

这与约束条件矛盾.

若最优解中 $\overline{\lambda}_0=1$, 可知

$$-\sum_{j=1}^{n_1}\sum_{l=1}^{n_2}(\alpha_p(\boldsymbol{a}^{(1)}\vec{\times}\boldsymbol{x}_j^{(1)}) + \beta_p(\boldsymbol{a}^{(2)}\vec{\times}\boldsymbol{x}_l^{(2)}))\overline{\lambda}_{jl} - \overline{\boldsymbol{s}}^- = \boldsymbol{0},$$

即

$$\overline{\boldsymbol{s}}^-=\boldsymbol{0}, \quad \sum_{j=1}^{n_1}\sum_{l=1}^{n_2}(\alpha_p(\boldsymbol{a}^{(1)}\vec{\times}\boldsymbol{x}_j^{(1)}) + \beta_p(\boldsymbol{a}^{(2)}\vec{\times}\boldsymbol{x}_l^{(2)}))\overline{\lambda}_{jl} = \boldsymbol{0}.$$

假设 $\alpha_p, \beta_p \neq 0$, 对任意 j, l, 因为 $\boldsymbol{x}_j^{(1)} \geqslant \boldsymbol{0}$, $\boldsymbol{x}_l^{(2)} \geqslant \boldsymbol{0}$, 则必存在 m_0, n_0 使得

$$x_{m_0 j}^{(1)} \neq 0, \quad x_{n_0 l}^{(2)} \neq 0,$$

故由

$$\sum_{j=1}^{n_1}\sum_{l=1}^{n_2}(\alpha_p(\boldsymbol{a}^{(1)}\vec{\times}\boldsymbol{x}_j^{(1)}) + \beta_p(\boldsymbol{a}^{(2)}\vec{\times}\boldsymbol{x}_l^{(2)}))\overline{\lambda}_{jl} = \boldsymbol{0},$$

$$\alpha_p, \beta_p \in (0,1], \quad \alpha_p + \beta_p = 1,$$

可得

$$(\alpha_p a_{m_0}^{(1)} x_{m_0 j}^{(1)} + \beta_p a_{m_0}^{(2)} x_{m_0 l}^{(2)})\overline{\lambda}_{jl} = 0,$$

即 $\overline{\lambda}_{jl} = 0$.

由 j, l 的任意性知

$$\overline{\lambda}_{jl} = 0, \quad j = 1, 2, \cdots, n_1, l = 1, 2, \cdots, n_2,$$

又由约束条件

$$((\alpha_p \boldsymbol{b}^{(1)} + \beta_p \boldsymbol{b}^{(2)})\vec{\times}\boldsymbol{y}_p)(\overline{\lambda}_0 - 1) + \sum_{j=1}^{n_1}\sum_{l=1}^{n_2}(\alpha_p(\boldsymbol{b}^{(1)}\vec{\times}\boldsymbol{y}_j^{(1)}) + \beta_p(\boldsymbol{b}^{(2)}\vec{\times}\boldsymbol{y}_l^{(2)}))\overline{\lambda}_{jl} - \overline{\boldsymbol{s}}^{+} = \boldsymbol{0},$$

可知最优解中 $\overline{\boldsymbol{s}}^{+} = \boldsymbol{0}$, 这与假设 $(\overline{\boldsymbol{s}}^{-}, \overline{\boldsymbol{s}}^{+}) \neq \boldsymbol{0}$ 矛盾!

若 $\alpha_p = 0$ 或 $\beta_p = 0$, 则类似可证 $(\overline{\boldsymbol{s}}^{-}, \overline{\boldsymbol{s}}^{+}) = \boldsymbol{0}$, 这与假设 $(\overline{\boldsymbol{s}}^{-}, \overline{\boldsymbol{s}}^{+}) \neq \boldsymbol{0}$ 矛盾!

综上可知 $\overline{\lambda}_0 < 1$, 即 $1 - \overline{\lambda}_0 > 0$. 因此有

$$(\alpha_p \boldsymbol{a}^{(1)} + \beta_p \boldsymbol{a}^{(2)})\vec{\times}\boldsymbol{x}_p \geqslant \sum_{j=1}^{n_1}\sum_{l=1}^{n_2}(\alpha_p(\boldsymbol{a}^{(1)}\vec{\times}\boldsymbol{x}_j^{(1)}) + \beta_p(\boldsymbol{a}^{(2)}\vec{\times}\boldsymbol{x}_l^{(2)}))\frac{\overline{\lambda}_{jl}}{1 - \overline{\lambda}_0}$$

或

$$(\alpha_p \boldsymbol{b}^{(1)} + \beta_p \boldsymbol{b}^{(2)})\vec{\times}\boldsymbol{y}_p \leqslant \sum_{j=1}^{n_1}\sum_{l=1}^{n_2}(\alpha_p(\boldsymbol{b}^{(1)}\vec{\times}\boldsymbol{y}_j^{(1)}) + \beta_p(\boldsymbol{b}^{(2)}\vec{\times}\boldsymbol{y}_l^{(2)}))\frac{\overline{\lambda}_{jl}}{(1 - \overline{\lambda}_0)}$$

成立.

由于

$$\delta_1\left(\frac{\overline{\lambda}_0}{1 - \overline{\lambda}_0} + \sum_{j=1}^{n_1}\sum_{l=1}^{n_2}\frac{\overline{\lambda}_{jl}}{1 - \overline{\lambda}_0} - \delta_2(-1)^{\delta_3}\frac{\overline{\lambda}_{n_1 \times n_2 + 1}}{1 - \overline{\lambda}_0}\right) = \frac{\delta_1}{1 - \overline{\lambda}_0},$$

故可得

$$\delta_1\left(\sum_{j=1}^{n_1}\sum_{l=1}^{n_2}\frac{\overline{\lambda}_{jl}}{1 - \overline{\lambda}_0} - \delta_2(-1)^{\delta_3}\frac{\overline{\lambda}_{n_1 \times n_2 + 1}}{1 - \overline{\lambda}_0}\right) = \delta_1,$$

由于

$$\overline{\lambda}_{jl} \geqq 0, \quad j = 1, 2, \cdots, n_1, l = 1, 2, \cdots, n_2, \quad \overline{\lambda}_{n_1 \times n_2 + 1} \geqq 0,$$

故可知

$$\left(\sum_{j=1}^{n_1}\sum_{l=1}^{n_2}(\alpha_p(\boldsymbol{a}^{(1)}\vec{\times}\boldsymbol{x}_j^{(1)}) + \beta_p(\boldsymbol{a}^{(2)}\vec{\times}\boldsymbol{x}_l^{(2)}))\frac{\overline{\lambda}_{jl}}{1 - \overline{\lambda}_0},\right.$$

$$\sum_{j=1}^{n_1}\sum_{l=1}^{n_2}(\alpha_p(\boldsymbol{b}^{(1)}\vec{\times}\boldsymbol{y}_j^{(1)})+\beta_p(\boldsymbol{b}^{(2)}\vec{\times}\boldsymbol{y}_l^{(2)}))\frac{\overline{\lambda}_{jl}}{(1-\overline{\lambda}_0)}\Bigg)\in T_p^o(2),$$

这与决策单元 p 为 TwoDEA 有效的定义矛盾!

($\Leftarrow$) 假设决策单元 p 为 TwoDEA 无效, 即存在 $(\boldsymbol{x},\boldsymbol{y})\in T_p^o(2)$, 使得

$$(\alpha_p\boldsymbol{a}^{(1)}+\beta_p\boldsymbol{a}^{(2)})\vec{\times}\boldsymbol{x}_p\geqq\boldsymbol{x},\quad (\alpha_p\boldsymbol{b}^{(1)}+\beta_p\boldsymbol{b}^{(2)})\vec{\times}\boldsymbol{y}_p\leqq\boldsymbol{y}$$

且至少有一个不等式严格成立, 即存在 $\lambda_{jl}\geqq 0(j=1,2,\cdots,n_1,l=1,2,\cdots,n_2)$, $\lambda_{n_1\times n_2+1}\geqq 0$, 使得

$$\sum_{j=1}^{n_1}\sum_{l=1}^{n_2}(\alpha_p(\boldsymbol{a}^{(1)}\vec{\times}\boldsymbol{x}_j^{(1)})+\beta_p(\boldsymbol{a}^{(2)}\vec{\times}\boldsymbol{x}_l^{(2)}))\lambda_{jl}\leqq\boldsymbol{x}\leqq(\alpha_p\boldsymbol{a}^{(1)}+\beta_p\boldsymbol{a}^{(2)})\vec{\times}\boldsymbol{x}_p,$$

$$\sum_{j=1}^{n_1}\sum_{l=1}^{n_2}(\alpha_p(\boldsymbol{b}^{(1)}\vec{\times}\boldsymbol{y}_j^{(1)})+\beta_p(\boldsymbol{b}^{(2)}\vec{\times}\boldsymbol{y}_l^{(2)}))\lambda_{jl}\geqq\boldsymbol{y}\geqq(\alpha_p\boldsymbol{b}^{(1)}+\beta_p\boldsymbol{b}^{(2)})\vec{\times}\boldsymbol{y}_p$$

且至少有一个不等式严格成立, 其中

$$\delta_1\left(\sum_{j=1}^{n_1}\sum_{l=1}^{n_2}\lambda_{jl}-\delta_2(-1)^{\delta_3}\lambda_{n_1\times n_2+1}\right)=\delta_1,$$

令

$$\lambda_0=0,\quad \theta=1,$$

$$\boldsymbol{s}^-=(\alpha_p\boldsymbol{a}^{(1)}+\beta_p\boldsymbol{a}^{(2)})\vec{\times}\boldsymbol{x}_p-\sum_{j=1}^{n_1}\sum_{l=1}^{n_2}(\alpha_p(\boldsymbol{a}^{(1)}\vec{\times}\boldsymbol{x}_j^{(1)})+\beta_p(\boldsymbol{a}^{(2)}\vec{\times}\boldsymbol{x}_l^{(2)}))\lambda_{jl},$$

$$\boldsymbol{s}^+=\sum_{j=1}^{n_1}\sum_{l=1}^{n_2}(\alpha_p(\boldsymbol{b}^{(1)}\vec{\times}\boldsymbol{y}_j^{(1)})+\beta_p(\boldsymbol{b}^{(2)}\vec{\times}\boldsymbol{y}_l^{(2)}))\lambda_{jl}-(\alpha_p\boldsymbol{b}^{(1)}+\beta_p\boldsymbol{b}^{(2)})\vec{\times}\boldsymbol{y}_p,$$

则 $\theta,\boldsymbol{s}^-,\boldsymbol{s}^+,\lambda_0,\lambda_{jl}(j=1,2,\cdots,n_1,l=1,2,\cdots,n_2)$, $\lambda_{n_1\times n_2+1}$ 满足 (DTwoDEA) 约束条件, 是 (DTwoDEA) 的一个最优解, 但由于 $(\boldsymbol{s}^-,\boldsymbol{s}^+)\neq\boldsymbol{0}$, 这与线性规划模型 (DTwoDEA) 的最优解 $\overline{\theta},\overline{\boldsymbol{s}}^-,\overline{\boldsymbol{s}}^+,\overline{\lambda}_0,\overline{\lambda}_{jl}(j=1,2,\cdots,n_1,l=1,2,\cdots,n_2),\overline{\lambda}_{n_1\times n_2+1}$ 都有

$$\overline{\theta}=1,\quad \overline{\boldsymbol{s}}^-=\boldsymbol{0},\quad \overline{\boldsymbol{s}}^+=\boldsymbol{0}$$

矛盾! 证毕.

具有非阿基米德无穷小量 ε 的模型 $(\mathrm{DTwoDEA})_\varepsilon$ 为

$$
(\text{DTwoDEA})_{\varepsilon}\left\{\begin{array}{ll}
\min & \theta-\varepsilon(\hat{\boldsymbol{e}}^{\mathrm{T}}\boldsymbol{s}^{-}+\boldsymbol{e}^{\mathrm{T}}\boldsymbol{s}^{+}),\\
\text{s.t.} & \displaystyle\sum_{j=1}^{n_1}\sum_{l=1}^{n_2}(\alpha_p(\boldsymbol{a}^{(1)}\vec{\times}\boldsymbol{x}_j^{(1)})+\beta_p(\boldsymbol{a}^{(2)}\vec{\times}\boldsymbol{x}_l^{(2)}))\lambda_{jl}+\boldsymbol{s}^{-}\\
& =\theta((\alpha_p\boldsymbol{a}^{(1)}+\beta_p\boldsymbol{a}^{(2)})\vec{\times}\boldsymbol{x}_p),\\
& \displaystyle\sum_{j=1}^{n_1}\sum_{l=1}^{n_2}(\alpha_p(\boldsymbol{b}^{(1)}\vec{\times}\boldsymbol{y}_j^{(1)})+\beta_p(\boldsymbol{b}^{(2)}\vec{\times}\boldsymbol{y}_l^{(2)}))\lambda_{jl}-\boldsymbol{s}^{+}\\
& =(\alpha_p\boldsymbol{b}^{(1)}+\beta_p\boldsymbol{b}^{(2)})\vec{\times}\boldsymbol{y}_p,\\
& \delta_1\left(\displaystyle\sum_{j=1}^{n_1}\sum_{l=1}^{n_2}\lambda_{jl}-\delta_2(-1)^{\delta_3}\lambda_{n_1\times n_2+1}\right)=\delta_1,\\
& \boldsymbol{s}^{-},\boldsymbol{s}^{+}\geqq\boldsymbol{0},\lambda_{jl}\geqq 0,j=1,2,\cdots,n_1,l=1,2,\cdots,n_2,\lambda_{n_1\times n_2+1}\geqq 0.
\end{array}\right.
$$

定理 6.2 若模型 $(\text{DTwoDEA})_{\varepsilon}$ 存在最优解 $\overline{\theta},\overline{\boldsymbol{s}}^{-},\overline{\boldsymbol{s}}^{+},\overline{\lambda}_{jl}(j=1,2,\cdots,n_1,l=1,2,\cdots,n_2),\overline{\lambda}_{n_1\times n_2+1}$ 满足 $\overline{\theta}>1$ 或者 $\overline{\theta}=1,\overline{\boldsymbol{s}}^{-}=\boldsymbol{0},\overline{\boldsymbol{s}}^{+}=\boldsymbol{0}$, 则决策单元 p 为 TwoDEA 有效.

证明 假设决策单元 p 为 TwoDEA 无效, 即存在 $(\boldsymbol{x},\boldsymbol{y})\in\tilde{T}_p$, 使得

$$
(\alpha_p\boldsymbol{a}^{(1)}+\beta_p\boldsymbol{a}^{(2)})\vec{\times}\boldsymbol{x}_p\geqq\boldsymbol{x},\quad(\alpha_p\boldsymbol{b}^{(1)}+\beta_p\boldsymbol{b}^{(2)})\vec{\times}\boldsymbol{y}_p\leqq\boldsymbol{y}
$$

且至少有一个不等式严格成立. 类似定理 6.1 可以证明存在 $(\text{DTwoDEA})_{\varepsilon}$ 的可行解 θ, $\boldsymbol{s}^{-},\boldsymbol{s}^{+},\lambda_{jl}(j=1,2,\cdots,n_1,l=1,2,\cdots,n_2),\lambda_{n_1\times n_2+1}$ 满足 $\theta=1$ 并且 $(\boldsymbol{s}^{-},\boldsymbol{s}^{+})\neq\boldsymbol{0}$, 因此有

$$
\theta-\varepsilon(\hat{\boldsymbol{e}}^{\mathrm{T}}\boldsymbol{s}^{-}+\boldsymbol{e}^{\mathrm{T}}\boldsymbol{s}^{+})<1,
$$

这与模型 $(\text{DTwoDEA})_{\varepsilon}$ 存在最优解 $\overline{\theta},\overline{\boldsymbol{s}}^{-},\overline{\boldsymbol{s}}^{+},\overline{\lambda}_{jl}(j=1,2,\cdots,n_1,l=1,2,\cdots,n_2)$, $\overline{\lambda}_{n_1\times n_2+1}$, 满足

$$
\overline{\theta}>1\quad\text{或者}\quad\overline{\theta}=1,\overline{\boldsymbol{s}}^{-}=\boldsymbol{0},\overline{\boldsymbol{s}}^{+}=\boldsymbol{0},
$$

矛盾! 故决策单元 p 为 TwoDEA 有效. 证毕.

6.2.3 交叉类型决策单元的投影性质

以下讨论交叉类型决策单元的投影性质.

定义 6.2 设 $\overline{\theta}$, $\overline{\boldsymbol{s}}^{-}$, $\overline{\boldsymbol{s}}^{+}$, $\overline{\lambda}_{jl}$ $(j=1,2,\cdots,n_1,\ l=1,2,\cdots,n_2)$, $\overline{\lambda}_{n_1\times n_2+1}$ 为 $(\text{DTwoDEA})_{\varepsilon}$ 的最优解, 令

$$
\hat{\boldsymbol{x}}_p=\overline{\theta}((\alpha_p\boldsymbol{a}^{(1)}+\beta_p\boldsymbol{a}^{(2)})\vec{\times}\boldsymbol{x}_p)-\overline{\boldsymbol{s}}^{-},\quad\hat{\boldsymbol{y}}_p=(\alpha_p\boldsymbol{b}^{(1)}+\beta_p\boldsymbol{b}^{(2)})\vec{\times}\boldsymbol{y}_p+\overline{\boldsymbol{s}}^{+},
$$

称 $(\hat{\boldsymbol{x}}_p,\hat{\boldsymbol{y}}_p)$ 为决策单元 p 在评价参考集 $T_p^o(2)$ 有效前沿面上的投影.

从定义 6.2 可以看出, 决策单元 p 的投影与政策因子 $\boldsymbol{a}^{(1)},\boldsymbol{b}^{(1)},\boldsymbol{a}^{(2)},\boldsymbol{b}^{(2)}$ 有关.

定理 6.3　若决策单元 p 为 TwoDEA 无效, 则它在评价参考集 $T_p^o(2)$ 前沿面上的投影 $(\hat{\boldsymbol{x}}_p,\hat{\boldsymbol{y}}_p)$ 为 TwoDEA 有效.

证明　假设 $(\hat{\boldsymbol{x}}_p,\hat{\boldsymbol{y}}_p)$ 为 TwoDEA 无效, 即存在 $(\boldsymbol{x},\boldsymbol{y})\in T_p^o(2)$ 使得

$$\hat{\boldsymbol{x}}_p \geqq \boldsymbol{x},\quad \hat{\boldsymbol{y}}_p \leqq \boldsymbol{y}$$

且至少有一个不等式严格成立. 即存在 $\lambda_{jl}\geqq 0(j=1,2,\cdots,n_1,l=1,2,\cdots,n_2)$, $\lambda_{n_1\times n_2+1}\geqq 0$, 使得

$$\sum_{j=1}^{n_1}\sum_{l=1}^{n_2}(\alpha_p(\boldsymbol{a}^{(1)}\vec{\times}\boldsymbol{x}_j^{(1)})+\beta_p(\boldsymbol{a}^{(2)}\vec{\times}\boldsymbol{x}_l^{(2)}))\lambda_{jl}\leqq\boldsymbol{x}\leqq\hat{\boldsymbol{x}}_p=\overline{\theta}((\alpha_p\boldsymbol{a}^{(1)}+\beta_p\boldsymbol{a}^{(2)})\vec{\times}\boldsymbol{x}_p)-\overline{\boldsymbol{s}}^-,$$

$$\sum_{j=1}^{n_1}\sum_{l=1}^{n_2}(\alpha_p(\boldsymbol{b}^{(1)}\vec{\times}\boldsymbol{y}_j^{(1)})+\beta_p(\boldsymbol{b}^{(2)}\vec{\times}\boldsymbol{y}_l^{(2)}))\lambda_{jl}\geqq\boldsymbol{y}\geqq\hat{\boldsymbol{y}}_p=(\alpha_p\boldsymbol{b}^{(1)}+\beta_p\boldsymbol{b}^{(2)})\vec{\times}\boldsymbol{y}_p+\overline{\boldsymbol{s}}^+$$

且至少有一个不等式严格成立, 其中

$$\delta_1\left(\sum_{j=1}^{n_1}\sum_{l=1}^{n_2}\lambda_{jl}-\delta_2(-1)^{\delta_3}\lambda_{n_1\times n_2+1}\right)=\delta_1,$$

故存在 $\hat{\boldsymbol{s}}^-,\hat{\boldsymbol{s}}^+\geqq\boldsymbol{0}$, $(\hat{\boldsymbol{s}}^-,\hat{\boldsymbol{s}}^+)\neq\boldsymbol{0}$, 满足

$$\overline{\theta}((\alpha_p\boldsymbol{a}^{(1)}+\beta_p\boldsymbol{a}^{(2)})\vec{\times}\boldsymbol{x}_p)-\sum_{j=1}^{n_1}\sum_{l=1}^{n_2}(\alpha_p(\boldsymbol{a}^{(1)}\vec{\times}\boldsymbol{x}_j^{(1)})+\beta_p(\boldsymbol{a}^{(2)}\vec{\times}\boldsymbol{x}_l^{(2)}))\lambda_{jl}-\hat{\boldsymbol{s}}^--\overline{\boldsymbol{s}}^-=\boldsymbol{0},$$

$$-(\alpha_p\boldsymbol{b}^{(1)}+\beta_p\boldsymbol{b}^{(2)})\vec{\times}\boldsymbol{y}_p+\sum_{j=1}^{n_1}\sum_{l=1}^{n_2}(\alpha_p(\boldsymbol{b}^{(1)}\vec{\times}\boldsymbol{y}_j^{(1)})+\beta_p(\boldsymbol{b}^{(2)}\vec{\times}\boldsymbol{y}_l^{(2)}))\lambda_{jl}-\hat{\boldsymbol{s}}^+-\overline{\boldsymbol{s}}^+=\boldsymbol{0},$$

故 $\overline{\theta},\overline{\boldsymbol{s}}^-+\hat{\boldsymbol{s}}^-,\overline{\boldsymbol{s}}^++\hat{\boldsymbol{s}}^+,\lambda_{jl}\geqq 0(j=1,2,\cdots,n_1,l=1,2,\cdots,n_2),\lambda_{n_1\times n_2+1}\geqq 0$ 是模型 $(\mathrm{DTwoDEA})_\varepsilon$ 的一个可行解. 但

$$\overline{\theta}-\varepsilon\left(\hat{\boldsymbol{e}}^{\mathrm{T}}\overline{\boldsymbol{s}}^-+\boldsymbol{e}^{\mathrm{T}}\overline{\boldsymbol{s}}^+\right)>\overline{\theta}-\varepsilon\left(\hat{\boldsymbol{e}}^{\mathrm{T}}(\overline{\boldsymbol{s}}^-+\hat{\boldsymbol{s}}^-)+\boldsymbol{e}^{\mathrm{T}}(\overline{\boldsymbol{s}}^++\hat{\boldsymbol{s}}^+)\right),$$

这与 $\overline{\theta}$, $\overline{\boldsymbol{s}}^-$, $\overline{\boldsymbol{s}}^+$, $\overline{\lambda}_{jl}\geqq 0$ $(j=1,2,\cdots,n_1,l=1,2,\cdots,n_2)$, $\overline{\lambda}_{n_1\times n_2+1}\geqq 0$ 为模型 $(\mathrm{DTwoDEA})_\varepsilon$ 的最优解矛盾! 故投影 $(\hat{\boldsymbol{x}}_p,\hat{\boldsymbol{y}}_p)$ 为 TwoDEA 有效. 证毕.

根据有关 DEA 理论[2,7-9], 群组 1 的生产可能集可以表示如下:

$$\overline{T}_1=\left\{(\boldsymbol{x},\boldsymbol{y})\left|\sum_{j=1}^{n_1}(\boldsymbol{a}^{(1)}\vec{\times}\boldsymbol{x}_j^{(1)})\lambda_j^{(1)}\leqq\boldsymbol{x},\sum_{j=1}^{n_1}(\boldsymbol{b}^{(1)}\vec{\times}\boldsymbol{y}_j^{(1)})\lambda_j^{(1)}\geqq\boldsymbol{y},\right.\right.$$
$$\left.\delta_1\left(\sum_{j=1}^{n_1}\lambda_j^{(1)}-\delta_2(-1)^{\delta_3}\lambda_{n_1+1}^{(1)}\right)=\delta_1,\lambda_j^{(1)}\geqq 0,\ j=1,\cdots,n_1+1\right\};$$

群组 2 对应的生产可能集可以表示如下：

$$\overline{T}_2=\left\{(\boldsymbol{x},\boldsymbol{y})\left|\sum_{l=1}^{n_2}(\boldsymbol{a}^{(2)}\vec{\times}\boldsymbol{x}_l^{(2)})\lambda_l^{(2)}\leqq\boldsymbol{x},\sum_{l=1}^{n_2}(\boldsymbol{b}^{(2)}\vec{\times}\boldsymbol{y}_l^{(2)})\lambda_l^{(2)}\geqq\boldsymbol{y},\right.\right.$$

$$\left.\delta_1\left(\sum_{l=1}^{n_2}\lambda_l^{(2)}-\delta_2\left(-1\right)^{\delta_3}\lambda_{n_2+1}^{(2)}\right)=\delta_1,\lambda_l^{(2)}\geqq 0,l=1,\cdots,n_2+1\right\}.$$

下面进一步探讨交叉类型决策单元生产可能集与群组生产可能集的关系.

定理 6.4 若 $(\alpha_p,\beta_p)=(1,0)$, 则

$$T_p^o(2)=\overline{T}_1;$$

若 $(\alpha_p,\beta_p)=(0,1)$, 则

$$T_p^o(2)=\overline{T}_2.$$

证明 若 $(\alpha_p,\beta_p)=(1,0)$, 则

$$T_p^o(2)=\left\{(\boldsymbol{x},\boldsymbol{y})\left|\sum_{j=1}^{n_1}\sum_{l=1}^{n_2}(\boldsymbol{a}^{(1)}\vec{\times}\boldsymbol{x}_j^{(1)})\lambda_{jl}\leqq\boldsymbol{x},\sum_{j=1}^{n_1}\sum_{l=1}^{n_2}(\boldsymbol{b}^{(1)}\vec{\times}\boldsymbol{y}_j^{(1)})\lambda_{jl}\geqq\boldsymbol{y},\right.\right.$$

$$\delta_1\left(\sum_{j=1}^{n_1}\sum_{l=1}^{n_2}\lambda_{jl}-\delta_2(-1)^{\delta_3}\lambda_{n_1\times n_2+1}\right)=\delta_1,\lambda_{jl}\geqq 0,$$

$$\left.j=1,2,\cdots,n_1,l=1,2,\cdots,n_2,\lambda_{n_1\times n_2+1}\geqq 0\right\}.$$

进一步地有

$$T_p^o(2)=\left\{(\boldsymbol{x},\boldsymbol{y})\left|\sum_{j=1}^{n_1}\left((\boldsymbol{a}^{(1)}\vec{\times}\boldsymbol{x}_j^{(1)})\sum_{l=1}^{n_2}\lambda_{jl}\right)\leqq\boldsymbol{x},\right.\right.$$

$$\sum_{j=1}^{n_1}\left((\boldsymbol{b}^{(1)}\vec{\times}\boldsymbol{y}_j^{(1)})\sum_{l=1}^{n_2}\lambda_{jl}\right)\geqq\boldsymbol{y},$$

$$\delta_1\left(\sum_{j=1}^{n_1}\sum_{l=1}^{n_2}\lambda_{jl}-\delta_2(-1)^{\delta_3}\lambda_{n_1\times n_2+1}\right)=\delta_1,\lambda_{jl}\geqq 0,$$

$$\left.j=1,2,\cdots,n_1,l=1,2,\cdots,n_2,\lambda_{n_1\times n_2+1}\geqq 0\right\}.$$

令 $\overline{\lambda}_j=\sum_{l=1}^{n_2}\lambda_{jl}$, $\overline{\lambda}_{n_1+1}=\lambda_{n_1\times n_2+1}$, 则有

$$T_p^o(2)=\left\{(\boldsymbol{x},\boldsymbol{y})\left|\sum_{j=1}^{n_1}(\boldsymbol{a}^{(1)}\vec{\times}\boldsymbol{x}_j^{(1)})\overline{\lambda}_j\leqq\boldsymbol{x},\sum_{j=1}^{n_1}(\boldsymbol{b}^{(1)}\vec{\times}\boldsymbol{y}_j^{(1)})\overline{\lambda}_j\geqq\boldsymbol{y},\right.\right.$$

$$\left.\delta_1\left(\sum_{j=1}^{n_1}\overline{\lambda}_j-\delta_2(-1)^{\delta_3}\overline{\lambda}_{n_1+1}\right)=\delta_1,\overline{\lambda}_j\geqq 0,j=1,2,\cdots,n_1+1\right\}=\overline{T}_1.$$

若 $(\alpha_p,\beta_p)=(0,1)$, 类似可证 $T_p^o(2)=\overline{T}_2$. 证毕.

定理 6.4 表明当被评价单元 p 属于群组 1 时, 它的评价参考集 $T_p^o(2)$ 和另一个群组的标准和政策无关, 并且它的评价参考集就是群组 1 的评价参考集 $\overline{T}_1$. 只有当决策单元具有多重隶属性时, 它的评价参考集才和两个群组的标准和政策有关.

定理 6.5 若 $(\alpha_p,\beta_p)=(1,0)$, $\boldsymbol{a}^{(1)}=(1,1,\cdots,1)^{\mathrm{T}},\boldsymbol{b}^{(1)}=(1,1,\cdots,1)^{\mathrm{T}},\delta_2=0,(\boldsymbol{x}_p,\boldsymbol{y}_p)\in\overline{S}_1$, 则模型 $(\mathrm{DTwoDEA})_\varepsilon$ 即为模型 $(\mathrm{D_{Grou}})$.

证明 若 $(\alpha_p,\beta_p)=(1,0)$, $\boldsymbol{a}^{(1)}=(1,1,\cdots,1)^{\mathrm{T}},\boldsymbol{b}^{(1)}=(1,1,\cdots,1)^{\mathrm{T}},\delta_2=0$, $(\boldsymbol{x}_p,\boldsymbol{y}_p)\in\overline{S}_1$, 则模型 $(\mathrm{DTwoDEA})_\varepsilon$ 可以退化成以下模型:

$$\begin{cases}\min\theta-\varepsilon(\hat{\boldsymbol{e}}^{\mathrm{T}}\boldsymbol{s}^-+\boldsymbol{e}^{\mathrm{T}}\boldsymbol{s}^+),\\ \text{s.t.}\ \displaystyle\sum_{j=1}^{n_1}\sum_{l=1}^{n_2}\boldsymbol{x}_j^{(1)}\lambda_{jl}+\boldsymbol{s}^-=\theta\boldsymbol{x}_p,\\ \displaystyle\sum_{j=1}^{n_1}\sum_{l=1}^{n_2}\boldsymbol{y}_j^{(1)}\lambda_{jl}-\boldsymbol{s}^+=\boldsymbol{y}_p,\\ \displaystyle\delta_1\sum_{j=1}^{n_1}\sum_{l=1}^{n_2}\lambda_{jl}=\delta_1,\\ \boldsymbol{s}^-,\boldsymbol{s}^+\geqq\boldsymbol{0},\lambda_{jl}\geqq 0,j=1,2,\cdots,n_1,l=1,2,\cdots,n_2.\end{cases}$$

进一步地有

$$\begin{cases}\min\theta-\varepsilon(\hat{\boldsymbol{e}}^{\mathrm{T}}\boldsymbol{s}^-+\boldsymbol{e}^{\mathrm{T}}\boldsymbol{s}^+),\\ \text{s.t.}\ \displaystyle\sum_{j=1}^{n_1}\left(\boldsymbol{x}_j^{(1)}\sum_{l=1}^{n_2}\lambda_{jl}\right)+\boldsymbol{s}^-=\theta\boldsymbol{x}_p,\\ \displaystyle\sum_{j=1}^{n_1}\left(\boldsymbol{y}_j^{(1)}\sum_{l=1}^{n_2}\lambda_{jl}\right)-\boldsymbol{s}^+=\boldsymbol{y}_p,\\ \displaystyle\delta_1\sum_{j=1}^{n_1}\sum_{l=1}^{n_2}\lambda_{jl}=\delta_1,\\ \boldsymbol{s}^-,\boldsymbol{s}^+\geqq\boldsymbol{0},\lambda_{jl}\geqq 0,j=1,2,\cdots,n_1,l=1,2,\cdots,n_2.\end{cases}$$

令 $\overline{\lambda}_j=\sum_{l=1}^{n_2}\lambda_{jl}$, 可知

$$
\begin{cases}
\min\theta-\varepsilon(\hat{\boldsymbol{e}}^{\mathrm{T}}\boldsymbol{s}^-+\boldsymbol{e}^{\mathrm{T}}\boldsymbol{s}^+),\\
\text{s.t.}\ \ \sum_{j=1}^{n_1}\boldsymbol{x}_j^{(1)}\overline{\lambda}_j+\boldsymbol{s}^-=\theta\boldsymbol{x}_p,\\
\qquad\sum_{j=1}^{n_1}\boldsymbol{y}_j^{(1)}\overline{\lambda}_j-\boldsymbol{s}^+=\boldsymbol{y}_p,\\
\qquad\delta_1\sum_{j=1}^{n_1}\overline{\lambda}_j=\delta_1,\\
\qquad\boldsymbol{s}^-,\boldsymbol{s}^+\geqq\boldsymbol{0},\ \overline{\lambda}_j\geqq0,j=1,2,\cdots,n_1.
\end{cases}
$$

证毕.

定理 6.5 表明当被评价单元 p 属于群组 1 时, 如果不考虑决策者的政策偏好, 即 $\boldsymbol{a}^{(1)}=(1,1,\cdots,1)^{\mathrm{T}},\boldsymbol{b}^{(1)}=(1,1,\cdots,1)^{\mathrm{T}}$, 则模型 $(\mathrm{DTwoDEA})_\varepsilon$ 即为传统的评价决策单元群组效率的 DEA 模型 —— 模型 $(\mathrm{D_{Grou}})$. 因此, 本章提出的方法是对原有方法的推广.

定理 6.6　(1) 若 $(\alpha_p,\beta_p)=(1,0),\ \delta_2=0,(\boldsymbol{x}_p,\boldsymbol{y}_p)\in\overline{S}_1$, 则模型 $(\mathrm{DTwoDEA})_\varepsilon$ 与模型 $(\mathrm{D_{Grou}})$ 获得的效率值相同.

(2) 若 $(\alpha_p,\beta_p)=(1,0),\boldsymbol{a}^{(1)}=(1,1,\cdots,1)^{\mathrm{T}},\boldsymbol{b}^{(1)}=(1,1,\cdots,1)^{\mathrm{T}},\delta_2=0,(\boldsymbol{x}_p,\boldsymbol{y}_p)\in\overline{S}_1$, 则模型 $(\mathrm{DTwoDEA})_\varepsilon$ 与模型 $(\mathrm{D_{Grou}})$ 获得的效率值和投影值均相同.

证明　(1) 若 $(\alpha_p,\beta_p)=(1,0),\ \delta_2=0,(\boldsymbol{x}_p,\boldsymbol{y}_p)\in\overline{S}_1$, 则模型 $(\mathrm{DTwoDEA})_\varepsilon$ 退化成以下模型

$$
\begin{cases}
\min\theta-\varepsilon(\hat{\boldsymbol{e}}^{\mathrm{T}}\boldsymbol{s}^-+\boldsymbol{e}^{\mathrm{T}}\boldsymbol{s}^+),\\
\text{s.t.}\ \ \sum_{j=1}^{n_1}\sum_{l=1}^{n_2}(\boldsymbol{a}^{(1)}\vec{\times}\boldsymbol{x}_j^{(1)})\lambda_{jl}+\boldsymbol{s}^-=\theta(\boldsymbol{a}^{(1)}\vec{\times}\boldsymbol{x}_p),\\
\qquad\sum_{j=1}^{n_1}\sum_{l=1}^{n_2}(\boldsymbol{b}^{(1)}\vec{\times}\boldsymbol{y}_j^{(1)})\lambda_{jl}-\boldsymbol{s}^+=\boldsymbol{b}^{(1)}\vec{\times}\boldsymbol{y}_p,\\
\qquad\delta_1\left(\sum_{j=1}^{n_1}\sum_{l=1}^{n_2}\lambda_{jl}\right)=\delta_1,\\
\qquad\boldsymbol{s}^-,\boldsymbol{s}^+\geqq\boldsymbol{0},\lambda_{jl}\geqq0,j=1,2,\cdots,n_1,l=1,2,\cdots,n_2.
\end{cases}
$$

进一步地有

$$\begin{cases} \min \theta - \varepsilon(\hat{\boldsymbol{e}}^{\mathrm{T}}\boldsymbol{s}^- + \boldsymbol{e}^{\mathrm{T}}\boldsymbol{s}^+), \\ \text{s.t.} \ \sum_{j=1}^{n_1}(\boldsymbol{a}^{(1)}\vec{\times}\boldsymbol{x}_j^{(1)})\sum_{l=1}^{n_2}\lambda_{jl} + \boldsymbol{s}^- = \theta(\boldsymbol{a}^{(1)}\vec{\times}\boldsymbol{x}_p), \\ \quad \sum_{j=1}^{n_1}(\boldsymbol{b}^{(1)}\vec{\times}\boldsymbol{y}_j^{(1)})\sum_{l=1}^{n_2}\lambda_{jl} - \boldsymbol{s}^+ = \boldsymbol{b}^{(1)}\vec{\times}\boldsymbol{y}_p, \\ \quad \delta_1\left(\sum_{j=1}^{n_1}\sum_{l=1}^{n_2}\lambda_{jl}\right) = \delta_1, \\ \quad \boldsymbol{s}^-, \boldsymbol{s}^+ \geqq \boldsymbol{0}, \lambda_{jl} \geqq 0, j = 1, 2, \cdots, n_1, l = 1, 2, \cdots, n_2. \end{cases}$$

令

$$\overline{\lambda}_j = \sum_{l=1}^{n_2}\lambda_{jl}, \quad \tilde{\boldsymbol{s}}^- = (s_1^-/a_1^{(1)}, s_2^-/a_2^{(1)}, \cdots, s_m^-/a_m^{(1)}),$$
$$\tilde{\boldsymbol{s}}^+ = (s_1^+/b_1^{(1)}, s_2^+/b_2^{(1)}, \cdots, s_s^+/b_s^{(1)}),$$

可得以下模型:

$$(\mathrm{DT})\begin{cases} \min \theta - \varepsilon(\hat{\boldsymbol{e}}^{\mathrm{T}}(\boldsymbol{a}^{(1)}\vec{\times}\tilde{\boldsymbol{s}}^-) + \boldsymbol{e}^{\mathrm{T}}(\boldsymbol{b}^{(1)}\vec{\times}\tilde{\boldsymbol{s}}^+)), \\ \text{s.t.} \ \sum_{j=1}^{n_1}\boldsymbol{x}_j^{(1)}\overline{\lambda}_j + \tilde{\boldsymbol{s}}^- = \theta\boldsymbol{x}_p, \\ \quad \sum_{j=1}^{n_1}\boldsymbol{y}_j^{(1)}\overline{\lambda}_j - \tilde{\boldsymbol{s}}^+ = \boldsymbol{y}_p, \\ \quad \delta_1\sum_{j=1}^{n_1}\overline{\lambda}_j = \delta_1, \\ \quad \tilde{\boldsymbol{s}}^-, \tilde{\boldsymbol{s}}^+ \geqq \boldsymbol{0}, \overline{\lambda}_j \geqq 0, j = 1, 2, \cdots, n_1. \end{cases}$$

易证模型 (DT) 与模型 ($\mathrm{D_{Grou}}$) 获得的效率值相同. 因此, 结论成立.

(2) 若 $(\alpha_p, \beta_p) = (1, 0)$, $\boldsymbol{a}^{(1)} = (1, 1, \cdots, 1)^{\mathrm{T}}, \boldsymbol{b}^{(1)} = (1, 1, \cdots, 1)^{\mathrm{T}}, \delta_2 = 0, (\boldsymbol{x}_p, \boldsymbol{y}_p) \in \overline{S}_1$, 则模型 (DT) 与模型 ($\mathrm{D_{Grou}}$) 相同, 因此, 这时两个模型获得的效率值和投影值均相同. 证毕.

定理 6.6 表明当被评价单元 p 属于群组 1 时,

(1) 如果不考虑决策者的政策偏好, 则模型 $(\mathrm{DTwoDEA})_\varepsilon$ 与模型 ($\mathrm{D_{Grou}}$) 获得的效率值和投影值均相同, 因此, 本章给出的效率和投影概念是对原有概念的推广.

(2) 如果考虑决策者的政策偏好, 则模型 $(\mathrm{DTwoDEA})_\varepsilon$ 与模型 $(\mathrm{D_{Grou}})$ 获得的效率值相同, 但投影值可能不同, 这表明模型 $(\mathrm{DTwoDEA})_\varepsilon$ 给出的效率值不受政策因素的影响, 但政策因素影响决策单元的改进方向.

6.2.4　模型 $(\mathrm{DTwoDEA})_\varepsilon$ 与其他 DEA 模型的比较

以往的 DEA 模型并未考虑不同政策因素对指标度量的影响, 也未考虑两个群组度量量纲不同的情况下如何度量交叉类型决策单元效率问题. 为了便于说明本章方法与其他方法的区别和特点, 以下给出一个简单的例子.

例 6.3　假设有 4 个教师, 教师 1 的研究方向是纯数学, 教师 4 的研究方向是纯经济学, 而教师 2 和教师 3 从事的是数学和经济学的交叉学科研究. 但由于教师 1、教师 2 和教师 3 在数学学院工作, 按照人事关系所在单位, 他们执行的是数学学院的评估政策, 而教师 4 在经济学院, 因此该教师执行的是经济学院的评估政策. 为了便于比较, 这里取每个教师的输入输出指标值相等, 教师 1～ 教师 4 对学科的隶属度和投入产出指标值如表 6.6 所示.

表 6.6　决策单元的隶属度和投入产出指标值

	教师 1	教师 2	教师 3	教师 4
投入时间/月	7	7	7	7
产出成果的业绩值/分	3	3	3	3
对数学学科的隶属度	1	2/3	1/3	0
对经济学科的隶属度	0	1/3	2/3	1

(1) 评估政策.

数学学院的优秀标准为投入 1 个月的时间, 产出成果的业绩值为 1, 投入 2 个月的时间, 产出成果的业绩值为 4, 即 $\overline{S}_1=\{A_1,B_1\}$. 同样, 经济学院的评价标准定为 $\overline{S}_2=\{A_2,B_2\}$, $a_1^{(1)}=b_1^{(1)}=a_1^{(2)}=b_1^{(2)}=1$, 则数学学院和经济学院的评估标准可以概括到表 6.7 中.

表 6.7　评价参考单元的投入产出数据

标准	群组 1(数学学院)		群组 2(经济学院)	
	A_1	B_1	A_2	B_2
投入时间/月	1	2	4	8
产出成果的业绩值/分	1	4	1	6

(2) 决策单元的评价参考集的确定.

应用模型 $(\mathrm{D_{Grou}})$ 评价时, 决策单元 1、决策单元 2 和决策单元 3 对应的评价参考集为 T_1, 决策单元 4 对应的评价参考集为 T_4. 应用本章方法评价时, 决策单元 1～ 决策单元 4 分别对应评价参考集 $T_1\sim T_4$. 从以下分析可以看出, 本章给出的评价参考集与决策单元的隶属性更加一致.

首先, 决策单元 1 的评价参考集为

$$T_1 = \{(x,y)|\lambda_{11}+\lambda_{12}+2\lambda_{21}+2\lambda_{22} \leqq x, \lambda_{11}+\lambda_{12}+4\lambda_{21}+4\lambda_{22} \geqq y,$$
$$\delta_1\left(\lambda_{11}+\lambda_{12}+\lambda_{21}+\lambda_{22}-\delta_2(-1)^{\delta_3}\lambda_5\right)=\delta_1, \lambda_{11},\lambda_{12},\lambda_{21},\lambda_{22},\lambda_5 \geqq 0\}.$$

决策单元 2 的参照集为

$$T_2 = \left\{(x,y)|2\lambda_{11}+\frac{10}{3}\lambda_{12}+\frac{8}{3}\lambda_{21}+4\lambda_{22} \leqq x, \lambda_{11}+\frac{8}{3}\lambda_{12}+3\lambda_{21}+\frac{14}{3}\lambda_{22} \geqq y,\right.$$
$$\left.\delta_1\left(\lambda_{11}+\lambda_{12}+\lambda_{21}+\lambda_{22}-\delta_2(-1)^{\delta_3}\lambda_5\right)=\delta_1, \lambda_{11},\lambda_{12},\lambda_{21},\lambda_{22},\lambda_5 \geqq 0\right\}.$$

决策单元 3 的参照集为

$$T_3 = \left\{(x,y)|3\lambda_{11}+\frac{17}{3}\lambda_{12}+\frac{10}{3}\lambda_{21}+6\lambda_{22} \leqq x, \lambda_{11}+\frac{13}{3}\lambda_{12}+2\lambda_{21}+\frac{16}{3}\lambda_{22} \geqq y,\right.$$
$$\left.\delta_1\left(\lambda_{11}+\lambda_{12}+\lambda_{21}+\lambda_{22}-\delta_2(-1)^{\delta_3}\lambda_5\right)=\delta_1, \lambda_{11},\lambda_{12},\lambda_{21},\lambda_{22},\lambda_5 \geqq 0\right\}.$$

决策单元 4 的参照集为

$$T_4 = \{(x,y)|4\lambda_{11}+8\lambda_{12}+4\lambda_{21}+8\lambda_{22} \leqq x, \lambda_{11}+6\lambda_{12}+\lambda_{21}+6\lambda_{22} \geqq y,$$
$$\delta_1\left(\lambda_{11}+\lambda_{12}+\lambda_{21}+\lambda_{22}-\delta_2(-1)^{\delta_3}\lambda_5\right)=\delta_1, \lambda_{11},\lambda_{12},\lambda_{21},\lambda_{22},\lambda_5 \geqq 0\}.$$

当决策单元的生产满足不同规模收益 (即 $\delta_1,\delta_2,\delta_3$ 取不同值) 时, 决策单元的评价参考集分别如图 6.2~ 图 6.5 所示.

(3) 本章方法与原有方法的比较.

模型 ($\mathrm{D_{Grou}}$) 与模型 (DTwoDEA) 给出的决策单元效率值如表 6.8 所示.

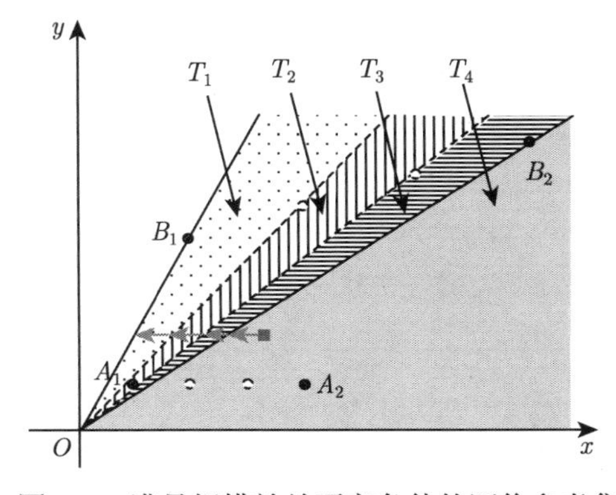

图 6.2 满足规模效益不变条件的评价参考集

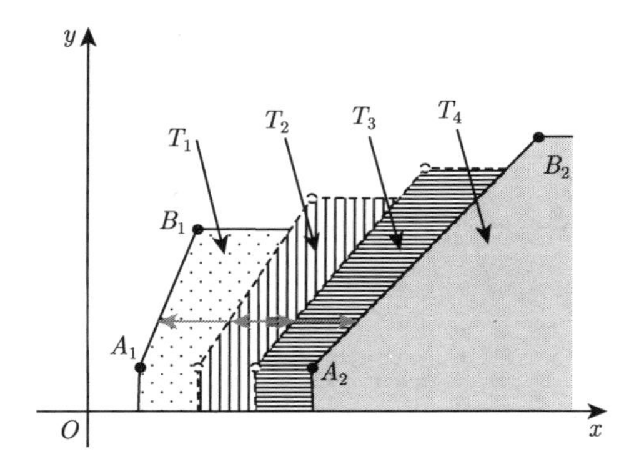

图 6.3　满足规模效益可变条件的评价参考集

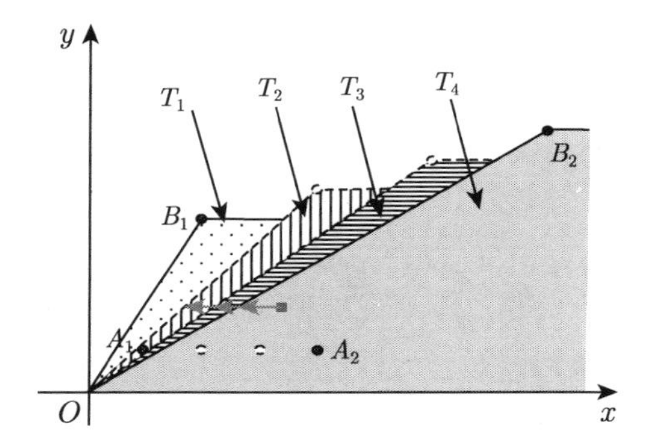

图 6.4　满足规模效益非递增条件的评价参考集

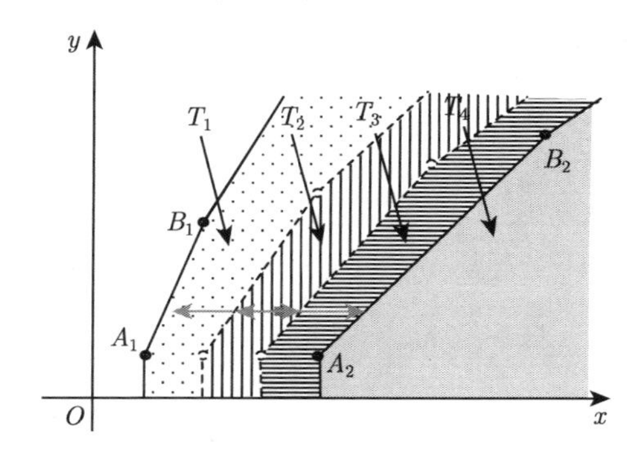

图 6.5　满足规模效益非递减条件的评价参考集

从表 6.8 可以看出,

(1) 当决策单元仅属于某个群组时, 则应用模型 (DTwoDEA) 和应用模型 ($\mathrm{D_{Grou}}$) 获得的决策单元效率值相同. 比如决策单元 1 和决策单元 4. 因此本章方法具有一定的传承性.

表 6.8 模型 ($\mathrm{D_{Grou}}$) 与模型 (DTwoDEA) 给出的决策单元效率值

条件	决策单元 1		决策单元 2		决策单元 3		决策单元 4	
	($\mathrm{D_{Grou}}$)	(DTwoDEA)	($\mathrm{D_{Grou}}$)	(DTwoDEA)	($\mathrm{D_{Grou}}$)	(DTwoDEA)	($\mathrm{D_{Grou}}$)	(DTwoDEA)
规模收益不变	0.214	0.214	0.214	0.367	0.214	0.482	0.571	0.571
规模收益可变	0.238	0.238	0.238	0.381	0.238	0.59	0.8	0.8
规模收益非递增	0.214	0.214	0.214	0.367	0.214	0.482	0.571	0.571
规模收益非递减	0.238	0.238	0.238	0.381	0.238	0.59	0.8	0.8

(2) 如果决策单元具有交叉类型, 应用模型 ($\mathrm{D_{Grou}}$) 获得的效率值无法反映决策单元交叉程度的变化, 而应用模型 (DTwoDEA) 则可以较好地反映决策单元交叉程度的变化, 即决策单元的效率和隶属性之间的变化显示出较好的一致性. 比如决策单元 2 和决策单元 3. 因此, 本章方法更能反映具有交叉类型单元的实际, 评价结果更趋于合理.

6.3 多种政策环境下评价决策单元有效性的 DEA 模型

以下给出依据多种管理政策评价交叉类型决策单元有效性的模型 (DMuoDEA), 并分析该模型的性质以及决策单元的投影问题.

6.3.1 多种政策环境下依据多群组构造决策单元评价参考集

假设一个系统内有 q 个群组, 各个群组的隶属性彼此互不相同, 其中群组 k 包含 n_k 个决策单元, 群组 k 中第 j 个决策单元的输入输出指标值分别为

$$\boldsymbol{x}_j^{(k)}=\left(x_{1j}^{(k)},x_{2j}^{(k)},\cdots,x_{mj}^{(k)}\right)^{\mathrm{T}}\geqslant\boldsymbol{0},\quad \boldsymbol{y}_j^{(k)}=\left(y_{1j}^{(k)},y_{2j}^{(k)},\cdots,y_{sj}^{(k)}\right)^{\mathrm{T}}\geqslant\boldsymbol{0}.$$

群组 k 的决策单元集记为

$$\overline{S}_k=\left\{(\boldsymbol{x}_j^{(k)},\boldsymbol{y}_j^{(k)})\Big|j=1,2,\cdots,n_k\right\},\quad k=1,2,\cdots,q.$$

群组 k 的输入指标权重为 $\boldsymbol{a}^{(k)}=\left(a_1^{(k)},a_2^{(k)},\cdots,a_m^{(k)}\right)^{\mathrm{T}},\boldsymbol{a}^{(k)}>\boldsymbol{0}$, 输出指标权重为 $\boldsymbol{b}^{(k)}=\left(b_1^{(k)},b_2^{(k)},\cdots,b_s^{(k)}\right)^{\mathrm{T}},\boldsymbol{b}^{(k)}>\boldsymbol{0}$, 它主要反映群组 k 中决策者对各项指标的政策倾斜.

假设另有 n 个决策单元, 每个决策单元分别在不同程度上具有 q 个群组的隶属性, 其中第 p 个决策单元的输入输出指标值 $(\boldsymbol{x}_p,\boldsymbol{y}_p)$ 分别为

$$\boldsymbol{x}_p=(x_{1p},x_{2p},\cdots,x_{mp})^{\mathrm{T}}\geqslant\boldsymbol{0},\quad \boldsymbol{y}_p=(y_{1p},y_{2p},\cdots,y_{sp})^{\mathrm{T}}\geqslant\boldsymbol{0},$$

决策单元 p 对第 k 个群组的隶属度为 $\alpha_p^{(k)}$,

$$\alpha_p^{(k)} \in [0,1], \quad k=1,2,\cdots,q, \quad \sum_{k=1}^{q} \alpha_p^{(k)} = 1.$$

以下类似两种群组的情况, 定义与决策单元 p 具有相同隶属性的经验数据集 S_p 如下:

$$\begin{aligned} S_p &= \alpha_p^{(1)}\overline{S}_1 + \alpha_p^{(2)}\overline{S}_2 + \cdots + \alpha_p^{(q)}\overline{S}_q \\ &= \Big\{ \alpha_p^{(1)}((\boldsymbol{a}^{(1)} \vec{\times} \boldsymbol{x}_{j_1}^{(1)}), (\boldsymbol{b}^{(1)} \vec{\times} \boldsymbol{y}_{j_1}^{(1)})) + \alpha_p^{(2)}((\boldsymbol{a}^{(2)} \vec{\times} \boldsymbol{x}_{j_2}^{(2)}), (\boldsymbol{b}^{(2)} \vec{\times} \boldsymbol{y}_{j_2}^{(2)})) \\ &\quad + \cdots + \alpha_p^{(q)}((\boldsymbol{a}^{(q)} \vec{\times} \boldsymbol{x}_{j_q}^{(q)}), (\boldsymbol{b}^{(q)} \vec{\times} \boldsymbol{y}_{j_q}^{(q)})) \Big| (\boldsymbol{x}_{j_k}^{(k)}, \boldsymbol{y}_{j_k}^{(k)}) \in \overline{S}_k, k=1,2,\cdots,q \Big\}, \end{aligned}$$

由 S_p 可进一步构造决策单元 p 的评价参考集 $T_p^o(q)$ 为

$$\begin{aligned} T_p^o(q) = \Bigg\{ (\boldsymbol{x},\boldsymbol{y}) \Bigg| & \sum_{j_1=1}^{n_1}\sum_{j_2=1}^{n_2}\cdots\sum_{j_q=1}^{n_q} (\alpha_p^{(1)}(\boldsymbol{a}^{(1)} \vec{\times} \boldsymbol{x}_{j_1}^{(1)}) + \alpha_p^{(2)}(\boldsymbol{a}^{(2)} \vec{\times} \boldsymbol{x}_{j_2}^{(2)}) \\ & + \cdots + \alpha_p^{(q)}(\boldsymbol{a}^{(q)} \vec{\times} \boldsymbol{x}_{j_q}^{(q)}))\lambda_{j_1 j_2 \cdots j_q} \geqq \boldsymbol{x}, \\ & \sum_{j_1=1}^{n_1}\sum_{j_2=1}^{n_2}\cdots\sum_{j_q=1}^{n_q} (\alpha_p^{(1)}(\boldsymbol{b}^{(1)} \vec{\times} \boldsymbol{y}_{j_1}^{(1)}) + \alpha_p^{(2)}(\boldsymbol{b}^{(2)} \vec{\times} \boldsymbol{y}_{j_2}^{(2)}) \\ & + \cdots + \alpha_p^{(q)}(\boldsymbol{b}^{(q)} \vec{\times} \boldsymbol{y}_{j_q}^{(q)}))\lambda_{j_1 j_2 \cdots j_q} \geqq \boldsymbol{y}, \\ & \delta_1 \left(\sum_{j_1=1}^{n_1}\sum_{j_2=1}^{n_2}\cdots\sum_{j_q=1}^{n_q} \lambda_{j_1 j_2 \cdots j_q} - \delta_2(-1)^{\delta_3}\lambda_{n_1 \times n_2 \times \cdots \times n_q + 1} \right) = \delta_1, \\ & \lambda_{j_1 j_2 \cdots j_q} \geqq 0, j_k = 1,2,\cdots,n_k, k=1,2,\cdots,q, \lambda_{n_1 \times n_2 \times \cdots \times n_q + 1} \geqq 0 \Bigg\}. \end{aligned}$$

定义 6.3 如果不存在 $(\boldsymbol{x},\boldsymbol{y}) \in T_p^o(q)$ 使得

$$\begin{aligned} (\alpha_p^{(1)}\boldsymbol{a}^{(1)} + \alpha_p^{(2)}\boldsymbol{a}^{(2)} + \cdots + \alpha_p^{(q)}\boldsymbol{a}^{(q)}) \vec{\times} \boldsymbol{x}_p \geqq \boldsymbol{x}, \\ (\alpha_p^{(1)}\boldsymbol{b}^{(1)} + \alpha_p^{(2)}\boldsymbol{b}^{(2)} + \cdots + \alpha_p^{(q)}\boldsymbol{b}^{(q)}) \vec{\times} \boldsymbol{y}_p \leqq \boldsymbol{y} \end{aligned}$$

且至少有一个不等式严格成立, 则称决策单元 p 为有效, 简称 MuoDEA 有效.

6.3.2 依据多群组评价决策单元有效性的 DEA 模型

根据上述评价参考集 $T_p^o(q)$ 的构造, 以及 MuoDEA 有效的概念, 可以构造出如下 DEA 模型:

$$
(\text{DMuoDEA})\begin{cases}
\min\theta,\\
\text{s.t.}\quad ((\alpha_p^{(1)}\boldsymbol{a}^{(1)}+\alpha_p^{(2)}\boldsymbol{a}^{(2)}+\cdots+\alpha_p^{(q)}\boldsymbol{a}^{(q)})\vec{\times}\boldsymbol{x}_p)(\theta-\lambda_0)\\
\quad -\sum\limits_{j_1=1}^{n_1}\sum\limits_{j_2=1}^{n_2}\cdots\sum\limits_{j_q=1}^{n_q}(\alpha_p^{(1)}(\boldsymbol{a}^{(1)}\vec{\times}\boldsymbol{x}_{j_1}^{(1)})+\alpha_p^{(2)}(\boldsymbol{a}^{(2)}\vec{\times}\boldsymbol{x}_{j_2}^{(2)})\\
\quad +\cdots+\alpha_p^{(q)}(\boldsymbol{a}^{(q)}\vec{\times}\boldsymbol{x}_{j_q}^{(q)}))\lambda_{j_1j_2\cdots j_q}-\boldsymbol{s}^-=\boldsymbol{0},\\
\quad ((\alpha_p^{(1)}\boldsymbol{b}^{(1)}+\alpha_p^{(2)}\boldsymbol{b}^{(2)}+\cdots+\alpha_p^{(q)}\boldsymbol{b}^{(q)})\vec{\times}\boldsymbol{y}_p)(\lambda_0-1)\\
\quad +\sum\limits_{j_1=1}^{n_1}\sum\limits_{j_2=1}^{n_2}\cdots\sum\limits_{j_q=1}^{n_q}(\alpha_p^{(1)}(\boldsymbol{b}^{(1)}\vec{\times}\boldsymbol{y}_{j_1}^{(1)})+\alpha_p^{(2)}(\boldsymbol{b}^{(2)}\vec{\times}\boldsymbol{y}_{j_2}^{(2)})\\
\quad +\cdots+\alpha_p^{(q)}(\boldsymbol{b}^{(q)}\vec{\times}\boldsymbol{y}_{j_q}^{(q)}))\lambda_{j_1j_2\cdots j_q}-\boldsymbol{s}^+=\boldsymbol{0},\\
\quad \delta_1\left(\lambda_0+\sum\limits_{j_1=1}^{n_1}\sum\limits_{j_2=1}^{n_2}\cdots\sum\limits_{j_q=1}^{n_q}\lambda_{j_1j_2\cdots j_q}-\delta_2(-1)^{\delta_3}\lambda_{n_1\times n_2\times\cdots\times n_q+1}\right)=\delta_1,\\
\quad \boldsymbol{s}^-,\boldsymbol{s}^+\geqq\boldsymbol{0},\lambda_0,\lambda_{j_1j_2\cdots j_q}\geqq 0,j_k=1,2,\cdots,n_k,\\
\quad k=1,2,\cdots,q,\lambda_{n_1\times n_2\times\cdots\times n_q+1}\geqq 0.
\end{cases}
$$

定理 6.7 决策单元 p 为 MuoDEA 有效当且仅当模型 (DMuoDEA) 的任意最优解 $\overline{\theta},\overline{\boldsymbol{s}}^-,\overline{\boldsymbol{s}}^+,\overline{\lambda}_0,\overline{\lambda}_{j_1j_2\cdots j_q}(j_k=1,2,\cdots,n_k,k=1,2,\cdots,q),\overline{\lambda}_{n_1\times n_2\times\cdots\times n_q+1}$ 都有 $\overline{\theta}=1,\overline{\boldsymbol{s}}^-=\boldsymbol{0},\overline{\boldsymbol{s}}^+=\boldsymbol{0}$.

证明 类似于定理 6.1 可证. 证毕.

对于模型 $(\text{DMuoDEA})_\varepsilon$, 有以下结论.

$$
(\text{DMuoDEA})_\varepsilon\begin{cases}
\min\theta-\varepsilon(\hat{\boldsymbol{e}}^{\mathrm{T}}\boldsymbol{s}^-+\boldsymbol{e}^{\mathrm{T}}\boldsymbol{s}^+),\\
\text{s.t.}\quad \theta(\alpha_p^{(1)}\boldsymbol{a}^{(1)}+\alpha_p^{(2)}\boldsymbol{a}^{(2)}+\cdots+\alpha_p^{(q)}\boldsymbol{a}^{(q)})\vec{\times}\boldsymbol{x}_p\\
\quad -\sum\limits_{j_1=1}^{n_1}\sum\limits_{j_2=1}^{n_2}\cdots\sum\limits_{j_q=1}^{n_q}(\alpha_p^{(1)}(\boldsymbol{a}^{(1)}\vec{\times}\boldsymbol{x}_{j_1}^{(1)})+\alpha_p^{(2)}(\boldsymbol{a}^{(2)}\vec{\times}\boldsymbol{x}_{j_2}^{(2)})\\
\quad +\cdots+\alpha_p^{(q)}(\boldsymbol{a}^{(q)}\vec{\times}\boldsymbol{x}_{j_q}^{(q)}))\lambda_{j_1j_2\cdots j_q}-\boldsymbol{s}^-=\boldsymbol{0},\\
\quad -(\alpha_p^{(1)}\boldsymbol{b}^{(1)}+\alpha_p^{(2)}\boldsymbol{b}^{(2)}+\cdots+\alpha_p^{(q)}\boldsymbol{b}^{(q)})\vec{\times}\boldsymbol{y}_p\\
\quad +\sum\limits_{j_1=1}^{n_1}\sum\limits_{j_2=1}^{n_2}\cdots\sum\limits_{j_q=1}^{n_q}(\alpha_p^{(1)}(\boldsymbol{b}^{(1)}\vec{\times}\boldsymbol{y}_{j_1}^{(1)})+\alpha_p^{(2)}(\boldsymbol{b}^{(2)}\vec{\times}\boldsymbol{y}_{j_2}^{(2)})\\
\quad +\cdots+\alpha_p^{(q)}(\boldsymbol{b}^{(q)}\vec{\times}\boldsymbol{y}_{j_q}^{(q)}))\lambda_{j_1j_2\cdots j_q}-\boldsymbol{s}^+=\boldsymbol{0},\\
\quad \delta_1\left(\sum\limits_{j_1=1}^{n_1}\sum\limits_{j_2=1}^{n_2}\cdots\sum\limits_{j_q=1}^{n_q}\lambda_{j_1j_2\cdots j_q}-\delta_2(-1)^{\delta_3}\lambda_{n_1\times n_2\times\cdots\times n_q+1}\right)=\delta_1,\\
\quad \boldsymbol{s}^-,\boldsymbol{s}^+\geqq\boldsymbol{0},\lambda_{j_1j_2\cdots j_q}\geqq 0,j_k=1,2,\cdots,n_k,\\
\quad k=1,2,\cdots,q,\lambda_{n_1\times n_2\times\cdots\times n_q+1}\geqq 0,
\end{cases}
$$

其中 $\hat{\boldsymbol{e}} = (1, 1, \cdots, 1)^{\mathrm{T}} \in E^m, \boldsymbol{e} = (1, 1, \cdots, 1)^{\mathrm{T}} \in E^s, \varepsilon > 0$ 是一个非阿基米德无穷小量.

定理 6.8 若模型 $(\mathrm{DMuoDEA})_\varepsilon$ 存在最优解 $\overline{\theta}, \overline{\boldsymbol{s}}^-, \overline{\boldsymbol{s}}^+, \overline{\lambda}_{j_1 j_2 \cdots j_q}(j_k = 1, 2, \cdots, n_k, k = 1, 2, \cdots, q), \overline{\lambda}_{n_1 \times n_2 \times \cdots \times n_q + 1}$ 满足 $\overline{\theta} > 1$ 或 $\overline{\theta} = 1, \overline{\boldsymbol{s}}^- = \boldsymbol{0}, \overline{\boldsymbol{s}}^+ = \boldsymbol{0}$, 则决策单元 p 为 MuoDEA 有效.

证明 类似于定理 6.2 可证. 证毕.

以下讨论具有多种隶属性决策单元的投影性质.

定义 6.4 假设 $\overline{\theta}$, $\overline{\boldsymbol{s}}^-$, $\overline{\boldsymbol{s}}^+$, $\overline{\lambda}_{j_1 j_2 \cdots j_q}(j_k = 1,\ 2,\ \cdots,\ n_k,\ k = 1,\ 2,\ \cdots,\ q)$, $\overline{\lambda}_{n_1 \times n_2 \times \cdots \times n_q + 1}$ 为 $(\mathrm{DMuoDEA})_\varepsilon$ 的最优解, 令

$$\hat{\boldsymbol{x}}_p = \overline{\theta}((\alpha_p^{(1)} \boldsymbol{a}^{(1)} + \alpha_p^{(2)} \boldsymbol{a}^{(2)} + \cdots + \alpha_p^{(q)} \boldsymbol{a}^{(q)}) \vec{\times} \boldsymbol{x}_p) - \overline{\boldsymbol{s}}^-,$$

$$\hat{\boldsymbol{y}}_p = ((\alpha_p^{(1)} \boldsymbol{b}^{(1)} + \alpha_p^{(2)} \boldsymbol{b}^{(2)} + \cdots + \alpha_p^{(q)} \boldsymbol{b}^{(q)}) \vec{\times} \boldsymbol{y}_p) + \overline{\boldsymbol{s}}^+,$$

称 $(\hat{\boldsymbol{x}}_p, \hat{\boldsymbol{y}}_p)$ 为决策单元 p 在评价参考集 T_p 前沿面上的投影.

定理 6.9 若决策单元 p 为 MuoDEA 无效, 则它在评价参考集 T_p 前沿面上的投影 $(\hat{\boldsymbol{x}}_p, \hat{\boldsymbol{y}}_p)$ 为 MuoDEA 有效.

证明 类似于定理 6.3 可证. 证毕.

6.4 多种政策环境下高校教师科研产出效率分析

以下首先统计了某高校经济管理学院和数学学院骨干教师 2015 年发表论文和项目数据, 然后采用文中的三种方法进行比较研究, 进而解释本章提出方法的合理性. 最后, 以数学学院骨干教师的科研绩效评估为例, 说明如何应用 (DMuoDEA) 模型分析具有多学科交叉学院教师的科研效率.

6.4.1 统一政策环境下高校教师科研产出效率分析及存在的问题

在改革初期, 学校为体现评估政策的一致性, 学校主管科技部门把 1600 多种重要的中文期刊分为 A, B, C, D 四类, 把国外期刊分别按被 SCI(Science Citation Index) 或 EI(Engineering Index) 数据库检索定为 A 类和 B 类, 全校教师在论文奖励上采用统一标准, 每个绩效值的奖励金额是统一的.

以下选取群组 $1(S_1)$ 对应的决策单元集为经济管理学院骨干教师群, 群组 $2(S_2)$ 对应的决策单元集为数学学院骨干教师群,

$S_1 = \{ E_1, E_2, E_3, E_4, E_5, E_6, E_7, E_8, E_9, E_{10} \}$,

$S_2 = \{M_1, M_2, M_3, M_4, M_5, M_6, M_7, M_8, M_9, M_{10}, M_{11} \}$.

选择投入指标为工作时间, 产出指标为论文绩效值和项目金额. 在工作时间上, 设定每位教师的投入相同, 均为 1 年. 在论文绩效方面, 根据学校主管科技部

门的文件可以计算出每位教师 2015 年的投入产出数据, 当取 $\delta_1 = 0$ 时, 应用模型 ($\mathrm{D_{Meta}}$) 可得各位教师的效率值, 有关数据如表 6.9 所示.

表 6.9 基于相同评估政策下教师的指标值和效率值

	教师序号	E_1	E_2	E_3	E_4	E_5	E_6	E_7	E_8	E_9	E_{10}	—	均值
经济管理学院	时间/年	1	1	1	1	1	1	1	1	1	1	—	1
	项目金额/万元	11.5	23	48	38	54	20.5	37	33	85	70	—	42
	论文绩效值/分	4	5.3	5.3	7	3.3	3.3	2.7	2	4	4	—	4.09
	效率值	0.15	0.26	0.47	0.4	0.53	0.21	0.36	0.32	0.83	0.69	—	0.42
	教师序号	M_1	M_2	M_3	M_4	M_5	M_6	M_7	M_8	M_9	M_{10}	M_{11}	均值
数学学院	时间/年	1	1	1	1	1	1	1	1	1	1	1	1
	项目金额/万元	102	66	81	85	40	22	48	35	56	21	0	50.55
	论文绩效值/分	11	29.3	12	25	11.7	12	8	9.3	10	4	6.3	12.6
	效率值	1	1	0.83	1	0.47	0.41	0.5	0.4	0.59	0.22	0.22	0.6

从表 6.9 可以看出, 经济管理学院教师的平均论文绩效值不到数学学院的 1/3, 所有教师效率值均低于 0.84, 平均效率仅为数学学院的 70%, 产生这种结果的原因在于学校过于重视 SCI 论文的发表, 希望通过提高论文被 SCI 检索的比率来提高教师的国际化水平. 而实际上, 由于经济管理的学科特点、研究方向等因素的限制, 经管学院教师的论文被 SCI 检索的数量较少. 因此, 两个学院采用共同的评估政策会带来效率的误判.

6.4.2 多种政策环境下高校教师科研产出效率分析及存在的问题

为了尽可能避免上述相同评估政策与学科差异之间的矛盾, 学校决定每个学院分别制定评估政策来考核各自学院的教师.

(1) 高校学院间采用不同评估政策的合理性.

由于每个学院的目标和关注的学科方向不同, 因此, 评估政策的差异较大. 比如经济管理学院鼓励教师在经济管理类的重要期刊发表论文. 由于 SCI 检索的论文较少, 所以对 SCI 检索的激励力度较大. 而数学学院 SCI 检索论文的数量相对较多, 为了提高成果的国际化水平, 只对 SCI 期刊发表的论文给予激励. 因此, 每个学院在绩效值的计算方法以及每个绩效值的奖励额度都是不同的. 对于 6.4.1 节中同样的科研成果, 根据两个学院各自新的评价标准, 可以计算出 2015 年两个学院论文绩效值如表 6.10 所示.

群组 1 对应的决策单元集为

$$S_1 = \{\text{经济管理学院骨干教师}\} = \{E_1, E_2, E_3, E_4, E_5, E_6, E_7, E_8, E_9, E_{10}\}.$$

群组 2 对应的决策单元集为

$$S_2 = \{\text{数学学院骨干教师}\} = \{M_1, M_2, M_3, M_4, M_5, M_6, M_7, M_8, M_9, M_{10}, M_{11}\}.$$

当取 $\delta_1 = 0$ 时, 应用模型 $(\mathrm{D_{Grou}})$ 可进一步计算出各学院教师的效率值如表 6.10 所示.

表 6.10　基于不同评估政策下教师的指标值和效率值

	教师序号	E_1	E_2	E_3	E_4	E_5	E_6	E_7	E_8	E_9	E_{10}	–	均值
经济管理学院	时间/年	1	1	1	1	1	1	1	1	1	1	–	1
	项目金额/万元	11.5	23	48	38	54	20.5	37	33	85	70	–	42
	论文绩效值/分	15	8	12	9	15	10	6	10	35	21	–	14.1
	效率值	0.43	0.27	0.56	0.45	0.64	0.29	0.44	0.39	1.00	0.82	–	0.53
	教师序号	M_1	M_2	M_3	M_4	M_5	M_6	M_7	M_8	M_9	M_{10}	M_{11}	均值
数学学院	时间/年	1	1	1	1	1	1	1	1	1	1	1	1
	项目金额/万元	102	66	81	85	40	22	48	35	56	21	0	50.55
	论文绩效值/分	8	24	12	24	8	12	8	8	8	0	0	10.18
	效率值	1	1	0.85	1.00	0.44	0.5	0.51	0.39	0.58	0.21	0	0.59

从表 6.10 可见, 经济管理学院和数学学院教师的平均效率值分别是 0.53 和 0.59, 平均值相差不大, 最大效率值均为 1. 和表 6.9 的效率值相比, 这个评估结果更具公平性.

(2) 高校学院间采用不同评估政策的重要缺陷.

尽管学院间的不同评估政策可以在一定程度上解决一种评估政策无法适应多种学科差异的矛盾, 但实际上该方法对交叉学科教师的评估还存在一定缺陷.

为了考察学院评估政策对交叉学科教师的影响, 以下分别用经济管理学院的评价标准和数学学院的评价标准对 2015 年两个学院教师的论文绩效进行评价, 结果如表 6.11 所示.

表 6.11　分别用两个学院评估政策获得的教师论文绩效值

教师序号	E_1	E_2	E_3	E_4	E_5	E_6	E_7	E_8	E_9	E_{10}	–	均值
经济管理学院标准	15	8	12	9	15	10	6	10	35	21	–	14.1
数学学院标准	0	0	0	0	0	0	0	0	0	0	–	0
教师序号	M_1	M_2	M_3	M_4	M_5	M_6	M_7	M_8	M_9	M_{10}	M_{11}	均值
数学学院标准	8	24	12	24	8	12	8	8	8	0	0	10.18
经济管理学院标准	30	75	45	90	30	45	30	30	30	5	15	38.64

从表 6.11 可见, 应用数学学院的评价标准测得的经济管理学院教师的论文绩效值均为 0(这主要是 2015 年经济管理学院教师没有发表被 SCI 检索的论文). 而应用经济管理学院评价标准测得的数学学院教师的论文绩效平均值是经管学院本院教师的 2.74 倍. 这表明同样的教师由于所在学院不同 (即评估政策不同), 评估结果差异很大. 这也进一步表明各个学院的评价标准并不适合交叉学科教师的评价.

由于每个学院的评估政策是按照各自学院的学科特点制定的, 尽管不同的评估政策对教师个人影响很大, 但由于学科交叉的程度可能有无穷多种, 因此, 为每位从事交叉学科的教师都量身定制特殊的政策也不现实, 那么, 如何在不增加管理成本的前提下相对公正地评价他们的绩效水平呢? 以下采用模型 (DMuoDEA) 来进一步解决交叉学科的多样性与评估政策单一性的矛盾.

6.4.3　基于模型 (DMuoDEA) 评价教师的科研产出效率

以下以数学学院骨干教师的评价为例进行分析, 数学学院 11 位骨干教师中, M_4 从事的是数学和物理交叉学科研究, M_{10} 和 M_{11} 由于攻读博士学位, 转向了管理学研究, 其他 8 人从事的是纯数学方面的研究. 以下从学科方向角度出发, 重新选择样本群如下:

$\overline{S}_1=\{$经济管理方向骨干教师$\}=\{E_1, E_2, E_3, E_4, E_5, E_6, E_7, E_8, E_9, E_{10}\}$,

$\overline{S}_2=\{$数学方向骨干教师$\}=\{M_1, M_2, M_3, M_5, M_6, M_7, M_8, M_9\}$,

$\overline{S}_3=\{$物理方向骨干教师$\}=\{P_1, P_2, P_3, P_4, P_5, P_6, P_7, P_8, P_9, P_{10}\}$.

按照每个学院各自的评价标准可以获得每位骨干教师的各项指标数据, 数学学院和经济管理学院的教师的项目金额和论文绩效值数据如表 6.10 所示, 物理学院骨干教师的数据如表 6.12 所示.

表 6.12　基于不同评估政策下物理方向骨干教师的指标值

教师序号	P_1	P_2	P_3	P_4	P_5	P_6	P_7	P_8	P_9	P_{10}
时间/年	1	1	1	1	1	1	1	1	1	1
项目金额/万元	18	41	62	52	129	51	50	52	6	50
论文绩效值/分	8	8	8	12	24	16	20	4	16	4

表 6.13 是根据数学学院每位教师的科研成果情况给出的教师科研成果隶属度值.

表 6.13　数学学院教师科研成果隶属度值

教师序号	M_1	M_2	M_3	M_4	M_5	M_6	M_7	M_8	M_9	M_{10}	M_{11}
$\alpha_p^{(1)}$	0	0	0	0	0	0	0	0	0	1	1
$\alpha_p^{(2)}$	1	1	1	0.2	1	1	1	1	1	0	0
$\alpha_p^{(3)}$	0	0	0	0.8	0	0	0	0	0	0	0

由于每个学院在时间和项目金额的计量单位上是统一的, 因此取 $a_1^{(1)}=a_1^{(2)}=a_1^{(3)}=1, b_1^{(1)}=b_1^{(2)}=b_1^{(3)}=1$, 对于论文绩效方面, 经管学院每个绩效值奖励 2500 元, 物理和数学每个绩效值奖励 5000 元, 因此, 取 $b_2^{(1)}=2500, b_2^{(2)}=b_2^{(3)}=5000$, 以下选取参考对象为 $\overline{S}_1$, $\overline{S}_2$ 和 $\overline{S}_3$, 分别应用模型 ($\mathrm{D_{Meta}}$)、模型 ($\mathrm{D_{Grou}}$) 和模型 (DMuoDEA) 重新计算, 得到数学学院每位教师的效率值如图 6.6 所示.

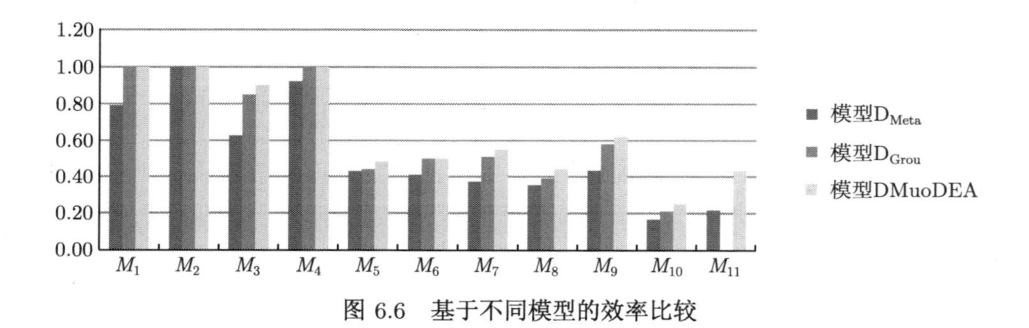

图 6.6 基于不同模型的效率比较

从图 6.6 可见, 模型 (DMuoDEA) 有以下几点.

(1) 保持了学院间采用不同评估政策体现出的公平性.

应用模型 (DMuoDEA) 测得的数学学院从事纯数学研究教师 (M_1, M_2, M_3, M_5, M_6, M_7, M_8, M_9) 的效率值与应用模型 (D_{Grou}) 测得的结果相差不大, 而与模型 (D_{Meta}) 测得的结果差别较大. 对该部分教师而言, 模型 (DMuoDEA) 构造生产前沿面使用的样本是从事纯数学研究的教师, 这和数学学院以数学研究为核心的评价机制是相吻合的, 得到的效率值更符合实际情况. 因此, 该模型保持了学院间采用不同评估政策体现出的公平性.

(2) 避免了学院单一评估政策对交叉学科教师造成的不公平性.

对于从事交叉学科的教师, 模型 (DMuoDEA) 构造的生产可能集中决策单元对各群组的隶属度与被评价单元是一致的, 因此更符合 DEA 方法中决策单元应属于同类单元的要求. 特别是对于教师 M_{11}, 应用模型 (D_{Grou}) 测得的效率值为 0, 由于教师 M_{11} 是有科研产出的, 因此, 效率值为 0 显然是不合理的. 而应用模型 (DMuoDEA) 测得的效率值为 0.43, 与模型 (D_{Meta}) 测得的结果 0.22 更接近, 因此更具合理性.

总之, 从上述分析来看, 单一评估制度无法有效评价多类型群组中决策单元的有效性, 而多评估政策尽管解决了有限类型决策单元群组的评价问题, 但却无法评价具有无穷多种组合方式的交叉类型决策单元的评价问题, 而本章方法能够利用群组制度和评估方法有效评价群组单元和交叉类型决策单元. 当然随着研究的进一步深入, 还有许多问题需要未来进一步完善和发展.

参 考 文 献

[1] Farrell, M. The measurement of productive efficiency[J]. Journal of the Royal Statistical Society, 1957, 3: 253-290

[2] Charnes A, Cooper W W, Rhodes E. Measuring the efficiency of decision making units[J]. European Journal of Operational Research, 1978, 2(6): 429-444

[3] Hayami Y, Ruttan V W. Agricultural productivity differences among countries[J]. American Economic Review, 1970, 60: 895-911

[4] Hayami Y, Ruttan V W. Agricultural Development: International Perspective[M]. Baltimore: John Hopkins University Press, 1971

[5] Battese G E, Rao D S P, O'Donnell C J. A meta frontier production function for estimation of technical efficiencies and technology potentials for firms operating under different technologies[J]. Journal of Product Analysis, 2004, 21: 91-103

[6] O'Donnell C J, Rao D S P, Battese G E. Metafrontier frameworks for the study of firm-level efficiencies and technology ratios[J]. Empirical Economics, 2008, 34(2): 231-255

[7] Banker R D, Charnes A, Cooper W W. Some models for estimating technical and scale inefficiencies in data envelopment analysis[J]. Management Science, 1984, 30(9): 1078-1092

[8] Färe R, Grosskopf S. A nonparametric cost approach to scale efficiency[J]. Journal of Economics, 1985, 87(4): 594-604

[9] Seiford L M, Thrall R M. Recent developments in DEA: the mathematical programing approach to frontier analysis[J]. Journal of Economics, 1990, 46(1-2): 7-38

第 7 章 混合规模收益类型决策单元的有效性评价方法

DEA 方法要求被评价单元属于同类单元, 其生产活动必须满足同样的规模收益类型. 然而, 现实中有些被评价决策单元的生产活动却可能服从不同的规模收益规律, 原有的 DEA 方法并不能评价该类问题. 为此, 首先给出生产活动满足混合规模收益类型决策单元的有效性度量方法及相应的数学模型. 其次, 讨论了模型的相关性质. 最后, 应用该方法分析了某高校教师工作绩效评价问题. 通过对比分析发现, 本章方法在分析混合规模收益类型决策单元有效性方面具有一定优势.

数据包络分析 (data envelopment analysis, DEA) 是评价具有相同属性决策单元相对有效性的一种重要方法[1-2]. 1978 年, Charnes 等提出了评价生产系统满足规模收益不变的 C^2R 模型[3], 但有时生产活动并不满足规模收益不变, 因此, Banker 等[4]针对 C^2R 模型中锥性假设可能不成立, 提出了生产活动满足规模收益可变的 BCC 模型. 在此基础上, 1985 年, Fare 等[5]提出了生产活动满足规模收益非递增的 FG 模型. 1990 年, Seiford 等[6]提出了生产活动满足规模收益非递减的 ST 模型. 这些模型的提出进一步完善了在不同规模收益条件下决策单元的有效性评价方法. 在上述模型的基础上, DEA 模型得到进一步创新和发展. 比如, 1986 年, Charnes 等将 C^2R 模型约束条件中的有限多个决策单元推广到无限多个决策单元, 并提出了 C^2W 模型[7]. 1989 年, Charnes 等在 C^2R 模型的基础上, 提出了考虑权重偏好的 C^2WH 模型[8]. 这些模型评价的理论基础都是经验生产函数, 而构造每种类型的生产函数时, 决策单元必须满足同一种规模收益, 且属于同类决策单元, 即决策单元不能是既满足规模收益可变又满足规模收益不变.

复杂社会系统环境决定了决策单元不可能都保持同一种类型, 因此, 对决策单元异质性问题的研究也越来越受到关注. 2006 年, 吴华清等[9]考虑了复杂系统内部各子系统的生产过程, 提出了评价含有不同质子系统决策单元效率的两阶段 DEA 模型. 2009 年, 杨锋等[10]分析了并联生产系统的前沿生产能力, 并提出评价并联生产系统的乘数模型. Samoilenko[11-12]应用 DEA 聚类分析和神经网络方法分析了规模异质 DMU 的差异, 增强了 DEA 方法的评价能力. 2011 年, 文献 [13] 运用多类样本点合成不同类型生产可能集的方法, 给出多类型决策单元有效性评价的 DEA 模型. 2016 年, Aleskerov 等[14]考虑样本异构情况下, 引入样本的几何重心代表被评估经济部门的平均情况, 提出了一种新的效率评估算法. 2016 年, Li 等[15]针对决策单元输入指标的非同质性, 提出了评价非同类 DMU 的方法. 2017 年, 范建平等[16]指出多属性决策单元的存在导致决策的复杂性, 提出基于决策单元间异质性的群组交叉效率分析. 同时, 在考虑决策单元异质性的基础上, 提出分类交叉的 DEA 模型[17]. 2018 年, 胡楚楚等[18]也考虑了决策单元异质性评价问题, 建立了三阶段模型对中国文化上市企业的经营绩效进行分析. 2018 年, Chen 等[19]提出了一种通过有序加权平均法来测算两个非同质 DMU 组效率的方法. 2018 年, Mousavi[20]考虑 DMU 异构性质, 提出基于交叉基准和交叉效率的排序方法. 2018 年, Zhu 等[21]应用 DEA 交叉效率方法给出了测算非同质 DMU 效率的方法. 尽管上述文献均考虑了决策单元异质性问题, 但相关模型中均要求决策单元的生产活动必须满足同样的规模收益类型.

在现实生活中, 有许多决策单元的生产活动满足不同类型的规模收益规律. 比如在高校教师的绩效评价中, 如果教学工作按课时计酬, 则教师授课时间和所得收益之间满足规模收益不变. 但由于科学研究具有很大的不确定性, 撰写论文获得的报酬与投入时间之间就很难满足规模收益不变. 特别是对教学科研混合型教师而言, 规模收益情况更加复杂, 很难被简单地划分为规模收益不变或规模收益可变. 通过 7.1 节的分析可知, 教学科研混合型教师的生产可能集有时甚至连凸性假设都不成立, 因此, 经典 DEA 模型很难评价具有混合规模收益类型决策单元的有效性问题. 为了解决上述问题, 本章首先指出原有 DEA 方法在评价混合规模收益决策单元有效性时遇到的困难. 其次, 给出混合规模收益决策单元有效性度量方法和相应的数学模型. 最后, 应用该方法分析了某高校教师工作绩效评价问题. 通过对比分析发现, 本章方法在分析具有混合规模收益类型决策单元有效性方面具有一定优势.

7.1 DEA 方法在评价混合规模收益决策单元时存在的问题

数据包络分析方法是评价具有多输入多输出同类决策单元有效性的重要方法, 它要求决策单元必须满足一定的公理体系, 然而, 现实中有些被评价决策单元的性质不仅有所差别, 甚至其生产活动还满足不同类型的收益规律, 传统 DEA 方法在评价该类问题时遇到了困难.

7.1.1 几个重要的 DEA 模型及其满足的规模收益规律

假设共有 n 个决策单元, 它们的输入和输出指标为

$$\boldsymbol{x}_j=(x_{1j},x_{2j},\cdots,x_{mj})^{\mathrm{T}},\quad \boldsymbol{y}_j=(y_{1j},y_{2j},\cdots,y_{sj})^{\mathrm{T}},\quad (\boldsymbol{x}_j,\boldsymbol{y}_j)>\mathbf{0},$$

则综合 DEA 模型及其对偶模型[3-6]可以表示如下:

$$
(\mathrm{IG})\begin{cases}\max\ (\boldsymbol{\mu}^{\mathrm{T}}\boldsymbol{y}_{j_0}+\delta_1\mu_0),\\ \text{s.t.}\quad \boldsymbol{\omega}^{\mathrm{T}}\boldsymbol{x}_j-\boldsymbol{\mu}^{\mathrm{T}}\boldsymbol{y}_j-\delta_1\mu_0\geqq 0, j=1,2,\cdots,n,\\ \qquad \boldsymbol{\omega}^{\mathrm{T}}\boldsymbol{x}_{j_0}=1,\\ \qquad \boldsymbol{\omega}\geqq \mathbf{0},\boldsymbol{\mu}\geqq\mathbf{0},\\ \qquad \delta_1\delta_2(-1)^{\delta_3}\mu_0\geqq 0.\end{cases}
$$

$$
(\mathrm{DG})\begin{cases}\min\ \theta,\\ \text{s.t.}\displaystyle\sum_{j=1}^{n}\boldsymbol{x}_j\lambda_j+\boldsymbol{s}^-=\theta\boldsymbol{x}_{j_0},\\ \qquad \displaystyle\sum_{j=1}^{n}\boldsymbol{y}_j\lambda_j-\boldsymbol{s}^+=\boldsymbol{y}_{j_0},\\ \qquad \delta_1\left(\displaystyle\sum_{j=1}^{n}\lambda_j-\delta_2(-1)^{\delta_3}\lambda_{n+1}\right)=\delta_1,\\ \qquad \boldsymbol{s}^-\geqq\mathbf{0},\ \boldsymbol{s}^+\geqq\mathbf{0},\lambda_j\geqq 0, j=1,2,\cdots,n+1.\end{cases}
$$

模型 (IG) 对应的生产可能集为

$$
T_{\mathrm{DEA}}=\left\{(\boldsymbol{x},\boldsymbol{y})\left|\sum_{j=1}^{n}\boldsymbol{x}_j\lambda_j\leqq\boldsymbol{x},\sum_{j=1}^{n}\boldsymbol{y}_j\lambda_j\geqq\boldsymbol{y},\ \delta_1\left(\sum_{j=1}^{n}\lambda_j-\delta_2(-1)^{\delta_3}\lambda_{n+1}\right)\right.\right.
$$
$$
\left.=\delta_1,\lambda_j\geqq 0, j=1,2,\cdots,n+1\right\},
$$

其中 $\delta_1,\delta_2,\delta_3$ 为可取值 0 或 1 的参数. 当 δ_1, δ_2, δ_3 取不同值时, 模型 (IG) 对应不同的 DEA 模型, 生产可能集 T_{DEA} 满足不同的规模收益.

(1) 当 $\delta_1=0$ 时, 模型 (IG) 为 $\mathrm{C^2R}$ 模型, 生产可能集 T_{DEA} 满足规模收益不变, 即对任意 $(\boldsymbol{x},\boldsymbol{y})\in T_{\mathrm{DEA}}$ 及数 $k\geqq 0$, 均有 $k(\boldsymbol{x},\boldsymbol{y})\in T_{\mathrm{DEA}}$.

(2) 当 $\delta_1=1$, $\delta_2=0$ 时, 模型 (IG) 为 $\mathrm{BC^2}$ 模型, 生产可能集 T_{DEA} 满足规模收益可变.

(3) 当 $\delta_1=1$, $\delta_2=1$, $\delta_3=1$ 时, 模型 (IG) 为 FG 模型, 生产可能集 T_{DEA} 满足规模收益非递增, 即对任意 $(\boldsymbol{x},\boldsymbol{y})\in T_{\mathrm{DEA}}$ 及数 $k\in(0,1]$, 均有 $k(\boldsymbol{x},\boldsymbol{y})\in T_{\mathrm{DEA}}$.

(4) 当 $\delta_1=1$, $\delta_2=1$, $\delta_3=0$ 时, 模型 (IG) 为 ST 模型. 生产可能集 T_{DEA} 满足规模收益非递减, 即对任意 $(\boldsymbol{x},\boldsymbol{y})\in T_{\mathrm{DEA}}$ 及数 $k\geqq 1$, 均有 $k(\boldsymbol{x},\boldsymbol{y})\in T_{\mathrm{DEA}}$.

7.1.2 DEA 方法在评价混合规模收益决策单元时遇到的困难

以下从实际案例出发, 阐述 DEA 方法在评价投入产出指标满足混合规模收益问题中遇到的困难.

(1) 有时决策单元的投入产出指标之间并不满足统一的规模收益关系. 比如在中国高校中常把教师分成教学型、科研型和教学科研型几个类别进行管理, 如果选择投入为工作时间 (x), 产出为工作业绩 (y), 由于每种类型教师的工作性质不同, 尽管投入的都是时间, 产出都是工作业绩, 但他们的投入产出指标却满足不同的规模收益.

例 7.1 下面是某大学经济管理学院 2016 年教师绩效工资与投入时间的实际统计数据, 为便于分析, 这里仅统计授课和科研论文两个指标. 其中图 7.1 是 2016 年学院某 5 名教学型教师投入时间与绩效工资的情况.

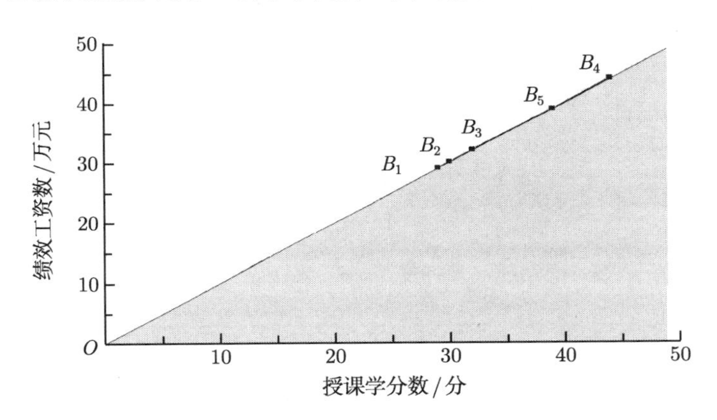

图 7.1 教师的绩效工资与授课量的关系

从图 7.1 可见, 该学院 5 名教师的津贴收入与授课量之间成正比关系, 满足规模收益不变. 这主要是由于教师每学分的讲课费是固定的, 只要教师有足够的时间投入, 就一定会有等比例的收入增长. 即教师讲课投入时间和教师讲课的收益之间成正比变化.

图 7.2 是 2016 年该学院另外 5 名科研型教师的论文发表与绩效工资的情况. 在假设每位教师以发表高水平论文为优先目标的情况下, 5 名教师的实际津贴收入与论文数量之间不成正比变化, 而是满足规模收益可变. 这主要是由于高水平论文的产出难度较大, 一个教师并不是有时间就一定能产出高水平论文.

(2) 对于交叉类型决策单元的生产可能集的构造更加困难. 比如图 7.3 中折线 ABC 是科研型教师的生产前沿面, 该生产前沿满足规模收益可变. 直线 OF 是教学型教师对应的生产前沿面, 该生产前沿满足规模收益不变. 但对于教学科研型教

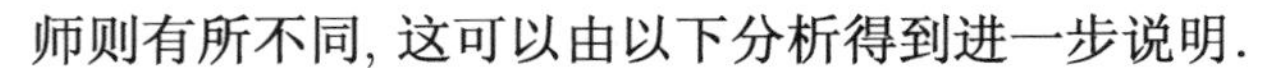
师则有所不同, 这可以由以下分析得到进一步说明.

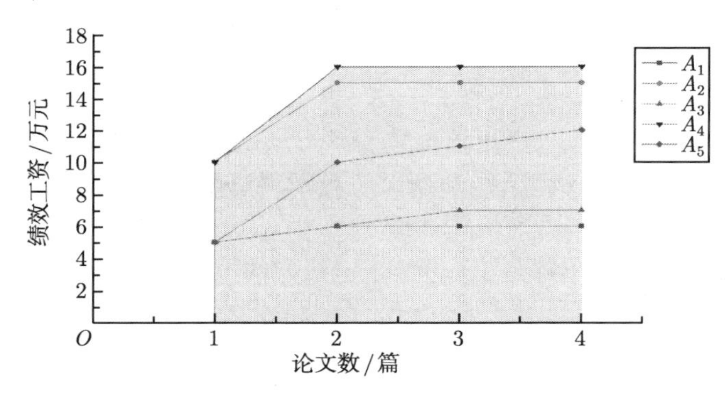

图 7.2　教师的绩效工资与发表论文量的关系

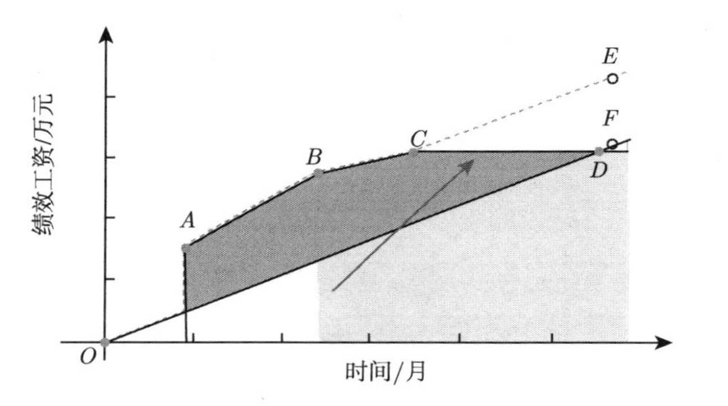

图 7.3　教学科研型教师生产可能集的不确定性

在图 7.3 中, 虽然一个科研型教师在 CD 段业绩无法继续提高, 但他可以再从事一些教学工作来提高业绩. 如果科研型教师从 C 点开始承担教学工作, 即可变成教学科研型教师, 这时对应的生产前沿面就变为折线 $OABCE$. 如果科研型教师从 D 点开始承担教学工作, 这时对应的生产前沿面就变为折线 $OABCDF$. 由于教学科研型教师的交叉情况有无穷多种, 而每种情况对应的生产前沿面都可能不同. 由此可见, 混合规模收益决策单元的生产可能集不仅具有多种收益形式、不一定满足凸性条件, 甚至还可以有许多个性化的形式. 因此, 应用传统 DEA 公理体系难以构造该类型决策单元的生产可能集.

7.2　混合规模收益下生产可能集构造及有效性分析

假设有三类决策单元, 它们的投入产出指标相同, 但满足的规模收益规律却不同. 比如某大学教师按照教学和科研的工作量来发放教师的奖金. 其中教学型教

师 (第一类决策单元) 按每小时 50 元的标准发放津贴、科研型教师 (第二类决策单元) 按论文的级别和数量来发放奖金. 教学科研型教师 (第三类决策单元) 按教学量和论文情况发放奖金. 由图 7.3 可知, 这时, 混合规模收益下的决策单元生产可能集构造和有效性分析将与传统 DEA 方法存在较大差异, 以下将对这一问题进行探讨.

7.2.1 混合规模收益下的生产可能集构造与有效性分析

假设 $(\boldsymbol{x}_j^{(1)},\boldsymbol{y}_j^{(1)})(j=1,2,\cdots,n_1)$ 属于第一类决策单元, 其对应的生产可能集为

$$T^{(1)}=\left\{(\boldsymbol{x},\boldsymbol{y})\left|\sum_{j=1}^{n_1}\boldsymbol{x}_j^{(1)}\lambda_j^{(1)}\leqq\boldsymbol{x},\ \sum_{j=1}^{n_1}\boldsymbol{y}_j^{(1)}\lambda_j^{(1)}\geqq\boldsymbol{y},\right.\right.$$
$$\left.\delta_1^{(1)}\left(\sum_{j=1}^{n_1}\lambda_j^{(1)}-\delta_2^{(1)}(-1)^{\delta_3^{(1)}}\lambda_{n_1+1}^{(1)}\right)=\delta_1^{(1)},\lambda_j^{(1)}\geqq 0,j=1,2,\cdots,n_1+1\right\}.$$

决策单元 $(\boldsymbol{x}_l^{(2)},\boldsymbol{y}_l^{(2)})(l=1,2,\cdots,n_2)$ 属于第二类决策单元 (与第一类决策单元的收益类型可能不同), 其对应的生产可能集为

$$T^{(2)}=\left\{(\boldsymbol{x},\boldsymbol{y})\left|\sum_{l=1}^{n_2}\boldsymbol{x}_l^{(2)}\lambda_l^{(2)}\leqq\boldsymbol{x},\ \sum_{l=1}^{n_2}\boldsymbol{y}_l^{(2)}\lambda_l^{(2)}\geqq\boldsymbol{y},\right.\right.$$
$$\left.\delta_1^{(2)}\left(\sum_{l=1}^{n_2}\lambda_l^{(2)}-\delta_2^{(2)}(-1)^{\delta_3^{(2)}}\lambda_{n_2+1}^{(2)}\right)=\delta_1^{(2)},\lambda_l^{(2)}\geqq 0,l=1,2,\cdots,n_2+1\right\}.$$

决策单元 $(\boldsymbol{x}_p,\boldsymbol{y}_p)(p=1,2,\cdots,n)$ 属于交叉类型决策单元 (第三类决策单元), 具有前两类单元的混合性质, 对于 $(\boldsymbol{x}_p,\boldsymbol{y}_p)$ 存在 $\left(\boldsymbol{x}_p^{(1)},\boldsymbol{y}_p^{(1)}\right)\in T^{(1)}$, $\left(\boldsymbol{x}_p^{(2)},\boldsymbol{y}_p^{(2)}\right)\in T^{(2)}$ 满足

$$\boldsymbol{x}_p=\boldsymbol{x}_p^{(1)}+\boldsymbol{x}_p^{(2)},\quad \boldsymbol{y}_p=\boldsymbol{y}_p^{(1)}+\boldsymbol{y}_p^{(2)}.$$

则其生产可能集为

$$T^E=\left\{(\boldsymbol{x},\boldsymbol{y})\left|\boldsymbol{x}=\boldsymbol{x}^{(1)}+\boldsymbol{x}^{(2)},\ \boldsymbol{y}=\boldsymbol{y}^{(1)}+\boldsymbol{y}^{(2)},\left(\boldsymbol{x}^{(1)},\boldsymbol{y}^{(1)}\right)\in T^{(1)},\right.\right.$$
$$\left.\left(\boldsymbol{x}^{(2)},\boldsymbol{y}^{(2)}\right)\in T^{(2)}\right\},$$

这时, 决策单元不具备传统 DEA 模型的收益规律 (图 7.3).

合并上述三种类型的决策单元生产可能集, 就可以得到三种类型决策单元总的生产可能集 T^{sec} 如下:

$$T^{\text{sec}}=T^{(1)}\cup T^{(2)}\cup T^E.$$

进一步地, 可以证明以下结论成立.

定理 7.1　交叉型决策单元的生产可能集 T^E 可以表示如下:

$$T=\left\{(\boldsymbol{x},\boldsymbol{y})\left|\boldsymbol{x}\geqq\sum_{j=1}^{n_1}\boldsymbol{x}_j^{(1)}\lambda_j^{(1)}+\sum_{l=1}^{n_2}\boldsymbol{x}_l^{(2)}\lambda_l^{(2)},\boldsymbol{y}\leqq\sum_{j=1}^{n_1}\boldsymbol{y}_j^{(1)}\lambda_j^{(1)}+\sum_{l=1}^{n_2}\boldsymbol{y}_l^{(2)}\lambda_l^{(2)},\right.\right.$$
$$\delta_1^{(1)}\left(\sum_{j=1}^{n_1}\lambda_j^{(1)}-\delta_2^{(1)}(-1)^{\delta_3^{(1)}}\lambda_{n_1+1}^{(1)}\right)=\delta_1^{(1)},$$
$$\delta_1^{(2)}\left(\sum_{l=1}^{n_2}\lambda_l^{(2)}-\delta_2^{(2)}(-1)^{\delta_3^{(2)}}\lambda_{n_2+1}^{(2)}\right)=\delta_1^{(2)},$$
$$\left.\lambda_j^{(1)},\lambda_l^{(2)}\geqq 0,j=1,\cdots,n_1+1,l=1,\cdots,n_2+1\right\}.$$

证明　如果 $(\boldsymbol{x},\boldsymbol{y})\in T^E$, 则存在 $(\boldsymbol{x}^{(1)},\boldsymbol{y}^{(1)})\in T^{(1)},(\boldsymbol{x}^{(2)},\boldsymbol{y}^{(2)})\in T^{(2)}$, 使得

$$\boldsymbol{x}=\boldsymbol{x}^{(1)}+\boldsymbol{x}^{(2)},\quad \boldsymbol{y}=\boldsymbol{y}^{(1)}+\boldsymbol{y}^{(2)}.$$

由于 $(\boldsymbol{x}^{(1)},\boldsymbol{y}^{(1)})\in T^{(1)}$, 故存在 $\lambda_j^{(1)}\geqq 0(j=1,2,\cdots,n_1+1)$, 使得

$$\sum_{j=1}^{n_1}\boldsymbol{x}_j^{(1)}\lambda_j^{(1)}\leqq\boldsymbol{x}^{(1)},\quad \sum_{j=1}^{n_1}\boldsymbol{y}_j^{(1)}\lambda_j^{(1)}\geqq\boldsymbol{y}^{(1)},$$

$$\delta_1^{(1)}\left(\sum_{j=1}^{n_1}\lambda_j^{(1)}-\delta_2^{(1)}(-1)^{\delta_3^{(1)}}\lambda_{n_1+1}^{(1)}\right)=\delta_1^{(1)}.$$

由于 $(\boldsymbol{x}^{(2)},\boldsymbol{y}^{(2)})\in T^{(2)}$, 存在 $\lambda_l^{(2)}\geqq 0(l=1,2,\cdots,n_2+1)$, 使得

$$\sum_{l=1}^{n_2}\boldsymbol{x}_l^{(2)}\lambda_l^{(2)}\leqq\boldsymbol{x}^{(2)},\quad \sum_{l=1}^{n_2}\boldsymbol{y}_l^{(2)}\lambda_l^{(2)}\geqq\boldsymbol{y}^{(2)},$$

$$\delta_1^{(2)}\left(\sum_{l=1}^{n_2}\lambda_l^{(2)}-\delta_2^{(2)}(-1)^{\delta_3^{(2)}}\lambda_{n_2+1}^{(2)}\right)=\delta_1^{(2)}.$$

由此可知

$$\boldsymbol{x}=\boldsymbol{x}^{(1)}+\boldsymbol{x}^{(2)}\geqq\sum_{j=1}^{n_1}\boldsymbol{x}_j^{(1)}\lambda_j^{(1)}+\sum_{l=1}^{n_2}\boldsymbol{x}_l^{(2)}\lambda_l^{(2)},$$
$$\boldsymbol{y}=\boldsymbol{y}^{(1)}+\boldsymbol{y}^{(2)}\leqq\sum_{j=1}^{n_1}\boldsymbol{y}_j^{(1)}\lambda_j^{(1)}+\sum_{l=1}^{n_2}\boldsymbol{y}_l^{(2)}\lambda_l^{(2)},$$

所以, $(\boldsymbol{x},\boldsymbol{y})\in T$, 故有, $T^E\subseteq T$.

反之, 若 $(\boldsymbol{x},\boldsymbol{y})\in T$, 则存在 $\lambda_j^{(1)}\geqq 0(j=1,2,\cdots,n_1+1),\lambda_l^{(2)}\geqq 0\ (l=1,2,\cdots,n_2+1)$, 使得

$$\boldsymbol{x}\geqq\sum_{j=1}^{n_1}\boldsymbol{x}_j^{(1)}\lambda_j^{(1)}+\sum_{l=1}^{n_2}\boldsymbol{x}_l^{(2)}\lambda_l^{(2)},\quad \boldsymbol{y}\leqq\sum_{j=1}^{n_1}\boldsymbol{y}_j^{(1)}\lambda_j^{(1)}+\sum_{l=1}^{n_2}\boldsymbol{y}_l^{(2)}\lambda_l^{(2)},$$

$$\delta_1^{(1)}\left(\sum_{j=1}^{n_1}\lambda_j^{(1)}-\delta_2^{(1)}(-1)^{\delta_3^{(1)}}\lambda_{n_1+1}^{(1)}\right)=\delta_1^{(1)},$$

$$\delta_1^{(2)}\left(\sum_{l=1}^{n_2}\lambda_l^{(2)}-\delta_2^{(2)}(-1)^{\delta_3^{(2)}}\lambda_{n_2+1}^{(2)}\right)=\delta_1^{(2)},$$

令

$$\boldsymbol{x}^{(1)}=\sum_{j=1}^{n_1}\boldsymbol{x}_j^{(1)}\lambda_j^{(1)},\quad \boldsymbol{x}^{(2)}=\boldsymbol{x}-\sum_{j=1}^{n_1}\boldsymbol{x}_j^{(1)}\lambda_j^{(1)},$$

$$y_r^{(1)}=\frac{y_r\sum\limits_{j=1}^{n_1}y_{rj}^{(1)}\lambda_j^{(1)}}{\sum\limits_{j=1}^{n_1}y_{rj}^{(1)}\lambda_j^{(1)}+\sum\limits_{l=1}^{n_2}y_{rl}^{(2)}\lambda_l^{(2)}},\quad y_r^{(2)}=\frac{y_r\sum\limits_{l=1}^{n_2}y_{rl}^{(2)}\lambda_l^{(2)}}{\sum\limits_{j=1}^{n_1}y_{rj}^{(1)}\lambda_j^{(1)}+\sum\limits_{l=1}^{n_2}y_{rl}^{(2)}\lambda_l^{(2)}},$$

可以验证

$$\boldsymbol{x}=\boldsymbol{x}^{(1)}+\boldsymbol{x}^{(2)},\quad \boldsymbol{y}=\boldsymbol{y}^{(1)}+\boldsymbol{y}^{(2)},$$

$$\boldsymbol{x}^{(1)}=\sum_{j=1}^{n_1}\boldsymbol{x}_j^{(1)}\lambda_j^{(1)},\quad \boldsymbol{x}^{(2)}=\boldsymbol{x}-\sum_{j=1}^{n_1}\boldsymbol{x}_j^{(1)}\lambda_j^{(1)}\geqq\sum_{l=1}^{n_2}\boldsymbol{x}_l^{(2)}\lambda_l^{(2)},$$

$$\boldsymbol{y}^{(1)}\leqq\sum_{j=1}^{n_1}\boldsymbol{y}_j^{(1)}\lambda_j^{(1)},\quad \boldsymbol{y}^{(2)}\leqq\sum_{l=1}^{n_2}\boldsymbol{y}_l^{(2)}\lambda_l^{(2)},$$

所以, $\left(\boldsymbol{x}^{(1)},\boldsymbol{y}^{(1)}\right)\in T^{(1)}$, $\left(\boldsymbol{x}^{(2)},\boldsymbol{y}^{(2)}\right)\in T^{(2)}$, 因此, $(\boldsymbol{x},\boldsymbol{y})\in T^E$, 即有 $T\subseteq T^E$.

由此可知 $T=T^E$. 证毕.

从定理 7.1 可以看出, 混合规模收益的情况下, 决策单元可以选择两种规模收益下的某一种生产方式进行生产, 或者采用两种方式的组合方式进行生产, 因而, 决策单元选择的空间更大, 生产的内容和方式也更加丰富. 比如, 一个教师可以根据激励政策与个人情况, 来选择申请教学型岗位、科研型岗位或者教学科研型岗位.

7.2.2 混合规模收益情况下的 DEA 有效性分析

下面依据混合规模收益下决策单元的生产可能集, 进一步给出决策单元有效性概念.

定义 7.1 如果不存在 $(\boldsymbol{x},\boldsymbol{y}) \in T^{\text{sec}}$, 使得 $\boldsymbol{x}_p \geqq \boldsymbol{x}, \boldsymbol{y}_p \leqq \boldsymbol{y}$ 且至少有一个不等式严格成立, 则称决策单元 p 为混合规模收益下的 DEA 有效, 简称 MS-DEA 有效.

定义 7.1 表明, 在混合规模收益的情况下, 如果参考集 T^{sec} 中不存在一种生产方式比决策单元 p 更好, 则认为决策单元 p 的生产是有效的.

为了进一步探讨 MS-DEA 有效性度量及决策单元投影问题, 以下首先以教师绩效评价为例从定性的角度加以说明.

例 7.2 假设某经济管理学院 7 名教师的投入时间与工作业绩的数据如表 7.1 所示, 其中 A, B, C, D, E, F 为科研型教师, 其工作量以发表论文级别与数量的加权和计量; H, D 为教学型教师, 其工作量以教学课时数计量.

表 7.1 某经济管理学院 7 名教师的相关数据

教师序号	科研型教师					教学型教师	
	A	B	C	E	F	H	D
投入时间/月	2	3	7	11	11	1	11
工作业绩/分	4	6	8	6	1	1	11

混合规模收益下, 教师的生产可能集 T^{sec} 如图 7.4 所示, 其中 OD 是教学型教师的生产前沿面, ABC 是科研型教师的生产前沿面, 那么, 对于教学科研型教师在某一个阶段究竟选择教学工作还是科研工作才能更大程度上提升工作业绩?

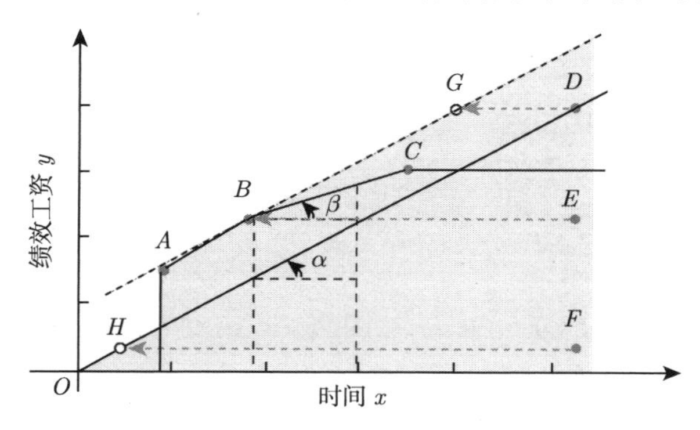

图 7.4 教学科研型教师的教学和科研工作的选择

这主要取决于该教师从事哪种工作的边际收益更大,

(1) 若 $\tan\alpha > \tan\beta$(见阶段 BG), 则这时教师从事教学工作获得的收益增加会更大;

(2) 若 $\tan\alpha = \tan\beta$, 则从事教学或科研工作获得的收益增加相同;

(3) 若 $\tan\alpha < \tan\beta$(见阶段 AB), 则这时教师从事科研工作获得的收益增加会

更大. 由此可以判定教学科研型教师的有效生产前沿面应该为 $OHABG$.

对于教师 D、教师 E 和教师 F, 他们投入的时间相同, 但产出不同. 在面向输入的情况下, 教师 F 的理想选择是承担教学工作, 并达到教师 H 的投入产出水平; 教师 E 的理想选择是承担科研工作, 并达到教师 B 的投入产出水平. 教师 D 的理想选择是先承担科研工作并达到教师 B 的投入产出水平, 然后进一步承担教学工作, 达到教师 G 的投入产出水平.

由上述分析可见, 教学科研型教师的有效性度量和投影与原有的 DEA 方法有很大区别, 下面将对这一问题进行进一步分析.

7.3 基于两种规模收益情况的决策单元有效性评价

根据上述满足混合规模收益生产可能集的构造及决策单元有效的概念, 以下进一步讨论混合规模收益情况下的决策单元的有效性度量和投影问题.

对于模型 (HDI) 有以下结论:

$$
(\mathrm{HDI})\begin{cases}
\min & \theta-\varepsilon(\boldsymbol{e}^{\mathrm{T}}\boldsymbol{s}^{-}+\hat{\boldsymbol{e}}^{\mathrm{T}}\boldsymbol{s}^{+}),\\
\text{s.t.} & \sum\limits_{j=1}^{n_1}\boldsymbol{x}_j^{(1)}\lambda_j^{(1)}+\sum\limits_{l=1}^{n_2}\boldsymbol{x}_l^{(2)}\lambda_l^{(2)}+\boldsymbol{s}^{-}=\theta\boldsymbol{x}_{j_0},\\
& \sum\limits_{j=1}^{n_1}\boldsymbol{y}_j^{(1)}\lambda_j^{(1)}+\sum\limits_{l=1}^{n_2}\boldsymbol{y}_l^{(2)}\lambda_l^{(2)}-\boldsymbol{s}^{+}=\boldsymbol{y}_{j_0},\\
& \delta_1^{(1)}\sum\limits_{j=1}^{n_1}\lambda_j^{(1)}=P_1\delta_1^{(1)}(1+\delta_2^{(1)}(-1)^{\delta_3^{(1)}}\lambda_{n_1+1}^{(1)}),\\
& \delta_1^{(2)}\sum\limits_{l=1}^{n_2}\lambda_l^{(2)}=P_2\delta_1^{(2)}(1+\delta_2^{(2)}(-1)^{\delta_3^{(2)}}\lambda_{n_2+1}^{(2)}),\\
& P_1,P_2\in\{0,1\},(\boldsymbol{s}^{-},\boldsymbol{s}^{+})\geqq\boldsymbol{0},\lambda_j^{(1)}\geqq 0,\lambda_l^{(2)}\geqq 0,\\
& j=1,2,\cdots,n_1+1,l=1,2,\cdots,n_2+1.
\end{cases}
$$

定理 7.2 决策单元 j_0 为 MS-DEA 无效当且仅当模型 (HDI) 的最优值小于 1.

证明 ($\Rightarrow$) 假设决策单元 j_0 为 MS-DEA 无效, 即存在 $(\boldsymbol{x},\boldsymbol{y})\in T^{\mathrm{sec}}$, 使得 $\boldsymbol{x}_{j_0}\geqq\boldsymbol{x},\boldsymbol{y}_{j_0}\leqq\boldsymbol{y}$ 且至少有一个不等式严格成立. 由于

$$(\boldsymbol{x},\boldsymbol{y})\in T^{\mathrm{sec}}=T^{(1)}\cup T^{(2)}\cup T^{E},$$

因此, $(\boldsymbol{x},\boldsymbol{y})\in T^{(1)}$, 或 $(\boldsymbol{x},\boldsymbol{y})\in T^{(2)}$, 或 $(\boldsymbol{x},\boldsymbol{y})\in T^{E}$.

(1) 若 $(\boldsymbol{x},\boldsymbol{y})\in T^{(1)}$, 则存在 $\lambda_j^{(1)}\geqq 0(j=1,2,\cdots,n_1+1)$, 使得

$$\sum_{j=1}^{n_1}\boldsymbol{x}_j^{(1)}\lambda_j^{(1)}\leqq\boldsymbol{x}\leqq\boldsymbol{x}_{j_0},\quad \sum_{j=1}^{n_1}\boldsymbol{y}_j^{(1)}\lambda_j^{(1)}\geqq\boldsymbol{y}\geqq\boldsymbol{y}_{j_0},$$
$$\delta_1^{(1)}\left(\sum_{j=1}^{n_1}\lambda_j^{(1)}-\delta_2^{(1)}(-1)^{\delta_3^{(1)}}\lambda_{n_1+1}^{(1)}\right)=\delta_1^{(1)}.$$

令

$$P_1=1,\quad P_2=0,\quad \theta=1,\quad \boldsymbol{s}^-=\boldsymbol{x}_{j_0}-\sum_{j=1}^{n_1}\boldsymbol{x}_j^{(1)}\lambda_j^{(1)}\geqq\boldsymbol{0},$$
$$\boldsymbol{s}^+=\sum_{j=1}^{n_1}\boldsymbol{y}_j^{(1)}\lambda_j^{(1)}-\boldsymbol{y}_{j_0}\geqq\boldsymbol{0},\quad \lambda_l^{(2)}=0,l=1,2,\cdots,n_2+1,$$

则 $P_1,P_2,\theta,\boldsymbol{s}^-,\boldsymbol{s}^+,\lambda_j^{(1)}(j=1,2,\cdots,n_1+1),\lambda_l^{(2)}(l=1,2,\cdots,n_2+1)$ 满足模型 (HDI) 的约束条件, 是模型 (HDI) 的一个可行解, 由于 $\theta=1,(\boldsymbol{s}^-,\boldsymbol{s}^+)\neq\boldsymbol{0}$, 因此, 模型 (HDI) 的最优值小于 1.

(2) 若 $(\boldsymbol{x},\boldsymbol{y})\in T^{(2)}$, 同理, 令 $P_1=0,P_2=1$, 类似可证结论成立.

(3) 若 $(\boldsymbol{x},\boldsymbol{y})\in T^E$, 则存在 $\lambda_j^{(1)}\geqq 0(j=1,2,\cdots,n_1+1),\lambda_l^{(2)}\geqq 0(l=1,2,\cdots,n_2+1)$, 使得

$$\sum_{j=1}^{n_1}\boldsymbol{x}_j^{(1)}\lambda_j^{(1)}+\sum_{l=1}^{n_2}\boldsymbol{x}_l^{(2)}\lambda_l^{(2)}\leqq\boldsymbol{x}\leqq\boldsymbol{x}_{j_0},\quad \sum_{j=1}^{n_1}\boldsymbol{y}_j^{(1)}\lambda_j^{(1)}+\sum_{l=1}^{n_2}\boldsymbol{y}_l^{(2)}\lambda_l^{(2)}\geqq\boldsymbol{y}\geqq\boldsymbol{y}_{j_0},$$
$$\delta_1^{(1)}\left(\sum_{j=1}^{n_1}\lambda_j^{(1)}-\delta_2^{(1)}(-1)^{\delta_3^{(1)}}\lambda_{n_1+1}^{(1)}\right)=\delta_1^{(1)},$$
$$\delta_1^{(2)}\left(\sum_{l=1}^{n_2}\lambda_l^{(2)}-\delta_2^{(2)}(-1)^{\delta_3^{(2)}}\lambda_{n_2+1}^{(2)}\right)=\delta_1^{(2)},$$

令

$$P_1=1,\quad P_2=1,\quad \theta=1,$$

$$\boldsymbol{s}^-=\boldsymbol{x}_{j_0}-\sum_{j=1}^{n_1}\boldsymbol{x}_j^{(1)}\lambda_j^{(1)}-\sum_{l=1}^{n_2}\boldsymbol{x}_l^{(2)}\lambda_l^{(2)}\geqq\boldsymbol{0},$$
$$\boldsymbol{s}^+=\sum_{j=1}^{n_1}\boldsymbol{y}_j^{(1)}\lambda_j^{(1)}-\sum_{l=1}^{n_2}\boldsymbol{y}_l^{(2)}\lambda_l^{(2)}-\boldsymbol{y}_{j_0}\geqq\boldsymbol{0},$$

则 $P_1, P_2,\ \theta, \boldsymbol{s}^-, \boldsymbol{s}^+, \lambda_j^{(1)}(j=1,2,\cdots,n_1+1),\ \lambda_l^{(2)}(l=1,2,\cdots,n_2+1)$ 满足模型 (HDI) 的约束条件, 是模型 (HDI) 的一个可行解, 由于 $\theta=1, (\boldsymbol{s}^-, \boldsymbol{s}^+)\neq \boldsymbol{0}$, 因此, 模型 (HDI) 的最优值小于 1.

($\Leftarrow$) 假设模型 (HDI) 存在最优解 $\overline{P}_1, \overline{P}_2,\ \overline{\theta},\ \overline{\boldsymbol{s}}^-, \overline{\boldsymbol{s}}^+, \overline{\lambda}_j^{(1)}(j=1,2,\cdots,n_1+1), \overline{\lambda}_l^{(2)}(l=1,2,\cdots,n_2+1)$ 满足

$$\overline{\theta}-\varepsilon(\boldsymbol{e}^{\mathrm{T}}\overline{\boldsymbol{s}}^-+\hat{\boldsymbol{e}}^{\mathrm{T}}\overline{\boldsymbol{s}}^+)<1,$$

则必有 $\overline{\theta}<1$ 或 $\overline{\theta}=1, (\overline{\boldsymbol{s}}^-, \overline{\boldsymbol{s}}^+)\neq \boldsymbol{0}$, 由模型 (HDI) 的约束条件可知

$$\begin{aligned}
&\sum_{j=1}^{n_1}\boldsymbol{x}_j^{(1)}\overline{\lambda}_j^{(1)}+\sum_{l=1}^{n_2}\boldsymbol{x}_l^{(2)}\overline{\lambda}_l^{(2)}+\overline{\boldsymbol{s}}^-=\overline{\theta}\boldsymbol{x}_{j_0},\\
&\sum_{j=1}^{n_1}\boldsymbol{y}_j^{(1)}\overline{\lambda}_j^{(1)}+\sum_{l=1}^{n_2}\boldsymbol{y}_l^{(2)}\overline{\lambda}_l^{(2)}-\overline{\boldsymbol{s}}^+=\boldsymbol{y}_{j_0},\\
&\delta_1^{(1)}\sum_{j=1}^{n_1}\overline{\lambda}_j^{(1)}=\overline{P}_1\delta_1^{(1)}(1+\delta_2^{(1)}(-1)^{\delta_3^{(1)}}\overline{\lambda}_{n_1+1}^{(1)}),\\
&\delta_1^{(2)}\sum_{l=1}^{n_2}\overline{\lambda}_l^{(2)}=\overline{P}_2\delta_1^{(2)}(1+\delta_2^{(2)}(-1)^{\delta_3^{(2)}}\overline{\lambda}_{n_2+1}^{(2)}),
\end{aligned}$$

令

$$\begin{aligned}
\overline{\boldsymbol{x}}&=\sum_{j=1}^{n_1}\boldsymbol{x}_j^{(1)}\overline{\lambda}_j^{(1)}+\sum_{l=1}^{n_2}\boldsymbol{x}_l^{(2)}\overline{\lambda}_l^{(2)},\\
\overline{\boldsymbol{y}}&=\sum_{j=1}^{n_1}\boldsymbol{y}_j^{(1)}\overline{\lambda}_j^{(1)}+\sum_{l=1}^{n_2}\boldsymbol{y}_l^{(2)}\overline{\lambda}_l^{(2)},
\end{aligned}$$

因为 $\overline{\theta}<1$ 或 $\overline{\theta}=1, (\overline{\boldsymbol{s}}^-, \overline{\boldsymbol{s}}^+)\neq \boldsymbol{0}$, 所以, 必有 $\overline{\boldsymbol{x}}\leqq \boldsymbol{x}_{j_0}, \boldsymbol{y}_{j_0}\leqq \overline{\boldsymbol{y}}$ 且至少有一个不等式严格成立. 由于 $\overline{P}_1, \overline{P}_2\in\{0,1\}$, 下面分 4 种情况讨论.

(1) 若 $\overline{P}_1=1, \overline{P}_2=1$, 则有

$$\begin{aligned}
&\delta_1^{(1)}\sum_{j=1}^{n_1}\overline{\lambda}_j^{(1)}=\delta_1^{(1)}(1+\delta_2^{(1)}(-1)^{\delta_3^{(1)}}\overline{\lambda}_{n_1+1}^{(1)}),\\
&\delta_1^{(2)}\sum_{l=1}^{n_2}\overline{\lambda}_l^{(2)}=\delta_1^{(2)}(1+\delta_2^{(2)}(-1)^{\delta_3^{(2)}}\overline{\lambda}_{n_2+1}^{(2)}),
\end{aligned}$$

则 $(\overline{\boldsymbol{x}}, \overline{\boldsymbol{y}})\in T^E\subseteq T^{\mathrm{sec}}$.

(2) 若 $\overline{P}_1=0, \overline{P}_2=1$, 则

$$\delta_1^{(1)}\sum_{j=1}^{n_1}\overline{\lambda}_j^{(1)}=0\cdot\delta_1^{(1)}(1+\delta_2^{(1)}(-1)^{\delta_3^{(1)}}\overline{\lambda}_{n_1+1}^{(1)}),$$

$$\delta_1^{(2)}\sum_{l=1}^{n_2}\overline{\lambda}_l^{(2)}=\delta_1^{(2)}(1+\delta_2^{(2)}(-1)^{\delta_3^{(2)}}\overline{\lambda}_{n_2+1}^{(2)}),$$

由于 $\delta_1^{(1)}\sum_{j=1}^{n_1}\overline{\lambda}_j^{(1)}=0$, 若 $\delta_1^{(1)}=0$, 则

$$(\overline{\boldsymbol{x}},\overline{\boldsymbol{y}})\in T^E\subseteq T^{\text{sec}}.$$

若 $\delta_1^{(1)}=1$, 则 $\sum_{j=1}^{n_1}\overline{\lambda}_j^{(1)}=0$, 由于 $\overline{\lambda}_j^{(1)}\geqq 0$, 可知

$$\overline{\lambda}_j^{(1)}=0,\quad j=1,2,\cdots,n_1+1,$$

因此, $(\overline{\boldsymbol{x}},\overline{\boldsymbol{y}})\in T^{(2)}\subseteq T^{\text{sec}}$.

(3) 若 $\overline{P}_1=1,\overline{P}_2=0$, 类似可证：若 $\delta_1^{(2)}=0$, 则 $(\overline{\boldsymbol{x}},\overline{\boldsymbol{y}})\in T^E\subseteq T^{\text{sec}}$, 若 $\delta_1^{(2)}=1$, 则 $(\overline{\boldsymbol{x}},\overline{\boldsymbol{y}})\in T^{(1)}\subseteq T^{\text{sec}}$.

(4) 若 $\overline{P}_1=0,\overline{P}_2=0$, 则有

$$\delta_1^{(1)}\sum_{j=1}^{n_1}\overline{\lambda}_j^{(1)}=0,\quad \delta_1^{(2)}\sum_{j=1}^{n_2}\overline{\lambda}_j^{(2)}=0.$$

若 $\delta_1^{(1)}=0$ 或者 $\delta_1^{(2)}=0$, 则有

$$(\overline{\boldsymbol{x}},\overline{\boldsymbol{y}})\in T^{\text{sec}}=T^{(1)}\cup T^{(2)}\cup T^E.$$

若 $\delta_1^{(1)}=1$ 且 $\delta_1^{(2)}=1$, 则有

$$\overline{\lambda}_j^{(1)}=0,\quad j=1,2,\cdots,n_1+1,\quad \overline{\lambda}_l^{(2)}=0,\quad l=1,2,\cdots,n_2+1,$$

这时可知

$$\boldsymbol{y}_{j_0}=\sum_{j=1}^{n_1}\boldsymbol{y}_j^{(1)}\overline{\lambda}_j^{(1)}+\sum_{l=1}^{n_2}\boldsymbol{y}_l^{(2)}\overline{\lambda}_l^{(2)}-\overline{\boldsymbol{s}}^+=-\overline{\boldsymbol{s}}^+\leqq\boldsymbol{0},$$

矛盾! 因此, 这种情况不可能.

由上述分析可知, $(\overline{\boldsymbol{x}},\overline{\boldsymbol{y}})\in T^{\text{sec}}$, 又由于 $\overline{\boldsymbol{x}}\leqq\boldsymbol{x}_{j_0},\boldsymbol{y}_{j_0}\leqq\overline{\boldsymbol{y}}$ 且至少有一个不等式严格成立. 根据定义 7.1 可知决策单元 j_0 为无效. 证毕.

由定理 7.2 可知: 决策单元 j_0 为 MS-DEA 无效当且仅当模型 (HDI) 存在最优解 $\overline{P}_1,\overline{P}_2,\overline{\theta},\ \overline{\boldsymbol{s}}^-,\overline{\boldsymbol{s}}^+,\ \overline{\lambda}_j^{(1)}(j=1,2,\cdots,n_1+1),\overline{\lambda}_l^{(2)}(l=1,2,\cdots,n_2+1)$ 满足 $\overline{\theta}<1$ 或 $\overline{\theta}=1,(\overline{\boldsymbol{s}}^-,\overline{\boldsymbol{s}}^+)\neq\boldsymbol{0}$.

定义 7.2 如果 $\overline{P}_1,\overline{P}_2,\overline{\theta},\overline{\boldsymbol{s}}^-,\overline{\boldsymbol{s}}^+,\overline{\lambda}_j^{(1)}(j=1,2,\cdots,n_1+1),\overline{\lambda}_l^{(2)}(l=1,2,\cdots,n_2+1)$ 是模型 (HDI) 的最优解, 令

$$\hat{\boldsymbol{x}}_{j_0}=\sum_{j=1}^{n_1}\boldsymbol{x}_j^{(1)}\overline{\lambda}_j^{(1)}+\sum_{l=1}^{n_2}\boldsymbol{x}_l^{(2)}\overline{\lambda}_l^{(2)}=\overline{\theta}\boldsymbol{x}_{j_0}-\overline{\boldsymbol{s}}^-,$$

$$\hat{\boldsymbol{y}}_{j_0}=\sum_{j=1}^{n_1}\boldsymbol{y}_j^{(1)}\overline{\lambda}_j^{(1)}+\sum_{l=1}^{n_2}\boldsymbol{y}_l^{(2)}\overline{\lambda}_l^{(2)}=\boldsymbol{y}_{j_0}+\overline{\boldsymbol{s}}^+,$$

$$\hat{\boldsymbol{x}}_{j_0}^{(1)}=\sum_{j=1}^{n_1}\boldsymbol{x}_j^{(1)}\overline{\lambda}_j^{(1)},\quad \hat{\boldsymbol{y}}_{j_0}^{(1)}=\sum_{j=1}^{n_1}\boldsymbol{y}_j^{(1)}\overline{\lambda}_j^{(1)},$$

$$\hat{\boldsymbol{x}}_{j_0}^{(2)}=\sum_{l=1}^{n_2}\boldsymbol{x}_l^{(2)}\overline{\lambda}_l^{(2)},\quad \hat{\boldsymbol{y}}_{j_0}^{(2)}=\sum_{l=1}^{n_2}\boldsymbol{y}_l^{(2)}\overline{\lambda}_l^{(2)},$$

则称 $(\hat{\boldsymbol{x}}_{j_0},\hat{\boldsymbol{y}}_{j_0})$ 为决策单元 j_0 在生产可能集 T^{sec} 有效前沿面上的投影, 称 $(\hat{\boldsymbol{x}}_{j_0}^{(1)},\hat{\boldsymbol{y}}_{j_0}^{(1)}),(\hat{\boldsymbol{x}}_{j_0}^{(2)},\hat{\boldsymbol{y}}_{j_0}^{(2)})$ 为决策单元 j_0 的投影分解值.

定理 7.3 决策单元 j_0 在生产可能集 T^{sec} 有效前沿面上的投影 $(\hat{\boldsymbol{x}}_{j_0},\hat{\boldsymbol{y}}_{j_0})$ 为 MS-DEA 有效.

证明 假设决策单元的投影 $(\hat{\boldsymbol{x}}_{j_0},\hat{\boldsymbol{y}}_{j_0})$ 为无效, 即存在 $(\boldsymbol{x},\boldsymbol{y})\in T^{\text{sec}}$, 使得

$$\boldsymbol{x}\leqq\hat{\boldsymbol{x}}_{j_0},\quad \hat{\boldsymbol{y}}_{j_0}\leqq\boldsymbol{y}$$

且至少有一个不等式严格成立. 由于

$$(\boldsymbol{x},\boldsymbol{y})\in T^{\text{sec}}=T^{(1)}\cup T^{(2)}\cup T^E,$$

因此, $(\boldsymbol{x},\boldsymbol{y})\in T^{(1)}$, 或 $(\boldsymbol{x},\boldsymbol{y})\in T^{(2)}$, 或 $(\boldsymbol{x},\boldsymbol{y})\in T^E$.

(1) 若 $(\boldsymbol{x},\boldsymbol{y})\in T^{(1)}$, 则存在 $\lambda_j^{(1)}\geqq 0(j=1,2,\cdots,n_1+1)$, 使得

$$\sum_{j=1}^{n_1}\boldsymbol{x}_j^{(1)}\lambda_j^{(1)}\leqq\boldsymbol{x}\leqq\hat{\boldsymbol{x}}_{j_0}=\overline{\theta}\boldsymbol{x}_{j_0}-\overline{\boldsymbol{s}}^-,$$

$$\sum_{j=1}^{n_1}\boldsymbol{y}_j^{(1)}\lambda_j^{(1)}\geqq\boldsymbol{y}\geqq\hat{\boldsymbol{y}}_{j_0}=\boldsymbol{y}_{j_0}+\overline{\boldsymbol{s}}^+,$$

$$\delta_1^{(1)}\left(\sum_{j=1}^{n_1}\lambda_j^{(1)}-\delta_2^{(1)}(-1)^{\delta_3^{(1)}}\lambda_{n_1+1}^{(1)}\right)=\delta_1^{(1)}.$$

令

$$P_1=1,\quad P_2=0,\quad \boldsymbol{s}^-=\overline{\theta}\boldsymbol{x}_{j_0}-\sum_{j=1}^{n_1}\boldsymbol{x}_j^{(1)}\lambda_j^{(1)},$$

$$\boldsymbol{s}^+ = \sum_{j=1}^{n_1} \boldsymbol{y}_j^{(1)} \lambda_j^{(1)} - \boldsymbol{y}_{j_0}, \quad \lambda_l^{(2)} = 0 (l = 1, 2, \cdots, n_2 + 1),$$

可以验证 $P_1, P_2, \overline{\theta}, \boldsymbol{s}^-, \boldsymbol{s}^+, \lambda_j^{(1)} (j = 1, 2, \cdots, n_1 + 1), \lambda_l^{(2)} (l = 1, 2, \cdots, n_2 + 1)$ 是模型 (HDI) 的一个可行解, 但 $\boldsymbol{s}^- \geqq \overline{\boldsymbol{s}}^-, \boldsymbol{s}^+ \geqq \overline{\boldsymbol{s}}^+$ 且至少有一个不等式严格成立. 因此, 有

$$\overline{\theta} - \varepsilon(\boldsymbol{e}^{\mathrm{T}} \boldsymbol{s}^- + \hat{\boldsymbol{e}}^{\mathrm{T}} \boldsymbol{s}^+) < \overline{\theta} - \varepsilon(\boldsymbol{e}^{\mathrm{T}} \overline{\boldsymbol{s}}^- + \hat{\boldsymbol{e}}^{\mathrm{T}} \overline{\boldsymbol{s}}^+),$$

这与假设 $\overline{P}_1, \overline{P}_2, \overline{\theta}, \overline{\boldsymbol{s}}^-, \overline{\boldsymbol{s}}^+, \overline{\lambda}_j^{(1)} (j = 1, 2, \cdots, n_1 + 1), \overline{\lambda}_l^{(2)} (l = 1, 2, \cdots, n_2 + 1)$ 是模型 (HDI) 的最优解矛盾!

(2) 若 $(\boldsymbol{x}, \boldsymbol{y}) \in T^{(2)}$, 同理, 令 $P_1 = 0, P_2 = 1$, 类似可证结论成立.

(3) 若 $(\boldsymbol{x}, \boldsymbol{y}) \in T^E$, 则存在 $\lambda_j^{(1)} \geqq 0 (j = 1, 2, \cdots, n_1 + 1), \lambda_l^{(2)} \geqq 0 (l = 1, 2, \cdots, n_2 + 1)$, 使得

$$\sum_{j=1}^{n_1} \boldsymbol{x}_j^{(1)} \lambda_j^{(1)} + \sum_{l=1}^{n_2} \boldsymbol{x}_l^{(2)} \lambda_l^{(2)} \leqq \boldsymbol{x} \leqq \hat{\boldsymbol{x}}_{j_0} = \overline{\theta} \boldsymbol{x}_{j_0} - \overline{\boldsymbol{s}}^-,$$

$$\sum_{j=1}^{n_1} \boldsymbol{y}_j^{(1)} \lambda_j^{(1)} + \sum_{l=1}^{n_2} \boldsymbol{y}_l^{(2)} \lambda_l^{(2)} \geqq \boldsymbol{y} \geqq \hat{\boldsymbol{y}}_{j_0} = \boldsymbol{y}_{j_0} + \overline{\boldsymbol{s}}^+,$$

$$\delta_1^{(1)} \left(\sum_{j=1}^{n_1} \lambda_j^{(1)} - \delta_2^{(1)} (-1)^{\delta_3^{(1)}} \lambda_{n_1+1}^{(1)} \right) = \delta_1^{(1)},$$

$$\delta_1^{(2)} \left(\sum_{l=1}^{n_2} \lambda_l^{(2)} - \delta_2^{(2)} (-1)^{\delta_3^{(2)}} \lambda_{n_2+1}^{(2)} \right) = \delta_1^{(2)},$$

令

$$P_1 = 1, \quad P_2 = 1,$$

$$\boldsymbol{s}^- = \overline{\theta} \boldsymbol{x}_{j_0} - \sum_{j=1}^{n_1} \boldsymbol{x}_j^{(1)} \lambda_j^{(1)} - \sum_{l=1}^{n_2} \boldsymbol{x}_l^{(2)} \lambda_l^{(2)},$$

$$\boldsymbol{s}^+ = \sum_{j=1}^{n_1} \boldsymbol{y}_j^{(1)} \lambda_j^{(1)} + \sum_{l=1}^{n_2} \boldsymbol{y}_l^{(2)} \lambda_l^{(2)} - \boldsymbol{y}_{j_0},$$

可以验证 $P_1, P_2, \overline{\theta}, \boldsymbol{s}^-, \boldsymbol{s}^+, \lambda_j^{(1)} (j = 1, 2, \cdots, n_1 + 1), \lambda_l^{(2)} (l = 1, 2, \cdots, n_2 + 1)$ 是模型 (HDI) 的一个可行解, 但 $\boldsymbol{s}^- \geqq \overline{\boldsymbol{s}}^-, \boldsymbol{s}^+ \geqq \overline{\boldsymbol{s}}^+$ 且至少有一个不等式严格成立. 因此, 有

$$\overline{\theta} - \varepsilon(\boldsymbol{e}^{\mathrm{T}} \boldsymbol{s}^- + \hat{\boldsymbol{e}}^{\mathrm{T}} \boldsymbol{s}^+) < \overline{\theta} - \varepsilon(\boldsymbol{e}^{\mathrm{T}} \overline{\boldsymbol{s}}^- + \hat{\boldsymbol{e}}^{\mathrm{T}} \overline{\boldsymbol{s}}^+),$$

这与假设 $\overline{P}_1, \overline{P}_2, \overline{\theta}, \overline{\boldsymbol{s}}^-, \overline{\boldsymbol{s}}^+, \overline{\lambda}_j^{(1)} (j = 1, 2, \cdots, n_1 + 1), \overline{\lambda}_l^{(2)} (l = 1, 2, \cdots, n_2 + 1)$ 是模型 (HDI) 的最优解矛盾! 证毕.

下面应用一个例子来说明模型 (HDI) 的定量分析结果与例 7.2 中的定性分析结果是一致的, 进而说明模型 (HDI) 可以有效度量混合规模收益决策单元的有效性问题.

例 7.3 首先, 把例 7.2 中的教师分成教学型和科研型两个组, 对教学型教师, 取 $\delta_1^{(1)}=0$, 对科研型教师, 取 $\delta_1^{(2)}=1$, $\delta_2^{(2)}=0$, 然后, 分别应用模型 (DG) 进行计算. 可以算出科研型教师或者教学型教师的效率值 (θ) 和指标改进值 ($\Delta x, \Delta y$) 如表 7.2 所示.

其次, 在混合规模收益的情况下, 即在教师可以同时从事教学和科研的情况下, 应用模型 (HDI) 可以算出 7 位教师的效率值、投影值和指标改进值如表 7.2 所示.

表 7.2 基于模型 (DG) 和模型 (HDI) 的教师工作绩效分析

教师序号	模型 (DG)			模型 (HDI)						
	θ	Δx	Δy	θ	Δx	Δy	$\hat{x}^{(1)}$	$\hat{y}^{(1)}$	$\hat{x}^{(2)}$	$\hat{y}^{(2)}$
A	1.000	0.000	0.000	1.000	0.000	0.000	0.000	0.000	2.000	4.000
B	1.000	0.000	0.000	1.000	0.000	0.000	0.000	0.000	3.000	6.000
C	1.000	0.000	0.000	0.714	2.000	0.000	2.000	2.000	3.000	6.000
E	0.273	8.000	0.000	0.273	8.000	0.000	0.000	0.000	3.000	6.000
F	0.182	9.000	3.000	0.091	10.000	0.000	1.000	1.000	0.000	0.000
D	1.000	0.000	0.000	0.727	3.000	0.000	5.000	5.000	3.000	6.000
H	1.000	0.000	0.000	1.000	0.000	0.000	1.000	1.000	0.000	0.000

由于例 7.3 是对例 7.2 的量化分析, 下面将结合图 7.4 来说明模型 (HDI) 的计算结果不仅和定性分析结果相一致, 而且还能给出更为具体的解析.

首先, 例 7.2 从定性分析的角度给出教师 F 改进的理想状态是达到教师 H 的水平; 模型 (HDI) 给出的结果为

$$\hat{x}^{(1)}=1.000, \quad \hat{y}^{(1)}=1.000, \quad \hat{x}^{(2)}=0.000, \quad \hat{y}^{(2)}=0.000,$$

这表明教师 F 的理想选择是从事教学工作, 并且争取用 1 个月的时间使产出量达到 1, 即达到教师 H 的水平. $\Delta x=10.000$, $\Delta y=0.000$ 表明在产出不变的情况下, 这种改变可以使工作时间少投入 10 个月.

其次, 例 7.2 从定性分析的角度给出教师 E 改进的理想状态是达到教师 B 的水平; 模型 (HDI) 给出的结果与此相同. 其中

$$\hat{x}^{(1)}=0.000, \quad \hat{y}^{(1)}=0.000, \quad \hat{x}^{(2)}=3.000, \quad \hat{y}^{(2)}=6.000,$$

表明教师 E 的努力方向是从事科研工作, 这样有可能会用 3 个月的时间达到原来的产出量, 可以使工作时间少投入 8 个月.

最后, 例 7.2 从定性分析的角度给出教师 D 改进的理想状态是达到教师 G 的水平; 模型 (HDI) 给出的结果也与此相同. 其中

$$\hat{x}^{(1)} = 5.000, \quad \hat{y}^{(1)} = 5.000, \quad \hat{x}^{(2)} = 3.000, \quad \hat{y}^{(2)} = 6.000,$$

表明教师 D 承担 5 个月的科研工作和 3 个月的教学工作则有可能会使绩效值达到最大.

从上述分析可以看出, 模型 (HDI) 不仅从定量的角度给出混合规模收益下决策单元效率度量的数值, 而且, 还给出了决策单元改进的路径和各种类型投入的比例关系.

7.4 混合规模收益下管理政策对决策单元任务选择的影响

管理政策对个人工作的选择与价值取向具有重要影响, 比如, 一些大学为了提升学校科研工作的国际影响力, 常常对教师在高级别 SCI 期刊发表论文给予重奖, 这种导向必然导致许多教师更多地选择科研工作. 当然, 也有一些高职院校, 更加关注教师对教学的投入和学生的社会实践, 这种导向必将引导教师更多地关注教学工作. 以下首先以高校教师教学科研工作为例, 探讨管理政策对决策单元的工作选择与效率大小的影响. 然后, 进一步提出考虑管理政策影响的混合规模收益下 DEA 模型.

例 7.4 假设某学院 7 名教师的投入产出值如表 7.1 所示, 则教学型教师的生产前沿面为图 7.5(a) 中的直线 OD, 科研型教师的生产前沿面为图 7.5(a) 中的折线 ABC.

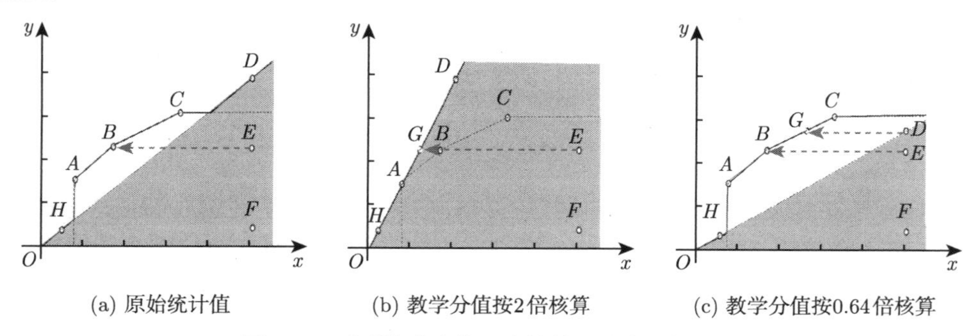

图 7.5 不同激励政策下决策单元的有效性分析

(1) 管理政策对生产可能集的影响.

如果学院的激励政策发生变化, 学院希望更多的教师从事教学工作, 增加教学工作奖励的权重, 将每个教学分值按 2 倍计入总业绩, 这时相应的生产前沿面变成图 7.5(b) 中的情况. 相反地, 如果学院希望更多的教师从事科研工作, 降低教学工作奖励的权重, 将每个教学分值按照 0.64 倍计入总业绩, 这时对应的生产可能集则变成图 7.5(c) 中的情况. 由此可见, 管理政策对决策单元的生产可能集会产生较大的影响.

(2) 管理政策对教师的导向性分析.

在 DEA 方法中, 由于投影点能反应被评价单元改进的理想状态, 因此, 以下从投影点的角度分析管理政策对教师承担教学工作还是科研工作的导向作用. 为了便于说明问题, 这里选择一名教学型教师 (教师 D) 和一名科研型教师 (教师 E) 进行分析, 并假设每位教师仅承担教学或科研工作中的一种工作. 在图 7.5(a) 中, 教师 D 的改进方向是从事教学工作 (投影点为 D 点), 教师 E 的改进方向是承担科研工作 (投影点为 B 点); 当政策倾向于激励教学时 (图 7.5(b)), 教师 D 的改进方向仍是从事教学工作 (投影点为 D 点), 教师 E 的改进方向则变为从事教学工作 (投影点为 G 点); 当政策倾向于激励科研工作时 (图 7.5(c)), 教师 D 的改进方向则变为从事科研工作 (投影点为 G 点), 教师 E 的改进方向也是从事科研工作 (投影点为 B 点).

从上面的分析可见, 管理政策的变化对决策的效率分析和改进方向具有重要的影响. 为此, 以下进一步给出带有政策因子的混合规模收益下的决策单元的有效性分析模型.

假设决策者规定第一类决策单元 $(\boldsymbol{x}_j^{(1)}, \boldsymbol{y}_j^{(1)})(j=1,2,\cdots,n_1)$ 的投入产出指标的政策权重为 $\boldsymbol{a}^{(1)}=(a_1^{(1)},a_2^{(1)},\cdots,a_m^{(1)})^{\mathrm{T}}>\boldsymbol{0}$, $\boldsymbol{b}^{(1)}=(b_1^{(1)},b_2^{(1)},\cdots,b_s^{(1)})^{\mathrm{T}}>\boldsymbol{0}$, 比如一个教师的科研论文的产出值为 10 分, 而学校为了重奖科研成果, 将科研成果的分值按 200%发放津贴, 这时该教师的最终科研分值为 10 分 $\times$200%. 这里称 $(\boldsymbol{a}^{(1)},\boldsymbol{b}^{(1)})$ 为政策因子.

假设第二类决策单元 $(\boldsymbol{x}_l^{(2)}, \boldsymbol{y}_l^{(2)})(l=1,2,\cdots,n_2)$ 的政策因子为 $(\boldsymbol{a}^{(2)},\boldsymbol{b}^{(2)})$, 则含有政策因子的混合规模收益 DEA 模型如下:

$$
(\text{P-HDI})\left\{\begin{array}{l}
\min \theta-\varepsilon(\boldsymbol{e}^{\mathrm{T}}\boldsymbol{s}^{-}+\hat{\boldsymbol{e}}^{\mathrm{T}}\boldsymbol{s}^{+}),\\
\text{s.t.}\ \ \displaystyle\sum_{j=1}^{n_1}(\boldsymbol{a}^{(1)}\vec{\times}\boldsymbol{x}_j^{(1)})\lambda_j^{(1)}+\sum_{l=1}^{n_2}(\boldsymbol{a}^{(2)}\vec{\times}\boldsymbol{x}_l^{(2)})\lambda_l^{(2)}+\boldsymbol{s}^{-}=\theta\overline{\boldsymbol{x}}_{j_0},\\
\qquad\displaystyle\sum_{j=1}^{n_1}(\boldsymbol{b}^{(1)}\vec{\times}\boldsymbol{y}_j^{(1)})\lambda_j^{(1)}+\sum_{l=1}^{n_2}(\boldsymbol{b}^{(2)}\vec{\times}\boldsymbol{y}_l^{(2)})\lambda_l^{(2)}-\boldsymbol{s}^{+}=\overline{\boldsymbol{y}}_{j_0},\\
\qquad\delta_1^{(1)}\displaystyle\sum_{j=1}^{n_1}\lambda_j^{(1)}=P_1\delta_1^{(1)}(1+\delta_2^{(1)}(-1)^{\delta_3^{(1)}}\lambda_{n_1+1}^{(1)}),\\
\qquad\delta_1^{(2)}\displaystyle\sum_{l=1}^{n_2}\lambda_l^{(2)}=P_2\delta_1^{(2)}(1+\delta_2^{(2)}(-1)^{\delta_3^{(2)}}\lambda_{n_2+1}^{(2)}),\\
\qquad P_1,P_2\in\{0,1\},(\boldsymbol{s}^{-},\boldsymbol{s}^{+})\geqq\boldsymbol{0},\lambda_j^{(1)}\geqq 0,\lambda_l^{(2)}\geqq 0,\\
\qquad j=1,2,\cdots,n_1+1,l=1,2,\cdots,n_2+1,
\end{array}\right.
$$

这里

$$\boldsymbol{a}^{(1)}\vec{\times}\boldsymbol{x}_j^{(1)}=(a_1^{(1)}x_{1j}^{(1)},a_2^{(1)}x_{2j}^{(1)},\cdots,a_m^{(1)}x_{mj}^{(1)})^{\mathrm{T}},$$
$$\overline{\boldsymbol{x}}_{j_0}=\boldsymbol{a}^{(1)}\vec{\times}\boldsymbol{x}_{j_0}^{(1)}+\boldsymbol{a}^{(2)}\vec{\times}\boldsymbol{x}_{j_0}^{(2)},\quad \overline{\boldsymbol{y}}_{j_0}=\boldsymbol{b}^{(1)}\vec{\times}\boldsymbol{y}_{j_0}^{(1)}+\boldsymbol{b}^{(2)}\vec{\times}\boldsymbol{y}_{j_0}^{(2)}.$$

通过类似的讨论可以给出决策单元投影的概念, 通过决策单元的投影即可给出被评价单元如何选择才能达到最佳效率, 由于篇幅所限, 这里不再赘述.

7.5 混合规模收益下决策单元的个性选择

前面讨论的是一般情况下, 混合规模收益决策单元的有效性评价问题, 但有时决策者带有个人的偏好和约束选择. 不失一般性, 下面以例 7.1 中高校教师的工作效率评价为例, 给出混合规模收益下带有决策单元个性约束的 DEA 模型.

(1) 被评价单元对未来工作改进的限制为仅承担教学工作, 而不承担科研工作, 这时对应的模型为

$$(\mathrm{HDI}_1)\begin{cases}\min\theta-\varepsilon(\boldsymbol{e}^{\mathrm{T}}\boldsymbol{s}^-+\hat{\boldsymbol{e}}^{\mathrm{T}}\boldsymbol{s}^+),\\ \text{s.t. }\ \sum\limits_{j=1}^{n_1}\boldsymbol{x}_j^{(1)}\lambda_j^{(1)}+\boldsymbol{s}^-=\theta\boldsymbol{x}_{j_0},\\ \qquad\sum\limits_{j=1}^{n_1}\boldsymbol{y}_j^{(1)}\lambda_j^{(1)}-\boldsymbol{s}^+=\boldsymbol{y}_{j_0},\\ \qquad\delta_1^{(1)}\sum\limits_{j=1}^{n_1}\lambda_j^{(1)}=\delta_1^{(1)}(1+\delta_2^{(1)}(-1)^{\delta_3^{(1)}}\lambda_{n_1+1}^{(1)}),\\ \qquad(\boldsymbol{s}^-,\boldsymbol{s}^+)\geqq\boldsymbol{0},\lambda_j^{(1)}\geqq0,j=1,2,\cdots,n_1+1.\end{cases}$$

(2) 被评价单元对未来工作改进的限制是只承担教学或者科研中的一种工作, 这时对应的模型为

$$(\mathrm{HDI}_2)\begin{cases}\min\theta-\varepsilon(\boldsymbol{e}^{\mathrm{T}}\boldsymbol{s}^-+\hat{\boldsymbol{e}}^{\mathrm{T}}\boldsymbol{s}^+),\\ \text{s.t. }\ P_1\sum\limits_{j=1}^{n_1}\boldsymbol{x}_j^{(1)}\lambda_j^{(1)}+P_2\sum\limits_{l=1}^{n_2}\boldsymbol{x}_l^{(2)}\lambda_l^{(2)}+\boldsymbol{s}^-=\theta\boldsymbol{x}_{j_0},\\ \qquad P_1\sum\limits_{j=1}^{n_1}\boldsymbol{y}_j^{(1)}\lambda_j^{(1)}+P_2\sum\limits_{l=1}^{n_2}\boldsymbol{y}_l^{(2)}\lambda_l^{(2)}-\boldsymbol{s}^+=\boldsymbol{y}_{j_0},\\ \qquad\delta_1^{(1)}\sum\limits_{j=1}^{n_1}\lambda_j^{(1)}=\delta_1^{(1)}(1+\delta_2^{(1)}(-1)^{\delta_3^{(1)}}\lambda_{n_1+1}^{(1)}),\\ \qquad\delta_1^{(2)}\sum\limits_{l=1}^{n_2}\lambda_l^{(2)}=\delta_1^{(2)}(1+\delta_2^{(2)}(-1)^{\delta_3^{(2)}}\lambda_{n_2+1}^{(2)}),\\ \qquad P_1+P_2=1,P_1,P_2\in\{0,1\},(\boldsymbol{s}^-,\boldsymbol{s}^+)\geqq\boldsymbol{0},\lambda_j^{(1)}\geqq0,\lambda_l^{(2)}\geqq0,\\ \qquad j=1,2,\cdots,n_1+1,l=1,2,\cdots,n_2+1.\end{cases}$$

(3) 被评价单元对未来工作改进的限制是以科研工作为主, 科研工作的业绩值不少于教学工作的业绩值, 这时在模型 (HDI) 的约束条件中加入约束条件:

$$\sum_{j=1}^{n_1} \boldsymbol{y}_j^{(1)} \lambda_j^{(1)} \leqq \sum_{l=1}^{n_2} \boldsymbol{y}_l^{(2)} \lambda_l^{(2)}.$$

(4) 被评价单元改进的目标以教学工作为主, 科研工作的业绩值不高于教学工作业绩值的 $h\%$, 这时在模型 (HDI) 的约束条件中加入以下约束条件:

$$\sum_{j=1}^{n_1} \boldsymbol{y}_j^{(1)} \lambda_j^{(1)} \times h\% \geqq \sum_{l=1}^{n_2} \boldsymbol{y}_l^{(2)} \lambda_l^{(2)}.$$

(5) 被评价单元改进的目标是希望将大多数时间投入到教学工作中, 科研工作的投入值不高于教学工作投入值的 30%, 这时在模型 (HDI) 的约束条件中加入以下约束条件:

$$\sum_{j=1}^{n_1} \boldsymbol{x}_j^{(1)} \lambda_j^{(1)} \times 30\% \geqq \sum_{l=1}^{n_2} \boldsymbol{x}_l^{(2)} \lambda_l^{(2)}.$$

根据决策的需要, 可以用类似的方法构造出许多个性化的模型, 由于篇幅所限, 这里不再赘述, 以下统称这些模型为模型 (HDI-gx). 针对这些模型可以进一步给出决策单元的个性改进信息如下.

定义 7.3 如果 $\overline{P}_1, \overline{P}_2, \overline{\theta}, \overline{\boldsymbol{s}}^-, \overline{\boldsymbol{s}}^+, \overline{\lambda}_j^{(1)} (j=1,2,\cdots,n_1+1), \overline{\lambda}_l^{(2)} (l=1,2,\cdots,n_2+1)$ 是模型 (HDI-gx) 的最优解, 令

$$\hat{\boldsymbol{x}}_{j_0} = \overline{\theta} \boldsymbol{x}_{j_0} - \overline{\boldsymbol{s}}^-, \quad \hat{\boldsymbol{y}}_{j_0} = \boldsymbol{y}_{j_0} + \overline{\boldsymbol{s}}^+,$$

则称 $(\hat{\boldsymbol{x}}_{j_0}, \hat{\boldsymbol{y}}_{j_0})$ 为决策单元 j_0 的面向输入的个性化投影. 对于情况 (3)~(5), 令

$$\hat{\boldsymbol{x}}_{j_0}^{(1)} = \sum_{j=1}^{n_1} \boldsymbol{x}_j^{(1)} \overline{\lambda}_j^{(1)}, \quad \hat{\boldsymbol{y}}_{j_0}^{(1)} = \sum_{j=1}^{n_1} \boldsymbol{y}_j^{(1)} \overline{\lambda}_j^{(1)}, \quad \hat{\boldsymbol{x}}_{j_0}^{(2)} = \sum_{l=1}^{n_2} \boldsymbol{x}_l^{(2)} \overline{\lambda}_l^{(2)}, \quad \hat{\boldsymbol{y}}_{j_0}^{(2)} = \sum_{l=1}^{n_2} \boldsymbol{y}_l^{(2)} \overline{\lambda}_l^{(2)},$$

称 $(\hat{\boldsymbol{x}}_{j_0}^{(1)}, \hat{\boldsymbol{y}}_{j_0}^{(1)}), (\hat{\boldsymbol{x}}_{j_0}^{(2)}, \hat{\boldsymbol{y}}_{j_0}^{(2)})$ 为决策单元 j_0 的个性化投影分解值.

无论是教学型教师、科研型教师, 还是教学科研型教师, 他们对未来工作类型选择的不同, 必将导致他们有不同的努力方向. 模型 (HDI-gx) 针对决策单元对未来工作的各种个性化需求和约束, 给出带有个性化的改进信息, 将对决策单元的改进给出更具针对性的建议.

7.6 基于模型 (HDI) 的高校教师教学科研效率分析

为了进一步验证本章方法的合理性, 下面将分别应用传统 DEA 方法和本章方法对某高校经管学院全体教师的绩效情况进行分析. 进而阐述传统 DEA 方法在测

算全体教师绩效时遇到的困难与挑战, 以及本章方法在评价该类问题上的合理性与优势.

7.6.1 基于模型 (DG) 的教学科研效率分析及其存在的问题

假设某高校经济管理学院要对 24 名教师的教学和科研方面的工作效率进行评估, 由于学院教师在科研方面的主要成果是科研论文, 教学方面的主要工作是授课, 因此, 学院决定投入指标选择工作时间 (包括教学投入时间和科研投入时间), 产出指标选择总绩效 (包括科研绩效和教学绩效). 根据学院科研论文与教学工作的相关激励政策, 可算得 24 名教师的指标数据如表 7.3 所示.

表 7.3 学院教师的投入产出指标数据

教师	T_1	T_2	T_3	T_4	T_5	T_6	T_7	T_8	T_9	T_{10}	T_{11}	T_{12}
投入时间/课时	222	111	100	222	670	555	444	670	440	350	330	240
教学绩效值/分	0	0	0	0	0	0	0	40.2	26.4	21	19.8	14.4
科研绩效值/分	10	3.8	7	16	19	17	17	0	0	0	0	0
总绩效值/分	10	3.8	7	16	19	17	17	40.2	26.4	21	19.8	14.4
教师	T_{13}	T_{14}	T_{15}	T_{16}	T_{17}	T_{18}	T_{19}	T_{20}	T_{21}	T_{22}	T_{23}	T_{24}
投入时间/课时	260	220	160	100	60	492	371	248	520	406	269	302
教学绩效值/分	15.6	13.2	9.6	6	3.6	15	14.4	7.6	16.5	16.4	8.8	10.6
科研绩效值/分	0	0	0	0	0	8.8	5	3.8	10	5	5	5
总绩效值/分	15.60	13.20	9.60	6.00	3.60	23.80	19.40	11.40	26.50	21.40	13.80	15.60

从表 7.3 可以看到, 教师 $T_1 \sim T_7$ 只承担了科研工作, 教师 $T_8 \sim T_{17}$ 只承担了教学工作, 而教师 $T_{18} \sim T_{24}$ 既承担了教学工作也承担了科研工作, 如果将他们分别归类为科研型、教学型和教学科研型三类, 则可以看出教学型教师的投入产出指标满足规模收益不变, 这是由于授课的课时费是固定的, 教师只要承担足够的教学量就一定能获得等比例的报酬. 而科研型教师的投入产出指标满足规模收益可变, 并且该院教师完成一篇论文的最短时间是 100 课时. 有关 24 位教师的投入产出情况如图 7.6 所示.

DEA 模型是建立在 DEA 公理化体系之上的方法, DEA 模型要求被评价单元的生产可能集必须满足一定的规模收益. 比如 CCR 模型假设生产活动满足规模收益不变, BCC 模型满足规模收益可变. 当应用这两个模型对学院 24 名教师进行整体效率评价时, 则会存在以下问题需要回答.

(1) 所有教师的教学科研活动一定同时满足规模收益不变或规模收益可变吗?

从图 7.6 可以看出, 教学型教师的投入产出数据均在直线 OT_8 上, 因此, 满足规模收益不变. 而科研型教师的投入产出数据的包络面为折线 $T_3T_4T_5$, 因此, 满足规模收益可变. 而应用 CCR 模型或 BCC 模型测评全部 24 位教师的工作效率时,实际上是首先假设了教师的工作均满足规模收益不变或规模收益可变, 因此, 传统 DEA 模型并不适合评价混合规模收益的教师工作效率问题.

(2) 教学科研型教师的生产可能集一定满足凸性吗?

从图 7.6 可以看出, 当投入时间少于 100 时, 所有教师无法完成一篇完整的论文, 这时科研的产出应该为 0, 所以教学科研型教师的生产前沿面应该为线段 OT_{16}; 当投入时间在 100~222 时, 科研工作可以获得更大的收益, 前沿面应为线段 T_3T_4, 由此可见, 教学科研型教师的生产可能集并不满足凸性假设. 因此, 传统 DEA 模型并不适合评价教学科研型教师的工作效率问题.

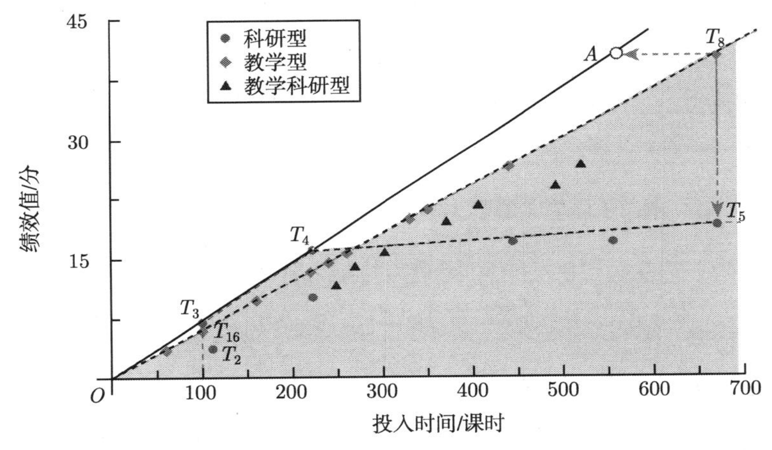

图 7.6 按照不同类型教师分类下的投入产出数据分析

(3) DEA 模型给出的改进信息可行吗?

从图 7.6 可以看出, CCR 模型给出的教学型教师 T_8(670, 40.2) 的投影点是 A(557.78, 40.2), A 是科研型教师 T_4(222, 16) 的投入产出按等比例 2.513 倍扩大后获得的, 这表明教学型教师 T_8 如果从事科研工作将获得更大的收益, 而实际上, 科研型教师 T_5 应用同样的时间获得的科研产出却仅有 T_8 的 47.26%.

(4) 如何考虑决策单元的个性选择?

如果一个教师想获得一些个性化的信息, 比如在一定的时间内, 应该承担多少教学和多少科研工作才能达到理想的绩效, 等等. 传统的 DEA 方法并不能给出这些信息.

7.6.2 基于模型 (HDI) 的教学科研效率分析及比较

CCR 模型和 BCC 模型是 DEA 方法的基本模型, 也是最常用的模型. 通过计算发现, 在本案例中 CCR 模型对应的有效生产前沿面 OA (图 7.7) 是由科研型教师 T_4 的数据经过等比例变化得到的, 由 7.6.1 节的讨论表明科研型教师的业绩并不满足规模收益不变, 因此, 以下仅讨论本章方法与 BCC 模型计算结果的合理性.

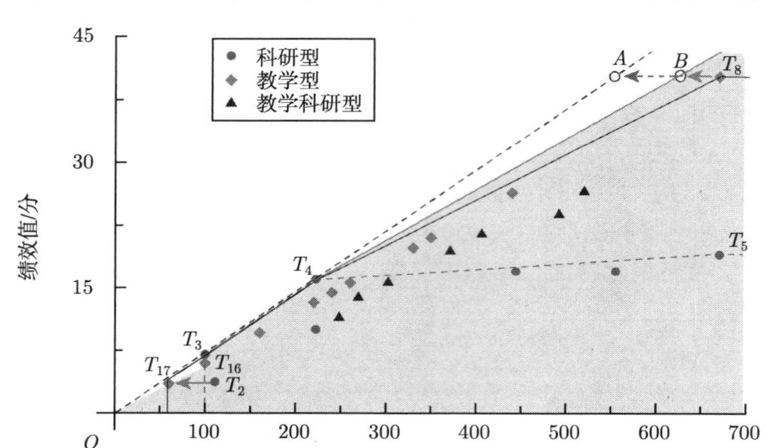

图 7.7　按照不同类型教师分类下的投入产出数据分析

在图 7.7 中, BCC 模型对应的生产可能集为折线 $T_{17}T_3T_4T_8$, 模型 (HDI) 对应的生产可能集为 $OT_{16}T_3T_4B$, 由此可见, 模型 (HDI) 对应的生产可能集不为凸集. 并且两个生产可能集之间也不存在包含关系.

首先, 应用 BCC 模型 (即在模型 (DG) 中取 $\delta_1=1,\delta_2=0$) 对 24 名教师进行效率分析, 计算结果如表 7.4 所示. 然后, 根据 7.6.1 节讨论的结果, 在模型 (HDI) 中取 $T^{(1)}$ 为教学型教师的生产可能集, 令 $\delta_1^{(1)}=0$, $T^{(2)}$ 为科研型教师的生产可能集, 令 $\delta_1^{(2)}=1$, $\delta_2^{(2)}=0$, 然后, 应用模型 (HDI) 对 24 名教师进行效率分析, 获得的结果如表 7.4 所示.

从表 7.4 可以看出, 模型 (HDI) 比 BCC 模型具有以下优点.

(1) 模型 (HDI) 给出的结果比 BCC 模型更加详细.

在表 7.4 中应用两个模型获得的教师 T_1, T_3, T_4, $T_{12}\sim T_{15}$, T_{17}, T_{20}, T_{23}, T_{24} 的效率值和投影是一致的, 但模型 (HDI) 还能给出更进一步的信息. 比如, 两个模型给出教师 T_1 的效率值均为 0.634, 改进值为 $\Delta x=81.33$, $\Delta y=0.00$; 教师 T_{12} 的效率值为 0.835, 改进值为 $\Delta x=39.69$, $\Delta y=0.00$. 这表明教师 T_1 和教师 T_{12} 均无效, 在各自产出不变的情况下, 需要将工作时间再分别缩短 81.33 课时和 39.69 课时. 但是两位教师要达到这一目标应该如何承担教学和科研工作, BCC 模型不能给出进一步信息, 而模型 (HDI) 对这一问题可以给出详细的信息.

对于教师 T_1,

$$\hat{x}^{(1)}=0.00,\quad \hat{y}^{(1)}=0.00,\quad \hat{x}^{(2)}=140.67,\quad \hat{y}^{(2)}=10.00,$$

表明教师 T_1 应该继续承担科研工作, 如果能将工作时间缩短到 140.67, 科研绩效值达到 10, 即可达到有效状态.

表 7.4 基于模型 (DG) 和模型 (HDI) 的 24 位教师的计算结果

教师序号	模型 (DG)			模型 (HDI)						
	θ	Δx	Δy	θ	Δx	Δy	$\hat{x}^{(1)}$	$\hat{y}^{(1)}$	$\hat{x}^{(2)}$	$\hat{y}^{(2)}$
T_1	0.634	81.33	0.00	0.634	81.33	0.00	0.00	0.00	140.67	10.00
T_2	0.562	48.65	0.00	0.571	47.67	0.00	63.33	3.80	0.00	0.00
T_3	1.000	0.00	0.00	1.000	0.00	0.00	0.00	0.00	100.00	7.00
T_4	1.000	0.00	0.00	1.000	0.00	0.00	0.00	0.00	222.00	16.00
T_5	0.414	392.46	0.00	0.406	398.00	0.00	50.00	3.00	222.00	16.00
T_6	0.433	314.49	0.00	0.430	316.33	0.00	16.67	1.00	222.00	16.00
T_7	0.542	203.49	0.00	0.538	205.33	0.00	16.67	1.00	222.00	16.00
T_8	1.000	0.00	0.00	0.933	44.67	0.00	403.33	24.20	222.00	16.00
T_9	0.942	25.47	0.00	0.898	44.67	0.00	173.33	10.40	222.00	16.00
T_{10}	0.899	35.44	0.00	0.872	44.67	0.00	83.33	5.00	222.00	16.00
T_{11}	0.886	37.65	0.00	0.865	44.67	0.00	63.33	3.80	222.00	16.00
T_{12}	0.835	39.69	0.00	0.835	39.69	0.00	0.00	0.00	200.31	14.40
T_{13}	0.833	43.42	0.00	0.833	43.42	0.00	0.00	0.00	216.58	15.60
T_{14}	0.837	35.96	0.00	0.837	35.96	0.00	0.00	0.00	184.04	13.20
T_{15}	0.845	24.76	0.00	0.845	24.76	0.00	0.00	0.00	135.24	9.60
T_{16}	0.882	11.76	0.00	1.000	0.00	1.00	0.00	0.00	100.00	7.00
T_{17}	1.000	0.00	0.00	1.000	0.00	0.00	60.00	3.60	0.00	0.00
T_{18}	0.745	125.60	0.00	0.715	140.00	0.00	130.00	7.80	222.00	16.00
T_{19}	0.768	86.06	0.00	0.751	92.33	0.00	56.67	3.40	222.00	16.00
T_{20}	0.644	88.36	0.00	0.644	88.36	0.00	0.00	0.00	159.64	11.40
T_{21}	0.801	103.62	0.00	0.763	123.00	0.00	175.00	10.50	222.00	16.00
T_{22}	0.793	84.03	0.00	0.768	94.00	0.00	90.00	5.40	222.00	16.00
T_{23}	0.714	76.82	0.00	0.714	76.82	0.00	0.00	0.00	192.18	13.80
T_{24}	0.717	85.42	0.00	0.717	85.42	0.00	0.00	0.00	216.58	15.60

注: "____" 表示两个模型给出的效率值和投影值是一致的, "____" 表示模型 (HDI) 给出的结果更合理.

对于教师 T_{12} 则有所不同,

$$\hat{x}^{(1)} = 0.00, \quad \hat{y}^{(1)} = 0.00, \quad \hat{x}^{(2)} = 200.31, \quad \hat{y}^{(2)} = 14.40,$$

表明教师 T_{12} 应不再继续承担教学工作, 而改为承担科研工作, 并努力用 200.31 课时获得 14.40 个科研绩效分就可以达到有效状态.

(2) 模型 (HDI) 给出的结果比 BCC 模型更优化.

在表 7.4 中应用模型 (HDI) 给出的教师 $T_5 \sim T_{11}, T_{18}, T_{19}, T_{21}, T_{22}$ 的改进结果比 BCC 模型更优. 比如 BCC 模型计算的结果显示教师 T_8 为有效单元, 改进值为 $\Delta x = 0.00$, $\Delta y = 0.00$, 教师 T_8 的绩效无法进一步提高; 而模型 (HDI) 给出的信息显示教师 T_8 为无效单元, 改进值为 $\Delta x = 44.67$, $\Delta y = 0.00$, 这表明教师 T_8 在绩效值不变的情况下, 投入的时间还可能减少 44.67 课时. 具体的做法是: 首先, 将教学方面投入的时间由 670 课时减少到 403.33 课时, 这样可以获得 24.20 个绩效值; 其次, 在科研方面投入 222.00 课时, 如果能够达到教师 T_4 的水平, 再获得 16.00 个绩效值, 则教师 T_8 就可以在绩效值不变的情况下, 将投入时间减少 44.67 课时. 由此, 可见模型 (HDI) 给出的结果更优化.

(3) 模型 (HDI) 给出的结果比 BCC 模型更合理.

在表 7.4 中, 应用 BCC 模型得到教师 T_2 的效率值为 0.562, 改进值为 $\Delta x = 48.65$, $\Delta y = 0.00$, 而模型 (HDI) 给出的改进值为 $\Delta x = 47.67$, $\Delta y = 0.00$, 这表明应用 BCC 模型能够为教师 T_2 给出更大的改进, 而事实上并非如此. 首先, 由前面的介绍可知该院教师完成一篇论文的最短时间是 100 课时. 因此, 在 100 课时之内教师的科研绩效应为 0, 而教学绩效则会随时间变化呈规模收益不变. 所以, 在投入为 0~100 时, 决策单元的生产前沿面应该由教学业绩构成, 即为线段 OT_{16}, 而不是线段 $T_{17}T_3$(它由教学和科研工作组合而成), 因此, 模型 (HDI) 给出的结果更合理.

从生产函数的角度看, 数据包络分析方法必须依赖于一定的公理体系, 而典型的 DEA 模型都必须满足某种确定的规模收益规律. 然而, 复杂的社会系统环境决定了决策单元不可能都保持同一种类型的规模收益, 即决策单元有时会具有多种规模收益模式, 原有的 DEA 方法并不能评价该类问题. 本章提出的方法为混合规模收益决策单元的有效性评价问题给出了有效的路径和可行的方法. 通过实例分析可见, 本章方法与原有方法相比, 给出的结果更加详细、准确和合理, 因此, 在分析混合规模收益类型决策单元有效性方面具有一定优势.

参考文献

[1] Cook W D, Seiford L M. Data envelopment analysis (DEA) – Thirty years on[J]. European Journal of Operational Research, 2009, 192(1): 1-17

[2] 马占新. 数据包络分析方法的研究进展[J]. 系统工程与电子技术, 2002, 24(3): 42-46

[3] Charnes A, Cooper W W, Rhodes E. Measuring the efficiency of decision making units[J]. European Journal of Operational Research, 1978, 2(6): 429-444

[4] Banker R D, Charnes A, Cooper W W. Some models for estimating technical and scale inefficiencies in data envelopment analysis[J]. Management Science, 1984, 30(9): 1078-1092

[5] Färe R, Grosskopf S. A nonparametric cost approach to scale efficiency[J]. Scandinavian Journal of Economics, 1985, 87(4): 594-604

[6] Seiford L M, Thrall R M. Recent developments in DEA: the mathematical programming approach to frontier analysis[J]. Journal of Economics, 1990, 46(1/2): 7-38

[7] Charnes A, Cooper W W, Wei Q L. A semi-infinite multi-criteria programming approach to data envelopment analysis with infinitely many decision-making units[R]. The University of Texas at Austin, Center for Cybernetic Studies Report, CCS 551, September, 1986

[8] Charnes A, Cooper W W, Wei Q L, et al. Cone ratio data envelopment analysis and multi-objective programming[J]. International Journal of Systems Science, 1989, 20(7): 1099-1118

[9] 吴华清, 梁樑, 卢正刚. 非同质子系统间效率评价及其资源配置[J]. 系统工程, 2006, 24(12): 1-5

[10] 杨锋, 梁樑, 凌六一, 等. 并联结构决策单元的 DEA 效率评价研究[J]. 中国管理科学, 2009, 17(6): 157-162

[11] Samoilenko S, Osei-Bryson K M. Increasing the discriminatory power of DEA in the presence of the sample heterogeneity with cluster analysis and decision trees[J]. Expert Systems with Applications, 2008, 34(2): 1568-1581

[12] Samoilenko S, Oseibryson K M. Determining sources of relative inefficiency in heterogeneous samples: methodology using cluster analysis, DEA and neural networks[J]. European Journal of Operational Research, 2010, 206(2): 479-487

[13] 马占新, 侯翔. 具有多属性决策单元的有效性分析方法[J]. 系统工程与电子技术, 2011, 33(2): 339-345

[14] Aleskerov F, Petrushchenko V. DEA by sequential exclusion of alternatives in heterogeneous samples[J]. International Journal of Information Technology & Decision Making, 2016, 15(1): 5-22

[15] Li W H, Liang L, Cook W D, et al. DEA models for non-homogeneous DMUs with different input configurations[J]. European Journal of Operational Research, 2016, 254(3): 946-956

[16] 范建平, 赵园园, 吴美琴. 基于决策单元异质性的群组交叉效率评价方法[J]. 计算机工程与应用, 2017, 53(16): 241-248

[17] 范建平, 赵苗, 吴美琴. 考虑 DMUs 异质性的商业银行成本效率研究[J]. 华东经济管理, 2018, 32(3): 52-58

[18] 胡楚楚, 周志翔. 考虑决策单元异质性特征的我国文化上市企业经营绩效评价[J]. 管理现代化, 2018, 38(1): 55-59

[19] Chen Y, Wu L P, Lu B. Data envelopment analysis procedure with two non-homogeneous DMU groups[J]. Journal of Systems Engineering and Electronics, 2018, 29(4): 780-788

[20] Mousavi M M, Ouenniche J. Multi-criteria ranking of corporate distress prediction models: empirical evaluation and methodological contributions[J]. Annals of Operations Research, 2018, 271(2): 853-886

[21] Zhu W W, Yu Y, Sun P P. Data envelopment analysis cross-like efficiency model for non-homogeneous decision-making units: the case of United States companies' low-carbon investment to attain corporate sustainability[J]. European Journal of Operational Research, 2018, 269(1): 99-110

第 8 章 只有输出的广义样本区间 DEA 模型

在应用多个绩效指标综合评价决策单元有效性时, 决策者常常把这些决策单元与另外预先指定的标准 (样本单元) 进行比较. 由于客观事物的复杂性和不确定性, 样本单元和决策单元的指标信息有时必须用区间数的形式给出. 针对区间数指标信息的综合评价问题, 本章通过分解的方法讨论样本单元和决策单元指标信息为区间数时, 用广义 DEA 模型评价决策单元有效性的方法, 并构建了相应的只有输出的广义区间 DEA 模型. 同时, 对模型的含义、求解以及性质等进行了分析. 之后, 探讨了该方法在决策单元有效性分类和排序中的应用. 最后, 通过实例说明该方法的可行性和有效性.

数据包络分析[1-2](DEA) 是使用数学规划模型评价具有多输入、多输出决策单元间的相对有效性. 自 1978 年由 Charnes 等提出以来, 众多学者在模型的推广和完善相关理论与应用方面都进行了大量研究[3-7]. 近期学者们在传统 DEA 方法的基础上, 从非期望产出[8-10]、交叉效率中决策单元的排序[11-12]、输入输出变量约束[13-14]等角度展开了进一步的研究. 针对传统 DEA 方法只能给出决策单元相对于有效决策单元的评价信息, 无法依据指定参考集提供评价信息的弱点, 文献 [15] 和文献 [16] 从评价参考集的角度出发, 对数据包络分析理论进行拓展, 提出广义 DEA 方法, 之后, 对广义 DEA 模型进行扩充与完善, 分别提出带有偏好锥的广义 DEA 模型[17]、包含无穷多个样本单元的广义 DEA 模型[18]、综合的广义 DEA 模型[19], 并对决策单元偏序关系[20]进行了系统的研究. 针对广义 DEA 模型中样本单元和决策单元的投入、产出数据非精确数的情况, 孙娜等[21-22]分别提出了广义超效率区间 DEA 模型和广义模糊 DEA 模型, 并对其有效性进行了研究. 传统 DEA 方法和广义 DEA 方法适用于决策单元的相对效率评价. 对于只有输入或输出的情况, 文献 [23] 给出基于样本评价的非参数综合评价方法, 该方法讨论的是决策单元的综合有效性问题, 而不是决策单元的相对效率. 该方法只是针对指标值为精确数的情况进行了讨论.

在综合评价过程中, 根据不同的目标人们选择不同的参照标准对评价对象鉴定优劣、区分等级、排列次序. 由于评价的目的不同和客观事物的复杂性, 参照对象和评价对象指标数据有时可能为区间数, 这主要是因为: ① 由于个体存在差异, 有些指标数据可在一定范围内波动, 故人们选用参考值范围作为标准, 判定评价对象是否处于参考标准范围内; ② 由于客观事物的不确定性, 只能获得评价对象指标观测值的取值范围, 此时人们只能依据评价对象指标取值范围来判断其是否达到了预期标准; ③ 当评价指标存在定性指标时, 可采用区间数形式对其进行量化, 此时面临参照对象和评价对象指标值均为区间数的情况. 针对上述问题, 无法简单地应用传统 DEA 方法及其改进方法去综合评价决策单元的有效性, 必须考虑新的处理方法对各决策单元进行综合评价.

针对已有文献研究中存在的不足, 并结合上述实际问题, 本章通过分解的方法讨论样本单元和决策单元指标信息为区间数时用广义 DEA 模型评价决策单元有效性的方法, 并构建了相应的只有输出的广义区间 DEA 模型. 同时, 对模型的含义、求解以及性质等进行了分析. 之后, 探讨了该方法在决策单元有效性分类和排序中的应用. 最后, 通过实例说明了该方法的可行性和有效性.

8.1　只有样本单元的输出为区间数

8.1.1　区间样本可能集的构造及 IS-E 有效性

为了方便描述问题, 考虑样本单元输出数据为区间数, 而决策单元输出数据为精确数的情况, 假设有 $\overline{n}$ 个样本单元和 n 个决策单元, 它们都由 m 种类型的输出作为评价指标, 其中

$$\hat{\boldsymbol{Y}}_j = (\hat{Y}_{1j}, \hat{Y}_{2j}, \cdots, \hat{Y}_{mj})^{\mathrm{T}}$$

为第 j 个样本单元的区间数指标向量, $\hat{Y}_{ij} = [\underline{\hat{y}}_{ij}, \hat{\overline{y}}_{ij}]$, 并且 $\underline{\hat{y}}_{ij} > 0$ $(i = 1, \cdots, m,$ $j = 1, \cdots, \overline{n})$;

$$\boldsymbol{y}_p = (y_{1p}, y_{2p}, \cdots, y_{mp})^{\mathrm{T}}$$

为第 p 个决策单元的指标向量, 并且 $y_{ip} > 0$ $(i = 1, \cdots, m,\ p = 1, \cdots, n)$. 记

$$\hat{\overline{\boldsymbol{y}}}_j = (\hat{\overline{y}}_{1j}, \hat{\overline{y}}_{2j}, \cdots, \hat{\overline{y}}_{mj})^{\mathrm{T}}, \quad \underline{\hat{\boldsymbol{y}}}_j = (\underline{\hat{y}}_{1j}, \underline{\hat{y}}_{2j}, \cdots, \underline{\hat{y}}_{mj})^{\mathrm{T}},$$

则 $\hat{\boldsymbol{Y}}_j = [\underline{\hat{\boldsymbol{y}}}_j, \hat{\overline{\boldsymbol{y}}}_j]$. 称

$$\hat{\boldsymbol{y}}_j = (\hat{y}_{1j}, \hat{y}_{2j}, \cdots, \hat{y}_{mj})^{\mathrm{T}}$$

为样本单元 j 的一个参考点, 其中 $\hat{\boldsymbol{y}}_j \in [\underline{\hat{\boldsymbol{y}}}_j, \hat{\overline{\boldsymbol{y}}}_j]$; $\hat{\overline{\boldsymbol{y}}}_j$ 为样本单元 j 的参考点最大值; $\underline{\hat{\boldsymbol{y}}}_j$ 为样本单元 j 的参考点最小值.

记 $\overline{n}$ 个区间样本单元的输出数据构成的集合为

$$\hat{T}_{\mathrm{I}} = \{\hat{\boldsymbol{Y}}_j|\hat{\boldsymbol{Y}}_j=[\hat{\underline{\boldsymbol{y}}}_j, \hat{\overline{\boldsymbol{y}}}_j], j = 1, \cdots, \overline{n}\},$$

称 $\hat{T}_{\mathrm{I}}$ 为区间样本参考集;

$$\hat{\overline{T}} = \{\hat{\boldsymbol{y}}_j|\hat{\boldsymbol{y}}_j = \hat{\overline{\boldsymbol{y}}}_j, j = 1, \cdots, \overline{n}\}$$

为最大值样本参考集;

$$\hat{\underline{T}} = \{\hat{\boldsymbol{y}}_j|\hat{\boldsymbol{y}}_j = \hat{\underline{\boldsymbol{y}}}_j, j = 1, \cdots, \overline{n}\}$$

为最小值样本参考集.

根据区间样本参考集 $\hat{T}_{\mathrm{I}}$ 可构建满足平凡性公理、凸性公理、无效性公理、最小性公理[24]的区间样本可能集 T_{I}; 同理, 由最大 (小) 值样本参考集 $\hat{\overline{T}}(\hat{\underline{T}})$ 构建最大 (小) 值样本可能集 $\overline{T}(\underline{T})$.

为了给出区间样本参考集下的决策单元有效 (简称 IS-E 有效) 概念, 以下分三种情况进行讨论:

(1) 当评价指标为效益型时, 则区间样本可能集 T_{IB} 表示为

$$T_{\mathrm{IB}} = \left\{\boldsymbol{Y}\middle|\boldsymbol{Y} \leqq \sum_{j=1}^{\overline{n}} \hat{\boldsymbol{Y}}_j\lambda_j, \sum_{j=1}^{\overline{n}} \lambda_j = 1,\ \lambda_j \geqq 0, j = 1, \cdots, \overline{n}\right\},$$

其中, $\boldsymbol{Y} = [\underline{\boldsymbol{y}}, \overline{\boldsymbol{y}}]$. 由区间数的运算法则[25]可知, $\sum\limits_{j=1}^{\overline{n}} \hat{\boldsymbol{Y}}_j\lambda_j$ 仍为区间向量. 比较区间数[26],

$$[\underline{a}, \overline{a}] \geqq [\underline{b}, \overline{b}] \text{ 当且仅当 } [\underline{a}, \overline{a}] \geqslant_1 [\underline{b}, \overline{b}] \text{ 且 } [\underline{a}, \overline{a}] \geqslant_2 [\underline{b}, \overline{b}],$$

$\geqslant_1$ 和 $\geqslant_2$ 表示两个基本的序关系,

$$[\underline{a}, \overline{a}] \geqslant_1 [\underline{b}, \overline{b}] \Leftrightarrow \underline{a} \geqq \underline{b}, \quad [\underline{a}, \overline{a}] \geqslant_2 [\underline{b}, \overline{b}] \Leftrightarrow \overline{a} \geqq \overline{b}.$$

下文中的区间比较同理.

定义 8.1 如果不存在 $\boldsymbol{Y} \in T_{\mathrm{IB}}$, $\boldsymbol{y} \in \boldsymbol{Y}$, 使得 $\boldsymbol{y} \geqq \boldsymbol{y}_p$ 且至少有一个不等式严格成立, 则称决策单元 p 为 IS-BE 有效.

(2) 当评价指标为成本型时, 则区间样本可能集 T_{IC} 表示为

$$T_{\mathrm{IC}} = \left\{\boldsymbol{Y}\middle|\boldsymbol{Y} \geqq \sum_{j=1}^{\overline{n}} \hat{\boldsymbol{Y}}_j\lambda_j, \sum_{j=1}^{\overline{n}} \lambda_j = 1,\ \lambda_j \geqq 0, j = 1, \cdots, \overline{n}\right\}.$$

定义 8.2 如果不存在 $\boldsymbol{Y} \in T_{\mathrm{IC}}$, $\boldsymbol{y} \in \boldsymbol{Y}$, 使得 $\boldsymbol{y} \leqq \boldsymbol{y}_p$ 且至少有一个不等式严格成立, 则称决策单元 p 为 IS-CE 有效.

(3) 当评价指标既有效益型又有成本型时, 即混合型, 假设前 r 个指标为成本型, 后 $m-r$ 个指标为效益型,

$$\hat{\boldsymbol{Y}}_j = (\hat{\boldsymbol{Y}}_j^c, \hat{\boldsymbol{Y}}_j^b), \quad \hat{\boldsymbol{Y}}_j^c = (\hat{Y}_{1j}, \hat{Y}_{2j}, \cdots, \hat{Y}_{rj})^{\mathrm{T}},$$

$$\hat{\boldsymbol{Y}}_j^b = (\hat{Y}_{(r+1)j}, \hat{Y}_{(r+2)j}, \cdots, \hat{Y}_{mj})^{\mathrm{T}}, \quad \boldsymbol{y}_p = (\boldsymbol{y}_p^c, \boldsymbol{y}_p^b),$$

则区间样本可能集 T_{IBC} 表示为

$$T_{\mathrm{IBC}} = \left\{ \boldsymbol{Y} \,\middle|\, \boldsymbol{Y}^c \geqq \sum_{j=1}^{\overline{n}} \hat{\boldsymbol{Y}}_j^c \lambda_j, \boldsymbol{Y}^b \leqq \sum_{j=1}^{\overline{n}} \hat{\boldsymbol{Y}}_j^b \lambda_j, \sum_{j=1}^{\overline{n}} \lambda_j = 1,\ \lambda_j \geqq 0, j = 1, \cdots, \overline{n} \right\}.$$

定义 8.3 如果不存在 $\boldsymbol{Y} \in T_{\mathrm{IBC}}$, $\boldsymbol{y} \in \boldsymbol{Y}$, 使得

$$(\boldsymbol{y}^c, -\boldsymbol{y}^b) \leqq (\boldsymbol{y}_p^c, -\boldsymbol{y}_p^b)$$

且至少有一个不等式严格成立, 则称决策单元 p 为 IS-BCE 有效.

8.1.2 基于区间样本可能集的决策单元有效性度量模型

根据上述区间样本可能集, 可以建立度量决策单元 IS-E 有效性的只有输出的广义区间 DEA 模型:

$$(\text{IS-D})_{\mathrm{B}} \begin{cases} \max\,(\theta_{\mathrm{B}} + \varepsilon \boldsymbol{e}^{\mathrm{T}} \boldsymbol{s}^+), \\ \text{s.t.} \quad \displaystyle\sum_{j=1}^{\overline{n}} [\underline{\hat{\boldsymbol{y}}}_j, \hat{\overline{\boldsymbol{y}}}_j] \lambda_j - \boldsymbol{s}^+ = \theta_{\mathrm{B}} \boldsymbol{y}_p, \\ \qquad \displaystyle\sum_{j=1}^{\overline{n}} \lambda_j = 1, \\ \qquad \boldsymbol{s}^+ \geqq \boldsymbol{0}, \lambda_j \geqq 0, j = 1, 2, \cdots, \overline{n}. \end{cases}$$

$$(\text{IS-D})_{\mathrm{C}} \begin{cases} \min\,(\theta_{\mathrm{C}} - \varepsilon \boldsymbol{e}^{\mathrm{T}} \boldsymbol{s}^-), \\ \text{s.t.} \quad \displaystyle\sum_{j=1}^{\overline{n}} [\underline{\hat{\boldsymbol{y}}}_j, \hat{\overline{\boldsymbol{y}}}_j] \lambda_j + \boldsymbol{s}^- = \theta_{\mathrm{C}} \boldsymbol{y}_p, \\ \qquad \displaystyle\sum_{j=1}^{\overline{n}} \lambda_j = 1, \\ \qquad \boldsymbol{s}^- \geqq \boldsymbol{0}, \lambda_j \geqq 0, j = 1, 2, \cdots, \overline{n}. \end{cases}$$

$$
(\text{IS-D})_{\mathrm{BC}}\left\{\begin{array}{l}
\max\left(\theta_{\mathrm{BC}}+\varepsilon(\hat{\boldsymbol{e}}^{\mathrm{T}}\boldsymbol{s}^{-}+\tilde{\boldsymbol{e}}^{\mathrm{T}}\boldsymbol{s}^{+})\right),\\
\text{s.t.}\quad \displaystyle\sum_{j=1}^{\bar{n}}[\underline{\hat{\boldsymbol{y}}}_j^c,\hat{\bar{\boldsymbol{y}}}_j^c]\lambda_j+\boldsymbol{s}^{-}=\boldsymbol{y}_p^c,\\
\qquad\ \displaystyle\sum_{j=1}^{\bar{n}}[\underline{\hat{\boldsymbol{y}}}_j^b,\hat{\bar{\boldsymbol{y}}}_j^b]\lambda_j-\boldsymbol{s}^{+}=\theta_{\mathrm{BC}}\boldsymbol{y}_p^b,\\
\qquad\ \displaystyle\sum_{j=1}^{\bar{n}}\lambda_j=1,\\
\qquad\ \boldsymbol{s}^{-},\boldsymbol{s}^{+}\geqq\boldsymbol{0},\lambda_j\geqq 0,j=1,2,\cdots,\bar{n},
\end{array}\right.
$$

其中, ε 为非阿基米德无穷小量; $\boldsymbol{e},\hat{\boldsymbol{e}},\tilde{\boldsymbol{e}}$ 均为单位向量; $\boldsymbol{s}^{+},\boldsymbol{s}^{-}$ 为实数向量.

为了应用上述模型判断决策单元 IS-E 有效性, 以下给出进一步的分析.

当评价指标为效益型 (成本型、混合型) 时, 将区间样本单元 j 的任意参考点 $\hat{\boldsymbol{y}}_j$ 作为样本输出值, 即考虑决策单元 p 在任意样本可能集下的有效性, 则可得求解决策单元 p 的任意有效值模型 $(\text{IS-D})_{\hat{\mathrm{B}}}((\text{IS-D})_{\hat{\mathrm{C}}}$ 和 $(\text{IS-D})_{\hat{\mathrm{B}}\hat{\mathrm{C}}})$, 容易证明以下结论成立.

定理 8.1 若线性规划 $(\text{IS-D})_{\hat{\mathrm{B}}}$ 的最优解为 $\hat{\boldsymbol{\lambda}},\hat{\boldsymbol{s}}^{+},\hat{\theta}_{\mathrm{B}}$, 则决策单元 p 为 IS-BE 有效当且仅当 $\hat{\theta}_{\mathrm{B}}<1$ 或者 $\hat{\theta}_{\mathrm{B}}=1$ 且 $\hat{\boldsymbol{s}}^{+}=\boldsymbol{0}$.

证明 ($\Rightarrow$) 若决策单元 p 为 IS-BE 有效, $\hat{\boldsymbol{\lambda}},\hat{\boldsymbol{s}}^{+},\hat{\theta}_{\mathrm{B}}$ 为线性规划 $(\text{IS-D})_{\hat{\mathrm{B}}}$ 的最优解, 假设 $\hat{\theta}_{\mathrm{B}}>1$ 或者 $\hat{\theta}_{\mathrm{B}}=1$ 且 $\hat{\boldsymbol{s}}^{+}\neq\boldsymbol{0}$ 成立.

若 $\hat{\theta}_{\mathrm{B}}>1$, 则由 $(\text{IS-D})_{\hat{\mathrm{B}}}$ 可知

$$
\sum_{j=1}^{\bar{n}}\hat{\boldsymbol{y}}_j\hat{\lambda}_j-\hat{\boldsymbol{s}}^{+}=\hat{\theta}_{\mathrm{B}}\boldsymbol{y}_p>\boldsymbol{y}_p,
$$

故

$$
\sum_{j=1}^{\bar{n}}\hat{\boldsymbol{y}}_j\hat{\lambda}_j>\boldsymbol{y}_p,
$$

与决策单元 p 为 IS-BE 有效矛盾.

若 $\hat{\theta}_{\mathrm{B}}=1$ 且 $\hat{\boldsymbol{s}}^{+}\neq\boldsymbol{0}$, 则

$$
\sum_{j=1}^{\bar{n}}\hat{\boldsymbol{y}}_j\hat{\lambda}_j\geqslant\boldsymbol{y}_p,
$$

故由定义 8.1 可知决策单元 p 不为 IS-BE 有效, 矛盾.

($\Leftarrow$) 若决策单元 p 为 IS-BE 无效, 则由定义 8.1 可知存在 $\boldsymbol{Y}\in T_{\mathrm{IB}}$, $\boldsymbol{y}\in\boldsymbol{Y}$, 使

得 $\boldsymbol{y} \geqq \boldsymbol{y}_p$ 且至少有一个不等式严格成立. 因此存在 $\boldsymbol{\lambda} \geqq \mathbf{0}$ 使得

$$\sum_{j=1}^{\overline{n}} \lambda_j = 1, \quad \boldsymbol{y}_p \leqq \sum_{j=1}^{\overline{n}} \hat{\boldsymbol{y}}_j \lambda_j,$$

故可知 $(\text{IS-D})_{\hat{\text{B}}}$ 的最优值大于 1, 矛盾. 证毕.

类似可证定理 8.2 和定理 8.3 成立.

定理 8.2 若线性规划 $(\text{IS-D})_{\hat{\text{C}}}$ 的最优解为 $\hat{\boldsymbol{\lambda}}, \hat{\boldsymbol{s}}^-, \hat{\theta}_{\text{C}}$, 则决策单元 p 为 IS-CE 有效当且仅当 $\hat{\theta}_{\text{C}} > 1$ 或者 $\hat{\theta}_{\text{C}} = 1$ 且 $\hat{\boldsymbol{s}}^- = \mathbf{0}$.

定理 8.3 若线性规划 $(\text{IS-D})_{\hat{\text{B}}\hat{\text{C}}}$ 的最优解为 $\hat{\boldsymbol{\lambda}}, \hat{\boldsymbol{s}}^+, \hat{\boldsymbol{s}}^-, \hat{\theta}_{\text{BC}}$, 则决策单元 p 为 IS-BCE 有效当且仅当 $\hat{\theta}_{\text{BC}} < 1$ 或者 $\hat{\theta}_{\text{BC}} = 1$ 且 $\hat{\boldsymbol{s}}^+ = \mathbf{0}$, $\hat{\boldsymbol{s}}^- = \mathbf{0}$ 或者无可行解.

上述三种模型均是非线性规划模型, 可通过两组线性规划模型对其进行求解.

当评价指标为效益型时, 通过求解决策单元 p 的区间有效值上限的模型 $(\text{IS-D})_{\overline{\text{B}}}$ 和下限的模型 $(\text{IS-D})_{\underline{\text{B}}}$.

$$(\text{IS-D})_{\overline{\text{B}}} \begin{cases} \max\,(\theta_{\text{B}} + \varepsilon \boldsymbol{e}^{\text{T}} \boldsymbol{s}^+), \\ \text{s.t.} \quad \sum_{j=1}^{\overline{n}} \hat{\underline{\boldsymbol{y}}}_j \lambda_j - \boldsymbol{s}^+ = \theta_{\text{B}} \boldsymbol{y}_p, \\ \qquad \sum_{j=1}^{\overline{n}} \lambda_j = 1, \\ \qquad \boldsymbol{s}^+ \geqq \mathbf{0}, \lambda_j \geqq 0, j = 1, 2, \cdots, \overline{n}. \end{cases}$$

$$(\text{IS-D})_{\underline{\text{B}}} \begin{cases} \max\,(\theta_{\text{B}} + \varepsilon \boldsymbol{e}^{\text{T}} \boldsymbol{s}^+), \\ \text{s.t.} \quad \sum_{j=1}^{\overline{n}} \hat{\overline{\boldsymbol{y}}}_j \lambda_j - \boldsymbol{s}^+ = \theta_{\text{B}} \boldsymbol{y}_p, \\ \qquad \sum_{j=1}^{\overline{n}} \lambda_j = 1, \\ \qquad \boldsymbol{s}^+ \geqq \mathbf{0}, \lambda_j \geqq 0, j = 1, 2, \cdots, \overline{n}. \end{cases}$$

设模型 $(\text{IS-D})_{\overline{\text{B}}}$ 和模型 $(\text{IS-D})_{\underline{\text{B}}}$ 的最优解分别为 $\underline{\theta}_{\text{B}}$ 和 $\overline{\theta}_{\text{B}}$, 则 $\underline{\theta}_{\text{B}}$ 和 $\overline{\theta}_{\text{B}}$ 组成的区间 $[1/\overline{\theta}_{\text{B}}, 1/\underline{\theta}_{\text{B}}]$ 称为决策单元 p 基于区间样本单元的广义 DEA 区间有效值.

当评价指标为成本型时, 将区间样本单元 j 的参考点最大值 $\hat{\overline{\boldsymbol{y}}}_j$(最小值 $\hat{\underline{\boldsymbol{y}}}_j$) 作为样本输出值, 即考虑决策单元 p 在最大值 (最小值) 样本可能集下的有效性, 则可得求解决策单元 p 的区间有效值上限的模型 $(\text{IS-D})_{\overline{\text{C}}}$(下限的模型 $(\text{IS-D})_{\underline{\text{C}}}$).

设模型 $(\text{IS-D})_{\overline{\text{C}}}$ 和模型 $(\text{IS-D})_{\underline{\text{C}}}$ 的最优解分别为 $\overline{\theta}_{\text{C}}$ 和 $\underline{\theta}_{\text{C}}$, 则 $\overline{\theta}_{\text{C}}$ 和 $\underline{\theta}_{\text{C}}$ 组成的区间 $[\underline{\theta}_{\text{C}},\overline{\theta}_{\text{C}}]$ 称为决策单元 p 基于区间样本单元的广义 DEA 区间有效值.

当评价指标为混合型时, 将区间样本单元 j 的成本型指标最大值 (最小值), 效益型指标最小值 (最大值) 组成的参考点 $\hat{\boldsymbol{y}}_j = (\hat{\overline{\boldsymbol{y}}}{}_j^c, \hat{\underline{\boldsymbol{y}}}{}_j^b)(\hat{\boldsymbol{y}}_j = (\hat{\underline{\boldsymbol{y}}}{}_j^c, \hat{\overline{\boldsymbol{y}}}{}_j^b))$ 作为样本输出值, 则可得求解决策单元 p 的区间有效值上限的模型 $(\text{IS-D})_{\overline{\text{BC}}}$(下限的模型 $(\text{IS-D})_{\underline{\text{BC}}}$).

设模型 $(\text{IS-D})_{\overline{\text{BC}}}$ 和模型 $(\text{IS-D})_{\underline{\text{BC}}}$ 的最优解分别为 $\underline{\theta}_{\text{BC}}$ 和 $\overline{\theta}_{\text{BC}}$, 则 $\underline{\theta}_{\text{BC}}$ 和 $\overline{\theta}_{\text{BC}}$ 组成的区间 $[1/\overline{\theta}_{\text{BC}}, 1/\underline{\theta}_{\text{BC}}]$ 称为决策单元 p 基于区间样本单元的广义 DEA 区间有效值.

8.1.3 决策单元的 IS-E 有效性分析

定理 8.4 设 $\underline{\theta}_{\text{B}}$ 和 $\overline{\theta}_{\text{B}}$ 分别为模型 $(\text{IS-D})_{\overline{\text{B}}}$ 和模型 $(\text{IS-D})_{\underline{\text{B}}}$ 的最优解, 则有 $1/\overline{\theta}_{\text{B}} \leqq 1/\hat{\theta}_{\text{B}} \leqq 1/\underline{\theta}_{\text{B}}$.

证明 设 $\hat{\boldsymbol{\lambda}}, \overline{\boldsymbol{s}}^+, \underline{\theta}_{\text{B}}$ 为模型 $(\text{IS-D})_{\overline{\text{B}}}$ 的最优解, 则有

$$\hat{\boldsymbol{\lambda}} = (\overline{\lambda}_1, \overline{\lambda}_2, \cdots, \overline{\lambda}_{\overline{n}})^{\text{T}} \geqq \mathbf{0}, \quad \overline{\boldsymbol{s}}^+ \geqq \mathbf{0}$$

及

$$\sum_{j=1}^{\overline{n}} \overline{\lambda}_j = 1, \quad \underline{\theta}_{\text{B}} \boldsymbol{y}_p = \sum_{j=1}^{\overline{n}} \hat{\underline{\boldsymbol{y}}}_j \overline{\lambda}_j - \overline{\boldsymbol{s}}^+ \leqq \sum_{j=1}^{\overline{n}} \hat{\boldsymbol{y}}_j \overline{\lambda}_j - \overline{\boldsymbol{s}}^+,$$

即

$$\underline{\theta}_{\text{B}} \boldsymbol{y}_p \leqq \sum_{j=1}^{\overline{n}} \hat{\boldsymbol{y}}_j \overline{\lambda}_j,$$

如果 $\hat{\boldsymbol{\lambda}}, \hat{\boldsymbol{s}}^+, \hat{\theta}_{\text{B}}$ 为模型 $(\text{IS-D})_{\hat{\text{B}}}$ 的最优解, 则有

$$\underline{\theta}_{\text{B}} + \varepsilon \boldsymbol{e}^{\text{T}} \overline{\boldsymbol{s}}^+ \leqslant \hat{\theta}_{\text{B}} + \varepsilon \boldsymbol{e}^{\text{T}} \hat{\boldsymbol{s}}^+.$$

ε 为非阿基米德无穷小量, 因此 $\underline{\theta}_{\text{B}} \leqq \hat{\theta}_{\text{B}}$.

设 $\hat{\boldsymbol{\lambda}}, \hat{\boldsymbol{s}}^+, \hat{\theta}_{\text{B}}$ 为模型 $(\text{IS-D})_{\hat{\text{B}}}$ 的最优解, 则有

$$\hat{\boldsymbol{\lambda}} = (\hat{\lambda}_1, \hat{\lambda}_2, \cdots, \hat{\lambda}_{\overline{n}})^{\text{T}} \geqq \mathbf{0}, \quad \hat{\boldsymbol{s}}^+ \geqq \mathbf{0}$$

及

$$\sum_{j=1}^{\overline{n}} \hat{\lambda}_j = 1, \quad \hat{\theta}_{\text{B}} \boldsymbol{y}_p = \sum_{j=1}^{\overline{n}} \hat{\boldsymbol{y}}_j \hat{\lambda}_j - \hat{\boldsymbol{s}}^+ \leqq \sum_{j=1}^{\overline{n}} \hat{\overline{\boldsymbol{y}}}_j \hat{\lambda}_j - \hat{\boldsymbol{s}}^+,$$

即

$$\hat{\theta}_{\text{B}} \boldsymbol{y}_p \leqq \sum_{j=1}^{\overline{n}} \hat{\overline{\boldsymbol{y}}}_j \hat{\lambda}_j,$$

如果 $\tilde{\boldsymbol{\lambda}}, \underline{\boldsymbol{s}}^{+}, \overline{\theta}_{\mathrm{B}}$ 为模型 $(\text{IS-D})_{\underline{\mathrm{B}}}$ 的最优解, 则有

$$\hat{\theta}_{\mathrm{B}}+\varepsilon \boldsymbol{e}^{\mathrm{T}} \hat{\boldsymbol{s}}^{+} \leqq \overline{\theta}_{\mathrm{B}}+\varepsilon \boldsymbol{e}^{\mathrm{T}} \underline{\boldsymbol{s}}^{+}.$$

ε 为非阿基米德无穷小量, 因此 $\hat{\theta}_{\mathrm{B}} \leqq \overline{\theta}_{\mathrm{B}}$. 证毕.

类似可证定理 8.5 和定理 8.6 成立.

定理 8.5　设 $\overline{\theta}_{\mathrm{C}}$ 和 $\underline{\theta}_{\mathrm{C}}$ 分别为模型 $(\text{IS-D})_{\overline{\mathrm{C}}}$ 和模型 $(\text{IS-D})_{\underline{\mathrm{C}}}$ 的最优解, 则有

$$\underline{\theta}_{\mathrm{C}} \leqq \hat{\theta}_{\mathrm{C}} \leqq \overline{\theta}_{\mathrm{C}}.$$

定理 8.6　设 $\underline{\theta}_{\mathrm{BC}}$ 和 $\overline{\theta}_{\mathrm{BC}}$ 分别为模型 $(\text{IS-D})_{\overline{\mathrm{BC}}}$ 和模型 $(\text{IS-D})_{\underline{\mathrm{BC}}}$ 的最优解, 则有

$$1/\overline{\theta}_{\mathrm{BC}} \leqq 1/\hat{\theta}_{\mathrm{BC}} \leqq 1/\underline{\theta}_{\mathrm{BC}}.$$

8.1.4　基于 IS-E 有效性的决策单元分类及排序

根据决策单元区间有效值, 可将所有决策单元 $p(p=1,2,\cdots,n)$ 分为以下几类:

(1) $E_{\mathrm{IS}}^{+}=\{\mathrm{DMU}_{p} \mid$ 决策单元 p 满足 $1/\overline{\theta}_{\mathrm{B}} \geqq 1$

(或者 $\underline{\theta}_{\mathrm{C}} \geqq 1$, 或者 $1/\overline{\theta}_{\mathrm{BC}} \geqq 1$ 或规划无可行解)};

(2) $E_{\mathrm{IS}}=\{\mathrm{DMU}_{p} \mid$ 决策单元 p 满足 $1/\overline{\theta}_{\mathrm{B}}<1$ 且 $1/\underline{\theta}_{\mathrm{B}} \geqq 1$

(或者 $\underline{\theta}_{\mathrm{C}}<1$ 且 $\overline{\theta}_{\mathrm{C}} \geqq 1$, 或者 $1/\overline{\theta}_{\mathrm{BC}}<1$ 且 $1/\underline{\theta}_{\mathrm{BC}} \geqq 1$ 或无可行解)};

(3) $E_{\mathrm{IS}}^{-}=\{\mathrm{DMU}_{p} \mid$ 决策单元 p 满足 $1/\underline{\theta}_{\mathrm{B}}<1$

(或者 $\overline{\theta}_{\mathrm{C}}<1$, 或者 $1/\underline{\theta}_{\mathrm{BC}}<1$)}.

定义 8.4　若 $\mathrm{DMU}_{p} \in E_{\mathrm{IS}}^{+}$, 则称决策单元 p 为强 IS-E 有效; 若 $\mathrm{DMU}_{p} \in E_{\mathrm{IS}}$, 则称决策单元 p 为弱 IS-E 有效; 若 $\mathrm{DMU}_{p} \in E_{\mathrm{IS}}^{-}$, 则称决策单元 p 为 IS-E 无效.

通过上述分析, 基于区间样本可能集的广义 DEA 区间有效值反映了决策单元的有效性程度, 因此, 可根据区间有效值对决策单元进行排序.

为了便于说明决策单元基于区间样本单元的 IS-E 有效性评价问题, 以下通过评价效益型输出指标的决策单元来具体说明.

例 8.1　考虑具有两种效益型输出指标的 2 个区间样本单元和 3 个决策单元, 其相应指标数据见表 8.1.

表 8.1 区间样本单元和决策单元输出指标数据

指标	样本单元		决策单元		
	S_1	S_2	D_1	D_2	D_3
输出 y_1	[5,8]	[8,10]	11	8	3
输出 y_2	[6,8]	[3,5]	7	5	4

应用模型 $(\text{IS-D})_\text{B}$ 可得表 8.2 中的结果, 相应的区间样本可能集和决策单元的分布可由图 8.1 表示出来.

表 8.2 决策单元 IS-E 有效值

变量	单元 D_1		单元 D_2		单元 D_3	
	$1/\bar{\theta}_\text{B}$	$1/\underline{\theta}_\text{B}$	$1/\bar{\theta}_\text{B}$	$1/\underline{\theta}_\text{B}$	$1/\bar{\theta}_\text{B}$	$1/\underline{\theta}_\text{B}$
有效值	1.175	1.636	0.85	1.182	0.5	0.667

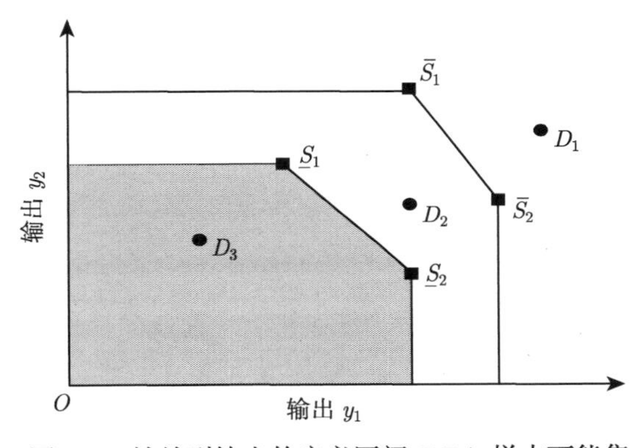

图 8.1 效益型输出的广义区间 DEA 样本可能集

由表 8.2 中决策单元的有效值可知, 决策单元 D_1, D_2, D_3 分别为强 IS-BE 有效、弱 IS-BE 有效和 IS-BE 无效. 图 8.1 显示, 由于决策单元 D_1 位于最大值样本前沿面所围区域之外, 为强 IS-BE 有效; 决策单元 D_2 位于最小值样本前沿面和最大值样本前沿面所围区域中, 为弱 IS-BE 有效; 决策单元 D_3 位于最小值样本前沿面所围区域之内, 为 IS-BE 无效.

8.2 只有决策单元的输出为区间数

8.2.1 样本可能集的构造及 S-IE 有效性

考虑样本单元输出数据为精确数, 而决策单元输出数据为区间数的情况, 假设

$$\hat{\boldsymbol{y}}_j = (\hat{y}_{1j}, \hat{y}_{2j}, \cdots, \hat{y}_{mj})^\text{T}$$

为第 j 个样本单元的指标向量, 并且 $\hat{y}_{ij}>0(i=1,\cdots,m,j=1,\cdots,\overline{n})$;

$$\boldsymbol{Y}_p=(Y_{1p},Y_{2p},\cdots,Y_{mp})^{\mathrm{T}}$$

为第 p 个决策单元的区间数指标向量, 其中 $Y_{ip}=[\underline{y}_{ip},\overline{y}_{ip}]$, 且 $\underline{y}_{ip}>0(i=1,\cdots,m,$ $p=1,\cdots,n)$. 记

$$\overline{\boldsymbol{y}}_p=(\overline{y}_{1p},\overline{y}_{2p},\cdots,\overline{y}_{mp})^{\mathrm{T}},\quad \underline{\boldsymbol{y}}_p=(\underline{y}_{1p},\underline{y}_{2p},\cdots,\underline{y}_{mp})^{\mathrm{T}},$$

则

$$\boldsymbol{Y}_p=[\underline{\boldsymbol{y}}_p,\overline{\boldsymbol{y}}_p].$$

称 $\boldsymbol{y}_p=(y_{1p},y_{2p},\cdots,y_{mp})^{\mathrm{T}}$ 为决策单元 p 的一个观测点, 其中 $\boldsymbol{y}_p\in[\underline{\boldsymbol{y}}_p,\overline{\boldsymbol{y}}_p]$; $\overline{\boldsymbol{y}}_p$ 为决策单元 p 的最大值观测点; $\underline{\boldsymbol{y}}_p$ 为决策单元 p 的最小值观测点.

记 $\overline{n}$ 个样本单元的输出数据构成的集合为

$$\hat{T}=\{\hat{\boldsymbol{y}}_j|\hat{\boldsymbol{y}}_j=(\hat{y}_{1j},\hat{y}_{2j},\cdots,\hat{y}_{mj})^{\mathrm{T}},j=1,\cdots,\overline{n}\},$$

称 $\hat{T}$ 为样本参考集.

根据样本参考集 $\hat{T}$ 可构建满足平凡性公理、凸性公理、无效性公理、最小性公理[24]的样本可能集 T.

基于样本可能集 T 的 S-IE 有效概念以下分 3 种情况定义.

(1) 当评价指标为效益型时, 则样本可能集 T_{B} 表示为

$$T_{\mathrm{B}}=\left\{\boldsymbol{y}\left|\boldsymbol{y}\leqq\sum_{j=1}^{\overline{n}}\hat{\boldsymbol{y}}_j\lambda_j,\sum_{j=1}^{\overline{n}}\lambda_j=1,\ \lambda_j\geqq0,\ j=1,\cdots,\overline{n}\right.\right\}.$$

定义 8.5 如果不存在 $\boldsymbol{y}\in T_{\mathrm{B}}$, $\boldsymbol{y}_p\in\boldsymbol{Y}_p$, 使得 $\boldsymbol{y}\geqq\boldsymbol{y}_p$ 且至少有一个不等式严格成立, 则称决策单元 p 为 S-IBE 有效.

(2) 当评价指标为成本型时, 则样本可能集 T_{C} 表示为

$$T_{\mathrm{C}}=\left\{\boldsymbol{y}\left|\boldsymbol{y}\geqq\sum_{j=1}^{\overline{n}}\hat{\boldsymbol{y}}_j\lambda_j,\sum_{j=1}^{\overline{n}}\lambda_j=1,\ \lambda_j\geqq0,j=1,\cdots,\overline{n}\right.\right\}.$$

定义 8.6 如果不存在 $\boldsymbol{y}\in T_{\mathrm{C}}$, $\boldsymbol{y}_p\in\boldsymbol{Y}_p$, 使得 $\boldsymbol{y}\leqq\boldsymbol{y}_p$ 且至少有一个不等式严格成立, 则称决策单元 p 为 S-ICE 有效.

(3) 当评价指标为混合型时, 即 $\hat{\boldsymbol{y}}_j=(\hat{\boldsymbol{y}}_j^c,\hat{\boldsymbol{y}}_j^b)$, $\boldsymbol{Y}_p=(\boldsymbol{Y}_p^c,\boldsymbol{Y}_p^b)$, 则样本可能集 T_{BC} 表示为

$$T_{\mathrm{BC}}=\left\{\boldsymbol{y}\left|\boldsymbol{y}^c\geqq\sum_{j=1}^{\overline{n}}\hat{\boldsymbol{y}}_j^c\lambda_j,\boldsymbol{y}^b\leqq\sum_{j=1}^{\overline{n}}\hat{\boldsymbol{y}}_j^b\lambda_j,\sum_{j=1}^{\overline{n}}\lambda_j=1,\ \lambda_j\geqq0,j=1,\cdots,\overline{n}\right.\right\}.$$

定义 8.7 如果不存在 $\boldsymbol{y} \in T_{\mathrm{BC}}$, $(\boldsymbol{y}_p^c, \boldsymbol{y}_p^b) \in (\boldsymbol{Y}_p^c, \boldsymbol{Y}_p^b)$, 使得

$$(\boldsymbol{y}^c, -\boldsymbol{y}^b) \leqq (\boldsymbol{y}_p^c, -\boldsymbol{y}_p^b)$$

且至少有一个不等式严格成立, 则称决策单元 p 为 S-IBCE 有效.

8.2.2 基于样本可能集的决策单元有效性度量模型

根据上述样本可能集, 通过引入非阿基米德无穷小量, 建立度量决策单元 S-IE 有效性的只有输出的广义区间 DEA 模型:

$$(\text{S-ID})_{\mathrm{B}} \begin{cases} \max\left(\theta_{\mathrm{B}} + \varepsilon \boldsymbol{e}^{\mathrm{T}} \boldsymbol{s}^{+}\right), \\ \text{s.t.} \ \displaystyle\sum_{j=1}^{\overline{n}} \hat{\boldsymbol{y}}_j \lambda_j - \boldsymbol{s}^{+} = \theta_{\mathrm{B}} [\underline{\boldsymbol{y}}_p, \overline{\boldsymbol{y}}_p], \\ \displaystyle\sum_{j=1}^{\overline{n}} \lambda_j = 1, \\ \boldsymbol{s}^{+} \geqq \boldsymbol{0}, \lambda_j \geqq 0, j = 1, 2, \cdots, \overline{n}. \end{cases}$$

$$(\text{S-ID})_{\mathrm{C}} \begin{cases} \min\left(\theta_{\mathrm{C}} - \varepsilon \boldsymbol{e}^{\mathrm{T}} \boldsymbol{s}^{-}\right), \\ \text{s.t.} \ \displaystyle\sum_{j=1}^{\overline{n}} \hat{\boldsymbol{y}} \lambda_j + \boldsymbol{s}^{-} = \theta_{\mathrm{C}} [\underline{\boldsymbol{y}}_p, \overline{\boldsymbol{y}}_p], \\ \displaystyle\sum_{j=1}^{\overline{n}} \lambda_j = 1, \\ \boldsymbol{s}^{-} \geqq \boldsymbol{0}, \lambda_j \geqq 0, j = 1, 2, \cdots, \overline{n}. \end{cases}$$

$$(\text{S-ID})_{\mathrm{BC}} \begin{cases} \max\left(\theta_{\mathrm{BC}} + \varepsilon (\hat{\boldsymbol{e}}^{\mathrm{T}} \boldsymbol{s}^{-} + \tilde{\boldsymbol{e}}^{\mathrm{T}} \boldsymbol{s}^{+})\right), \\ \text{s.t.} \ \displaystyle\sum_{j=1}^{\overline{n}} \boldsymbol{y}_j^c \lambda_j + \boldsymbol{s}^{-} = [\underline{\boldsymbol{y}}_p^c, \overline{\boldsymbol{y}}_p^c], \\ \displaystyle\sum_{j=1}^{\overline{n}} \boldsymbol{y}_j^b \lambda_j - \boldsymbol{s}^{+} = \theta_{\mathrm{BC}} [\underline{\boldsymbol{y}}_p^b, \overline{\boldsymbol{y}}_p^b], \\ \displaystyle\sum_{j=1}^{\overline{n}} \lambda_j = 1, \\ \boldsymbol{s}^{-}, \boldsymbol{s}^{+} \geqq \boldsymbol{0}, \lambda_j \geqq 0, j = 1, 2, \cdots, \overline{n}. \end{cases}$$

其中, ε 为非阿基米德无穷小量; $\boldsymbol{e}, \hat{\boldsymbol{e}}, \tilde{\boldsymbol{e}}$ 均为单位向量; $\boldsymbol{s}^{+}, \boldsymbol{s}^{-}$ 为实数向量.

为了应用上述基于样本可能集的只有输出的广义区间 DEA 模型判断决策单元 S-IE 有效性, 以下进行进一步的分析.

当评价指标为效益型 (成本型、混合型) 时, 将区间决策单元 p 的任意观测点 $\hat{\boldsymbol{y}}_p$ 作为决策单元输出值, 则可得求解区间决策单元 p 的任意观测点有效值的模型 $(\text{S-ID})_{\hat{\text{B}}}((\text{S-ID})_{\hat{\text{C}}}$ 和 $(\text{S-ID})_{\hat{\text{B}}\hat{\text{C}}})$, 类似定理 8.1~ 定理 8.3 可证定理 8.7~ 定理 8.9 成立.

定理 8.7 若线性规划 $(\text{S-ID})_{\hat{\text{B}}}$ 的最优解为 $\hat{\boldsymbol{\lambda}}^0, \hat{\boldsymbol{s}}^{0+}, \hat{\theta}_{\text{B}}^0$, 则决策单元 p 为 S-IBE 有效当且仅当 $\hat{\theta}_{\text{B}}^0 < 1$ 或者 $\hat{\theta}_{\text{B}}^0 = 1$ 且 $\hat{\boldsymbol{s}}^{0+} = \mathbf{0}$.

定理 8.8 若线性规划 $(\text{S-ID})_{\hat{\text{C}}}$ 的最优解为 $\hat{\boldsymbol{\lambda}}^0, \hat{\boldsymbol{s}}^{0-}, \hat{\theta}_{\text{C}}^0$, 则决策单元 p 为 S-ICE 有效当且仅当 $\hat{\theta}_{\text{C}}^0 > 1$ 或者 $\hat{\theta}_{\text{C}}^0 = 1$ 且 $\hat{\boldsymbol{s}}^{0-} = \mathbf{0}$.

定理 8.9 若线性规划 $(\text{S-ID})_{\hat{\text{B}}\hat{\text{C}}}$ 的最优解为 $\hat{\boldsymbol{\lambda}}^0, \hat{\boldsymbol{s}}^{0+}, \hat{\boldsymbol{s}}^{0-}, \hat{\theta}_{\text{BC}}^0$, 则决策单元 p 为 S-IBCE 有效当且仅当 $\hat{\theta}_{\text{BC}}^0 < 1$ 或者 $\hat{\theta}_{\text{BC}}^0 = 1$ 且 $\hat{\boldsymbol{s}}^{0+} = \mathbf{0}$, $\hat{\boldsymbol{s}}^{0-} = \mathbf{0}$ 或者无可行解.

对于上述非线性规划模型, 可通过求解决策单元最大值观测点和最小值观测点的有效度量模型, 得到区间决策单元 p 的有效值上限和下限.

当评价指标为成本型, 具体度量模型为

$$
(\text{S-ID})_{\overline{\text{C}}}\begin{cases}\min\,(\theta_{\text{C}} - \varepsilon \boldsymbol{e}^{\text{T}}\boldsymbol{s}^-),\\ \text{s.t.}\ \ \displaystyle\sum_{j=1}^{\overline{n}} \hat{\boldsymbol{y}}_j\lambda_j + \boldsymbol{s}^- = \theta_{\text{C}}\underline{\boldsymbol{y}}_p,\\ \qquad \displaystyle\sum_{j=1}^{\overline{n}} \lambda_j = 1,\\ \qquad \boldsymbol{s}^- \geqq \mathbf{0}, \lambda_j \geqq 0, j = 1, 2, \cdots, \overline{n}.\end{cases}
$$

$$
(\text{S-ID})_{\underline{\text{C}}}\begin{cases}\min\,(\theta_{\text{C}} - \varepsilon \boldsymbol{e}^{\text{T}}\boldsymbol{s}^-),\\ \text{s.t.}\ \ \displaystyle\sum_{j=1}^{\overline{n}} \hat{\boldsymbol{y}}_j\lambda_j + \boldsymbol{s}^- = \theta_{\text{C}}\overline{\boldsymbol{y}}_p,\\ \qquad \displaystyle\sum_{j=1}^{\overline{n}} \lambda_j = 1,\\ \qquad \boldsymbol{s}^- \geqq \mathbf{0}, \lambda_j \geqq 0, j = 1, 2, \cdots, \overline{n}.\end{cases}
$$

设模型 $(\text{S-ID})_{\overline{\text{C}}}$ 和模型 $(\text{S-ID})_{\underline{\text{C}}}$ 的最优解分别为 $\overline{\theta}_{\text{C}}^0$ 和 $\underline{\theta}_{\text{C}}^0$, 则 $\overline{\theta}_{\text{C}}^0$ 和 $\underline{\theta}_{\text{C}}^0$ 组成的区间 $[\underline{\theta}_{\text{C}}^0, \overline{\theta}_{\text{C}}^0]$ 称为决策单元基于样本单元的广义 DEA 区间有效值.

同理, 当评价指标为效益型时, 将决策单元 p 的最小值 (最大值) 观测点 $\underline{\boldsymbol{y}}_p$ 作为决策单元输出值, 即考虑决策单元 p 最不利 (最有利) 的情形, 可得求解决策单元 p 的区间有效值下限模型 $(\text{S-ID})_{\underline{\text{B}}}$(上限模型 $(\text{S-ID})_{\overline{\text{B}}}$).

设模型 $(\text{S-ID})_{\overline{\text{B}}}$ 和模型 $(\text{S-ID})_{\underline{\text{B}}}$ 的最优解分别为 $\underline{\theta}_{\text{B}}^0$ 和 $\overline{\theta}_{\text{B}}^0$, 则 $\underline{\theta}_{\text{B}}^0$ 和 $\overline{\theta}_{\text{B}}^0$ 组成的区间 $[1/\overline{\theta}_{\text{B}}^0, 1/\underline{\theta}_{\text{B}}^0]$ 称为决策单元基于样本单元的广义 DEA 区间有效值.

当评价指标为混合型时, 将决策单元 p 的成本型指标最大值 (最小值), 效益型指标最小值 (最大值) 组成的观测点 $\boldsymbol{y}_p = (\overline{\boldsymbol{y}}_p^c, \underline{\boldsymbol{y}}_p^b)(\boldsymbol{y}_p = (\underline{\boldsymbol{y}}_p^c, \overline{\boldsymbol{y}}_p^b))$ 作为决策单元输出值, 即考虑决策单元 p 最不利 (最有利) 的情形, 可得求解决策单元 p 的区间有效值下限模型 $(\text{S-ID})_{\underline{\text{BC}}}$(上限模型 $(\text{S-ID})_{\overline{\text{BC}}}$).

设模型 $(\text{S-ID})_{\overline{\text{BC}}}$ 和模型 $(\text{S-ID})_{\underline{\text{BC}}}$ 的最优解分别为 $\underline{\theta}_{\text{BC}}^0$ 和 $\overline{\theta}_{\text{BC}}^0$, 则 $\underline{\theta}_{\text{BC}}^0$ 和 $\overline{\theta}_{\text{BC}}^0$ 组成的区间 $[1/\overline{\theta}_{\text{BC}}^0, 1/\underline{\theta}_{\text{BC}}^0]$ 称为决策单元基于样本单元的广义 DEA 区间有效值.

8.2.3 区间决策单元的 S-IE 有效性分析

类似可得以下结论成立.

定理 8.10 设 $\overline{\theta}_{\text{B}}^0$ 和 $\underline{\theta}_{\text{B}}^0$ 分别为模型 $(\text{S-ID})_{\underline{\text{B}}}$ 和模型 $(\text{S-ID})_{\overline{\text{B}}}$ 的最优解, 则有 $1/\overline{\theta}_{\text{B}}^0 \leqq 1/\hat{\theta}_{\text{B}}^0 \leqq 1/\underline{\theta}_{\text{B}}^0$.

定理 8.11 设 $\underline{\theta}_{\text{C}}^0$ 和 $\overline{\theta}_{\text{C}}^0$ 分别为模型 $(\text{S-ID})_{\underline{\text{C}}}$ 和模型 $(\text{S-ID})_{\overline{\text{C}}}$ 的最优解, 则有 $\underline{\theta}_{\text{C}}^0 \leqq \hat{\theta}_{\text{C}}^0 \leqq \overline{\theta}_{\text{C}}^0$.

定理 8.12 设 $\overline{\theta}_{\text{BC}}^0$ 和 $\underline{\theta}_{\text{BC}}^0$ 分别为模型 $(\text{S-ID})_{\underline{\text{BC}}}$ 和模型 $(\text{S-ID})_{\overline{\text{BC}}}$ 的最优解, 则有 $1/\overline{\theta}_{\text{BC}}^0 \leqq 1/\hat{\theta}_{\text{BC}}^0 \leqq 1/\underline{\theta}_{\text{BC}}^0$.

8.2.4 基于 S-IE 有效性的决策单元分类及排序

根据决策单元的区间有效值, 可将所有决策单元 $p(p=1, 2, \cdots, n)$ 进行分类:

(1) $E_{\text{S}}^+ = \{\text{DMU}_p|$决策单元 p 满足$1/\overline{\theta}_{\text{B}}^0 \geqq 1$

$$(\text{或者 } \underline{\theta}_{\text{C}}^0 \geqq 1, \text{满足 } 1/\overline{\theta}_{\text{BC}}^0 \geqq 1 \text{ 或规划无可行解})\};$$

(2) $E_{\text{S}} = \{\text{DMU}_p|$决策单元 p 满足 $1/\overline{\theta}_{\text{B}}^0 < 1$ 且 $1/\underline{\theta}_{\text{B}}^0 \geqq 1$

$$(\text{或者 } \underline{\theta}_{\text{C}}^0 < 1 \text{ 且 } \overline{\theta}_{\text{C}}^0 \geqq 1, \text{或者 } 1/\overline{\theta}_{\text{BC}}^0 < 1 \text{ 且 } 1/\underline{\theta}_{\text{BC}}^0 \geqq 1 \text{ 或无可行解})\};$$

(3) $E_{\text{IS}}^- = \{\text{DMU}_p|$决策单元 p 满足 $1/\underline{\theta}_{\text{B}}^0 < 1$(或者 $\overline{\theta}_{\text{C}}^0 < 1$, 或者 $1/\underline{\theta}_{\text{BC}}^0 < 1)\}$.

定义 8.8 若 $\text{DMU}_p \in E_{\text{S}}^+$, 则称决策单元 p 为强 S-IE 有效; 若 $\text{DMU}_p \in E_{\text{S}}$, 则称决策单元 p 为弱 S-IE 有效; 若 $\text{DMU}_p \in E_{\text{S}}^-$, 则称决策单元 p 为 IS-E 无效.

通过上述分析, 基于样本可能集的广义 DEA 区间有效值反映了区间决策单元的有效性程度, 因此, 可根据区间有效值对决策单元进行排序.

通过评价成本型输出指标的区间决策单元为例, 说明区间决策单元 S-IE 有效性评价问题.

例 8.2　考虑具有两种成本型输出指标的 2 个样本单元和 3 个区间决策单元, 其相应指标数据见表 8.3.

表 8.3　样本单元和区间决策单元输出指标数据

指标	样本单元		决策单元		
	S_1	S_2	D_1	D_2	D_3
输出 y_1	5	13	[2,5]	[7,11]	[14,17]
输出 y_2	10	3	[2,4]	[6,8]	[7,9]

应用模型 $(\text{S-ID})_\text{C}$ 可得表 8.4 中的结果, 相应的样本可能集和区间决策单元的分布如图 8.2 所示.

表 8.4　区间决策单元 S-IE 有效值

变量	单元 D_1		单元 D_2		单元 D_3	
	$\underline{\theta}_\text{C}^0$	$\overline{\theta}_\text{C}^0$	$\underline{\theta}_\text{C}^0$	$\overline{\theta}_\text{C}^0$	$\underline{\theta}_\text{C}^0$	$\overline{\theta}_\text{C}^0$
有效值	1.716	3.833	0.816	1.186	0.602	0.747

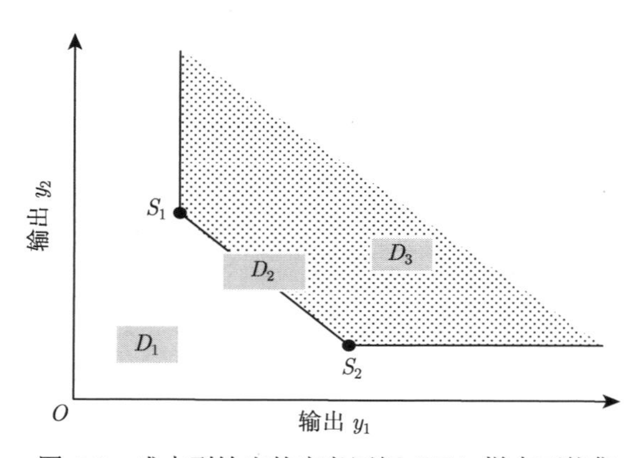

图 8.2　成本型输出的广义区间 DEA 样本可能集

由表 8.4 中决策单元的区间有效值可知, 决策单元 D_1 区间有效值下限 $\underline{\theta}_\text{C}^0 = 1.716 > 1$, 为强 S-ICE 有效; 同样, 可判定决策单元 D_2 为弱 S-ICE 有效, 决策单元 D_3 为非 S-ICE 有效. 由图 8.2 显示, 决策单元 D_1 全部观测点位于样本前沿面所围区域之外, 为强 S-ICE 有效; 决策单元 D_2 部分观测点位于样本前沿面所围区域之外, 部分观测点位于样本前沿面所围区域之内, 为弱 S-ICE 有效; 决策单元 D_3 全部观测点位于样本前沿面所围区域之内, 为非 S-ICE 有效.

8.3 样本单元和决策单元的输出均为区间数

8.3.1 IS-IE 有效性

考虑样本单元和决策单元输出数据均为区间数的情况, 假设 $\hat{\boldsymbol{Y}}_j = [\hat{\underline{\boldsymbol{y}}}_j, \hat{\overline{\boldsymbol{y}}}_j]$ 为第 j 个样本单元的区间指标向量; $\boldsymbol{Y}_p = [\underline{\boldsymbol{y}}_p, \overline{\boldsymbol{y}}_p]$ 为第 p 个决策单元的区间指标向量.

基于区间样本可能集 T_{I} 的 IS-IE 有效概念分 3 种情况定义.

(1) 当评价指标为效益型时, 则基于区间样本可能集 T_{IB}, IS-IE 有效性可定义如下.

定义 8.9 如果不存在 $\boldsymbol{Y} \in T_{\mathrm{IB}}$, 使得 $\boldsymbol{Y} \geqq \boldsymbol{Y}_p$ 且至少有一个不等式严格成立, 则称决策单元 p 为 IS-IBE 有效.

(2) 当评价指标为成本型时, 则基于区间样本可能集 T_{IC}, IS-IE 有效性可定义如下.

定义 8.10 如果不存在 $\boldsymbol{Y} \in T_{\mathrm{IC}}$, 使得 $\boldsymbol{Y} \leqq \boldsymbol{Y}_p$ 且至少有一个不等式严格成立, 则称决策单元 p 为 IS-ICE 有效.

(3) 当评价指标为混合型时, 则基于区间样本可能集 T_{IBC}, IS-IE 有效性可定义如下.

定义 8.11 如果不存在 $\boldsymbol{Y} \in T_{\mathrm{IBC}}$, 使得 $(\boldsymbol{Y}^c, -\boldsymbol{Y}^b) \leqq (\boldsymbol{Y}_p^c, -\boldsymbol{Y}_p^b)$ 且至少有一个不等式严格成立, 则称决策单元 p 为 IS-IBCE 有效.

8.3.2 基于区间样本可能集的区间决策单元有效性度量模型

当样本单元和决策单元输出数据均为区间数时, 根据区间样本可能集 T_{I}, 通过引入非阿基米德无穷小量的概念, 建立度量决策单元 IS-IE 有效性的只有输出的广义区间 DEA 模型:

$$
(\text{IS-ID})_{\mathrm{B}} \left\{ \begin{array}{l} \max\left(\theta_{\mathrm{B}} + \varepsilon \boldsymbol{e}^{\mathrm{T}} \boldsymbol{s}^{+}\right), \\ \text{s.t.} \quad \displaystyle\sum_{j=1}^{\overline{n}} [\hat{\underline{\boldsymbol{y}}}_j, \hat{\overline{\boldsymbol{y}}}_j] \lambda_j - \boldsymbol{s}^{+} = \theta_{\mathrm{B}} [\underline{\boldsymbol{y}}_p, \overline{\boldsymbol{y}}_p], \\ \qquad \displaystyle\sum_{j=1}^{\overline{n}} \lambda_j = 1, \\ \qquad \boldsymbol{s}^{+} \geqq \boldsymbol{0}, \lambda_j \geqq 0, j = 1, 2, \cdots, \overline{n}. \end{array} \right.
$$

$$
(\text{IS-ID})_{\text{C}}\left\{\begin{array}{l}
\min\left(\theta_{\text{C}}-\varepsilon \boldsymbol{e}^{\text{T}} \boldsymbol{s}^{-}\right), \\
\text{s.t.}\ \sum_{j=1}^{\bar{n}}[\underline{\hat{\boldsymbol{y}}}_j, \overline{\hat{\boldsymbol{y}}}_j] \lambda_j+\boldsymbol{s}^{-}=\theta_{\text{C}}[\underline{\boldsymbol{y}}_p, \overline{\boldsymbol{y}}_p], \\
\sum_{j=1}^{\bar{n}} \lambda_j=1, \\
\boldsymbol{s}^{-} \geqq \mathbf{0}, \lambda_j \geqq 0, j=1,2, \cdots, \bar{n}.
\end{array}\right.
$$

$$
(\text{IS-ID})_{\text{BC}}\left\{\begin{array}{l}
\max\left(\theta_{\text{BC}}+\varepsilon\left(\hat{\boldsymbol{e}}^{\text{T}} \boldsymbol{s}^{-}+\tilde{\boldsymbol{e}}^{\text{T}} \boldsymbol{s}^{+}\right)\right), \\
\text{s.t.}\ \sum_{j=1}^{\bar{n}}[\underline{\hat{\boldsymbol{y}}}_j^c, \overline{\hat{\boldsymbol{y}}}_j^c] \lambda_j+\boldsymbol{s}^{-}=[\underline{\boldsymbol{y}}_p^c, \overline{\boldsymbol{y}}_p^c], \\
\sum_{j=1}^{\bar{n}}[\underline{\hat{\boldsymbol{y}}}_j^b, \overline{\hat{\boldsymbol{y}}}_j^b] \lambda_j-\boldsymbol{s}^{+}=\theta_{\text{BC}}[\underline{\boldsymbol{y}}_p^b, \overline{\boldsymbol{y}}_p^b], \\
\sum_{j=1}^{\bar{n}} \lambda_j=1, \\
\boldsymbol{s}^{-}, \boldsymbol{s}^{+} \geqq \mathbf{0}, \lambda_j \geqq 0, j=1,2, \cdots, \bar{n}.
\end{array}\right.
$$

其中, ε 为非阿基米德无穷小量; $\boldsymbol{e}, \hat{\boldsymbol{e}}, \tilde{\boldsymbol{e}}$ 均为单位向量; $\boldsymbol{s}^{+}, \boldsymbol{s}^{-}$ 为实数变量.

为了求解上述 3 种非线性规划模型 (IS-ID), 考虑对区间决策单元最有利与最不利的情形, 可得求解决策单元区间有效值上限模型和下限模型, 具体如下.

(1) 当评价指标为效益型时, 则决策单元的区间有效值上限与下限模型如下:

$$
(\text{IS-ID})_{\overline{\text{B}}}\left\{\begin{array}{l}
\max\left(\theta_{\text{B}}+\varepsilon \boldsymbol{e}^{\text{T}} \boldsymbol{s}^{+}\right), \\
\text{s.t.}\ \sum_{j=1}^{\bar{n}} \underline{\hat{\boldsymbol{y}}}_j \lambda_j-\boldsymbol{s}^{+}=\theta_{\text{B}} \overline{\boldsymbol{y}}_p, \\
\sum_{j=1}^{\bar{n}} \lambda_j=1, \\
\boldsymbol{s}^{+} \geqq \mathbf{0}, \lambda_j \geqq 0, j=1,2, \cdots, \bar{n}.
\end{array}\right.
$$

$$
(\text{IS-ID})_{\underline{\text{B}}}\left\{\begin{array}{l}
\max\left(\theta_{\text{B}}+\varepsilon \boldsymbol{e}^{\text{T}} \boldsymbol{s}^{+}\right), \\
\text{s.t.}\ \sum_{j=1}^{\bar{n}} \overline{\hat{\boldsymbol{y}}}_j \lambda_j-\boldsymbol{s}^{+}=\theta_{\text{B}} \underline{\boldsymbol{y}}_p, \\
\sum_{j=1}^{\bar{n}} \lambda_j=1, \\
\boldsymbol{s}^{+} \geqq \mathbf{0}, \lambda_j \geqq 0, j=1,2, \cdots, \bar{n}.
\end{array}\right.
$$

(2) 当评价指标为成本型时, 则决策单元的区间有效值上限与下限模型如下:

$$
(\text{IS-ID})_{\overline{\text{C}}}\left\{\begin{array}{l}
\min\left(\theta_{\text{C}}-\varepsilon \boldsymbol{e}^{\text{T}}\boldsymbol{s}^{-}\right),\\
\text{s.t.}\ \ \sum\limits_{j=1}^{\overline{n}}\hat{\overline{\boldsymbol{y}}}_{j}\lambda_{j}+\boldsymbol{s}^{-}=\theta_{\text{C}}\underline{\boldsymbol{y}}_{p},\\
\qquad \sum\limits_{j=1}^{\overline{n}}\lambda_{j}=1,\\
\qquad \boldsymbol{s}^{-}\geqq \boldsymbol{0},\lambda_{j}\geqq 0,j=1,2,\cdots,\overline{n}.
\end{array}\right.
$$

$$
(\text{IS-ID})_{\underline{\text{C}}}\left\{\begin{array}{l}
\min\left(\theta_{\text{C}}-\varepsilon \boldsymbol{e}^{\text{T}}\boldsymbol{s}^{-}\right),\\
\text{s.t.}\ \ \sum\limits_{j=1}^{\overline{n}}\hat{\underline{\boldsymbol{y}}}_{j}\lambda_{j}+\boldsymbol{s}^{-}=\theta_{\text{C}}\overline{\boldsymbol{y}}_{p},\\
\qquad \sum\limits_{j=1}^{\overline{n}}\lambda_{j}=1,\\
\qquad \boldsymbol{s}^{-}\geqq \boldsymbol{0},\lambda_{j}\geqq 0,j=1,2,\cdots,\overline{n}.
\end{array}\right.
$$

(3) 当评价指标为混合型时, 则决策单元的区间有效值上限与下限模型如下:

$$
(\text{IS-ID})_{\overline{\text{BC}}}\left\{\begin{array}{l}
\max\left(\theta_{\text{BC}}+\varepsilon(\hat{\boldsymbol{e}}^{\text{T}}\boldsymbol{s}^{-}+\tilde{\boldsymbol{e}}^{\text{T}}\boldsymbol{s}^{+})\right),\\
\text{s.t.}\ \ \sum\limits_{j=1}^{\overline{n}}\hat{\overline{\boldsymbol{y}}}_{j}^{c}\lambda_{j}+\boldsymbol{s}^{-}=\underline{\boldsymbol{y}}_{p}^{c},\\
\qquad \sum\limits_{j=1}^{\overline{n}}\hat{\underline{\boldsymbol{y}}}_{j}^{b}\lambda_{j}-\boldsymbol{s}^{+}=\theta_{\text{BC}}\overline{\boldsymbol{y}}_{p}^{b},\\
\qquad \sum\limits_{j=1}^{\overline{n}}\lambda_{j}=1,\\
\qquad \boldsymbol{s}^{-},\boldsymbol{s}^{+}\geqq \boldsymbol{0},\lambda_{j}\geqq 0,j=1,2,\cdots,\overline{n}.
\end{array}\right.
$$

$$
(\text{IS-ID})_{\underline{\text{BC}}}\left\{\begin{array}{l}
\max\left(\theta_{\text{BC}}+\varepsilon(\hat{\boldsymbol{e}}^{\text{T}}\boldsymbol{s}^{-}+\tilde{\boldsymbol{e}}^{\text{T}}\boldsymbol{s}^{+})\right),\\
\text{s.t.}\ \ \sum\limits_{j=1}^{\overline{n}}\hat{\underline{\boldsymbol{y}}}_{j}^{c}\lambda_{j}+\boldsymbol{s}^{-}=\overline{\boldsymbol{y}}_{p}^{c},\\
\qquad \sum\limits_{j=1}^{\overline{n}}\hat{\overline{\boldsymbol{y}}}_{j}^{b}\lambda_{j}-\boldsymbol{s}^{+}=\theta_{\text{BC}}\underline{\boldsymbol{y}}_{p}^{b},\\
\qquad \sum\limits_{j=1}^{\overline{n}}\lambda_{j}=1,\\
\qquad \boldsymbol{s}^{-},\boldsymbol{s}^{+}\geqq \boldsymbol{0},\lambda_{j}\geqq 0,j=1,2,\cdots,\overline{n}.
\end{array}\right.
$$

设模型 (IS-ID)$_{\overline{\mathrm{B}}}$ 和 (IS-ID)$_{\underline{\mathrm{B}}}$ 的最优解分别为 $\underline{\theta}_{\mathrm{B}}^*$ 和 $\overline{\theta}_{\mathrm{B}}^*$, 则 $\underline{\theta}_{\mathrm{B}}^*$ 和 $\overline{\theta}_{\mathrm{B}}^*$ 组成的区间 $[1/\overline{\theta}_{\mathrm{B}}^*, 1/\underline{\theta}_{\mathrm{B}}^*]$ 称为决策单元 p 的广义 DEA 区间有效值.

设模型 (IS-ID)$_{\overline{\mathrm{C}}}$ 和模型 (IS-ID)$_{\underline{\mathrm{C}}}$ 的最优解分别为 $\overline{\theta}_{\mathrm{C}}^*$ 和 $\underline{\theta}_{\mathrm{C}}^*$, 则 $\overline{\theta}_{\mathrm{C}}^*$ 和 $\underline{\theta}_{\mathrm{C}}^*$ 组成的区间 $[\underline{\theta}_{\mathrm{C}}^*, \overline{\theta}_{\mathrm{C}}^*]$ 称为决策单元 p 的广义 DEA 区间有效值.

设模型 (IS-ID)$_{\overline{\mathrm{BC}}}$ 和 (IS-ID)$_{\underline{\mathrm{BC}}}$ 的最优解分别为 $\underline{\theta}_{\mathrm{BC}}^*$ 和 $\overline{\theta}_{\mathrm{BC}}^*$, 则 $\underline{\theta}_{\mathrm{BC}}^*$ 和 $\overline{\theta}_{\mathrm{BC}}^*$ 组成的区间 $[1/\overline{\theta}_{\mathrm{BC}}^*, 1/\underline{\theta}_{\mathrm{BC}}^*]$ 称为决策单元 p 的广义 DEA 区间有效值.

定理 8.13 每个决策单元的广义 DEA 区间有效值 $[1/\overline{\theta}_{\mathrm{B}}^*, 1/\underline{\theta}_{\mathrm{B}}^*]$(或 $[\underline{\theta}_{\mathrm{C}}^*, \overline{\theta}_{\mathrm{C}}^*]$, 或 $[1/\overline{\theta}_{\mathrm{BC}}^*, 1/\underline{\theta}_{\mathrm{BC}}^*]$) 包含了所有可能的有效值.

证明 当评价指标为效益型时, 证明每个决策单元的广义 DEA 区间有效值 $[1/\overline{\theta}_{\mathrm{B}}^*, 1/\underline{\theta}_{\mathrm{B}}^*]$ 包含了所有可能的有效值.

将决策单元 p 的最小值观测点 $\underline{\boldsymbol{y}}_p$ 作为决策单元输出值, 求解模型 (IS-ID)$_{\overline{\mathrm{B}}}$ 而得到的最优解记为 $\theta_{\overline{\mathrm{B}}}^*$; 将决策单元 p 的最大值观测点 $\overline{\boldsymbol{y}}_p$ 作为决策单元输出值, 求解模型 (IS-ID)$_{\underline{\mathrm{B}}}$ 而得到的最优解记为 $\theta_{\underline{\mathrm{B}}}^*$.

由定理 8.4 可知

$$\theta_{\overline{\mathrm{B}}}^* \leqq \overline{\theta}_{\mathrm{B}}^*, \quad \underline{\theta}_{\mathrm{B}}^* \leqq \theta_{\underline{\mathrm{B}}}^*;$$

由定理 8.10 可知

$$\theta_{\underline{\mathrm{B}}}^* \leqq \overline{\theta}_{\mathrm{B}}^*, \quad \underline{\theta}_{\mathrm{B}}^* \leqq \theta_{\overline{\mathrm{B}}}^*,$$

从而

$$\underline{\theta}_{\mathrm{B}}^* \leqq \theta_{\underline{\mathrm{B}}}^* \leqq \overline{\theta}_{\mathrm{B}}^*,$$

$$\underline{\theta}_{\mathrm{B}}^* \leqq \theta_{\overline{\mathrm{B}}}^* \leqq \overline{\theta}_{\mathrm{B}}^*.$$

当评价指标为成本型或混合型时同理可证. 证毕.

8.3.3 决策单元有效性分类及排序

依据上述分析, 可将所有决策单元 $p(p=1, 2, \cdots, n)$ 分为以下几类:

(1) $E^+ = \{\mathrm{DMU}_p|$决策单元 p 满足 $1/\overline{\theta}_{\mathrm{B}}^* \geqq 1$

$$(\text{或者 } \underline{\theta}_{\mathrm{C}}^* \geqq 1, \text{或者 } 1/\overline{\theta}_{\mathrm{BC}}^* \geqq 1 \text{ 或规划无可行解})\};$$

(2) $E = \{\mathrm{DMU}_p|$决策单元 p 满足 $1/\overline{\theta}_{\mathrm{B}}^* < 1$ 且 $1/\underline{\theta}_{\mathrm{B}}^* \geqq 1$

$$(\text{或者 } \underline{\theta}_{\mathrm{C}}^* < 1 \text{ 且 } \overline{\theta}_{\mathrm{C}}^* \geqq 1, \text{或者 } 1/\overline{\theta}_{\mathrm{BC}}^* < 1 \text{ 且 } 1/\underline{\theta}_{\mathrm{BC}}^* \geqq 1 \text{ 或无可行解})\};$$

(3) $E^- = \{\mathrm{DMU}_p|$决策单元 p 满足 $1/\underline{\theta}_{\mathrm{B}}^* < 1$

$$(\text{或者 } \overline{\theta}_{\mathrm{C}}^* < 1, \text{或者 } 1/\underline{\theta}_{\mathrm{BC}}^* < 1)\}.$$

定义 8.12 若 $\mathrm{DMU}_p \in E^+$, 则称决策单元 p 为强 IS-IE 有效; 若 $\mathrm{DMU}_p \in E$, 则称决策单元 p 为弱 IS-IE 有效; 若 $\mathrm{DMU}_p \in E^-$, 则称决策单元 p 为 IS-IE 无效.

通过上述分析, 广义 DEA 区间有效值反映了区间决策单元的有效性程度, 因此, 可根据区间有效值对决策单元进行排序.

8.4 实例分析

针对样本单元和决策单元指标取值为区间数时的评价问题, 现以某地区的商业银行分行运营业绩综合评价为例. 为了借鉴其他分行的经验更好地提升企业能力, 从而提高企业的竞争力, 设 20 家待评价的分行与同行业内的 3 家运营业绩突出的同类分行作为标杆进行比较, 每家银行采用存款总额、其他存款、发放的贷款、利息收入、服务费等 5 个输出指标作为评价指标. 表 8.5 为标杆分行的输出指标数据, 待评价分行输出指标数据参见文献 [27].

表 8.5 标杆分行的输出指标数据 $\hat{Y}$

分行号	$\hat{Y}_1$	$\hat{Y}_2$	$\hat{Y}_3$	$\hat{Y}_4$	$\hat{Y}_5$
1	[2409715, 2643055]	[402265, 475793]	[8348736, 8679682]	[496573, 616334]	[3359, 4608]
2	[1445829, 2589115]	[321812, 431647]	[8728224, 8771047]	[579335, 656098]	[2519, 4422]
3	[2216938, 2652581]	[386174, 431299]	[8424634, 8696887]	[513125, 594355]	[3191, 4027]

由于评价指标均为效益型, 且标杆分行和待评价分行的评价指标值均为区间数, 通过只有输出的广义区间 DEA 模型 $(\text{IS-ID})_{\text{B}}$, 求解区间有效值上限模型 $(\text{IS-ID})_{\overline{\text{B}}}$ 和下限模型 $(\text{IS-ID})_{\underline{\text{B}}}$, 得到各待评价的分行相对于标杆分行的区间有效值, 如表 8.6 所示.

表 8.6 20 家分行的区间有效值

分行号	1	2	3	4	5
区间有效值	[1.017,2.071]	[0.202,0.292]	[0.496,1.251]	[0.483,0.667]	[0.147,0.164]
分行号	6	7	8	9	10
区间有效值	[0.373,0.451]	[0.379,0.449]	[1.01,1.751]	[0.71,1.117]	[1.01,1.366]
分行号	11	12	13	14	15
区间有效值	[0.243,0.68]	[0.171,0.2]	[0.209,0.249]	[0.203,0.437]	[0.314,1.291]
分行号	16	17	18	19	20
区间有效值	[0.143,0.286]	[1.042,1.356]	[0.094,0.133]	[1.031,1.701]	[0.061,0.14]

对于 20 家分行的运营业绩综合评价, 结合表 8.6 中分行的区间有效值, 可得以下结论.

(1) 分行 1, 8, 10, 17, 19 等 5 家分行的区间有效值下限值均大于 1, 即这 5 家分行均为强 IS-IE 有效. 表明与选取的 3 家标杆分行相比, 这些分行在各项业绩指标值最低 (取区间值的最小值) 时的综合运营业绩都高于 3 家标杆分行在各项业绩指标值最高 (取区间值的最大值) 时的综合运营业绩.

(2) 分行 3, 9, 15 等 3 家分行的区间有效值上限值大于 1, 下限值小于 1, 即这 3 家分行为弱 IS-IE 有效. 表明与选取的 3 家标杆分行相比, 当这些分行在各项业绩指标值最高 (取区间值的最大值) 时的综合运营业绩高于 3 家标杆分行在各项业绩指标值最低 (取区间值的最小值) 时的综合运营业绩, 但是当这些分行在各项业绩指标值最低 (取区间值的最小值) 时的综合运营业绩低于 3 家标杆分行在各项业绩指标值最高 (取区间值的最大值) 时的综合运营业绩, 说明分行 3, 9, 15 等 3 家分行业绩指标仍有调整的空间.

(3) 由于其他剩余分行的区间有效值上限小于 1, 即其他分行均为 IS-IE 无效. 表明与标杆分行相比, 即使这些分行在各项业绩指标值最高 (取区间值的最大值) 时的综合运营业绩也均低于标杆分行在各项业绩指标值最低 (取区间值的最小值) 时的综合运营业绩, 说明其他剩余的分行综合业绩评价未能达到标杆分行的标准.

根据 8.3.3 节决策单元有效性分类, 结合待评价分行的运营业绩综合评价情况, 可对 20 家分行运营情况进行如下等级分类, 见表 8.7.

表 8.7　分行运营情况等级分类

等级分类	运营业绩较强	运营业绩一般	运营业绩较弱
分行号	1, 8, 10, 17, 19	3, 9, 15	2, 4~7, 11~14, 16, 18, 20

与此同时, 根据表 8.6 中待评价分行的区间有效值, 可进一步对分行进行运营业绩综合排序. 由于 20 家分行的运营业绩综合评价的有效值为区间数, 本章运用模糊左关系方法[28-29]对这些分行进行运营业绩综合排序, 可得排序如下:

$$\begin{aligned}&1 > 8 > 19 > 17 > 10 > 9 > 3 > 15 > 4 > 11 > 7 > 6 > 14\\&> 2 > 13 > 16 > 12 > 5 > 18 > 20,\end{aligned}$$

表明 20 家分行中分行 1 的综合运营业绩最优, 分行 20 的综合运营业绩最差.

本章提出一种基于样本单元的区间数多属性综合评价方法. 针对样本单元或决策单元的评价指标取区间数, 或两者的评价指标均取区间数的情况, 分别建立相对应的基于样本单元评价决策单元有效性的只有输出的广义区间 DEA 模型, 并通过区间有效值对决策单元进行全排序和进一步的分类. 与传统的数据包络分析方法相比, 本章提出的方法, 将传统 DEA 方法依据有效决策单元构成的评价参照系评价决策单元相对效率性拓展为依据任意参考集进行决策单元有效性在内的更具广泛含义的 DEA 方法, 并将传统综合评价中的指标点值扩展到区间值进行研究.

文中建立的模型各有其一定的优越性和应用场景, 可根据实际问题选择不同类型的模型.

参 考 文 献

[1] Charnes A, Cooper W W, Rohodes E. Measuring the efficiency of decision making units[J]. European Journal of Operational Research, 1978, 2(6): 429-444

[2] Charnes A, Cooper W W, Golany B, et al. Foundations of data envelopment analysis for pareto-koopmans efficient empirical production functions[J]. Journal of Econometrics, 1985, 30(1): 91-107

[3] Banker R D, Charnes A, Cooper W W. Some models for estimating technical and scale inefficiencies data envelopment analysis[J]. Management Science, 1984, 30(9): 1078-1092

[4] Cooper W W, Park K S, Yu G. IDEA and AR-IDEA: models for dealing with imprecise data in DEA[J]. Management Science, 1999, 45(4): 597-607

[5] Despotis D K, Smirlis Y G. Data envelopment analysis with imprecise data[J]. European Journal of Operational Research, 2002, 140(1): 24-36

[6] 马占新. 广义数据包络分析方法[M]. 北京: 科学出版社, 2012

[7] 杨国梁, 刘文斌, 郑海军. 数据包络分析方法 (DEA) 综述[J]. 系统工程学报, 2013, 28(6): 841-860

[8] 冯晨鹏, 王慧玲, 毕功兵. 存在多种非期望产出的非径向零和收益 DEA 模型我国区域环境效率实证研究[J]. 中国管理科学, 2017, 25(10): 42-50

[9] 王美强, 李勇军. 具有双重角色和非期望要素的供应商评价两阶段 DEA 模型[J]. 中国管理科学, 2016, 24(12): 91-97

[10] 范建平, 肖慧, 樊晓宏. 考虑非期望产出的改进 EBM-DEA 三阶段模型[J]. 中国管理科学, 2017, 25(8): 166-174

[11] 刘文丽, 王应明, 吕书龙. 基于交叉效率和合作博弈的决策单元排序方法[J]. 中国管理科学, 2018, 26(4): 163-170

[12] 成达建, 薛声家. 基于交叉效率新计算方法的区间效率值排序[J]. 中国管理科学, 2017, 25(7): 191-196

[13] 周忠宝, 金倩颖, 曾喜梅, 吴乾, 刘文斌. 存在基数约束的投资组合效率评价方法[J]. 中国管理科学, 2017, 25(2): 174-179

[14] 陶杰, 卢超. 整数 DEA 问题的求解方法与改进[J]. 中国管理科学, 2016, 24(11): 103-108

[15] 马占新. 一种基于样本前沿面的综合评价方法[J]. 内蒙古大学学报, 2002, 33(6): 606-610

[16] 马占新. 样本数据包络面的研究与应用[J]. 系统工程理论与实践, 2003, 23(12): 32-37

[17] 马占新, 吕喜明. 带有偏好锥的样本数据包络分析方法研究[J]. 系统工程与电子技术, 2007, 29(8): 1275-1281

[18] 马占新, 马生昀. 基于 C^2W 模型的广义数据包络分析方法研究[J]. 系统工程与电子技术, 2009, 31(2): 366-372

[19] 马占新, 马生昀. 基于 C^2WY 模型的广义数据包络分析方法[J]. 系统工程学报, 2011, 26(2): 251-261

[20] 木仁, 马占新, 文宗川. 数据包络分析方法中决策单元偏序关系的建立[J]. 中国管理科学, 2016, 24(11): 103-108

[21] 孙娜, 马占新, 马生昀. 广义超效率区间 DEA 模型及其有效性研究[J]. 数学的实践与认识, 2014, 44(3): 175-180

[22] 孙娜, 马生昀, 马占新. 广义模糊 DEA 模型及其有效性研究[J]. 数学的实践与认识, 2015, 45(3): 181-186

[23] 马占新, 伊茹. 基于经验数据评价的非参数系统分析方法[J]. 控制与决策, 2012, 27(2): 199-204

[24] 魏权龄. 数据包络分析[M]. 北京：科学出版社, 2004

[25] 徐泽水. 不确定多属性决策方法及应用[M]. 北京：清华大学出版社, 2004

[26] Aiche F, Abbas M, Dubois D. Chance-constrained programming with fuzzy stochastic coefficients[J]. Fuzzy Optimization and Decision Making, 2013, 12(2): 125-152

[27] Jahanshahloo G R, Hosseinzadeh L F, Rostamy M M, et al. A generalized model for data envelopment analysis with interval data[J]. Applied Mathematical Modelling, 2009, 33(7): 3236-3244

[28] Kundu S. Min-transitivity of fuzzy leftness relationshipand its application to decision making[J]. Fuzzy Sets and Systems, 1997, 86(3): 357-367

[29] Hu B Q, Wang S. A novel approach in uncertain programming part I: new arithmetic and order relation for interval numbers[J]. Journal of Industrial & Management Optimization, 2006, 2(4): 351-371

第 9 章　带有偏好锥的广义区间数 DEA 模型

本章针对决策单元指标数据为区间数的情况, 将 DEA 效率评价的参照集拓展到优秀单元、一般单元、较差单元、特定标准等多种情况, 然后, 针对决策单元评价指标含有不同偏好的情况, 给出三种带有权重约束的广义区间数 DEA 模型, 并分析了这些模型与传统 DEA 模型的关系. 最后, 应用本章方法分析了部分企业开拓国外市场的效率环境和策略.

自 1978 年, Charnes 等提出 C^2R 模型以来, 数据包络分析 (DEA) 方法已在经济管理的许多领域得到广泛应用和快速发展. C^2R 模型评价的是规模收益不变情况下决策单元的效率问题[1]. 1984 年, Banker 等[2]针对决策单元可能不满足锥性假设的情况, 给出另一个刻画决策单元技术有效的 BC^2 模型. 1985 年, Färe 等[3]给出规模收益非递增情况下的 DEA 模型. 1990 年, Seiford 等[4]给出规模收益非递减情况下的 DEA 模型. 这些模型仅适用于决策单元指标值为精确数的情况. 2002 年, Entani 等[5]针对决策单元指标数据为区间数的情况, 给出了区间数 DEA 模型. 而后, Wang 等[6]进一步研究了区间数 DEA 模型. 上述模型评价的参照系均为有效决策单元, 然而在效率评价中决策者希望比较的对象可能会有很多种, 比如优秀单元、一般单元、较差单元, 或者是一些标准或特定的对象, 为此, 文献 [7]~[15] 将传统 DEA 评价参考集进行了拓展, 并提出了基于样本点评价的广义 DEA 模型. 从评价的参考集来看, 如果决策单元集为 A, 则原有 DEA 方法中评价的参照集必为 A, 但广义 DEA 方法的评价参照集则可能为 A, B_1, B_2 或 B_3(图 9.1).

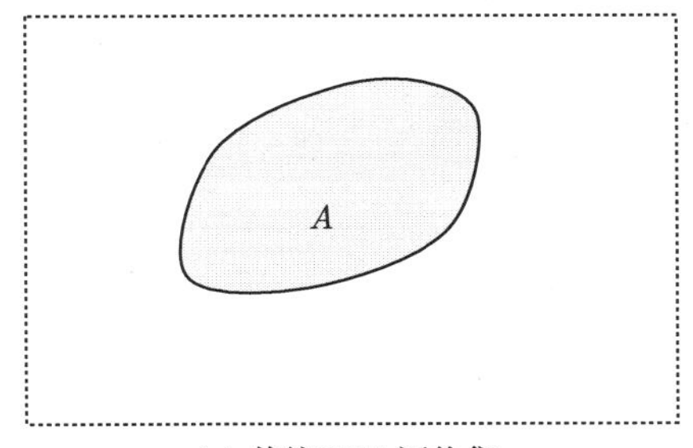

(a) 传统DEA评价集

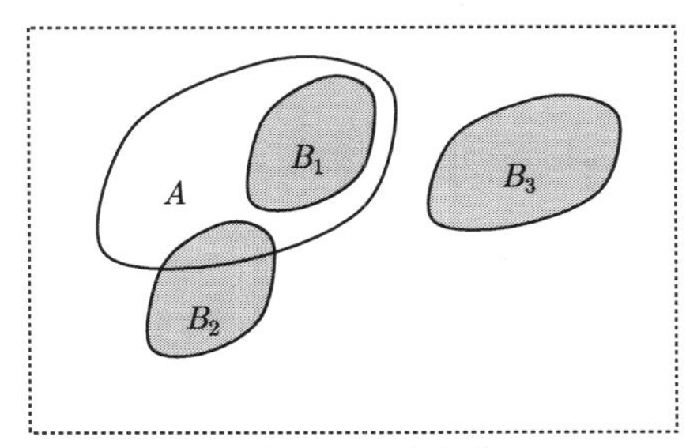

(b) 广义DEA参考集

图 9.1　传统 DEA 参考集与广义 DEA 参考集比较

由于实际测算中样本单元和决策单元之间的指标数据可能存在误差, 或只能估计出大致的区间范围, 因此, 输入输出数据并不一定是精确数. 另外, 决策单元的指标之间还可能存在一定的偏好性, 因此, 以下讨论了带有权重约束的广义区间数 DEA 模型的构建与有效性分析问题, 以及这些模型与传统 DEA 模型的关系. 最后, 应用本章方法分析了部分企业开拓国外市场的效率环境和策略问题.

9.1 带有偏好锥的广义区间数 DEA 模型及其性质

假设有 n 个待评价的决策单元和 n' 个比对的样本或决策者设定的标准 (以下统称为样本单元), 其特征可由 m 种输入和 s 种输出指标来描述, 若决策单元 p 的输入输出指标值为 $(\boldsymbol{x}_p, \boldsymbol{y}_p)$, 其中

$$\boldsymbol{x}_p = (x_{1p}, x_{2p}, \cdots, x_{mp})^{\mathrm{T}}, \quad \boldsymbol{y}_p = (y_{1p}, y_{2p}, \cdots, y_{sp})^{\mathrm{T}}, \quad p = 1, 2, \cdots, n,$$

样本单元 j 的输入输出指标值为 $(\boldsymbol{x}'_j, \boldsymbol{y}'_j)$,

$$\boldsymbol{x}'_j = (x'_{1j}, x'_{2j}, \cdots, x'_{mj})^{\mathrm{T}}, \quad \boldsymbol{y}'_j = (y'_{1j}, y'_{2j}, \cdots, y'_{sj})^{\mathrm{T}}, \quad j = 1, 2, \cdots, n',$$

这里, $\boldsymbol{x}_p, \boldsymbol{y}_p, \boldsymbol{x}'_j, \boldsymbol{y}'_j$ 均为实向量,

$$\boldsymbol{x}_p, \boldsymbol{x}'_j \in \mathrm{int}(-V^*), \quad \boldsymbol{y}_p, \boldsymbol{y}'_j \in \mathrm{int}(-U^*),$$

$$\mathrm{int}V \neq \varnothing, \quad \mathrm{int}U \neq \varnothing,$$

$U \subseteq E^s_+, V \subseteq E^m_+$ 为闭凸锥, 并记

$$\boldsymbol{X}' = (\boldsymbol{x}'_1, \boldsymbol{x}'_2, \cdots, \boldsymbol{x}'_{n'}), \quad \boldsymbol{Y}' = (\boldsymbol{y}'_1, \boldsymbol{y}'_2, \cdots, \boldsymbol{y}'_{n'}).$$

根据文献 [10] 可知决策单元 $(\boldsymbol{x}_p, \boldsymbol{y}_p)$ 对应的广义 DEA 模型如下:

$$(\mathrm{P})\left\{\begin{array}{ll}\max\left(\boldsymbol{\mu}^{\mathrm{T}}\boldsymbol{y}_p + \delta_1\mu_0\right) = V_{\mathrm{P}}, & \\ \text{s.t.} & \boldsymbol{\omega}^{\mathrm{T}}\boldsymbol{x}'_j - d\boldsymbol{\mu}^{\mathrm{T}}\boldsymbol{y}'_j - \delta_1\mu_0 \geqq 0, j = 1, 2, \cdots, n', \\ & \boldsymbol{\omega}^{\mathrm{T}}\boldsymbol{x}_p = 1, \\ & \delta_1\delta_2(-1)^{\delta_3}\mu_0 \geqq 0, \\ & \boldsymbol{\omega} \in V, \boldsymbol{\mu} \in U.\end{array}\right.$$

$$(\mathrm{D})\left\{\begin{array}{ll}\min\theta = V_{\mathrm{D}}, & \\ \text{s.t.} & \boldsymbol{X}'\boldsymbol{\lambda} - \theta\boldsymbol{x}_p \in V^*, \\ & -d\boldsymbol{Y}'\boldsymbol{\lambda} + \boldsymbol{y}_p \in U^*, \\ & \delta_1\left(\displaystyle\sum_{j=1}^{n'}\lambda_j - \delta_2(-1)^{\delta_3}\tilde{\lambda}\right) = \delta_1, \\ & \boldsymbol{\lambda} \geqq \boldsymbol{0}, \tilde{\lambda} \geqq 0,\end{array}\right.$$

这里

$$V^* = \{\boldsymbol{v} | \hat{\boldsymbol{v}}^{\mathrm{T}} \boldsymbol{v} \leqq 0, \forall \hat{\boldsymbol{v}} \in V\},$$

$$U^* = \{\boldsymbol{u} | \hat{\boldsymbol{u}}^{\mathrm{T}} \boldsymbol{u} \leqq 0, \forall \hat{\boldsymbol{u}} \in U\},$$

$$\mathrm{int}(-V^*) = \{\boldsymbol{v} | \hat{\boldsymbol{v}}^{\mathrm{T}} \boldsymbol{v} > 0, \forall \hat{\boldsymbol{v}} \in V \backslash \{\mathbf{0}\}\},$$

$$\mathrm{int}(-U^*) = \{\boldsymbol{u} | \hat{\boldsymbol{u}}^{\mathrm{T}} \boldsymbol{u} > 0, \forall \hat{\boldsymbol{u}} \in U \backslash \{\mathbf{0}\}\}.$$

为方便, 记决策单元 $(\boldsymbol{x}_p, \boldsymbol{y}_p)$ 相对于样本单元 $(\boldsymbol{X}', \boldsymbol{Y}')$ 的效率值为 $\theta^*_{((\boldsymbol{x}_p, \boldsymbol{y}_p),(\boldsymbol{X}', \boldsymbol{Y}'))}$, 其他效率符号含义相同, 不再一一注释.

下面针对决策单元、样本单元以及所有单元为区间数的情况, 分别进行讨论.

9.1.1 决策单元为区间数的广义 DEA 模型

如果决策单元 p 的指标值为区间数 $(\tilde{\boldsymbol{x}}_p, \tilde{\boldsymbol{y}}_p)$, 其中

$$\tilde{\boldsymbol{x}}_p = (\tilde{x}_{1p}, \tilde{x}_{2p}, \cdots, \tilde{x}_{mp})^{\mathrm{T}}, \quad \tilde{x}_{ip} \in [\underline{x}_{ip}, \overline{x}_{ip}], \quad i = 1, 2, \cdots, m, \quad p = 1, 2, \cdots, n,$$

$$\tilde{\boldsymbol{y}}_p = (\tilde{y}_{1p}, \tilde{y}_{2p}, \cdots, \tilde{y}_{sp})^{\mathrm{T}}, \quad \tilde{y}_{rp} \in [\underline{y}_{rp}, \overline{y}_{rp}], \quad r = 1, 2, \cdots, s, \quad p = 1, 2, \cdots, n;$$

并且

$$\underline{\boldsymbol{x}}_p = (\underline{x}_{1p}, \underline{x}_{2p}, \cdots, \underline{x}_{mp})^{\mathrm{T}} \in \mathrm{int}(-V^*),$$

$$\underline{\boldsymbol{y}}_p = (\underline{y}_{1p}, \underline{y}_{2p}, \cdots, \underline{y}_{sp})^{\mathrm{T}} \in \mathrm{int}(-U^*),$$

样本单元 j 的指标值为实数 $(\boldsymbol{x}'_j, \boldsymbol{y}'_j)$, $j = 1, 2, \cdots, n'$, 则有以下结论.

定理 9.1 如果 $\underline{\boldsymbol{x}}_p \in \mathrm{int}(-V^*)$, $\underline{\boldsymbol{y}}_p \in \mathrm{int}(-U^*)$, 则有

$$\overline{\boldsymbol{x}}_p = (\overline{x}_{1p}, \overline{x}_{2p}, \cdots, \overline{x}_{mp})^{\mathrm{T}} \in \mathrm{int}(-V^*),$$

$$\overline{\boldsymbol{y}}_p = (\overline{y}_{1p}, \overline{y}_{2p}, \cdots, \overline{y}_{sp})^{\mathrm{T}} \in \mathrm{int}(-U^*).$$

证明 由于 $\underline{\boldsymbol{x}}_p \in \mathrm{int}(-V^*)$, 所以, 对任意 $\hat{\boldsymbol{v}} \in V$, 有 $\underline{\boldsymbol{x}}_p^{\mathrm{T}} \hat{\boldsymbol{v}} > 0$, 又由于

$$\hat{\boldsymbol{v}} \geqq \mathbf{0}, \quad \overline{\boldsymbol{x}}_p \geqq \underline{\boldsymbol{x}}_p,$$

所以

$$\overline{\boldsymbol{x}}_p^{\mathrm{T}} \hat{\boldsymbol{v}} \geqq \underline{\boldsymbol{x}}_p^{\mathrm{T}} \hat{\boldsymbol{v}} > 0.$$

同理, 有 $\overline{\boldsymbol{y}}_p \in \mathrm{int}(-U^*)$. 证毕.

将 $(\tilde{\boldsymbol{x}}_p, \tilde{\boldsymbol{y}}_p)$ 代入模型 (P) 和模型 (D), 则可以给出决策单元指标值为区间数的偏好锥 DEA 模型如下:

$$
(\mathrm{PD})\begin{cases}
\max\left(\boldsymbol{\mu}^{\mathrm{T}}\tilde{\boldsymbol{y}}_p+\delta_1\mu_0\right)=V_{\mathrm{P}},\\
\text{s.t.}\quad \boldsymbol{\omega}^{\mathrm{T}}\boldsymbol{x}'_j-d\boldsymbol{\mu}^{\mathrm{T}}\boldsymbol{y}'_j-\delta_1\mu_0\geqq 0, j=1,2,\cdots,n',\\
\qquad \boldsymbol{\omega}^{\mathrm{T}}\tilde{\boldsymbol{x}}_p=1,\\
\qquad \delta_1\delta_2(-1)^{\delta_3}\mu_0\geqq 0,\\
\qquad \boldsymbol{\omega}\in V,\boldsymbol{\mu}\in U.
\end{cases}
$$

$$
(\mathrm{DD})\begin{cases}
\min\theta=V_{\mathrm{D}},\\
\text{s.t.}\quad \boldsymbol{X}'\boldsymbol{\lambda}-\theta\tilde{\boldsymbol{x}}_p\in V^*,\\
\qquad -d\boldsymbol{Y}'\boldsymbol{\lambda}+\tilde{\boldsymbol{y}}_p\in U^*,\\
\qquad \delta_1\left(\sum_{j=1}^{n'}\lambda_j-\delta_2(-1)^{\delta_3}\tilde{\lambda}\right)=\delta_1,\\
\qquad \boldsymbol{\lambda}\geqq\boldsymbol{0},\tilde{\lambda}\geqq 0.
\end{cases}
$$

样本单元确定的生产可能集与决策单元的关系如图 9.2 所示.

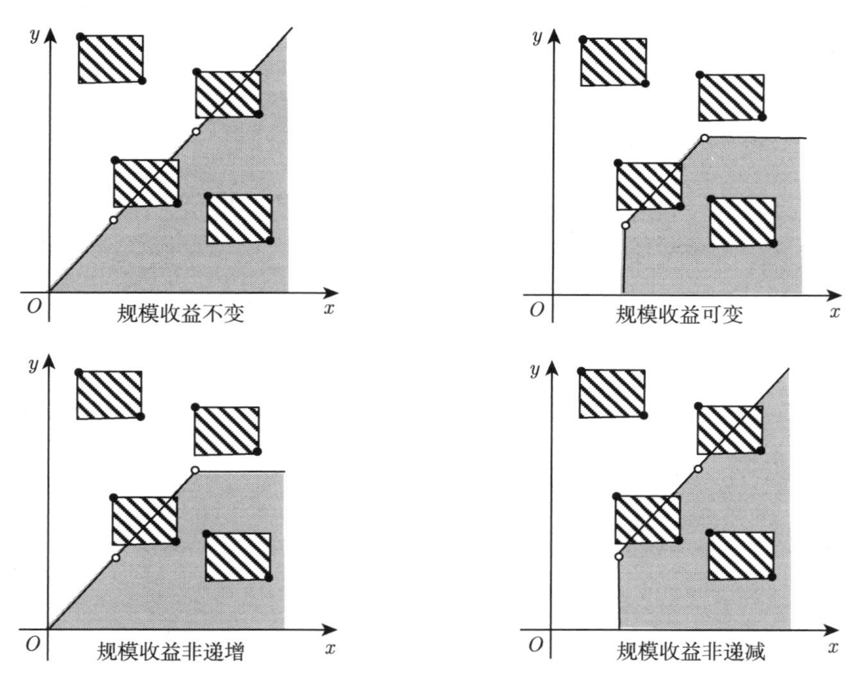

图 9.2　生产可能集与决策单元的关系 (决策单元指标值为区间数)

那么, 如何定义决策单元的有效性呢?

首先, 对 $(\tilde{\boldsymbol{x}}_p, \tilde{\boldsymbol{y}}_p)$ 选取两个特殊点 $(\overline{\boldsymbol{x}}_p, \underline{\boldsymbol{y}}_p)$, $(\underline{\boldsymbol{x}}_p, \overline{\boldsymbol{y}}_p)$ 进行度量, 根据模型 (PD) 与模型 (DD) 可得如下带有偏好锥的 DEA 模型:

$$
(\mathrm{PD}_1)\begin{cases}
\max\left(\boldsymbol{\mu}^{\mathrm{T}}\underline{\boldsymbol{y}}_p + \delta_1\mu_0\right) = V_{\mathrm{PD}_1}, \\
\text{s.t.}\quad \boldsymbol{\omega}^{\mathrm{T}}\boldsymbol{x}'_j - d\boldsymbol{\mu}^{\mathrm{T}}\boldsymbol{y}'_j - \delta_1\mu_0 \geqq 0, j = 1,2,\cdots,n', \\
\qquad \boldsymbol{\omega}^{\mathrm{T}}\overline{\boldsymbol{x}}_p = 1, \\
\qquad \delta_1\delta_2(-1)^{\delta_3}\mu_0 \geqq 0, \\
\qquad \boldsymbol{\omega}\in V, \boldsymbol{\mu}\in U.
\end{cases}
$$

$$
(\mathrm{DD}_1)\begin{cases}
\min\theta = V_{\mathrm{DD}_1}, \\
\text{s.t.}\quad \boldsymbol{X}'\boldsymbol{\lambda} - \theta\overline{\boldsymbol{x}}_p \in V^*, \\
\qquad -d\boldsymbol{Y}'\boldsymbol{\lambda} + \underline{\boldsymbol{y}}_p \in U^*, \\
\qquad \delta_1\left(\sum_{j=1}^{n'}\lambda_j - \delta_2(-1)^{\delta_3}\tilde{\lambda}\right) = \delta_1, \\
\qquad \boldsymbol{\lambda}\geqq \boldsymbol{0}, \tilde{\lambda}\geqq 0.
\end{cases}
$$

$$
(\mathrm{PD}_2)\begin{cases}
\max\left(\boldsymbol{\mu}^{\mathrm{T}}\overline{\boldsymbol{y}}_p + \delta_1\mu_0\right) = V_{\mathrm{PD}_2}, \\
\text{s.t.}\quad \boldsymbol{\omega}^{\mathrm{T}}\boldsymbol{x}'_j - d\boldsymbol{\mu}^{\mathrm{T}}\boldsymbol{y}'_j - \delta_1\mu_0 \geqq 0, j = 1,2,\cdots,n', \\
\qquad \boldsymbol{\omega}^{\mathrm{T}}\underline{\boldsymbol{x}}_p = 1, \\
\qquad \delta_1\delta_2(-1)^{\delta_3}\mu_0 \geqq 0, \\
\qquad \boldsymbol{\omega}\in V, \boldsymbol{\mu}\in U.
\end{cases}
$$

$$
(\mathrm{DD}_2)\begin{cases}
\min\theta = V_{\mathrm{DD}_2}, \\
\text{s.t.}\quad \boldsymbol{X}'\boldsymbol{\lambda} - \theta\underline{\boldsymbol{x}}_p \in V^*, \\
\qquad -d\boldsymbol{Y}'\boldsymbol{\lambda} + \overline{\boldsymbol{y}}_p \in U^*, \\
\qquad \delta_1\left(\sum_{j=1}^{n'}\lambda_j - \delta_2(-1)^{\delta_3}\tilde{\lambda}\right) = \delta_1, \\
\qquad \boldsymbol{\lambda}\geqq \boldsymbol{0}, \tilde{\lambda}\geqq 0.
\end{cases}
$$

对于模型 (DD_1) 和模型 (DD_2) 有以下结论.

定理 9.2 若模型 (DD_1) 与模型 (DD_2) 都存在最优解, 则必有

$$
\theta^*_{((\overline{\boldsymbol{x}}_p,\underline{\boldsymbol{y}}_p),(\boldsymbol{X}',\boldsymbol{Y}'))} \leqq \theta^*_{((\tilde{\boldsymbol{x}}_p,\tilde{\boldsymbol{y}}_p),(\boldsymbol{X}',\boldsymbol{Y}'))} \leqq \theta^*_{((\underline{\boldsymbol{x}}_p,\overline{\boldsymbol{y}}_p),(\boldsymbol{X}',\boldsymbol{Y}'))}.
$$

证明 若模型 (DD_2) 存在最优解 $\theta^*, \boldsymbol{\lambda}^*, \tilde{\lambda}^*$, 则必有

$$\begin{aligned}&\boldsymbol{X}'\boldsymbol{\lambda}^* - \theta^*\underline{\boldsymbol{x}}_p \in V^*,\\&-d\boldsymbol{Y}'\boldsymbol{\lambda}^* + \overline{\boldsymbol{y}}_p \in U^*,\\&\delta_1\left(\sum_{j=1}^{n'}\lambda_j^* - \delta_2(-1)^{\delta_3}\tilde{\lambda}^*\right) = \delta_1,\end{aligned}$$

由于

$$\boldsymbol{X}'\boldsymbol{\lambda}^* - \theta^*\underline{\boldsymbol{x}}_p \in V^*,$$

所以, 对任意 $\hat{\boldsymbol{v}} \in V$, 有

$$(\boldsymbol{X}'\boldsymbol{\lambda}^* - \theta^*\underline{\boldsymbol{x}}_p)^{\mathrm{T}}\hat{\boldsymbol{v}} \leqq 0,$$

又由于

$$\hat{\boldsymbol{v}} \geqq \boldsymbol{0}, \quad \tilde{\boldsymbol{x}}_p \geqq \underline{\boldsymbol{x}}_p,$$

所以

$$-\tilde{\boldsymbol{x}}_p^{\mathrm{T}}\hat{\boldsymbol{v}}_{\leqq} - \underline{\boldsymbol{x}}_p^{\mathrm{T}}\hat{\boldsymbol{v}},$$

由此可知

$$(\boldsymbol{X}'\boldsymbol{\lambda}^* - \theta^*\tilde{\boldsymbol{x}}_p)^{\mathrm{T}}\hat{\boldsymbol{v}} \leqq (\boldsymbol{X}'\boldsymbol{\lambda}^* - \theta^*\underline{\boldsymbol{x}}_p)^{\mathrm{T}}\hat{\boldsymbol{v}} \leqq 0,$$

即有

$$\boldsymbol{X}'\boldsymbol{\lambda}^* - \theta^*\tilde{\boldsymbol{x}}_p \in V^*,$$

类似可证

$$-d\boldsymbol{Y}'\boldsymbol{\lambda}^* + \tilde{\boldsymbol{y}}_p \in U^*,$$

由此可知 $\theta^*, \boldsymbol{\lambda}^*, \tilde{\lambda}^*$ 是模型 (DD) 的可行解, 因此

$$\theta^*_{((\tilde{\boldsymbol{x}}_p,\tilde{\boldsymbol{y}}_p),(\boldsymbol{X}',\boldsymbol{Y}'))} \leqq \theta^*_{((\underline{\boldsymbol{x}}_p,\overline{\boldsymbol{y}}_p),(\boldsymbol{X}',\boldsymbol{Y}'))}.$$

用同样的方法, 可证

$$\theta^*_{((\overline{\boldsymbol{x}}_p,\underline{\boldsymbol{y}}_p),(\boldsymbol{X}',\boldsymbol{Y}'))} \leqq \theta^*_{((\tilde{\boldsymbol{x}}_p,\tilde{\boldsymbol{y}}_p),(\boldsymbol{X}',\boldsymbol{Y}'))}.$$

证毕.

根据定理 9.2, 可以给出决策单元 p 的效率度量公式如下:

激进型效率值:

$$\theta^*{}_{((\tilde{\boldsymbol{x}}_p,\tilde{\boldsymbol{y}}_p),\ (\boldsymbol{X}',\boldsymbol{Y}'))} = \theta^*{}_{((\underline{\boldsymbol{x}}_p,\overline{\boldsymbol{y}}_p),\ (\boldsymbol{X}',\boldsymbol{Y}'))};$$

平均型效率值:

$$\theta^*_{((\tilde{\boldsymbol{x}}_p,\tilde{\boldsymbol{y}}_p),(\boldsymbol{X}',\boldsymbol{Y}'))} = \frac{\theta^*_{((\overline{\boldsymbol{x}}_p,\underline{\boldsymbol{y}}_p),(\boldsymbol{X}',\boldsymbol{Y}'))} + \theta^*_{((\underline{\boldsymbol{x}}_p,\overline{\boldsymbol{y}}_p),(\boldsymbol{X}',\boldsymbol{Y}'))}}{2};$$

保守型效率值:

$$\theta^*_{((\tilde{\boldsymbol{x}}_p,\tilde{\boldsymbol{y}}_p),(\boldsymbol{X}',\boldsymbol{Y}'))}=\theta^*_{((\overline{\boldsymbol{x}}_p,\underline{\boldsymbol{y}}_p),(\boldsymbol{X}',\boldsymbol{Y}'))}.$$

特别地, 当决策单元 p 的指标 $(\tilde{\boldsymbol{x}}_p,\tilde{\boldsymbol{y}}_p)$ 退化为一个点, 即 $\underline{\boldsymbol{x}}_p=\overline{\boldsymbol{x}}_p$, $\underline{\boldsymbol{y}}_p=\overline{\boldsymbol{y}}_p$ 时, 上述模型 (DD_1) 与模型 (DD_2) 为同一个模型, 因此由定理 9.2 知

$$\theta^*_{((\overline{\boldsymbol{x}}_p,\underline{\boldsymbol{y}}_p),(\boldsymbol{X}',\boldsymbol{Y}'))}=\theta^*_{((\underline{\boldsymbol{x}}_p,\overline{\boldsymbol{y}}_p),(\boldsymbol{X}',\boldsymbol{Y}'))},$$

从而得下面推论.

推论 9.1 当决策单元 $(\tilde{\boldsymbol{x}}_p,\tilde{\boldsymbol{y}}_p)$ 的指标值退化为一个实数点时, 有

$$\theta^*_{((\tilde{\boldsymbol{x}}_p,\tilde{\boldsymbol{y}}_p),(\boldsymbol{X}',\boldsymbol{Y}'))}=\theta^*_{((\overline{\boldsymbol{x}}_p,\underline{\boldsymbol{y}}_p),(\boldsymbol{X}',\boldsymbol{Y}'))}=\theta^*_{((\underline{\boldsymbol{x}}_p,\overline{\boldsymbol{y}}_p),(\boldsymbol{X}',\boldsymbol{Y}'))}.$$

推论 9.1 表明, 当决策单元的输入输出指标由区间数退化为一个实数点时, 区间数意义下的效率度量值与模型 (D) 给出的度量值一致.

9.1.2 只有样本单元为区间数的广义 DEA 模型

如果决策单元 p 的指标值为实数 $(\boldsymbol{x}_p,\boldsymbol{y}_p)$, $p=1,2,\cdots,n$. 样本单元的指标值为区间数 $(\tilde{\boldsymbol{x}}'_j,\tilde{\boldsymbol{y}}'_j)$, $j=1,2,\cdots,n'$, 其中

$$\tilde{\boldsymbol{x}}'_j=(\tilde{x}'_{1j},\tilde{x}'_{2j},\cdots,\tilde{x}'_{mj})^{\mathrm{T}},\quad \tilde{x}'_{ij}\in[\underline{x}'_{ij},\overline{x}'_{ij}],\quad i=1,2,\cdots,m,j=1,2,\cdots,n',$$

$$\tilde{\boldsymbol{y}}'_j=(\tilde{y}'_{1j},\tilde{y}'_{2j},\cdots,\tilde{y}'_{sj})^{\mathrm{T}},\quad \tilde{y}'_{rj}\in[\underline{y}'_{rj},\overline{y}'_{rj}],\quad r=1,2,\cdots,s,\ j=1,2,\cdots,n',$$

并且

$$\underline{\boldsymbol{x}}'_j=(\underline{x}'_{1j},\underline{x}'_{2j},\cdots,\underline{x}'_{mj})^{\mathrm{T}}\in\mathrm{int}(-V^*),$$
$$\underline{\boldsymbol{y}'}_j=(\underline{y}'_{1j},\underline{y}'_{2j},\cdots,\underline{y}'_{sj})^{\mathrm{T}}\in\mathrm{int}(-U^*),$$

则有以下结论.

定理 9.3 如果 $\underline{\boldsymbol{x}}'_j\in\mathrm{int}(-V^*)$, $\underline{\boldsymbol{y}}'_j\in\mathrm{int}(-U^*)$, 则有

$$\overline{\boldsymbol{x}}'_j=(\overline{x}'_{1j},\overline{x}'_{2j},\cdots,\overline{x}'_{mj})^{\mathrm{T}}\in\mathrm{int}(-V^*),\quad j=1,2,\cdots,n',$$

$$\overline{\boldsymbol{y}}'_j=(\overline{y}'_{1j},\overline{y}'_{2j},\cdots,\overline{y}'_{sj})^{\mathrm{T}}\in\mathrm{int}(-U^*),\quad j=1,2,\cdots,n'.$$

证明 类似定理 9.1 可证. 证毕.

令

$$\underline{\boldsymbol{X}}'=(\underline{\boldsymbol{x}'}_1,\underline{\boldsymbol{x}}'_2,\cdots,\underline{\boldsymbol{x}}'_{n'}),\quad \underline{\boldsymbol{Y}}'=(\underline{\boldsymbol{y}}'_1,\underline{\boldsymbol{y}}'_2,\cdots,\underline{\boldsymbol{y}}'_{n'}),$$
$$\overline{\boldsymbol{X}}'=(\overline{\boldsymbol{x}}'_1,\overline{\boldsymbol{x}}'_2,\cdots,\overline{\boldsymbol{x}}'_{n'}),\quad \overline{\boldsymbol{Y}}'=(\overline{\boldsymbol{y}}'_1,\overline{\boldsymbol{y}}'_2,\cdots,\overline{\boldsymbol{y}}'_{n'}),$$

$$\tilde{\boldsymbol{X}}' = (\tilde{\boldsymbol{x}}_1', \tilde{\boldsymbol{x}}_2', \cdots, \tilde{\boldsymbol{x}}_{n'}'), \quad \tilde{\boldsymbol{Y}}' = (\tilde{\boldsymbol{y}}_1', \tilde{\boldsymbol{y}}_2', \cdots, \tilde{\boldsymbol{y}}_{n'}');$$

将 $(\tilde{\boldsymbol{x}}_j', \tilde{\boldsymbol{y}}_j')$ 代入模型 (P) 和模型 (D), 则可得以下区间数 DEA 模型:

$$(\text{PS})\begin{cases} \max\left(\boldsymbol{\mu}^{\mathrm{T}}\boldsymbol{y}_p + \delta_1\mu_0\right) = V_{\mathrm{P}}, \\ \text{s.t. } \boldsymbol{\omega}^{\mathrm{T}}\tilde{\boldsymbol{x}}_j' - d\boldsymbol{\mu}^{\mathrm{T}}\tilde{\boldsymbol{y}}_j' - \delta_1\mu_0 \geqq 0, j = 1, 2, \cdots, n', \\ \qquad \boldsymbol{\omega}^{\mathrm{T}}\boldsymbol{x}_p = 1, \\ \qquad \delta_1\delta_2(-1)^{\delta_3}\mu_0 \geqq 0, \\ \qquad \boldsymbol{\omega} \in V, \boldsymbol{\mu} \in U. \end{cases}$$

$$(\text{DS})\begin{cases} \min\theta = V_{\mathrm{D}}, \\ \text{s.t. } \tilde{\boldsymbol{X}}'\boldsymbol{\lambda} - \theta\boldsymbol{x}_p \in V^*, \\ \qquad -d\tilde{\boldsymbol{Y}}'\boldsymbol{\lambda} + \boldsymbol{y}_p \in U^*, \\ \qquad \delta_1\left(\sum_{j=1}^{n'}\lambda_j - \delta_2(-1)^{\delta_3}\tilde{\lambda}\right) = \delta_1, \\ \qquad \boldsymbol{\lambda} \geqq \boldsymbol{0}, \tilde{\lambda} \geqq 0. \end{cases}$$

样本单元确定的生产可能集与决策单元的关系如图 9.3 所示.

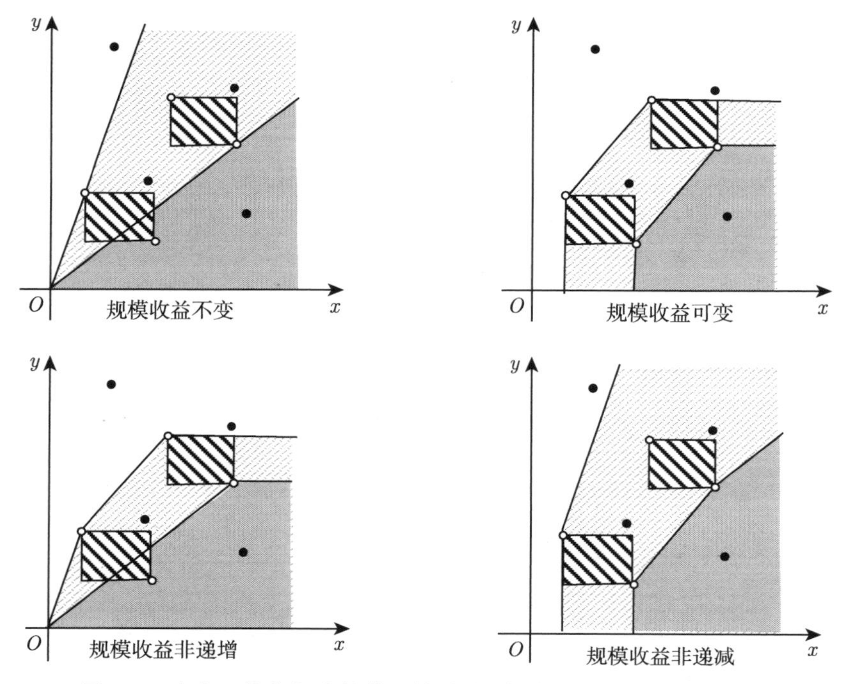

图 9.3　生产可能集与决策单元的关系 (样本单元指标值为区间数)

那么, 如何定义决策单元的有效性呢?

首先, 对 $(\tilde{\boldsymbol{x}}_j', \tilde{\boldsymbol{y}}_j')$ 选取两个特殊点 $[\underline{\boldsymbol{x}}_j', \overline{\boldsymbol{y}}_j']$, $[\overline{\boldsymbol{x}}_j', \underline{\boldsymbol{y}}_j']$ 来构造生产可能集, 根据模型 (PS) 与模型 (DS) 可得以下偏好锥广义 DEA 模型:

$$
(\mathrm{PS}_1)\begin{cases}
\max\left(\boldsymbol{\mu}^{\mathrm{T}}\boldsymbol{y}_p+\delta_1\mu_0\right)=V_{\mathrm{PS}_1},\\
\text{s.t.}\quad \boldsymbol{\omega}^{\mathrm{T}}\underline{\boldsymbol{x}}_j'-d\boldsymbol{\mu}^{\mathrm{T}}\overline{\boldsymbol{y}}_j'-\delta_1\mu_0\geqq 0, j=1,2,\cdots,n',\\
\qquad\ \boldsymbol{\omega}^{\mathrm{T}}\boldsymbol{x}_p=1,\\
\qquad\ \delta_1\delta_2(-1)^{\delta_3}\mu_0\geqq 0,\\
\qquad\ \boldsymbol{\omega}\in V,\boldsymbol{\mu}\in U.
\end{cases}
$$

$$
(\mathrm{DS}_1)\begin{cases}
\min\theta=V_{\mathrm{DS}_1},\\
\text{s.t.}\quad \underline{\boldsymbol{X}}'\boldsymbol{\lambda}-\theta\boldsymbol{x}_p\in V^*,\\
\qquad -d\overline{\boldsymbol{Y}}'\boldsymbol{\lambda}+\boldsymbol{y}_p\in U^*,\\
\qquad \delta_1\left(\displaystyle\sum_{j=1}^{n'}\lambda_j-\delta_2(-1)^{\delta_3}\tilde{\lambda}\right)=\delta_1,\\
\qquad \boldsymbol{\lambda}\geqq\boldsymbol{0},\tilde{\lambda}\geqq 0.
\end{cases}
$$

$$
(\mathrm{PS}_2)\begin{cases}
\max\left(\boldsymbol{\mu}^{\mathrm{T}}\boldsymbol{y}_p+\delta_1\mu_0\right)=V_{\mathrm{PS}_2},\\
\text{s.t.}\quad \boldsymbol{\omega}^{\mathrm{T}}\overline{\boldsymbol{x}}_j'-d\boldsymbol{\mu}^{\mathrm{T}}\underline{\boldsymbol{y}}_j'-\delta_1\mu_0\geqq 0, j=1,2,\cdots,n',\\
\qquad\ \boldsymbol{\omega}^{\mathrm{T}}\boldsymbol{x}_p=1,\\
\qquad\ \delta_1\delta_2(-1)^{\delta_3}\mu_0\geqq 0,\\
\qquad\ \boldsymbol{\omega}\in V,\boldsymbol{\mu}\in U.
\end{cases}
$$

$$
(\mathrm{DS}_2)\begin{cases}
\min\theta=V_{\mathrm{DS}_2},\\
\text{s.t.}\quad \overline{\boldsymbol{X}}'\boldsymbol{\lambda}-\theta\boldsymbol{x}_p\in V^*,\\
\qquad -d\underline{\boldsymbol{Y}}'\boldsymbol{\lambda}+\boldsymbol{y}_p\in U^*,\\
\qquad \delta_1\left(\displaystyle\sum_{j=1}^{n'}\lambda_j-\delta_2(-1)^{\delta_3}\tilde{\lambda}\right)=\delta_1,\\
\qquad \boldsymbol{\lambda}\geqq\boldsymbol{0},\tilde{\lambda}\geqq 0.
\end{cases}
$$

对于模型 (DS_1) 和模型 (DS_2) 有以下结论.

定理 9.4 若模型 (DS_1) 与模型 (DS_2) 都存在最优解, 则必有

$$
\theta^*_{((\boldsymbol{x}_p,\boldsymbol{y}_p),(\underline{\boldsymbol{X}}',\overline{\boldsymbol{Y}}'))}\leqq\theta^*_{((\boldsymbol{x}_p,\boldsymbol{y}_p),(\tilde{\boldsymbol{X}}',\tilde{\boldsymbol{Y}}'))}\leqq\theta^*_{((\boldsymbol{x}_p,\boldsymbol{y}_p),(\overline{\boldsymbol{X}}',\underline{\boldsymbol{Y}}'))}.
$$

证明 若模型 (DS_2) 存在最优解 $\theta^*, \boldsymbol{\lambda}^*, \tilde{\lambda}^*$, 则必有

$$\begin{gathered}\overline{\boldsymbol{X}}'\boldsymbol{\lambda}^* - \theta^* \boldsymbol{x}_p \in V^*,\\ -d\underline{\boldsymbol{Y}}'\boldsymbol{\lambda}^* + \boldsymbol{y}_p \in U^*,\end{gathered}$$

$$\delta_1\left(\sum_{j=1}^{n'} \lambda_j^* - \delta_2(-1)^{\delta_3}\tilde{\lambda}^*\right) = \delta_1,$$

由于

$$\overline{\boldsymbol{X}}'\boldsymbol{\lambda}^* - \theta^* \boldsymbol{x}_p \in V^*,$$

所以, 对任意 $\hat{\boldsymbol{v}} \in V$, 有

$$(\overline{\boldsymbol{X}}'\boldsymbol{\lambda}^* - \theta^* \boldsymbol{x}_p)^{\mathrm{T}}\hat{\boldsymbol{v}} \leqq 0,$$

又由于

$$\hat{\boldsymbol{v}} \geqq \mathbf{0}, \quad \boldsymbol{\lambda}^* \geqq \mathbf{0}, \quad \overline{\boldsymbol{X}}' \geqq \tilde{\boldsymbol{X}}',$$

所以

$$(\overline{\boldsymbol{X}}'\boldsymbol{\lambda}^*)^{\mathrm{T}}\hat{\boldsymbol{v}} \geqq (\tilde{\boldsymbol{X}}'\boldsymbol{\lambda}^*)^{\mathrm{T}}\hat{\boldsymbol{v}},$$

由此可知

$$(\tilde{\boldsymbol{X}}'\boldsymbol{\lambda}^* - \theta^* \boldsymbol{x}_p)^{\mathrm{T}}\hat{\boldsymbol{v}} \leqq (\overline{\boldsymbol{X}}'\boldsymbol{\lambda}^* - \theta^* \boldsymbol{x}_p)^{\mathrm{T}}\hat{\boldsymbol{v}} \leqq 0,$$

即有

$$\tilde{\boldsymbol{X}}'\boldsymbol{\lambda}^* - \theta^* \boldsymbol{x}_p \in V^*,$$

类似可证

$$-d\tilde{\boldsymbol{Y}}'\boldsymbol{\lambda}^* + \boldsymbol{y}_p \in U^*.$$

由此可知 $\theta^*, \boldsymbol{\lambda}^*, \tilde{\lambda}^*$ 是模型 (DS) 的可行解, 因此

$$\theta^*_{((\boldsymbol{x}_p,\boldsymbol{y}_p),(\tilde{\boldsymbol{X}}',\tilde{\boldsymbol{Y}}'))} \leqq \theta^*_{((\boldsymbol{x}_p,\boldsymbol{y}_p),(\overline{\boldsymbol{X}}',\underline{\boldsymbol{Y}}'))}.$$

用同样的方法, 可证

$$\theta^*_{((\boldsymbol{x}_p,\boldsymbol{y}_p),(\underline{\boldsymbol{X}}',\overline{\boldsymbol{Y}}'))} \leqq \theta^*_{((\boldsymbol{x}_p,\boldsymbol{y}_p),(\tilde{\boldsymbol{X}}',\tilde{\boldsymbol{Y}}'))}.$$

证毕.

根据定理 9.4, 可以给出决策单元 p 的效率度量公式如下:

激进型效率值:

$$\theta^*_{((\boldsymbol{x}_p,\boldsymbol{y}_p),(\tilde{\boldsymbol{X}}',\tilde{\boldsymbol{Y}}'))} = \theta^*_{((\boldsymbol{x}_p,\boldsymbol{y}_p),(\overline{\boldsymbol{X}}',\underline{\boldsymbol{Y}}'))};$$

平均型效率值:

$$\theta^*_{((\boldsymbol{x}_p,\boldsymbol{y}_p),(\tilde{\boldsymbol{X}}',\tilde{\boldsymbol{Y}}'))}=\frac{\theta^*_{((\boldsymbol{x}_p,\boldsymbol{y}_p),(\overline{\boldsymbol{X}}',\underline{\boldsymbol{Y}}'))}+\theta^*_{((\boldsymbol{x}_p,\boldsymbol{y}_p),(\underline{\boldsymbol{X}}',\overline{\boldsymbol{Y}}'))}}{2};$$

保守型效率值:

$$\theta^*_{((\boldsymbol{x}_p,\boldsymbol{y}_p),(\tilde{\boldsymbol{X}}',\tilde{\boldsymbol{Y}}'))}=\theta^*_{((\boldsymbol{x}_p,\boldsymbol{y}_p),(\underline{\boldsymbol{X}}',\overline{\boldsymbol{Y}}'))}.$$

特别地, 当样本单元 j 的指标 $(\tilde{\boldsymbol{x}}'_j,\tilde{\boldsymbol{y}}'_j)$ 退化为一个点, 即 $\underline{\boldsymbol{x}}'_j=\overline{\boldsymbol{x}}'_j,\underline{\boldsymbol{y}}'_j=\overline{\boldsymbol{y}}'_j$ 时, 上述模型 (DS_1) 与模型 (DS_2) 为同一个模型, 因而

$$\theta^*_{((\boldsymbol{x}_p,\boldsymbol{y}_p),(\underline{\boldsymbol{X}}',\overline{\boldsymbol{Y}}'))}=\theta^*_{((\boldsymbol{x}_p,\boldsymbol{y}_p),(\overline{\boldsymbol{X}}',\underline{\boldsymbol{Y}}'))},$$

于是, 可得下面推论.

推论 9.2 当样本单元的指标 $(\tilde{\boldsymbol{x}}'_j,\tilde{\boldsymbol{y}}'_j)(j=1,2,\cdots,n')$ 退化为一个实数点时, 有

$$\theta^*_{((\boldsymbol{x}_p,\boldsymbol{y}_p),(\underline{\boldsymbol{X}}',\overline{\boldsymbol{Y}}'))}=\theta^*_{((\boldsymbol{x}_p,\boldsymbol{y}_p),(\tilde{\boldsymbol{X}}',\tilde{\boldsymbol{Y}}'))}=\theta^*_{((\boldsymbol{x}_p,\boldsymbol{y}_p),(\overline{\boldsymbol{X}}',\underline{\boldsymbol{Y}}'))}.$$

推论 9.2 表明, 当样本单元的输入输出指标由区间数退化为实数点时, 区间数意义下的决策单元效率度量值与模型 (D) 给出的度量值一致.

9.1.3 决策单元和样本单元均为区间数的广义 DEA 模型

如果决策单元 p 的指标值为区间数 $(\tilde{\boldsymbol{x}}_p,\tilde{\boldsymbol{y}}_p)$, 其中

$$\tilde{\boldsymbol{x}}_p=(\tilde{x}_{1p},\tilde{x}_{2p},\cdots,\tilde{x}_{mp})^{\mathrm{T}},\quad \tilde{x}_{ip}\in[\underline{x}_{ip},\overline{x}_{ip}],\quad i=1,2,\cdots,m,p=1,2,\cdots,n,$$

$$\tilde{\boldsymbol{y}}_p=(\tilde{y}_{1p},\tilde{y}_{2p},\cdots,\tilde{y}_{sp})^{\mathrm{T}},\quad \tilde{y}_{rp}\in[\underline{y}_{rp},\overline{y}_{rp}],\quad r=1,2,\cdots,s,p=1,2,\cdots,n;$$

并且

$$\underline{\boldsymbol{x}}_p=(\underline{x}_{1p},\underline{x}_{2p},\cdots,\underline{x}_{mp})^{\mathrm{T}}\in\mathrm{int}(-V^*),$$

$$\underline{\boldsymbol{y}}_p=(\underline{y}_{1p},\underline{y}_{2p},\cdots,\underline{y}_{sp})^{\mathrm{T}}\in\mathrm{int}(-U^*).$$

同时, 样本单元 j 的指标值也为区间数 $(\tilde{\boldsymbol{x}}'_j,\tilde{\boldsymbol{y}}'_j)$, $j=1,2,\cdots,n'$, 其中

$$\tilde{\boldsymbol{x}}'_j=(\tilde{x}'_{1j},\tilde{x}'_{2j},\cdots,\tilde{x}'_{mj})^{\mathrm{T}},\quad \tilde{x}'_{ij}\in[\underline{x}'_{ij},\overline{x}'_{ij}],\quad i=1,2,\cdots,m,j=1,2,\cdots,n',$$

$$\tilde{\boldsymbol{y}}'_j=(\tilde{y}'_{1j},\tilde{y}'_{2j},\cdots,\tilde{y}'_{sj})^{\mathrm{T}},\quad \tilde{y}'_{rj}\in[\underline{y}'_{rj},\overline{y}'_{rj}],\quad r=1,2,\cdots,s,j=1,2,\cdots,n',$$

并且

$$\underline{\boldsymbol{x}}'_j=(\underline{x}'_{1j},\underline{x}'_{2j},\cdots,\underline{x}'_{mj})^{\mathrm{T}}\in\mathrm{int}(-V^*),$$

$$\underline{\boldsymbol{y}}'_j=(\underline{y}'_{1j},\underline{y}'_{2j},\cdots,\underline{y}'_{sj})^{\mathrm{T}}\in\mathrm{int}(-U^*)$$

由定理 9.1 和定理 9.3 可知

$$\begin{aligned}
&\overline{\boldsymbol{x}}_p=(\overline{x}_{1p},\overline{x}_{2p},\cdots,\overline{x}_{mp})^{\mathrm{T}}\in\operatorname{int}(-V^*),\\
&\overline{\boldsymbol{y}}_p=(\overline{y}_{1p},\overline{y}_{2p},\cdots,\overline{y}_{sp})^{\mathrm{T}}\in\operatorname{int}(-U^*).\\
&\overline{\boldsymbol{x}}'_j=(\overline{x}'_{1j},\overline{x}'_{2j},\cdots,\overline{x}'_{mj})^{\mathrm{T}}\in\operatorname{int}(-V^*),\quad j=1,2,\cdots,n',\\
&\overline{\boldsymbol{y}}'_j=(\overline{y}'_{1j},\overline{y}'_{2j},\cdots,\overline{y}'_{sj})^{\mathrm{T}}\in\operatorname{int}(-U^*),\quad j=1,2,\cdots,n'.
\end{aligned}$$

令

$$\begin{aligned}
&\underline{\boldsymbol{X}}'=(\underline{\boldsymbol{x}}'_1,\underline{\boldsymbol{x}}'_2,\cdots,\underline{\boldsymbol{x}}'_{n'}),\quad \underline{\boldsymbol{Y}}'=(\underline{\boldsymbol{y}}'_1,\underline{\boldsymbol{y}}'_2,\cdots,\underline{\boldsymbol{y}}'_{n'}),\\
&\overline{\boldsymbol{X}}'=(\overline{\boldsymbol{x}}'_1,\overline{\boldsymbol{x}}'_2,\cdots,\overline{\boldsymbol{x}}'_{n'}),\quad \overline{\boldsymbol{Y}}'=(\overline{\boldsymbol{y}}'_1,\overline{\boldsymbol{y}}'_2,\cdots,\overline{\boldsymbol{y}}'_{n'}),\\
&\tilde{\boldsymbol{X}}'=(\tilde{\boldsymbol{x}}'_1,\tilde{\boldsymbol{x}}'_2,\cdots,\tilde{\boldsymbol{x}}'_{n'}),\quad \tilde{\boldsymbol{Y}}'=(\tilde{\boldsymbol{y}}'_1,\tilde{\boldsymbol{y}}'_2,\cdots,\tilde{\boldsymbol{y}}'_{n'}).
\end{aligned}$$

将 $(\tilde{\boldsymbol{x}}_p,\tilde{\boldsymbol{y}}_p)$, $(\tilde{\boldsymbol{x}}'_j,\tilde{\boldsymbol{y}}'_j)$ 代入模型 (P) 与模型 (D), 则可以给出决策单元和样本单元的指标值均为区间数的偏好锥 DEA 模型如下:

$$(\mathrm{PDS})\left\{\begin{array}{l}
\max\left(\boldsymbol{\mu}^{\mathrm{T}}\tilde{\boldsymbol{y}}_p+\delta_1\mu_0\right)=V_{\mathrm{P}},\\
\text{s.t.}\quad \boldsymbol{\omega}^{\mathrm{T}}\tilde{\boldsymbol{x}}'_j-d\boldsymbol{\mu}^{\mathrm{T}}\tilde{\boldsymbol{y}}'_j-\delta_1\mu_0\geqq 0, j=1,2,\cdots,n',\\
\qquad\ \boldsymbol{\omega}^{\mathrm{T}}\tilde{\boldsymbol{x}}_p=1,\\
\qquad\ \delta_1\delta_2(-1)^{\delta_3}\mu_0\geqq 0,\\
\qquad\ \boldsymbol{\omega}\in V,\boldsymbol{\mu}\in U.
\end{array}\right.$$

$$(\mathrm{DDS})\left\{\begin{array}{l}
\min\theta=V_{\mathrm{D}},\\
\text{s.t.}\quad \tilde{\boldsymbol{X}}'\boldsymbol{\lambda}-\theta\tilde{\boldsymbol{x}}_p\in V^*,\\
\qquad\ -d\tilde{\boldsymbol{Y}}'\boldsymbol{\lambda}+\tilde{\boldsymbol{y}}_p\in U^*,\\
\qquad\ \delta_1\left(\sum\limits_{j=1}^{n'}\lambda_j-\delta_2(-1)^{\delta_3}\tilde{\lambda}\right)=\delta_1,\\
\qquad\ \boldsymbol{\lambda}\geqq\mathbf{0},\tilde{\lambda}\geqq 0.
\end{array}\right.$$

样本单元确定的生产可能集与决策单元的关系如图 9.4 所示.

那么, 如何定义决策单元的有效性呢?

首先, 选取 $(\tilde{\boldsymbol{x}}'_j,\tilde{\boldsymbol{y}}'_j)$ 中四类比较特殊的点 $[\overline{\boldsymbol{x}}_p,\underline{\boldsymbol{y}}_p]$, $[\underline{\boldsymbol{x}}_p,\overline{\boldsymbol{y}}_p]$, $[\overline{\boldsymbol{x}}'_j,\underline{\boldsymbol{y}}'_j]$, $[\underline{\boldsymbol{x}}'_j,\overline{\boldsymbol{y}}'_j]$ 进行度量, 根据模型 (PDS) 与模型 (DDS) 可得如下带有偏好锥的 DEA 模型:

$$(\mathrm{PDS}_1)\left\{\begin{array}{l}
\max\left(\boldsymbol{\mu}^{\mathrm{T}}\underline{\boldsymbol{y}}_p+\delta_1\mu_0\right)=V_{\mathrm{PDS}_1},\\
\text{s.t.}\quad \boldsymbol{\omega}^{\mathrm{T}}\underline{\boldsymbol{x}}'_j-d\boldsymbol{\mu}^{\mathrm{T}}\overline{\boldsymbol{y}}'_j-\delta_1\mu_0\geqq 0, j=1,2,\cdots,n',\\
\qquad\ \boldsymbol{\omega}^{\mathrm{T}}\overline{\boldsymbol{x}}_p=1,\\
\qquad\ \delta_1\delta_2(-1)^{\delta_3}\mu_0\geqq 0,\\
\qquad\ \boldsymbol{\omega}\in V,\boldsymbol{\mu}\in U.
\end{array}\right.$$

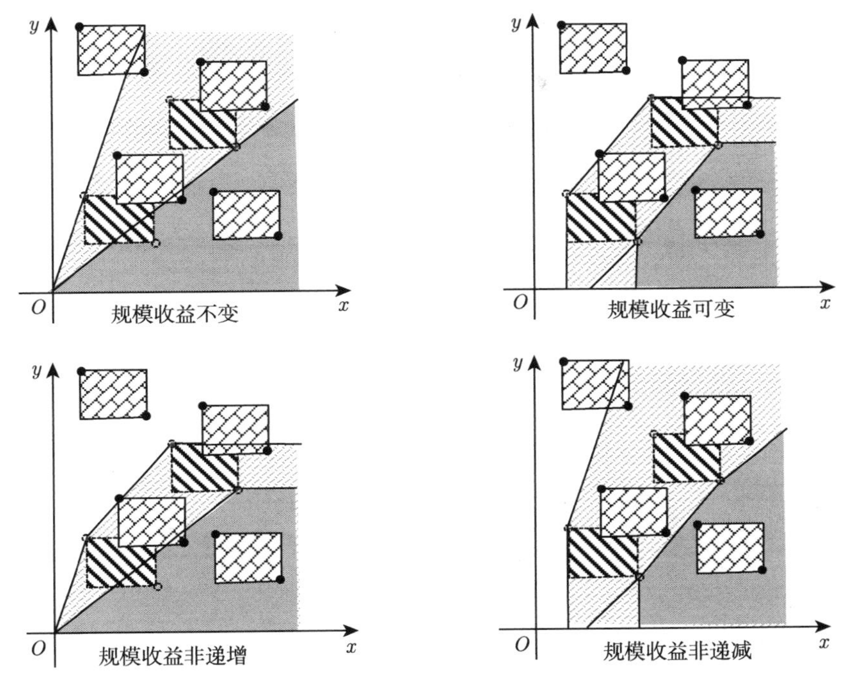

图 9.4 生产可能集与决策单元的关系 (决策单元与样本单元的指标均为区间数)

$$
(\mathrm{DDS}_1)\begin{cases}\min\theta=V_{\mathrm{DDS}_1},\\ \text{s.t.}\quad \underline{\boldsymbol{X}}'\boldsymbol{\lambda}-\theta\overline{\boldsymbol{x}}_p\in V^*,\\ \qquad -d\overline{\boldsymbol{Y}}'\boldsymbol{\lambda}+\underline{\boldsymbol{y}}_p\in U^*,\\ \qquad \delta_1\left(\displaystyle\sum_{j=1}^{n'}\lambda_j-\delta_2(-1)^{\delta_3}\tilde{\lambda}\right)=\delta_1,\\ \qquad \boldsymbol{\lambda}\geqq\boldsymbol{0},\tilde{\lambda}\geqq 0.\end{cases}
$$

$$
(\mathrm{PDS}_2)\begin{cases}\max\left(\boldsymbol{\mu}^{\mathrm{T}}\overline{\boldsymbol{y}}_p+\delta_1\mu_0\right)=V_{\mathrm{PDS}_2},\\ \text{s.t.}\quad \boldsymbol{\omega}^{\mathrm{T}}\overline{\boldsymbol{x}}'_j-d\boldsymbol{\mu}^{\mathrm{T}}\underline{\boldsymbol{y}}'_j-\delta_1\mu_0\geqq 0,j=1,2,\cdots,n',\\ \qquad \boldsymbol{\omega}^{\mathrm{T}}\underline{\boldsymbol{x}}_p=1,\\ \qquad \delta_1\delta_2(-1)^{\delta_3}\mu_0\geqq 0,\\ \qquad \boldsymbol{\omega}\in V,\boldsymbol{\mu}\in U.\end{cases}
$$

$$
(\mathrm{DDS}_2)\begin{cases}
\min\theta = V_{\mathrm{DDS}_2},\\
\text{s.t.}\quad \overline{\boldsymbol{X}}'\boldsymbol{\lambda}-\theta\underline{\boldsymbol{x}}_p\in V^*,\\
\qquad -d\underline{\boldsymbol{Y}}'\boldsymbol{\lambda}+\overline{\boldsymbol{y}}_p\in U^*,\\
\qquad \delta_1\left(\displaystyle\sum_{j=1}^{n'}\boldsymbol{\lambda}_j-\delta_2(-1)^{\delta_3}\tilde{\lambda}\right)=\delta_1,\\
\qquad \boldsymbol{\lambda}\geqq\boldsymbol{0},\tilde{\lambda}\geqq 0.
\end{cases}
$$

对模型 (DDS_1) 和模型 (DDS_2) 有以下结论.

定理 9.5　若模型 (DDS_1) 与模型 (DDS_2) 都存在最优解, 则必有

$$
\theta^*_{((\overline{\boldsymbol{x}}_p,\underline{\boldsymbol{y}}_p),(\underline{\boldsymbol{X}}',\overline{\boldsymbol{Y}}'))}\leqq\theta^*_{((\tilde{\boldsymbol{x}}_p,\tilde{\boldsymbol{y}}_p),(\tilde{\boldsymbol{X}}',\tilde{\boldsymbol{Y}}'))}\leqq\theta^*_{((\underline{\boldsymbol{x}}_p,\overline{\boldsymbol{y}}_p),(\overline{\boldsymbol{X}}',\underline{\boldsymbol{Y}}'))}.
$$

证明　若模型 (DDS_2) 存在最优解 $\theta^*,\boldsymbol{\lambda}^*,\tilde{\lambda}^*$, 则必有

$$
\begin{aligned}
&\overline{\boldsymbol{X}}'\boldsymbol{\lambda}^*-\theta^*\underline{\boldsymbol{x}}_p\in V^*,\\
&-d\underline{\boldsymbol{Y}}'\boldsymbol{\lambda}^*+\overline{\boldsymbol{y}}_p\in U^*,\\
&\delta_1\left(\sum_{j=1}^{n'}\lambda_j^*-\delta_2(-1)^{\delta_3}\tilde{\lambda}^*\right)=\delta_1,
\end{aligned}
$$

由于

$$
\overline{\boldsymbol{X}}'\boldsymbol{\lambda}^*-\theta^*\underline{\boldsymbol{x}}_p\in V^*,
$$

所以, 对任意 $\hat{\boldsymbol{v}}\in V$, 有

$$
(\overline{\boldsymbol{X}}'\boldsymbol{\lambda}^*-\theta^*\underline{\boldsymbol{x}}_p)^{\mathrm{T}}\hat{\boldsymbol{v}}\leqq 0,
$$

又由于

$$
\hat{\boldsymbol{v}}\geqq\boldsymbol{0},\quad \tilde{\boldsymbol{x}}_p\geqq\underline{\boldsymbol{x}}_p,\quad \boldsymbol{\lambda}^*\geqq\boldsymbol{0},\quad \overline{\boldsymbol{X}}'\geqq\tilde{\boldsymbol{X}}',
$$

所以

$$
-\tilde{\boldsymbol{x}}_p^{\mathrm{T}}\hat{\boldsymbol{v}}\leqq-\underline{\boldsymbol{x}}_p^{\mathrm{T}}\hat{\boldsymbol{v}},\quad (\overline{\boldsymbol{X}}'\boldsymbol{\lambda}^*)^{\mathrm{T}}\hat{\boldsymbol{v}}\geqq(\tilde{\boldsymbol{X}}'\boldsymbol{\lambda}^*)^{\mathrm{T}}\hat{\boldsymbol{v}},
$$

由此可知

$$
(\tilde{\boldsymbol{X}}'\boldsymbol{\lambda}^*-\theta^*\tilde{\boldsymbol{x}}_p)^{\mathrm{T}}\hat{\boldsymbol{v}}\leqq(\overline{\boldsymbol{X}}'\boldsymbol{\lambda}^*-\theta^*\underline{\boldsymbol{x}}_p)^{\mathrm{T}}\hat{\boldsymbol{v}}\leqq 0,
$$

即有

$$
\tilde{\boldsymbol{X}}'\boldsymbol{\lambda}^*-\theta^*\tilde{\boldsymbol{x}}_p\in V^*,
$$

类似可证

$$
-d\tilde{\boldsymbol{Y}}'\boldsymbol{\lambda}^*+\tilde{\boldsymbol{y}}_p\in U^*.
$$

由此可知 $\theta^*,\boldsymbol{\lambda}^*,\tilde{\lambda}^*$ 是模型 (DDS) 的可行解, 因此

$$
\theta^*_{((\tilde{\boldsymbol{x}}_p,\tilde{\boldsymbol{y}}_p),(\tilde{\boldsymbol{X}}',\tilde{\boldsymbol{Y}}'))}\leqq\theta^*_{((\underline{\boldsymbol{x}}_p,\overline{\boldsymbol{y}}_p),(\overline{\boldsymbol{X}}',\underline{\boldsymbol{Y}}'))}.
$$

用同样的方法, 可证

$$\theta^*_{((\overline{\boldsymbol{x}}_p,\underline{\boldsymbol{y}}_p),(\underline{\boldsymbol{X}}',\overline{\boldsymbol{Y}}'))} \leqq \theta^*_{((\tilde{\boldsymbol{x}}_p,\tilde{\boldsymbol{y}}_p),(\tilde{\boldsymbol{X}}',\tilde{\boldsymbol{Y}}'))}.$$

证毕.

根据定理 9.5, 可以给出决策单元 p 的效率度量公式如下:

激进型效率值:

$$\theta^*_{((\tilde{\boldsymbol{x}}_p,\tilde{\boldsymbol{y}}_p),(\tilde{\boldsymbol{X}}',\tilde{\boldsymbol{Y}}'))}=\theta^*_{((\underline{\boldsymbol{x}}_p,\overline{\boldsymbol{y}}_p),(\overline{\boldsymbol{X}}',\underline{\boldsymbol{Y}}'))};$$

平均型效率值:

$$\theta^*_{((\tilde{\boldsymbol{x}}_p,\tilde{\boldsymbol{y}}_p),(\tilde{\boldsymbol{X}}',\tilde{\boldsymbol{Y}}'))}=\frac{\theta^*_{((\underline{\boldsymbol{x}}_p,\overline{\boldsymbol{y}}_p),(\overline{\boldsymbol{X}}',\underline{\boldsymbol{Y}}'))}+\theta^*_{((\overline{\boldsymbol{x}}_p,\underline{\boldsymbol{y}}_p),(\underline{\boldsymbol{X}}',\overline{\boldsymbol{Y}}'))}}{2};$$

保守型效率值:

$$\theta^*_{((\tilde{\boldsymbol{x}}_p,\tilde{\boldsymbol{y}}_p),(\tilde{\boldsymbol{X}}',\tilde{\boldsymbol{Y}}'))}=\theta^*_{((\overline{\boldsymbol{x}}_p,\underline{\boldsymbol{y}}_p),(\underline{\boldsymbol{X}}',\overline{\boldsymbol{Y}}'))}.$$

特别地, 当决策单元、样本单元的输入输出指标值 $(\tilde{\boldsymbol{x}}_p,\tilde{\boldsymbol{y}}_p)$, $(\tilde{\boldsymbol{x}}'_j,\tilde{\boldsymbol{y}}'_j)$ 都退化为一个点, 即 $\underline{\boldsymbol{x}}_p=\overline{\boldsymbol{x}}_p$, $\underline{\boldsymbol{y}}_p=\overline{\boldsymbol{y}}_p$, $\underline{\boldsymbol{x}}'_j=\overline{\boldsymbol{x}}'_j,\underline{\boldsymbol{y}}'_j=\overline{\boldsymbol{y}}'_j$ 时, 上述模型 (DDS_1) 与模型 (DDS_2) 为同一个模型, 因而

$$\theta^*_{((\overline{\boldsymbol{x}}_p,\underline{\boldsymbol{y}}_p),(\underline{\boldsymbol{X}}',\overline{\boldsymbol{Y}}'))}=\theta^*_{((\underline{\boldsymbol{x}}_p,\overline{\boldsymbol{y}}_p),(\overline{\boldsymbol{X}}',\underline{\boldsymbol{Y}}'))}.$$

于是, 可得下面推论.

推论 9.3 当决策单元、样本单元的输入输出指标值 $(\tilde{\boldsymbol{x}}_p,\tilde{\boldsymbol{y}}_p)$, $(\tilde{\boldsymbol{x}}'_j,\tilde{\boldsymbol{y}}'_j)$ 都退化为实数点时, 有

$$\theta^*_{((\tilde{\boldsymbol{x}}_p,\tilde{\boldsymbol{y}}_p),(\tilde{\boldsymbol{X}}',\tilde{\boldsymbol{Y}}'))}=\theta^*_{((\overline{\boldsymbol{x}}_p,\underline{\boldsymbol{y}}_p),(\underline{\boldsymbol{X}}',\overline{\boldsymbol{Y}}'))}=\theta^*_{((\underline{\boldsymbol{x}}_p,\overline{\boldsymbol{y}}_p),(\overline{\boldsymbol{X}}',\underline{\boldsymbol{Y}}'))}.$$

推论 9.3 表明, 当决策单元、样本单元的输入输出指标值由区间数退化为一个实数点时, 区间数效率度量值与模型 (D) 给出的度量值一致.

9.2 广义区间数 DEA 模型与原有 DEA 模型之间的关系

广义 DEA 方法与传统 DEA 方法之间存在紧密的联系, 本章所讨论的带有偏好锥的广义区间数 DEA 模型具有很好的包容性, 实际上涵盖了许多经典的 DEA 模型 (如 $\mathrm{C^2R}$ 模型[1]、$\mathrm{BC^2}$ 模型[2]、FG 模型[3]以及 ST 模型[4]等), 具体情况如下.

(1) $\mathrm{C^2R}$ 模型.

当 $V=E_+^m, U=E_+^s$, $n=n'$, 且对任意的 j 有 $\underline{\boldsymbol{x}}_j=\overline{\boldsymbol{x}}_j=\underline{\boldsymbol{x}}'_j=\overline{\boldsymbol{x}}'_j$, $\underline{\boldsymbol{y}}_j=\overline{\boldsymbol{y}}_j=\underline{\boldsymbol{y}}'_j=\overline{\boldsymbol{y}}'_j$, $\delta_1=0$, $d=1$ 时, 模型 (PDS) 与模型 (DDS) 为 $\mathrm{C^2R}$ 模型及其对偶模型[1], 即为

$$(\mathrm{P_{C^2R}})\begin{cases}\max \boldsymbol{\mu}^{\mathrm{T}}\boldsymbol{y}_{j_0},\\ \text{s.t.}\quad \boldsymbol{\omega}^{\mathrm{T}}\boldsymbol{x}_j-\boldsymbol{\mu}^{\mathrm{T}}\boldsymbol{y}_j\geqq 0, j=1,2,\cdots,n,\\ \qquad\ \boldsymbol{\omega}^{\mathrm{T}}\boldsymbol{x}_{j_0}=1,\\ \qquad\ \boldsymbol{\omega}\geqq\boldsymbol{0},\boldsymbol{\mu}\geqq\boldsymbol{0}.\end{cases}$$

$$(\mathrm{D_{C^2R}})\begin{cases}\min\theta,\\ \text{s.t.}\quad \sum\limits_{j=1}^{n}\boldsymbol{x}_j\lambda_j\leqq\theta\boldsymbol{x}_{j_0},\\ \qquad\ \sum\limits_{j=1}^{n}\boldsymbol{y}_j\lambda_j\geqq\boldsymbol{y}_{j_0},\\ \qquad\ \lambda_j\geqq 0, j=1,2,\cdots,n.\end{cases}$$

(2) $\mathrm{BC^2}$ 模型.

当 $V=E_+^m, U=E_+^s$, $n=n'$, 且对任意的 j 有 $\underline{\boldsymbol{x}}_j=\overline{\boldsymbol{x}}_j=\underline{\boldsymbol{x}}'_j=\overline{\boldsymbol{x}}'_j$, $\underline{\boldsymbol{y}}_j=\overline{\boldsymbol{y}}_j=\underline{\boldsymbol{y}}'_j=\overline{\boldsymbol{y}}'_j$, $\delta_1=1$, $\delta_2=0$, $d=1$ 时, 模型 (PDS) 与模型 (DDS) 为 $\mathrm{BC^2}$ 模型及其对偶模型[2], 即为

$$(\mathrm{P_{BC^2}})\begin{cases}\max(\boldsymbol{\mu}^{\mathrm{T}}\boldsymbol{y}_{j_0}+\mu_0),\\ \text{s.t.}\quad \boldsymbol{\omega}^{\mathrm{T}}\boldsymbol{x}_j-\boldsymbol{\mu}^{\mathrm{T}}\boldsymbol{y}_j-\mu_0\geqq 0, j=1,2,\cdots,n,\\ \qquad\ \boldsymbol{\omega}^{\mathrm{T}}\boldsymbol{x}_{j_0}=1,\\ \qquad\ \boldsymbol{\omega}\geqq\boldsymbol{0},\boldsymbol{\mu}\geqq\boldsymbol{0}.\end{cases}$$

$$(\mathrm{D_{BC^2}})\begin{cases}\min\theta,\\ \text{s.t.}\quad \sum\limits_{j=1}^{n}\boldsymbol{x}_j\lambda_j\leqq\theta\boldsymbol{x}_{j_0},\\ \qquad\ \sum\limits_{j=1}^{n}\boldsymbol{y}_j\lambda_j\geqq\boldsymbol{y}_{j_0},\\ \qquad\ \sum\limits_{j=1}^{n}\lambda_j=1,\\ \qquad\ \lambda_j\geqq 0, j=1,2,\cdots,n.\end{cases}$$

(3) FG 模型.

当 $V=E_+^m, U=E_+^s$, $n=n'$, 且对任意的 j 有 $\underline{\boldsymbol{x}}_j=\overline{\boldsymbol{x}}_j=\underline{\boldsymbol{x}}'_j=\overline{\boldsymbol{x}}'_j$, $\underline{\boldsymbol{y}}_j=\overline{\boldsymbol{y}}_j=\underline{\boldsymbol{y}}'_j=\overline{\boldsymbol{y}}'_j$, $\delta_1=1$, $\delta_2=1$, $\delta_3=1$, $d=1$ 时, 模型 (PDS) 与模型 (DDS) 即为 FG 模型

及其对偶模型[3], 即为

$$
(\mathrm{P_{FG}})\begin{cases}\max\,(\boldsymbol{\mu}^{\mathrm{T}}\boldsymbol{y}_{j_0}+\mu_0),\\ \text{s.t.}\quad \boldsymbol{\omega}^{\mathrm{T}}\boldsymbol{x}_j-\boldsymbol{\mu}^{\mathrm{T}}\boldsymbol{y}_j-\mu_0\geqq 0, j=1,2,\cdots,n,\\ \qquad \boldsymbol{\omega}^{\mathrm{T}}\boldsymbol{x}_{j_0}=1,\\ \qquad \boldsymbol{\omega}\geqq\mathbf{0},\boldsymbol{\mu}\geqq\mathbf{0},\mu_0\leqq 0.\end{cases}
$$

$$
(\mathrm{D_{FG}})\begin{cases}\min\theta,\\ \text{s.t.}\quad \sum_{j=1}^{n}\boldsymbol{x}_j\lambda_j\leqq\theta\boldsymbol{x}_{j_0},\\ \qquad \sum_{j=1}^{n}\boldsymbol{y}_j\lambda_j\geqq\boldsymbol{y}_{j_0},\\ \qquad \sum_{j=1}^{n}\lambda_j\leqq 1,\\ \qquad \lambda_j\geqq 0,\ j=1,2,\cdots,n.\end{cases}
$$

(4) ST 模型.

当 $V=E_+^m, U=E_+^s$, $n=n'$, 且对任意的 j 有 $\underline{\boldsymbol{x}}_j=\overline{\boldsymbol{x}}_j=\underline{\boldsymbol{x}}_j'=\overline{\boldsymbol{x}}_j'$, $\underline{\boldsymbol{y}}_j=\overline{\boldsymbol{y}}_j=\underline{\boldsymbol{y}}_j'=\overline{\boldsymbol{y}}_j'$, $\delta_1=1$, $\delta_2=1$, $\delta_3=0$, $d=1$ 时, 模型 (PDS) 与模型 (DDS) 即为 ST 模型及其对偶模型[4], 即为

$$
(\mathrm{P_{ST}})\begin{cases}\max\,(\boldsymbol{\mu}^{\mathrm{T}}\boldsymbol{y}_{j_0}+\mu_0),\\ \text{s.t.}\quad \boldsymbol{\omega}^{\mathrm{T}}\boldsymbol{x}_j-\boldsymbol{\mu}^{\mathrm{T}}\boldsymbol{y}_j-\mu_0\geqq 0, j=1,2,\cdots,n,\\ \qquad \boldsymbol{\omega}^{\mathrm{T}}\boldsymbol{x}_{j_0}=1,\\ \qquad \boldsymbol{\omega}\geqq\mathbf{0},\boldsymbol{\mu}\geqq\mathbf{0},\mu_0\geqq 0.\end{cases}
$$

$$
(\mathrm{D_{ST}})\begin{cases}\min\theta,\\ \text{s.t.}\quad \sum_{j=1}^{n}\boldsymbol{x}_j\lambda_j\leqq\theta\boldsymbol{x}_{j_0},\\ \qquad \sum_{j=1}^{n}\boldsymbol{y}_j\lambda_j\geqq\boldsymbol{y}_{j_0},\\ \qquad \sum_{j=1}^{n}\lambda_j\geqq 1,\\ \qquad \lambda_j\geqq 0,\ j=1,2,\cdots,n.\end{cases}
$$

(5) 广义 C^2R 模型.

当 $V=E_+^m, U=E_+^s$, $\underline{\boldsymbol{x}}_p=\overline{\boldsymbol{x}}_p$, $\underline{\boldsymbol{y}}_p=\overline{\boldsymbol{y}}_p$, $\underline{\boldsymbol{x}}_j'=\overline{\boldsymbol{x}}_j'$, $\underline{\boldsymbol{y}}_j'=\overline{\boldsymbol{y}}_j'$, $\delta_1=0$, $d=1$ 时, 模型 (PDS) 与模型 (DDS) 即为广义 C^2R 模型及其对偶模型[15], 即为

$$
(\mathrm{GP}_{\mathrm{C^2R}})\begin{cases}\max \boldsymbol{\mu}^{\mathrm{T}}\boldsymbol{y}_p,\\ \text{s.t.}\quad \boldsymbol{\omega}^{\mathrm{T}}\boldsymbol{x}_j'-\boldsymbol{\mu}^{\mathrm{T}}\boldsymbol{y}_j'\geqq 0, j=1,2,\cdots,n',\\ \qquad \boldsymbol{\omega}^{\mathrm{T}}\boldsymbol{x}_p=1,\\ \qquad \boldsymbol{\omega}\geqq \boldsymbol{0}, \boldsymbol{\mu}\geqq\boldsymbol{0}.\end{cases}
$$

$$
(\mathrm{GD}_{\mathrm{C^2R}})\begin{cases}\min\theta,\\ \text{s.t.}\quad \displaystyle\sum_{j=1}^{n'}\boldsymbol{x}_j'\lambda_j\leqq\theta\boldsymbol{x}_p,\\ \qquad \displaystyle\sum_{j=1}^{n'}\boldsymbol{y}_j'\lambda_j\geqq\boldsymbol{y}_p,\\ \qquad \lambda_j\geqq 0,\ j=1,2,\cdots,n'.\end{cases}
$$

(6) 广义 BC^2 模型.

当 $V=E_+^m, U=E_+^s$, $\underline{\boldsymbol{x}}_p=\overline{\boldsymbol{x}}_p$, $\underline{\boldsymbol{y}}_p=\overline{\boldsymbol{y}}_p$, $\underline{\boldsymbol{x}}_j'=\overline{\boldsymbol{x}}_j'$, $\underline{\boldsymbol{y}}_j'=\overline{\boldsymbol{y}}_j'$, $\delta_1=1$, $\delta_2=0$, $d=1$ 时, 模型 (PDS) 与模型 (DDS) 即为广义 BC^2 模型及其对偶模型[15], 即为

$$
(\mathrm{GP}_{\mathrm{BC^2}})\begin{cases}\max(\boldsymbol{\mu}^{\mathrm{T}}\boldsymbol{y}_p+\mu_0),\\ \text{s.t.}\quad \boldsymbol{\omega}^{\mathrm{T}}\boldsymbol{x}_j'-\boldsymbol{\mu}^{\mathrm{T}}\boldsymbol{y}_j'-\mu_0\geqq 0, j=1,2,\cdots,n',\\ \qquad \boldsymbol{\omega}^{\mathrm{T}}\boldsymbol{x}_p=1,\\ \qquad \boldsymbol{\omega}\geqq \boldsymbol{0},\ \boldsymbol{\mu}\geqq\boldsymbol{0}.\end{cases}
$$

$$
(\mathrm{GD}_{\mathrm{BC^2}})\begin{cases}\min\theta,\\ \text{s.t.}\quad \displaystyle\sum_{j=1}^{n'}\boldsymbol{x}_j'\lambda_j\leqq\theta\boldsymbol{x}_p,\\ \qquad \displaystyle\sum_{j=1}^{n'}\boldsymbol{y}_j'\lambda_j\geqq\boldsymbol{y}_p,\\ \qquad \displaystyle\sum_{j=1}^{n'}\lambda_j=1,\\ \qquad \lambda_j\geqq 0,\ j=1,2,\cdots,n'.\end{cases}
$$

(7) 广义 FG 模型.

当 $V=E_+^m, U=E_+^s$, $\underline{\boldsymbol{x}}_p=\overline{\boldsymbol{x}}_p$, $\underline{\boldsymbol{y}}_p=\overline{\boldsymbol{y}}_p$, $\underline{\boldsymbol{x}}_j'=\overline{\boldsymbol{x}}_j'$, $\underline{\boldsymbol{y}}_j'=\overline{\boldsymbol{y}}_j'$, $\delta_1=1$, $\delta_2=1$, $\delta_3=1$, $d=1$ 时, 模型 (PDS) 与模型 (DDS) 即为广义 FG 模型及其对偶模型[15], 即为

$$(\mathrm{GP_{FG}})\begin{cases}\max\,(\boldsymbol{\mu}^{\mathrm{T}}\boldsymbol{y}_p+\mu_0),\\ \text{s.t.}\quad \boldsymbol{\omega}^{\mathrm{T}}\boldsymbol{x}_j'-\boldsymbol{\mu}^{\mathrm{T}}\boldsymbol{y}_j'-\mu_0\geqq 0, j=1,2,\cdots,n',\\ \qquad \boldsymbol{\omega}^{\mathrm{T}}\boldsymbol{x}_p=1,\\ \qquad \boldsymbol{\omega}\geqq\mathbf{0},\boldsymbol{\mu}\geqq\mathbf{0},\mu_0\leqq 0.\end{cases}$$

$$(\mathrm{GD_{FG}})\begin{cases}\min\theta,\\ \text{s.t.}\quad \displaystyle\sum_{j=1}^{n'}\boldsymbol{x}_j'\lambda_j\leqq\theta\boldsymbol{x}_p,\\ \qquad \displaystyle\sum_{j=1}^{n'}\boldsymbol{y}_j'\lambda_j\geqq\boldsymbol{y}_p,\\ \qquad \displaystyle\sum_{j=1}^{n'}\lambda_j\leqq 1,\\ \qquad \lambda_j\geqq 0, j=1,2,\cdots,n'.\end{cases}$$

(8) 广义 ST 模型.

当 $V=E_+^m, U=E_+^s$, $\underline{\boldsymbol{x}}_p=\overline{\boldsymbol{x}}_p$, $\underline{\boldsymbol{y}}_p=\overline{\boldsymbol{y}}_p$, $\underline{\boldsymbol{x}}_j'=\overline{\boldsymbol{x}}_j'$, $\underline{\boldsymbol{y}}_j'=\overline{\boldsymbol{y}}_j'$, $\delta_1=1$, $\delta_2=1$, $\delta_3=0$, $d=1$ 时, 模型 (PDS) 与模型 (DDS) 即为广义 ST 模型及其对偶模型[15], 即为

$$(\mathrm{GP_{ST}})\begin{cases}\max\,(\boldsymbol{\mu}^{\mathrm{T}}\boldsymbol{y}_p+\mu_0),\\ \text{s.t.}\quad \boldsymbol{\omega}^{\mathrm{T}}\boldsymbol{x}_j'-\boldsymbol{\mu}^{\mathrm{T}}\boldsymbol{y}_j'-\mu_0\geqq 0,\ j=1,2,\cdots,n',\\ \qquad \boldsymbol{\omega}^{\mathrm{T}}\boldsymbol{x}_p=1,\\ \qquad \boldsymbol{\omega}\geqq\mathbf{0},\ \boldsymbol{\mu}\geqq\mathbf{0},\mu_0\geqq 0.\end{cases}$$

$$(\mathrm{GD_{ST}})\begin{cases}\min\theta,\\ \text{s.t.}\quad \displaystyle\sum_{j=1}^{n'}\boldsymbol{x}_j'\lambda_j\leqq\theta\boldsymbol{x}_p,\\ \qquad \displaystyle\sum_{j=1}^{n'}\boldsymbol{y}_j'\lambda_j\geqq\boldsymbol{y}_p,\\ \qquad \displaystyle\sum_{j=1}^{n'}\lambda_j\geqq 1,\\ \qquad \lambda_j\geqq 0, j=1,2,\cdots,n'.\end{cases}$$

(9) 带有权重约束的 DEA 模型.

当 $n=n'$, 且对任意的 j 有 $\underline{\boldsymbol{x}}_j=\overline{\boldsymbol{x}}_j=\underline{\boldsymbol{x}}'_j=\overline{\boldsymbol{x}}'_j$, $\underline{\boldsymbol{y}}_j=\overline{\boldsymbol{y}}_j=\underline{\boldsymbol{y}}'_j=\overline{\boldsymbol{y}}'_j$, $d=1$ 时, 模型 (PDS) 与模型 (DDS) 即为带有权重约束的 DEA 模型及其对偶模型, 即为

$$
(\mathrm{P_{CH}})\begin{cases}\max\,(\boldsymbol{\mu}^{\mathrm{T}}\boldsymbol{y}_{j_0}+\mu_0),\\ \text{s.t.}\quad \boldsymbol{\omega}^{\mathrm{T}}\boldsymbol{x}_j-\boldsymbol{\mu}^{\mathrm{T}}\boldsymbol{y}_j-\mu_0\geqq 0, j=1,\,2,\,\cdots,\,n,\\ \qquad\boldsymbol{\omega}^{\mathrm{T}}\boldsymbol{x}_{j_0}=1,\\ \qquad\delta_1\delta_2(-1)^{\delta_3}\mu_0\geqq 0,\\ \qquad\boldsymbol{\omega}\in V,\boldsymbol{\mu}\in U.\end{cases}
$$

$$
(\mathrm{D_{CH}})\begin{cases}\min\theta,\\ \text{s.t.}\quad \boldsymbol{X}\boldsymbol{\lambda}-\theta\boldsymbol{x}_p\in V^*,\\ \qquad -d\boldsymbol{Y}\boldsymbol{\lambda}+\boldsymbol{y}_p\in U^*,\\ \qquad \delta_1\left(\displaystyle\sum_{j=1}^{n}\lambda_j-\delta_2(-1)^{\delta_3}\tilde{\lambda}\right)=\delta_1,\\ \qquad \boldsymbol{\lambda}\geqq\boldsymbol{0},\tilde{\lambda}\geqq 0.\end{cases}
$$

(10) 带有权重约束的广义 DEA 模型.

当 $\underline{\boldsymbol{x}}_p=\overline{\boldsymbol{x}}_p$, $\underline{\boldsymbol{y}}_p=\overline{\boldsymbol{y}}_p$, $\underline{\boldsymbol{x}}'_j=\overline{\boldsymbol{x}}'_j$, $\underline{\boldsymbol{y}}'_j=\overline{\boldsymbol{y}}'_j$, $d=1$ 时, 模型 (PDS) 与模型 (DDS) 即为带有权重约束的广义 DEA 模型及其对偶模型[10], 即为

$$
(\mathrm{GP_{CH}})\begin{cases}\max\,(\boldsymbol{\mu}^{\mathrm{T}}\boldsymbol{y}_p+\mu_0),\\ \text{s.t.}\quad \boldsymbol{\omega}^{\mathrm{T}}\boldsymbol{x}'_j-\boldsymbol{\mu}^{\mathrm{T}}\boldsymbol{y}'_j-\boldsymbol{\mu}_0\geqq 0, j=1,\,2,\,\cdots,\,n',\\ \qquad\boldsymbol{\omega}^{\mathrm{T}}\boldsymbol{x}_p=1,\\ \qquad\delta_1\delta_2(-1)^{\delta_3}\mu_0\geqq 0,\\ \qquad\boldsymbol{\omega}\in V,\boldsymbol{\mu}\in U.\end{cases}
$$

$$
(\mathrm{GD_{CH}})\begin{cases}\min\theta,\\ \text{s.t.}\quad \boldsymbol{X'}\boldsymbol{\lambda}-\theta\boldsymbol{x}_p\in V^*,\\ \qquad -d\boldsymbol{Y'}\boldsymbol{\lambda}+\boldsymbol{y}_p\in U^*,\\ \qquad \delta_1\left(\displaystyle\sum_{j=1}^{n'}\lambda_j-\delta_2(-1)^{\delta_3}\tilde{\lambda}\right)=\delta_1,\\ \qquad \boldsymbol{\lambda}\geqq\boldsymbol{0},\tilde{\lambda}\geqq 0.\end{cases}
$$

9.3 企业跨地区市场开拓与效率竞争力分析

为了进一步说明广义区间数 DEA 模型的应用背景和含义, 根据文献 [16] 中的数据构造了三种情况进行了讨论分析.

9.3.1 企业海外市场拓展的效率分析

假设某企业集团有 5 家同类化工企业, 这 5 家企业准备共同开拓国外某地区的新兴市场. 由于对国外的市场状况知之较少, 在这样一个不确定环境下, 企业想首先预测自身在海外市场的效率状况, 进而进一步给出有针对性的对策.

由于国外上市企业的经济数据是公开的, 所以 5 家企业获得了国外该地区 30 家企业的经济指标数据如表 9.1 所示. 其中投入指标为固定资产投入 (I_1)、原材料成本 (I_2) 和人数 (I_3), 产出指标为业务收入 (O_1) 和利润 (O_2).

表 9.1 国外该地区 30 家企业的经济指标数据

	I_1	I_2	I_3	O_1	O_2
1	98	86.5	4000	56574	37.5
2	78	89	2565	36796	11
3	78.5	87	1343	38393.5	19
4	92.5	94.5	1500	35743	32.5
5	90.5	83	1680	53872	26
6	103.5	97	3750	74414	13
7	98	91	3313	35014	88
8	87.5	92	1500	45085	19
9	109	88	1600	86309.5	70
10	109	95	1725	47120	22.5
11	97.5	78	1920	40475	161.5
12	78.5	89	4433	39601	21
13	102	109	2500	57480	43.5
14	85	93	2800	88983	35.5
15	79.5	93	1630	50401.5	11
16	90	85	1127	48608	22.5
17	87	104	3400	53086	21.5
18	101	91.5	1304	83830.5	19
19	100	95.5	4206	46472.5	17
20	84.5	100.5	1340	30460.5	177
21	72	89	1393	27534	10
22	115	121.5	2191	102611	40
23	83	100	2140	33723	22

续表

	I_1	I_2	I_3	O_1	O_2
24	90	92	1231	53254	54
25	100	90	1960	73774	46
26	81	81	3375	43625	22
27	108.5	101	2540	78881.5	36
28	99	92	1603	72138.5	71
29	68	83.5	2300	38484	23
30	90.5	92	2930	63861.5	21

企业集团的 5 家企业在综合考虑自身情况、国外政策和市场环境等因素后, 预测了企业投资和收益的大致区间, 有关 5 家企业进军国外市场可能的投资收益情况的预测值如表 9.2 所示, 其中 I_1^U 表示指标 I_1 的上界, I_1^L 表示指标 I_1 的下界, 其他符号含义相同.

表 9.2　企业集团的 5 家企业的指标数据

企业名称	I_1^U	I_1^L	I_2^U	I_2^L	I_3^U	I_3^L	O_1^U	O_1^L	O_2^U	O_2^L
1	100	96	87	86	4000	4000	57318	55830	45	30
2	81	75	90	88	2565	2565	36852	36740	22	0.001
3	80	77	89	85	1343	1343	38783	38004	27	11
4	94	91	96	93	1500	1500	36017	35469	55	10
5	92	89	83	83	1680	1680	54817	52927	43	9

以下将企业集团的 5 家企业作为决策单元, 30 家海外企业作为样本单元, 应用模型 (DD_1) 和模型 (DD_2) 可以获得企业集团的 5 家企业的效率值上界和下界如表 9.3 所示.

表 9.3　国内 5 家企业的效率值上界和下界

单元	下界效率	上界效率	均值
1	0.6587	0.7116	0.68517
2	0.4391	0.5021	0.47057
3	0.5454	0.6033	0.57435
4	0.4377	0.5767	0.50719
5	0.6681	0.7406	0.70439
平均值	0.5498	0.62686	0.58833

从表 9.3 可以看出, 企业集团的 5 家企业的效率都小于 1, 最高效率不超过 0.8, 表明 5 家企业相对于 30 家海外企业的效率水平一般. 其中企业 1 和企业 5 的效率值大约为 0.7, 接近国外效率的最好水平的 70%, 其次是企业 3 效率值接近 0.6, 最后是企业 4 和企业 2. 整体看, 企业集团的 5 家企业在海外市场的效率整体不高,

需要进行较好策划和设计，提高企业效率，否则，可能会面临很大的效率风险.

9.3.2 企业未来效率的估计与分析

由于市场竞争的不断加强，企业必须通过自身经营状况和市场未来的前景来预判企业未来可能达到的经营水平. 由于企业信息的保密性，一个企业对国内其他企业的情况只能给出大致的估计，而无法给出精确值.

假设某企业集团有 5 家同类企业，该集团选择 30 家国内主要企业作为下一年的主要参考对象，以此来评价 5 家企业未来的效率状况. 假设决策者根据历史数据已经预测出国内其他 30 家主要企业的经济指标数据如表 9.4 所示.

表 9.4 国内 30 家标杆企业的经济指标数据

企业名称	I_1^U	I_1^L	I_2^U	I_2^L	I_3^U	I_3^L	O_1^U	O_1^L	O_2^U	O_2^L
1	100	96	87	86	4000	4000	57318	55830	45	30
2	81	75	90	88	2565	2565	36852	36740	22	0.001
3	80	77	89	85	1343	1343	38783	38004	27	11
4	94	91	96	93	1500	1500	36017	35469	55	10
5	92	89	83	83	1680	1680	54817	52927	43	9
6	105	102	97	97	3750	3750	78574	70254	19	7
7	100	96	92	90	3313	3313	37443	32585	129	47
8	90	85	92	92	1500	1500	47270	42900	27	11
9	112	106	92	84	1600	1600	87220	85399	97	43
10	111	107	95	95	1725	1725	47316	46924	36	9
11	101	94	78	78	1920	1920	44298	36652	242	81
12	79	78	89	89	4433	4433	39620	39582	31	11
13	102	102	111	107	2500	2500	58816	56144	57	30
14	88	82	94	92	2800	2800	90250	87716	43	28
15	82	77	94	92	1630	1630	50593	50210	16	6
16	91	89	85	85	1127	1127	49489	47727	30	15
17	90	84	104	104	3400	3400	53249	52923	28	15
18	108	94	92	91	1304	1304	89111	78550	25	13
19	103	97	96	95	4206	4206	46791	46154	21	13
20	87	82	101	100	1340	1340	32943	27978	325	29
21	73	71	90	88	1393	1393	27940	27128	20	0.001
22	118	112	123	120	2191	2191	103047	102175	49	31
23	86	80	100	100	2140	2140	35627	31819	32	12
24	93	87	93	91	1231	1231	55163	51345	73	35
25	103	97	90	90	1960	1960	74633	72915	52	40
26	83	79	81	81	3375	3375	44363	42887	33	11
27	110	107	101	101	2540	2540	79695	78068	46	26
28	102	96	97	87	1603	1603	72534	71743	92	50
29	69	67	86	81	2300	2300	38914	38054	33	13
30	93	88	94	90	2930	2930	64541	63182	32	10

决策者根据企业集团下一年的生产计划和安排, 已经估计出 5 家企业投入产出数据如表 9.5 所示.

表 9.5　企业集团 5 家企业下一年经济指标预测数据

企业名称	I_1	I_2	I_3	O_1	O_2
1	98	78	78.5	92.5	90.5
2	86.5	89	87	94.5	83
3	4000	2565	1343	1500	1680
4	56574	36796	38393.5	35743	53872
5	37.5	11.0005	19	32.5	26

以下将集团的 5 家企业作为决策单元, 30 家国内标杆企业作为样本单元, 应用模型 (DS_1) 和模型 (DS_2) 可以获得集团的 5 家企业的效率值的上界和下界如表 9.6 所示.

表 9.6　集团的 5 家企业下一年的效率值上界和下界估计值

单元	下界效率	上界效率	均值
1	0.6422	0.7982	0.7202
2	0.4324	0.4733	0.4529
3	0.5162	0.6203	0.5683
4	0.4357	0.6329	0.5343
5	0.6467	0.7393	0.6930
平均值	0.5346	0.6528	0.5937

从表 9.6 可以看出, 企业集团的 5 家企业的效率都小于 1, 最高效率不超过 0.8, 表明企业集团的 5 家企业相对于国内 30 家标杆企业的效率水平一般. 其中企业 1 和企业 5 的效率值大于 0.73, 效率相对较好, 预计达到国内效率最好水平的 73%, 其次是企业 4 和企业 3 效率值超过 0.62, 最后是企业 2. 整体看, 预计集团的企业效率下一年相对较好, 处于中游偏上水平, 但整体效率也不是很高, 还需要进一步改进, 特别是企业 2 的改进空间更大.

9.3.3　企业海外市场未来效率的估计与分析

当国内企业进入海外市场时不仅仅要考虑当前环境下相对其他企业的竞争水平, 而且要考虑到未来的运营状况. 在企业海外市场未来效率分析方面, 由于环境因素的复杂性, 决策者难以对企业自身及海外其他企业的生产情况进行精确预测, 只能估计出一个大致范围. 假设决策者对 5 家企业和 30 家海外企业的预测数据分别如表 9.7 和表 9.8 所示.

表 9.7 集团的 5 家企业下一年海外生产情况预测值

企业名称	I_1^U	I_1^L	I_2^U	I_2^L	I_3^U	I_3^L	O_1^U	O_1^L	O_2^U	O_2^L
1	83	79	81	81	3375	3375	44363	42887	33	11
2	110	107	101	101	2540	2540	79695	78068	46	26
3	102	96	97	87	1603	1603	72534	71743	92	50
4	69	67	86	81	2300	2300	38914	38054	33	13
5	93	88	94	90	2930	2930	64541	63182	32	10

表 9.8 国外 30 家标杆企业的经济指标预测值

企业名称	I_1^U	I_1^L	I_2^U	I_2^L	I_3^U	I_3^L	O_1^U	O_1^L	O_2^U	O_2^L
1	100	96	87	86	4000	4000	57318	55830	45	30
2	81	75	90	88	2565	2565	36852	36740	22	0.001
3	80	77	89	85	1343	1343	38783	38004	27	11
4	94	91	96	93	1500	1500	36017	35469	55	10
5	92	89	83	83	1680	1680	54817	52927	43	9
6	105	102	97	97	3750	3750	78574	70254	19	7
7	100	96	92	90	3313	3313	37443	32585	129	47
8	90	85	92	92	1500	1500	47270	42900	27	11
9	112	106	92	84	1600	1600	87220	85399	97	43
10	111	107	95	95	1725	1725	47316	46924	36	9
11	101	94	78	78	1920	1920	44298	36652	242	81
12	79	78	89	89	4433	4433	39620	39582	31	11
13	102	102	111	107	2500	2500	58816	56144	57	30
14	88	82	94	92	2800	2800	90250	87716	43	28
15	82	77	94	92	1630	1630	50593	50210	16	6
16	91	89	85	85	1127	1127	49489	47727	30	15
17	90	84	104	104	3400	3400	53249	52923	28	15
18	108	94	92	91	1304	1304	89111	78550	25	13
19	103	97	96	95	4206	4206	46791	46154	21	13
20	87	82	101	100	1340	1340	32943	27978	325	29
21	73	71	90	88	1393	1393	27940	27128	20	0.001
22	118	112	123	120	2191	2191	103047	102175	49	31
23	86	80	100	100	2140	2140	35627	31819	32	12
24	93	87	93	91	1231	1231	55163	51345	73	35
25	103	97	90	90	1960	1960	74633	72915	52	40
26	83	79	81	81	3375	3375	44363	42887	33	11
27	110	107	101	101	2540	2540	79695	78068	46	26
28	102	96	97	87	1603	1603	72534	71743	92	50
29	69	67	86	81	2300	2300	38914	38054	33	13
30	93	88	94	90	2930	2930	64541	63182	32	10

以下将企业集团的 5 家企业作为决策单元, 30 家海外企业作为样本单元, 应用

模型 (DDS_1) 和模型 (DDS_2) 可以获得企业集团的 5 家企业的效率值上界和下界如表 9.9 所示.

表 9.9　国内 5 家企业的效率值上界和下界

单元	下界效率	上界效率	均值
1	0.5286	0.7844	0.6565
2	0.7641	0.9506	0.8574
3	0.7805	1.5244	1.1525
4	0.5039	0.8673	0.6856
5	0.6747	0.8558	0.7653
平均值	0.6504	0.9965	0.8235

从表 9.9 可以看出, 企业集团的 5 家企业的效率都有不错的预期, 最高效率为 1.1525, 高于海外企业的预期最好水平, 企业 2 和企业 5 的效率值大约为 0.76 以上, 超过国外效率的最好水平的 76% 以上, 其次是企业 1 和企业 4 的效率值也超过了 0.65. 整体看, 企业集团的 5 家企业在海外市场的效率比较理想, 预期效率较高, 其中, 企业 1 和企业 4 的效率还有待进一步提升.

参考文献

[1] Charnes A, Cooper W W, Rhodes E. Measuring the efficiency of decision making units[J]. European Journal of Operational Research, 1978, 2(6): 429-444

[2] Banker R D, Charnes A, Cooper W W. Some models for estimating technical and scale inefficiencies in data envelopment analysis[J]. Management Science, 1984, 30(9): 1078-1092

[3] Färe R, Grosskopf S. A nonparametric cost approach to scale efficiency[J]. Scandinavian Journal of Economics, 1985, 87(4): 594-604

[4] Seiford L M, Thrall R M. Recent developments in DEA: the mathematical programming approach to frontier analysis[J]. Journal of Econometrics, 1990, 46(1/2): 7-38

[5] Entani T, Maeda Y, Tanaka H. Dual models of interval DEA and its extension to interval data[J]. European Journal of Operational Research, 2002, 136(1): 32-45

[6] Wang Y M, Greatbanks R, Yang J B. Interval efficiency assessment using data envelopment analysis[J]. Fuzzy Sets and Systems, 2005, 153(3): 347-370

[7] 马占新. 一种基于样本前沿面的综合评价方法[J]. 内蒙古大学学报, 2002, 33(6): 606-610

[8] 马占新, 吕喜明. 带有偏好锥的样本数据包络分析方法研究[J]. 系统工程与电子技术, 2007, 29(8): 1275-1281

[9] 马占新, 马生昀. 基于 C^2W 模型的广义数据包络分析方法研究[J]. 系统工程与电子技术, 2009, 31(2): 366-372

[10] 马占新, 马生昀. 基于 C^2WY 模型的广义数据包络分析方法[J]. 系统工程学报, 2011, 26(2): 251-261

[11] Muren, Ma Z X. Cui W. Fuzzy data envelopment analysis approach based on sample decision making units[J]. Systems Engineering and Electronics, 2012, 23(3): 399-407

[12] Muren, Ma Z X, Cui W. Generalied fuzzy data envelopment analysis methods[J]. Applied Soft Computing Journal, 2014, 19(1): 215-225

[13] Wei Q L, Yan H. A data envelopment analysis (DEA) evaluation method based on sample decision making units[J]. International Journal of Information Technology and Decision Making, 2010, 9(4): 601-624

[14] 马生昀, 马占新. 基于 C^2W 模型的广义数据包络分析方法[J]. 系统工程理论与实践, 2014, 34(4): 899-909

[15] 马占新, 马生昀. 基于样本广义数据包络分析方法[J]. 数学的认识与实践, 2011, 41(21): 155-171

[16] Jahanshahloo G R, Hosseinzadeh L F, Rezaie V, et al. Ranking DMUs by ideal points with interval data in DEA[J]. Applied Mathematical Modelling, 2011, 35(1): 218-229

第10章　广义模糊 DEA 模型及其有效性分析

模糊 DEA 模型是 DEA 模型体系中的一类重要模型, 本章主要阐述了模糊 DEA 的研究状况及其与精确数下的 DEA 模型的区别, 在此基础上, 进一步提出了基于 C^2R 模型的广义模糊 DEA 模型, 以及这些模型的求解方法. 最后, 通过算例进行演示和说明.

最初的数据包络分析模型主要用于评价投入产出为精确数的决策单元. 然而, 在现实社会中决策单元的投入产出数据可能存在一定的模糊性. 为了解决这一问题, 1992 年 Sengupta[1]首次提出模糊 DEA 模型, 在此后的近三十年中模糊 DEA 方法得到了多方关注和快速发展. 表 10.1 及图 10.1 中给出了 2000~2016 年以 "模糊 DEA" 为检索词, 检索出的相关论文发表的数量. 总体上看, 模糊 DEA 方法得到了学者们的较多关注, 理论上逐渐趋于成熟.

表 10.1　2000~2016 年模糊 DEA 领域发表论文情况

年份	2000	2001	2002	2003	2004	2005	2006	2007	2008
SCI	2	0	0	1	1	1	1	0	0
EI 期刊	1	1	0	4	1	1	2	0	2
CNKI	1	2	4	4	12	12	15	23	19

年份	2009	2010	2011	2012	2013	2014	2015	2016	总计
SCI	5	8	12	10	12	10	8	11	82
EI 期刊	5	9	12	10	11	10	5	12	86
CNKI	25	19	24	16	20	23	14	16	249

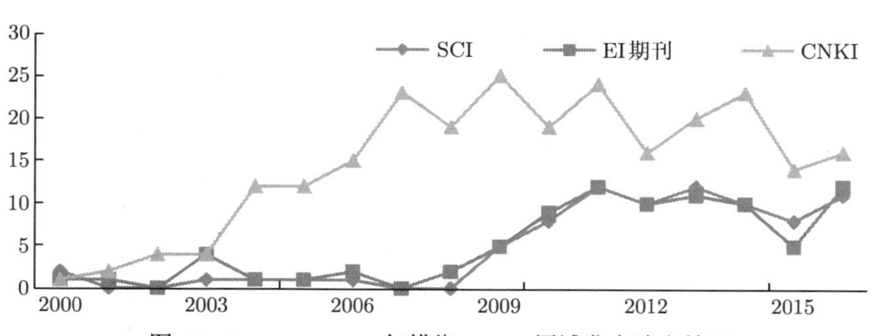

图 10.1　2000~2016 年模糊 DEA 领域发表论文情况

10.1 模糊 DEA 分析模型

最初的模糊 DEA 模型是通过将 C²R 模型中的精确数替换为模糊数而得到的, 模糊 C²R 模型可以表示如下:

$$
(\mathrm{FC^2R_P})\begin{cases}\max \boldsymbol{\mu}^{\mathrm{T}}\tilde{\boldsymbol{Y}}_{j_0},\\ \text{s.t.}\quad \boldsymbol{\omega}^{\mathrm{T}}\tilde{\boldsymbol{X}}_j-\boldsymbol{\mu}^{\mathrm{T}}\tilde{\boldsymbol{Y}}_j\geqq 0,\quad j=1,2,\cdots,n,\\ \qquad \boldsymbol{\omega}^{\mathrm{T}}\tilde{\boldsymbol{X}}_{j_0}=1,\\ \qquad \boldsymbol{\omega}\geqq \mathbf{0},\ \boldsymbol{\mu}\geqq \mathbf{0}\end{cases}
$$

模型 $(\mathrm{FC^2R_P})$ 中的投入产出数据是模糊数, 由于模糊数可能是区间形式或离散形式等多种情况, 故模型 $(\mathrm{FC^2R_P})$ 并不是传统意义下的线性规划模型, 因此, 其对偶模型难以直接给出, 但如果取定一个特定值来代替整个模糊数时模型 $(\mathrm{FC^2R_P})$ 的对偶模型可以表示如下:

$$
(\mathrm{FC^2R_D})\begin{cases}\min \theta,\\ \text{s.t.}\quad \displaystyle\sum_{j=1}^{n}\tilde{\boldsymbol{X}}_j\lambda_j\leqq \theta\tilde{\boldsymbol{X}}_{j_0},\\ \qquad \displaystyle\sum_{j=1}^{n}\tilde{\boldsymbol{Y}}_j\lambda_j\geqq \tilde{\boldsymbol{Y}}_{j_0},\\ \qquad \lambda_j\geqq 0, j=1,2,\cdots,n,\end{cases}
$$

因此, 以下在形式上首先将模糊 DEA 模型 $(\mathrm{FC^2R_P})$ 的对偶模型写为 $(\mathrm{FC^2R_D})$.

10.2 精确数下的 DEA 模型与模糊 DEA 模型的区别

模糊 DEA 模型是对精确数下 DEA 模型的推广, 但两种模型还是存在较大差异. 首先, 在投入产出数据类型上存在较大差异. 原有 DEA 模型中的投入产出数据只是实数空间中的一个点, 而模糊 DEA 模型中的投入产出数据则可能是一个区间等多种形式. 其次, 原有 DEA 模型与模糊 DEA 模型本身存在较大区别. 传统 DEA 模型经 Charnes-Cooper 变换后可以转化为线性规划模型, 而模糊 DEA 模型可能是区间线性规划模型, 也有可能是离散形式的线性规划模型等. 最后, 在 DEA 有效性分析方面也存在一定差异. 传统 DEA 有效性分析方法基本成熟, 但模糊 DEA 有效性问题仍有待进一步分析. 以下通过一个例子加以说明.

例 10.1 假定模糊数所属的论域是一个连续的闭区间[2]. 此时一个决策单元的投入产出数据可以通过一对数据来表出, 其中第一个数用来记录所属区间的左端点, 另一个数用来记录所属区间的右端点. 例如, 用 (0.5,1.5) 来代表某一投入产出数据所属的论域为区间 [0.5,1.5]. 模糊数的隶属函数可以是任意给定的连续函数. 现考虑只有一个输入数据和一个输出数据的四个模糊决策单元的有效性, 为了区分起见, 将模糊决策单元表示为 FDMU, 模糊决策单元的指标值如表 10.2 所示.

表 10.2　模糊决策单元的指标值

FDMU_s	FDMU_1	FDMU_2	FDMU_3	FDMU_4
投入数据	(0.5, 1.5)	(1.5, 2.5)	(2.5, 3.5)	(3.5, 4.5)
产出数据	(2.5, 3.5)	(0.5, 1.5)	(3.5, 4.5)	(1.5, 2.5)

表 10.2 中的模糊决策单元可以用图 10.2 表示. 显然, 各模糊决策单元指标数据的中心点为精确数据, 以这些点为投入产出数据的决策单元可以用图 10.3 表示出来. 通过图 10.2 和图 10.3 可以看出模糊决策单元与精确数决策单元有着本质的

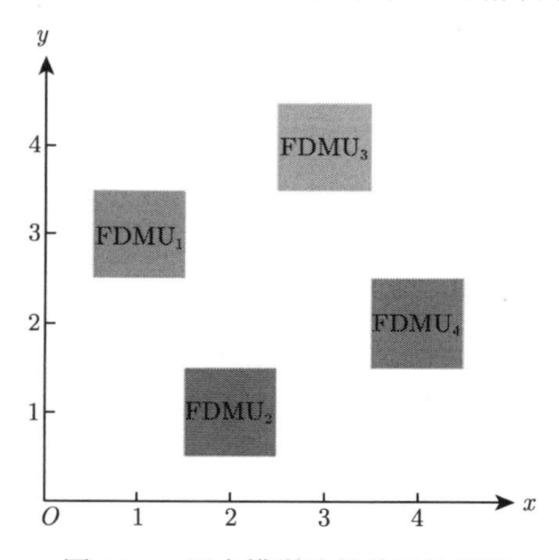

图 10.2　四个模糊决策单元的情况

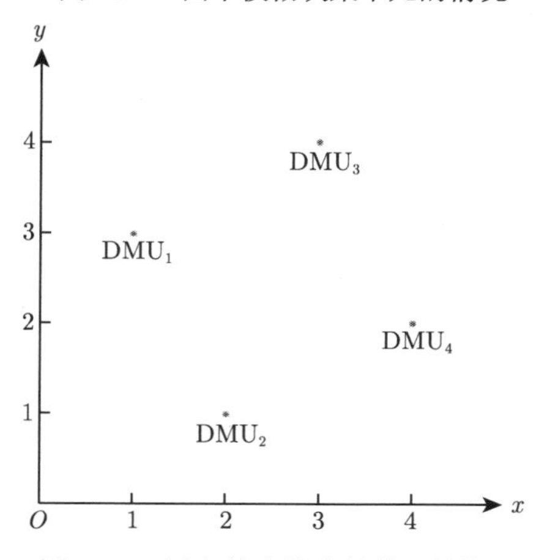

图 10.3　四个精确数决策单元的情况

区别. 精确数决策单元对应一个点, 而模糊决策单元对应一个区域. 通过两个图形的比较可以看出模糊 DEA 有效性与精确数下的 DEA 有效性有着很大区别.

10.3 模糊 DEA 的有效性分析

对模糊 DEA 方法的研究的文献十分丰富, 其中比较典型的有效性分析方法大致可以分为 α 截集的方法、模糊排序方法和可能性方法 (置信方法) 等. 比如, Meada 等[3]应用模糊 DEA 模型提出了决策单元上极限效率值及下极限效率值的概念. Kao 和 Liu[4]应用 Meada 等[3]的思想, 将模糊 DEA 模型转化为一种参数规划模型, 这两种方法本质上是利用被评价模糊决策单元中的最差点 (投入最多、产出最少) 及参考集中模糊单元的最优点 (投入最少、产出最多) 来获取被评价模糊决策单元的下极限效率值, 而利用被评价模糊决策单元中的最优点及参照集中模糊单元的最差点来获取被评价模糊决策单元的上极限效率值.

Guo 和 Tanaka[5]在假定模糊 $\mathrm{C^2R}$ 模型中的数据为对称三角形模糊数的前提下, 利用 α 截集的方法将决策单元的评价问题转化为一对线性规划问题. Leon 等[6]研究了具有 L-R 模糊数的模糊 DEA 模型, 他们通过 α 截集的方法将模型转化为具体的 $\mathrm{C^2R}$ 模型. α 截集所采用的主要方法本质上就是缩小模糊数的变化范围, 然后, 再选取特殊点来评价模糊决策单元.

Saati 等[7]利用 α 截集的方法将含有非对称三角形模糊数的模糊 $\mathrm{C^2R}$ 模型转化为一个带有参数 α 的线性规划问题, 并通过取定 α 截集下的最优决策单元与其他决策单元比较的方法, 对决策单元进行了排序. Jahanshahloo 等[8]提出了基于 l_1 范数的模糊 DEA 排序方法. Wen 等[9]提出了模糊 $\mathrm{C^2R}$ 模型的一种新的排序方法, 该方法通过假定模糊数满足特殊条件下利用 α 截集的方法将模糊 $\mathrm{C^2R}$ 模型转化为线性规划模型.

Lertworasirikul 等[10]对模糊 DEA 排序问题提出了可能性方法 (置信方法). 他们引进的可能性方法中包含了对投入产出数据的乐观视角及悲观视角两种方法. 而置信方法是通过将模糊 DEA 模型转化为置信 DEA 模型的方法来实现的, 该模型应用期望值代替了整个区域. Lertworasirikul 等同时也根据模糊数的不同形式讨论了 “可能性” 方法的相关解法.

由于模糊 DEA 方法的研究文章相对较多[3-128], 限于篇幅, 以下仅给出文献的分类汇总表如表 10.3 所示.

通过表 10.3 中文献的统计不难发现, α 截集的方法是使用最多的方法, 且该方法在评价模糊 DEA 模型时具有较强的说服力. 与此同时在模糊排序方法及可能性方法中一些文献也使用了 α 截集方法对决策单元进行了评价. 为了对 α 截集方法有所了解, 以下先看一个具有单投入单产出的四个模糊决策单元的例子.

表 10.3　模糊 DEA 有关文献分类汇总表

方法分类	参考文献	
α 截集的方法	Maeda et al.[3]	Triantis and Girod[11]
	Girod and Triantis[12]	Kao and Liu[4]
	Kao and Liu[13]	Kao[14]
	Chen[15]	Guh[16]
	Entani et al.[17]	Saati et al.[7]
	Kao and Liu[18]	Triantis[19]
	Kao and Liu[20]	Hsu[21]
	Wu et al.[22]	Saati and Memariani.[23]
	Zhang et al.[24]	Jahanshahloo et al.[25]
	Liu et al.[26]	Kao and Liu[27]
	Kuo and Wang[28]	Azadeh et al.[29]
	Allahviranloo et al.[30]	Saneifard et al.[31]
	Hosseinzadeh et al.[32]	Liu[33]
	Ghapanchi et al.[34]	Azadeh et al.[35]
	Karsak[36]	Li and Yang[37]
	Liu and Chuang[38]	Wang et al.[39]
	Hosseinzadeh et al.[40]	Noura and Saljooghi[41]
	Jahanshahloo et al.[8]	Saati and Memariani[42]
	Tlig and Rebai[43]	Hatami-Marbini and Saati[44]
	Hatami-Marbini et al.[45]	Chang and Che[46]
	ZerafatAngiz et al.[47]	Azadeh and Alem[48]
	Azadeh et al.[49]	Majid et al.[50]
	Zhou et al.[51]	Chang and Lee[52]
	Mugera [53]	Tavana et al.[54]
	Aydin N and Zortuk M[55]	Şafa et al.[56]
	Egilmez et al.[57]	
模糊排序方法	Guo and Tanaka [5]	Lertworasikikul[10]
	Leon et al.[6]	Lee[58]
	Dia[59]	Jahanshahloo et al.[60]
	Molavi et al.[61]	Lee et al.[62]
	Soleimani-Damaneh et al.[63]	Saati and Memariani[64]
	Hosseinzadeh et al.[65]	Pal et al.[66]
	Hosseinzadeh et al.[67]	Jahanshahloo et al.[68]
	Soleimani-Damaneh[69]	Abas and Noora[70]
	Guo and Tanaka[71]	Zhou et al.[72]
	Juan[73]	Sanei et al.[74]
	Hosseinzadeh et al.[75]	Guo[76]
	Valami[77]	Jahanshahloo et al.[78]
	Hatami-Marbini et al.[79]	Hatami-Marbini et al.[80]
	Rezaie et al.[81]	Saati et al.[82]
	Majid et al.[83]	Lee et al.[84]

续表

方法分类	参考文献	
模糊排序方法	Mirhedayatian et al.[85]	Liu[86]
	Loron[87]	Hatami-Marbini et al.[88]
	Ghasemi et al.[89]	Puri and Yadav[90]
	Tavana et al.[91]	Dotoli et al.[92]
可能性方法	Lertworasikikul[93]	Lertworasikikul[94]
	Garcia et al.[95]	Ramezanzadeh et al.[96]
	Wu et al.[97]	Jiang and Yang[98]
	Wen and Li[99]	Khodabakhshi et al.[100]
	Wen et al.[9]	
其他方法	Hougaard[101]	Guo et al.[102]
	Sheth and Triantis[103]	Wang et al.[104]
	Hougaard[105]	Uermura[106]
	Qin et al.[107]	Luban[108]
	Wang et al.[109]	Qin and Liu[110]
	Wang and Chin[111]	Ben-Arieh and Gullipalli[112]
	Jafarian-Moghaddam and Ghoseiri[113]	Azadeh et al.[114]
	Pendharkar[115]	Tao et al.[116]
	Khalili-Damghani et al.[117]	Park et al.[118]
	Azadeh et al.[119]	Al-Refaie et al.[120]
	Lan et al.[121]	Tavana and Khalili-Damghani[122]
	Shermeh H E et al.[123]	Fallahpour et al.[124]
	Babazadeh et al.[125]	Azar et al.[126]
	Salari and Khamooshi[127]	Sotoudeh-Anvari et al.[128]

例 10.2 利用 α 截集的方法分析例 10.1 中的模糊决策单元.

首先, 选取例 10.1 中模糊决策单元的特殊点 a,b,c,d(图 10.4), 如果利用 α 截集, 则模糊数的区域将逐渐变小, 具体变化情况与模糊数的类型有直接关系.

在 α 截集过程中, ①如果模糊数是对称的三角形模糊数, 则利用 α 截集的方法 a,b,c,d 将变为 a',b',c',d'(图 10.5). 特别地, 当 α=1 时, 所有特殊点均变为区域的中心点. 以 c 点和 b 点为例, 选取到的所有 b',c' 将构成连接 c 点和 b 点的直线. ②如果是非对称三角形模糊数, 则利用 α 截集的方法选取到的所有 b',c' 将构成连接 c 点和 b 点的折线. ③如果是 L-R 型模糊数, 则利用 α 截集的方法选取到的所有 b',c' 将构成连接 c 点和 b 点的曲线. ④如果是梯形模糊数, 则利用 α 截集的方法选取到的所有 b',c' 将构成两条曲线, 一条以 c 为起点, 而另一条以 b 为起点.

在过去的近三十年间, 模糊 DEA 方法的研究者们通过许多努力试图将模糊 DEA 模型转化为传统 DEA 模型进行评价. 其中大部分工作都是通过 α 截集的方法来缩减模糊数的变化区间, 然后再选取相应区间内的特殊点来评价模糊决策单元, 并且选取的特殊点基本集中在 “最差”、“最优” 及 “期望” 点上.

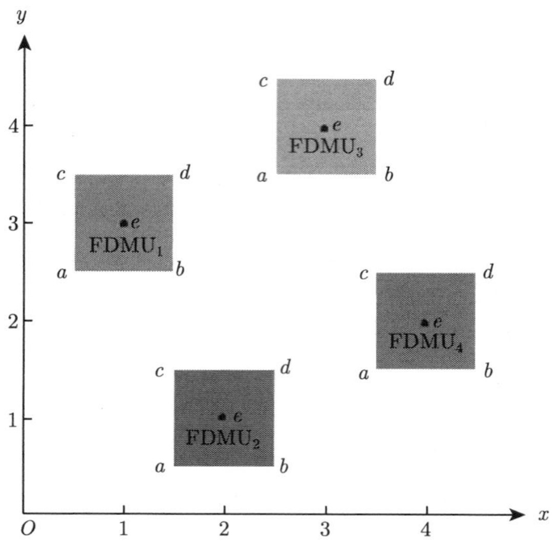

图 10.4　模糊决策单元中的特殊点

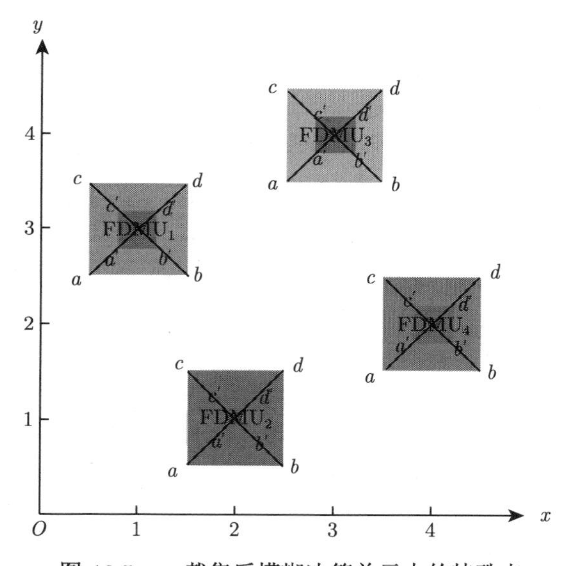

图 10.5　α 截集后模糊决策单元中的特殊点

10.4　广义模糊 C^2R 模型

一方面, 在应用 DEA 方法评价模糊决策单元效率时, 许多文献[11-16]中均出现了决策单元的效率值大于 1 的情形. 根据 C^2R 模型的相关理论, 这是不可能的, 而相关文献并未给出相应的解释. 另一方面, 决策单元评价的参照系并不一定是全部决策单元, 它们既可以是生产可能集内的决策单元, 也可以是生产可能集以外的单元. 在评价参照系变化的情况下, 决策单元的意义也发生了变化. 这可以从以下的例子得到验证. 以下称构成评价参照系的单元为样本单元 (SU).

例 10.3 表 10.4 中给出了四个样本单元和一个决策单元的投入产出数据.

表 10.4 决策单元及样本单元的投入产出数据

	SU_1	SU_2	SU_3	SU_4	DMU_1
投入数据	1	2	3	4	1
产出数据	3	1	4	2	4

在规模收益不变的情况下, 应用第 2 章的模型 (DG-C^2R) 可以求得 DMU_1 相对于四个样本单元的效率值为 1.333, 根据广义 C^2R 模型的含义可知, DMU_1 的效率值大于 1 的原因是 DMU_1 的生产方式优于样本单元 (图 10.6).

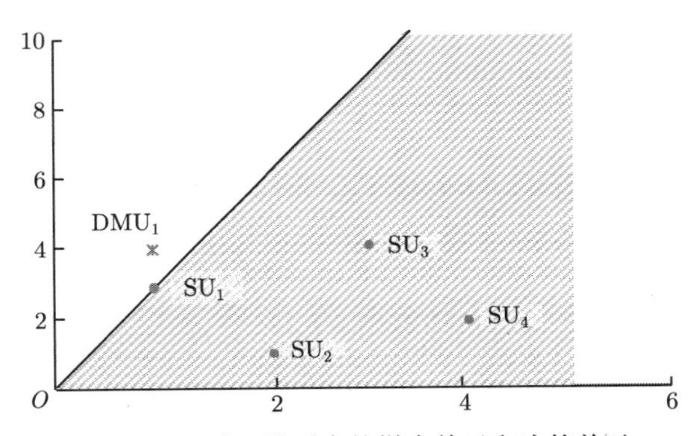

图 10.6 C^2R 模型中的样本单元和决策单元

在模糊 DEA 方法中, 某些决策单元出现效率值大于 1 的情形主要是选取模糊数所属论域内效率较低的点作为评价的参照系, 然后再从被评价单元的指标值的论域内取效率较大的点进行评价而造成的.

如果将构成模糊 DEA 评价参照系的单元由全部决策单元替换为样本单元集, 则可以得到以下广义模糊 C^2R 模型:

$$
(\mathrm{FSC^2R_P})\left\{\begin{array}{l}
\max \boldsymbol{\mu}^{\mathrm{T}}\tilde{\boldsymbol{Y}}_p, \\
\text{s.t.} \quad \boldsymbol{\omega}^{\mathrm{T}}\tilde{\boldsymbol{X}}_j^S - \boldsymbol{\mu}^{\mathrm{T}}\tilde{\boldsymbol{Y}}_j^S \geqq 0, \ \ j=1,2,\cdots,\overline{n}, \\
\qquad \boldsymbol{\omega}^{\mathrm{T}}\tilde{\boldsymbol{X}}_p = 1, \\
\qquad \boldsymbol{\omega} \geqq \mathbf{0}, \ \ \boldsymbol{\mu} \geqq \mathbf{0}
\end{array}\right.
$$

如果取样本模糊单元集为模糊决策单元集, 则广义模糊 C^2R 模型将转化为模糊 C^2R 模型.

图 10.7 中给出了 FSC^{2}R 模型、FC^{2}R 模型、GC^{2}R 模型及 C^{2}R 模型之间的关系. 其中 FSU 代表模糊样本单元, FDMU 表示模糊决策单元, SU 表示样本单元, DMU 表示决策单元.

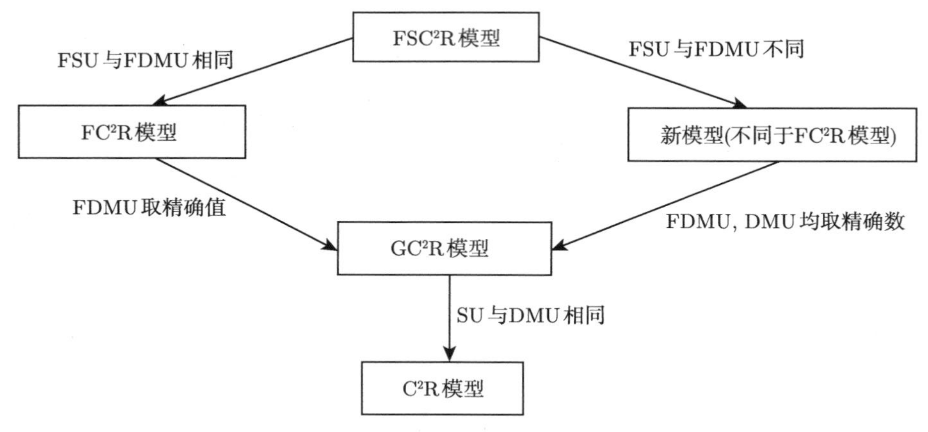

图 10.7 FSC^{2}R 模型与其他模型的关系

10.5 广义模糊 DEA 有效性的分析

广义模糊 C^{2}R 模型下的 DEA 有效性分析可以类似于模糊 C^{2}R 模型的情况进行讨论, 但以下将从多种角度给出更多的分析方法.

1. *基于特殊点的分析方法*

将模型 (FSC^{2}R$_P$) 中的投入产出值用某些精确数来代替, 此时模型 (FSC^{2}R$_P$) 就转化为广义 C^{2}R 模型, 利用相关软件可以直接求解. 其中, 可供选择的决策单元可以是论域中的一些特殊点. 比如, 在单投入单产出的情况下, 可以选择,

(1) 最优点 (Best): 投入最小和产出最大的点;

(2) 最劣点 (Worst): 投入最大和产出最小的点;

(3) 最大点 (Max): 投入和产出均最大的点;

(4) 最小点 (Min): 投入和产出均最小的点;

(5) 中心点 (Center): 投入产出数据变化区间的中心点;

(6) 隶属度最大的点: 投入产出数据论域中隶属度最高的点.

隶属度最大的点可能是一个点, 也可能是一个区域内的所有点. 如果是后者, 则可以再重新采用前五种点的办法来处理.

以往的研究中, 对模糊 DEA 有效性的分析多选取前两个特殊点进行分析, 本章给出的方法能使决策者从更多视角进行分析.

2. 仅决策单元用特殊点替代的方法

仅将模型 ($\mathrm{FSC^2R_P}$) 中的决策单元的投入产出值 ($\tilde{\boldsymbol{X}}_p$,$\tilde{\boldsymbol{Y}}_p$) 用某些特殊点 ($\boldsymbol{X}_p$,$\boldsymbol{Y}_p$) 来代替, 决策单元特殊点的选取可以采用上面介绍的六种方法. 此时模型 ($\mathrm{FSC^2R_P}$) 可以表示如下:

$$
(\mathrm{SFC^2R_1})\begin{cases}\max \boldsymbol{\mu}^{\mathrm{T}}\boldsymbol{Y}_p,\\ \text{s.t.}\quad \boldsymbol{\omega}^{\mathrm{T}}\tilde{\boldsymbol{X}}_j^S-\boldsymbol{\mu}^{\mathrm{T}}\tilde{\boldsymbol{Y}}_j^S\geqq 0,\ \ j=1,2,\cdots,\overline{n},\\ \qquad\ \boldsymbol{\omega}^{\mathrm{T}}\boldsymbol{X}_p=1,\\ \qquad\ \boldsymbol{\omega}\geqq\boldsymbol{0},\ \ \boldsymbol{\mu}\geqq\boldsymbol{0},\end{cases}
$$

在这里 ($\boldsymbol{X}_p$,$\boldsymbol{Y}_p$) 是精确数. 那么, 这种情况下如何度量决策单元的有效性呢?

以下可以通过计算决策单元 ($\boldsymbol{X}_p$,$\boldsymbol{Y}_p$) 优于所有模糊样本单元的程度来度量它的效率大小. 比如, 在图 10.8 中决策单元 ($\boldsymbol{X}_p$,$\boldsymbol{Y}_p$) 优于模糊样本单元 $\mathrm{FSU_2}$, $\mathrm{FSU_3}$, $\mathrm{FSU_4}$ 中所有可能的点, 但仅优于 $\mathrm{FSU_1}$ 中的部分点, 这时可将决策单元 ($\boldsymbol{X}_p$,$\boldsymbol{Y}_p$) 优于模糊样本单元 $\mathrm{FSU_1}$ 的程度作为决策单元的效率值. 比如 $\mathrm{FSU_1}$ 位于直线 l_1 左右侧区域的比率.

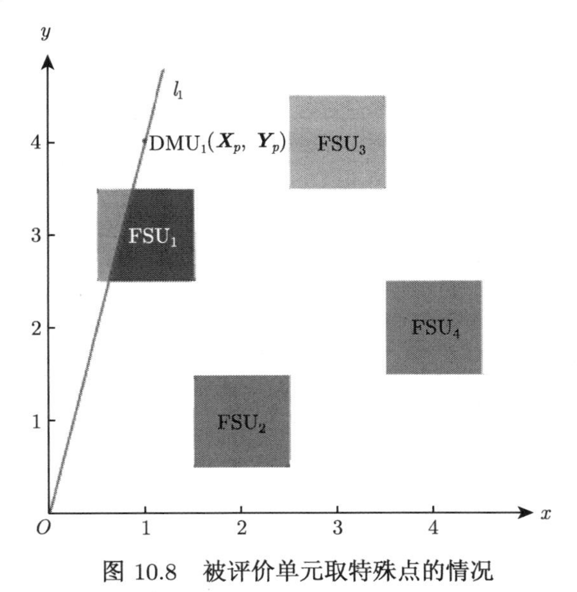

图 10.8 被评价单元取特殊点的情况

3. 仅样本单元用特殊点替代的方法

仅将模型 ($\mathrm{FSC^2R_P}$) 中的样本单元的投入产出值 ($\tilde{\boldsymbol{X}}_j^S$, $\tilde{\boldsymbol{Y}}_j^S$) 用某些特殊点 ($\boldsymbol{X}_j^S$, $\boldsymbol{Y}_j^S$) 来代替, 决策单元特殊点的选取可以采用上面介绍的六种方法. 此时模

型 ($\text{FSC}^2\text{R}_\text{P}$) 可以表示如下：

$$(\text{SFC}^2\text{R}_2)\begin{cases}\max\ \boldsymbol{\mu}^{\mathrm{T}}\tilde{\boldsymbol{Y}}_p,\\ \text{s.t.}\quad \boldsymbol{\omega}^{\mathrm{T}}\boldsymbol{X}_j^S-\boldsymbol{\mu}^{\mathrm{T}}\boldsymbol{Y}_j^S\geqq 0,\ j=1,2,\cdots,\overline{n},\\ \qquad\ \boldsymbol{\omega}^{\mathrm{T}}\tilde{\boldsymbol{X}}_p=1,\\ \qquad\ \boldsymbol{\omega}\geqq\boldsymbol{0},\ \boldsymbol{\mu}\geqq\boldsymbol{0},\end{cases}$$

在这里 $(\boldsymbol{X}_j^S,\boldsymbol{Y}_j^S)(j=1,2,\cdots,\overline{n})$ 是精确数.

以下通过 $(\boldsymbol{X}_j^S,\boldsymbol{Y}_j^S)(j=1,2,\cdots,\overline{n})$ 构造生产可能集来计算决策单元 $(\tilde{\boldsymbol{X}}_p,\tilde{\boldsymbol{Y}}_p)$ 的效率大小, 主要是计算模糊决策单元 $(\tilde{\boldsymbol{X}}_p,\tilde{\boldsymbol{Y}}_p)$ 优于样本前沿面的程度. 比如, 在图 10.9 中模糊决策单元 FDMU 优于样本单元 SU_2, SU_3, SU_4, 但 FDMU 的部分点优于 SU_1, 这时 FDMU 的效率可以用 FDMU 位于直线 l_1 左右侧区域的比率表示.

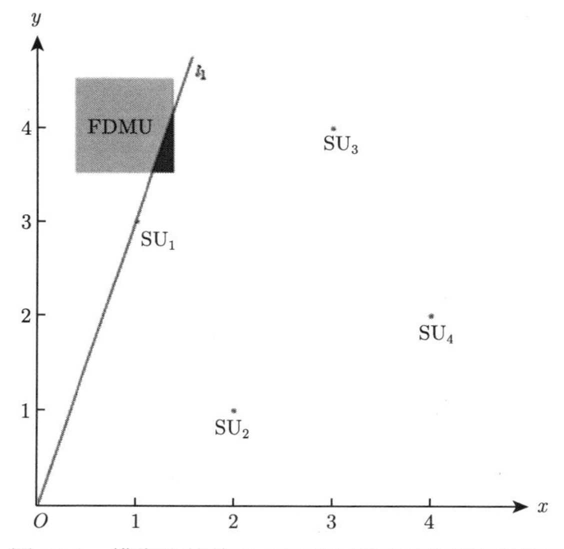

图 10.9　模糊决策单元 FDMU 相对于前沿面的情况

4. 基于 α 截集的方法

对模糊决策单元采用 α 截集, 而对模糊样本单元采用 β 截集, 然后, 再重新使用上面三种方法进行分析. 此时, 模糊决策单元的有效性是在 α-β 截集下进行. 当然, 对模糊决策单元和模糊样本单元还可以利用其他多种截集方法进行处理, 这里不再一一叙述.

定义 10.1　如果模糊决策单元的投入产出数据经某一截集后得到的最差点相对于模糊样本单元的投入产出数据经某一截集后得到的最优点的效率值大于等于 1, 则称在当前截集下模糊决策单元为强有效.

定义 10.2 如果模糊决策单元及模糊样本单元的数据均用经截集后的模糊投入产出数据的期望值代替后, 模糊决策单元的效率值大于等于 1, 则称在当前截集下模糊决策单元为期望有效.

定义 10.3 如果模糊决策单元及模糊样本单元的投入产出数据经不同截集后选取指定点代替后, 决策单元效率值大于等于 1, 则称在当前截集下模糊决策单元为一般有效.

定义 10.4 如果模糊决策单元的投入产出数据经某一截集后得到的最优点相对于模糊样本单元的投入产出数据经某一截集后得到的最差点效率值大于等于 1, 则称在当前截集下模糊决策单元为弱有效.

定义 10.5 如果模糊决策单元的投入产出数据经某一截集后得到的最优点相对于模糊样本单元的投入产出数据经某一截集后得到的最劣点的效率值小于 1, 则称在当前截集下模糊决策单元为无效单元.

10.6 指标数据含有 L-R 模糊数的决策单元的有效性分析

定义 10.6 设 $\tilde{A}$ 是实数域 R 上的一个模糊数, 称 $\tilde{A}$ 为 L-R 型模糊数, 如果 $\tilde{A}$ 的隶属函数如下所示:

$$U_{\tilde{A}}(t)=\begin{cases}0, & t<\underline{a},\\ L\left(\dfrac{t-\underline{a}}{a-\underline{a}}\right), & \underline{a}\leqq t<a,\\ 1, & t=a,\\ R\left(\dfrac{t-a}{\overline{a}-a}\right), & a<t\leqq\overline{a},\\ 0, & t>\overline{a},\end{cases}$$

其中

$$\underline{a}\neq a,\quad a\neq\overline{a},\quad L(0)=0,\quad L(1)=1,\quad R(0)=1,\quad R(1)=0,$$

并且 L 为严格递增的函数, R 为严格递减的函数. 易知, 三角形模糊数是 L-R 型模糊数的特例. 对于梯形模糊数, 如果将隶属度等于 1 的所有点定义为一个点, 则梯形模糊数也能转换为 L-R 型模糊数.

对于含有 L-R 型模糊数的广义模糊 $\mathrm{C^2R}$ 模型而言, 如果利用本章方法 4 对其进行评价, 设对模糊决策单元使用 α 截集, 对于模糊样本单元采用 β 截集. 为方便将此时模糊决策单元的有效性简记为 α-β 截集下的有效.

当 α 增加时模糊决策单元中最劣点会逐渐变优 (如图 10.10 所示, 随着 l_2 移向 l_2', 模糊决策单元 FDMU 中最差点将变优), 而随着 β 的增加模糊样本单元中最优点将逐渐变差 (如图 10.10 所示, 随着 l_1 移向 l_1', 模糊样本单元 FSU_1 中最优点将变差).

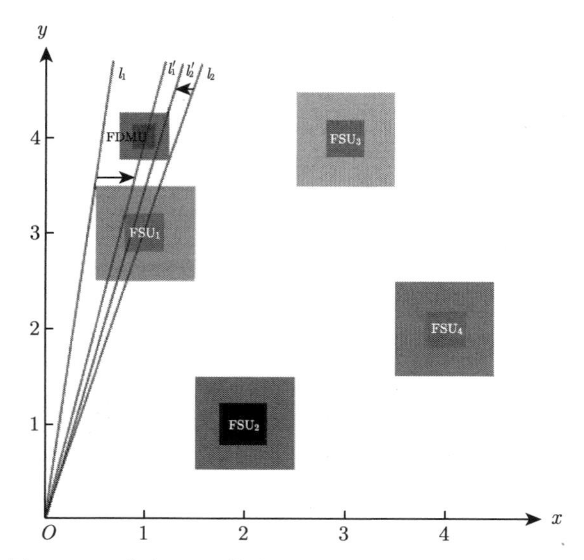

图 10.10　含有 L-R 模糊数的决策单元的强有效性分析

如果模糊决策单元在 0-0 截集下是强有效的, 则此模糊决策单元完全优于所有模糊样本单元. 1-0 截集即为方法 2 的评价方法, 0-1 截集即为方法 3 的评价方法.

易证, 投入产出指标为 L-R 型模糊数的决策单元在 α-β 截集下的强有效效率值将随着 α 或 β 的增加而增加.

当 α 增加时模糊决策单元中的最优点会逐渐变差 (如图 10.11 所示, 随着 l_2 移向 l_2', 模糊决策单元 FDMU 中的最优点将变差), 而随着 β 的增加模糊样本单元中最劣点将逐渐变优 (如图 10.11 所示, 随着 l_1 移向 l_1', 模糊样本单元 FSU_1 中的最劣点将变优).

如果模糊决策单元在 0-0 截集下是无效的, 则一定存在一个模糊样本单元完全优于该决策单元. 1-0 截集即为方法 2 的评价方法, 0-1 截集即为方法 3 的评价方法. 为了方便, 以下用 $(\underline{a}, a, \overline{a})$ 来表示 L-R 型模糊数.

例 10.4　试用本章方法 4 分析含有对称三角形模糊数的决策单元的有效性. 其中, 模糊样本单元如表 10.5 所示,

模糊决策单元及其有效性如表 10.6 所示.

例 10.5　试评价含有三角形模糊数的决策单元的有效性. 其中, 有 1 个模糊

决策单元和 4 个模糊样本单元, 每个单元均有两个输入指标和两个输出指标, 具体数据如表 10.7 所示.

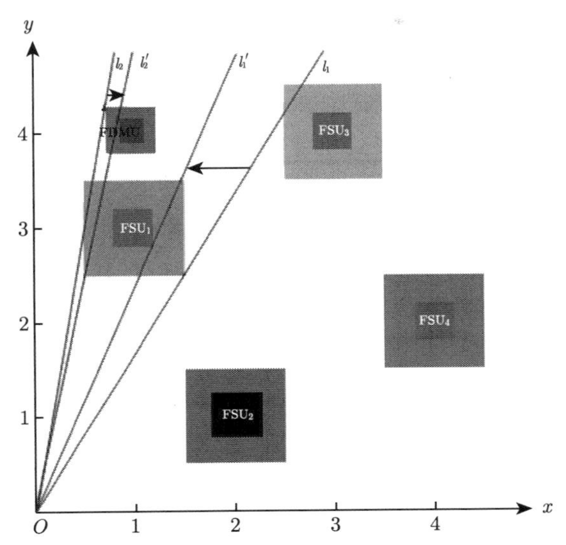

图 10.11 含有 L-R 模糊数的决策单元的弱有效性分析

表 10.5 模糊样本单元的指标数据

	FSU_1	FSU_2	FSU_3	FSU_4
投入数据	(0.5, 1, 1.5)	(1.5, 2, 2.5)	(2.5, 3, 3.5)	(3.5, 4, 4.5)
产出数据	(2.5, 3, 3.5)	(0.5, 1, 1.5)	(3.5, 3, 4.5)	(1.5, 2, 2.5)

表 10.6 应用广义模糊 $\mathrm{C}^2\mathrm{R}$ 模型计算的模糊决策单元的结果

	FSU_1	FSU_2	FDMU_1	FDMU_2	FDMU_3	FDMU_4
投入数据	(0.5,1,1.5)	(1.5,2,2.5)	(0.3,0.4,0.5)	(0.6,0.8,1)	(0.5,1,1.5)	(1, 2, 3)
产出数据	(2.5,3,3.5)	(0.5,1,1.5)	(3.5,4,4.5)	(7, 7.5, 8)	(4, 4.5, 5)	(7,7.5,8.5)
有效性	1-1 强有效	无效	0-0 强有效	1-0 强有效	0-1 强有效	0.5-1 强有效

表 10.7 含有三角形模糊数的决策单元和样本单元的数据

单元序号	指标类型	左端点	中心	右端点
FDMU_1	输入指标 1	3.4	4.1	4.8
	输入指标 2	2.2	2.3	2.5
	输出指标 1	2.3	2.5	2.9
	输出指标 2	5.5	5.7	5.8

续表

单元序号	指标类型	左端点	中心	右端点
FSU_1	输入指标 1	3.5	4.1	4.5
	输入指标 2	1.9	2.1	2.3
	输出指标 1	2.4	2.6	2.8
	输出指标 2	3.8	4.1	4.5
FSU_2	输入指标 1	2.9	2.9	2.9
	输入指标 2	1.4	1.5	1.6
	输出指标 1	2.2	2.2	2.2
	输出指标 2	3.3	3.5	3.8
FSU_3	输入指标 1	4.4	4.9	5.5
	输入指标 2	2.2	2.6	3.2
	输出指标 1	2.7	3.2	3.4
	输出指标 2	4.3	5.1	5.5
FSU_4	输入指标 1	5.9	6.1	6.5
	输入指标 2	4.2	4.6	4.8
	输出指标 1	4.4	5.1	5.7
	输出指标 2	6.5	7.4	8.1

采用评价方法 4, 利用 Matlab 编程后, 算得决策单元 FDMU 的效率值如表 10.8 所示. 表中模糊决策单元的强有效性 (Strong) 即为 Worst-Best 情形, 模糊决策单元的弱有效性 (Weak) 即为 Best-Worst 情形.

特别地, 如果模糊样本单元作为决策单元, 则相应的效率值如表 10.9∼ 表 10.12 所示.

如果取定步长为 0.05, 可以画出上述六种效率情况的图, 则获得图 10.12∼ 图 10.16.

通过上述数据及相关图形可以看出, 不同的评价方法之间有较大的差异, 因此引进这六种评价方法是有意义的.

表 10.8　模糊决策单元 FDMU 利用 α 截集后的效率值变化情况

α	0	0.1	0.2	0.3	0.4	0.5	0.6	0.7	0.8	0.9	1
Strong	0.868	0.891	0.916	0.941	0.968	0.995	1.024	1.054	1.085	1.117	1.151
Weak	1.499	1.458	1.418	1.380	1.343	1.308	1.274	1.242	1.211	1.181	1.151
Best	1.259	1.248	1.237	1.226	1.216	1.205	1.194	1.183	1.172	1.162	1.151
Worst	1.067	1.066	1.065	1.065	1.064	1.073	1.088	1.103	1.119	1.135	1.151
Max	0.977	0.985	0.993	1.001	1.009	1.027	1.050	1.074	1.099	1.125	1.151
Min	1.422	1.390	1.359	1.329	1.301	1.274	1.248	1.222	1.198	1.174	1.151

表 10.9　模糊样本单元 FSU_1 利用 α 截集后的效率值变化情况

α	0	0.1	0.2	0.3	0.4	0.5	0.6	0.7	0.8	0.9	1
Strong	0.680	0.696	0.712	0.728	0.744	0.759	0.775	0.791	0.807	0.824	0.844
Weak	1.148	1.113	1.078	1.044	1.012	0.980	0.950	0.920	0.891	0.865	0.844
Best	0.984	0.972	0.959	0.946	0.932	0.917	0.902	0.887	0.871	0.854	0.844
Worst	0.801	0.805	0.808	0.811	0.815	0.819	0.822	0.826	0.829	0.835	0.844
Max	0.885	0.881	0.877	0.873	0.869	0.865	0.861	0.856	0.852	0.848	0.844
Min	0.954	0.940	0.926	0.912	0.899	0.887	0.874	0.862	0.851	0.841	0.844

表 10.10　模糊样本单元 FSU_2 利用 α 截集后的效率值变化情况

α	0	0.1	0.2	0.3	0.4	0.5	0.6	0.7	0.8	0.9	1
Strong	0.924	0.935	0.946	0.956	0.965	0.973	0.980	0.987	0.992	0.997	1
Weak	1.316	1.281	1.246	1.212	1.180	1.148	1.116	1.086	1.057	1.028	1
Best	1	1	1	1	1	1	1	1	1	1	1
Worst	1	1	1	1	1	1	1	1	1	1	1
Max	1	1	1	1	1	1	1	1	1	1	1
Min	1	1	1	1	1	1	1	1	1	1	1

表 10.11　模糊样本单元 FSU_3 利用 α 截集后的效率值变化表

α	0	0.1	0.2	0.3	0.4	0.5	0.6	0.7	0.8	0.9	1
Strong	0.585	0.609	0.634	0.660	0.687	0.715	0.743	0.771	0.800	0.831	0.862
Weak	1.212	1.167	1.125	1.084	1.044	1.007	0.971	0.936	0.905	0.883	0.862
Best	0.998	0.983	0.967	0.952	0.938	0.927	0.910	0.896	0.882	0.870	0.862
Worst	0.687	0.703	0.720	0.737	0.754	0.771	0.789	0.807	0.825	0.843	0.862
Max	0.795	0.801	0.807	0.813	0.819	0.825	0.831	0.837	0.843	0.851	0.862
Min	0.859	0.860	0.861	0.861	0.862	0.862	0.862	0.863	0.863	0.862	0.862

表 10.12　模糊样本单元 FSU_4 利用 α 截集后的效率值变化表

α	0	0.1	0.2	0.3	0.4	0.5	0.6	0.7	0.8	0.9	1
Strong	0.728	0.752	0.776	0.802	0.827	0.854	0.882	0.910	0.939	0.969	1
Weak	1.274	1.256	1.238	1.221	1.203	1.186	1.153	1.113	1.075	1.037	1
Best	1	1	1	1	1	1	1	1	1	1	1
Worst	0.885	0.900	0.915	0.930	0.944	0.958	0.970	0.982	0.991	0.998	1
Max	1	1	1	1	1	1	1	1	1	1	1
Min	0.983	0.995	1	1	1	1	1	1	1	1	1

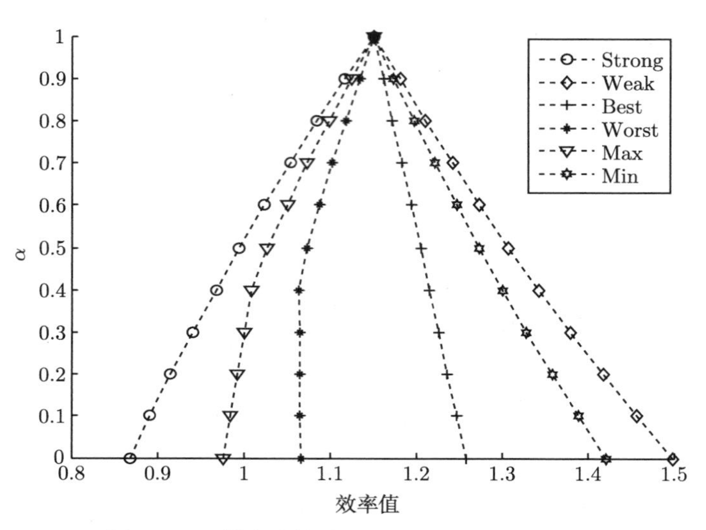

图 10.12　模糊决策单元 FDMU 的效率值变化

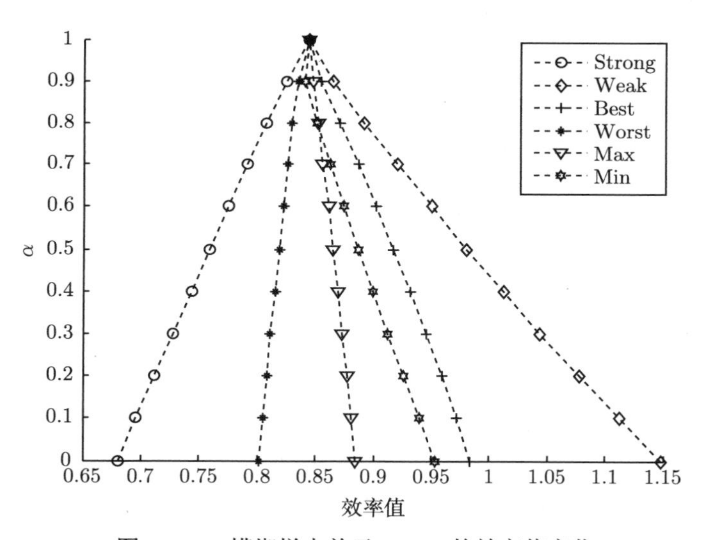

图 10.13　模糊样本单元 FSU_1 的效率值变化

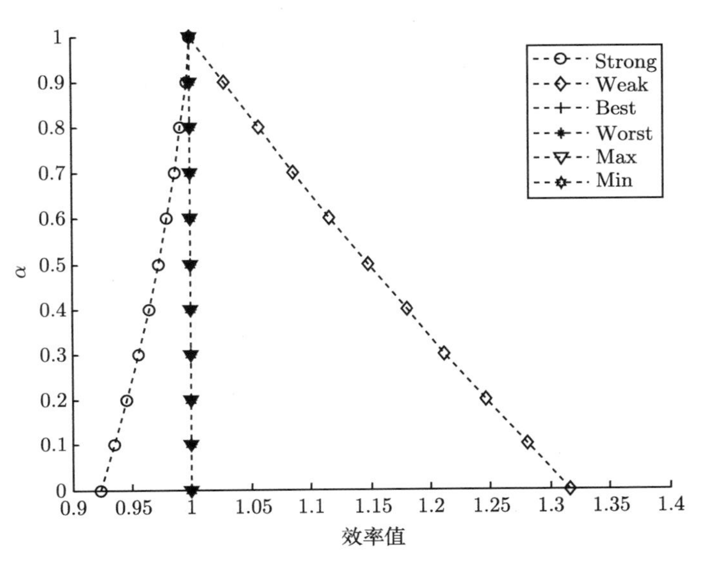

图 10.14 模糊样本单元 FSU_2 的效率值变化

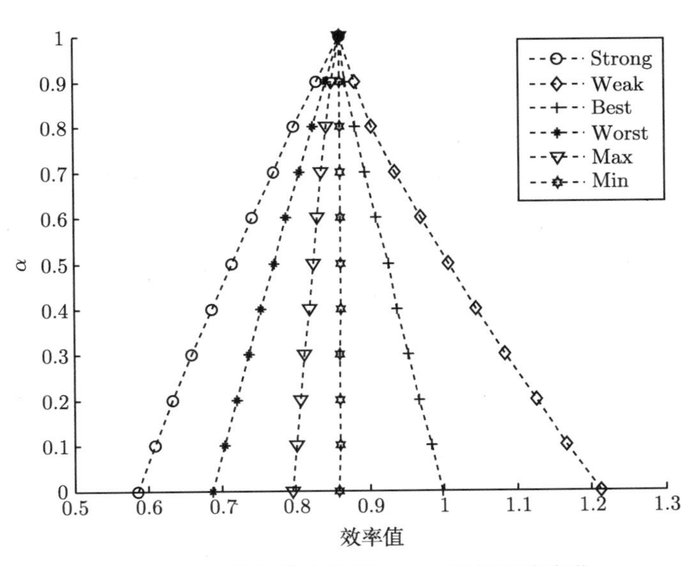

图 10.15 模糊样本单元 FSU_3 的效率值变化

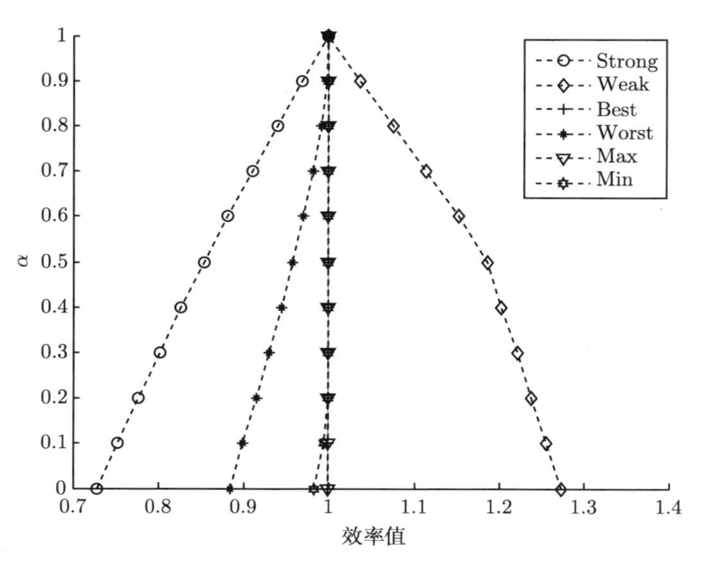

图 10.16 模糊样本单元 FSU_4 的效率值变化

参 考 文 献

[1] Sengupta J K. A fuzzy systems approach in data envelopment analysis[J]. Computers & Mathematics with Applications, 1992, 24(8/9): 259-266

[2] Zadeh L A. Fuzzy sets[J]. Information and Control, 1965, 8(3): 338-353

[3] Meada Y, Entani T, Tanaka H. Fuzzy DEA with Interval Efficiency[M]. Aachen: Verlag Mainz, 1998: 1067-1071

[4] Kao C, Liu S T. Fuzzy efficiency measures in data envelopment analysis[J]. Fuzzy Sets and Systems, 2000, 113(3): 427-437

[5] Guo P, Tanaka H. Fuzzy DEA: a perceptual evaluation method[J]. Fuzzy Sets and Systems, 2001, 119(1): 149-160

[6] Leon T, Liern V, Ruiz J L, et al. A fuzzy mathematical programming approach to the assessment of efficiency with DEA models[J]. Fuzzy Sets and Systems, 2003, 139(2): 407-419

[7] Saati S M, Memariani A, Jahanshahloo G R. Efficiency analysis and ranking of DMUs with fuzzy data[J]. Fuzzy Optimization and Decision Making, 2002, 1(3): 255-267

[8] Jahanshahloo G R, Sanei M, Malkhalifeh M R, et al. A comment on a fuzzy DEA/AR approach to the selection of flexible manufacturing systems[J]. Computers and Industrial Engineering, 2009, 56(4): 1713-1714

[9] Wen M, You C, Kang R. A new ranking method to fuzzy data envelopment analysis[J]. Computers and Mathematics with Applications, 2010, 59(11): 3398-3404

[10] Lertworasirikul S, Fang S C, Joines J A, et al. Fuzzy Data Envelopment Analysis: A Credibility Approach[M]. Berlin, Heidelberg: Springer-Verlag, 2003, 141-158

[11] Triantis K, Girod O. A mathematical programming approach for measuring technical efficiency in a fuzzy environment[J]. Journal of Productivity Analysis, 1998, 10(1): 85-102

[12] Girod O A, Triantis K P. The evaluation of productive efficiency using a fuzzy mathematical programming approach: the case of the newspaper preprint insertion process[J]. IEEE Transactions on Engineering Management, 1999, 46(4): 429-443

[13] Kao C, Liu S T. Data envelopment analysis with missing data: an application to university libraries in Taiwan[J]. The Journal of the Operational Research Society, 2000, 51(8): 897-905

[14] Kao C. A mathematical programming approach to fuzzy efficiency ranking[C]. 10th IEEE International Conference on Fuzzy Systems. Melbourne: Institute of Electricaland Electronics Engineers Inc, 2001, 1: 216-219

[15] Chen C T. A fuzzy approach to select the location of the distribution center[J]. Fuzzy Sets and Systems, 2001, 118(1): 65-73

[16] Guh Y Y. Data envelopment analysis in fuzzy environment[J]. International Journal of Information and Management Sciences, 2001, 12(2): 51-65

[17] Entani T, Maeda Y, Tanaka H. Dual models of interval DEA and its extension to interval data[J]. European Journal of Operational Research, 2002, 136(1): 32-45

[18] Kao C, Liu S T. A mathematical programming approach to fuzzy efficiency ranking[J]. International Journal of Production Economics, 2003, 86(2): 145-154

[19] Triantis K. Fuzzy non-radial data envelopment analysis (DEA) measures of technical efficiency in support of an integrated performance measurement system[J]. International Journal of Automotive Technology and Management, 2003, 3(3/4): 328-353

[20] Kao C, Liu S T. Data envelopment analysis with imprecise data: an application of Taiwan machinery firms[J]. International Journal of Uncertainty, Fuzziness and Knowledge-Based Systems, 2005, 13(2): 225-240

[21] Hsu K H. Using balanced scorecard and fuzzy data envelopment analysis for multinational R & D project performance assessment[J]. Journal of American Academy of Business, 2005, 7(1): 189-196

[22] Wu R, Yong J, Zhang Z, et al. A game model for selection of purchasing bids in consideration of fuzzy values[C]. Proceedings of the International Conference on Services Systems and Services Management. New York: IEEE, 2005, 1: 254-258

[23] Saati S, Memariani A. Reducing weight flexibility in fuzzy DEA[J]. Applied Mathematics and Computation, 2005, 161(2): 611-622

[24] Zhang L, Mannino M, Ghosh B, et al. Data warehouse (DWH) efficiency evaluation using fuzzy data envelopment analysis (FDEA)[C]. Proceedings of the Americas Con-

ference on Information Systems, 2005, 113: 1427-1436

[25] Jahanshahloo G R, Hosseinzadeh Lotfi F, Adabitabar Firozja M, et al. Ranking DMUs with fuzzy data in DEA[J]. International Journal Contemporay Mathematical sciences, 2007, 2(5): 203-211

[26] Liu Y P, Gao X L, Shen Z Y. Product design schemes evaluation based on fuzzy DEA[J]. Computer Integrated Manufacturing Systems, 2007, 13(11): 2099-2104

[27] Kao C, Liu S T. Data envelopment analysis with missing data: a reliable solution method, to appear[M]//Zhu J, Cook W D. Modeling Data Irregularities and Structural Complexities in Data Envelopment Analysis. Springer, 2007: 292-304

[28] Kuo H C, Wang L H. Operating performance by the development of efficiency measurement based on fuzzy DEA[C]. Second International Conference on Innovative Computing, Information and Control, IEEE Computer Society, 2007

[29] Azadeh M A, Anvari M, Izadbakhsh H. An integrated FDEA-PCA method as decision making model and computer simulation for system optimization[C]. Proceedings of the Computer Simulation Conference. Society for Computer Simulation International San Diego. USA: CA, 2007

[30] Allahviranloo T, Hosseinzadeh Lotfi F, Adabitabar M, et al. Fuzzy efficiency measure with fuzzy production possibility set[J]. Applications and Applied Mathematics: An International Journal, 2007, 2(2): 152-166

[31] Saneifard R, Allahviranloo T, Hosseinzadeh Lotfi F, et al. Euclidean ranking DMUs with fuzzy data in DEA[J]. Applied Mathematical Sciences, 2007, 1(60): 2989-2998

[32] Hosseinzadeh Lotfi F, Jahanshahloo G R, Rezai Balf F, et al. Discriminant analysis of imprecise data[J]. Applied Mathematical Sciences, 2007, 1(15): 723-737

[33] Liu S T. A fuzzy DEA/AR approach to the selection of flexible manufacturing systems[J]. Computers and Industrial Engineering, 2008, 54(1): 66-76

[34] Ghapanchi A, Jafarzadeh M H, Khakbaz M H. Fuzzy-data envelopment analysis approach to Enterprise Resource Planning system analysis and selection[J]. International Journal of Information Systems and Change Management, 2008, 3(2): 157-170

[35] Azadeh A, Ghaderi S F, Javaheri Z, et al. A fuzzy mathematical programming approach to DEA models[J]. American Journal of Applied Sciences, 2008, 5(10): 1352-1357

[36] Karsak E E. Using data envelopment analysis for evaluating flexible manufacturing systems in the presence of imprecise data[J]. The International Journal of Advanced Manufacturing Technology, 2008, 35(9/10): 867-874

[37] Li N, Yang Y. FDEA-DA: discriminant analysis method for grouping observations with fuzzy data based on DEA-DA[C]. Chinese Control and Decision Conference, 2008: 2060-2065

[38] Liu S T, Chuang M. Fuzzy efficiency measures in fuzzy DEA/AR with application to university libraries[J]. Expert Systems with Applications, 2009, 36(2): 1105-1113

[39] Wang C H, Chuang C C, Tsai C C. A fuzzy DEA-Neural approach to measuring design service performance in PCM projects[J]. Automation in Construction, 2009, 18(5): 702-713

[40] Hosseinzadeh Lotfi F, Adabitabar Firozja M, Erfan V. Efficiency measures in data envelopment analysis with fuzzy and ordinal data[J]. International Mathematical Forum, 2009, 4(20): 995-1006

[41] Noura A A, Saljooghi F H. Ranking decision making units in fuzzy-DEA using entropy[J]. Applied Mathematical Sciences, 2009, 3(6): 287-295

[42] Saati S, Memariani A. SBM model with fuzzy input-output levels in DEA[J]. Australian Journal of Basic and Applied Sciences, 2009, 3(2): 352-357

[43] Tlig H, Rebai A. A mathematical approach to solve data envelopment analysis models when data are LR fuzzy numbers[J]. Applied Mathematical Sciences, 2009, 3(48): 2383-2396

[44] Hatami-Marbini A, Saati S. Stability of RTS of efficient DMUs in DEA with fuzzy under fuzzy data[J]. Applied Mathematical Sciences, 2009, 3(44): 2157-2166

[45] Hatami-Marbini A, Saati S, Tavana M. An ideal-seeking fuzzy data envelopment analysis framework[J]. Applied Soft Computing, 2010, 10(4): 1062-1070

[46] Chang T A, Che Z H. A fuzzy robust evaluation model for selecting and ranking NPD projects using Bayesian belief network and weight-restricted DEA[J]. Expert Systems with Applications, 2010, 37(11): 7408-7418

[47] Zerafat Angiz L M, Emrouznejad A, Mustafa A. Fuzzy assessment of performance of a decision making units using DEA: a non-radial approach[J]. Expert Systems with Applications, 2010, 37(7): 5153-5157

[48] Azadeh A, Alem S M. A flexible deterministic, stochastic and fuzzy data envelopment analysis approach for supply chain risk and vendor selection problem: simulation analysis[J]. Expert Systems with Applications, 2010, 37(12): 7438-7448

[49] Azadeh A, Asadzadeh S M, Bukhari A, et al. An integrated fuzzy DEA algorithm for efficiency assessment and optimization of wireless communication sectors with ambiguous data[J]. International Journal of Advanced Manufacturing Technology, 2011, 52(5-8): 805-819

[50] Majid Z A L, Emrouznejad A, Mustafa A. Fuzzy data envelopment analysis: a discrete approach[J]. Expert Systems with Applications, 2012, 39(3): 2263-2269

[51] Zhou Y J, Wang J, Li M, et al. Method of a fuzzy cluster analysis to evaluate microbial enhanced Oil recovery[C]. International Conference on Communication Systems & Network Technologies, 2012

[52] Chang P T, Lee J H. A fuzzy DEA and knapsack formulation integrated model for project selection[J]. Computers & Operations Research, 2012, 39(1): 112-125

[53] Mugera A W. Measuring technical efficiency of dairy farms with imprecise data: a fuzzy

data envelopment analysis approach[J]. Australian Journal of Agricultural and Resource Economics, 2013, 57: 507-519

[54] Tavana M, Khalili-Damghani K, Sadi-Nezhad S. A fuzzy group data envelopment analysis model for high-technology project selection: a case study at NASA[J]. Computers & Industrial Engineering, 2013, 66(1): 10-23

[55] Aydin N, Zortuk M. Measuring efficiency of foreign direct investment in selected transition economies with fuzzy data envelopment analysis[J]. Economic Computation & Economic Cybernetics Studies & Research, 2014, 48(3): 235-248

[56] Şafak İ, Gül A U, Akkaş M E, et al. Efficiency determination of the Forest Sub-Districts by using fuzzy data envelopment analysis (Case Study: Denizli Forest Regional Directorate)[J]. International Journal of Fuzzy Systems, 2014, 16(3): 358-367

[57] Egilmez G, Gumus S, Kucukvar M, et al. A fuzzy data envelopment analysis framework for dealing with uncertainty impacts of input-output life cycle assessment models on eco-efficiency assessment[J]. Journal of Cleaner Production, 2016, 129: 622-636

[58] Lee H S. A fuzzy data envelopment analysis model based on dual program[C]. Conference Proceedings 27th edition of the Annual German Conference on Artificial Intelligence, 2004: 31-39

[59] Dia M. A model of fuzzy data envelopment analysis[J]. INFOR: Information Systems and Operational Research, 2004, 42(4): 267-279

[60] Jahanshahloo G R, Soleimani-Damaneh M, Nasrabadi E. Measure of efficiency in DEA with fuzzy input-output levels: a methodology for assessing, ranking and imposing of weights restrictions[J]. Applied Mathematics and Computation, 2004, 156(1): 175-187

[61] Molavi F, Aryanezhad M B, Alizadeh M S. An efficiency measurement model in fuzzy environment, using data envelopment analysis[J]. International Journal of Industrial Engineering, 2005, 1(1): 50-58

[62] Lee H S, Shen P D, Chyr W L. A Fuzzy Method for Measuring Efficiency Under Fuzzy Environment[M]. Melbourne: Springer Verlag, 2005, 3682: 343-349

[63] Soleimani-Damaneh M, Jahanshahloo G R, Abbasbandy S. Computational and theoretical pitfalls in some current performance measurement techniques and a new approach[J]. Applied Mathematics and Computation, 2006, 181(2): 1199-1207

[64] Saati S, Memariani A. A note on"measure of efficiency in DEA with fuzzy input-output levels: a methodology for assessing, ranking and imposing of weights restrictions"by Jahanshahloo et al[J]. Journal of Science, Islamic Azad University, 2006, 16(2): 15-18

[65] Hosseinzadeh Lotfi F, Jahanshahloo G R, Allahviranloo T, et al. Equitable allocation of shared costs on fuzzy environment[J]. International Mathematical Forum, 2007, 2 (65): 3199-3210

[66] Pal R, Mitra J, Pal M N. Evaluation of relative performance of product designs: a fuzzy DEA approach to quality function deployment[J]. Journal of the Operations Research

Society of India, 2007, 44(4): 322-336
[67] Hosseinzadeh Lotfi F, Mansouri B. The extended data envelopment analysis/discriminant analysis approach of fuzzy models[J]. Applied Mathematical Sciences, 2008, 2(30): 1465-1477
[68] Jahanshahloo G R, Hosseinzadeh Lotfi F, Alimardani Jodabeh M, et al. Cost efficiency measurement with certain price on fuzzy data andapplication in insurance organization[J]. Applied Mathematical Sciences, 2008, 2(1): 1-18
[69] Soleimani-Damaneh M. Fuzzy upper bounds and their applications[J]. Chaos, Solitons and Fractals, 2008, 36(2): 217-225
[70] Abas A, Noora, Karami P. Ranking functions and its application to fuzzy DEA[J]. International Mathematical Forum, 2008, 3(30): 1469-1480
[71] Guo P, Tanaka H. Decision Making Based on Fuzzy Data Envelopment Analysis, to Appear in Intelligent Decision and Policy Making Support Systems[M]. Berlin, Heidelberg: Springer, 2008: 39-54
[72] Zhou S J, Zhang Z D, Li Y C. Research of real estate investment risk evaluation based on fuzzy data envelopment analysis method[C]. Proceedings of the International Conference on Risk Management and Engineering Management. 2008: 444-448
[73] Juan Y K. A hybrid approach using data envelopment analysis and case-based reasoning for housing refurbishment contractors selection and performance improvement[J]. Expert Systems with Applications, 2009, 36(3): 5702-5710
[74] Sanei M, Noori N, Saleh H. Sensitivity analysis with fuzzy Data in DEA[J]. Applied Mathematical Sciences, 2009, 3(25): 1235-1241
[75] Hosseinzadeh Lotfi F, Jahanshahloo G R, Vahidi A R, et al. Efficiency and effectiveness in multi-activity network DEA model with fuzzy data[J]. Applied Mathematical Sciences, 2009, 3(52): 2603-2618
[76] Guo P. Fuzzy data envelopment analysis and its application to location problems[J]. Information Sciences, 2009, 179(6): 820-829
[77] Valami H B. Cost efficiency with triangular fuzzy number input prices: An application of DEA[J]. Chaos, Solitons and Fractals, 2009, 42(3): 1631-1637
[78] Jahanshahloo G R, Hosseinzadeh Lotfi F, Shahverdi R, et al. Ranking DMUs by l_1-norm with fuzzy data in DEA[J]. Chaos, Solitons and Fractals, 2009, 39(5): 2294-2302
[79] Hatami-Marbini A, Saati S, Makui A. An application of fuzzy numbers ranking in performance analysis[J]. Journal of Applied Sciences, 2009, 9(9): 1770-1775
[80] Hatami-Marbini A, Saati S, Makui A. Ideal and anti-ideal decision making units: a fuzzy DEA approach[J]. Journal of Industrial Engineering International, 2010, 6(10): 31-41
[81] Rezaie K, Majazi Dalfard V, Hatami-Shirkouhi L, et al. Efficiency appraisal and ranking of decision-making units using data envelopment analysis in fuzzy environment: a case

study of Tehran stock exchange[J]. Neural Computing and Application, 2013, 23(1): 1-17

[82] Saati S, Hatami-Marbini A, Tavana M, et al. A fuzzy data envelopment analysis for clustering operating units with imprecise data[J]. International Journal of Uncertainty, Fuzziness and Knowledge-Based Systems, 2013, 21(1): 29-54

[83] Majid Z A L, Mustafa A. Fuzzy interpretation of efficiency in data envelopment analysis and its application in a non-discretionary model[J]. Knowledge-Based Systems, 2013, 49: 145-151

[84] Lee S K, Mogi G, Hui K S. A fuzzy analytic hierarchy process (AHP)/data envelopment analysis (DEA) hybrid model for efficiently allocating energy R&D resources: in the case of energy technologies against high oil prices[J]. Renewable and Sustainable Energy Reviews, 2013, 21: 347-355

[85] Mirhedayatian S M, Vahdat S E, Jelodar M J, et al. Welding process selection for repairing nodular cast iron engine block by integrated fuzzy data envelopment analysis and TOPSIS approaches[J]. Materials & Design, 2013, 43: 272-282

[86] Liu S T. Fuzzy efficiency ranking in fuzzy two-stage data envelopment analysis[J]. Optimization Letters, 2014, 8(2): 633-652

[87] Loron A S. An integrated fuzzy analytic hierarchy process-fuzzy data envelopment analysis (FAHP-FDEA) method for intelligent building assessment[J]. Tehnicki Vjesnik, 2015, 22(2): 383-389

[88] Hatami-Marbini A, Tavana M, Gholami K, et al. A bounded data envelopment analysis model in a fuzzy environment with an application to safety in the semiconductor industry[J]. Journal of Optimization Theory and Applications, 2015, 164(2): 679-701

[89] Ghasemi M R, Ignatius J, Lozano S, et al. A fuzzy expected value approach under generalized data envelopment analysis[J]. Knowledge-Based Systems, 2015, 89: 148-159

[90] Puri J, Yadav S P. Intuitionistic fuzzy data envelopment analysis: an application to the banking sector in India[J]. Expert Systems with Applications, 2015, 42(11): 4982-4998

[91] Tavana M, Keramatpour M, Santos-Arteaga F J, et al. A fuzzy hybrid project portfolio selection method using data envelopment analysis, TOPSIS and integer programming[J]. Expert Systems with Applications, 2015, 42(22): 8432-8444

[92] Dotoli M, Epicoco N, Falagario M, et al. A cross-efficiency fuzzy data envelopment analysis technique for performance evaluation of decision making units under uncertainty[J]. Computers & Industrial Engineering, 2015, 79: 103-114

[93] Lertworasirikul S, Fang S C, Joines J A, et al. Fuzzy data envelopment analysis (DEA): a possibility approach[J]. Fuzzy Sets and Systems, 2003, 139(2): 379-394

[94] Lertworasirikul S, Fang S C, Nuttle H L W, et al. Fuzzy BCC model for data envelopment analysis[J]. Fuzzy Optimization and Decision Making, 2003, 2(4): 337-358

[95] Garcia P A A, Schirru R, Melo P F F E. A fuzzy data envelopment analysis approach for FMEA[J]. Progress in Nuclear Energy, 2005, 46(3/4): 359-373

[96] Ramezanzadeh S, Memariani A, Saati S. Data envelopment analysis with fuzzy random inputs and outputs: a chance-constrained programming approach[J]. Iranian Journal of Fuzzy Systems, 2005, 2(2): 21-29

[97] Wu D, Yang Z, Liang L. Efficiency analysis of cross-region bank branches using fuzzy data envelopment analysis[J]. Applied Mathematics and Computation, 2006, 181(1):271-281

[98] Jiang N, Yang Y. A fuzzy chance-constrained DEA model based on Cr measure[J]. International Journal of Business and Management, 2007, 2(2): 17-21

[99] Wen M, Li H. Fuzzy data envelopment analysis (DEA): model and ranking method[J]. Journal of Computational and Applied Mathematics, 2009, 223(2): 872-878

[100] Khodabakhshi M, Gholami Y, Kheirollahi H. An additive model approach for estimating returns to scale in imprecise data envelopment analysis[J]. Applied Mathematical Modelling, 2010, 34(5): 1247-1257

[101] Hougaard J L. Fuzzy scores of technical efficiency[J]. European Journal of Operational Research, 1999, 115(3): 529-541

[102] Guo P, Tanaka H, Inuiguchi M. Self-organizing fuzzy aggregation models to rank the objects with multiple attributes[J]. IEEE Transactions on Systems, Man and Cybernetics, Part A: Systems and Humans, 2000, 30(5): 573-580

[103] Sheth N, Triantis K. Measuring and evaluating efficiency and effectiveness using goal programming and data envelopment analysis in a fuzzy environment[J]. Yugoslav Journal of Operations Research, 2003, 13(1): 35-60

[104] Wang Y M, Greatbanks R, Yang J B. Interval efficiency assessment using data envelopment analysis[J]. Fuzzy Sets and Systems, 2005, 153(3): 347-370

[105] Hougaard J L. A simple approximation of productivity scores of fuzzy production plans[J]. Fuzzy Sets and Systems, 2005, 152(3): 455-465

[106] Uemura Y. Fuzzy satisfactory evaluation method for covering the ability comparison in the context of DEA efficiency[J]. Control and Cybernetics, 2006, 35(2): 487-495

[107] Qin R, Liu Y, Liu Z, et al. Modeling fuzzy DEA with type-2 fuzzy variable coefficients[J]. Advances in Neural Networks, 2009, (2): 25-34

[108] Luban F. Measuring efficiency of a hierarchical organization with fuzzy DEA method[J]. Economia, Seria Management, 2009, 12(1): 87-97

[109] Wang Y M, Luo Y, Liang L. Fuzzy data envelopment analysis based upon fuzzy arithmetic with an application to performance assessment of manufacturing enterprises[J]. Expert Systems with Applications, 2009, 36: 5205-5211

[110] Qin R, Liu Y K. Modeling data envelopment analysis by chance method in hybrid uncertain environments[J]. Mathematics and Computers in Simulation, 2010, 80(5):

922-950

[111] Wang Y M, Chin K S. Fuzzy data envelopment analysis: A fuzzy expected value approach[J]. Expert Systems with Applications, 2011, 38(9): 11678-11685

[112] Ben-Arieh D, Gullipalli D K. Data Envelopment Analysis of clinics with sparse data: fuzzy clustering approach[J]. Computers & Industrial Engineering, 2012, 63(1): 13-21

[113] Jafarian-Moghaddam A R, Ghoseiri K. Multi-objective data envelopment analysis model in fuzzy dynamic environment with missing values[J]. The International Journal of Advanced Manufacturing Technology, 2012, 61(5-8): 771-785

[114] Azadeh A, Seraj O, Asadzadeh S M, et al. An integrated fuzzy regression-data envelopment analysis algorithm for optimum oil consumption estimation with ambiguous data[J]. Applied Soft Computing, 2012, 12(8): 2614-2630

[115] Pendharkar P. Fuzzy classification using the data envelopment analysis[J]. Knowledge-Based Systems, 2012, 31: 183-192

[116] Tao L, Liu X, Chen Y. Online banking performance evaluation using data envelopment analysis and axiomatic fuzzy set clustering[J]. Quality & Quantity, 2013, 47(2): 1259-1273

[117] Khalili-Damghani K, Tavana M. A new fuzzy network data envelopment analysis model for measuring the performance of agility in supply chains[J]. The International Journal of Advanced Manufacturing Technology, 2013, 69(1-4): 291-318

[118] Park J, Bae H, Dinh T C, et al. Operator allocation in cellular manufacturing systems by integrated genetic algorithm and fuzzy data envelopment analysis[J]. The International Journal of Advanced Manufacturing Technology, 2014, 75(1-4): 465-477

[119] Azadeh A, Sheikhalishahi M, Khalili S M, et al. An integrated fuzzy simulation-fuzzy data envelopment analysis approach for optimum maintenance planning[J]. International Journal of Computer Integrated Manufacturing, 2014, 27(2): 187-199

[120] Al-Refaie A, Li M H, Jarbo M, et al. Imprecise data envelopment analysis model for robust design with multiple fuzzy quality responses[J]. Advances in Production Engineering & Management, 2014, 9(2): 83-94

[121] Lan L W, Chiou Y C, Yen B T H. Integrated fuzzy data envelopment analysis to assess transport performance[J]. Transportmetrica A: Transport Science, 2014, 10(5): 401-419

[122] Tavana M, Khalili-Damghani K. A new two-stage Stackelberg fuzzy data envelopment analysis model[J]. Measurement, 2014, 53(5): 277-296

[123] Shermeh H E, Najafi S E, Alavidoost M H. A novel fuzzy network SBM model for data envelopment analysis: a case study in Iran regional power companies[J]. Energy, 2016, 112: 686-697

[124] Fallahpour A, Olugu E U, Musa S N, et al. An integrated model for green supplier selection under fuzzy environment: application of data envelopment analysis and genetic programming approach[J]. Neural Computing and Applications, 2016, 27(3): 707-725

[125] Babazadeh R, Razmi J, Pishvaee M S. Sustainable cultivation location optimization of the Jatropha curcas L. under uncertainty: A unified fuzzy data envelopment analysis approach[J]. Measurement, 2016, 89: 252-260

[126] Azar A, Zarei Mahmoudabadi M, Emrouznejad A. A new fuzzy additive model for determining the common set of weights in Data Envelopment Analysis[J]. Journal of Intelligent & Fuzzy Systems, 2016, 30(1): 61-69

[127] Salari M, Khamooshi H. A better project performance prediction model using fuzzy time series and data envelopment analysis[J]. Journal of the Operational Research Society, 2016, 67(10): 1274-1287

[128] Sotoudeh-Anvari A, Najafi E, Sadi-Nezhad S. A new data envelopment analysis in fully fuzzy environment on the base of the degree of certainty of information[J]. Journal of Intelligent & Fuzzy Systems, 2016, 30(6): 3131-3142

第 11 章　综合的广义模糊 DEA 模型

在第 10 章广义模糊 C^2R 模型的基础上, 进一步讨论了其他类型的广义模糊 DEA 模型. 同时, 以这些模型为基础, 提出基于向量形式的广义模糊 DEA 模型. 这些模型不仅包括了许多已有的模糊 DEA 模型, 而且, 在模糊 DEA 模型求解方面也提出了一些新的方法.

第 10 章中的广义模糊 C^2R 模型的求解均是通过选取特殊点来代替模糊数的方法来实现的[1], 实际上, 这些方法也可以推广到其他模糊 DEA 模型的求解中[2]. 以下对此给出进一步分析.

11.1　模糊 DEA 模型中数据类型

在以往的模糊 DEA 文献中, 一般均使用某种特殊类型的模糊数进行分析, 尽管模糊数的隶属函数类型较多, 但其中大部分隶属函数都可以描述为以下三种形式.

11.1.1　偏小型

偏小型模糊数的隶属函数表达式可以统一描述为

$$U_{\tilde{A}}(t)=\begin{cases}1, & t<a,\\ R\left(\dfrac{t-a}{b-a}\right), & a\leqq t\leqq b,\\ 0, & t>b.\end{cases}$$

其隶属函数典型图形如图 11.1 所示.

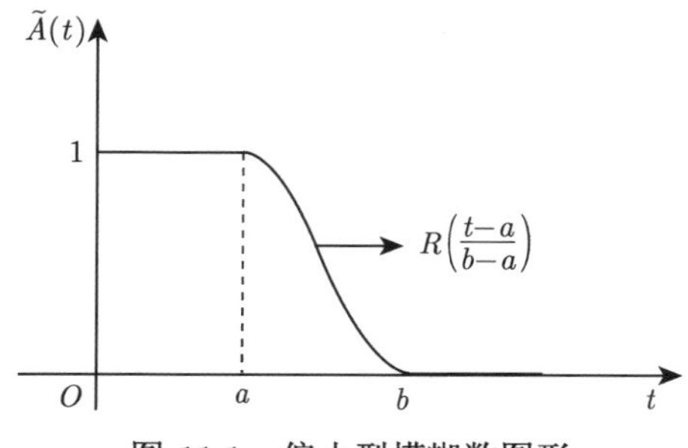

图 11.1　偏小型模糊数图形

对于偏小型模糊数如果不考虑隶属度为零的点, 偏小型模糊数可用一个函数及两个数 a, b 唯一表示出来.

11.1.2 偏大型

偏大型模糊数的隶属函数表达式可以统一描述为

$$U_{\tilde{A}}(t)=\begin{cases}0, & t<a,\\ L\left(\dfrac{t-a}{b-a}\right), & a\leqq t\leqq b,\\ 1, & t>b.\end{cases}$$

其隶属函数典型图形如图 11.2 所示.

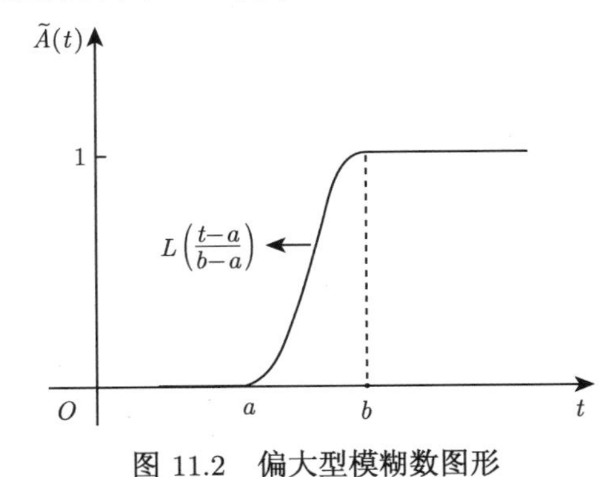

图 11.2 偏大型模糊数图形

对于偏大型模糊数如果不考虑隶属度为零的点, 偏大型模糊数也可用一个函数及两个数 a, b 唯一表示出来.

11.1.3 中间型

中间型模糊数的隶属函数表达式可以统一描述为

$$U_{\tilde{A}}(t)=\begin{cases}0, & t<a,\\ L\left(\dfrac{t-a}{b-a}\right), & a\leqq t<b,\\ 1 & b\leqq t<c,\\ R\left(\dfrac{d-t}{d-c}\right), & c\leqq t<d,\\ 0, & t\geqq d.\end{cases}$$

其隶属函数典型图形如图 11.3 所示.

对于中间型模糊数如果不考虑隶属度为零的点, 中间型模糊数可用两个函数及四个数 a, b, c, d 唯一表示出来.

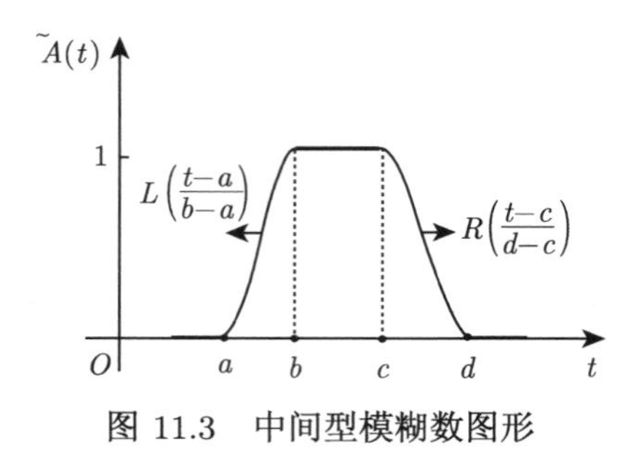

图 11.3　中间型模糊数图形

如果隶属函数的论域是一个有限闭区间, 则可认为偏小型和偏大型模糊数是中间型模糊数的一部分, 只要限定其论域就可以通过中间型模糊数获得偏小型模糊数或偏大型模糊数.

对于中间型模糊数而言, b 点到 c 点的隶属度均为 1, 因此当截集 $\alpha=1$ 时模糊数将转化为区间数. 在应用区间数 DEA 模型计算时常采用区间中心点来代替整个区间进行分析.

以往模糊 DEA 模型的相关文献很多都涉及了上述三种类型的模糊数. 实际上, 三角形模糊数、梯形模糊数或 L-R 模糊数[3]都是中间型模糊数的特殊情形.

11.2　广义模糊 DEA 模型及其求解

如果将第 3 章中的广义 DEA 模型中的数据用模糊数来代替, 即可得到广义模糊 DEA 模型. 其中, 面向输入的综合广义模糊 DEA 模型及其对偶模型如下:

$$
(\mathrm{FSDEA_P})\left\{\begin{array}{l}
\max \boldsymbol{\mu}^{\mathrm{T}}\tilde{\boldsymbol{Y}}_p+\delta_1\mu_0,\\
\text{s.t.}\ \ \boldsymbol{\omega}^{\mathrm{T}}\tilde{\boldsymbol{X}}_j^S-\boldsymbol{\mu}^{\mathrm{T}}\tilde{\boldsymbol{Y}}_j^S-\delta_1\mu_0\geqq 0,\ j=1,2,\cdots,\bar{n},\\
\qquad \boldsymbol{\omega}^{\mathrm{T}}\tilde{\boldsymbol{X}}_p=1,\\
\qquad \boldsymbol{\omega}\geqq\mathbf{0},\ \boldsymbol{\mu}\geqq\mathbf{0},\ \delta_1\delta_2(-1)^{\delta_3}\mu_0\geqq 0,
\end{array}\right.
$$

$$
(\mathrm{FSDEA_D})\left\{\begin{array}{l}
\min \theta,\\
\text{s.t.}\ \ \displaystyle\sum_{j=1}^{\bar{n}}\tilde{\boldsymbol{X}}_j^S\lambda_j\leqq\theta\tilde{\boldsymbol{X}}_p,\\
\qquad \displaystyle\sum_{j=1}^{\bar{n}}\tilde{\boldsymbol{Y}}_j^S\lambda_j\geqq\tilde{\boldsymbol{Y}}_p,\\
\qquad \delta_1\left(\displaystyle\sum_{j=1}^{\bar{n}}\lambda_j-\delta_2(-1)^{\delta_3}\lambda_{\bar{n}+1}\right)=\delta_1,\\
\qquad \lambda_j\geqq 0, j=1,2,\cdots,\bar{n},\bar{n}+1,
\end{array}\right.
$$

对于模型 (FSDEA_D), 在原有方法基础之上[4]给出以下五种新的分析方法[5]. 这里有关符号含义如下:

B_0 代表模糊决策单元中的最优点;

$\vec{V}_{B_0}$ 代表原点指向 B_0 的向量;

W_0 代表模糊决策单元中的最差点;

$\vec{V}_{W_0}$ 代表原点指向 W_0 的向量;

B_j 代表第 j 个模糊决策单元中的最优点;

$\vec{V}_{B_j}$ 代表原点指向 B_j 的向量;

W_j 代表第 j 个模糊决策单元中的最差点;

$\vec{V}_{W_j}$ 代表原点指向 W_j 的向量.

同时, 假定输入输出数据指标对应的模糊数的隶属函数是连续函数.

1. 基于特殊点的分析方法

将广义模糊 DEA 模型中的模糊数用某些精确数来代替, 此时广义模糊 DEA 模型就转化为广义 DEA 模型, 利用相关软件可以直接求解. 其中, 可供选择的决策单元可以是论域中的一些特殊点. 比如,

(1) 最优点 (Best): 输入最小和输出最大的点;

(2) 最劣点 (Worst): 输入最大和输出最小的点;

(3) 最大点 (Max): 输入和输出均最大的点;

(4) 最小点 (Min): 输入和输出均最小的点;

(5) 中心点 (Center): 输入输出数据变化区间的中心点;

(6) 隶属度最大的点: 输入输出数据论域中隶属度最高的点.

隶属度最大的点可能是一个点, 也可能是一个区域内的所有点. 如果是后者, 则可以再次选择区域中的某一点来代替该区域.

除上述特殊点外, 还有许多点具有研究的价值, 比如区域的顶点, 本章给出的方法能使决策者从更多视角进行分析.

定义 11.1 如果模糊决策单元的投入产出数据的最差点相对于模糊样本单元的投入产出数据的最优点的效率值大于等于 1, 则称模糊决策单元为强有效.

定义 11.2 如果模糊决策单元及模糊样本单元的投入产出数据选取指定点代替后, 决策单元效率值大于等于 1, 则称模糊决策单元为一般有效.

定义 11.3 如果模糊决策单元及模糊样本单元的数据均用其期望值代替后, 模糊决策单元的效率值大于等于 1, 则称模糊决策单元为期望有效.

定义 11.4 如果模糊决策单元的投入产出数据的最优点相对于模糊样本单元的投入产出数据的最差点效率值大于等于 1, 则称模糊决策单元为弱有效.

定义 11.5　如果模糊决策单元的投入产出数据的最优点相对于模糊样本单元的投入产出数据的最劣点的效率值小于 1, 则称模糊决策单元为无效.

显然如果模糊决策单元是强有效的, 则它必然是有效的, 如果模糊决策单元是有效的, 则它必然是弱有效的, 但反之未必成立.

定理 11.1　选择不同特殊点计算出的效率值必大于等于强有效效率值, 小于等于弱有效效率值.

证明　根据定义立即得到证明. 证毕.

2. 仅决策单元用特殊点替代的方法

仅将模型 (FSDEA_D) 中的决策单元的投入产出值 ($\tilde{\boldsymbol{X}}_p$, $\tilde{\boldsymbol{Y}}_p$) 用某些特殊点 ($\boldsymbol{X}_p$, $\boldsymbol{Y}_p$) 来代替, 决策单元特殊点的选取可以采用上面介绍的六种方法. 此时的模型 (FSDEA_D) 记为模型 (FSDEA_1).

在评价决策单元 p 时, 如果 $(\boldsymbol{X}_p,\boldsymbol{Y}_p)$ 是 $(\tilde{\boldsymbol{X}}_p,\tilde{\boldsymbol{Y}}_p)$ 中的最差点, 则决策单元 p 的效率值最低, 如果 $(\boldsymbol{X}_p,\boldsymbol{Y}_p)$ 是 $(\tilde{\boldsymbol{X}}_p,\tilde{\boldsymbol{Y}}_p)$ 中的最优点, 则决策单元 p 的效率值最高, 因此, 决策单元 p 的效率值将介于上述两个效率值之间. 特别地, 如果取定连接最差点和最优点的线段, 那么, 该线段上所有点的效率值仍将介于上述两个效率值之间, 且根据线段及隶属函数的连续性, 直线上的所有效率值将分布在最低效率值和最高效率值构成的区间内, 因此有以下结论.

定理 11.2　当 $(\tilde{\boldsymbol{X}}_p,\tilde{\boldsymbol{Y}}_p)$ 的隶属函数为连续函数时, 则应用基于特殊点的分析方法获得的所有可能效率值必然等于 $(\tilde{\boldsymbol{X}}_p,\tilde{\boldsymbol{Y}}_p)$ 中连接最差点和最优点直线上某一点处的效率值.

定理 11.2 表明, 在评价决策单元 p 时, 可用连接最差点和最优点线段上的点来代替被评价决策单元的指标值, 对于样本单元也可以类似处理. 这样模型 (FSDEA_D) 的计算问题就转化为向量型 DEA 模型的计算问题. 向量的长度为模糊单元中最优点到最差点的距离, 起点为最差点, 方向为由最差点指向最优点.

定义 11.6　决策单元 p 为 k-level 有效, 如果所有 $(\tilde{\boldsymbol{X}}_j^S,\tilde{\boldsymbol{Y}}_j^S)$ 用向量 $\vec{V}_{W_j}-k(\vec{V}_{W_j}-\vec{V}_{B_j})$ 的终点代替, 则决策单元 p 对应的模型 (FSDEA_1) 的效率值等于 1. 其中 $0\leqq k\leqq 1$.

定义 11.7　决策单元 p 的 λ-level 效率值定义为在所有 $(\tilde{\boldsymbol{X}}_j^S,\tilde{\boldsymbol{Y}}_j^S)$ 用向量 $\vec{V}_{W_j}-\lambda(\vec{V}_{W_j}-\vec{V}_{B_j})$ 的终点代替后, 决策单元 p 对应的模型 (FSDEA_1) 的效率值.

根据定义 11.7 可知, 如果决策单元 p 是 k-level 有效的, 则对任意的 $1\geqq\lambda>k$, 决策单元 p 的 λ-level 效率值小于 1; 对任意的 $0\leqq\lambda<k$, 决策单元 p 的 λ-level 效率值大于 1.

3. 仅样本单元用特殊点替代的方法

仅将模型 (FSDEA_D) 中的样本单元的投入产出值 $(\tilde{\boldsymbol{X}}_j^S, \tilde{\boldsymbol{Y}}_j^S)$ 用某些特殊点 $(\boldsymbol{X}_j^S, \boldsymbol{Y}_j^S)$ 来代替, 决策单元特殊点的选取可以采用上面介绍的六种方法, 也可以是决策者给定的一些点. 这样获得的模型记为模型 (FSDEA_2).

定义 11.8 决策单元 p 为 k-level 有效, 如果 $(\tilde{\boldsymbol{X}}_p, \tilde{\boldsymbol{Y}}_p)$ 用向量 $\vec{V}_{W_0} - k(\vec{V}_{W_0} - \vec{V}_{B_0})$ 的终点代替, 则决策单元 p 对应的模型 (FSDEA_2) 的效率值等于 1. 其中 $0 \leqq k \leqq 1$.

定义 11.9 决策单元 p 的 λ-level 效率值定义为在 $(\tilde{\boldsymbol{X}}_p, \tilde{\boldsymbol{Y}}_p)$ 用向量 $\vec{V}_{W_0} - \lambda(\vec{V}_{W_0} - \vec{V}_{B_0})$ 的终点代替后, 决策单元 p 对应的模型 (FSDEA_2) 的效率值.

4. 综合使用方法 2 和方法 3

定义 11.10 决策单元 p 为 k-λ-level 有效的, 如果 $(\tilde{\boldsymbol{X}}_p, \tilde{\boldsymbol{Y}}_p)$ 用向量 $\vec{V}_{W_0} - k(\vec{V}_{W_0} - \vec{V}_{B_0})$ 的终点代替, 所有的 $(\tilde{\boldsymbol{X}}_j^S, \tilde{\boldsymbol{Y}}_j^S)$ 用向量 $\vec{V}_{W_j} - k(\vec{V}_{W_j} - \vec{V}_{B_j})$ 的终点代替, 这时决策单元 p 对应的模型 (FSDEA_P) 的效率值等于 1. 其中, $0 \leqq k, \lambda \leqq 1$. 当 k 和 λ 取定某一特殊值时的决策单元 p 的效率值称为 k-λ-level 效率值.

特别地, 当决策单元集与样本单元集相同时, 则决策单元的 0-0-level 效率值即为文献 [6] 中的 Worst-Worst 效率值, 1-1-level 效率值即为文献 [6] 中的 Best-Best 效率值, 0-1-level 效率值即为文献 [6] 中的 Worst-Best 效率值, 也是定义 11.1 中的强有效效率值, 1-0-level 效率值即为文献 [6] 中的 Best-Worst 效率值, 也是定义 11.4 中的弱有效效率值. 而这里与文献 [6] 的主要区别在于不仅评价方法多于文献 [6], 同时被评价的模糊决策单元的范围也要大于文献 [6], 另外被评价模糊决策单元的效率值在这里可能大于 1.

例 11.1 针对规模收益不变的情况, 利用本章方法 2, 3, 4 评价表 11.1 中模糊决策单元的效率, 其中, FDMU 为决策单元, FSU_1, FSU_2, FSU_3, FSU_4 为样本单元.

表 11.1 一个决策单元和四个样本单元的数据

单元	FDMU	FSU_1	FSU_2	FSU_3	FSU_4
投入数据	(0.7, 1.4)	(0.5, 1.5)	(1.5, 2.5)	(2.5, 3.5)	(3.5, 4.5)
产出数据	(3.7, 4.4)	(2.5, 3.5)	(0.5, 1.5)	(3.5, 4.5)	(1.5, 2.5)

将上述单元画在平面直角坐标系中, 则获得图 11.4.

如果利用上述方法 2 进行分析, 假设用点 (1, 4)(DMU) 代替 FDMU 的指标值, 在图 11.5 中与最差和最优点对应的特殊向量及其坐标为 $\vec{V}_{W_1}(1.5, 2.5)$, $\vec{V}_{B_1}(0.5, 3.5)$, 从而获得与 $\vec{V}_{W_1} - k(\vec{V}_{W_1} - \vec{V}_{B_1})$ 所对的向量坐标为 $(1.5 - k, 2.5 + k)$. 由于 DMU 选取的点为 (1, 4), 因此过 DMU 的生产前沿面方程为直线 $y = 4x$, DMU 和 $\vec{V}_{W_1} - k(\vec{V}_{W_1} - \vec{V}_{B_1})$ 之间的关系为它们在同一生产前沿面上, 即 $\vec{V}_{W_1} - k(\vec{V}_{W_1} - \vec{V}_{B_1})$

也在直线 $y=4x$ 上, 从而 k 应满足方程 $4(1.5-k)=2.5+k$, 解得 $k=0.7$, 这表明在规模收益不变的情况下, DMU 是 0.7-level 有效的.

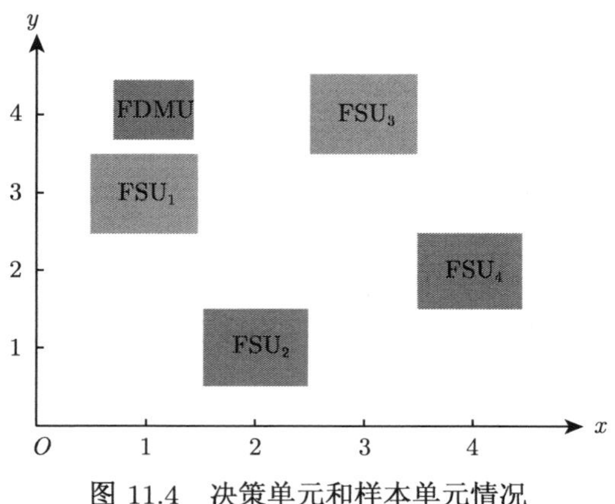

图 11.4　决策单元和样本单元情况

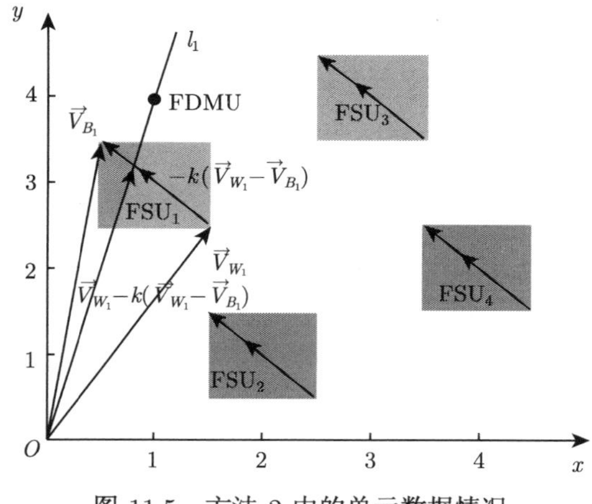

图 11.5　方法 2 中的单元数据情况

如果利用本章方法 3 进行评价, 则不妨用区域中心点代替 FSU 的指标值, 如图 11.6 所示.

在图 11.6 中, 特殊点与最差点和最优点构成的向量及其坐标为 $\vec{V}_{W_0}(1.4,3.7)$, $\vec{V}_{B_0}(0.7,4.4)$, 因此, 可获得与 $\vec{V}_{W_0}-k(\vec{V}_{W_0}-\vec{V}_{B_0})$ 对应的向量坐标为 $(1.4-0.7k,3.7+0.7k)$. 对于选取的 SU, 其生产前沿面方程为直线 $y=3x$, 因此, $\vec{V}_{W_0}-k(\vec{V}_{W_0}-\vec{V}_{B_0})$ 也应在生产前沿面上, 即 $\vec{V}_{W_0}-k(\vec{V}_{W_0}-\vec{V}_{B_0})$ 也在直线 $y=3x$ 上, 从而 k 应满足方程 $3(1.4-0.7k)=3.7+0.7k$, 解得 $k=5/28\approx 0.1786$, 这表明在规模收益不变的情况下, DMU 是 0.1786-level 有效的.

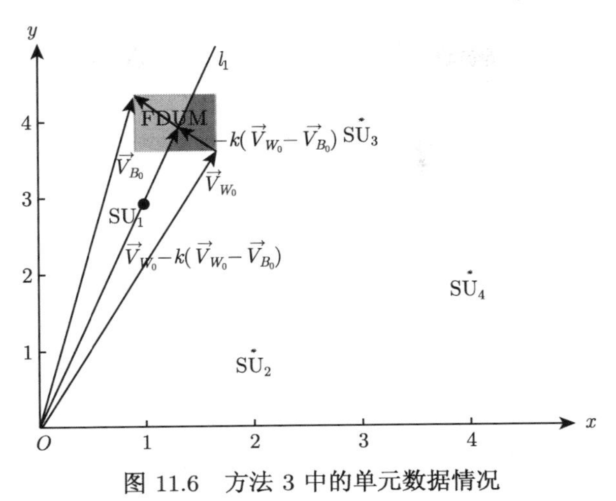

图 11.6　方法 3 中的单元数据情况

5. 基于 α 截集的方法

对模型 ($FSDEA_D$) 中的决策单元和样本单元用 α 截集的方法对区域进行压缩. 再重新利用上面的方法 1～ 方法 4 来评价. 图 11.7 给出了评价方法 5 的简单示意图.

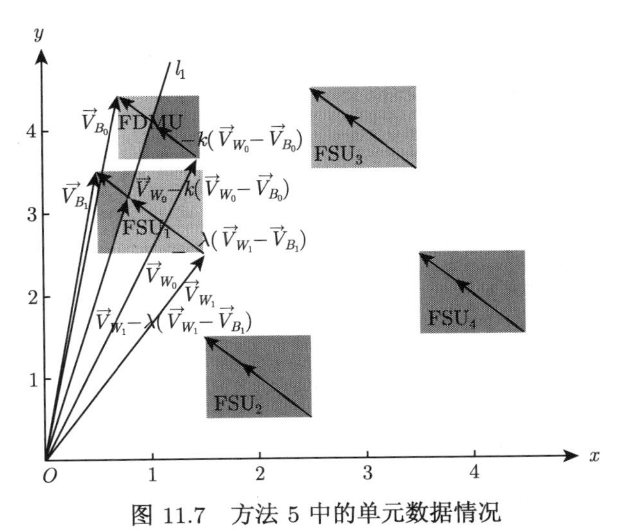

图 11.7　方法 5 中的单元数据情况

11.3 算 例 分 析

结合上面的方法, 以下给出两个例子加以说明.

例 11.2 试选取决策单元 (DMU) 和样本单元 (SU) 中的不同点, 并利用不同的评价方法评价决策单元的效率值, 模糊单元详细信息如表 11.2 所示.

表 11.2 决策单元和样本单元的数据描述

单元序号	指标类型	采用评价方法	所选取点类型	截集大小	隶属函数类型	隶属函数表达式	a	b	c	d
DMU_1	输入 1	5	0123	0~1	3	三角形	3.5	4.1	4.1	4.7
	输入 2	5	0123	0~1	3	三角形	4.9	5.6	5.6	6.1
	输出 1	5	0123	0~1	3	三角形	2.2	2.6	2.6	3.1
	输出 2	5	0123	0~1	3	三角形	1.5	1.8	1.8	2.4
SU_1	输入 1	5	0123	0~1	3	梯形	2.9	4.3	4.6	4.8
	输入 2	5	0123	0~1	3	梯形	2.9	4.5	4.6	4.9
	输出 1	5	0123	0~1	3	梯形	2.1	2.4	2.9	3.2
	输出 2	5	0123	0~1	3	梯形	1.9	2.7	3.3	3.7
SU_2	输入 1	5	0123	0~1	3	$\exp(-(x-b)$^2)	2.6	4.4	4.4	5.8
	输入 2	5	0123	0~1	3	$\exp(-(x-b)$^2)	2.5	3.9	3.9	6.7
	输出 1	5	0123	0~1	3	$\exp(-(x-b)$^2)	1.1	2.4	2.4	5.7
	输出 2	5	0123	0~1	3	$\exp(-(x-b)$^2)	1.3	2.1	2.1	5.8
SU_3	输入 1	5	0123	0~1	3	$1/(1+(x-b)$^2)	1.4	5.8	5.8	6.7
	输入 2	5	0123	0~1	3	$1/(1+(x-b)$^2)	1.8	5.3	5.3	6.7
	输出 1	5	0123	0~1	3	$1/(1+(x-b)$^2)	2.1	3.2	3.2	5.8
	输出 2	5	0123	0~1	3	$1/(1+(x-b)$^2)	2.2	3.3	3.3	5.1
SU_4	输入 1	5	0123	0~1	1	$((d-x)/(d-c))$^2	—	4.8	5.1	5.8
	输入 2	5	0123	0~1	1	$((d-x)/(d-c))$^2	—	3.1	3.3	3.8
	输出 1	5	0123	0~1	1	$((d-x)/(d-c))$^2	—	1.6	2.2	2.7
	输出 2	5	0123	0~1	1	$((d-x)/(d-c))$^2	—	1.3	1.5	2.1
SU_5	输入 1	5	0123	0~1	2	$((x-a)/(b-a))$^2	2.7	5.8	6.2	—
	输入 2	5	0123	0~1	2	$((x-a)/(b-a))$^2	1.1	4.6	4.7	—
	输出 1	5	0123	0~1	2	$((x-a)/(b-a))$^2	1.8	3.1	3.5	—
	输出 2	5	0123	0~1	2	$((x-a)/(b-a))$^2	3.6	4.2	4.4	—
SU_6	输入 1	5	0123	0~1	1	梯形	—	3.9	4.5	6.1
	输入 2	5	0123	0~1	1	梯形	—	3.6	3.9	6.6
	输出 1	5	0123	0~1	2	梯形	1.6	2.8	3.1	—
	输出 2	5	0123	0~1	2	梯形	1.1	3.3	3.9	—

这里, 选取点的类型写为 0123, 表示任意类型的点均可选取. 截集大小写为 0~1, 表示可以选取 0 到 1 之间的任意一个截集.

(1) 应用方法 1 的评价结果.

分别选择评价方法为 Worst-Best, Best-Worst, Best-Best, Worst-Worst, Max-Max, Min-Min, Center-Center, 利用 Matlab 编写相关程序后获得截集 α 取不同值时的效率值变化表, 具体效率值如表 11.3 所示, 效率值的图形如图 11.8 所示.

表 11.3 利用方法 1 评价 DMU_1 后的效率值变化表

α	Worst-Best	Best-Worst	Best-Best	Worst-Worst	Max-Max	Min-Min	Center-Center
0.0	0.113	1.743	0.214	0.921	0.671	0.419	0.663
0.1	0.233	1.642	0.414	0.925	0.759	0.839	0.776
0.2	0.364	1.545	0.606	0.928	0.844	0.927	0.926
0.3	0.464	1.453	0.724	0.930	0.925	0.956	0.977
0.4	0.543	1.366	0.795	0.932	0.985	0.983	0.990
0.5	0.602	1.282	0.828	0.933	0.998	1.011	1.003
0.6	0.665	1.203	0.858	0.932	1.000	1.037	1.015
0.7	0.735	1.127	0.890	0.931	1.001	1.011	1.022
0.8	0.811	1.055	0.921	0.928	0.995	0.965	0.981
0.9	0.874	0.986	0.931	0.925	0.958	0.922	0.941
1.0	0.903	0.903	0.903	0.903	0.903	0.903	0.903

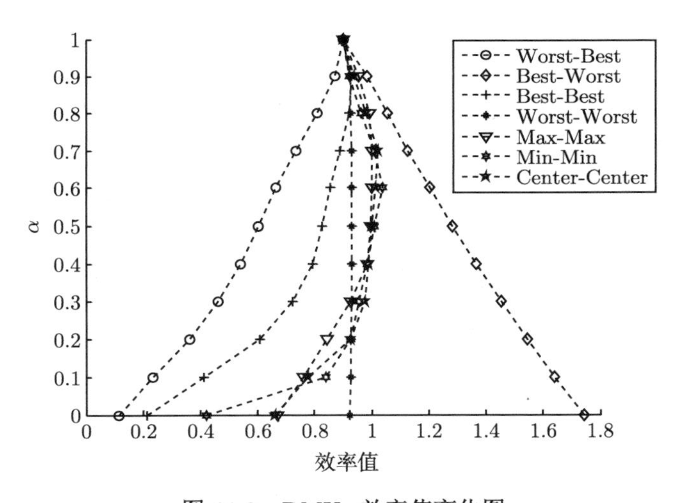

图 11.8 DMU_1 效率值变化图

通过表 11.3 及图 11.8 可以看出, 不同的评价方法之间有一定的差异, 其效率值与截集 α 之间不存在严格的递增或递减关系, 但效率值无论怎么变化, 都将在 Worst-Best 效率值与 Best-Worst 效率值之间, 即在强有效效率值与弱有效效率值之间.

(2) 应用方法 2 的评价结果.

假设 FDMU 选取的点分别为 Best, Worst, Max, Min, Center. 则 FDMU 的 k-level 有效性中的 k 的取值情况如表 11.4 所示.

表 11.4　利用方法 2 评价 DMU_1 后 k 的取值情况

α	Best	Worst	Max	Min	Center
0.0	0.456-level	无效的	0.322-level	0.300-level	0.313-level
0.1	0.516-level	无效的	0.367-level	0.343-level	0.357-level
0.2	0.627-level	无效的	0.457-level	0.424-level	0.445-level
0.3	0.715-level	无效的	0.489-level	0.439-level	0.467-level
0.4	0.779-level	无效的	0.505-level	0.458-level	0.484-level
0.5	0.784-level	无效的	0.525-level	0.480-level	0.504-level
0.6	0.784-level	无效的	0.549-level	0.508-level	0.530-level
0.7	0.781-level	无效的	0.579-level	0.543-level	0.562-level
0.8	0.776-level	无效的	无效的	无效的	无效的
0.9	无效的	无效的	无效的	无效的	无效的
1.0	无效的	无效的	无效的	无效的	无效的

利用方法 2 评价 DMU_1 时 k 的取值越大表示 DMU_1 越优秀, 特别地, 当 $k=0$ 时表示被 SU 选取了最差点, 此时, 如果 DMU_1 仍无效, 则表明 DMU_1 的效率值对任意取定的 SU 均无效.

(3) 应用方法 3 的评价结果.

假设 SU 选取的点分别为 Best, Worst, Max, Min, Center, 则 DMU_1 的 k-level 有效性中 k 的取值情况如表 11.5 所示.

表 11.5　利用方法 3 评价 DMU_1 后 k 的取值情况

α	Best	Worst	Max	Min	Center
0.0	无效的	0.124-level	无效的	无效的	无效的
0.1	无效的	0.132-level	无效的	0.765-level	0.947-level
0.2	无效的	0.142-level	0.870-level	0.605-level	0.651-level
0.3	无效的	0.158-level	0.711-level	0.558-level	0.551-level
0.4	无效的	0.181-level	0.576-level	0.500-level	0.526-level
0.5	无效的	0.216-level	0.542-level	0.424-level	0.491-level
0.6	无效的	0.273-level	0.538-level	0.315-level	0.440-level
0.7	无效的	0.373-level	0.531-level	0.399-level	0.384-level
0.8	无效的	0.580-level	0.580-level	0.741-level	0.652-level
0.9	无效的	无效的	无效的	无效的	无效的
1.0	无效的	无效的	无效的	无效的	无效的

利用方法 3 评价 DMU_1 时, k 的取值越大表示 DMU_1 越不优秀, 特别地, 当 $k=1$ 时表示被 DMU_1 取定了最优点, 此时如果 DMU_1 仍无效则表明 DMU_1 的效率值对当前选定 SU 不可能有效.

例 11.3　利用已往方法评价 DMU_1 和 SU, 各决策单元的投入产出数据如表 11.6 所示.

表 11.6 决策单元和样本单元的数据描述

序号	投入/产出	所选取的点	α	隶属函数类型	隶属函数	a	b	c	d
DMU_1	输入 1	0123	0.6	3	三角形	2.5	4.1	4.1	4.9
	输入 2	0123	0.7	3	三角形	3.9	5.6	5.6	6.4
	输出 1	0123	0.56	3	三角形	2.2	2.6	2.6	3.1
	输出 2	0123	0.67	3	三角形	1.5	1.8	1.8	2.4
SU_1	输入 1	0123	0.54	3	梯形	2.9	4.3	4.6	4.8
	输入 2	0123	0.78	3	梯形	2.9	4.5	4.6	4.9
	输出 1	0123	0.79	3	梯形	2.1	2.4	2.9	3.2
	输出 2	0123	0.90	3	梯形	1.9	2.7	3.3	3.7
SU_2	输入 1	0123	0.85	3	exp(−($x-b$)∧2)	2.6	4.4	4.4	4.8
	输入 2	0123	0.82	3	exp(−($x-b$)^2)	2.5	3.9	3.9	4.7
	输出 1	0123	0.76	3	exp(−($x-b$)^2)	1.1	2.4	2.4	2.7
	输出 2	0123	0.75	3	exp(−($x-b$)^2)	1.3	2.1	2.1	2.8
SU_3	输入 1	0123	0.87	3	1/(1+($x-b$)^2)	1.4	5.8	5.8	6.7
	输入 2	0123	0.83	3	1/(1 + ($x-b$)^2)	1.8	5.3	5.3	6.7
	输出 1	0123	0.78	3	1/(1 + ($x-b$)^2)	1.7	2.1	2.1	4.8
	输出 2	0123	0.81	3	1/(1 + ($x-b$)^2)	1.9	3.3	3.3	4.1
SU_4	输入 1	0123	0.67	1	(($d-x$)/($d-c$))^2	—	4.8	5.1	5.8
	输入 2	0123	0.67	1	(($d-x$)/($d-c$))^2	—	3.1	3.3	3.8
	输出 1	0123	0.88	1	(($d-x$)/($d-c$))^2	—	1.6	2.2	2.7
	输出 2	0123	0.90	1	(($d-x$)/($d-c$))^2	—	1.3	1.5	2.1
SU_5	输入 1	0123	0.77	2	(($x-a$)/($b-a$))^2	2.7	5.8	6.2	—
	输入 2	0123	0.65	2	(($x-a$)/($b-a$))^2	1.1	4.6	4.7	—
	输出 1	0123	0.46	2	(($x-a$)/($b-a$))^2	1.8	3.1	3.5	—
	输出 2	0123	0.56	2	(($x-a$)/($b-a$))^2	3.6	4.2	4.4	—
SU_6	输入 1	0123	0.47	1	梯形	—	3.9	4.5	6.1
	输入 2	0123	0.79	1	梯形	—	3.6	3.9	6.6
	输出 1	0123	0.67	2	梯形	1.6	2.8	3.1	—
	输出 2	0123	0.56	2	梯形	1.1	3.3	3.9	—

利用不同方法对决策单元进行评价后的效率值变化情况见表 11.7~ 表 11.9, 图形见图 11.9~ 图 11.11, 其中 1-Cut 代表的是 1 截集.

表 11.7 在不同 α 截集下的 DMU_1 的效率值变化情况

α	Strong	Weak	Best	Worst	Max	Min	Center	1-Cut
0.1	0.255	2.197	0.629	0.890	0.954	1.202	1.043	0.903
0.2	0.411	1.983	0.908	0.897	0.959	1.190	1.046	0.903
0.3	0.470	1.795	0.935	0.903	0.965	1.180	1.049	0.903
0.4	0.528	1.627	0.947	0.908	0.970	1.171	1.052	0.903
0.5	0.589	1.477	0.953	0.912	0.976	1.164	1.054	0.903
0.6	0.653	1.342	0.957	0.915	0.982	1.157	1.056	0.903

续表

α	Strong	Weak	Best	Worst	Max	Min	Center	1-Cut
0.7	0.725	1.220	0.964	0.918	0.988	1.095	1.053	0.903
0.8	0.803	1.111	0.970	0.920	0.985	1.016	1.000	0.903
0.9	0.870	1.011	0.955	0.921	0.953	0.945	0.950	0.903
1.0	0.883	0.921	0.883	0.921	0.921	0.883	0.903	0.903

表 11.8　在不同 α 截集下的 SU_3 的效率值变化情况

α	Strong	Weak	Best	Worst	Max	Min	Center	1-Cut
0.1	0.015	4.528	1.000	0.053	0.955	0.104	0.686	0.664
0.2	0.119	2.431	1.000	0.254	0.913	0.361	0.708	0.664
0.3	0.214	1.797	1.000	0.360	0.890	0.464	0.724	0.664
0.4	0.296	1.457	0.999	0.428	0.874	0.531	0.737	0.664
0.5	0.357	1.279	0.953	0.475	0.863	0.582	0.749	0.664
0.6	0.416	1.140	0.922	0.509	0.831	0.625	0.760	0.664
0.7	0.476	1.018	0.897	0.534	0.792	0.663	0.769	0.664
0.8	0.539	0.901	0.872	0.550	0.746	0.699	0.736	0.664
0.9	0.611	0.794	0.840	0.578	0.708	0.692	0.698	0.664
1.0	0.677	0.657	0.678	0.656	0.657	0.679	0.664	0.664

表 11.9　DMU_1 及 SU 的效率值

	Strong	Weak	Best	Worst	Max	Min	Center	1-Cut
DMU_1	0.677	1.322	1.006	0.889	1.010	1.096	1.048	0.903
SU_1	0.656	1.314	1.000	0.808	1.000	1.000	1.000	0.848
SU_2	0.525	1.220	1.000	0.634	0.984	0.808	0.898	0.782
SU_3	0.527	0.901	0.818	0.587	0.789	0.696	0.754	0.664
SU_4	0.483	1.241	0.965	0.622	0.966	0.755	0.874	0.755
SU_5	0.796	1.286	1.000	0.987	1.000	1.000	1.000	0.963
SU_6	0.910	1.000	0.849	1.000	1.000	1.000	1.000	1.000

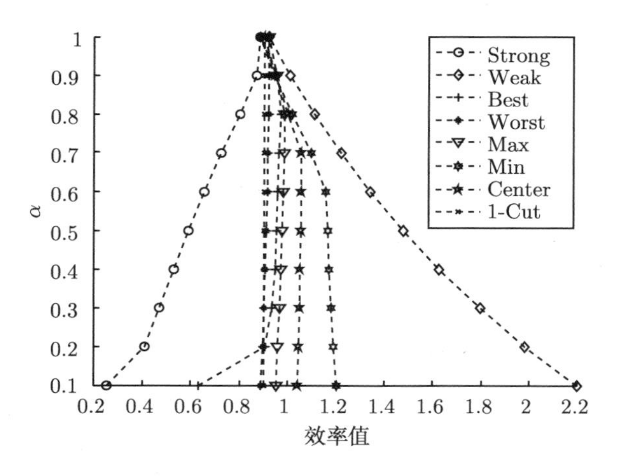

图 11.9　DMU_1 的效率图

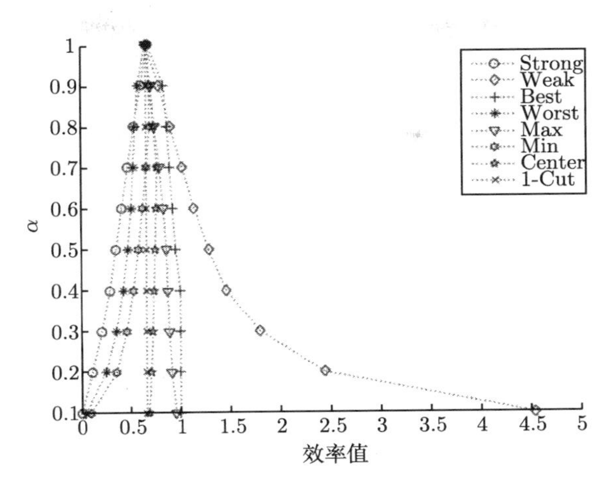

图 11.10 SU_3 的效率图

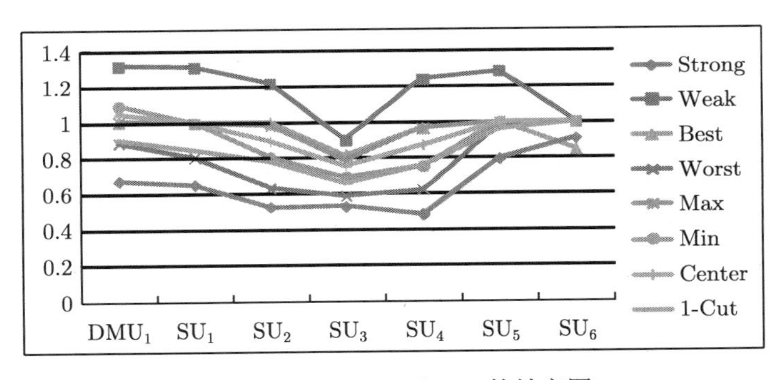

图 11.11 DMU_1 及 SU 的效率图

参 考 文 献

[1] 木仁, 马占新, 崔巍. 模糊数据包络分析方法有效性分析[J]. 模糊系统与数学, 2013, 27(4): 157-166

[2] Sengupta J K. A fuzzy systems approach in data envelopment analysis[J]. Computers & Mathematics with Applications, 1992, 24(8/9): 259-266

[3] Leon T, Liern V, Ruiz J L, et al. A fuzzy mathematical programming approach to the assessment of efficiency with DEA models[J]. Fuzzy Sets and Systems, 2003, 139(2): 407-419

[4] Muren, Ma Z X, Cui W. Fuzzy data envelopment analysis approach based on sample decision making units[J]. Journal of Systems Engineering and Electronics, 2012, 23(3): 399-407

[5] Muren, Ma Z X, Cui W. Generalized fuzzy data envelopment analysis methods[J]. Applied Soft Computing, 2014, 19(1): 215-225

[6] Lertworasirikul S, Fang S C, Nuttle H L W, et al. Fuzzy BCC model for data envelopment analysis[J]. Fuzzy Optimization and Decision Making, 2003, 2(4): 337-358

第 12 章　模糊综合评判方法

由于后续章节主要是对模糊综合评判方法的完善和拓展, 作为后面内容的基础知识, 也为初学者方便应用, 以下从文献 [1] 和文献 [2] 中分别选取两个单级和多级模糊综合评判的例子加以简单介绍.

自从 1965 年 Zadeh 提出用模糊集合描述和分析模糊现象以来, 模糊数学发展十分迅速[1], 其中模糊综合评判方法在经济管理等许多领域得到广泛应用. 目前, 已成为评价模糊对象的重要方法. 模糊综合评判方法是利用模糊集理论进行评价的一种方法, 它很好地解决了判断的模糊性和不确定性问题[1].

模糊综合评判方法分为单级模糊综合评判方法和多级模糊综合评判方法. 对于一些简单问题可以直接使用单级模糊综合评判方法进行分析. 而对一些复杂系统, 为避免会出现权重分配难于确定、归一化导致某些权重值过小等问题, 采用多级模糊综合评判方法进行分析可能更加合理. 由于后续章节主要是对模糊综合评判方法的完善和拓展, 作为后面内容的基础知识, 也为初学者方便应用, 以下分别介绍两个单级和多级模糊综合评判的例子.

12.1　单级模糊综合评判方法

单级模糊综合评判方法的主要步骤可以归纳如下[1].

1. 建立因素集

因素集是影响评判对象的各种因素所构成的集合, 即

$$U=\{u_1,u_2,\cdots,u_m\},$$

式中, U 是因素集, $u_i(i=1,2,\cdots,m)$ 代表各影响因素. 这些因素通常都具有不同程度的模糊性.

例如, 在考虑工程结构安全系数时, 可以选择设计水平 (u_1)、制造水平 (u_2)、材质优劣 (u_3) 和重要程度 (u_4) 等影响安全系数的因素进行分析. 由

$$U=\{u_1,u_2,u_3,u_4\}$$

所组成的集合, 便是评判安全系数的因素集.

这里, 因素集中的因素可以是模糊的, 也可以是非模糊的, 但它们对因素集 U 的关系, 要么 $u_i \in U$, 要么 $u_i \notin U(i=1,2,\cdots,m)$, 二者必居其一. 因此, 因素集本身应是一普通集合.

2. 建立评价集 (备择集)

评价集是评判者对评判对象可能作出的各种评判结果所组成的集合. 通常用大写字母 V 表示, 即

$$V=\{v_1,v_2,\cdots,v_s\},$$

$v_i(i=1,2,\cdots,s)$ 代表各种可能的评判结果. 模糊综合评判的目的, 就是在综合考虑所有影响因素的基础上, 从评价集中, 得出一个最佳的评价结果.

例如, 评价安全系数时, 备择集中的元素 $v_i(i=1,2,\cdots,s)$ 即为可能选取的各种安全系数值; 评判结果便是从 V 中得出一个最合理的安全系数. 显然, 备择集也是一普通集合.

3. 建立权重集

在因素集中, 各因素的重要程度是不一样的. 为了反映各因素的重要程度, 对各个因素 $u_i(i=1,2,\cdots,m)$ 应赋予相应的权数 $a_i(i=1,2,\cdots,m)$. 由各权数所组成的向量为

$$\boldsymbol{A}=(a_1,a_2,\cdots,a_m).$$

一般情况下, 各权数 $a_i(i=1,2,\cdots,m)$ 应满足归一性和非负性条件:

$$\sum_{i=1}^{m} a_i=1, \quad a_i \geqq 0, \quad i=1,2,\cdots,m,$$

它们可视为各因素 $u_i(i=1,2,\cdots,m)$ 对 "重要" 的隶属度.

各个权数, 一般由人们根据实际问题的需要主观地确定, 也可按确定隶属度的方法来加以确定. 同样的因素, 如果取不同的权数, 评判的最后结果也将不同.

4. 单因素模糊评判

单独从一个因素出发进行评判, 以确定评判对象对备择集元素的隶属程度, 便称为单因素模糊评判.

设评判对象按因素集中第 i 个因素 u_i 进行评判, 对备择集中第 j 个元素 v_j 的隶属度为 r_{ij}, 则按第 i 个因素 u_i 评判的结果, 可用模糊集合

$$\tilde{\boldsymbol{R}}_i=(r_{i1},r_{i2},\cdots,r_{is})$$

来表示. $\tilde{\boldsymbol{R}}_i$ 称为单因素评判集.

同理, 可得相应于每个因素的单因素评判集如下:

$$\tilde{\boldsymbol{R}}_1 = (r_{11}, r_{12}, \cdots, r_{1s}),$$
$$\tilde{\boldsymbol{R}}_2 = (r_{21}, r_{22}, \cdots, r_{2s}),$$
$$\cdots\cdots$$
$$\tilde{\boldsymbol{R}}_m = (r_{m1}, r_{m2}, \cdots, r_{ms}),$$

将各单因素评判集的隶属度为行组成的矩阵:

$$\tilde{\boldsymbol{R}} = \begin{bmatrix} r_{11} & r_{12} & \cdots & r_{1s} \\ r_{21} & r_{22} & \cdots & r_{2s} \\ \vdots & \vdots & & \vdots \\ r_{m1} & r_{m2} & \cdots & r_{ms} \end{bmatrix},$$

称为单因素评判矩阵. 显然, $\tilde{\boldsymbol{R}}$ 为一模糊矩阵.

5. 模糊综合评判

单因素模糊评判, 仅反映了一个因素对评判对象的影响. 这显然是不够的. 为了综合考虑所有因素的影响, 得出科学的评判结果, 这便是模糊综合评判的目标.

怎样考虑所有因素的影响呢? 从单因素评判矩阵 $\tilde{\boldsymbol{R}}$ 可以看出: $\tilde{\boldsymbol{R}}$ 的第 i 行, 反映了第 i 个因素影响评判对象取各个备择元素的程度; $\tilde{\boldsymbol{R}}$ 的第 j 列, 则反映了所有因素影响评判对象取第 j 个备择元素的程度. 因此, 可用各列元素之和

$$R_j = \sum_{i=1}^{m} r_{ij}, \quad j = 1, 2, \cdots, s$$

来反映所有因素对第 j 个备择元素的综合影响. 但是, 这样做并未考虑各因素的重要程度. 如果在 R_j 式的各项作用以相应因数的权数 $a_i (i = 1, 2, \cdots, m)$, 则便能合理地反映所有因素的综合影响. 因此, 模糊综合评判可表示为

$$\tilde{\boldsymbol{B}} = \boldsymbol{A} \cdot \tilde{\boldsymbol{R}},$$

权重集 $\boldsymbol{A}$ 可视为一行 m 列的模糊矩阵, 上式可按模糊矩阵乘法进行运算, 即

$$\tilde{\boldsymbol{B}} = (a_1, a_2, \cdots, a_m) \cdot \begin{bmatrix} r_{11} & r_{12} & \cdots & r_{1s} \\ r_{21} & r_{22} & \cdots & r_{2s} \\ \vdots & \vdots & & \vdots \\ r_{m1} & r_{m2} & \cdots & r_{ms} \end{bmatrix} = (b_1, b_2, \cdots, b_s),$$

式中 “·” 为模糊算子,

$$b_j = \bigvee_{i=1}^{m} (a_i \wedge r_{ij}), \quad j = 1, 2, \cdots, s,$$

$\tilde{B}$ 称为模糊综合评判集; $b_j(j=1,2,\cdots,s)$ 称为模糊综合评判指标, 简称评判指标. b_j 的含义是: 综合考虑所有因素的影响时, 评判对象对备择集中第 j 个元素的隶属度.

6. **评判指标的处理**

得到评判指标 $b_j(j=1,2,\cdots,s)$ 之后, 便可根据以下几种方法确定评判对象的具体结果.

(1) 最大隶属度法.

取与最大的评判指标 $\max\limits_j b_j$ 相对应的备择元素 v_L 为评判的结果, 即

$$V=\{v_L\,|v_L\rightarrow\max_j b_j\}.$$

最大隶属度法仅考虑了最大评判指标的贡献, 舍去了其他指标所提供的信息, 这是很可惜的; 另外, 当最大的评判指标不止一个时, 用最大隶属度法便很难决定具体的评判结果. 因此, 通常都采用加权平均法.

(2) 加权平均法.

取以 b_j 为权数, 对各个备择元素 v_j 进行加权平均的值为评判的结果, 即

$$V=\sum_{j=1}^{s}b_jv_j\Big/\sum_{j=1}^{s}b_j.$$

如果评判指标 b_j 已归一化, 则

$$V=\sum_{j=1}^{s}b_jv_j.$$

如果评判对象是数性量 (如安全系数), 则按最大隶属度法或加权平均法取值, 便是对该对象模糊综合评判的结果. 如果评判对象是非数性量, 如评判某技术人员使用计算机的能力, 则备择集将是

$$V=\{强, 较强, 一般, 弱\}.$$

此时, 无法应用上述加权平均法, 而只能用最大隶属度法. 若仍要用加权平均法, 则需将备集元素 (强, 较强, 一般, 弱) 这种非数性量数量化, 即分别用一适当的数字来表示它们.

(3) 模糊分布法.

这种方法直接把评判指标作为评判结果, 或将评判指标归一化, 用归一化的评判指标作为评判结果. 归一化的具体作法如下.

先求各评判指标之和, 即

$$b = b_1 + b_2 + \cdots + b_s = \sum_{j=1}^{s} b_j,$$

再用其和 b 除原来的各个评判指标:

$$\tilde{\boldsymbol{B}}' = \left(\frac{b_1}{b}, \frac{b_2}{b}, \cdots, \frac{b_s}{b}\right) = (b_1', b_2', \cdots, b_s'),$$

$\tilde{\boldsymbol{B}}'$ 为归一化的模糊综合评判集; $b_j'(j = 1, 2, \cdots, s)$ 为归一化的模糊综合评判指标, 即

$$\sum_{j=1}^{s} b_j' = 1.$$

各个评判指标, 具体反映了评判对象在所评判的特性方面的分布状态, 使评判者对评判对象有更深入的了解, 并能作各种灵活的处理. 例如, 评判某种游艇受买主或顾客的欢迎程度时, 备择集可以是

$$V = \{\text{很欢迎 } (v_1), \text{欢迎 } (v_2), \text{一般 } (v_3), \text{不欢迎 } (v_4)\},$$

这时, 评判指标将指出很欢迎、欢迎、一般、不欢迎的买主各占的百分比. 这对于船舶制造厂 (者) 来说, 无疑是非常重要的市场信息. 这里就不宜采用最大隶属度法或加权平均法, 而应采用模糊分布法.

下面看一个单级模糊综合评判的例子.

例 12.1[1] 在某类工程结构设计中, 若查得某构件的安全系数 K 应在 1.5~3.0 取值, 并知道与该构件相关的设计水平较高, 制造水平一般, 构件材料较好, 构件非常重要. 试用模糊综合评判法确定此构件的安全系数具体取何值为好.

(1) 建立因素集.

影响该安全系数取值的因素主要有: 设计水平、制造水平、材质优劣、重要程度等. 所以, 因素集为

$$U = \{u_1, u_2, u_3, u_4\} = \{\text{设计水平, 制造水平, 材质优劣, 重要程度}\}.$$

(2) 建立权重集.

在上述各因素中, 对构件的重要程度比较侧重. 其次是设计水平、材质优劣等, 权重向量为

$$\boldsymbol{A} = (0.26, 0.20, 0.24, 0.30).$$

(3) 建立评价集.

由于安全系数 K 的取值区间为 [1.3, 3.0], 故合理的安全系数值, 必然包含在区间 [1.3, 3.0] 之内. 为了通过模糊综合评判从中找出该值, 可将该区间按等步长 ($h = 0.3$) 离散为若干离散值. 因此, 评价集为

$$V=K=\{1.5,\ 1.8,\ 2.1,\ 2.4,\ 2.7,\ 3.0\}.$$

离散步长 h 可大可小, h 越小, 离散值越多, 计算越精确, 但计算工作量也越大, h 应根据需要设定.

(4) 单因素评判.

单独从一个因素出发进行评判, 定出安全系数对备择集中各个离散值的隶属度, 得出各单因素评判结果为

$$\begin{aligned}
\tilde{\boldsymbol{R}}_1&=(0.5,1.0,0.8,0.2,0.1,0),\\
\tilde{\boldsymbol{R}}_2&=(0,0.5,0.8,1.0,0.5,0),\\
\tilde{\boldsymbol{R}}_3&=(0.5,1.0,0.8,0.2,0.1,0),\\
\tilde{\boldsymbol{R}}_4&=(0,0.1,0.4,0.6,0.9,1.0),
\end{aligned}$$

单因素评判矩阵为

$$\tilde{\boldsymbol{R}}=\begin{bmatrix}0.5&1.0&0.8&0.2&0.1&0\\0&0.5&0.8&1.0&0.5&0\\0.5&1.0&0.8&0.2&0.1&0\\0&0.1&0.4&0.6&0.9&1.0\end{bmatrix}.$$

(5) 模糊综合评判.

$$\begin{aligned}
\tilde{\boldsymbol{B}}=\boldsymbol{A}\cdot\tilde{\boldsymbol{R}}&=(0.26,0.20,0.24,0.30)\cdot\begin{bmatrix}0.5&1.0&0.8&0.2&0.1&0\\0&0.5&0.8&1.0&0.5&0\\0.5&1.0&0.8&0.2&0.1&0\\0&0.1&0.4&0.6&0.9&1.0\end{bmatrix}\\
&=(0.26,0.26,0.30,0.30,0.30,0.30).
\end{aligned}$$

(6) 安全系数的具体确定.

按加权平均法得

$$K=\sum_{j=1}^{6}b_jk_j\Big/\sum_{j=1}^{6}b_j=3.918/1.72=2.278.$$

本例不宜按最大隶属度法来确定具体的安全系数值. 因为最大隶属值有 4 个, 相应的安全系数值也有 2.1, 2.4, 2.7, 3.0 四个, 彼此相差很大. 当备择集元素较少时, 相差定会更大. 由此可见, 按最大隶属度法不如按加权平均法处理好.

另外, 之所以在评判指标中有多个指标取相同的最大值, 主要是因为在进行综合评判时, 模糊矩阵相乘的取大取小运算 $(\vee,\wedge)$ 的结果.

12.2 多级模糊综合评判方法

如果评判对象的影响因素很多, 则常常会出现权重分配难于确定、归一化导致某些权重值过小等问题, 这时需要采用多级模糊综合评判方法进行分析. 下面以二级模糊综合评判为例, 简单介绍一下多级模糊综合评判的主要步骤.

(1) 因素集分层. 设评价因素集为

$$U=\{U_1,U_2,\cdots,U_m\},$$
$$U_i=\{u_{i1},u_{i2},\cdots,u_{in_i}\},\quad i=1,2,\cdots,m.$$

这里

$\{U_1,U_2,\cdots,U_m\}$ 为第二层因素集,

$\{u_{11},u_{12},\cdots,u_{1n_1},\cdots,u_{m1},u_{m2},\cdots,u_{mn_m}\}$ 为第一层因素集.

(2) 确定评价集 $V=\{v_1,v_2,\cdots,v_s\}$, 如反映教师教学水平等级的集合,

$$V=\{v_1,v_2,v_3\}=\{\text{“好”},\text{“一般”},\text{“差”}\},$$

(3) 确定权重. 由于每个因素对评价结果的作用程度不同, 因此应赋予不同的权重, 设第二层 m 个因素的权重为

$$\boldsymbol{A}=(a_1,a_2,\cdots,a_m),\quad \sum_{i=1}^{m}a_i=1,$$

设因素 U_i 包含 n_i 个第一层的因素, 设它们的权重为

$$\boldsymbol{A}_i=(a_{i1},a_{i2},\cdots,a_{in_i}),\quad \sum_{j=1}^{n_i}a_{ij}=1,\quad i=1,2,\cdots,m.$$

(4) 第一层单因素的评价. 可参考单级模糊综合评判, 比如对因素 U_i 中的第 k 个因素 u_{ik} 评判的结果, 可用模糊集合

$$\tilde{\boldsymbol{R}}_{ik}=(r_{k1}^i,r_{k2}^i,\cdots,r_{ks}^i)$$

来表示.

同理, 可得相应于每个因素的单因素评判集, 将各单因素评判集的隶属度为行组成的矩阵:

$$\boldsymbol{R}_i=\begin{bmatrix} r_{11}^i & r_{12}^i & \cdots & r_{1s}^i\\ r_{21}^i & r_{22}^i & \cdots & r_{2s}^i\\ \vdots & \vdots & & \vdots\\ r_{n_i1}^i & r_{n_i2}^i & \cdots & r_{n_is}^i \end{bmatrix},$$

称为单因素评判矩阵.

(5) 第二层单因素综合评价. 第二层的单因素评价结果由它所包括的第一层各因素综合作用而得.

首先, 对 (4) 步中的单因素评价矩阵进行计算,

$$\boldsymbol{B}_i = \boldsymbol{A}_i \cdot \boldsymbol{R}_i = (a_{i1}, a_{i2}, \cdots, a_{in_i}) \cdot \begin{bmatrix} r_{11}^i & r_{12}^i & \cdots & r_{1s}^i \\ r_{21}^i & r_{22}^i & \cdots & r_{2s}^i \\ \vdots & \vdots & & \vdots \\ r_{n_i1}^i & r_{n_i2}^i & \cdots & r_{n_is}^i \end{bmatrix},$$

其中 “·” 为模糊算子, 如 $M(\vee, \wedge)$, $M(+, \cdot)$ 等. 设评价结果为

$$\boldsymbol{B}_i = (b_{i1}, b_{i2}, \cdots, b_{is}).$$

(6) 综合评价. 第二层单因素综合评价的结果组成项目综合评价矩阵 $\boldsymbol{R}$, 即

$$\boldsymbol{R} = \begin{bmatrix} b_{11} & b_{12} & \cdots & b_{1s} \\ b_{21} & b_{22} & \cdots & b_{2s} \\ \vdots & \vdots & & \vdots \\ b_{m1} & b_{m2} & \cdots & b_{ms} \end{bmatrix}.$$

设第二层各因素的权重为

$$\boldsymbol{A} = (a_1, a_2, \cdots, a_m).$$

评价结果为

$$\begin{aligned} \boldsymbol{B} = \boldsymbol{A} \cdot \boldsymbol{R} = (a_1, a_2, \cdots, a_m) \cdot \begin{bmatrix} b_{11} & b_{12} & \cdots & b_{1s} \\ b_{21} & b_{22} & \cdots & b_{2s} \\ \vdots & \vdots & & \vdots \\ b_{m1} & b_{m2} & \cdots & b_{ms} \end{bmatrix} \\ = (b_1, b_2, \cdots, b_s), \end{aligned}$$

得到评判指标 $b_j (j = 1, 2, \cdots, s)$ 之后, 便可参考 12.1 节中对于单级模糊综合评判方法中对指标的处理来确定评判对象的具体结果.

二级以上的模糊综合评判的计算过程与二级模糊综合评判基本相同, 在此不再详述.

例 12.2[2] 以 1997~1998 学年度第一学期某班任课教师的教学水平作为评价对象, 采用二级模糊综合评判方法分析教师教学水平. 经过跟踪调查, 得到 88 人次的调查统计资料, 其中反映教师教学水平等级的评价集为

$$V=\{v_1, v_2, v_3\}=\{\text{“好”}, \text{“一般”}, \text{“差”}\},$$

给出的指标体系、指标权重及具体统计数据如表 12.1 和表 12.2 所示.

表 12.1 评价因素与权重

第二层因素			第一层因素		
序号	权重	因素名称	序号	权重	因素名称
1	0.16	教学态度 U_1	1	0.53	备课充分 u_{11}
			2	0.33	治学严谨 u_{12}
			3	0.14	为人师表 u_{13}
2	0.31	教学内容 U_2	4	0.36	概念清楚 u_{21}
			5	0.21	重点突出 u_{22}
			6	0.16	深入浅出 u_{23}
			7	0.06	容量适当 u_{24}
			8	0.21	论述科学 u_{25}
3	0.36	教学方法 U_3	9	0.13	直观教学 u_{31}
			10	0.05	循序渐进 u_{32}
			11	0.25	引导思维 u_{33}
			12	0.18	联系实际 u_{34}
			13	0.39	培养能力 u_{35}
4	0.12	教学基本功 U_4	14	0.55	语言精练 u_{41}
			15	0.45	板书工整 u_{42}
5	0.05	课后指导 U_5	16	0.50	课后辅导 u_{51}
			17	0.50	作业批改 u_{52}

由表 12.2 知, 对因素 “备课充分” 而言, 其中有 71 人次认为 “好”, 17 人次认为 “一般”, 没有人认为 “差”. 计算得

$$r_{11}=71/88=0.8068, \quad r_{12}=17/88=0.1932, \quad r_{13}=0/88=0,$$

则 “备课充分”u_{11} 的评价结果为

$$\tilde{\boldsymbol{R}}_{11}=(0.8068, 0.1932, 0),$$

同理, 第一层的其他单因素评价结果如表 12.2 所示.

表 12.2　单因素调查评价表统计结果

序号	因素名称	统计结果			评价结果		
		好	一般	差	好	一般	差
1	备课充分	71	17	0	0.8068	0.1932	0.0000
2	治学严谨	78	10	0	0.8864	0.1136	0.0000
3	为人师表	85	3	0	0.9659	0.0341	0.0000
4	概念清楚	63	25	0	0.7159	0.2841	0.0000
5	重点突出	61	27	0	0.6932	0.3068	0.0000
6	深入浅出	51	37	0	0.5795	0.4205	0.0000
7	容量适当	66	19	3	0.7500	0.2159	0.0341
8	论述科学	58	29	1	0.6591	0.3295	0.0114
9	直观教学	59	27	2	0.6705	0.3068	0.0227
10	循序渐进	50	37	1	0.5682	0.4205	0.0114
11	引导思维	50	38	0	0.5682	0.4318	0.0000
12	联系实际	67	21	0	0.7614	0.2386	0.0000
13	培养能力	65	23	0	0.7386	0.2614	0.0000
14	语言精练	49	39	0	0.5568	0.4432	0.0000
15	板书工整	39	47	2	0.4432	0.5341	0.0227
16	课后辅导	15	37	36	0.1705	0.4205	0.4091
17	作业批改	49	20	19	0.5568	0.2273	0.2159

以 U_1 即 “教学态度” 综合评价为例, 由表 12.2 的数据组成合评价矩阵

$$\boldsymbol{R}_1 = \begin{bmatrix} 0.8068 & 0.1932 & 0 \\ 0.8864 & 0.1136 & 0 \\ 0.9659 & 0.0341 & 0 \end{bmatrix},$$

表 12.1 知, 备课充分、治学严谨、为人师表 3 个第一层的因素权重为

$$\boldsymbol{A}_1 = (0.53, 0.33, 0.14).$$

采用 $M(+,\cdot)$ 模糊算子计算可得

$$\begin{aligned}\boldsymbol{B}_1 = (b_{11}, b_{12}, b_{13}) &= (0.53, 0.33, 0.14) \cdot \begin{bmatrix} 0.8068 & 0.1932 & 0 \\ 0.8864 & 0.1136 & 0 \\ 0.9659 & 0.0341 & 0 \end{bmatrix} \\ &= (0.8553, 0.1447, 0).\end{aligned}$$

同理, 得第二层其他因素的评价结果

$$\boldsymbol{B}_2 = (0.6794, 0.3161, 0.0044),$$

$$\boldsymbol{B}_3 = (0.6827, 0.3138, 0.0035),$$

$$\boldsymbol{B}_4 = (0.5057, 0.4841, 0.0102),$$
$$\boldsymbol{B}_5 = (0.3636, 0.3239, 0.3125).$$

由第二层单因素评价结果组成项目综合评价矩阵 $\boldsymbol{R}$, 即

$$\boldsymbol{R} = \begin{bmatrix} 0.8553 & 0.1447 & 0.0000 \\ 0.6794 & 0.3161 & 0.0044 \\ 0.6827 & 0.3138 & 0.0035 \\ 0.5057 & 0.4841 & 0.0102 \\ 0.3636 & 0.3239 & 0.3125 \end{bmatrix}.$$

由表 12.1 可知, 第二层各因素的权重为

$$\boldsymbol{A} = (0.16, 0.31, 0.36, 0.12, 0.05).$$

采用 $M(+,\cdot)$ 模糊算子计算得项目即 “教学水平” 的综合评价结果为

$$\boldsymbol{B} = (0.6721, 0.3084, 0.0195).$$

按最大隶属原则, “教学水平” 这一项目的综合评价结果为 “好” 等级.

参 考 文 献

[1] 杨松林. 工程模糊论方法及其应用[M]. 北京：国防工业出版社，1996

[2] 李希灿. 模糊数学方法及应用[M]. 北京：化学工业出版社，2017

第 13 章　基于模糊综合评判的改进策略及优化方法

对于一个模糊对象, 决策者不仅希望知道综合评价的结果, 而且还希望知道导致这种结果的原因以及改进的策略. 当应用模糊综合评判方法进行分析时, 该方法只能提供模糊对象综合评判结果的好坏, 但无法提供导致这种结果的原因和可能的改进方案. 为了进一步增强模糊综合评判方法分析问题的能力, 在模糊综合评判方法的基础上, 给出了模糊可能集和模糊有效性的概念, 并构造了相应的数学模型, 该模型不仅能找出模糊对象评价结果无效的原因, 而且还能为模糊对象的调控提供许多改进的信息.

在进行综合评价时, 能否回答以下两个问题至关重要: ① 评价的结果是什么? ② 导致这种评价结果的原因是什么, 如何改进? 模糊综合评判方法[1] (fuzzy comprehensive assessment, FCA) 是一种重要的综合评价方法. 由于该方法能较好地解决许多模糊且难以量化问题的评价, 因此, 几乎被应用到经济和社会发展的各个领域[2-4]. 目前, ISI Web of Science 等文献库中可以检索到与模糊综合评判有关的论文就超过 30000 篇. 尽管 FCA 具有广泛的应用和重要的作用, 但该方法也还有需要完善的方面. 这主要表现在 FCA 只能提供模糊对象综合评判结果的好坏, 但无法给出导致这种结果的原因以及改进的策略. 而决策者在获得综合评价结果的同时, 更希望知道导致这种结果的原因以及可行的改进方向.

数据包络分析 (data envelopment analysis, DEA) 方法的提出则有可能为这一问题的解决提供可借鉴的经验. DEA 是一种重要的效率分析方法[5-10], 传统 DEA 方法要求输入和输出数据为精确数[11-13], 然而, 实际应用中可能有许多数据并不是精确的, 一些学者考虑如何应用 DEA 方法来评价具有模糊数据的效率评价问题[14]. 自 1992 年 Sengupta[15] 首次提出模糊 DEA 方法以来, 模糊 DEA 方法获得较快发展, 比如 Sengupta 研究了目标和约束均为模糊数的模糊 DEA 模型[16]. 1998 年 Triantis 和 Girod[17] 提出了一种通过利用隶属函数将模糊输入输出转换成精确值的数学规划方法. 2000 年 Kao 和 Liu[18] 给出了一种寻找模糊效率值的隶属度函数的方法. 2001 年 Guo 和 Tanaka[19] 通过事先定义好的可能性水平, 利用模糊数的比较规则, 将包括模糊等式和不等式在内的约束转换为确定性约束, 提出了一个模糊 CCR 模型. 基于相同的思想 2003 年 Lertworasirikul 等[20]提出了与 Guo 和 Tanaka[19] 不同的模糊 BCC 模型. 2010 年 Wen 等[21]根据 Liu[22]

所提到的不确定理论将 CCR 模型扩展为基于可信度测量的模糊 DEA 模型. 目前, ISI Web of Science 等文献库中可以检索到有关模糊 DEA 的论文就超过 500 篇. Hatami-Marbini 等[23]把这些成果大致分了 5 个类别, 即容忍方法[15-16]、α 截集的方法[24]、模糊排序方法[25]、可能性方法[26]及其他方法[27-28].

尽管 DEA 方法与 FCA 相结合的成果很多, 但这些成果探讨的只是一个模糊生产系统的投入产出效率评价问题, 并且这些方法还必须满足相应的生产函数公理体系. 而 FCA 并不是效率评价方法, 也很难符合生产函数的公理体系, 因此, 模糊 DEA 方法并不是对 FCA 本身的完善, 也无法提供模糊综合评判结果改进的策略. 为此, 以下在 FCA 的基础上, 给出了模糊可能集和模糊有效性的概念, 并构造了相应的数学模型, 该模型不仅能找出模糊对象评价结果无效的原因, 而且还能为模糊对象的调控提供许多改进的信息.

13.1 模糊事件可能集的构造与模糊事件的有效性分析

在综合评判的过程中, 人们不仅希望知道评判的结果, 更希望知道导致不足的原因, 以及通过何种途径达到有效的改进. 然而, FCA 只能给出被评价事件自身的优劣性, 却无法发现导致模糊事件不足的原因, 以及改进的方向. 这可以用图形表示, 如图 13.1 所示.

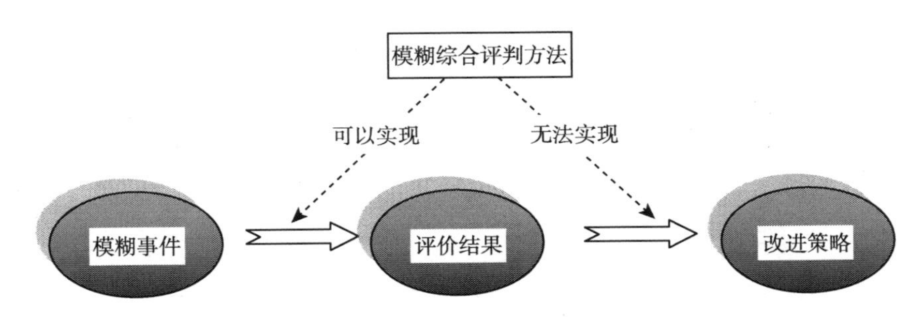

图 13.1 模糊综合评判方法的优点和不足

为此, 本章利用模糊事件之间的关联性提出发现模糊事件改进策略的新方法, 该方法的提出对推进 FCA 的应用能力、丰富模糊综合评判技术具有重要意义.

13.1.1 模糊综合评判方法的基本信息

FCA 是应用模糊关系合成原理, 从多个因素对被评判事物隶属等级状况进行综合评判. 假设在对某 n 个模糊事件 $L_1, L_2, \cdots, L_n$ 进行模糊综合评判时, 共使用了以下信息:

(1) 模糊事件集为

$$L=\{L_1,L_2,\cdots,L_n\}.$$

(2) 评价的因素集为

$$U=\{u_1,u_2,\cdots,u_m\}.$$

(3) 评价集为

$$V=\{v_1,v_2,\cdots,v_s\},\quad v_1>v_2>\cdots>v_s>0.$$

(4) 第 j 个模糊事件的模糊关系矩阵为

$$\boldsymbol{R}^{(j)}=(r_{ik}^{(j)})_{m\times s},$$

其中 $\sum\limits_{k=1}^{s}r_{ik}^{(j)}=1(i=1,2,\cdots,m),r_{ik}^{(j)}\in[0,1]$ 表示第 j 个模糊事件的第 i 个因素相对于第 k 个评价结果的程度.

(5) 权数集为

$$A=\{a_1,a_2,\cdots,a_m\},\quad \sum_{i=1}^{m}a_i=1,\quad a_1,a_2,\cdots,a_m\geqq 0.$$

那么, 如何应用上述信息来构造模糊事件可能出现的情况呢? 以下从系统性的角度出发重新审视模糊矩阵使用的信息.

13.1.2 模糊事件评价结果可能集的构造

假设上述 n 个模糊事件属于同一类事件集 S, 对于任意模糊事件 $L(\in S)$ 的模糊关系矩阵 $\boldsymbol{R}^{(L)}=(r_{ik}^{(L)})_{m\times s}$, 令

$$\boldsymbol{R}^{(L)}=(\boldsymbol{R}_1^{(L)},\boldsymbol{R}_2^{(L)},\cdots,\boldsymbol{R}_m^{(L)})^{\mathrm{T}},\quad \boldsymbol{R}_i^{(L)}=(r_{i1}^{(L)},r_{i2}^{(L)},\cdots,r_{is}^{(L)})\quad(i=1,2,\cdots,m),$$

则定义模糊事件集 S 所有可能评价结果的集合 T_F 如下:

$$T_F=\left\{\boldsymbol{R}^{(L)}\middle|L\in S\right\}.$$

在现实社会中想找到真正的集合 T_F 是十分困难的, 然而人们的社会实践却可以获得该类事物大量的经验数据, 在现实中人们也恰恰是通过这些经验进行决策和判断的. 因此, 以下探讨如何通过经验数据构造模糊事件集 S 的评价结果经验可能集 T_f.

以下首先给出模糊事件集 S 的评价结果经验可能集的几个构造原则.

原则 1 存在性原则.

对于模糊事件 $L_j(j=1,2,\cdots,n)$, 令

$$\boldsymbol{R}^{(j)}=((r_{11}^{(j)},r_{12}^{(j)},\cdots,r_{1s}^{(j)}),(r_{21}^{(j)},r_{22}^{(j)},\cdots,r_{2s}^{(j)}),\cdots,(r_{m1}^{(j)},r_{m2}^{(j)},\cdots,r_{ms}^{(j)}))^{\mathrm{T}},$$

显然

$$\boldsymbol{R}^{(j)}\in T_f\quad(j=1,2,\cdots,n).$$

存在性原则表明: 由于现实中存在的 n 个模糊事件同属于模糊事件集 S, 则其评价结果显然也应该是该类事件可能出现的评价结果.

比如某高校教师的评价集为 $V=\{$优, 良, 好, 中, 差$\}$, 该校一位数学教师 (教师 T_1) 的百米成绩的评判结果为

$$\boldsymbol{R}_1^{(1)}=(0.0,0.0,0.5,0.5,0.0),$$

数学教学水平的评判结果为

$$\boldsymbol{R}_2^{(1)}=(0.5,0.5,0.0,0.0,0.0),$$

则 $(\boldsymbol{R}_1^{(1)},\boldsymbol{R}_2^{(1)})^{\mathrm{T}}$ 是该校教师真实存在的结果, 当然是该校教师可能出现的评价结果.

原则 2 归一性原则.

如果 $\boldsymbol{R}=(\boldsymbol{R}_1,\boldsymbol{R}_2,\cdots,\boldsymbol{R}_m)^{\mathrm{T}}\in T_f$, $\boldsymbol{R}_i=(r_{i1},r_{i2},\cdots,r_{is})$, 则

$$\sum_{k=1}^{s}r_{ik}=1\quad(i=1,2,\cdots,m).$$

归一性原则表明: $\boldsymbol{R}_i=(r_{i1},r_{i2},\cdots,r_{is})$ 反映的是第 i 个因素的评价结果在评价集中的分布比例, 它们的和为 100%.

在上面的例子中,

$$\boldsymbol{R}_1^{(1)}=(0.0,0.0,0.5,0.5,0.0)$$

表示有 50%的人认为教师 T_1 的百米成绩好, 有 50%的人认为教师 T_1 的百米成绩中.

$$\boldsymbol{R}_2^{(1)}=(0.5,0.5,0.0,0.0,0.0)$$

表示有 50%的人认为教师 T_1 的数学教学水平为优, 有 50%的人认为教师 T_1 的数学教学水平为良. 其反映了决策者评价结果的分布情况.

原则 3 系统性原则.

模糊事件 L 的第 i 个因素评判值 $\boldsymbol{R}_i=(r_{i1},r_{i2},\cdots,r_{is})$ 反映了第 i 个因素真实存在的一种评价结果, 而 $\boldsymbol{R}=(\boldsymbol{R}_1,\boldsymbol{R}_2,\cdots,\boldsymbol{R}_m)^{\mathrm{T}}$ 则反映了模糊事件 L 的各个因素评价结果之间的关联, 它们是一个不可分割的整体.

比如教师 T_1 的百米成绩的评判结果

$$\boldsymbol{R}_1^{(1)} = (0.0, 0.0, 0.5, 0.5, 0.0)$$

和数学教学水平的评判结果

$$\boldsymbol{R}_2^{(1)} = (0.5, 0.5, 0.0, 0.0, 0.0)$$

是一个不可分割的整体. 其反映了该教师数学教学水平高而百米成绩差的事实.

原则 4　加性原则.

如果对任意的 $\boldsymbol{R} \in T_f$ 和 $\bar{\boldsymbol{R}} \in T_f$, 以及任意的 $\lambda \in [0,1]$ 均有

$$\lambda \boldsymbol{R} + (1-\lambda)\bar{\boldsymbol{R}} \in T_f,$$

则称评价结果符合加性原则.

加性原则表明: 如果 $\boldsymbol{R}$ 和 $\bar{\boldsymbol{R}}$ 分别是模糊事件类 S 中可能出现的评价结果, 那么 $\lambda \boldsymbol{R} + (1-\lambda)\bar{\boldsymbol{R}}$ 也是模糊事件类 S 中可能出现的评价结果.

比如在图 13.2 中, 教师 T_1 的百米成绩 (A_1) 不如教师 T_2 的百米成绩 (A_2) 得到的评价高, 但教师 T_1 通过努力锻炼来提高决策者对其百米成绩 (A_λ) 的评价是可能的. 在不考虑教师身体个性差异的前提下, 教师 T_1 越锻炼, 其百米成绩会越接近教师 T_2 的百米成绩 (A_2). 从另一方面看, 由于每位老师的精力有限, 教师 T_1 在体育上投入了更多的时间, 则在教学方面的精力会有所下降, 但根据教师 T_1 和 T_2 的表现, 教师 T_1 在百米成绩达到 A_λ 时, 其数学教学水平出现 B_λ 的情况也是可能的.

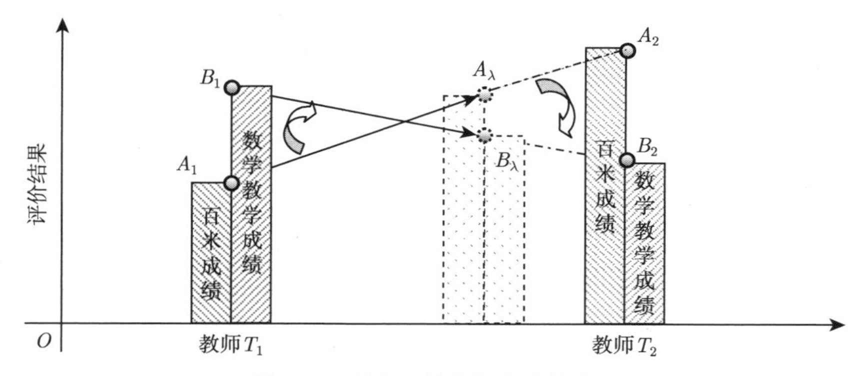

图 13.2　教师评价指标变动的估计

原则 5　最小性原则.

模糊事件评价结果的经验集合 T_f 为满足原则 1～ 原则 4 的所有集合的交集.

定理 13.1 满足上述原则 1~ 原则 5 的模糊事件评价结果的经验集 T_f 可以表示为

$$SL=\left\{\boldsymbol{R}\middle|\boldsymbol{R}=\sum_{j=1}^{n}\boldsymbol{R}^{(j)}\lambda_j,\sum_{j=1}^{n}\lambda_j=1,\lambda_j\geqq 0,j=1,2,\cdots,n\right\}.$$

证明 (1) 对于任意的 j, 取 $\lambda_j=1,\lambda_k=0,k\neq j$, 显然

$$\boldsymbol{R}^{(j)}=\sum_{k=1}^{n}\boldsymbol{R}^{(k)}\lambda_k,\quad \sum_{k=1}^{n}\lambda_k=1,\quad \lambda_k\geqq 0\quad (k=1,2,\cdots,n),$$

所以, $\boldsymbol{R}^{(j)}\in SL$. 故 SL 满足原则 1.

(2) 如果

$$\boldsymbol{R}=(\boldsymbol{R}_1,\boldsymbol{R}_2,\cdots,\boldsymbol{R}_m)^{\mathrm{T}}\in SL,$$

则存在 $\bar{\lambda}_j\geqq 0(j=1,2,\cdots,n)$, 使得

$$\boldsymbol{R}=\sum_{j=1}^{n}\boldsymbol{R}^{(j)}\bar{\lambda}_j,\quad \sum_{j=1}^{n}\bar{\lambda}_j=1,$$

由此可知

$$\begin{aligned}\boldsymbol{R}_i=(r_{i1},r_{i2},\cdots,r_{is})&=\sum_{j=1}^{n}\boldsymbol{R}_i^{(j)}\bar{\lambda}_j=\sum_{j=1}^{n}(r_{i1}^{(j)},r_{i2}^{(j)},\cdots,r_{is}^{(j)})\bar{\lambda}_j\\&=\left(\sum_{j=1}^{n}r_{i1}^{(j)}\bar{\lambda}_j,\sum_{j=1}^{n}r_{i2}^{(j)}\bar{\lambda}_j,\cdots,\sum_{j=1}^{n}r_{is}^{(j)}\bar{\lambda}_j\right),\end{aligned}$$

$$\begin{aligned}\sum_{k=1}^{s}r_{ik}&=\sum_{k=1}^{s}\sum_{j=1}^{n}r_{ik}^{(j)}\bar{\lambda}_j=\sum_{j=1}^{n}\sum_{k=1}^{s}r_{ik}^{(j)}\bar{\lambda}_j\\&=\sum_{j=1}^{n}\left(\sum_{k=1}^{s}r_{ik}^{(j)}\right)\bar{\lambda}_j=\sum_{j=1}^{n}\bar{\lambda}_j=1.\end{aligned}$$

所以, SL 满足原则 2.

(3) 如果 $\boldsymbol{R}\in SL$, $\bar{\boldsymbol{R}}\in SL$, $\lambda\in[0,1]$, 则存在 $\lambda_j\geqq 0(j=1,2,\cdots,n)$, $\bar{\lambda}_j\geqq 0(j=1,2,\cdots,n)$, 使得

$$\boldsymbol{R}=\sum_{j=1}^{n}\boldsymbol{R}^{(j)}\lambda_j,\quad \sum_{j=1}^{n}\lambda_j=1,\quad \bar{\boldsymbol{R}}=\sum_{j=1}^{n}\boldsymbol{R}^{(j)}\bar{\lambda}_j,\quad \sum_{j=1}^{n}\bar{\lambda}_j=1,$$

由此可知

$$\lambda\boldsymbol{R}+(1-\lambda)\bar{\boldsymbol{R}}=\sum_{j=1}^{n}\boldsymbol{R}^{(j)}\lambda\lambda_j+\sum_{j=1}^{n}\boldsymbol{R}^{(j)}(1-\lambda)\bar{\lambda}_j=\sum_{j=1}^{n}\boldsymbol{R}^{(j)}(\lambda\lambda_j+(1-\lambda)\bar{\lambda}_j),$$

$$\sum_{j=1}^{n}(\lambda\lambda_j+(1-\lambda)\bar{\lambda}_j)=\lambda\sum_{j=1}^{n}\lambda_j+(1-\lambda)\sum_{j=1}^{n}\bar{\lambda}_j=\lambda+(1-\lambda)=1,$$

所以

$$\lambda\boldsymbol{R}+(1-\lambda)\bar{\boldsymbol{R}}\in SL.$$

故 SL 满足原则 4.

(4) 对于任意 $\boldsymbol{R}\in SL$ 必存在 $\lambda_j\geqq 0(j=1,2,\cdots,n)$, 使得

$$\boldsymbol{R}=\sum_{j=1}^{n}\boldsymbol{R}^{(j)}\lambda_j,\quad \sum_{j=1}^{n}\lambda_j=1,$$

由于集合 T_f 满足原则 1, 则可知

$$\boldsymbol{R}^{(j)}\in T_f\quad (j=1,2,\cdots,n),$$

由于 T_f 满足原则 4, 则可知

$$\sum_{j=1}^{n}\boldsymbol{R}^{(j)}\lambda_j\in T_f,$$

即 $\boldsymbol{R}\in T_f$, 所以 $SL\subseteq T_f$. 证毕.

集合 T_f 以现实中已经获得的经验评价结果为基础来构造一类模糊事件可能出现的评价结果, 为决策者的进一步调控和改进提供了经验和方向.

13.1.3　模糊事件的有效性分析

世界的复杂性与多样性使得很多事件各有优劣, 一个模糊事件的各项指标也很难都达到最优秀的程度. 比如一个数学大师的百米速度很难达到世界冠军的水平, 同样一个百米冠军的数学水平也无法达到数学大师的水平. 因此, 一个模糊事件指标值能够达到的最佳状态可能并不是每个指标均达到最大值, 而更可能是形式多样、各有所长. 即在多指标的情况下模糊事件的有效状态不一定是一个理想点, 而是一个由 pareto 有效点构成的集合. 同时, 一个模糊事件的某个指标的评价结果较差也并不一定是模糊事件的无效原因和调控方向. 比如一个数学老师体育成绩较差当然是他的不足, 但百米冠军的速度也不应该成为他必须达到的目标. 因此, 单从模糊事件本身的评价结果并不能找出模糊事件无效的原因和调整的方向, 而是应该根据经验数据和同类单元的表现来估计被评价事物可能达到的程度. 为了解决这一问题, 以下从参数与非参数角度出发分两种情况进行讨论.

(1) 从非参数角度分析模糊事件的有效性.

假设 $f(\boldsymbol{R})$ 是定义在集合 SL 上的度量函数, 用其来度量一个模糊对象的综合评价结果. 对于任何 $\boldsymbol{R}=(\boldsymbol{R}_1,\boldsymbol{R}_2,\cdots,\boldsymbol{R}_m)^{\mathrm{T}}\in SL$, 令

$$f(\boldsymbol{R})=(f(\boldsymbol{R}_1),f(\boldsymbol{R}_2),\cdots,f(\boldsymbol{R}_m)),$$

则可以给出以下模糊对象的有效性定义.

定义 13.1 对于第 j_0 个模糊对象, 如果不存在 $\boldsymbol{R} \in SL$, 使得

$$f(\boldsymbol{R}) \geqq f(\boldsymbol{R}^{(j_0)})$$

且至少有一个不等式严格成立, 则称第 j_0 个模糊对象为 F-DEA 有效.

定义 13.1 表明, 从目前获得的经验数据看, 如果不存在某个同类事件的指标评价值比第 j_0 个模糊对象更好, 即达到 pareto 有效, 则认为第 j_0 个模糊对象为 F-DEA 有效.

定义 13.2 对于第 j_0 个模糊对象, 如果不存在 $\boldsymbol{R} \in SL$, 使得 $f(\boldsymbol{R}) > f(\boldsymbol{R}^{(j_0)})$ 成立, 则称第 j_0 个模糊对象为 F-DEA 弱有效.

(2) 从参数角度分析模糊事件的有效性.

若各因素的权数集

$$A = \{a_1, a_2, \cdots, a_m\},$$

对于任何 $\boldsymbol{R} = (\boldsymbol{R}_1, \boldsymbol{R}_2, \cdots, \boldsymbol{R}_m)^{\mathrm{T}} \in SL$, 定义模糊事件的综合评价函数为

$$\bar{f}(\boldsymbol{R}) = \sum_{i=1}^{m} a_i f(\boldsymbol{R}_i),$$

则可以给出以下模糊对象的有效性定义, 即

$$(\mathrm{FM}) \begin{cases} \max z = \sum_{i=1}^{m} a_i f(\boldsymbol{R}_i), \\ \text{s.t.} \quad \boldsymbol{R} \in SL. \end{cases}$$

定义 13.3 如果 $\boldsymbol{R}^{(j_0)}$ 为规划 (FM) 的最优解, 则称第 j_0 个模糊对象为 FZ-DEA 有效.

定义 13.3 表明, 从目前获得的经验数据看, 如果第 j_0 个模糊对象的总体评价值和其他同类事件相比达到最好, 则认为第 j_0 个模糊对象为 FZ-DEA 有效.

13.2 模糊事件的有效性度量方法

为了进一步对模糊事件的有效性进行度量以及找到模糊事件的改进策略, 以下首先给出模糊事件的有效性度量模型.

13.2.1 模糊事件的有效性含义

对于集合 SL, 如何刻画出定义在 SL 上的度量函数 $f(\boldsymbol{R})$ 的值域呢? 下面给出以下定理.

定理 13.2　对于任何 $\boldsymbol{R}=(\boldsymbol{R}_1,\boldsymbol{R}_2,\cdots,\boldsymbol{R}_m)^{\mathrm{T}}\in SL$, 如果

$$f(\boldsymbol{R})=(f(\boldsymbol{R}_1),f(\boldsymbol{R}_2),\cdots,f(\boldsymbol{R}_m))=\left(\sum_{k=1}^{s}r_{1k}v_k,\sum_{k=1}^{s}r_{2k}v_k,\cdots,\sum_{k=1}^{s}r_{mk}v_k\right),$$

则有

$$f(SL)=\left\{\boldsymbol{W}\left|\boldsymbol{W}=\sum_{j=1}^{n}f(\boldsymbol{R}^{(j)})\lambda_j,\sum_{j=1}^{n}\lambda_j=1,\lambda_j\geqq 0,j=1,\cdots,n\right.\right\}.$$

证明　对于任意 $\boldsymbol{R}\in SL$, 必存在 $\lambda_j\geqq 0(j=1,2,\cdots,n)$, 满足 $\sum\limits_{j=1}^{n}\lambda_j=1$, 使得

$$\boldsymbol{R}=\sum_{j=1}^{n}\boldsymbol{R}^{(j)}\lambda_j,$$

由于

$$\boldsymbol{R}^{(j)}=((r_{11}^{(j)},r_{12}^{(j)},\cdots,r_{1s}^{(j)}),(r_{21}^{(j)},r_{22}^{(j)},\cdots,r_{2s}^{(j)}),\cdots,(r_{m1}^{(j)},r_{m2}^{(j)},\cdots,r_{ms}^{(j)}))^{\mathrm{T}},$$

因此

$$\begin{aligned}\boldsymbol{R}=\sum_{j=1}^{n}\boldsymbol{R}^{(j)}\lambda_j=&\left(\sum_{j=1}^{n}(r_{11}^{(j)},r_{12}^{(j)},\cdots,r_{1s}^{(j)})\lambda_j,\sum_{j=1}^{n}(r_{21}^{(j)},r_{22}^{(j)},\right.\\&\left.\cdots,r_{2s}^{(j)})\lambda_j,\cdots,\sum_{j=1}^{n}(r_{m1}^{(j)},r_{m2}^{(j)},\cdots,r_{ms}^{(j)})\lambda_j\right)^{\mathrm{T}},\end{aligned}$$

$$\begin{aligned}f(\boldsymbol{R})=&f\left(\sum_{j=1}^{n}\boldsymbol{R}^{(j)}\lambda_j\right)=\left(\sum_{k=1}^{s}\left(\sum_{j=1}^{n}r_{1k}^{(j)}\lambda_j\right)v_k,\cdots,\sum_{k=1}^{s}\left(\sum_{j=1}^{n}r_{mk}^{(j)}\lambda_j\right)v_k\right)\\=&\left(\sum_{j=1}^{n}\sum_{k=1}^{s}(r_{1k}^{(j)}v_k)\lambda_j,\cdots,\sum_{j=1}^{n}\sum_{k=1}^{s}(r_{mk}^{(j)}v_k)\lambda_j\right)\\=&\sum_{j=1}^{n}\left(\sum_{k=1}^{s}r_{1k}^{(j)}v_k,\cdots,\sum_{k=1}^{s}r_{mk}^{(j)}v_k\right)\lambda_j\\=&\sum_{j=1}^{n}(f(\boldsymbol{R}_1^{(j)}),\cdots,f(\boldsymbol{R}_m^{(j)}))\lambda_j=\sum_{j=1}^{n}f(\boldsymbol{R}^{(j)})\lambda_j.\end{aligned}$$

由此可知

$$f(SL)=\left\{\boldsymbol{W}\left|\boldsymbol{W}=\sum_{j=1}^{n}f(\boldsymbol{R}^{(j)})\lambda_j,\ \sum_{j=1}^{n}\lambda_j=1,\ \lambda_j\geqq 0,\ j=1,\cdots,n\right.\right\}.$$

证毕.

以下通过一个例子来说明 F-DEA 有效性的度量. 假设 $f(SL)$ 如图 13.3 中的阴影部分所示, 其表示从目前的经验数据看模糊对象可能出现的情况. 图 13.3 中的曲线 $ABCD$ 为 F-DEA 有效点构成的有效面, 处于有效面上的点在指标 $(f(R_1), f(R_2))$ 上不劣于目前获得的所有经验值.

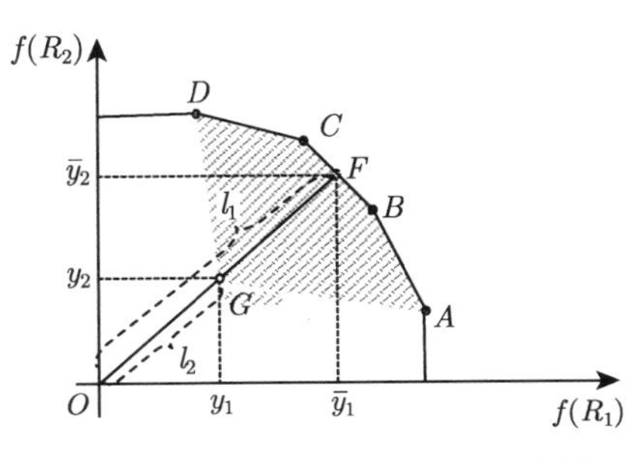

图 13.3 模糊对象度量方法示意图

假设 G 点的坐标为 (y_1, y_2), 则 G 点对应的有效面上的点为 F. 如果 F 点的坐标为 $(\bar{y}_1, \bar{y}_2)$, 则有

$$\bar{y}_1 = (l_1/l_2)y_1, \quad \bar{y}_2 = (l_1/l_2)y_2,$$

这里 $\theta_f = l_2/l_1$ 表达了无效点 G 占有效点 F 的比例.

对第 j_0 个模糊事件, 为了进一步计算它的 F-DEA 有效性程度, 以下给出 θ_f 一般意义下的度量公式:

$$\bar{\theta} = \max\{\theta|\boldsymbol{y} = \theta f(\boldsymbol{R}^{(j_0)}) + \boldsymbol{s},\ \boldsymbol{s} \geqq \boldsymbol{0},\ \boldsymbol{y} \in f(SL)\},$$

则 $\theta_f = 1/\bar{\theta}$ 在一定程度上表达了模糊事件 j_0 的有效性程度.

13.2.2 模糊事件有效性度量模型

设 ε 为非阿基米德无穷小量, 对于模型 (FD) 有

$$(\text{FD})\begin{cases} \max(\theta + \varepsilon \boldsymbol{e}^{\mathrm{T}}\boldsymbol{s}) = V_{\text{FD}}, \\ \text{s.t.} \displaystyle\sum_{j=1}^{n}\sum_{k=1}^{s} r_{ik}^{(j)} v_k \lambda_j - s_i = \theta \sum_{k=1}^{s} r_{ik}^{(j_0)} v_k,\ i = 1, 2, \cdots, m, \\ \displaystyle\sum_{j=1}^{n} \lambda_j = 1, \\ \boldsymbol{s} \geqq \boldsymbol{0},\ \boldsymbol{\lambda} \geqq \boldsymbol{0}. \end{cases}$$

定理 13.3 如果

$$f(\boldsymbol{R})=(f(\boldsymbol{R}_1),f(\boldsymbol{R}_2),\cdots,f(\boldsymbol{R}_m))=\left(\sum_{k=1}^{s}r_{1k}v_k,\sum_{k=1}^{s}r_{2k}v_k,\cdots,\sum_{k=1}^{s}r_{mk}v_k\right),$$

线性规划 (FD) 的最优解为 $\boldsymbol{\lambda}^0,\boldsymbol{s}^0,\theta^0$, 则

$$\theta_f=1/\theta^0.$$

证明 因为

$$\bar{\theta}=\max\{\theta|\boldsymbol{y}=\theta f(\boldsymbol{R}^{(j_0)})+\boldsymbol{s},\ \boldsymbol{s}\geqq\boldsymbol{0},\ \boldsymbol{y}\in f(SL)\},$$

故存在 $\boldsymbol{y}\in f(SL)$, $\boldsymbol{s}\geqq\boldsymbol{0}$, 使得

$$\boldsymbol{y}=\bar{\theta}f(\boldsymbol{R}^{(j_0)})+\boldsymbol{s}.$$

由于 $\boldsymbol{y}\in f(SL)$, 故存在 $\boldsymbol{\lambda}\geqq\boldsymbol{0}$, 使得

$$\boldsymbol{y}=\sum_{j=1}^{n}f(\boldsymbol{R}^{(j)})\lambda_j,\quad \sum_{j=1}^{n}\lambda_j=1,$$

因此有

$$\sum_{j=1}^{n}f(\boldsymbol{R}^{(j)})\lambda_j=\bar{\theta}f(\boldsymbol{R}^{(j_0)})+\boldsymbol{s}.$$

由此可知 $\boldsymbol{\lambda},\boldsymbol{s},\bar{\theta}$ 是 (FD) 的一个可行解, 故

$$\bar{\theta}+\varepsilon\boldsymbol{e}^{\mathrm{T}}\boldsymbol{s}\leqq\theta^0+\varepsilon\boldsymbol{e}^{\mathrm{T}}\boldsymbol{s}^0.$$

假设 $\bar{\theta}>\theta^0$, 由于

$$\varepsilon(\boldsymbol{e}^{\mathrm{T}}\boldsymbol{s}^0-\boldsymbol{e}^{\mathrm{T}}\boldsymbol{s})\geqq\bar{\theta}-\theta^0>0,$$

因此

$$\boldsymbol{e}^{\mathrm{T}}\boldsymbol{s}^0-\boldsymbol{e}^{\mathrm{T}}\boldsymbol{s}>0.$$

取

$$\varepsilon=\frac{\bar{\theta}-\theta^0}{2(\boldsymbol{e}^{\mathrm{T}}\boldsymbol{s}^0-\boldsymbol{e}^{\mathrm{T}}\boldsymbol{s})},$$

则可推出 $1\geqq2$. 矛盾! 所以, $\bar{\theta}\leqq\theta^0$.

若线性规划 (FD) 的最优解为 $\boldsymbol{\lambda}^0,\boldsymbol{s}^0,\theta^0$, 则

$$\sum_{j=1}^{n}f(\boldsymbol{R}^{(j)})\lambda_j^0=\theta^0f(\boldsymbol{R}^{(j_0)})+\boldsymbol{s}^0,\quad \sum_{j=1}^{n}\lambda_j^0=1,$$

由于

$$\sum_{j=1}^{n} f(\boldsymbol{R}^{(j)})\lambda_j^0 \in f(SL),$$

因此, $\bar{\theta} \geqq \theta^0$. 证毕.

定理 13.4 如果

$$f(\boldsymbol{R}) = (f(\boldsymbol{R}_1), f(\boldsymbol{R}_2), \cdots, f(\boldsymbol{R}_m)) = \left(\sum_{k=1}^{s} r_{1k}v_k, \sum_{k=1}^{s} r_{2k}v_k, \cdots, \sum_{k=1}^{s} r_{mk}v_k\right),$$

则有模糊事件 j_0 为 F-DEA 有效当且仅当模型 (FD) 的最优解 $\boldsymbol{\lambda}^0, \boldsymbol{s}^0, \theta^0$ 满足 $\theta^0 = 1$ 且 $\boldsymbol{s}^0 = \boldsymbol{0}$.

证明 ($\Leftarrow$) 若模糊事件 j_0 为 F-DEA 无效, 由定义 13.1 知存在 $\boldsymbol{R} \in SL$, 使得

$$f(\boldsymbol{R}) \geqq f(\boldsymbol{R}^{(j_0)})$$

且至少有一个不等式严格成立. 因为 $\boldsymbol{R} \in SL$, 所以

$$f(\boldsymbol{R}) \in f(SL).$$

由定理 13.2 可知, 存在 $\boldsymbol{\lambda} \geqq \boldsymbol{0}$, 使得

$$f(\boldsymbol{R}) = \sum_{j=1}^{n} f(\boldsymbol{R}^{(j)})\lambda_j,$$

因此, 有

$$f(\boldsymbol{R}^{(j_0)}) \leqq \sum_{j=1}^{n} f(\boldsymbol{R}^{(j)})\lambda_j$$

且至少有一个不等式成立, 故可知 (FD) 的最优值大于 1, 矛盾!

($\Rightarrow$) 若模糊事件 j_0 为 F-DEA 有效, $\boldsymbol{\lambda}^0, \boldsymbol{s}^0, \theta^0$ 为线性规划 (FD) 的最优解, 由于

$$\lambda_{j_0} = 1, \quad \lambda_j = 0, \quad j \neq j_0, \quad \boldsymbol{s} = \boldsymbol{0}, \quad \theta = 1$$

是 (FD) 的可行解, 因此, 必有 $\theta^0 \geqq 1$. 以下分两种情况讨论:

(1) $\theta^0 > 1$;

(2) $\theta^0 = 1, \boldsymbol{s}^0 \neq \boldsymbol{0}$.

(1) 若 $\theta^0 > 1$, 则由 (FD) 的约束条件可知

$$\sum_{j=1}^{n} f(\boldsymbol{R}^{(j)})\lambda_j^0 - \boldsymbol{s}^0 = \theta^0 f(\boldsymbol{R}^{(j_0)}) \geqslant f(\boldsymbol{R}^{(j_0)}),$$

故

$$\sum_{j=1}^{n} f(\boldsymbol{R}^{(j)})\lambda_j^0 \geqslant f(\boldsymbol{R}^{(j_0)}),$$

故由定义 13.1 可知模糊事件 j_0 不为 F-DEA 有效, 矛盾!

(2) 若 $\theta^0 = 1$, $\boldsymbol{s}^0 \neq \mathbf{0}$, 则由 (FD) 的约束条件可知

$$\sum_{j=1}^{n} f(\boldsymbol{R}^{(j)})\lambda_j^0 \geqslant f(\boldsymbol{R}^{(j_0)}).$$

由于

$$\sum_{j=1}^{n} f(\boldsymbol{R}^{(j)})\lambda_j^0 \in f(SL),$$

故由定义 13.1 可知模糊事件 j_0 不为 F-DEA 有效, 矛盾! 证毕.

由定理 13.3 的结论可知通过模型 (FD) 的最优值可以度量模糊事件的 F-DEA 有效性, 通过定理 13.4 的结论可以判断模糊事件是否为 F-DEA 有效.

对于模型

$$(\mathrm{FD}_1)\begin{cases} \max \displaystyle\sum_{i=1}^{m} s_i = V_{\mathrm{FD}_1}, \\ \text{s.t.}\ \ \displaystyle\sum_{j=1}^{n}\sum_{k=1}^{s} (r_{ik}^{(j)} v_k)\lambda_j - s_i = \sum_{k=1}^{s} (r_{ik}^{(j_0)} v_k), i = 1, 2, \cdots, m, \\ \qquad \displaystyle\sum_{j=1}^{n} \lambda_j = 1, \\ \qquad \boldsymbol{s} \geqq \mathbf{0},\ \boldsymbol{\lambda} \geqq \mathbf{0}. \end{cases}$$

有定理 13.5.

定理 13.5　如果

$$f(\boldsymbol{R}) = (f(\boldsymbol{R}_1), f(\boldsymbol{R}_2), \cdots, f(\boldsymbol{R}_m)) = \left(\sum_{k=1}^{s} r_{1k}v_k, \sum_{k=1}^{s} r_{2k}v_k, \cdots, \sum_{k=1}^{s} r_{mk}v_k\right),$$

则模糊事件 j_0 为 F-DEA 有效当且仅当 $V_{\mathrm{FD}_1} = 0$.

证明　($\Leftarrow$) 若模糊事件 j_0 为 F-DEA 无效, 由定义 13.1 知存在 $\boldsymbol{R} \in SL$, 使得

$$f(\boldsymbol{R}) \geqq f(\boldsymbol{R}^{(j_0)})$$

且至少有一个不等式严格成立. 因为 $\boldsymbol{R} \in SL$, 所以

$$f(\boldsymbol{R}) \in f(SL).$$

由定理 13.2 可知, 存在 $\boldsymbol{\lambda} \geqq \mathbf{0}$, 使得

$$\sum_{j=1}^{n} \lambda_j = 1, \quad f(\boldsymbol{R}) = \sum_{j=1}^{n} f(\boldsymbol{R}^{(j)}) \lambda_j,$$

因此有

$$f(\boldsymbol{R}^{(j_0)}) \leqq \sum_{j=1}^{n} f(\boldsymbol{R}^{(j)}) \lambda_j$$

且至少有一个不等式成立. 令

$$\boldsymbol{s} = \sum_{j=1}^{n} f(\boldsymbol{R}^{(j)}) \lambda_j - f(\boldsymbol{R}^{(j_0)}),$$

则 $\boldsymbol{\lambda}, \boldsymbol{s}$ 是规划 (FD_1) 的可行解并且 $\boldsymbol{s} \neq \mathbf{0}$, 故可知 (FD_1) 的最优值大于 0.

$(\Rightarrow)$ 若模糊事件 j_0 为 F-DEA 有效, $\boldsymbol{\lambda}^0, \boldsymbol{s}^0$ 为规划 (FD_1) 的最优解. 假设 $V_{\mathrm{FD}_1} \neq 0$, 则有 $\boldsymbol{s}^0 \neq \mathbf{0}$, 由 (FD_1) 的约束条件可知

$$f(\boldsymbol{R}^{(j_0)}) \leqq \sum_{j=1}^{n} f(\boldsymbol{R}^{(j)}) \lambda_j^0$$

且至少有一个不等式成立. 令 $\boldsymbol{R} = \sum\limits_{j=1}^{n} \boldsymbol{R}^{(j)} \lambda_j^0$, 显然 $\boldsymbol{R} \in SL$, 由定义 13.1 知模糊事件 j_0 不为 F-DEA 有效, 矛盾! 证毕.

13.3 模糊事件的投影与改进策略

如何根据有限的数据资源获得无效单元的改进信息对管理决策具有重要意义. 以下通过讨论模糊事件在模糊事件评价结果经验集上的投影, 来获得模糊事件评价结果与最佳经验目标之间的差距.

13.3.1 模糊事件的投影概念及方法

定义 13.4 若线性规划 (FD) 的最优解为 $\boldsymbol{\lambda}^0, \boldsymbol{s}^0, \theta^0$, 令

$$\hat{r}_{ik}^{(j_0)} = \sum_{j=1}^{n} r_{ik}^{(j)} \lambda_j^0 \quad (i = 1, 2, \cdots, m, k = 1, 2, \cdots, s),$$

$$\begin{aligned} \hat{\boldsymbol{R}}^{(j_0)} = & ((\hat{r}_{11}^{(j_0)}, \hat{r}_{12}^{(j_0)}, \cdots, \hat{r}_{1s}^{(j_0)}), (\hat{r}_{21}^{(j_0)}, \hat{r}_{22}^{(j_0)}, \cdots, \hat{r}_{2s}^{(j_0)}), \\ & \cdots, (\hat{r}_{m1}^{(j_0)}, \hat{r}_{m2}^{(j_0)}, \cdots, \hat{r}_{ms}^{(j_0)}))^{\mathrm{T}}, \end{aligned}$$

则称 $\hat{\boldsymbol{R}}^{(j_0)}$ 为第 j_0 个模糊事件在模糊事件评价结果经验集上的投影.

定理 13.6　如果

$$f(\boldsymbol{R}) = (f(\boldsymbol{R}_1), f(\boldsymbol{R}_2), \cdots, f(\boldsymbol{R}_m)) = \left(\sum_{k=1}^{s} r_{1k}v_k, \sum_{k=1}^{s} r_{2k}v_k, \cdots, \sum_{k=1}^{s} r_{mk}v_k\right),$$

则模糊事件 j_0 的投影 $\hat{\boldsymbol{R}}^{(j_0)}$ 为 F-DEA 有效.

证明　若线性规划 (FD) 的最优解为 $\boldsymbol{\lambda}^0, \boldsymbol{s}^0, \theta^0$, 显然有

$$\sum_{j=1}^{n}\sum_{k=1}^{s} r_{ik}^{(j)} v_k \lambda_j^0 - s_i^0 = \theta^0 \sum_{k=1}^{s} r_{ik}^{(j_0)} v_k \quad (i = 1, \cdots, m),$$

即

$$\sum_{j=1}^{n} f(\boldsymbol{R}^{(j)})\lambda_j^0 = \theta^0 f(\boldsymbol{R}^{(j_0)}) + \boldsymbol{s}^0.$$

由于

$$\hat{r}_{ik}^{(j_0)} = \sum_{j=1}^{n} r_{ik}^{(j)} \lambda_j^0 \quad (i = 1, 2, \cdots, m, k = 1, 2, \cdots, s),$$

可以验证

$$f(\hat{\boldsymbol{R}}^{(j_0)}) = \sum_{j=1}^{n} f(\boldsymbol{R}^{(j)})\lambda_j^0.$$

因此有

$$f(\hat{\boldsymbol{R}}^{(j_0)}) = \theta^0 f(\boldsymbol{R}^{(j_0)}) + \boldsymbol{s}^0.$$

若 $\hat{\boldsymbol{R}}^{(j_0)}$ 为 F-DEA 无效, 由定义 13.1 知存在 $\boldsymbol{R} \in SL$, 使得

$$f(\boldsymbol{R}) \geqq f(\hat{\boldsymbol{R}}^{(j_0)})$$

且至少有一个不等式严格成立. 因为 $\boldsymbol{R} \in SL$, 所以

$$f(\boldsymbol{R}) \in f(SL).$$

由定理 13.2 可知, 存在 $\boldsymbol{\lambda} \geqq \boldsymbol{0}$, 使得

$$\sum_{j=1}^{n} \lambda_j = 1, \quad f(\boldsymbol{R}) = \sum_{j=1}^{n} f(\boldsymbol{R}^{(j)})\lambda_j,$$

因此有

$$\theta^0 f(\boldsymbol{R}^{(j_0)}) + \boldsymbol{s}^0 \leqq \sum_{j=1}^{n} f(\boldsymbol{R}^{(j)})\lambda_j$$

且至少有一个不等式成立. 令

$$\boldsymbol{s}=\sum_{j=1}^{n} f(\boldsymbol{R}^{(j)})\lambda_j-\theta^0 f(\boldsymbol{R}^{(j_0)}),$$

则 $\boldsymbol{\lambda},\boldsymbol{s},\theta^0$ 是 (FD) 的一个可行解, 并且

$$\theta^0+\varepsilon\boldsymbol{e}^{\mathrm{T}}\boldsymbol{s}^0<\theta^0+\varepsilon\boldsymbol{e}^{\mathrm{T}}\boldsymbol{s},$$

矛盾! 证毕.

13.3.2 模糊事件无效原因的分析方法

(1) 模糊事件个体的无效原因分析.

当分析某一个模糊事件的无效原因时, 比如某个学生的学习情况评价结果较差的原因. 本章给出了以下测度方法.

若线性规划 (FD) 的最优解为 $\boldsymbol{\lambda}^0,\boldsymbol{s}^0,\theta^0$, 令

$$\Delta f(\boldsymbol{R}^{(j_0)})=f(\hat{\boldsymbol{R}}^{(j_0)})-f(\boldsymbol{R}^{(j_0)})=\sum_{j=1}^{n} f(\boldsymbol{R}^{(j)})\lambda_j^0-f(\boldsymbol{R}^{(j_0)}),$$

则称 $\Delta f(\boldsymbol{R}^{(j_0)})$ 为第 j_0 个模糊事件的无效程度度量值.

第 j_0 个模糊事件为 F-DEA 无效, 则由定理 13.6 可知其投影 $\hat{\boldsymbol{R}}^{(j_0)}$ 为 F-DEA 有效. 由定理 13.6 的证明可知

$$f(\hat{\boldsymbol{R}}^{(j_0)})\geqq f(\boldsymbol{R}^{(j_0)}),$$

因此, $\Delta f(\boldsymbol{R}^{(j_0)})$ 反映了被评价单元与有效样本之间在各个指标上的差距. 由此决策者可以从一定程度上发现被评价单元存在的不足.

假设图 13.4 中 $f(R_1)$ 和 $f(R_2)$ 分别表示学生的语文和数学的评价值, 点 G 的投影为点 F.

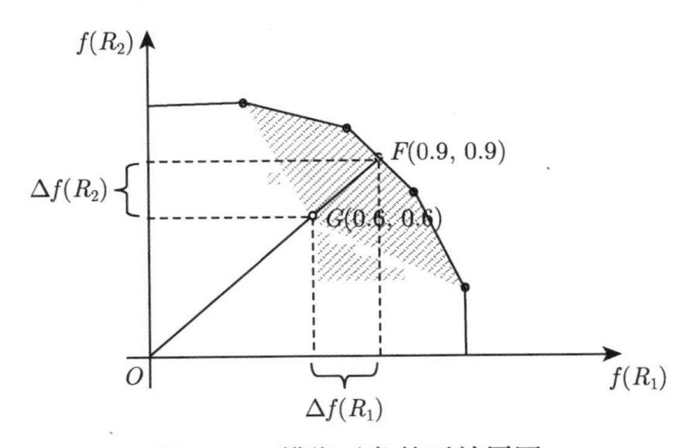

图 13.4 模糊对象的无效原因

其中, 学生 G 的有效值 θ_f 为 0.667, 学生 F 的有效值为 1. 学生 G 和评价较高的学生 F 相比有效性差距较大. 由

$$\Delta f(R_1) = 0.3, \quad \Delta f(R_2) = 0.3,$$

可以看出, 学生 G 无效的原因在于语文和数学方面与有效学生 F 均存在较大差距 (差距均为 0.3). 这些信息为学生 G 发现自身不足、找到学习榜样提供了可供参考的信息.

(2) 模糊事件群体的无效原因分析.

当分析某个群组整体的无效原因时, 比如为了更好地进行集中培训, 决策者需要分析某个班级、某个学习小组或者某类特定人群的不足时, 本章给出了以下测度方法.

若 $Q \subseteq \{1, 2, \cdots, n\}$, 令

$$\Delta \boldsymbol{F}_Q = \frac{1}{|Q|} \sum_{j_0 \in Q} \Delta f(\boldsymbol{R}^{(j_0)}),$$

则称 $\Delta \boldsymbol{F}_Q$ 为群组 Q 的无效程度度量值.

13.3.3 模糊事件改进策略的发现方法

为使决策者进一步发现有效的改进策略, 以下基于模糊事件与有效投影的差距, 给出寻找模糊事件优化自身策略的方法.

(1) 模糊事件个体的改进策略分析.

当分析某一个模糊事件的改进策略时, 比如某个学生如何通过有效方法提高自身评价结果. 本章给出了目标改进型、成本优化型、成本约束型三种改进策略. 具体如下.

(i) 目标改进型策略.

该方法适用于问题本身不需要考虑成本, 或者决策者暂时难以获得成本信息的问题.

若线性规划 (FD) 的最优解为 $\boldsymbol{\lambda}^0, \boldsymbol{s}^0, \theta^0$, 令

$$\Delta r_{ik}^{(j_0)} = \hat{r}_{ik}^{(j_0)} - r_{ik}^{(j_0)} = \sum_{j=1}^{n} r_{ik}^{(j)} \lambda_j^0 - r_{ik}^{(j_0)} \quad (i = 1, 2, \cdots, m, k = 1, 2, \cdots, s),$$

$$\begin{aligned}\Delta \boldsymbol{R}^{(j_0)} = \hat{\boldsymbol{R}}^{(j_0)} - \boldsymbol{R}^{(j_0)} = ((&\Delta r_{11}^{(j_0)}, \Delta r_{12}^{(j_0)}, \cdots, \Delta r_{1s}^{(j_0)}), \cdots, \\ &(\Delta r_{m1}^{(j_0)}, \Delta r_{m2}^{(j_0)}, \cdots, \Delta r_{ms}^{(j_0)}))^{\mathrm{T}},\end{aligned}$$

则称 $\Delta \boldsymbol{R}^{(j_0)}$ 为第 j_0 个模糊事件的可行有效调控量.

(ii) 成本优化型策略.

该方法的目标是给出成本最小的有效改进策略. 假设在第 i 个评价因素 (u_i) 上, 该类模糊事件的评价值 $f(\boldsymbol{R}_i)$ 提高 1 个单位的投入成本为 c_i, 则对第 j_0 个模糊事件调控后的结果 $\tilde{\boldsymbol{R}}^{(j_0)}$ 需要满足以下两个条件.

首先, 调控是可行的, 即

$$\tilde{\boldsymbol{R}}^{(j_0)} \in SL.$$

其次, 调控是有效的. 即 $f(\tilde{\boldsymbol{R}}^{(j_0)})$ 不能比模糊事件能够达到的有效状态差, 即

$$\sum_{i=1}^{m} a_i f(\tilde{\boldsymbol{R}}_i^{(j_0)}) \geqq \sum_{i=1}^{m} a_i f(\hat{\boldsymbol{R}}_i^{(j_0)}).$$

在此基础上求调控成本最小的方案. 因此, 有

$$(\mathrm{FD}_2)\begin{cases} \min \sum_{i=1}^{m} c_i(f(\tilde{\boldsymbol{R}}_i^{(j_0)}) - f(\boldsymbol{R}_i^{(j_0)})), \\ \text{s.t. } \sum_{i=1}^{m} a_i f(\tilde{\boldsymbol{R}}_i^{(j_0)}) \geqq \sum_{i=1}^{m} a_i f(\hat{\boldsymbol{R}}_i^{(j_0)}), \\ \qquad \tilde{\boldsymbol{R}}^{(j_0)} \in SL. \end{cases}$$

这时第 j_0 个模糊事件的调控量为

$$\Delta \boldsymbol{R}^{(j_0)} = \tilde{\boldsymbol{R}}^{(j_0)} - \boldsymbol{R}^{(j_0)}.$$

(iii) 成本约束型策略.

该方法的目标是在不超过给定总成本 C 的条件下使改进策略尽可能有效. 假设在第 i 个评价因素 (u_i) 上, 该类模糊事件的评价值 $f(\boldsymbol{R}_i)$ 提高 1 个单位的投入成本为 c_i, 则对第 j_0 个模糊事件调控后的结果 $\tilde{\boldsymbol{R}}^{(j_0)}$ 需要满足以下两个条件.

首先, 调控是可行的, 即

$$\tilde{\boldsymbol{R}}^{(j_0)} \in SL.$$

其次, 满足成本限制, 调控成本不能超过给定的总成本 C, 即

$$\sum_{i=1}^{m} c_i(f(\tilde{\boldsymbol{R}}_i^{(j_0)}) - f(\boldsymbol{R}_i^{(j_0)})) \leqq C.$$

在此基础上求总绩效最大的方案. 则有

$$(\mathrm{FD}_3)\begin{cases} \max \sum_{i=1}^{m} a_i(f(\tilde{\boldsymbol{R}}_i^{(j_0)}) - f(\boldsymbol{R}_i^{(j_0)})), \\ \text{s.t. } \sum_{i=1}^{m} c_i(f(\tilde{\boldsymbol{R}}_i^{(j_0)}) - f(\boldsymbol{R}_i^{(j_0)})) \leqq C, \\ \qquad \tilde{\boldsymbol{R}}^{(j_0)} \in SL. \end{cases}$$

这时第 j_0 个模糊事件的调控量为

$$\Delta \boldsymbol{R}^{(j_0)} = \tilde{\boldsymbol{R}}^{(j_0)} - \boldsymbol{R}^{(j_0)}.$$

(2) 模糊事件群体的改进策略分析.

当分析某个群组单元整体的改进策略时, 本章给出了以下测度方法.

若 $Q \subseteq \{1, 2, \cdots, n\}$, 令

$$\Delta \boldsymbol{R}_Q = \frac{1}{|Q|} \sum_{j_0 \in Q} \Delta \boldsymbol{R}^{(j_0)},$$

则称 $\Delta \boldsymbol{R}_Q$ 为群组 Q 的可行有效调控量.

13.4　模糊事件的有效性度量方法在飞行学员心理素质评判中的应用

假设某校航空学院为做好飞行学员心理素质培养, 准备对某班级 18 名飞行学员心理素质进行综合评价, 希望通过分析发现人才培养过程中的短板和不足, 并找到有效提升学员整体素质的办法.

在评价过程中, 学院根据实际情况选择飞行学员心理素质评价的因素集为

$$U = \{u_1, u_2, u_3\},$$

其中

u_1 = 应对能力;

u_2 = 心理感知能力;

u_3 = 人格特质.

通过层次分析方法可得各因素的权重集为

$$A = \{a_1, a_2, a_3\} = \{0.297, 0.540, 0.163\}^{[29]},$$

评价集

$$V = \{v_1, v_2, v_3, v_4\} = \{\text{优, 良, 中, 差}\} = \{1.00,\ 0.75,\ 0.50,\ 0.25\}.$$

根据专家组成员对飞行学员的各因素进行评价后获得各飞行学员的模糊矩阵的值如表 13.1 所示.

表 13.1 某班级 18 名飞行学员心理素质评价结果的模糊矩阵

学员序号	应对能力 (u_1)				心理感知能力 (u_2)				人格特质 (u_3)			
	优 (r_{11})	良 (r_{12})	中 (r_{13})	差 (r_{14})	优 (r_{21})	良 (r_{22})	中 (r_{23})	差 (r_{24})	优 (r_{31})	良 (r_{32})	中 (r_{33})	差 (r_{34})
1	0.625	0.250	0.125	0.000	0.625	0.375	0.000	0.000	0.625	0.375	0.000	0.000
2	0.500	0.000	0.500	0.000	0.000	0.750	0.000	0.250	0.000	0.375	0.000	0.625
3	0.125	0.625	0.250	0.000	0.750	0.250	0.000	0.000	0.000	0.375	0.125	0.500
4	0.125	0.375	0.500	0.000	0.125	0.375	0.250	0.250	0.000	0.000	0.000	1.000
5	0.125	0.375	0.375	0.125	0.000	0.000	0.500	0.500	0.500	0.500	0.000	0.000
6	0.500	0.375	0.125	0.000	0.375	0.625	0.000	0.000	0.125	0.250	0.250	0.375
7	0.500	0.375	0.125	0.000	0.625	0.375	0.000	0.000	0.000	0.000	0.500	0.500
8	0.000	0.375	0.500	0.125	0.000	0.000	0.250	0.750	0.500	0.500	0.000	0.000
9	0.375	0.625	0.000	0.000	0.500	0.500	0.000	0.000	0.000	0.125	0.125	0.750
10	0.250	0.625	0.000	0.125	0.250	0.375	0.375	0.000	0.125	0.625	0.250	0.000
11	0.875	0.000	0.125	0.000	0.250	0.250	0.500	0.000	0.000	0.375	0.125	0.500
12	0.500	0.125	0.375	0.000	0.250	0.250	0.250	0.250	0.125	0.125	0.375	0.375
13	0.625	0.125	0.250	0.000	0.000	0.250	0.750	0.000	1.000	0.000	0.000	0.000
14	0.500	0.250	0.125	0.125	0.250	0.250	0.250	0.250	0.125	0.500	0.000	0.375
15	0.250	0.375	0.250	0.125	0.000	0.500	0.250	0.250	0.000	0.250	0.125	0.625
16	0.250	0.375	0.375	0.000	0.250	0.375	0.125	0.250	0.500	0.375	0.125	0.000
17	0.500	0.250	0.250	0.000	0.625	0.000	0.375	0.000	0.250	0.375	0.250	0.125
18	0.375	0.500	0.125	0.000	0.000	0.000	0.500	0.500	0.000	0.000	0.125	0.875

13.4.1 飞行学员心理素质的模糊评判

首先应用传统的 FCA 对飞行学员的心理素质进行评价, 这里采用 FCA 中的加权平均法来计算每个飞行学员的模糊综合评价值, 其结果如表 13.2 所示.

表 13.2 模糊事件的模糊综合评价值

学员序号	1	2	3	4	5	6	7	8	9
综合值	0.897	0.632	0.796	0.556	0.531	0.793	0.801	0.478	0.779
学员序号	10	11	12	13	14	15	16	17	18
综合值	0.728	0.726	0.651	0.717	0.666	0.574	0.705	0.792	0.490

从表 13.2 的计算结果看, 综合评价值最高的是飞行学员 1, 评价值为 0.897, 评价值最低的是飞行学员 8, 评价值为 0.478. 其中飞行学员 1, 3, 6, 7, 9, 10, 11, 13, 16, 17 的评价值大于 0.7, 评价结果良好; 飞行学员 2, 4, 5, 12, 14, 15 的评价值小于 0.7, 但大于 0.5, 评价结果一般; 飞行学员 8, 18 的评价值小于 0.5, 评价结果不太理想.

尽管应用 FCA 能够得到飞行学员心理素质的综合评价值, 但导致这种结果的原因是什么？如何找到进一步改进的方案呢？一方面, 该问题存在一个可达性的问题. 比如让每个飞行学员在人格特质方面都达到飞行学员的极限值显然是不现实的. 另一方面, 该问题也存在一个多样性的问题, 每个人应该各有所长, 有的应对能力强些, 有的心理感知能力强些. 那么, 如何找到有针对性的、符合这个群体实际的无效原因和改进策略呢？以下对这一问题给出进一步分析.

13.4.2 飞行学员心理素质的无效原因分析

根据模糊综合评价结果, 学院领导决定对评估结果较差的飞行学员进行重点分析, 采取精准帮扶. 对评价结果居于后三分之一的飞行学员找出总体原因, 采用辅导班的形式集体帮扶. 为了找出飞行学员模糊综合评判结果较差的原因, 应用本章给出的方法可作如下分析.

(1) 飞行学员个体的无效原因分析.

以下应用 $\Delta f(\boldsymbol{R}^{(j_0)})$ 的计算公式对重点帮扶对象——飞行学员 8、飞行学员 18 进行计算, 结果如图 13.5 所示.

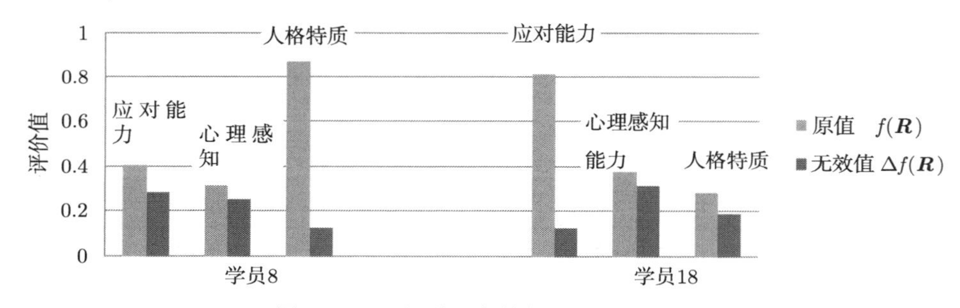

图 13.5 飞行学员个体的无效原因分析

其中

$$\Delta f(\boldsymbol{R}^{(8)}) = (0.281, 0.250, 0.125), \quad \Delta f(\boldsymbol{R}^{(18)}) = (0.125, 0.313, 0.188),$$

从表 13.2 和图 13.5 可以看出：飞行学员 8 的模糊综合评价结果为 0.478, 该学员的人格特质评价较好, 但在应对能力和心理感知能力方面还需要较大的提高; 飞行学员 18 应对能力评价较高, 但在心理感知能力和人格特质方面则需要较大的提高. 根据调查发现, 飞行学员 8 为人乐观, 善于交际, 但在记忆能力和自身耐心度重视不够, 而飞行学员 18 则是由于性格内向, 注意力不够集中等原因导致的人格特质和心理感知能力评价较低.

(2) 飞行学员群体的无效原因分析.

对评价结果居于后三分之一的飞行学员应用 $\Delta \boldsymbol{F}_Q$ 的计算公式可得

$$\Delta \boldsymbol{F}_Q = (0.211, 0.217, 0.215),$$

从计算结果看, 后三分之一飞行学员的问题是在应对能力、心理感知能力、人格特质方面均存在一定差距, 需要全面提升. 因此, 在集中培训课程的设计上需要全面考虑.

13.4.3　模糊事件有效改进策略的发现方法

针对存在的问题, 为了进一步发现飞行学员有效的改进策略, 应用本章给出的方法进行分析.

(1) 飞行学员个体的改进策略分析.

以下应用 $\Delta\boldsymbol{R}^{(j_0)}$ 的计算公式对重点帮扶对象——飞行学员 8、飞行学员 18 进行计算, 计算结果如表 13.3 所示.

表 13.3　基于模型 (FD) 的个体改进策略信息

学员序号	指标	应对能力 (u_1)				心理感知能力 (u_2)				人格特质 (u_3)			
		优 (r_{11})	良 (r_{12})	中 (r_{13})	差 (r_{14})	优 (r_{21})	良 (r_{22})	中 (r_{23})	差 (r_{24})	优 (r_{31})	良 (r_{32})	中 (r_{33})	差 (r_{34})
8	$\boldsymbol{R}^{(8)}$	0.000	0.375	0.500	0.125	0.000	0.000	0.250	0.750	0.500	0.500	0.000	0.000
	$\Delta\boldsymbol{R}^{(8)}$	0.625	−0.250	−0.250	−0.125	0.000	0.250	0.500	−0.750	0.500	−0.500	0.000	0.000
18	$\boldsymbol{R}^{(18)}$	0.375	0.500	0.125	0.000	0.000	0.000	0.500	0.500	0.000	0.000	0.125	0.875
	$\Delta\boldsymbol{R}^{(18)}$	0.500	−0.500	0.000	0.000	0.250	0.250	0.000	−0.500	0.000	0.375	0.000	−0.375

从分析可以看出, 由于飞行学员 8 为人乐观, 善于交际, 但对个人要求较为松懈. 基于表 13.3 的计算结果可以给出飞行学员 8 的基于目前经验数据的努力目标和改进策略如下.

(i) 在应对能力方面作出更大的努力, 如提高耐心程度等办法, 将良评和中评中的 0.25 转化成优评、并消除差评, 进而大幅提高优评的结果, 使应对能力的优评提高到 0.625.

(ii) 在心理感知能力方面消除差评, 将良评和中评分别提高 0.25 和 0.50, 使心理感知能力达到中等以上水平.

(iii) 在人格特质方面还需要继续努力, 将良评转化为优评, 人格特质整体达到优秀水平.

这样的目标对于飞行学员 8 而言是十分可行的参考. 通过这样的努力, 飞行学员 8 就可以使自身达到较好水平.

由于飞行学员 18 的问题是由于性格内向、注意力不够集中等原因导致的. 基于表 13.3 的计算结果, 飞行学员 18 的努力目标如下.

(i) 在人格特质方面积极参加训练、合理加强锻炼, 使人格特质成绩的差评减少 0.375.

(ii) 在应对能力方面, 积极参加各项活动, 培养决策能力和抗压能力, 努力将良评转化成优评.

(iii) 在心理感知能力方面, 消除差评, 将良评和优评均提高 0.25, 使总体评价提高到中等以上水平.

通过这样的努力, 飞行学员 18 就可以使自身达到较好水平.

(2) 飞行学员群组的改进策略分析.

以下应用 $\Delta\boldsymbol{R}_Q$ 的公式进行计算, 可得后三分之一飞行学员指标值 $\boldsymbol{R}^{(j)}(\in Q)$ 的平均值 $\boldsymbol{R}_Q$ 及其可行有效调控量 $\Delta\boldsymbol{R}_Q$ 如表 13.4 所示.

表 13.4 基于模型 (FD) 的群组改进策略信息

指标	应对能力 (u_1)				心理感知能力 (u_2)				人格特质 (u_3)			
	优 (r_{11})	良 (r_{12})	中 (r_{13})	差 (r_{14})	优 (r_{21})	良 (r_{22})	中 (r_{23})	差 (r_{24})	优 (r_{31})	良 (r_{32})	中 (r_{33})	差 (r_{34})
$\boldsymbol{R}_Q$	0.229	0.333	0.375	0.063	0.021	0.271	0.292	0.417	0.167	0.271	0.042	0.521
$\Delta\boldsymbol{R}_Q$	0.511	−0.240	−0.208	−0.063	0.223	0.005	0.189	−0.417	0.295	−0.021	0.016	−0.290

从表 13.4 可以看出, 对后三分之一飞行学员进行集中培训时要注意以下几点.

(i) 在应对能力方面做出较大努力, 消除差评, 分别将良评和中评中的 0.24 和 0.208 转化成优评, 进而使优评值再提高 0.511.

(ii) 在心理感知能力方面消除差评, 将心理感知能力尽可能提高到中等以上水平.

(iii) 在人格特质方面, 将差评降低 0.29, 将优评提高 0.295.

通过这样的努力可以大幅提升后进飞行学员的整体水平, 进而达到全面发展的目标.

从上述讨论看, FCA 尽管能很好地为决策者提供决策对象的好坏程度, 但是无法提供无效单元的改进方法. 本章利用模糊事件之间的关联性提出发现模糊事件改进策略的新方法, 该方法的提出对推进 FCA 的应用能力、丰富模糊综合评判技术具有重要意义.

参考文献

[1] Zadeh L A. Fuzzy sets. Information and Control[J]. 1965, 8(3): 338-353

[2] 关晓光, 葛志杰. 质量经济效益的模糊综合评价[J]. 管理工程学报, 2000, 14(4): 65-68

[3] 郭红卫. 基于模糊综合算法的低碳经济发展水平评价[J]. 当代经济管理, 2010, 32(5): 15-18

[4] 瞿群臻, 刘帅. 绿色低碳港口评价研究[J]. 工业技术经济, 2013, (12): 57-63

[5] Charnes A, Cooper W W, Rhodes E. Measuring the efficiency of decision making units[J]. European Journal of Operational Research, 1978, 2(6): 429-444

[6] 马占新. 数据包络分析 (第一卷): 数据包络分析模型与方法[M]. 北京: 科学出版社, 2010

[7] 马占新. 数据包络分析 (第二卷): 广义数据包络分析方法[M]. 北京: 科学出版社, 2012

[8] 马占新, 马生昀, 包斯琴高娃. 数据包络分析 (第三卷): 数据包络分析及其应用案例[M]. 北京: 科学出版社, 2013

[9] 马占新. 数据包络分析 (第四卷): 偏序集与数据包络分析[M]. 北京: 科学出版社, 2013

[10] 马生昀, 马占新. 数据包络分析 (第五卷): 广义数据包络分析方法 (Ⅱ)[M]. 北京: 科学出版社, 2017

[11] 马占新. 数据包络分析方法的研究进展[J]. 系统工程与电子技术, 2002, 24(3): 42-46

[12] Cook W D, Seiford L M. Data envelopment analysis (DEA)–Thirty years on[J]. European Journal of Operational Research, 2009, 192(1): 1-17

[13] Cooper W W, Seiford L M, Zhu J. Data envelopment analysis: history, models, and interpretations[M]. Handbook on Data Envelopment Analysis, 2011

[14] Qin R, Liu Y K. A new data envelopment analysis model with fuzzy random inputs and outputs[J]. Journal of Applied Mathematics and Computing, 2010, 33(1/2): 327-356

[15] Sengupta J K. A fuzzy systems approach in data envelopment analysis[J]. Computers & Mathematics with Applications, 1992, 24(8/9): 259-266

[16] Sengupta J K. Measuring efficiency by a fuzzy statistical approach[J]. Fuzzy Sets and Systems, 1992, 46(1): 73-80

[17] Triantis K, Girod O. A mathematical programming approach for measuring technical efficiency in a fuzzy environment[J]. Journal of Productivity Analysis, 1998, 10(1): 85-102

[18] Kao C, Liu S T. Fuzzy efficiency measures in data envelopment analysis[J]. Fuzzy Sets and Systems, 2000, 113(3): 427-437

[19] Guo P, Tanaka H. Fuzzy DEA: a perceptual evaluation method[J]. Fuzzy Sets and Systems, 2001, 119(1): 149-160

[20] Lertworasirikul S, Fang S C, Nuttle H L W, et al. Fuzzy BCC model for data envelopment analysis[J]. Fuzzy Optimization and Decision Making, 2003, 2(4): 337-358

[21] Wen M, You C, Kang R. A new ranking method to fuzzy data envelopment analysis[J]. Computers & Mathematics with Applications, 2010, 59(11): 3398-3404

[22] Liu B. Uncertainty theory: an introduction to its axiomatic foundations[M]. Berlin: Springer-Verlag, 2004

[23] Hatami-Marbini A, Emrouznejad A, Tavana M. A taxonomy and review of the fuzzy data envelopment analysis literature: two decades in the making[J]. European Journal of Operational Research, 2011, 214(3): 457-472

[24] Azadeh A, Alem S M. A flexible deterministic, stochastic and fuzzy data envelopment analysis approach for supply chain risk and vendor selection problem: simulation analysis[J]. Expert Systems with Applications, 2010, 37(12): 7438-7448

[25] Zhou S J, Zhang Z D, Li Y C. Research of real estate investment risk evaluation based on fuzzy data envelopment analysis method[C]. Proc. of the International Conference on Risk Management and Engineering Management, 2008: 444-448

[26] Wen M, Li H. Fuzzy data envelopment analysis (DEA): model and ranking method[J]. Journal of Computational and Applied Mathematics, 2009, 223(2): 872-878

[27] Angiz L M, Emrouznejad A, Mustafa A, et al. Aggregating preference ranking with fuzzy data envelopment analysis[J]. Knowledge-Based Systems, 2010, 23(6): 512-519

[28] Sheth N, Konstantions T. Measuring and evaluating efficiency and effectiveness using goal programming and data envelopment analysis in a fuzzy environment[J]. Yugoslav Journal of Operations Research, 2003, 13(1): 35-60

[29] 高扬, 张楠. 基于层次分析的民航飞行员选拔心理素质模糊综合评价[J]. 安全与环境工程, 2013, 20(5): 149-153

第14章　基于多级模糊综合评判的改进策略分析

数据包络分析方法与模糊综合评判方法是两个十分重要但又相互独立的评价方法，如何能够找到两种方法的某种关联，进而实现方法的共同提升将是一项非常有意义的工作. 另外，模糊指标合成后要想应用数据包络分析方法找到更微观指标的改进信息，也是一项十分困难的工作. 为了解决这些问题，首先建立模糊多层次评价结果可能集，给出模糊多层次投影的概念、方法及相互关系. 其次，将这些方法应用于模糊综合评判结果的原因分析，给出了分析对象多层次模糊改进策略的方法. 最后，应用本章方法分析了中国 14 个旅游省份的游客满意度、存在的问题以及改进的方向. 这些结果不仅能发现评价对象的改进方向和可行的尺度，而且还为搭建两种方法之间的联系找到可行的途径.

数据包络分析方法 (data envelopment analysis, DEA)[1-2]与模糊综合评判方法 (fuzzy comprehensive assessment, FCA)[3-4]是综合评价中经常使用的两种重要方法，几乎被应用到经济管理和社会发展的各个领域. 其中模糊综合评判方法较好地解决了具有多层次、模糊性和不确定性对象的评价问题[5]，而数据包络分析则是评价多投入多产出系统效率的一种重要方法[6]. 尽管两种方法应用范围十分广泛，但它们之间却相对独立、融合较少. 如果能够找到两种方法之间的关联联系，实现两种方法的相互促进，进而达到共同提升的效果将对增强两种方法的评估能力、形成方法的群体优势具有十分重要的理论和现实意义.

目前，DEA 方法在模糊评价方面的应用还主要局限于对象的效率评价[7]. 自从 1992 年 Sengupta[8]首次提出模糊 DEA 方法以来，DEA 方法在模糊效率测算方面获得了较快发展[9]. 模糊 DEA 方法本质上就是将 DEA 方法中精确的投入产出数据替换为模糊数据，然后再进行效率的计算和分析. 由于模糊数和精确数在 DEA 有效性分析、生产可能集构建和模型求解等方面的差异较大，因此，相关的研究成果较为丰富. Hatami-Marbini 等[10]认为模糊 DEA 模型的研究大致可以分为四类，主要有容忍方法、α 截集方法、模糊排序方法和可能性方法. 这些工作从不同角度探讨了决策单元的有效性度量和模型求解问题. 比如 1998 年 Triantis 等[11]将传统 DEA 方法与模糊参数规划的概念相融合，提出了一种在模糊环境下测量技术效率的三阶段方法. 2000 年 Kao 等[12]应用 α 截集方法将模糊 DEA 模型转换为传统 DEA 模型族, 进而得出效率度量的隶属函数. 2001 年 Guo 等[13]将一些波动的输入输出数据表示为以模糊数为特征的语言变量, 提出一种基于 CCR 模型的模糊 DEA 模型. 2004 年彭煜[14]提出一种基于多目标规划的模糊 DEA 方法, 并通过取 α 截集的方法, 得到相应的悲观规划和乐观规划. 2007 年马凤才等[15]提出了基于三角模糊数的模糊 DEA 模型, 该模型可以解决决策单元输入输出为精确值、模糊数或是两种情况都存在的 DEA 有效性问题. 2009 年 Wen 等[16]尝试将传统的 DEA 模型扩展到模糊框架, 从而建立基于可信度测度的模糊 DEA 模型. 2010 年 Zhao 等[17]为评估共同基金管理公司的核心竞争力, 提出了一种多子系统模糊数据包络分析模型, 并通过评估共同基金管理公司与最佳实践前沿的接近程度来分析基金管理问题. 2014 年 Muren 等[18]提出了一种基于样本点评价决策单元效率的方法, 该方法通过将评价标准和决策单元集分离, 在很大程度上推广了传统意义上的模糊生产可能集的概念. 2016 年 Zhou 等[19]根据模糊 DEA 一般仅局限于模糊输入输出数据的分析, 而没有考虑评价指标可能受到一些不确定因素影响的弱点, 提出了基于 2 型模糊集的多目标 DEA 模型. 2017 年 Hatami-Marbini 等[20]给出了基于包络形式的规模收益可变模型, 并给出了无效单元改进信息的计算方法. 2018 年 Yazdi 等[21]提出了一种基于模糊 DEA 与模糊推理系统的综合算法, 并应用该方法测算了人力资源对电力行业组织变革项目的影响.

从上述研究成果看, DEA 方法对模糊对象的研究仅仅限于投入产出效率的分析[22], 而数据包络分析方法与模糊综合评判方法相结合的成果则相对较少. 为使二者更好地结合, 2012 年 Tao 等[23]尝试将模糊集理论与 DEA 方法、层次分析法 (analytic hierarchy process, AHP) 和 TOPSIS 法相结合, 提出一种基于多标准决策的混合模型. 2013 年周国强等[24]将 DEA 交叉效率评价与模糊综合评价方法相结合, 提出一种基于改进 DEA-FCA 的信用评价方法. 2014 年 Li[25]以 DEA 方法为基础, 并联合使用 FCA 方法和 AHP 方法对项目进行评价. 该方法首先使用 FCA 方法对每个指标进行量化分析, 然后使用 AHP 方法确定每个指标的权重, 再使用 DEA 交叉效率模型来降低 FCA 方法中的权重误差. 2015 年郭清娥等[26]针对属性权重完全未知的决策问题, 提出一种基于离差最大化和交叉评价的模糊多属性决策方法. 2017 年 Otay 等[27]提出一种基于模糊 AHP 和三角直觉模糊数的模糊 DEA 模型, 并应用该模型分析了医疗系统的绩效问题.

从已有的研究成果看, 尽管模糊综合评判方法日趋成熟[28], 但也有许多重要的方面需要完善[29]. 比如, 模糊综合评判方法只能获得模糊对象好坏程度, 却无法得出导致这种结果的原因和可能的改进方向, 而 DEA 方法则有可能为该类问题的解决提供可行的思路和办法. 另外, 当对底层指标进行加权合成后, 再应用 DEA 方法只能得到针对合成指标的改进信息, 难以获得基于底层指标的改进信息, 而决策者在管理实践中常常希望得到更详细的调控信息. 因此, 模糊对象在指标合成后应用数据包络分析方法能否找到更微观指标改进信息也是一个值得研究的问题. 为了解决这些问题, 本章首先建立模糊多层次评价结果可能集, 给出多层次模糊投影的概念、方法及相互关系. 然后, 将这些方法应用于模糊综合评判结果的原因分析, 给出了分析多层次模糊对象改进策略的方法. 这些结果不仅能发现模糊对象的改进方向和可行的尺度, 而且还为搭建两种方法之间的联系找到了可行的途径.

14.1 将 DEA 方法应用于 FCA 方法时存在的困难

数据包络分析方法与模糊综合评判方法属于两种不同类型的评价方法, 两种方法均有广泛的应用背景和大量的成功案例, 如果能够找到两种方法之间联系的纽带, 实现方法间相互补充、相互提升的效果, 将对完善和提升方法解决问题的能力具有重要意义. 但由于两种方法的理论基础不同、应用背景不同, 实现方法的融合并不是简单的组合就可以实现的. 这需要从理论和方法上进行更深入的梳理和分析. 以下就这一问题给出进一步讨论.

14.1.1 DEA 方法与 FCA 方法之间存在较大差异

从理论方法的角度看, DEA 方法与 FCA 方法存在较大差异, 以下首先简单介绍两种方法的基本模型.

(1) 模糊数据包络分析方法.

首先, DEA 方法是效率评价方法, DEA 投影的理论基础主要依赖于生产系统的平凡性公理、凸性公理、锥性公理、无效性公理和最小性公理等. 传统模糊 DEA 模型[8]是通过将原始 DEA 模型中的精确投入产出数据更改为模糊投入产出数据得到的.

假设有 n 个决策单元, 它们的输入和输出数据分别为 $(\tilde{\boldsymbol{x}}_j, \tilde{\boldsymbol{y}}_j)(j = 1, 2, \cdots, n)$, 其中

$$\tilde{\boldsymbol{x}}_j = (\tilde{x}_{1j}, \cdots, \tilde{x}_{mj})^{\mathrm{T}}, \quad \tilde{\boldsymbol{y}}_j = (\tilde{y}_{1j}, \cdots, \tilde{y}_{sj})^{\mathrm{T}}$$

分别为模糊投入产出向量, 对于第 $j_0(1 \leqq j_0 \leqq n)$ 个决策单元, 模糊 $\mathrm{C^2R}$ 模型和模糊 $\mathrm{BC^2}$ 模型为

$$(\mathrm{FC^2R})\begin{cases} \max \boldsymbol{\mu}^{\mathrm{T}} \tilde{\boldsymbol{y}}_{j_0}, \\ \text{s.t.} \quad \boldsymbol{\omega}^{\mathrm{T}} \tilde{\boldsymbol{x}}_j - \boldsymbol{\mu}^{\mathrm{T}} \tilde{\boldsymbol{y}}_j \geqq 0, j = 1, 2, \cdots, n, \\ \qquad \boldsymbol{\omega}^{\mathrm{T}} \tilde{\boldsymbol{x}}_{j_0} = 1, \\ \qquad \boldsymbol{\omega} \geqq \mathbf{0}, \boldsymbol{\mu} \geqq \mathbf{0}. \end{cases}$$

$$
(\mathrm{FBC}^2)\left\{\begin{array}{l}
\max \boldsymbol{\mu}^{\mathrm{T}}\tilde{\boldsymbol{y}}_{j_0}+\mu_0, \\
\text{s.t.}\ \ \boldsymbol{\omega}^{\mathrm{T}}\tilde{\boldsymbol{x}}_j-\boldsymbol{\mu}^{\mathrm{T}}\tilde{\boldsymbol{y}}_j-\mu_0 \geqq 0, j=1,2,\cdots,n, \\
\qquad \boldsymbol{\omega}^{\mathrm{T}}\tilde{\boldsymbol{x}}_{j_0}=1, \\
\qquad \boldsymbol{\omega} \geqq \mathbf{0}, \boldsymbol{\mu} \geqq \mathbf{0}.
\end{array}\right.
$$

(2) 模糊综合评判方法.

模糊综合评判方法则是依据模糊矩阵对受到多种因素制约的事物或对象做出总体评价的方法. 该方法既不一定是效率评价方法, 也不一定满足 DEA 方法的公理体系.

以二级模糊评判为例, 假设有 n 个事件, $L_j(j=1,2,\cdots,n)$, 评价的因素集为

$$
\begin{aligned}
& U=\{U_1,U_2,\cdots,U_k\}, \\
& U_i=(u_{i1},u_{i2},\cdots,u_{in_i}), \quad i=1,2,\cdots,k, \\
& n_1+n_2+\cdots+n_k=m.
\end{aligned}
$$

这里, $\{U_1,U_2,\cdots,U_k\}$ 为第二级因素集,

$$
\{u_{11},u_{12},\cdots,u_{1n_1},\cdots,u_{k1},u_{k2},\cdots,u_{kn_k}\}
$$

为第一级因素集. 评价集为

$$
V=\{v_1,v_2,\cdots,v_s\}, \quad v_1>v_2>\cdots>v_s>0,
$$

其中第 p 个事件的模糊关系矩阵为

$$
\boldsymbol{R}_i^{(p)}=(r_{ijq}^{(p)})_{n_i\times s}, \quad i=1,2,\cdots,k,
$$

其中

$$
\sum_{q=1}^{s} r_{ijq}^{(p)}=1, \quad j=1,2,\cdots,n_i, i=1,2,\cdots,k,
$$

$r_{ijq}^{(p)}\in[0,1]$ 表示第 p 个模糊事件的第一级因素 u_{ij} 相对于第 q 个评价结果的隶属程度. $U_i=(u_{i1},u_{i2},\cdots,u_{in_i})$ 中各因素对应的权数集为

$$
A_i=\{a_{i1},a_{i2},\cdots,a_{in_i}\}, \quad \sum_{j=1}^{n_i} a_{ij}=1 \quad (i=1,2,\cdots,k).
$$

$U=\{U_1,U_2,\cdots,U_k\}$ 中因素对应的权数集为

$$
A=\{a_1,a_2,\cdots,a_k\}, \quad \sum_{i=1}^{k} a_i=1.
$$

由上述数据, 可得第 p 个事件的评价结果如下:

$$\boldsymbol{B}^{(p)} = (b_1^{(p)}, b_2^{(p)}, \cdots, b_s^{(p)}),$$

$$b_q^{(p)} = \sum_{i=1}^{k} a_i b_{iq}^{(p)} = \sum_{i=1}^{k}\sum_{j=1}^{n_i} a_i a_{ij} r_{ijq}^{(p)} \quad (q = 1, 2, \cdots, s).$$

应用加权平均算法可得第 p 个模糊事件的综合评判结果为

$$V^{(p)} = \sum_{q=1}^{s} b_q^{(p)} v_q = \sum_{q=1}^{s}\left(\sum_{i=1}^{k} a_i b_{iq}^{(p)}\right) v_q = \sum_{q=1}^{s}\sum_{i=1}^{k}\sum_{j=1}^{n_i} a_i a_{ij} r_{ijq}^{(p)} v_q.$$

从上述方法的介绍来看, DEA 方法与 FCA 方法的差异可以概括到图 14.1 中. 从图 14.1 可见,

(1) DEA 方法与 FCA 方法的理论基础不同, DEA 方法采用的是优化技术, 而 FCA 方法采用的是模糊合成技术.

(2) 从方法的关键要素看, DEA 方法主要是构造生产可能集, 而 FCA 方法依赖的是模糊矩阵, 模型差异较大.

(3) 从计算结果看, DEA 方法主要是给出效率值和投影值, 而 FCA 方法给出的是综合评估值. 由此可见 DEA 方法与 FCA 方法的差异较大, 实现两种方法的融合, 也存在一定的困难.

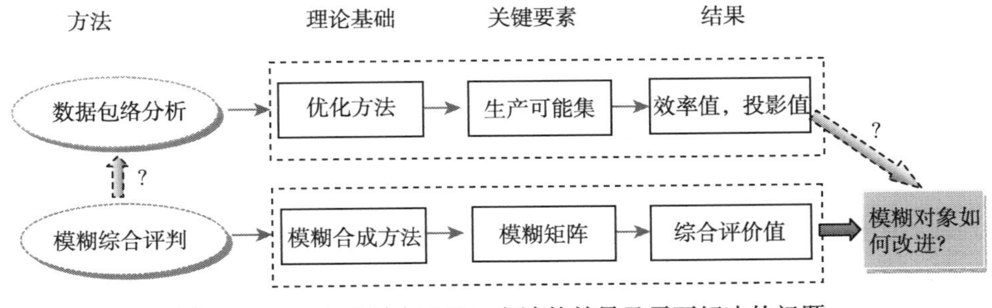

图 14.1 DEA 方法与 FCA 方法的差异及需要解决的问题

从另一个方面看, FCA 方法能够给出模糊对象的综合评估值, 但却无法给出模糊对象如何调整各指标值以进一步提高综合评价的结果, 而这些信息对决策者而言却又十分重要. 因此, 本章尝试建立 DEA 方法与 FCA 方法之间的联系, 借用 DEA 方法的优势来寻找模糊对象改进模糊综合评判结果的方法.

14.1.2 应用 DEA 方法寻找模糊对象改进信息时存在的问题

多级模糊综合评判方法的各个符号之间具有一定的层次结构. 对于二级模糊综合评判而言, 相应的符号关系可由图 14.2 表示出来.

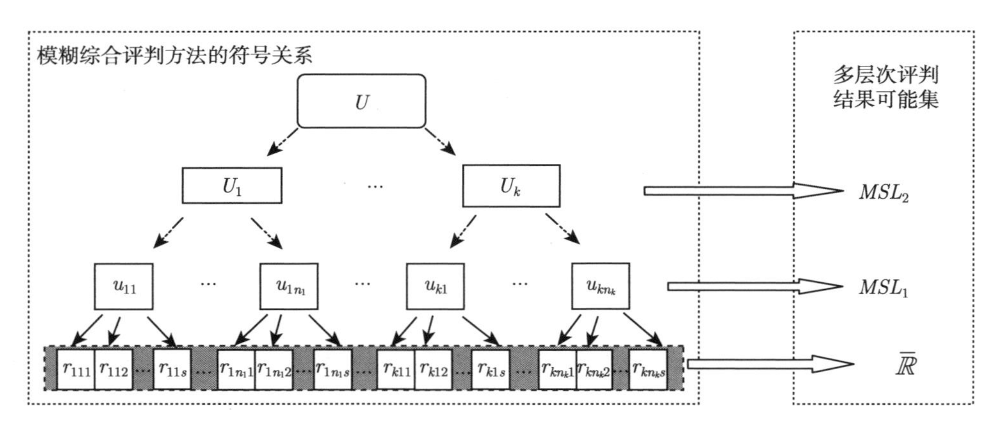

图 14.2　多层次模糊评判结果可能集与模糊综合评判方法符号之间的对应关系

从图 14.2 可知, 要想应用 DEA 方法寻找模糊对象的不同层次的改进信息, 就必须首先建立相应的模糊事件多层次评价结果可能集 $\bar{\mathbb{R}}$, MSL_1 和 MSL_2. 但该项工作还存在以下困难.

(1) 模糊综合评判方法的数据不具有偏好性、也难以满足 DEA 方法的公理体系.

首先, 数据 $r_{ijq}^{(p)}(q=1,2,\cdots,s,j=1,2,\cdots,n_i,i=1,2,\cdots,k)$ 表示第 p 个模糊事件的第一级因素 u_{ij} 相对于第 q 个评价结果的隶属程度. $r_{ijq}^{(p)}$ 既不是越大越好, 也不是越小越好. 而 DEA 方法要求各指标必须具有偏好性. 其次, $r_{ijq}^{(p)}\in[0,1]$, 并且

$$\sum_{q=1}^{s} r_{ijq}^{(p)}=1\quad(j=1,2,\cdots,n_i,i=1,2,\cdots,k).$$

对于任意一个常数 $\lambda>0$, 如果 $\lambda>1$, 则 $\lambda r_{ijq}^{(p)}$ 不一定属于 [0,1], 并且

$$\sum_{q=1}^{s}\lambda r_{ijq}^{(p)}>1.$$

如果 $\lambda<1$, 则

$$\sum_{q=1}^{s}\lambda r_{ijq}^{(p)}<1.$$

因此, 这时 $\lambda r_{ijq}^{(p)}$ 不可能是第 p 个模糊事件的因素 u_{ij} 相对于第 q 个评价结果可能出现的隶属程度. 所以, DEA 方法的锥性公理、收缩性公理和扩张性公理都将导致模糊矩阵的归一化约束失效.

(2) 应用 DEA 方法分析合成后的指标时难以找到基于更微观指标的改进信息.

在实际管理中, 决策者根据评价的目标不同, 选择的指标层次也可能不同. 比如高考录取学生时首先要考察考试的总分, 而不同专业录取学生时可能会考虑某些单科成绩. 当对底层指标进行加权合成后, 再应用 DEA 方法只能得到针对合成指标的改进信息, 难以获得基于底层指标的改进信息, 而决策者在管理实践中常常希望得到更详细的调控信息. 比如在对高考复读生的辅导中, 老师就必须知道非常细节的信息, 而不是总分的差距. 因此, 模糊对象在指标合成后应用 DEA 方法能否找到更微观指标改进信息也是一个值得研究的问题.

14.2　模糊事件多层次评价结果可能集的构造

以下首先以模糊综合评判方法的数据信息为基础, 给出模糊事件多层次评价结果可能集的构造. 然后, 给出模糊事件评价结果有效性的定义.

14.2.1　多级模糊事件的层次结构与评价指标的性质划分

由于复杂系统常常存在指标数量较多、层次结构复杂等特点. 在评价中决策者通常根据评价目标将其分为不同种类的因素, 而每一类因素由若干个评价指标所决定, 相应的评价指标有时也可以进行下一步分解, 评价指标集可分为多个具有包含关系的层次集. 以学生综合能力因素分级为例, 相应的符号关系可以用图 14.3 表示如下.

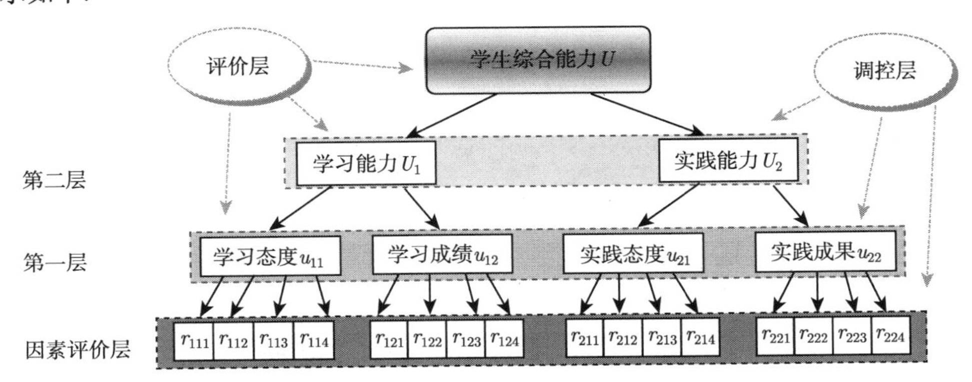

图 14.3　学生综合能力因素分级图

在综合评价过程中, 根据评价的目标不同, 决策者选择的评价指标层和调控指标层可能是不同的. 这主要是由于:

(1) 根据评价的目标不同, 决策者选择的评价层指标可能也会不同. 比如在图 14.3 中, 当对学生进行总排名时, 决策者可能会选择综合性比较强的指标, 比如学生综合能力 (U). 当进行应用型和理论型人才选拔时, 选取的指标就需要更细一些,

比如学习能力 (U_1) 和实践能力 (U_2). 这里把决策者在评价时着重考虑的因素层指标称为 “评价层指标”, 决策者将依据这些指标进行综合分析.

(2) 调控层指标是指决策者为了提高评价层指标的绩效而需要考虑的因素. 比如决策者为了查找一个学生综合能力 (U) 较差的原因时, 可能会考察是学习能力 (U_1) 还是实践能力 (U_2) 出了问题. 也可能会考察得更细, 比如是学习态度的问题, 还是学习能力的问题, 这时考虑的指标可能会是学习态度 (u_{11})、学习成绩 (u_{12})、实践态度 (u_{21}) 和实践成果 (u_{22}). 因此, 对调控层指标的选择会因决策者想获得信息的精细程度不同而有所不同. 一般来说, 调控层指标和评价层指标相比更接近底层, 而且最低可到达底层因素评价层.

14.2.2 模糊事件基础评价参照系的构造

由于模糊综合评判方法与 DEA 方法不同, 因此, DEA 方法的公理体系并不一定适合模糊综合评判方法. 比如假设规模收益不变, 则必将导致模糊矩阵的归一化约束失效. 同时, 模糊综合评判方法也有自己的一些约束条件. 比如, 模糊矩阵的归一化约束等. 因此, 该部分将进一步探讨如何应用 DEA 思想构造符合多层次模糊对象特点的可能集.

假设有 n 个模糊事件 $L_1, L_2, \cdots, L_n$ 属于某类事件集 $\mathbb{N}$, 令

$$\mathbb{Z} = \{L_1, L_2, \cdots, L_n\},$$

则显然 $\mathbb{Z} \subseteq \mathbb{N}$.

若 $L \in \mathbb{N}$, 设

$$\boldsymbol{R}_i^{(L)} = (r_{ijq}^{(L)})_{n_i \times s} \quad (i = 1, 2, \cdots, k)$$

为模糊事件 L 的模糊关系矩阵. 其中 $r_{ijq}^{(L)}$ 表示模糊事件的第一级因素 u_{ij} 相对于第 q 个评价结果的程度.

定义 14.1 假设

$$\mathbb{R} = \left\{ \boldsymbol{X}^{(L)} = \left((r_{111}^{(L)}, r_{112}^{(L)}, \cdots, r_{11s}^{(L)}), \cdots, (r_{kn_k1}^{(L)}, r_{kn_k2}^{(L)}, \cdots, r_{kn_ks}^{(L)}) \right) \right| \\ \left. \boldsymbol{R}_i^{(L)} = \left(r_{ijq}^{(L)}\right)_{n_i \times s}, i = 1, 2, \cdots, k \text{ 为模糊事件 } L \text{ 的模糊关系矩阵}, L \in \mathbb{N} \right\},$$

称 $\mathbb{R}$ 为模糊事件集 $\mathbb{N}$ 的评价结果集.

当评价一个模糊事件 L 的优劣时, 如果决策者已获得集合 $\mathbb{R}$, 则只需和 $\mathbb{R}$ 中的数据进行比较即可, 但现实中很难得到该集合. 因此, 以下探讨如何通过已经获得的评价结果 $\mathbb{Z}$ 来构造模糊事件评价结果的经验数据集 $\bar{\mathbb{R}}$, 这里将其称为模糊事件评价结果可能集.

首先, 给出模糊事件评价结果可能集构造的几个原则.

原则 1 存在性原则.

对于模糊事件 L_p, 令

$$\boldsymbol{X}^{(p)}=((r_{111}^{(p)},r_{112}^{(p)},\cdots,r_{11s}^{(p)}),\cdots,(r_{kn_k1}^{(p)},r_{kn_k2}^{(p)},\cdots,r_{kn_ks}^{(p)})),$$

显然

$$\boldsymbol{X}^{(p)}\in\bar{\mathbb{R}},\quad p=1,2,\cdots,n.$$

存在性原则表明: 事件集 N 中现实存在的评价结果显然也是该类事件可能出现的评价结果.

原则 2 归一性原则.

如果

$$\begin{aligned}&\boldsymbol{X}=((r_{111},r_{112},\cdots,r_{11s}),\cdots.,(r_{kn_k1},r_{kn_k2},\cdots,r_{kn_ks}))\in\bar{\mathbb{R}},\\&r_{ij}=(r_{ij1},r_{ij2},\cdots,r_{ijs})\quad(i=1,2,\cdots,k,j=1,2,\cdots,n_k),\end{aligned}$$

则

$$\sum_{q=1}^{s}r_{ijq}=1,\quad i=1,2,\cdots,k,j=1,2,\cdots,n_i.$$

归一性原则表明: $r_{ij}=(r_{ij1},r_{ij2},\cdots,r_{ijs})$ 反映的是第一级因素 u_{ij} 的评价结果在评价集中的分布比例, 它们的和为 100%.

原则 3 加性原则.

如果对任意的 $\boldsymbol{X}\in\bar{\mathbb{R}}$ 和 $\boldsymbol{X}'\in\bar{\mathbb{R}}$, 以及任意的 $\lambda\in[0,1]$, 均有

$$\lambda\boldsymbol{X}+(1-\lambda)\boldsymbol{X}'\in\bar{\mathbb{R}},$$

则称评价结果符合加性原则.

加性原则表明: 如果 $\boldsymbol{X}$ 和 $\boldsymbol{X}'$ 分别是模糊事件集合 $\bar{\mathbb{R}}$ 中可能出现的评价结果, 那么 $\lambda\boldsymbol{X}+(1-\lambda)\boldsymbol{X}'$ 也是模糊事件集合 $\bar{\mathbb{R}}$ 中可能出现的评价结果.

原则 4 最小性原则.

模糊事件评价结果可能集 $\bar{\mathbb{R}}$ 为满足原则 1~ 原则 3 的所有集合的交集.

根据以上原理, 容易证明以下结论成立.

定理 14.1 假设

$$\tilde{\mathbb{R}}=\left\{\boldsymbol{X}\,\middle|\,\boldsymbol{X}=\sum_{p=1}^{n}\boldsymbol{X}^{(p)}\lambda_p,\sum_{p=1}^{n}\lambda_p=1,\lambda_p\geqq 0,p=1,\cdots,n\right\},$$

并且模糊事件评价结果可能集 $\bar{\mathbb{R}}$ 满足原则 1~ 原则 4, 则有 $\bar{\mathbb{R}}=\tilde{\mathbb{R}}$.

证明　(1) 由于对任意的 $\lambda_p \geqq 0(p=1,\cdots,n)$, 如果

$$\sum_{p=1}^{n}\lambda_p=1,\quad \boldsymbol{X}=\sum_{p=1}^{n}\boldsymbol{X}^{(p)}\lambda_p,$$

则有 $\boldsymbol{X}\in\tilde{\mathbb{R}}$, 因此, 取

$$(\lambda_1,\cdots,\lambda_{p-1},\lambda_p,\lambda_{p+1},\cdots,\lambda_n)=(0,\cdots,0,1,0,\cdots,0),$$

则有 $\boldsymbol{X}^{(p)}\in\tilde{\mathbb{R}}$. 故 $\tilde{\mathbb{R}}$ 满足原则 1.

(2) 如果 $\boldsymbol{X}\in\tilde{\mathbb{R}}$, 则存在 $\bar{\lambda}_p\geqq 0(p=1,2,\cdots,n)$ 使得

$$\boldsymbol{X}=\sum_{p=1}^{n}\boldsymbol{X}^{(p)}\bar{\lambda}_p,\quad \sum_{p=1}^{n}\bar{\lambda}_p=1,$$

由此可知

$$\begin{aligned}r_{ij}&=\sum_{p=1}^{n}r_{ij}^{(p)}\bar{\lambda}_p=\sum_{p=1}^{n}(r_{ij1}^{(p)},r_{ij2}^{(p)},\cdots,r_{ijs}^{(p)})\bar{\lambda}_p\\&=\left(\sum_{p=1}^{n}r_{ij1}^{(p)}\bar{\lambda}_p,\sum_{p=1}^{n}r_{ij2}^{(p)}\bar{\lambda}_p,\cdots,\sum_{p=1}^{n}r_{ijs}^{(p)}\bar{\lambda}_p\right),\end{aligned}$$

$$\sum_{q=1}^{s}r_{ijq}=\sum_{q=1}^{s}\sum_{p=1}^{n}r_{ijq}^{(p)}\bar{\lambda}_p=\sum_{p=1}^{n}\sum_{q=1}^{s}r_{ijq}^{(p)}\bar{\lambda}_p=\sum_{p=1}^{n}\left(\sum_{q=1}^{s}r_{ijq}^{(p)}\right)\bar{\lambda}_p=\sum_{p=1}^{n}\bar{\lambda}_p=1.$$

所以, $\tilde{\mathbb{R}}$ 满足原则 2.

(3) 如果 $\boldsymbol{X}\in\tilde{\mathbb{R}}$, $\boldsymbol{X}'\in\tilde{\mathbb{R}}$, $\lambda\in[0,1]$, 则存在

$$\lambda_p\geqq 0,\quad p=1,\cdots,n,\quad \lambda_p'\geqq 0,\quad p=1,\cdots,n,$$

使得

$$\boldsymbol{X}=\sum_{p=1}^{n}\boldsymbol{X}^{(p)}\lambda_p,\quad \boldsymbol{X}'=\sum_{p=1}^{n}\boldsymbol{X}^{(p)}\lambda_p',\quad \sum_{p=1}^{n}\lambda_p=1,\quad \sum_{p=1}^{n}\lambda_p'=1.$$

由此可知

$$\lambda\boldsymbol{X}+(1-\lambda)\boldsymbol{X}'=\lambda\sum_{p=1}^{n}\boldsymbol{X}^{(p)}\lambda_p+(1-\lambda)\sum_{p=1}^{n}\boldsymbol{X}^{(p)}\lambda_p'=\sum_{p=1}^{n}\boldsymbol{X}^{(p)}(\lambda\lambda_p+(1-\lambda)\lambda_p'),$$

$$\sum_{p=1}^{n}(\lambda\lambda_p+(1-\lambda)\lambda_p')=\lambda\sum_{p=1}^{n}\lambda_p+(1-\lambda)\sum_{p=1}^{n}\lambda_p'=\lambda+(1-\lambda)=1,$$

所以

$$\lambda\boldsymbol{X}+(1-\lambda)\boldsymbol{X}'\in\tilde{\mathbb{R}}.$$

故 $\tilde{\mathbb{R}}$ 满足原则 3.

(4) 对于任意 $\boldsymbol{X} \in \tilde{\mathbb{R}}$, 必存在 $\lambda_p \geqq 0, p = 1, \cdots, n$, 使得

$$\boldsymbol{X} = \sum_{p=1}^{n} \boldsymbol{X}^{(p)} \lambda_p, \quad \sum_{p=1}^{n} \lambda_p = 1,$$

对于任何一个满足原则 1∼ 原则 3 的集合 $\bar{\mathbb{R}}$, 由原则 1 可知

$$\boldsymbol{X}^{(p)} \in \bar{\mathbb{R}} \quad (p = 1, 2, \cdots, n),$$

由原则 3 可知

$$\sum_{p=1}^{n} \boldsymbol{X}^{(p)} \lambda_p \in \bar{\mathbb{R}},$$

即 $\boldsymbol{X} \in \bar{\mathbb{R}}$, 所以 $\tilde{\mathbb{R}} \subseteq \bar{\mathbb{R}}$. 由于 $\bar{\mathbb{R}}$ 满足原则 4, 所以 $\bar{\mathbb{R}} = \tilde{\mathbb{R}}$. 证毕.

若问题为二级以上的模糊综合评判, 则将 $\bar{\mathbb{R}}$ 内的元素按照相应的第一级因素进行扩充即可.

14.2.3 模糊事件多层次评价参考集的构造

由于评价的目标不同, 决策者选择的评价层指标也会不同. 因此, 下面应用每层指标的绩效值, 给出与模糊事件层次结构相对应的多层评价参照系.

对于二级模糊综合评判而言, 假设

$$L \in \mathbb{N}, \quad \boldsymbol{X}^{(L)} = ((r_{111}^{(L)}, r_{112}^{(L)}, \cdots, r_{11s}^{(L)}), \cdots, (r_{kn_k1}^{(L)}, r_{kn_k2}^{(L)}, \cdots, r_{kn_ks}^{(L)})), \quad \boldsymbol{X}^{(L)} \in \bar{\mathbb{R}},$$

则

(1) 对第一层指标 u_{ij} 的绩效值 $x_{ij}^{(L)}$ 可以用以下公式给出:

$$x_{ij}^{(L)} = \sum_{q=1}^{s} r_{ijq}^{(L)} v_q \quad (i = 1, 2, \cdots, k, j = 1, 2, \cdots, n_k),$$

这样

$$\boldsymbol{X}_1^{(L)} = (x_{11}^{(L)}, \cdots, x_{1n_1}^{(L)}, \cdots, x_{k1}^{(L)}, \cdots, x_{kn_k}^{(L)})$$

就代表了模糊对象 L 相对于第一层指标的状态. 设

$$F_1(\boldsymbol{X}^{(L)}) = (x_{11}^{(L)}, \cdots, x_{1n_1}^{(L)}, \cdots, x_{k1}^{(L)}, \cdots, x_{kn_k}^{(L)}),$$

则可以得到模糊对象集 $\bar{\mathbb{R}}$ 对应的第一层指标绩效值的集合如下:

$$MSL_1 = \left\{ \boldsymbol{X}_1 \middle| \boldsymbol{X}_1 = F_1(\boldsymbol{X}^{(L)}), \boldsymbol{X}^{(L)} \in \bar{\mathbb{R}} \right\}.$$

根据各层指标之间的关系, 容易证明以下结论成立.

定理 14.2 模糊对象集 $\bar{\mathbb{R}}$ 对应的第一层指标绩效值的集合 MSL_1 可以进一步表示如下:

$$MSL_1 = \left\{ \boldsymbol{X}_1 \middle| \boldsymbol{X}_1 = \sum_{p=1}^{n} F_1(\boldsymbol{X}^{(p)})\lambda_p, \sum_{p=1}^{n} \lambda_p = 1, \lambda_p \geqq 0, p = 1, \cdots, n \right\}.$$

证明 若 $\boldsymbol{X}_1' \in MSL_1$, 则存在 $\boldsymbol{X}^{(L)} \in \bar{\mathbb{R}}$ 使得

$$\boldsymbol{X}_1' = F_1(\boldsymbol{X}^{(L)}).$$

由于 $\boldsymbol{X}^{(L)} \in \bar{\mathbb{R}}$, 故存在 $\boldsymbol{\lambda} \geqq \boldsymbol{0}$, 使得

$$\sum_{p=1}^{n} \lambda_p = 1, \quad \boldsymbol{X}^{(L)} = \sum_{p=1}^{n} \boldsymbol{X}^{(p)} \lambda_p.$$

由于

$$\begin{aligned}
\boldsymbol{X}_1' &= F_1(\boldsymbol{X}^{(L)}) = F_1\left(\sum_{p=1}^{n} \boldsymbol{X}^{(p)} \lambda_p\right) \\
&= F_1\left(\sum_{p=1}^{n} ((r_{111}^{(p)}, \cdots, r_{11s}^{(p)}), \cdots, (r_{kn_k1}^{(p)}, \cdots, r_{kn_ks}^{(p)}))\lambda_p\right) \\
&= F_1\left(\left(\left(\sum_{p=1}^{n} r_{111}^{(p)}\lambda_p, \cdots, \sum_{p=1}^{n} r_{11s}^{(p)}\lambda_p\right), \cdots, \left(\sum_{p=1}^{n} r_{kn_k1}^{(p)}\lambda_p, \cdots, \sum_{p=1}^{n} r_{kn_ks}^{(p)}\lambda_p\right)\right)\right) \\
&= \left(\sum_{q=1}^{s}\sum_{p=1}^{n} r_{11q}^{(p)}\lambda_p v_q, \cdots, \sum_{q=1}^{s}\sum_{p=1}^{n} r_{kn_kq}^{(p)}\lambda_p v_q\right) \\
&= \left(\sum_{p=1}^{n}\sum_{q=1}^{s} r_{11q}^{(p)}\lambda_p v_q, \cdots, \sum_{p=1}^{n}\sum_{q=1}^{s} r_{kn_kq}^{(p)}\lambda_p v_q\right) \\
&= \sum_{p=1}^{n}\left(\sum_{q=1}^{s} r_{11q}^{(p)} v_q, \cdots, \sum_{q=1}^{s} r_{1n_1q}^{(p)} v_q, \cdots, \sum_{q=1}^{s} r_{k_1q}^{(p)} v_q, \cdots, \sum_{q=1}^{s} r_{kn_kq}^{(p)} v_q\right)\lambda_p \\
&= \sum_{p=1}^{n} (x_{11}^{(p)}, \cdots, x_{1n_1}^{(p)}, \cdots, x_{k1}^{(p)}, \cdots, x_{kn_k}^{(p)})\lambda_p = \sum_{p=1}^{n} F_1(\boldsymbol{X}^{(p)})\lambda_p,
\end{aligned}$$

因此, 有

$$\boldsymbol{X}_1' \in \left\{ \boldsymbol{X}_1 \middle| \boldsymbol{X}_1 = \sum_{p=1}^{n} F_1(\boldsymbol{X}^{(p)})\lambda_p, \sum_{p=1}^{n} \lambda_p = 1, \lambda_p \geqq 0, p = 1, \cdots, n \right\}.$$

反之, 如果

$$\boldsymbol{X}_1' \in \left\{ \boldsymbol{X}_1 \middle| \boldsymbol{X}_1 = \sum_{p=1}^{n} F_1(\boldsymbol{X}^{(p)})\lambda_p, \sum_{p=1}^{n} \lambda_p = 1, \lambda_p \geqq 0, p = 1, \cdots, n \right\},$$

则存在 $\boldsymbol{\lambda} \geqq \boldsymbol{0}$, 使得

$$\sum_{p=1}^{n} \lambda_p = 1, \quad \boldsymbol{X}_1' = \sum_{p=1}^{n} F_1(\boldsymbol{X}^{(p)})\lambda_p.$$

由于

$$\sum_{p=1}^{n} F_1(\boldsymbol{X}^{(p)})\lambda_p = F_1\left(\sum_{p=1}^{n} \boldsymbol{X}^{(p)}\lambda_p\right),$$

令

$$\boldsymbol{X}^{(L)} = \sum_{p=1}^{n} \boldsymbol{X}^{(p)}\lambda_p,$$

显然 $\boldsymbol{X}^{(L)} \in \bar{\mathbb{R}}$, 并且 $\boldsymbol{X}_1' = F_1(\boldsymbol{X}^{(L)})$, 所以 $\boldsymbol{X}_1' \in MSL_1$. 证毕.

(2) 对第二层指标 U_i 的绩效值 $x_i^{(L)}$ 可以用以下公式给出:

$$x_i^{(L)} = \sum_{j=1}^{n_i} \sum_{q=1}^{s} r_{ijq}^{(L)} v_q a_{ij} \quad (i = 1, 2, \cdots, k),$$

这样

$$\boldsymbol{X}_2^{(L)} = (x_1^{(L)}, x_2^{(L)}, \cdots, x_k^{(L)})$$

就代表了模糊对象 L 相对于第二层指标的状态.

设 $F_2(\boldsymbol{X}^{(L)}) = (x_1^{(L)}, x_2^{(L)}, \cdots, x_k^{(L)})$, 则可以得到模糊对象集 $\bar{\mathbb{R}}$ 对应的第二层指标绩效值的集合如下:

$$MSL_2 = \left\{ \boldsymbol{X}_2 \middle| \boldsymbol{X}_2 = F_2(\boldsymbol{X}^{(L)}), \boldsymbol{X}^{(L)} \in \bar{\mathbb{R}} \right\}.$$

类似定理 14.2 可证以下结论成立.

定理 14.3 模糊对象集 $\bar{\mathbb{R}}$ 对应的第二层指标绩效值的集合 MSL_2 可以进一步表示如下:

$$MSL_2 = \left\{ \boldsymbol{X}_2 \middle| \boldsymbol{X}_2 = \sum_{p=1}^{n} F_2(\boldsymbol{X}^{(p)})\lambda_p, \sum_{p=1}^{n} \lambda_p = 1, \lambda_p \geqq 0, p = 1, \cdots, n \right\}.$$

证明 由于

$$F_2\left(\sum_{p=1}^{n} \boldsymbol{X}^{(p)}\lambda_p\right)$$

$$
\begin{aligned}
&= F_2\left(\sum_{p=1}^{n}((r_{111}^{(p)},\cdots,r_{11s}^{(p)}),\cdots,(r_{kn_k1}^{(p)},\cdots,r_{kn_ks}^{(p)}))\lambda_p\right)\\
&= F_2\left(\left(\left(\sum_{p=1}^{n}r_{111}^{(p)}\lambda_p,\cdots,\sum_{p=1}^{n}r_{11s}^{(p)}\lambda_p\right),\cdots,\left(\sum_{p=1}^{n}r_{kn_k1}^{(p)}\lambda_p,\cdots,\sum_{p=1}^{n}r_{kn_ks}^{(p)}\lambda_p\right)\right)\right)\\
&= \left(\sum_{j=1}^{n_1}\sum_{q=1}^{s}\sum_{p=1}^{n}r_{1jq}^{(p)}\lambda_p v_q a_{1j},\cdots,\sum_{j=1}^{n_k}\sum_{q=1}^{s}\sum_{p=1}^{n}r_{kjq}^{(p)}\lambda_p v_q a_{kj}\right)\\
&= \left(\sum_{p=1}^{n}\sum_{j=1}^{n_1}\sum_{q=1}^{s}r_{1jq}^{(p)}v_q a_{1j}\lambda_p,\cdots,\sum_{p=1}^{n}\sum_{j=1}^{n_k}\sum_{q=1}^{s}r_{kjq}^{(p)}v_q a_{kj}\lambda_p\right)\\
&= \left(\sum_{p=1}^{n}x_1^{(p)}\lambda_p,\cdots,\sum_{p=1}^{n}x_k^{(p)}\lambda_p\right)=\sum_{p=1}^{n}(x_1^{(p)},\cdots,x_k^{(p)})\lambda_p=\sum_{p=1}^{n}F_2(\boldsymbol{X}^{(p)})\lambda_p,
\end{aligned}
$$

因此, $\sum_{p=1}^{n}F_2(\boldsymbol{X}^{(p)})\lambda_p=F_2\left(\sum_{p=1}^{n}\boldsymbol{X}^{(p)}\lambda_p\right)$, 类似定理 14.2 可证. 证毕.

对于二级以上的模糊综合评判可以类似讨论.

14.2.4 模糊事件评价结果的有效性定义

以下从偏序集角度出发给出模糊事件评价结果的有效性定义.

定义 14.2[30] 假设 P 是一个集合, P 上的一个二元关系 $\ll$ 如果满足下述三个条件:

(1) 自反性: 对任意的 $a\in P$, $a\ll a$;

(2) 反对称性: 对任意的 $a,b\in P$, 若 $a\ll b$, $b\ll a$, 则有 $a=b$;

(3) 传递性: 对任意的 $a,b,c\in P$, 若 $a\ll b$, $b\ll c$, 则有 $a\ll c$,

则称二元关系 $\ll$ 为偏序关系 (或是半序关系), 此时 $(P,\ll)$ 称为一个偏序集 (或是半序集).

定义 14.3[30] 假设 $(P,\ll)$ 是一个偏序集, $a\in P$, 对任何 $b\in P$, 若 $a\ll b$, 都有 $a=b$, 则称 a 是 $(P,\ll)$ 的极大元.

假设 $L_p,L_q\in N$, 对第 k 层指标, 定义 MSL_k 上的偏序关系 $\ll$ 为

$$F_k(\boldsymbol{X}^{(L_p)})\ll F_k(\boldsymbol{X}^{(L_q)})\ \text{当且仅当}\ F_k(\boldsymbol{X}^{(L_p)})\leqq F_k(\boldsymbol{X}^{(L_q)}),$$

这里 $\leqq$ 即为通常的大小关系.

定义 14.4 如果模糊事件 $L\in N$, $\boldsymbol{X}^{(L)}\in\bar{R}$, 并且 $F_k(\boldsymbol{X}^{(L)})$ 是偏序集 $(MSL_k,\ll)$ 的极大元, 则称模糊事件 L 基于第 k 层指标为 MF-DEA 有效.

定义 14.4 表明, 从目前获得的第 k 层指标的经验数据看, 如果模糊事件 L 和其他同类事件相比绩效值达到极大, 则认为该模糊对象为 MF-DEA 有效.

14.3 模糊事件无效原因与改进的策略分析

如果一个模糊对象为 MF-DEA 无效, 那么下面的方法主要给出以下两方面的信息: ① 模糊对象的评价结果为什么会无效. ② 为了使模糊对象达到有效该如何调控.

14.3.1 模糊事件评价结果的无效原因分析

以下探讨如何度量模糊事件 L 的有效性程度.

$$(\mathrm{MFD})_k \begin{cases} \max\left(\theta+\varepsilon \boldsymbol{e}^{\mathrm{T}} \boldsymbol{S}\right)=V_{\mathrm{MFD}_k}, \\ \text{s.t.} \ \displaystyle\sum_{p=1}^{n} F_k(\boldsymbol{X}^{(p)})\lambda_p-\boldsymbol{S}=\theta F_k(\boldsymbol{X}^{(L)}), \\ \qquad \displaystyle\sum_{p=1}^{n} \lambda_p=1, \\ \qquad \boldsymbol{S} \geqq \mathbf{0},\ \boldsymbol{\lambda} \geqq \mathbf{0}, \end{cases}$$

这里 ε 为非阿基米德无穷小量, $\boldsymbol{\lambda}=(\lambda_1,\lambda_2,\cdots,\lambda_n)$.

定理 14.4 如果 $X^{(L)} \in \bar{\mathbb{R}}$, 则模糊事件 L 为 MF-DEA 有效当且仅当模型 $(\mathrm{MFD})_k$ 的最优解 $\boldsymbol{\lambda}^0,\boldsymbol{S}^0,\theta^0$ 满足 $\theta^0=1$ 且 $\boldsymbol{S}^0=\mathbf{0}$.

证明 ($\Leftarrow$) 假设模糊事件 L 为 MF-DEA 无效, 由定义 14.4 知, 存在

$$\boldsymbol{X}_k \in MSL_k, \quad F_k(\boldsymbol{X}^{(L)}) \neq \boldsymbol{X}_k,$$

使得

$$F_k(\boldsymbol{X}^{(L)}) \leqq \boldsymbol{X}_k.$$

由于 $\boldsymbol{X}_k \in MSL_k$, 故存在 $\boldsymbol{\lambda} \geqq \mathbf{0}$, 使得

$$\sum_{p=1}^{n} \lambda_p=1, \quad \boldsymbol{X}_k=\sum_{p=1}^{n} F_k(\boldsymbol{X}^{(p)})\lambda_p.$$

由此可知

$$\sum_{p=1}^{n} F_k(\boldsymbol{X}^{(p)})\lambda_p \geqq F_k(\boldsymbol{X}^{(L)}).$$

令

$$\boldsymbol{S}=\sum_{p=1}^{n}F_k(\boldsymbol{X}^{(p)})\lambda_p-F_k(\boldsymbol{X}^{(L)}).$$

由于

$$F_k(\boldsymbol{X}^{(L)})\neq\boldsymbol{X}_k,$$

所以

$$\boldsymbol{S}\neq\boldsymbol{0}.$$

显然, $\theta=1,\boldsymbol{\lambda},\boldsymbol{S}$ 是模型 $(\mathrm{MFD})_k$ 的可行解. 这与模型 $(\mathrm{MFD})_k$ 的最优值等于 1 矛盾!

($\Rightarrow$) 假设 $\boldsymbol{\lambda}^0,\boldsymbol{S}^0,\theta^0$ 为线性规划 $(\mathrm{MFD})_k$ 的最优解, 满足 $\theta^0\neq1$, 或者 $\theta^0=1,\boldsymbol{S}^0\neq\boldsymbol{0}$. 由于 $\boldsymbol{X}^{(L)}\in\bar{\mathbb{R}}$, 由定理 14.2 和定理 14.3 可知

$$F_k(\boldsymbol{X}^{(L)})\in MSL_k,$$

所以存在 $\boldsymbol{\lambda}\geqq\boldsymbol{0}$, 使得

$$\sum_{p=1}^{n}\lambda_p=1,\quad F_k(\boldsymbol{X}^{(L)})=\sum_{p=1}^{n}F_k(\boldsymbol{X}^{(p)})\lambda_p.$$

令

$$\boldsymbol{S}=\sum_{p=1}^{n}F_k(\boldsymbol{X}^{(p)})\lambda_p-F_k(\boldsymbol{X}^{(L)}).$$

显然, $\theta=1,\boldsymbol{\lambda},\boldsymbol{S}$ 是模型 $(\mathrm{MFD})_k$ 的可行解. 因此, 模型 $(\mathrm{MFD})_k$ 的最优值大于或等于 1.

(1) 若 $\theta^0\neq1$, 则必有 $\theta^0>1$, 否则, 与模型 $(\mathrm{MFD})_k$ 的最优值大于或等于 1 矛盾. 由 $(\mathrm{MFD})_k$ 的约束条件可知

$$\sum_{p=1}^{n}F_k(\boldsymbol{X}^{(p)})\lambda_p^0-\boldsymbol{S}^0=\theta^0F_k(\boldsymbol{X}^{(L)})\geqslant F_k(\boldsymbol{X}^{(L)}),$$

令

$$\boldsymbol{X}_k=\sum_{p=1}^{n}F_k(\boldsymbol{X}^{(p)})\lambda_p^0,$$

则有

$$\boldsymbol{X}_k \geqslant F_k(\boldsymbol{X}^{(L)}),$$

这与模糊事件 L 为 MF-DEA 有效矛盾!

(2) 若 $\theta^0 = 1, \boldsymbol{S}^0 \neq \boldsymbol{0}$, 则由 $(\mathrm{MFD})_k$ 的约束条件可知

$$\sum_{p=1}^{n} F_k(\boldsymbol{X}^{(p)})\lambda_p^0 \geqslant F_k(\boldsymbol{X}^{(L)}),$$

这与模糊事件 L 为 MF-DEA 有效矛盾! 证毕.

应用定理 14.4 可以判断模糊事件 L 是否为 MF-DEA 有效.

定义 14.5 假设模型 $(\mathrm{MFD})_k$ 的最优解为 $\boldsymbol{\lambda}^0, \boldsymbol{S}^0, \theta^0$, 令

$$\hat{\boldsymbol{X}}_k = \theta^0 F_k(\boldsymbol{X}^{(L)}) + \boldsymbol{S}^0,$$

称 $\hat{\boldsymbol{X}}_k$ 为模糊事件 L 在 $(MSL_k, \ll)$ 有效面上的投影.

定理 14.5 模糊事件 L 在 $(MSL_k, \ll)$ 有效面上的投影 $\hat{\boldsymbol{X}}_k \in MSL_k$, 并且为 MF-DEA 有效.

证明 若线性规划 $(\mathrm{MFD})_k$ 的最优解为 $\boldsymbol{\lambda}^0, \boldsymbol{S}^0, \theta^0$, 则有

$$\sum_{p=1}^{n} F_k(\boldsymbol{X}^{(p)})\lambda_p^0 - \boldsymbol{S}^0 = \theta^0 F_k(\boldsymbol{X}^{(L)}),$$

即

$$\sum_{p=1}^{n} F_k(\boldsymbol{X}^{(p)})\lambda_p^0 = \theta^0 F_k(\boldsymbol{X}^{(L)}) + \boldsymbol{S}^0,$$

由于

$$\hat{\boldsymbol{X}}_k = \theta^0 F_k(\boldsymbol{X}^{(L)}) + \boldsymbol{S}^0,$$

则

$$\sum_{p=1}^{n} F_k(\boldsymbol{X}^{(p)})\lambda_p^0 = \hat{\boldsymbol{X}}_k.$$

因此, $\hat{\boldsymbol{X}}_k \in MSL_k$. 若 $\hat{\boldsymbol{X}}_k$ 为 MF-DEA 无效, 由定义 14.4 知存在 $\boldsymbol{X}_k \in MSL_k$, 使得

$$\boldsymbol{X}_k \neq \hat{\boldsymbol{X}}_k, \quad \boldsymbol{X}_k \geqq \hat{\boldsymbol{X}}_k.$$

因为 $\boldsymbol{X}_k \in MSL_k$, 所以, 故存在 $\boldsymbol{\lambda} \geqq \boldsymbol{0}$, 使得

$$\sum_{p=1}^{n}\lambda_p=1,\quad \boldsymbol{X}_k=\sum_{p=1}^{n}F_k(\boldsymbol{X}^{(p)})\lambda_p.$$

由此可知

$$\sum_{p=1}^{n}F_k(\boldsymbol{X}^{(p)})\lambda_p \geqq \hat{\boldsymbol{X}}_k.$$

因此有

$$\sum_{p=1}^{n}F_k(\boldsymbol{X}^{(p)})\lambda_p \geqq \theta^0 F_k(\boldsymbol{X}^{(L)})+\boldsymbol{S}^0.$$

令

$$\boldsymbol{S}=\sum_{p=1}^{n}F_k(\boldsymbol{X}^{(p)})\lambda_p-\theta^0 F_k(\boldsymbol{X}^{(L)}),$$

则 $\boldsymbol{\lambda},\boldsymbol{S},\theta^0$ 是 $(\mathrm{MFD})_k$ 的一个可行解, 并且

$$\theta^0+\varepsilon\boldsymbol{e}^{\mathrm{T}}\boldsymbol{S}^0<\theta^0+\varepsilon\boldsymbol{e}^{\mathrm{T}}\boldsymbol{S},$$

矛盾! 证毕.

如何根据有限的数据资源来获得模糊事件评价结果无效的原因呢? 由定理 14.5 可知, $\hat{\boldsymbol{X}}_k\in MSL_k$, 并且为 MF-DEA 有效, 所以 $\hat{\boldsymbol{X}}_k$ 是模糊事件 L 可以达到的绩效状态, 并且根据经验数据看这种状态是比较理想的 (极大值). 模糊事件 L 的当前值 $F_k(\boldsymbol{X}^{(L)})$ 和理想值之间的差距为

$$\Delta F_k(\boldsymbol{X}^{(L)})=\hat{\boldsymbol{X}}_k-F_k(\boldsymbol{X}^{(L)})=(\theta^0-1)F_k(\boldsymbol{X}^{(L)})+\boldsymbol{S}^0.\tag{14.3.1}$$

由此可知 $\Delta F_k(\boldsymbol{X}^{(L)})$ 可以在一定程度上反映模糊事件 L 无效的原因. 另外, $V_L=1/\theta^0$ 反映了模糊事件 L 达到理想值的程度, 这里称其为模糊事件 L 评价结果的有效值.

14.3.2　模糊事件的改进策略分析

为了更好地改变模糊事件的所处的状态, 决策者希望能够获得可行而有效的改进方案和策略. 比如在图 14.3 中, 为了提高一个学生的综合能力 (U), 决策者可能会关心该学生究竟哪个方面还有提高的可能性? 如何提高才能达到有效的水平? 这时决策者希望得到的改进信息可能是第二层指标, 也可能是第一层指标.

为了方便后面的分析, 以下令

$$F_0(\boldsymbol{X}^{(L)})=\boldsymbol{X}^{(L)}=((r_{111}^{(L)},r_{112}^{(L)},\cdots,r_{11s}^{(L)}),\cdots,(r_{kn_k1}^{(L)},r_{kn_k2}^{(L)},\cdots,r_{kn_ks}^{(L)})).$$

定义 14.6 假设决策者选择的评价层指标为第 k 层, 调控层指标为第 l 层, $l \leqq k$, 模型 $(\text{MFD})_k$ 的最优解为 $\boldsymbol{\lambda}^0, \boldsymbol{S}^0, \theta^0$, 令

$$\hat{\boldsymbol{X}}^{(L)} = \sum_{p=1}^{n} \boldsymbol{X}^{(p)} \lambda_p^0, \quad \hat{\boldsymbol{X}}_l = F_l(\hat{\boldsymbol{X}}^{(L)}), \quad \Delta F_l(\boldsymbol{X}^{(L)}) = F_l(\hat{\boldsymbol{X}}^{(L)}) - F_l(\boldsymbol{X}^{(L)}), \tag{14.3.2}$$

称 $\hat{\boldsymbol{X}}_l$ 为模糊事件 L 在 $(MSL_l, \ll)$ 上的调控目标, $\Delta F_l(\boldsymbol{X}^{(L)})$ 为相应的调控尺度.

定理 14.6 若线性规划 $(\text{MFD})_k$ 的最优解为 $\boldsymbol{\lambda}^0, \boldsymbol{S}^0, \theta^0$, 则 $\hat{\boldsymbol{X}}^{(L)} \in \bar{\mathbb{R}}$.

证明 由于 $\boldsymbol{\lambda}^0, \boldsymbol{S}^0, \theta^0$ 为规划 $(\text{MFD})_k$ 的最优解, 所以

$$\boldsymbol{\lambda}^0 \geqq \mathbf{0}, \quad \sum_{p=1}^{n} \lambda_p^0 = 1,$$

又因为

$$\hat{\boldsymbol{X}}^{(L)} = \sum_{p=1}^{n} \boldsymbol{X}^{(p)} \lambda_p^0,$$

所以 $\hat{\boldsymbol{X}}^{(L)} \in \bar{\mathbb{R}}$, 证毕.

定理 14.7 若线性规划 $(\text{MFD})_k$ 的最优解为 $\boldsymbol{\lambda}^0, \boldsymbol{S}^0, \theta^0$, 则

$$F_k(\hat{\boldsymbol{X}}^{(L)}) = \hat{\boldsymbol{X}}_k,$$

并且为 MF-DEA 有效.

证明 若线性规划 $(\text{MFD})_k$ 的最优解为 $\boldsymbol{\lambda}^0, \boldsymbol{S}^0, \theta^0$, 则有

$$\sum_{p=1}^{n} F_k(\boldsymbol{X}^{(p)}) \lambda_p^0 - \boldsymbol{S}^0 = \theta^0 F_k(\boldsymbol{X}^{(L)}),$$

即

$$\sum_{p=1}^{n} F_k(\boldsymbol{X}^{(p)}) \lambda_p^0 = \theta^0 F_k(\boldsymbol{X}^{(L)}) + \boldsymbol{S}^0,$$

由于

$$\hat{\boldsymbol{X}}_k = \theta^0 F_k(\boldsymbol{X}^{(L)}) + \boldsymbol{S}^0,$$

所以 $\sum_{p=1}^{n} F_k(\boldsymbol{X}^{(p)}) \lambda_p^0 = \hat{\boldsymbol{X}}_k$.

类似定理 14.3 的讨论可知

$$F_k(\hat{\boldsymbol{X}}^{(L)}) = F_k\left(\sum_{p=1}^{n} \boldsymbol{X}^{(p)}\lambda_p^0\right) = \sum_{p=1}^{n} F_k(\boldsymbol{X}^{(p)})\lambda_p^0,$$

所以 $F_k(\hat{\boldsymbol{X}}^{(L)}) = \hat{\boldsymbol{X}}_k$.

由定理 14.5 可知 $\hat{\boldsymbol{X}}_k$ 为 MF-DEA 有效, 因此, $F_k(\hat{\boldsymbol{X}}^{(L)})$ 为 MF-DEA 有效. 证毕.

如何找到模糊事件 L 的有效调控策略呢? 从图 14.4 可以看出, 对 $\boldsymbol{X}^{(L)}$ 直接进行模糊运算即可得到 $F_l(\boldsymbol{X}^{(L)})$ 和 $F_k(\boldsymbol{X}^{(L)})$, 对 $F_k(\boldsymbol{X}^{(L)})$ 应用模型 $(\mathrm{MFD})_k$ 进行计算即可得到模糊事件 L 可以达到的理想值 $\hat{\boldsymbol{X}}_k$, 但是应用模型 $(\mathrm{MFD})_k$ 并不能直接给出模糊事件 L 的改进策略 $F_l(\hat{\boldsymbol{X}}^{(L)})$. 因此, 需要应用公式 (14.3.2) 计算出 $\hat{\boldsymbol{X}}^{(L)}$, 从定理 14.6 可知 $\hat{\boldsymbol{X}}^{(L)} \in \bar{\mathbb{R}}$, 即 $\hat{\boldsymbol{X}}^{(L)}$ 是模糊事件 L 的可以达到的状态, 从定理 14.7 可知这种状态正是模糊事件 L 可以达到的理想状态. 因此, $F_l(\hat{\boldsymbol{X}}^{(L)})$ 就是模糊事件 L 在 $(MSL_l, \ll)$ 上的理想调控目标, $\Delta F_l(\boldsymbol{X}^{(L)})$ 为相应的调控尺度.

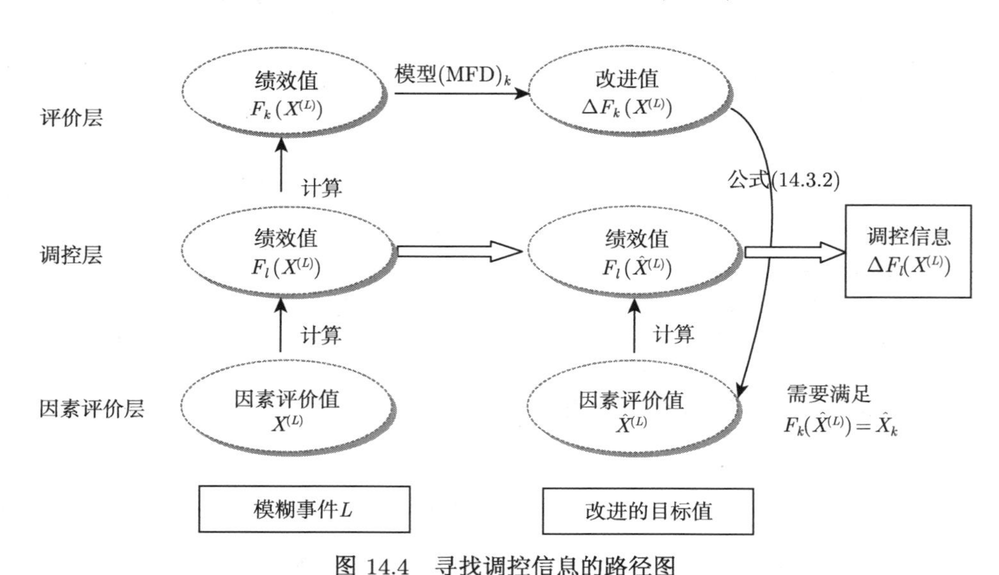

图 14.4　寻找调控信息的路径图

14.4　基于模糊综合评判的来华游客满意度分析

文献 [31] 应用模糊综合评判方法对来华游客满意度情况进行了分析, 给出了游客满意度的模糊综合评判结果. 但应用模糊综合评判方法无法给出各旅游省份的无效原因和改进策略. 因此, 以下在文献 [31] 的基础上给出了进一步分析.

14.4.1 来华游客满意度的模糊综合评判

文献 [31] 共选出中国 14 个旅游省份某年的旅游数据进行分析, 其中, 选择的评价集为

$$V=\{v_1,v_2,v_3,v_4,v_5\}=\{\text{非常满意, 较满意, 一般, 较不满意, 不满意}\}$$
$$=\{5,4,3,2,1\},$$

给出的指标体系、指标权重和各省份的模糊综合评价结果如表 14.1~ 表 14.3 所示.

首先, 采用模糊综合评判方法中的加权平均法可以计算出每个旅游省份的第一层因素模糊综合评价值如表 14.2 所示.

然后, 根据表 14.2 的计算结果, 应用加权平均法可计算出每个旅游省份第二层因素的模糊综合评价值如表 14.3 所示.

表 14.1 中国 14 个旅游省份的游客满意度影响因素分层表

第二层因素			第一层因素		
序号	权重	因素名称	序号	权重	因素名称
1	0.23	住宿 U_1	1	0.28	价格 u_{11}
			2	0.38	服务质量 u_{12}
			3	0.34	设施条件 u_{13}
2	0.09	交通 U_2	4	0.22	价格 u_{21}
			5	0.31	服务质量 u_{22}
			6	0.47	设施条件 u_{23}
3	0.12	餐饮 U_3	7	0.26	价格 u_{31}
			8	0.42	服务质量 u_{32}
			9	0.32	设施条件 u_{33}
4	0.08	娱乐 U_4	10	0.17	价格 u_{41}
			11	0.51	服务质量 u_{42}
			12	0.32	设施条件 u_{43}
5	0.09	购物 U_5	13	0.22	价格 u_{51}
			14	0.34	服务质量 u_{52}
			15	0.44	设施条件 u_{53}
6	0.09	邮电通信 U_6	16	0.12	价格 u_{61}
			17	0.88	服务质量 u_{62}
7	0.3	旅游景区点 U_7	18	0.15	价格 u_{71}
			19	0.43	服务质量 u_{72}
			20	0.42	设施条件 u_{73}

表 14.2　中国 14 个旅游省份的第一层因素的综合评价结果

因子＼地区	北京	内蒙古	辽宁	黑龙江	上海	安徽	福建
u_{11}	3.330	2.746	3.127	2.742	3.427	2.839	3.109
u_{12}	4.570	4.316	4.531	4.080	4.227	4.064	4.216
u_{13}	4.497	4.108	4.492	4.104	4.210	4.029	4.142
u_{21}	3.003	2.801	2.752	2.704	2.864	2.811	2.815
u_{22}	3.697	3.862	3.827	3.479	3.403	3.377	3.365
u_{23}	3.678	3.723	3.856	3.437	3.460	3.335	3.309
u_{31}	3.048	3.284	3.080	3.222	2.967	2.909	2.958
u_{32}	4.315	4.129	4.131	3.838	3.925	3.762	3.839
u_{33}	4.314	4.048	4.130	3.823	3.924	3.738	3.689
u_{41}	3.142	3.218	3.160	3.210	3.093	3.153	2.964
u_{42}	3.993	3.727	3.773	3.404	3.696	2.879	3.401
u_{43}	3.978	3.633	3.811	3.444	3.708	2.824	3.378
u_{51}	3.082	2.756	2.853	2.854	2.991	2.628	2.813
u_{52}	4.256	3.615	3.912	3.714	3.948	3.311	3.558
u_{53}	4.252	3.616	3.961	3.716	3.944	3.295	3.560
u_{61}	3.189	3.143	3.166	3.175	3.180	3.082	3.123
u_{62}	4.139	3.622	3.836	3.614	3.589	3.504	3.491
u_{71}	3.276	3.141	3.219	3.216	3.207	3.091	3.138
u_{72}	4.117	3.630	3.808	3.762	3.554	3.979	3.540
u_{73}	4.248	3.621	3.884	3.363	3.729	3.876	3.487
因子＼地区	湖南	广东	广西	重庆	云南	陕西	新疆
u_{11}	2.911	3.649	3.334	2.832	3.075	3.568	2.980
u_{12}	4.309	4.119	4.009	4.459	4.217	4.273	4.303
u_{13}	4.258	4.185	3.888	4.358	4.150	4.248	4.131
u_{21}	2.825	3.219	2.942	2.841	3.070	3.183	2.824
u_{22}	3.536	3.488	3.345	3.524	3.074	3.618	3.657
u_{23}	3.508	3.672	3.307	3.455	3.115	3.579	3.608
u_{31}	3.100	3.235	3.061	2.876	2.935	3.211	3.156
u_{32}	4.051	3.874	3.700	4.169	3.798	3.932	3.932
u_{33}	3.965	3.943	3.618	4.112	3.772	3.932	3.786
u_{41}	2.968	3.205	3.204	3.131	3.212	3.750	3.143
u_{42}	3.642	3.565	3.051	3.737	3.300	3.505	3.486
u_{43}	3.614	3.641	3.053	3.658	3.206	3.461	3.425
u_{51}	2.770	3.099	3.018	2.726	3.154	3.813	2.871
u_{52}	3.743	3.699	3.269	3.890	3.560	3.652	3.806
u_{53}	3.722	3.784	3.228	3.874	3.563	3.679	3.628
u_{61}	3.078	3.210	3.088	2.864	2.981	3.522	3.147
u_{62}	3.859	3.622	3.212	3.742	3.421	4.041	3.846
u_{71}	2.995	3.213	3.275	3.167	3.225	3.914	2.766
u_{72}	3.652	3.535	3.315	3.829	3.502	3.510	3.856
u_{73}	4.022	3.651	3.597	3.778	3.658	3.887	3.623

表 14.3 中国 14 个省份第二层因素的综合评价结果

因子 \ 地区	北京	内蒙古	辽宁	黑龙江	上海	安徽	福建
住宿	4.198	3.806	4.125	3.714	3.997	3.709	3.881
交通	3.535	3.563	3.604	3.289	3.311	3.233	3.218
餐饮	3.985	3.883	3.857	3.673	3.676	3.533	3.562
娱乐	3.844	3.610	3.681	3.384	3.597	2.908	3.319
购物	3.996	3.426	3.701	3.526	3.736	3.154	3.395
邮电通信	4.025	3.565	3.756	3.561	3.540	3.453	3.447
旅游景区点	4.046	3.553	3.752	3.513	3.575	3.803	3.457
综合评价结果	4.005	3.646	3.827	3.553	3.674	3.536	3.528
因子 \ 地区	**湖南**	**广东**	**广西**	**重庆**	**云南**	**陕西**	**新疆**
住宿	3.900	4.010	3.779	3.969	3.874	4.067	3.874
交通	3.366	3.515	3.238	3.341	3.092	3.504	3.451
餐饮	3.776	3.730	3.508	3.815	3.565	3.745	3.684
娱乐	3.518	3.528	3.078	3.609	3.255	3.533	3.408
购物	3.520	3.604	3.196	3.627	3.472	3.699	3.522
邮电通信	3.765	3.573	3.197	3.637	3.368	3.979	3.762
旅游景区点	3.709	3.535	3.427	3.708	3.526	3.729	3.595
综合评价结果	3.703	3.675	3.431	3.726	3.531	3.792	3.650

从表 14.3 的计算结果看, 综合评价值从高到低的排序为

北京 > 辽宁 > 陕西 > 重庆 > 湖南 > 广东 > 上海 > 新疆 > 内蒙古 > 黑龙江 > 安徽 > 云南 > 福建 > 广西.

其中综合评价值最高的是北京, 评价值为 4.005, 评价结果为较满意; 评价值最低的是广西, 评价值为 3.431, 评价结果为一般; 辽宁、陕西、重庆、湖南、广东、上海的评价值小于 4, 大于平均值 3.663, 评价结果一般, 但整体上属中等偏上水平; 新疆、内蒙古、黑龙江、安徽、云南、福建、广西的评价值小于平均值 3.663, 大于 3, 评价结果一般, 整体属于中等偏下水平.

14.4.2 来华游客满意度方面存在的问题

从上面模糊综合评价的结果看, 中国 14 个省份中有 7 个省份游客满意度处于中等偏下的水平. 那么, 这些地区游客不满意的主要原因是什么呢? 以下选取综合评价值最低的广西为例, 说明如何应用本章方法找到模糊事件无效的原因. 同时, 选择安徽和云南为例, 来说明尽管它们的综合评价值比较接近, 但它们无效的原因和调整的方向却是不同的. 这里按表 14.2 的顺序将 14 个省份依次编号, 应用公式 (14.3.1) 获得的计算结果如下.

$$\Delta F_2(\boldsymbol{X}^{(6)}) = (0.489, 0.303, 0.453, 0.936, 0.842, 0.572, 0.243),$$

$$\Delta F_2(\boldsymbol{X}^{(10)}) = (0.384, 0.329, 0.417, 0.689, 0.660, 0.700, 0.479),$$
$$\Delta F_2(\boldsymbol{X}^{(12)}) = (0.324, 0.443, 0.420, 0.589, 0.524, 0.657, 0.520),$$

应用 $\Delta F_k(\boldsymbol{X}^{(L)})$ 和 $F_k(\boldsymbol{X}^{(L)})$ 可以进一步计算出各地区无效程度值占指标值的百分比如图 14.5 所示.

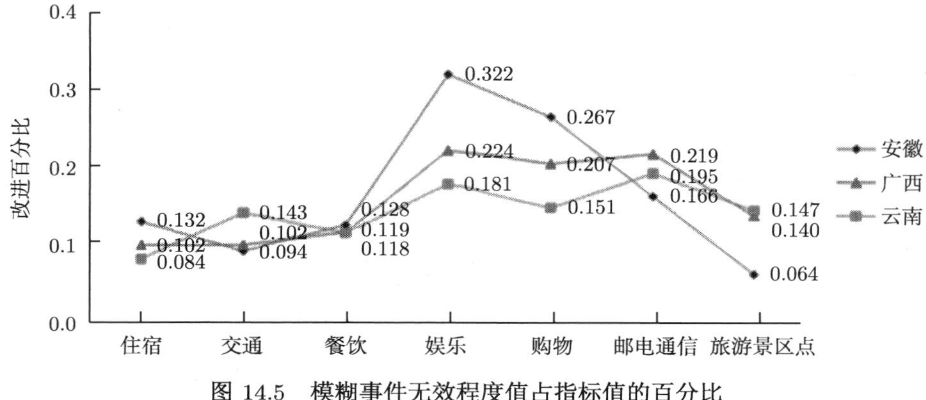

图 14.5　模糊事件无效程度值占指标值的百分比

从图 14.5 可知, 广西无效的原因主要是娱乐、购物和邮电通信方面客户满意度较差, 而且可以提升的空间也很大, 在 20%左右. 其他方面也存在一定不足, 但提升空间不大, 在 10%左右.

安徽和云南尽管综合评价值比较接近, 都是 0.53 左右, 但它们无效的原因和调整的方向却是不同的. 安徽无效的原因主要是由于娱乐和购物方面客户满意度较差, 而且可以提升的空间也很大, 在 26%以上. 而云南的问题比较均衡, 在邮电通信、娱乐、购物、交通和旅游景区点方面都有 14%～20%不等的提升空间.

根据调查发现[31], 广西由于地理环境问题导致交通、邮电通信和娱乐设施建设还比较落后; 安徽的旅游产业中, 绝大多数的旅游开发只能满足旅游基础设施, 由于缺乏资金和旅游市场发展的不成熟, 安徽的许多资源还处于原始状态, 不能被开发成旅游商品推向市场; 云南省旅游资源丰富, 但该省旅游业开发力度不够. 这些调查结果和本章提出的原因分析是一致的.

14.4.3　如何有效提高来华游客满意度

14.4.2 节已经从宏观上 (基于第二层指标) 给出了落后地区无效的原因和各指标可能改进的尺度. 但对于决策者而言, 更加详细的调控信息应该更有利于决策. 比如, 云南在娱乐方面的客户满意度有大约 18%的提升空间, 那么, 决策者究竟是提高设施条件、服务质量? 还是调控价格水平? 以下以云南为例, 应用公式 (14.3.2)

可以获得云南的计算结果如下：

$$\Delta F_1(\boldsymbol{X}^{(12)}) = (0.255, 0.353, 0.347, -0.067, 0.623, 0.563, 0.113, 0.517, 0.542, -0.070, 0.693, 0.772, -0.072, 0.696, 0.689, 0.208, 0.718, 0.051, 0.615, 0.590).$$

应用 $\Delta F_1(\boldsymbol{X}^{(12)})$ 和 $F_1(\boldsymbol{X}^{(12)})$ 可以计算出云南第一层因素的游客满意度改进百分比如图 14.6 所示.

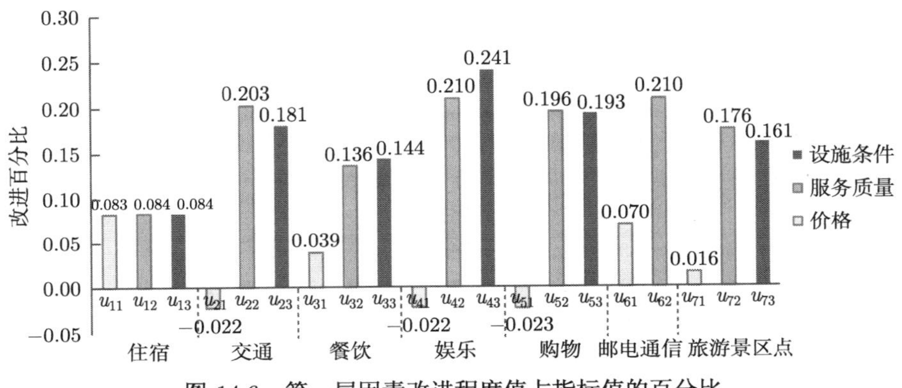

图 14.6 第一层因素改进程度值占指标值的百分比

从图 14.6 可知, 云南在价格方面的客户满意度比较高, 需要调整的空间不大, 甚至在交通、娱乐、购物方面的价格满意度还略有优势. 云南主要不足在于设施条件和服务质量两个方面, 主要表现以下几个方面. ① 交通、娱乐、购物方面的设施条件和服务质量客户满意度较差, 可以提升的空间在 20% 左右. 邮电通信方面的服务质量客户满意度也不理想, 可以提升的空间也在 20% 左右. ② 餐饮和旅游景区点的设施条件和服务质量也存在一定不足. 提升空间在 15% 左右. ③ 其他方面的提升空间不大, 大约在 1% 到 9% 之间. 由此可见, 云南应加强对交通设施建设的投入、努力提高服务质量. 同时, 注重对邮电通信服务质量的提高. 结合地区特色开发特色旅游体系, 提高景区整体设施条件, 并为游客提供更好的服务. 另外, 进一步加强餐饮和购物方面的设施建设和服务质量, 通过这样的努力可以大幅提升云南的整体旅游服务水平.

在综合评价过程中, 决策者不仅需要获得评价对象的评价结果, 更需要知道导致这种结果的原因和可行的优化路径. 模糊综合评判方法能较好地给出多层次模糊系统的好坏程度, 却无法给出导致这种结果的原因和可能的改进方向. 本章提出的方法在一定程度上弥补了模糊综合评判方法的这一不足. 另外, 本章给出的多层次评价结果可能集的概念及相关模型能使决策者获得模糊对象内部不同层次的评价信息和关联关系, 这对决策者获得模糊对象内部更为系统的管理信息具有积极的作用. 当然, 由于以往应用 DEA 思想改进模糊综合评判方法的工作较少, 本章只是进行了初步尝试, 相关研究仍有待于进一步完善和深入. 比如本章选择的合成算法是最常用的加权平均型算子, 而模糊综合评判方法中还可以使用主因素决定型或主因素突出型等其他算子. 在评价结果可能集的构造方面也可以采用更多的方式. 在这些方面如果能进一步开展工作, 定将会对推进多级模糊综合评判方法的应用能力、丰富模糊综合评判技术产生积极的作用.

参考文献

[1] Charnes A, Cooper W W, Rhodes E. Measuring the efficiency of decision making units[J]. European Journal of Operational Research, 1978, 2(6): 429-444

[2] 马占新. 数据包络分析方法的研究进展[J]. 系统工程与电子技术, 2002, 24(3): 42-46

[3] Zadeh L A. Fuzzy sets[J]. Information and Control, 1965, 8(3): 338-353

[4] 汪培庄. 模糊数学简介 (I)[J]. 数学的实践与认识, 1980, 10(2): 45-59

[5] 王宗军. 综合评价的方法、问题及其研究趋势[J]. 管理科学学报, 1998, 1(1): 75-81

[6] 马占新. 数据包络分析 (第一卷): 数据包络分析模型与方法[M]. 北京: 科学出版社, 2010

[7] 木仁. 基于模糊集与偏序集理论的数据包络分析方法[D]. 呼和浩特: 内蒙古大学, 2012

[8] Sengupta J K. A fuzzy systems approach in data envelopment analysis[J]. Computers & Mathematics with Applications, 1992, 24(8/9): 259-266

[9] Lertworasirikul S, Fang S C, Joines J A, et al. Fuzzy data envelopment analysis (DEA): a possibility approach[J]. Fuzzy Sets and Systems, 2003, 139(2): 379-394

[10] Hatami-Marbini A, Emrouznejad A, Tavana M. A taxonomy and review of the fuzzy data envelopment analysis literature: two decades in the making[J]. European Journal of Operational Research, 2011, 214(3): 457-472

[11] Triantis K, Girod O. A mathematical programming approach for measuring technical efficiency in a fuzzy environment[J]. Journal of Productivity Analysis, 1998, 10(1): 85-102

[12] Kao C, Liu S T. Fuzzy efficiency measures in data envelopment analysis[J]. Fuzzy Sets and Systems, 2000, 113(3): 427-437

[13] Guo P, Tanaka H. Fuzzy DEA: a perceptual evaluation method[J]. Fuzzy Sets and Systems, 2001, 119(1): 149-160

[14] 彭煜. 基于多目标规划的模糊 DEA 有效性[J]. 系统工程学报, 2004, 19(5): 548-552

[15] 马风才, 李霁坤, 张群. 基于三角形模糊数的 DEA 模型[J]. 数学的实践与认识, 2007, 37(11): 174-179

[16] Wen M L, Li H S. Fuzzy data envelopment analysis (DEA): model and ranking method[J]. Journal of Computational and Applied Mathematics, 2009, 223(2): 872-878

[17] Zhao X J, Yue W Y. A multi-subsystem fuzzy DEA model with its application in mutual funds management companies' competence evaluation[J]. Procedia Computer Science, 2010, 1(1): 2469-2478

[18] Muren, Ma Z X, Cui W. Generalized fuzzy data envelopment analysis methods[J]. Applied Soft Computing, 2014, 19(1): 215-225

[19] Zhou X Y, Pedrycz W, Kuang Y X, et al. Type-2 fuzzy multi-objective DEA model: an application to sustainable supplier evaluation[J]. Applied Soft Computing, 2016, 46: 424-440

[20] Hatami-Marbini A, Ebrahimnejad A, Lozano S. Fuzzy efficiency measures in data envelopment analysis using lexicographic multiobjective approach[J]. Computers & Industrial Engineering, 2017, 105: 362-376

[21] Yazdi M R T, Mozaffari M M, Nazari-Shirkouhi S, et al. Integrated Fuzzy DEA-ANFIS to measure the success effect of human resource spirituality[J]. Cybernetics and Systems, 2018, 49(3): 151-169

[22] Emrouznejad A, Yang G L. A survey and analysis of the first 40 years of scholarly literature in DEA: 1978-2016[J]. Socio-Economic Planning Sciences, 2018, 61: 4-8

[23] Tao L L, Chen Y, Liu X D, et al. An integrated multiple criteria decision making model applying axiomatic fuzzy set theory[J]. Applied Mathematical Modelling, 2012, 36(10): 5046-5058

[24] 周国强, 王雪青, 郭清娥. 基于改进 DEA-FCA 的信用评价方法[J]. 工业工程, 2013, 16(6): 67-71

[25] Li C J. The study on the evaluation model of DEA cross-efficiency and fuzzy comprehensive assessment in decision making for bidding of construction projects[J]. Advanced Materials Research, 2014, 850-851(1): 986-989

[26] 郭清娥, 苏兵. 离差最大化时基于交叉评价的多属性决策方法[J]. 运筹与管理, 2015, 24(5): 75-81

[27] Otay İ, Oztayşi B, Onar S C, et al. Multi-expert performance evaluation of healthcare institutions using an integrated intuitionistic fuzzy AHP&DEA methodology[J]. Knowledge-Based Systems, 2017, 133: 90-106

[28] Mardani A, Jusoh A, Zavadskas E K. Fuzzy Multiple criteria decision-making techniques and applications: two decades review from 1994 to 2014[J]. Expert Systems with Applications, 2015, 42(8): 4126-4148

[29] 马占新, 斯琴. 基于模糊综合评判的改进策略及优化方法[J]. 系统工程与电子技术, 2018, 40(9): 2016-2025

[30] Gratzer G. General lattice theory[M]. New York: Academic Press, 1978

[31] 潘丽平. 基于模糊综合评判的旅华游客旅游满意度评价研究[D]. 西安: 陕西师范大学, 2007

第 15 章　基于三角模糊数的模糊有效性度量方法

针对指标评价结果为三角模糊数的模糊综合评价问题, 本章给出了此类事件的模糊有效性度量方法. 该方法首先按照三角模糊数定义对指标进行评价, 然后构造了基于三角模糊数的模糊评价可能集, 进而定义该类事件的模糊评价有效性的概念, 并构造了相应的数学模型, 最后通过计算模型不仅可以找出被评价对象有效性的程度, 还可以依据投影分析得出评价结果无效的原因, 为改进被评价对象的不足给出指标改进范围的信息.

复杂的事件具有模糊性、不确定性等特点, 决策者难以采用一些精确数直接对其进行评价, 有时决策信息需要以模糊语言表示, 进而根据模糊数理论[1]进行评价. 如龚玉霞等[2]建立了三角模糊数与层次分析方法相结合的评价模型对银行 ATM 机选址问题进行评价. 张元等[3]应用三角模糊数理论和模糊综合评判理论构建了综合评判模型, 对民航企业管理安全进行评价. 宾厚等[4]利用三角模糊数法确定评价指标的权重, 结合模糊综合评价方法对城市共同配送风险进行评价. 模糊综合评判方法与三角模糊数理论相结合较好地解决了具有模糊性和不确定性等特点的多属性评价问题, 但该方法无法给出评价对象进一步改进不足的策略, 而这些信息对于决策者来说十分重要. 数据包络分析方法 (DEA)[5-8]是一种重要的效率分析方法, 通过分析计算客观数据可以给出被评价单元的改进信息. 因此, 研究者们提出了许多将两种方法相结合的综合评价方法, 为决策提供更加全面的评价信息.

1992 年 Sengupta[9-10]首先提出模糊数据包络分析方法, 该方法可用来解决数据不精确, 模糊等评价问题. 随后模糊 DEA 方法在理论研究与实际应用中获得较快发展. 如 Hatami-Marbini 等在文献 [11] 中将理论研究方法分成了容忍方法[9-10]、α 截集的方法[12]、模糊排序方法[13]、可能性方法[14]及其他方法[15]. Hatami-Marbini 等[16]提出了一种模糊 DEA 交叉效率方法用来进行供应商评估问题. Wang 等[17]采用三角模糊数和梯形模糊数相对应的模糊 DEA 模型来评估环境效率, 等等. 这些文献主要是研究决策单元的输入输出指标为非精确值的效率评价问题, 与上述文献研究成果不同, 文献 [18] 提出了结合模糊综合评判基础的 DEA 模型, 该模型不仅加强了评价结果的客观性, 还找出了无效单元的不足并为其提供有用信息. 此外, 针对量化指标和非量化指标同时存在的混合型多属性问题, 文献 [19, 20] 利用数据包络分析方法和模糊综合评价方法进行评价, 将评价结果通过模糊综合评价进行评价, 从而得出被评价事件的综合评价值, 该方法在多属性事件的综合评价中得到很好应用, 但无法进一步提供模糊综合评判结果改进的策略. 为解决这类问题, 文献 [21] 在模糊综合评判方法的基础上, 给出了模糊可能集和有效性概念, 并构造了相应的数学模型, 为评价对象提供改进信息.

因此, 本章基于文献 [21] 针对指标评价结果为三角模糊数的模糊综合评价问题进行分析, 首先按照三角模糊数定义对指标进行评价, 然后构造了基于三角模糊数的模糊评价可能集, 进而定义该类事件的模糊评价有效性的概念, 并构造了相应的数学模型, 最后通过计算该模型不仅可以找出被评价对象有效性的程度, 还可以依据投影分析得出评价结果无效的原因, 为改进被评价对象的不足给出指标改进范围的信息.

15.1 事件的模糊评价可能集的构造方法

决策问题的复杂性、不确定性等特点, 使得在评价过程中难以采用精确数直接对其进行评价, 因此这时可以引入三角模糊数等方法将决策信息的模糊语言进行转化, 然后再对其进行综合评价. 下面首先介绍关于三角模糊数[22]的相关信息. 设三角模糊数 $A=(a,b,c)$, 且隶属函数值为

$$\mu_A(x)=\begin{cases}0, & x<a,\\ \dfrac{x-a}{b-a}, & x\in[a,b),\\ \dfrac{c-x}{c-b}, & x\in[b,c),\\ 0, & x\geqq c.\end{cases}$$

当 $a=b=c$ 时, A 为一个精确数. 三角模糊数的分布如图 15.1 所示.

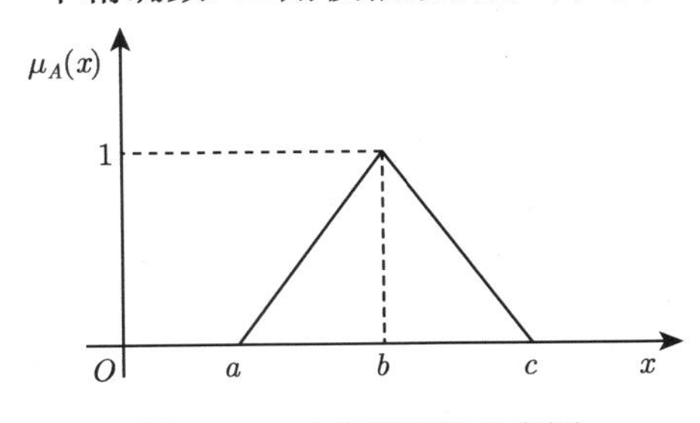

图 15.1 三角模糊数分布图

设两个三角模糊数 $A=(a,b,c),B=(a_1,b_1,c_1)$ 及实数 $k\geqq 0$. 相应的数学运算如下[23-24]:

$$kA = k(a,b,c) = (ka, kb, kc),$$
$$A - B = (a,b,c) - (a_1,b_1,c_1) = (a - c_1, b - b_1, c - a_1),$$
$$A + B = (a,b,c) + (a_1,b_1,c_1) = (a + a_1, b + b_1, c + c_1).$$

15.1.1　事件指标的评价

下面针对指标评价结果为三角模糊数的模糊综合评价问题, 探讨如何构造被评价事件的模糊评价可能集. 首先介绍如何应用三角模糊数对被评价事件进行评判.

假设 n 个待评价事件的指标集为

$$U = \{u_1, u_2, \cdots, u_N\}.$$

有 L 个专家结合每个事件的实际情况, 采专用三角模糊数对事件的指标在 [0,1] 内进行评价, 即家 l 对于事件 j 的指标 u_i 给出的评价结果为 $(\underline{x}_{li}^{(j)}, x_{li}^{(j)}, \bar{x}_{li}^{(j)})$, 其中

$\underline{x}_{li}^{(j)}$ 表示专家 l 对于事件 j 的指标 u_i 给出的最保守的评价;

$x_{li}^{(j)}$ 表示专家 l 对于事件 j 的指标 u_i 给出的最可能的评价;

$\bar{x}_{li}^{(j)}$ 表示专家 l 对于事件 j 的指标 u_i 给出的最乐观的评价.

例如对于 n 个科研实验平台进行综合评价, 科研实验平台的指标集为

$$U = \{\text{运行管理, 实验科研, 资源共享}\} = \{u_1, u_2, u_3\},$$

评价集为

$$V = \{\text{优, 良, 中, 差}\} = \{v_1, v_2, v_3, v_4\},$$

按照三角模糊数的定义对各个指标进行评价打分, 评价打分等级如表 15.1 所示.

表 15.1　评价打分等级

差	中	良	优
[0,0.5)	[0.5,0.7)	[0.7,0.85)	[0.85,1]

某专家根据三角模糊数对科研实验平台 j 的运行管理 u_1 进行评价, 给出评价结果的三角模糊数形式为 (0.70, 0.75, 0.78), 其中 0.70 表示专家对该平台的运行管理方面给出的最保守的评价; 0.75 表示专家对该平台的运行管理方面给出的最可能的评价; 0.78 表示专家对该平台的运行管理方面给出的最乐观的评价.

为对事件进行综合评价, 下面建立关于指标评价结果的三角模糊数矩阵. 由于各位专家具有不同的工作经验等因素, 为避免专家偏好的问题, 确定各位专家给出的指标评定在综合评价中的权重为

$$\boldsymbol{\omega} = (\omega_1, \omega_2, \cdots, \omega_L).$$

这样, 集合各位专家的评价结果得到下式:

$$\boldsymbol{X}^{(j)} = [\omega_1, \omega_2, \cdots, \omega_L] \cdot \begin{bmatrix} (\underline{x}_{11}^{(j)}, x_{11}^{(j)}, \bar{x}_{11}^{(j)}) & (\underline{x}_{12}^{(j)}, x_{12}^{(j)}, \bar{x}_{12}^{(j)}) & \cdots & (\underline{x}_{1N}^{(j)}, x_{1N}^{(j)}, \bar{x}_{1N}^{(j)}) \\ (\underline{x}_{21}^{(j)}, x_{21}^{(j)}, \bar{x}_{21}^{(j)}) & (\underline{x}_{22}^{(j)}, x_{22}^{(j)}, \bar{x}_{22}^{(j)}) & \cdots & (\underline{x}_{2N}^{(j)}, x_{2N}^{(j)}, \bar{x}_{2N}^{(j)}) \\ \vdots & \vdots & & \vdots \\ (\underline{x}_{L1}^{(j)}, x_{L1}^{(j)}, \bar{x}_{L1}^{(j)}) & (\underline{x}_{L2}^{(j)}, x_{L2}^{(j)}, \bar{x}_{L2}^{(j)}) & \cdots & (\underline{x}_{LN}^{(j)}, x_{LN}^{(j)}, \bar{x}_{LN}^{(j)}) \end{bmatrix}$$
$$= [(\underline{x}_1^{(j)}, x_1^{(j)}, \bar{x}_1^{(j)}), (\underline{x}_2^{(j)}, x_2^{(j)}, \bar{x}_2^{(j)}), \cdots, (\underline{x}_N^{(j)}, x_N^{(j)}, \bar{x}_N^{(j)})],$$

式中, $(\underline{x}_i^{(j)}, x_i^{(j)}, \bar{x}_i^{(j)})$ 表示被评价事件 j 的指标 u_i 的模糊综合评价; 其中

$\underline{x}_i^{(j)}$ 表示被评价事件 j 的指标 u_i 的最保守的评价;

$x_i^{(j)}$ 表示被评价事件 j 的指标 u_i 的最可能的评价;

$\bar{x}_i^{(j)}$ 表示被评价事件 j 的指标 u_i 的最乐观的评价.

显然有

$$\underline{x}_i^{(j)} \leqq x_i^{(j)} \leqq \bar{x}_i^{(j)}.$$

15.1.2 事件的模糊评价可能集的构造

根据文献 [21] 中事件的模糊评价可能集的构造原则, 再结合事件的指标评价结果为三角模糊数的模糊评价矩阵来构建该类事件的模糊评价可能集. 假设上述 n 个事件属于同一类事件集 S, 指标集为

$$U = \{u_1, u_2, \cdots, u_N\},$$

评价集为

$$V = \{v_1, v_2, \cdots, v_t\},$$

则对任意事件 $j(\in S)$ 有,

(1) 集结各位专家对事件的指标的评价分数得到该事件的指标 u_i 的评价结果为三角模糊数

$$\boldsymbol{X}_i^{(j)} = (\underline{x}_i^{(j)}, x_i^{(j)}, \bar{x}_i^{(j)}), \quad i = 1, 2, \cdots, N,$$

式中

$\underline{x}_i^{(j)}$ 表示被评价事件 j 的指标 u_i 的最保守的评价;

$x_i^{(j)}$ 表示被评价事件 j 的指标 u_i 的最可能的评价;

$\bar{x}_i^{(j)}$ 表示被评价事件 j 的指标 u_i 的最乐观的评价, 有

$$\underline{x}_i^{(j)} \leqq x_i^{(j)} \leqq \bar{x}_i^{(j)}.$$

(2) 被评价的事件基于三角模糊数的模糊关系矩阵可表示为

$$\boldsymbol{X}^{(j)} = (\boldsymbol{X}_1^{(j)}, \cdots, \boldsymbol{X}_N^{(j)})^{\mathrm{T}} = ((\underline{x}_1^{(j)}, x_1^{(j)}, \bar{x}_1^{(j)}), \cdots, (\underline{x}_N^{(j)}, x_N^{(j)}, \bar{x}_N^{(j)}))^{\mathrm{T}}.$$

可以看出对于第 i 个因素的评价结果 $(\underline{x}_i^{(j)}, x_i^{(j)}, \bar{x}_i^{(j)})$ 表示专家对于指标给出的三角模糊数形式的评价结果, 而不是评价集中各评语的模糊隶属度形式, 从而不需要满足文献 [21] 中的归一性原则. 因此, 根据文献 [21] 可知该类事件评价结果的经验集为满足存在性原则、系统性原则、加性原则的所有集合的交集. 下面可以给出该类评价事件所确定的模糊评价可能集.

(3) 评价事件所确定的模糊评价可能集为

$$SL = \left\{ \boldsymbol{X} \middle| \boldsymbol{X} = \sum_{j=1}^{n} \boldsymbol{X}^{(j)} \lambda_j, \sum_{j=1}^{n} \lambda_j = 1, \lambda_j \geqq 0, j = 1, 2, \cdots, n \right\},$$

上式表明, 对于任意事件 $j(\in S)$ 而言, 任何 $\boldsymbol{X} \in SL$ 也都是一组事件可能存在的指标状态.

15.2　事件的综合评价与投影分析

15.2.1　被评价事件的有效性与综合评价

根据文献 [25] 的方法, 利用公式

$$G = \frac{a + 4b + c}{6}$$

可将三角模糊数 (a, b, c) 进行去模糊化转化成为单值, 可得出各个指标的评价结果. 因此, 对于任何 $\boldsymbol{X} = (\boldsymbol{X}_1, \cdots, \boldsymbol{X}_N)^{\mathrm{T}} \in SL$, 令

$$f(\boldsymbol{X}) = (f(\boldsymbol{X}_1), \cdots, f(\boldsymbol{X}_N)) = \left(\frac{\underline{x}_1 + 4x_1 + \bar{x}_1}{6}, \cdots, \frac{\underline{x}_N + 4x_N + \bar{x}_N}{6} \right)$$

为定义在集合 SL 上的度量函数, 该函数通过将三角模糊数去模糊化后, 对被评价事件的综合评价结果进行度量. 则根据文献 [21] 可以给出以下关于该类事件有效性的定义.

定义 15.1　对于第 j_0 个被评价对象, 如果不存在 $\boldsymbol{X} \in SL$, 使得

$$f(\boldsymbol{X}) \geqq f(\boldsymbol{X}^{(j_0)})$$

且至少有一个不等式严格成立, 则称第 j_0 个被评价对象为 F-DEA 有效.

若各指标的权数集 $A = \{a_1, \cdots, a_N\}$, 对于任何 $\boldsymbol{X} = (\boldsymbol{X}_1, \cdots, \boldsymbol{X}_N)^{\mathrm{T}} \in SL$, 定义评价事件的综合评价函数为

$$\bar{f}(\boldsymbol{X}) = \sum_{i=1}^{N} a_i f(\boldsymbol{X}_i),$$

则可以给出以下被评价对象的有效性定义.

$$(\text{FM})\begin{cases}\max z=\sum_{i=1}^{N}a_i f(\boldsymbol{X}_i),\\ \text{s.t.}\quad \boldsymbol{X}\in SL.\end{cases}$$

定义 15.2 对于第 j_0 个被评价对象, 如果 $\boldsymbol{X}^{(j_0)}$ 为规划 (FM) 的最优解, 则称第 j_0 个被评价对象为 FZ-DEA 有效.

定义 15.1 和定义 15.2 表明, 从已获得的经验数据看, 如果第 j_0 个被评价对象的指标评价值达到 pareto 有效, 或第 j_0 个被评价对象相比其他同类事件的整体综合评价值达到最好, 则认为第 j_0 个被评价对象为 FZ-DEA 有效.

根据文献 [21] 对于集合 SL, 刻画出定义在 SL 上的度量函数 $f(\boldsymbol{X})$ 的值域, 给出以下定理, 并说明 FZ-DEA 有效性含义.

定理 15.1 对于任意 $\boldsymbol{X}=(\boldsymbol{X}_1,\cdots,\boldsymbol{X}_N)^{\mathrm{T}}\in SL$, 如果

$$f(\boldsymbol{X})=(f(\boldsymbol{X}_1),\cdots,f(\boldsymbol{X}_N))=\left(\frac{\underline{x}_1+4x_1+\bar{x}_1}{6},\cdots,\frac{\underline{x}_N+4x_N+\bar{x}_N}{6}\right),$$

则有

$$f(SL)=\left\{W\,\middle|\,W=\sum_{j=1}^{n}f(\boldsymbol{X}^{(j)})\lambda_j,\sum_{j=1}^{n}\lambda_j=1,\lambda_j\geqq 0,j=1,2,\cdots,n\right\}.$$

证明 对于任意 $\boldsymbol{X}=(\boldsymbol{X}_1,\cdots,\boldsymbol{X}_N)^{\mathrm{T}}\in SL$, 存在 $\lambda_j\geqq 0,j=1,2,\cdots,n$, 满足 $\sum\limits_{j=1}^{n}\lambda_j=1$, 由于

$$\boldsymbol{X}^{(j)}=(\boldsymbol{X}_1^{(j)},\cdots,\boldsymbol{X}_N^{(j)})^{\mathrm{T}}=((\underline{x}_1^{(j)},x_1^{(j)},\bar{x}_1^{(j)}),\cdots,(\underline{x}_N^{(j)},x_N^{(j)},\bar{x}_N^{(j)}))^{\mathrm{T}},$$

因此

$$\boldsymbol{X}=\sum_{j=1}^{n}\boldsymbol{X}^{(j)}\lambda_j=\left(\sum_{j=1}^{n}(\underline{x}_1^{(j)},x_1^{(j)},\bar{x}_1^{(j)})\lambda_j,\cdots,\sum_{j=1}^{n}(\underline{x}_N^{(j)},x_N^{(j)},\bar{x}_N^{(j)})\lambda_j\right),$$

则有

$$\begin{aligned}f(\boldsymbol{X})&=f\left(\sum_{j=1}^{n}\boldsymbol{X}^{(j)}\lambda_j\right)=\left(\sum_{j=1}^{n}f(\underline{x}_1^{(j)},x_1^{(j)},\bar{x}_1^{(j)})\lambda_j,\cdots,\sum_{j=1}^{n}f(\underline{x}_N^{(j)},x_N^{(j)},\bar{x}_N^{(j)})\lambda_j\right)\\&=\sum_{j=1}^{n}\Big(f(\underline{x}_1^{(j)},x_1^{(j)},\bar{x}_1^{(j)}),\cdots,f(\underline{x}_N^{(j)},x_N^{(j)},\bar{x}_N^{(j)})\Big)\lambda_j\end{aligned}$$

$$= \sum_{j=1}^{n} (f(\boldsymbol{X}_1^{(j)}), \cdots, f(\boldsymbol{X}_N^{(j)}))\lambda_j = \sum_{j=1}^{n} f(\boldsymbol{X}^{(j)})\lambda_j,$$

由此可知

$$f(SL) = \left\{ W \,\middle|\, W = \sum_{j=1}^{n} f(\boldsymbol{X}^{(j)})\lambda_j, \sum_{j=1}^{n} \lambda_j = 1, \lambda_j \geqq 0, j = 1, 2, \cdots, n \right\}.$$

证毕.

定理 15.1 中 $f(SL)$ 表示从目前的经验数据看已有评价对象可能出现的情况. 因此, 由 F-DEA 有效点构成的有效面上的点的含义是在指标

$$f(\boldsymbol{X}) = (f(\boldsymbol{X}_1), \cdots, f(\boldsymbol{X}_N))$$

上不劣于目前获得的所有经验值.

根据文献 [21] 可以给出定理 15.2.

定理 15.2　设 ε 为非阿基米德无穷小量, 如果

$$f(\boldsymbol{X}) = (f(\boldsymbol{X}_1), \cdots, f(\boldsymbol{X}_N)) = \left(\frac{\underline{x}_1 + 4x_1 + \bar{x}_1}{6}, \cdots, \frac{\underline{x}_N + 4x_N + \bar{x}_N}{6} \right),$$

第 j_0 个被评价对象为 F-DEA 有效当且仅当模型

$$(\text{FD}) \begin{cases} \max (\theta + \varepsilon \boldsymbol{e}^{\mathrm{T}} \boldsymbol{s}) = V_{\text{FD}}, \\ \text{s.t. } \displaystyle\sum_{j=1}^{n} f(\boldsymbol{X}_i^{(j)})\lambda_j - s_i = \theta f(\boldsymbol{X}_i^{(j_0)}), i = 1, \cdots, N, \\ \displaystyle\sum_{j=1}^{n} \lambda_j = 1, \\ \boldsymbol{s} \geqq \boldsymbol{0},\ \boldsymbol{\lambda} \geqq \boldsymbol{0} \end{cases}$$

的最优解 $\boldsymbol{\lambda}^0, \boldsymbol{s}^0, \theta^0$ 满足 $\theta^0 = 1$ 且 $\boldsymbol{s}^0 = \boldsymbol{0}$.

证明　($\Leftarrow$) 若被评价事件 j_0 为 F-DEA 无效, 由定义 15.1 知存在 $\boldsymbol{X} \in SL$, 使得

$$f(\boldsymbol{X}) \geqq f(\boldsymbol{X}^{(j_0)})$$

且至少有一个不等式严格成立. 因为 $\boldsymbol{X} \in SL$, 所以 $f(\boldsymbol{X}) \in f(SL)$. 由定理 15.1 可知, 存在 $\boldsymbol{\lambda} \geqq \boldsymbol{0}$, 使得

$$f(\boldsymbol{X}) = \sum_{j=1}^{n} f(\boldsymbol{X}^{(j)})\lambda_j,$$

因此有

$$f(\boldsymbol{X}^{(j_0)}) \leqq \sum_{j=1}^{n} f(\boldsymbol{X}^{(j)})\lambda_j$$

且至少有一个不等式成立, 故可知 (FD) 的最优值大于 1, 矛盾.

($\Rightarrow$) 若被评价事件 j_0 为 F-DEA 有效, $\boldsymbol{\lambda}^0, \boldsymbol{s}^0, \theta^0$ 为线性规划 (FD) 的最优解, 由于

$$\lambda_{j_0} = 1, \quad \lambda_j = 0, \quad j \neq j_0, \quad \boldsymbol{s} = \boldsymbol{0}, \quad \theta = 1$$

是 (FD) 的可行解, 因此, 必有 $\theta^0 \geqq 1$. 以下分两种情况讨论:

(1) $\theta^0 > 1$;

(2) $\theta^0 = 1, \boldsymbol{s}^0 \neq \boldsymbol{0}$.

(1) 若 $\theta^0 > 1$, 则由 (FD) 的约束条件可知

$$\sum_{j=1}^{n} f(\boldsymbol{X}_i^{(j)})\lambda_j^0 - s_i^0 = \theta f(\boldsymbol{X}_i^{(j_0)}) \geqslant f(\boldsymbol{X}_i^{(j_0)}) \quad (i = 1, \cdots, N),$$

故

$$\sum_{j=1}^{n} f(\boldsymbol{X}_i^{(j)})\lambda_j^0 \geqslant f(\boldsymbol{X}_i^{(j_0)}) \quad (i = 1, \cdots, N),$$

因此由定义 15.1 可知被评价事件 j_0 不为 F-DEA 有效, 矛盾!

(2) 若 $\theta^0 = 1, \boldsymbol{s}^0 \neq \boldsymbol{0}$, 则由 (FD) 的约束条件可知

$$\sum_{j=1}^{n} f(\boldsymbol{X}_i^{(j)})\lambda_j^0 \geqslant f(\boldsymbol{X}_i^{(j_0)}) \quad (i = 1, \cdots, N),$$

故由定义 15.1 可知被评价事件 j_0 不为 F-DEA 有效, 矛盾! 证毕.

15.2.2 投影分析方法

定义 15.3 若线性规划 (FD) 的最优解为 $\boldsymbol{\lambda}^0, \boldsymbol{s}^0, \theta^0$, 令

$$\hat{\underline{x}}_i^{(j_0)} = \sum_{j=1}^{n} \underline{x}_i^{(j)}\lambda_j^0, \quad \hat{x}_i^{(j_0)} = \sum_{j=1}^{n} x_i^{(j)}\lambda_j^0, \quad \hat{\bar{x}}_i^{(j_0)} = \sum_{j=1}^{n} \bar{x}_i^{(j)}\lambda_j^0 \quad (i = 1, \cdots, N),$$

$$\hat{\boldsymbol{X}}^{(j_0)} = ((\hat{\underline{x}}_1^{(j_0)}, \hat{x}_1^{(j_0)}, \hat{\bar{x}}_1^{(j_0)}), \cdots, (\hat{\underline{x}}_N^{(j_0)}, \hat{x}_N^{(j_0)}, \hat{\bar{x}}_N^{(j_0)}))^{\mathrm{T}},$$

则称 $\hat{\boldsymbol{X}}^{(j_0)}$ 为第 j_0 个被评价对象在该类事件的模糊评价结果经验集上的投影.

定理 15.3　如果

$$f(\boldsymbol{X})=(f(\boldsymbol{X}_1),\cdots,f(\boldsymbol{X}_N))=\left(\frac{\underline{x}_1+4x_1+\bar{x}_1}{6},\cdots,\frac{\underline{x}_N+4x_N+\bar{x}_N}{6}\right),$$

则第 j_0 个被评价对象的投影 $\hat{\boldsymbol{X}}^{(j_0)}$ 为 F-DEA 有效.

证明　若线性规划 (FD) 的最优解为 $\boldsymbol{\lambda}^0,\boldsymbol{s}^0,\theta^0$, 显然有

$$\sum_{j=1}^{n}f(\boldsymbol{X}_i^{(j)})\lambda_j^0-s_i^0=\theta^0f(\boldsymbol{X}_i^{(j_0)})\quad(i=1,\cdots,N),$$

即

$$\sum_{j=1}^{n}f(\boldsymbol{X}_i^{(j)})\lambda_j^0=\theta^0f(\boldsymbol{X}_i^{(j_0)})+s_i^0\quad(i=1,\cdots,N).$$

由于

$$\hat{\underline{x}}_i^{(j_0)}=\sum_{j=1}^{n}\underline{x}_i^{(j)}\lambda_j^0,\quad \hat{x}_i^{(j_0)}=\sum_{j=1}^{n}x_i^{(j)}\lambda_j^0,\quad \hat{\bar{x}}_i^{(j_0)}=\sum_{j=1}^{n}\bar{x}_i^{(j)}\lambda_j^0\quad(i=1,\cdots,N),$$

可以验证

$$f(\hat{\boldsymbol{X}}_i^{(j_0)})=\sum_{j=1}^{n}f(\boldsymbol{X}_i^{(j)})\lambda_j^0\quad(i=1,\cdots,N).$$

因此有

$$f(\hat{\boldsymbol{X}}_i^{(j_0)})=\theta^0f(\boldsymbol{X}_i^{(j_0)})+s_i^0\quad(i=1,\cdots,N).$$

若 $\hat{\boldsymbol{X}}^{(j_0)}$ 为 F-DEA 无效, 由定义 15.1 知存在 $\boldsymbol{X}\in SL$, 使得

$$f(\boldsymbol{X})\geqq f(\hat{\boldsymbol{X}}^{(j_0)})$$

且至少有一个不等式严格成立. 因为 $\boldsymbol{X}\in SL$, 所以 $f(\boldsymbol{X})\in f(SL)$. 由定理 15.1 可知, 存在 $\boldsymbol{\lambda}\geqq\boldsymbol{0}$, 使得

$$\sum_{j=1}^{n}\lambda_j=1,\quad f(\boldsymbol{X})=\sum_{j=1}^{n}f(\boldsymbol{X}_i^{(j)})\lambda_j,$$

因此

$$\sum_{j=1}^{n} f(\boldsymbol{X}_i^{(j)})\lambda_j \geqq \theta^0 f(\boldsymbol{X}_i^{(j_0)}) + s_i^0 \quad (i=1,\cdots,N)$$

且至少有一个不等式成立. 令

$$s_i = \sum_{j=1}^{n} f(\boldsymbol{X}_i^{(j)})\lambda_j - \theta^0 f(\boldsymbol{X}_i^{(j_0)}) \quad (i=1,\cdots,N),$$

则 $\boldsymbol{\lambda}, \boldsymbol{s}, \theta^0$ 是 (FD) 的一个可行解, 并且

$$\theta^0 + \varepsilon \boldsymbol{e}^{\mathrm{T}} \boldsymbol{s}^0 < \theta^0 + \varepsilon \boldsymbol{e}^{\mathrm{T}} \boldsymbol{s},$$

矛盾! 证毕.

同样地, 根据文献 [21], 结合所计算的结果可以给出以下测度无效程度的方法.

(1) 当分析某一个被评价对象的无效原因时, 若线性规划模型 (FD) 的最优解为 $\boldsymbol{\lambda}^0, \boldsymbol{s}^0, \theta^0$, 令

$$\Delta f(\boldsymbol{X}^{(j_0)}) = f(\hat{\boldsymbol{X}}^{(j_0)}) - f(\boldsymbol{X}^{(j_0)}) = \sum_{j=1}^{n} f(\boldsymbol{X}^{(j)})\lambda_j^0 - f(\boldsymbol{X}^{(j_0)}),$$

则称 $\Delta f(\boldsymbol{X}^{(j_0)})$ 为第 j_0 个被评价对象的无效程度度量值. $\Delta f(\boldsymbol{X}^{(j_0)})$ 表明了被评价对象与有效事件样本在各个指标之间存在的差距. 因此, 决策者可以通过对无效程度度量值的分析来发现被评价事件存在的不足, 并加以改进.

当分析某组被评价对象整体的无效原因时, 比如为了更好地进行改善整体水平, 决策者需要分析某个小组的不足时, 给出了以下测度方法.

若 $Q \subseteq \{1,2,\cdots,n\}$, 令

$$\Delta \boldsymbol{F}_Q = \frac{1}{|Q|} \sum_{j_0 \in Q} \Delta f(\boldsymbol{X}^{(j_0)}),$$

则称 $\Delta \boldsymbol{F}_Q$ 为群组 Q 的无效程度度量值.

(2) 为使决策者进一步发现有效的改进策略, 以下基于模糊事件与有效投影的差距, 给出寻找模糊事件优化自身策略的方法.

当分析某一个模糊事件的改进策略时, 比如为提高自身评价结果, 需要估计指标改进的范围时, 可以用以下方法进行分析. 若线性规划模型 (FD) 的最优解为 $\boldsymbol{\lambda}^0, \boldsymbol{s}^0, \theta^0$, 单元的投影为

$$\hat{\boldsymbol{X}}^{(j_0)} = ((\hat{\underline{x}}_1^{(j_0)}, \hat{x}_1^{(j_0)}, \hat{\bar{x}}_1^{(j_0)}), \cdots, (\hat{\underline{x}}_N^{(j_0)}, \hat{x}_N^{(j_0)}, \hat{\bar{x}}_N^{(j_0)}))^{\mathrm{T}},$$

由三角模糊数评价定义可知,

$\hat{\underline{x}}_i^{(j_0)}$ 为投影的指标 u_i 保守评价值, $\bar{x}_i^{(j_0)}$ 为第 j_0 个模糊事件的指标 u_i 乐观评价值, 则

$$\Delta \underline{x}_i^{(j_0)} = \hat{\underline{x}}_i^{(j_0)} - \bar{x}_i^{(j_0)} \quad (i=1,\cdots,N)$$

表示第 j_0 个模糊事件的指标 u_i 最小的可行调控量, 称为改进调控量的保守值;

$\hat{x}_i^{(j_0)}$ 为投影的指标 u_i 可能评价值, $x_i^{(j_0)}$ 为第 j_0 个模糊事件的指标 u_i 可能评价值, 则

$$\Delta x_i^{(j_0)} = \hat{x}_i^{(j_0)} - x_i^{(j_0)} \quad (i=1,\cdots,N)$$

表示第 j_0 个模糊事件的指标 u_i 的可行调控量的中间值, 称为改进调控量的可能值;

$\hat{\bar{x}}_i^{(j_0)}$ 为投影的指标 u_i 乐观评价值, $\underline{x}_i^{(j_0)}$ 为第 j_0 个模糊事件的指标 u_i 保守评价值, 则

$$\Delta \bar{x}_i^{(j_0)} = \hat{\bar{x}}_i^{(j_0)} - \underline{x}_i^{(j_0)} \quad (i=1,\cdots,N)$$

表示第 j_0 个模糊事件的指标 u_i 最大的可行调控量, 称为改进调控量的乐观值.

这样, 可以得到被评价事件的指标改进范围为

$$\begin{aligned}\Delta \boldsymbol{X}^{(j_0)} =& ((\Delta \underline{x}_1^{(j_0)}, \Delta x_1^{(j_0)}, \Delta \bar{x}_1^{(j_0)}), (\Delta \underline{x}_2^{(j_0)}, \Delta x_2^{(j_0)}, \Delta \bar{x}_2^{(j_0)}), \cdots, \\ & (\Delta \underline{x}_N^{(j_0)}, \Delta x_N^{(j_0)}, \Delta \bar{x}_N^{(j_0)}))^{\mathrm{T}}.\end{aligned}$$

当分析某个群组单元整体的改进策略时, 若 $Q \subseteq \{1,2,\cdots,n\}$, 令

$$\Delta \boldsymbol{X}_Q = \frac{1}{|Q|} \sum_{j_0 \in Q} \Delta \boldsymbol{X}^{(j_0)},$$

则称 $\Delta \boldsymbol{X}_Q$ 为群组 Q 的可行有效调控量范围.

15.2.3 计算方法与步骤

(1) 针对上述事件基于三角模糊数的模糊综合评价分析步骤如下.

步骤 1 评估专家运用三角模糊数理论对事件的指标进行评价打分, 集合各个专家的评价结果得出基于三角模糊数的指标综合评价矩阵.

步骤 2 根据三角模糊数理论和模糊综合评判理论结合的方法对指标的三角模糊数评价结果进行去模糊化, 给出被评价事件的综合评价.

(2) 为进一步分析被评价事件的指标不足的原因, 得到被评价事件的有效改进信息, 下面介绍被评价事件的模糊评价结果的有效度量分析的步骤.

步骤 1 将事件所有指标相应的值代入模型 (FD) 中, 得出最优解.

步骤 2 根据模型 (FD) 的最优解计算出被评价对象的投影.

步骤 3 通过上一步求出的投影, 计算出指标的无效程度度量值, 根据情况分析个体和整体的不足, 从而进行改进.

因此, 上述事件的模糊综合评判过程分析图如图 15.2 所示.

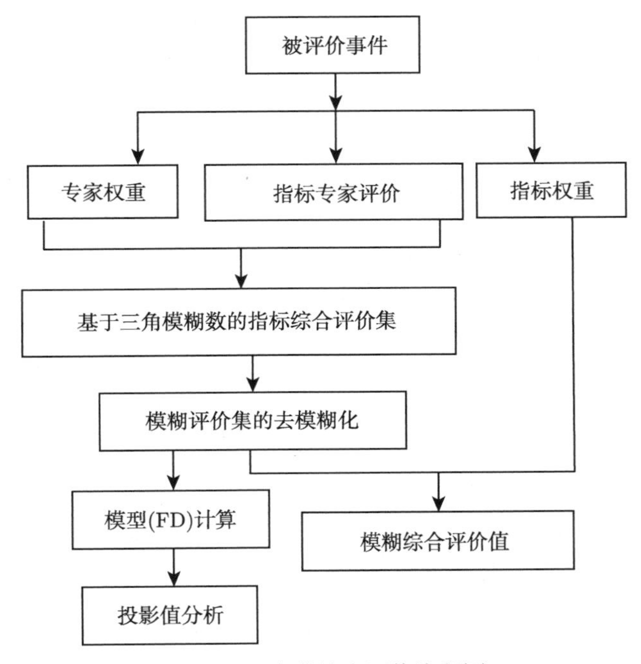

图 15.2 事件综合评价流程图

15.3 应用算例

为了进一步说明本章方法与原有方法相比的改进结果, 给出以下例子进行比较. 假设某单位请三名专家对 8 个科研实验平台的综合管理进行测评, 在评价过程中, 科研实验平台的评价因素集为 $U = \{u_1, u_2, u_3\} = \{$运行管理, 实验科研, 资源共享$\}$[19], 各因素的权重集为 $A = \{a_1, a_2, a_3\} = \{0.4, 0.4, 0.2\}$, 评价集为 $V = \{v_1, v_2, v_3, v_4\} = \{$优, 良, 中, 差$\}$, 评价集与分数对应如表 15.1 所示.

15.3.1 科研实验平台评估的模糊综合评判

(1) 根据参加评估的专家的权重

$$\omega = (\omega_1, \omega_2, \omega_3) = (0.4, 0.3, 0.3),$$

及 15.1.1 节的相关内容可以得出各位专家对于各科研实验平台的指标评价结果如表 15.2 所示.

表 15.2　各科研实验平台指标的三角模糊数评价结果

科研实验平台	指标		
	运行管理	实验科研	资源共享
1	(0.712, 0.759, 0.798)	(0.615, 0.665, 0.706)	(0.856, 0.892, 0.912)
2	(0.753, 0.777, 0.812)	(0.862, 0.885, 0.917)	(0.882, 0.926, 0.956)
3	(0.638, 0.665, 0.706)	(0.615, 0.650, 0.700)	(0.868, 0.904, 0.927)
4	(0.598, 0.629, 0.671)	(0.444, 0.471, 0.509)	(0.615, 0.641, 0.698)
5	(0.444, 0.471, 0.509)	(0.635, 0.665, 0.706)	(0.644, 0.674, 0.714)
6	(0.638, 0.674, 0.714)	(0.633, 0.671, 0.712)	(0.773, 0.807, 0.836)
7	(0.862, 0.886, 0.912)	(0.865, 0.888, 0.914)	(0.715, 0.762, 0.798)
8	(0.768, 0.798, 0.835)	(0.645, 0.668, 0.706)	(0.721, 0.762, 0.798)

(2) 根据表 15.2 中指标的三角模糊数评价结果, 应用三角模糊数理论和模糊综合评判方法对各科研实验平台进行综合评价, 其结果如表 15.3 所示.

表 15.3　科研实验平台综合评价结果

科研实验平台	1	2	3	4	5	6	7	8
综合值	0.746	0.851	0.708	0.571	0.591	0.700	0.862	0.740

从表 15.3 的计算结果可以看出, 整体综合评价结果最高的是科研实验平台 7, 综合评价值为 0.862, 评价结果最低的是科研实验平台 4, 综合评价值为 0.571. 其中科研实验平台 4, 5 的综合评价值大于 0.5, 小于 0.7, 评价结果为中; 科研实验平台 1, 3, 6, 8 的综合评价值小于 0.85, 但大于 0.7, 评价结果为良; 科研实验平台 2, 7 的综合评价值大于 0.85, 评价结果为优.

15.3.2　科研实验平台的无效原因分析

根据模糊综合评价结果, 领导决定对评估结果较差的科研实验平台进行分析, 作为主要资助对象. 对评价结果低于 0.7 的科研实验平台找出整体不足原因, 采用集体调整改进. 下面根据本章给出的方法对科研实验平台的综合评判结果较差的原因进行分析.

(1) 科研实验平台个体的无效原因分析.

以下应用 $\Delta f(\boldsymbol{X}^{(j_0)})$ 的计算公式对主要资助对象——科研实验平台 4、科研实验平台 5 进行计算, 结果如图 15.3 所示. 其中

$$\Delta f(\boldsymbol{X}^{(4)}) = (0.198, 0.415, 0.202), \quad \Delta f(\boldsymbol{X}^{(5)}) = (0.322, 0.220, 0.223).$$

从表 15.3 和图 15.3 可以看出: 科研实验平台 4 的模糊综合评价结果为 0.571,

该实验平台的资料共享方面评价较好, 但在实验管理方面还需要较大的提高; 科研实验平台 5 的模糊综合评价结果为 0.591, 该实验平台的实验管理和资料共享方面评价较高, 但在运行管理方面则需要较大的提高.

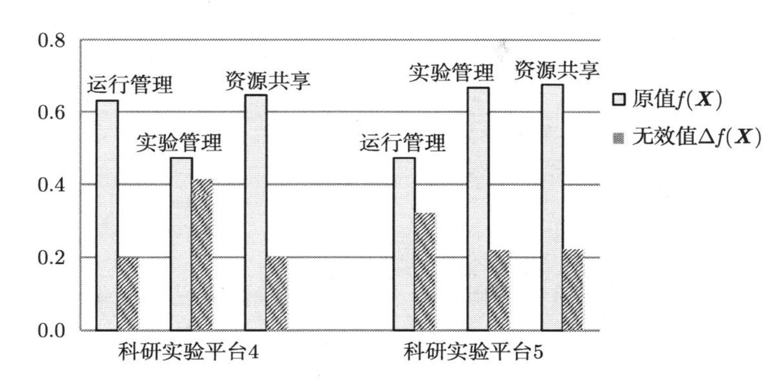

图 15.3 科研实验平台的无效原因分析

(2) 科研实验平台群体的无效原因分析.

对评价结果低于 0.7 的科研实验平台应用 $\Delta\boldsymbol{F}_Q$ 的计算公式可得

$$\Delta\boldsymbol{F}_Q=(0.260,0.317,0.213),$$

从计算结果看, 评价结果低于 0.7 的科研实验平台的问题是资源共享、运行管理、实验管理方面均存在一定差距, 其中实验管理、运行管理较为明显.

15.3.3 科研实验平台改进策略的发现方法

针对各科研实验平台存在的不足, 以下应用本章给出的方法作出分析, 提供有效改进科研实验平台不足的策略.

(1) 科研实验平台个体的改进策略分析.

以下应用 $\Delta\boldsymbol{X}^{(j_0)}$ 的计算公式对主要改进对象——科研实验平台 4、科研实验平台 5 进行计算, 得到如表 15.4 所示的计算结果.

表 15.4 基于模型 (FD) 的个体改进策略信息

科研实验平台	指标	运行管理			实验科研			资源共享		
		保守值	可能值	乐观值	保守值	可能值	乐观值	保守值	可能值	乐观值
4	$\boldsymbol{X}^{(4)}$	0.598	0.629	0.671	0.444	0.471	0.509	0.615	0.641	0.698
	$\Delta\boldsymbol{X}^{(4)}$	0.132	0.198	0.260	0.354	0.415	0.472	0.107	0.209	0.268
5	$\boldsymbol{X}^{(5)}$	0.444	0.471	0.509	0.635	0.665	0.706	0.644	0.674	0.714
	$\Delta\boldsymbol{X}^{(5)}$	0.260	0.322	0.383	0.156	0.220	0.282	0.143	0.227	0.288

根据表 15.4 的计算结果可以看出, 科研实验平台 4 的各方面都存在很大的提升空间, 为提高科研实验平台 4 的综合评价结果, 可以给出如下的改进策略:

(i) 在运行管理方面, 改进调控值的可能值为 0.198, 改进调控值的保守值为 0.132, 改进调控值的乐观值为 0.260;

(ii) 在实验科研方面, 改进调控值的可能值为 0.415, 改进调控值的保守值为 0.354, 改进调控值的乐观值为 0.472;

(iii) 在资源共享方面, 改进调控值的可能值为 0.209, 改进调控值的保守值为 0.107, 改进调控值的乐观值为 0.268.

参考以上分析科研实验平台 4 努力改善自身的不足, 可以使得综合评价结果达到较好水平.

从表 15.4 的计算结果可以看出, 科研实验平台 5 的各方面还是存在一定问题, 为提高科研实验平台 5 的综合评价结果, 可以给出如下的改进策略:

(i) 在运行管理方面, 改进调控值的可能值为 0.322, 改进调控值的保守值为 0.260, 改进调控值的乐观值为 0.383;

(ii) 在实验科研方面, 改进调控值的可能值为 0.220, 改进调控值的保守值为 0.156, 改进调控值的乐观值为 0.282;

(iii) 在资源共享方面, 改进调控值的可能值为 0.227, 改进调控值的保守值为 0.143, 改进调控值的乐观值为 0.288.

参考以上分析科研实验平台 5 可以结合自身情况改善不足, 可以使得综合评价结果达到较好水平.

(2) 科研实验平台群组的改进策略分析.

以下应用 $\Delta\boldsymbol{X}_Q$ 的公式进行计算, 可得出评价结果低于 0.7 的科研实验平台指标值 $\boldsymbol{X}^{(j)}(\in Q)$ 的平均值 $\boldsymbol{X}_Q$ 及其可行有效调控量 $\Delta\boldsymbol{X}_Q$ 如表 15.5 所示.

表 15.5　基于模型 (FD) 的群组改进策略信息

指标	运行管理			实验科研			资源共享		
	保守值	可能值	乐观值	保守值	可能值	乐观值	保守值	可能值	乐观值
$\boldsymbol{X}_Q$	0.521	0.550	0.590	0.540	0.568	0.608	0.630	0.658	0.706
$\Delta\boldsymbol{X}_Q$	0.196	0.260	0.322	0.255	0.318	0.377	0.125	0.218	0.278

从表 15.5 可以分析出, 对评价结果低于 0.7 的科研实验平台整体改进策略如下:

(i) 在运行管理方面, 改进调控值的可能值为 0.260, 改进调控值的保守值为 0.196, 改进调控值的乐观值为 0.322;

(ii) 在实验科研方面, 改进调控值的可能值为 0.318, 改进调控值的保守值为 0.255, 改进调控值的乐观值为 0.377;

(iii) 在资源共享方面, 改进调控值的可能值为 0.218, 改进调控值的保守值为 0.125, 改进调控值的乐观值为 0.278.

参考以上分析对落后的科研实验平台进行调整, 可以大幅提升落后科研实验平台的整体水平, 进而达到科研实验平台的全面发展.

本章基于三角模糊数的事件的模糊综合评价问题, 将三角模糊数理论与模糊综合评判理论相结合对事件进行评价, 构造了基于三角模糊数的模糊评价可能集, 给出该类事件的模糊评价有效性的概念, 并构造了相应的数学模型. 该模型不仅可以找出被评价对象有效性的程度, 根据投影分析得出评价结果无效的原因, 而且还能为改进被评价对象的不足提供许多有效的信息.

参 考 文 献

[1] Zadeh L A. Fuzzy sets[J]. Information and Control, 1965, 8(3): 338-353

[2] 龚玉霞, 吴育华. ATM 机选址的三角模糊数综合评价方法[J]. 工业工程, 2005, 8(6): 107-110

[3] 张元, 李敬. 基于三角模糊数的民航企业 “管理” 安全综合评价模型研究[J]. 中国安全科学学报, 2008, 18(9): 141-146

[4] 宾厚, 汪妍蓉, 单汨源. 基于模糊综合评价法的城市共同配送风险评价研究[J]. 科技管理研究, 2015, (8): 52-56

[5] Charnes A, Cooper W W, Rhodes E. Measuring the efficiency of decision making units[J]. European Journal of Operational Research, 1978, 2(6): 429-444

[6] 马占新. 数据包络分析方法的研究进展[J]. 系统工程与电子技术, 2002, 24(3): 42-46

[7] 马占新. 数据包络分析 (第一卷): 数据包络分析模型与方法[M]. 北京: 科学出版社, 2010

[8] 马占新, 马生昀, 包斯琴高娃. 数据包络分析 (第三卷): 数据包络分析及其应用案例[M]. 北京: 科学出版社, 2013

[9] Sengupta J K. A fuzzy systems approach in data envelopment analysis[J]. Computers & Mathematics With Applications, 1992, 24(8/9): 259-266

[10] Sengupta J K. Measuring efficiency by a fuzzy statistical approach[J]. Fuzzy Sets and Systems, 1992, 46(1): 73-80

[11] Hatamimarbini A, Emrouznejad A, Tavana M, et al. A taxonomy and review of the fuzzy data envelopment analysis literature: two decades in the making[J]. European Journal of Operational Research, 2011, 214(3): 457-472

[12] Azadeh A, Alem S M. A flexible deterministic, stochastic and fuzzy data envelopment analysis approach for supply chain risk and vendor selection problem: simulation analysis[J]. Expert Systems with Applications, 2010, 37(12): 7438-7448

[13] Zhou S J, Zhang Z D, Li Y C. Research of real estate investment risk evaluation based on fuzzy data envelopment analysis method[C]. Proceedings of the International Conference

on Risk Management and Engineering Management, 2008: 444-448

[14] Wen M, Li H. Fuzzy data envelopment analysis (DEA): model and ranking method[J]. Journal of Computational and Applied Mathematics, 2009, 223(2): 872-878

[15] Angiz L M, Emrouznejad A, Mustafa A, et al. Aggregating preference ranking with fuzzy data envelopment analysis[J]. Knowledge-Based Systems, 2010, 23(6): 512-519

[16] Hatami-Marbini A, Agrell P J, Tavana M, et al. A flexible cross-efficiency fuzzy data envelopment analysis model for sustainable sourcing[J]. Journal of Cleaner Production, 2017, 142: 2761-2779

[17] Wang S H, Yu H, Song M L. Assessing the efficiency of environmental regulations of large-scale enterprises based on extended fuzzy data envelopment analysis[J]. Industrial Management & Data Systems, 2018, 118(2): 463-479

[18] 马占新, 任慧龙, 戴仰山. 基于模糊综合评判方法的 DEA 模型[J]. 模糊系统与数学, 2001, 15(3): 61-67

[19] 柳顺, 杜树新. 基于数据包络分析的模糊综合评价方法[J]. 模糊系统与数学, 2010, 24(2): 93-98

[20] 郭清娥, 王雪青, 位珍. 基于 DEA 交叉评价的模糊综合评价模型及其应用[J]. 控制与决策, 2012, 27(4): 575-578

[21] 马占新, 斯琴. 基于模糊综合评判的改进策略及优化方法[J]. 系统工程与电子技术, 2018, 40(9): 2016-2025

[22] 杨伦标, 高英仪. 模糊数学原理及应用[M]. 广州：华南理工大学出版社, 1993

[23] Wu Q. Fuzzy robust ν-support vector machine with penalizing hybrid noises on symmetric triangular fuzzy number space[J]. Expert Systems with Applications, 2011, 38(1): 39-46

[24] 廖勇, 陈华群. 三角模糊数在多属性决策中的建模[J]. 计算机工程与应用, 2015, 51(11): 206-211

[25] 肖钰, 李华. 基于三角模糊数的判断矩阵的改进及其应用 [J]. 模糊系统与数学, 2003, 17(2): 59-64

第16章 基于 DEA 交叉评价的模糊有效性度量方法

针对非量化指标与量化指标同时存在的混合型多属性决策问题，提出一种基于 DEA 交叉效率评价的模糊有效性度量方法. 该方法首先对量化指标采用 DEA 交叉效率评价方法进行评价，将计算结果进行模糊化处理后得到指标相应的评价结果，与非量化指标的评价结果一起构建模糊评价可能集，给出模糊有效性的概念，并构造了相应的数学模型对模糊对象有效性程度进行判断，最后，根据计算结果可以给出评价结果无效的原因，而且还能为模糊对象的调控提供许多改进的信息.

对于非量化指标与量化指标同时存在的多属性决策问题，决策者难以直接对其进行评价. 模糊综合评判方法是重要的综合评价方法之一，该方法能较好地解决具有模糊性和不确定性等特点的评价问题，而数据包络分析[1-4]是一种通过分析客观数据评价同类决策单元间相对效率的非参数评价方法，还可以为无效单元提供改进策略. 因此，采用两种方法相结合可以解决混合类型多属性决策的评价问题.

1992 年 Sengupta[5-6]首次提出模糊数据包络分析方法后，模糊 DEA 方法的研究获得较快发展. 如 1998 年 Triantis 和 Girod[7]将传统的数据包络分析结合模糊参数化的概念对决策单元进行效率评价. 2000 年 Kao 和 Liu[8]应用 α 截集方法将模糊 DEA 模型转换为传统 DEA 模型. 2004 年彭煜[9]提出处理含有模糊数据的多目标规划 DEA 模型等. 这些文献研究了决策单元的输入输出指标为模糊数的效率评价问题，而 2001 年文献 [10] 提出了一个建立在模糊综合评判基础上的 DEA 模型，该模型不仅能加强了评价结果的客观性，还找出了无效单元的不足并为其提供有用信息. 2010 年柳顺等[11]利用数据包络分析方法和模糊综合评价方法分别对量化指标和非量化指标进行评价，将二者的评价结果作为模糊综合评价的指标进行二次评价，建立了客观性较强的组合模型[12]. 2012 年郭清娥等[12-13]根据 DEA 交叉评价的思想，建立了基于交叉评价的模糊综合评价方法. 文献 [11～13] 将 DEA 效率评价和模糊综合评价有机结合在一起，在混合型模糊对象的综合评价中得到很好应用，但无法进一步提供被评价对象改进的策略. 2018 年文献 [14] 提出在模糊综合评判方法的基础上，构建模糊可能集，给出了有效性概念及相应的数学模型，并可以为评价对象提供改进信息.

因此, 本章在文献 [14] 基础上针对量化指标与非量化指标同时存在的混合型多属性决策问题进行分析, 首先对量化指标采用 DEA 交叉效率评价方法进行评价, 将得到的交叉效率值进行模糊化处理后, 结合非量化指标的评价结果构建模糊评价可能集, 给出模糊有效性的概念, 并构造了相应的数学模型, 根据计算结果可以给出模糊对象有效性的程度及评价结果无效的原因, 而且还能为模糊对象的调控提供许多改进的信息.

16.1 模糊事件评价可能集的构造方法

针对非量化指标与量化指标同时存在的混合型多属性决策问题, 以下探讨如何构造模糊事件评价可能集.

假设在对某 n 个模糊事件进行模糊综合评判, 每个模糊事件的指标可分为 B 和 R 两部分如图 16.1 所示, 其中 B 中的指标为量化指标 $\{o_1, o_2, \cdots, o_L\}$, 每个量化指标存在由精确数构成的投入产出指标, 如第 k 个量化指标 o_k 可由 $(\boldsymbol{x}_k, \boldsymbol{y}_k)$ 表示; R 中的指标为非量化指标 $\{u_1, u_2, \cdots, u_N\}$.

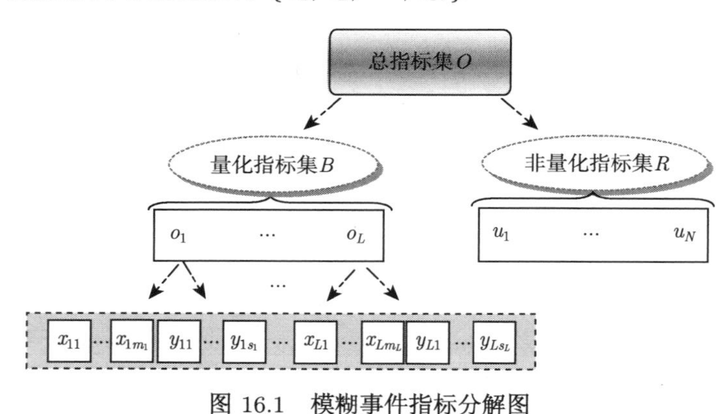

图 16.1 模糊事件指标分解图

例如对于 n 个实验室的综合评价问题[11], 实验室的评价指标集为

$$U = \{人力财力, 运行管理, 实验科研, 资源共享\} = \{o_1, u_1, u_2, u_3\},$$

评价集为

$$V = \{优, 良, 差\} = \{v_0, v_1, v_2\}.$$

其中,

(1) 根据指标属性划分指标人力财力 o_1 是由投入产出指标 $(\boldsymbol{x}_1, \boldsymbol{y}_1)$ 组成的量

化指标, 其中实验室 j 的输入指标 $\boldsymbol{x}_1^{(j)}$ =(人数, 投入资金) = $(x_{11}^{(j)}, x_{12}^{(j)})$, 输出指标 $\boldsymbol{y}_1^{(j)}$=(委托检验收入), 通过人数 $x_{11}^{(j)}$ 和投入资金 $x_{12}^{(j)}$, 委托检验收入 $\boldsymbol{y}_1^{(j)}$ 的值表示实验室 j 的人力财力 o_1 的有效程度.

(2) 根据指标属性划分指标运行管理 u_1, 实验科研 u_2, 资源共享 u_3 属于非量化指标, 可以通过优、良、差等模糊语言评价值表示. 如可根据模糊语言优、良、差所属的程度对实验室 j 的运行管理 u_1 进行评价, 可得出模糊隶属程度 $\boldsymbol{R}_1^{(j)} = (r_{10}^{(j)}, r_{11}^{(j)}, r_{12}^{(j)})$.

16.1.1 量化指标的效率评价

根据文献 [12], 这里首先针对模糊事件的量化指标进行 DEA 交叉效率评价. 假设有 n 个待评价的模糊事件, 其量化指标 $o_l(l = 1, 2, \cdots, L)$ 由 m_l 种输入和 s_l 种输出表示, 即第 j 个模糊对象的量化指标 o_l 的输入向量和输出向量分别为

$$\boldsymbol{x}_l^{(j)} = (x_{l1}^{(j)}, \cdots, x_{lm_l}^{(j)})^{\mathrm{T}} \quad (j = 1, 2, \cdots, n),$$
$$\boldsymbol{y}_l^{(j)} = (y_{l1}^{(j)}, \cdots, y_{ls_l}^{(j)})^{\mathrm{T}} \quad (j = 1, 2, \cdots, n).$$

如上例实验室 j 的量化指标人力财力 o_1 由输入指标值为人数 $x_{11}^{(j)}$ 和投入资金 $x_{12}^{(j)}$, 输出指标值为委托检验收入 $\boldsymbol{y}_1^{(j)}$ 组成, 即输入和输出向量分别为 $(\boldsymbol{x}_1^{(j)}, \boldsymbol{y}_1^{(j)})$.

此时被评价模糊对象 j 的第 l 个量化指标 o_l 对应的线性规划为

$$(\mathrm{P})\left\{\begin{array}{l}\max(\boldsymbol{\mu}^{\mathrm{T}}\boldsymbol{y}_l^{(j)}) = E_l^j, \\ \text{s.t.}\ \ \boldsymbol{\omega}^{\mathrm{T}}\boldsymbol{x}_l^{(k)} - \boldsymbol{\mu}^{\mathrm{T}}\boldsymbol{y}_l^{(k)} \geqslant 0, \quad k = 1, 2, \cdots, n, \\ \qquad \boldsymbol{\omega}^{\mathrm{T}}\boldsymbol{x}_l^{(j)} = 1, \\ \qquad \boldsymbol{\omega} \geqslant \boldsymbol{0}, \boldsymbol{\mu} \geqslant \boldsymbol{0},\end{array}\right.$$

其中 E_l^j 为最优效率值, 表示模糊对象 j 的第 l 个量化指标 o_l 的效率值, 其相应的最优权重为 $\boldsymbol{\omega}^{(j)*}, \boldsymbol{\mu}^{(j)*}$.

对于任意评价事件 k, 令

$$E_l^{kj} = \frac{\sum_{r=1}^{s_l} \mu_{lr}^{(k)*} y_{lr}^{(j)}}{\sum_{i=1}^{m_l} \omega_{li}^{(k)*} x_{li}^{(j)}} \quad (k = 1, 2, \cdots, n)$$

表示关于量化指标 o_l, 同类事件 k 对于被评价事件 j 给出的交叉效率评价值, 进一步计算可得交叉效率矩阵, 根据文献 [15] 计算得出模糊事件 j 关于第 l 个量化指标 o_l 的平均交叉效率值为

$$\bar{E}_l^j = \frac{1}{n}\sum_{k=1}^{n} E_l^{kj}.$$

根据上述步骤依次变化 $l = 1, 2, \cdots, L$ 可以计算出每个模糊对象关于 L 个量化指标对应的交叉效率值. 此外, 若模型 (P) 存在最优权重不唯一时, 可以采用二级目标规划化的方法如仁慈策略或对抗策略模型等[16-17], 消除交叉效率值的不唯一问题.

16.1.2　指标效率值的模糊化处理

本章主要应用模糊综合评判方法的相关信息, 构建模糊事件的评价可能集, 且模糊综合评判是依据被评价的模糊事件指标之间的关系及指标的隶属度进行评价, 而由于量化指标的效率值为单一数值, 不具有模糊综合评价所需的隶属函数, 因此根据文献 [11, 12] 的方法进行下一步模糊化处理, 具体步骤如下.

假设模糊综合评判中的评价集为

$$V = \{v_0, v_1, \cdots, v_{t-1}\},$$

可将 DEA 交叉效率值理解为分别对于

$$V = \{v_0, v_1, \cdots, v_{t-1}\}$$

的隶属程度, 采用图 16.2 的等腰三角隶属函数来对其进行模糊处理.

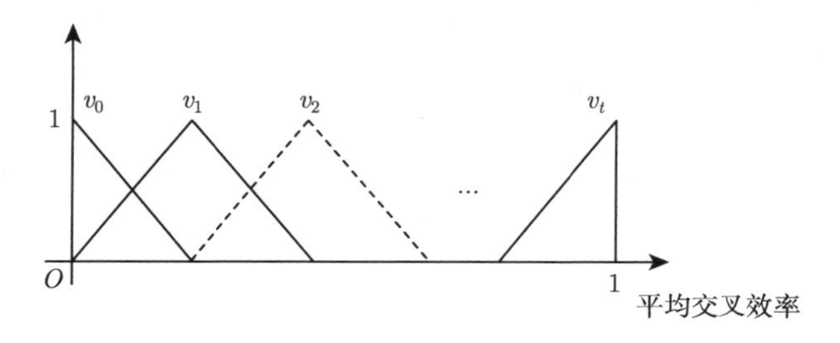

图 16.2　模糊评价的隶属函数

根据下式将某类模糊事件的第 l 个量化指标 o_l 的交叉效率值对应的代入, 得出第 l 个量化指标 o_l 相应的隶属度.

$$c_{l0} = \begin{cases} \dfrac{\dfrac{1}{t-1} - x}{\dfrac{1}{t-1}}, & 0 \leqslant x < \dfrac{1}{t-1}, \\ 0, & \text{其他}, \end{cases}$$

$$
c_{lj}=\begin{cases}\dfrac{x-\dfrac{j-1}{t-1}}{\dfrac{1}{t-1}}, & \dfrac{j-1}{t-1}\leqslant x<\dfrac{j}{t-1},\\ \dfrac{\dfrac{j+1}{t-1}-x}{\dfrac{1}{t-1}}, & \dfrac{j}{t-1}\leqslant x<\dfrac{j+1}{t-1}, \\ 0, & \text{其他},\end{cases}\quad j=1,2,3,\cdots,t-2,
$$

$$
c_{lt-1}=\begin{cases}\dfrac{x-\dfrac{t-2}{t-1}}{\dfrac{1}{t-1}}, & \dfrac{t-2}{t-1}\leqslant x<1,\\ 0, & \text{其他}.\end{cases}
$$

如将实验室 j 的量化指标人力财力 o_1 的交叉效率值, 通过上述模糊化得到其对应于 $V=\{v_0,v_1,v_2\}$的模糊隶属度用下式表示:

$$
\boldsymbol{C}^{(j)}=(c_{10}^{(j)},c_{11}^{(j)},c_{12}^{(j)}),
$$

式中, $\sum_{k=0}^{2}c_{1k}^{(j)}=1, c_{1k}^{(j)}\in[0,1]$ 表示实验室 j 的量化指标人力财力 o_1 相对于第 k 个评价结果的程度.

16.1.3 模糊事件评价可能集的构造

根据文献 [14] 中模糊事件评价可能集的构造原则, 再结合量化指标模糊隶属度与非量化指标的隶属度来构建该类模糊事件的模糊事件评价可能集. 假设上述 n 个模糊事件属于同一类事件集 S, 评价集为 $V=\{v_0,v_1,,\cdots,v_{t-1}\}$, 则对任意模糊事件 $j(\in S)$ 有,

(1) 量化指标的交叉效率值进行模糊化后, 得到量化指标相应的隶属度为

$$
\boldsymbol{C}^{(j)}=(\boldsymbol{C}_1^{(j)},\cdots,\boldsymbol{C}_L^{(j)})^{\mathrm{T}}=((c_{10}^{(j)},c_{11}^{(j)},\cdots,c_{1t-1}^{(j)}),\cdots,(c_{L0}^{(j)},c_{L1}^{(j)},\cdots,c_{Lt-1}^{(j)}))^{\mathrm{T}},
$$

另外, 非量化指标的隶属度为

$$
\boldsymbol{R}^{(j)}=(\boldsymbol{R}_1^{(j)},\cdots,\boldsymbol{R}_N^{(j)})^{\mathrm{T}}=((r_{10}^{(j)},r_{11}^{(j)},\cdots,r_{1t-1}^{(j)}),\cdots,(r_{N0}^{(j)},r_{N1}^{(j)},\cdots,r_{Nt-1}^{(j)}))^{\mathrm{T}};
$$

(2) 模糊事件的模糊关系矩阵可表示为

$$
\begin{aligned}
\boldsymbol{P}^{(j)}=&(\boldsymbol{C}^{(j)},\boldsymbol{R}^{(j)})=(\boldsymbol{C}_1^{(j)},\cdots,\boldsymbol{C}_L^{(j)},\boldsymbol{R}_1^{(j)},\cdots,\boldsymbol{R}_N^{(j)})^{\mathrm{T}}\\
=&((c_{10}^{(j)},c_{11}^{(j)},\cdots,c_{1t-1}^{(j)}),\cdots,(c_{L0}^{(j)},c_{L1}^{(j)},\cdots,c_{Lt-1}^{(j)}),\\
&(r_{10}^{(j)},r_{11}^{(j)},\cdots,r_{1t-1}^{(j)}),\cdots,(r_{N0}^{(j)},r_{N1}^{(j)},\cdots,r_{Nt-1}^{(j)}))^{\mathrm{T}},
\end{aligned}
$$

式中

$$\sum_{k=0}^{t-1} c_{lk}^{(j)} = 1, \quad l = 1, 2, \cdots, L,$$

$c_{lk}^{(j)} \in [0,1]$ 表示模糊事件 j 的量化指标 l 相对于第 k 个评价结果的程度.

$$\sum_{k=0}^{t-1} r_{qk}^{(j)} = 1, \quad q = 1, 2, \cdots, N,$$

$r_{qk}^{(j)} \in [0,1]$ 表示模糊事件 j 的非量化指标 q 相对于第 k 个评价结果的程度.

(3) 所确定的模糊事件评价可能集为

$$SL = \left\{ \boldsymbol{P} \middle| \boldsymbol{P} = \sum_{j=1}^{n} \boldsymbol{P}^{(j)} \lambda_j, \sum_{j=1}^{n} \lambda_j = 1, \lambda_j \geqq 0, j = 1, 2, \cdots, n \right\},$$

上式表明, 对于任意模糊事件 $j(\in S)$ 而言, 任何 $\boldsymbol{P} \in SL$ 也都是一组模糊事件可能存在的指标状态.

16.2　模糊事件的综合评价与投影分析

16.2.1　模糊事件的有效性与综合评价

假设 $f(\boldsymbol{P})$ 是定义在集合 SL 上的度量函数, 用它来度量一个模糊对象的综合评价结果. 对于任何 $\boldsymbol{P} = (\boldsymbol{C}_1, \cdots, \boldsymbol{C}_L, \boldsymbol{R}_1, \cdots, \boldsymbol{R}_N)^{\mathrm{T}} \in SL$, 令

$$\begin{aligned} f(\boldsymbol{P}) &= (f(\boldsymbol{C}_1), \cdots, f(\boldsymbol{C}_L), f(\boldsymbol{R}_1), \cdots, f(\boldsymbol{R}_N)) \\ &= \left(\sum_{k=0}^{t-1} c_{1k} v_k, \cdots, \sum_{k=0}^{t-1} c_{Lk} v_k, \sum_{k=0}^{t-1} r_{1k} v_k, \cdots, \sum_{k=0}^{t-1} r_{Nk} v_k \right), \end{aligned}$$

则可以给出以下该类模糊对象的有效性定义.

定义 16.1　对于第 j_0 个模糊对象, 如果不存在 $\boldsymbol{P} \in SL$, 使得 $f(\boldsymbol{P}) \geqq f(\boldsymbol{P}^{(j_0)})$ 且至少有一个不等式严格成立, 则称第 j_0 个模糊对象为 F-DEA 有效.

定义 16.1 表明, 从已获得的经验数据看, 如果不存在某个同类模糊事件的指标评价值比第 j_0 个模糊对象更好, 即达到 pareto 有效, 则认为第 j_0 个模糊对象为 F-DEA 有效.

若各指标的权数集

$$A = \{a_1, \cdots, a_L, a_{L+1}, \cdots, a_{L+N}\},$$

对于任何 $\boldsymbol{P}=(\boldsymbol{C}_1,\cdots,\boldsymbol{C}_L,\boldsymbol{R}_1,\cdots,\boldsymbol{R}_N)^{\mathrm{T}}\in SL$, 定义模糊事件的综合评价函数为

$$\bar{f}(\boldsymbol{P})=\sum_{i=1}^{L+N}a_i f(\boldsymbol{P})=\sum_{i=1}^{L}a_i f(\boldsymbol{C}_i)+\sum_{i=L+1}^{N}a_i f(\boldsymbol{R}_i),$$

则可以给出以下模糊对象的有效性定义:

$$(\mathrm{FM})\begin{cases}\max z=\displaystyle\sum_{i=1}^{L+N}a_i f(\boldsymbol{P})=\sum_{i=1}^{L}a_i f(\boldsymbol{C}_i)+\sum_{i=L+1}^{N}a_i f(\boldsymbol{R}_i),\\ \text{s.t.}\quad \boldsymbol{P}=(\boldsymbol{C},\boldsymbol{R})\in SL.\end{cases}$$

定义 16.2 对于第 j_0 个模糊对象, 如果 $\boldsymbol{P}^{(j_0)}$ 为规划 (FM) 的最优解, 则称第 j_0 个模糊对象为 FZ-DEA 有效.

定义 16.2 表明, 从已获得的经验数据看, 如果第 j_0 个模糊对象的总体评价值和其他同类模糊事件相比达到最好, 则认为第 j_0 个模糊对象为 FZ-DEA 有效.

根据文献 [14] 显然有如下定理成立.

定理 16.1 设 ε 为非阿基米德无穷小量, 如果

$$\begin{aligned}f(\boldsymbol{P})&=(f(\boldsymbol{C}_1),\cdots,f(\boldsymbol{C}_L),f(\boldsymbol{R}_1),\cdots,f(\boldsymbol{R}_N))\\&=\left(\sum_{k=0}^{t-1}c_{1k}v_k,\cdots,\sum_{k=0}^{t-1}c_{Lk}v_k,\sum_{k=0}^{t-1}r_{1k}v_k,\cdots,\sum_{k=0}^{t-1}r_{Nk}v_k\right),\end{aligned}$$

则第 j_0 个模糊对象为 F-DEA 有效当且仅当模型

$$(\mathrm{FD})\begin{cases}\max(\theta+\varepsilon\boldsymbol{e}^{\mathrm{T}}\boldsymbol{s})=V_{\mathrm{FD}},\\ \text{s.t.}\quad \displaystyle\sum_{j=1}^{n}\sum_{k=0}^{t-1}c_{lk}^{(j)}v_k\lambda_j-s_l=\theta\sum_{k=0}^{t-1}c_{lk}^{(j_0)}v_k,\ l=1,\cdots,L,\\ \qquad \displaystyle\sum_{j=1}^{n}\sum_{k=0}^{t-1}r_{qk}^{(j)}v_k\lambda_j-\hat{s}_q=\theta\sum_{k=0}^{t-1}r_{qk}^{(j_0)}v_k,\ q=1,\cdots,N,\\ \qquad \displaystyle\sum_{j=1}^{n}\lambda_j=1,\\ \qquad \boldsymbol{s}=(s_1,\cdots,s_L,\hat{s}_1,\cdots,\hat{s}_N)\geqq\boldsymbol{0},\ \boldsymbol{\lambda}\geqq\boldsymbol{0}\end{cases}$$

的最优解 $\boldsymbol{\lambda}^0,\boldsymbol{s}^0,\theta^0$ 满足 $\theta^0=1$ 且 $\boldsymbol{s}^0=\boldsymbol{0}$.

16.2.2　投影分析方法

定义 16.3　若线性规划 (FD) 的最优解为 $\boldsymbol{\lambda}^0, \boldsymbol{s}^0, \theta^0$, 令

$$\begin{aligned}\hat{c}_{lk}^{(j_0)} &= \sum_{j=1}^{n} c_{lk}^{(j)} \lambda_j^0, \quad l = 1, 2, \cdots, L, k = 0, 1, \cdots, t-1, \\ \hat{r}_{qk}^{(j_0)} &= \sum_{j=1}^{n} r_{qk}^{(j)} \lambda_j^0, \quad q = 1, 2, \cdots, N, k = 0, 1, \cdots, t-1, \\ \hat{\boldsymbol{P}}^{(j_0)} &= ((\hat{c}_{10}^{(j_0)}, \cdots, \hat{c}_{1t-1}^{(j_0)}), \cdots, (\hat{c}_{L0}^{(j_0)}, \cdots, \hat{c}_{Lt-1}^{(j_0)}), \\ &\quad (\hat{r}_{10}^{(j_0)}, \cdots, \hat{r}_{1t-1}^{(j_0)}), \cdots, (\hat{r}_{N0}^{(j_0)}, \cdots, \hat{r}_{Nt-1}^{(j_0)}))^{\mathrm{T}},\end{aligned}$$

则称 $\hat{\boldsymbol{P}}^{(j_0)}$ 为第 j_0 个模糊对象在模糊事件评价结果经验集上的投影.

根据文献 [14] 显然有如下定理成立.

定理 16.2　如果

$$\begin{aligned}f(\boldsymbol{P}) &= (f(\boldsymbol{C}_1), \cdots, f(\boldsymbol{C}_L), f(\boldsymbol{R}_1), \cdots, f(\boldsymbol{R}_N)) \\ &= \left(\sum_{k=0}^{t-1} c_{1k} v_k, \cdots, \sum_{k=0}^{t-1} c_{Lk} v_k, \sum_{k=0}^{t-1} r_{1k} v_k, \cdots, \sum_{k=0}^{t-1} r_{Nk} v_k\right),\end{aligned}$$

则第 j_0 个模糊对象的投影 $\hat{\boldsymbol{P}}^{(j_0)}$ 为 F-DEA 有效.

因此, 通过所计算出的投影值可以分析某个模糊对象综合测评的无效原因, 或是某组模糊对象综合测评较差的原因, 如分析某实验室综合测评的无效原因, 或是一组实验室整体综合测评较差的原因. 根据文献 [14], 可以给出以下测度方法.

(1) 当分析某一个模糊对象的无效原因时, 若线性规划模型 (FD) 的最优解为 $\boldsymbol{\lambda}^0, \boldsymbol{s}^0, \theta^0$, 令

$$\Delta f(\boldsymbol{P}^{(j_0)}) = f(\hat{\boldsymbol{P}}^{(j_0)}) - f(\boldsymbol{P}^{(j_0)}) = \sum_{j=1}^{n} f(\boldsymbol{P}^{(j)}) \lambda_j^0 - f(\boldsymbol{P}^{(j_0)}),$$

则称 $\Delta f(\boldsymbol{P}^{(j_0)})$ 为第 j_0 个模糊对象的无效程度度量值. $\Delta f(\boldsymbol{P}^{(j_0)})$ 反映了被评价单元与有效样本之间在各个指标上的差距. 由此决策者可以从一定程度上发现被评价单元存在的不足.

当分析某组模糊对象整体的无效原因时, 比如为了更好地进行改善整体水平, 决策者需要分析某个小组的不足时, 给出了以下测度方法.

若 $Q \subseteq \{1, 2, \cdots, n\}$, 令

$$\Delta \boldsymbol{F}_Q = \frac{1}{|Q|} \sum_{j_0 \in Q} \Delta f(\boldsymbol{P}^{(j_0)}),$$

则称 $\Delta \boldsymbol{F}_Q$ 为群组 Q 的无效程度度量值.

(2) 为使决策者进一步发现有效的改进策略, 以下基于模糊事件与有效投影的差距, 给出寻找模糊事件优化自身策略的方法.

当分析某一个模糊事件的改进策略时, 比如如何通过有效方法提高各指标的评价结果. 若线性规划模型 (FD) 的最优解为 $\boldsymbol{\lambda}^0, \boldsymbol{s}^0, \theta^0$, 令

$$\Delta c_{lk}^{(j_0)} = \hat{c}_{lk}^{(j_0)} - c_{lk}^{(j_0)} = \sum_{j=1}^{n} c_{lk}^{(j)} \lambda_j^0 - c_{lk}^{(j_0)} \quad (l = 1, 2, \cdots, L, k = 0, 1, \cdots, t-1),$$

$$\Delta r_{qk}^{(j_0)} = \hat{r}_{qk}^{(j_0)} - r_{qk}^{(j_0)} = \sum_{j=1}^{n} r_{qk}^{(j)} \lambda_j^0 - r_{qk}^{(j_0)} \quad (q = 1, 2, \cdots, N, k = 0, 1, \cdots, t-1),$$

$$\begin{aligned}\Delta \boldsymbol{P}^{(j_0)} = \hat{\boldsymbol{P}}^{(j_0)} - \boldsymbol{P}^{(j_0)} = &((\Delta c_{10}^{(j_0)}, \Delta c_{11}^{(j_0)}, \cdots, \Delta c_{1t-1}^{(j_0)}), \cdots, (\Delta c_{L0}^{(j_0)}, \Delta c_{L1}^{(j_0)}, \\ &\cdots, \Delta c_{Lt-1}^{(j_0)}), (\Delta r_{10}^{(j_0)}, \Delta r_{11}^{(j_0)}, \cdots, \Delta r_{1t-1}^{(j_0)}), \cdots, \\ &(\Delta r_{N0}^{(j_0)}, \Delta r_{N1}^{(j_0)}, \cdots, \Delta r_{Nt-1}^{(j_0)}))^{\mathrm{T}},\end{aligned}$$

则称 $\Delta \boldsymbol{P}^{(j_0)}$ 为第 j_0 个模糊事件的可行有效调控量.

当分析某个群组单元整体的改进策略时, 本章给出了以下测度方法.

若 $Q \subseteq \{1, 2, \cdots, n\}$, 令

$$\Delta \boldsymbol{P}_Q = \frac{1}{|Q|} \sum_{j_0 \in Q} \Delta \boldsymbol{P}^{(j_0)},$$

则称 $\Delta \boldsymbol{P}_Q$ 为群组 Q 的可行有效调控量.

16.2.3 计算方法与步骤

(1) 已知非量化指标与量化指标同时存在的多属性决策问题, 针对上述模糊事件的模糊综合评价分析步骤如下.

步骤 1 根据第 l 个量化指标由 m_l 种输入和 s_l 种输出指标组成, 将相对应的值代入模型 (P) 进行计算, 得出模糊对象在第 l 个量化指标下的交叉效率值, 依次计算求出所有量化指标的交叉效率值.

步骤 2 将所有量化指标的交叉效率值进行模糊化得到量化指标的模糊隶属度.

步骤 3 运用模糊综合评价方法对量化指标与非量化指标的隶属度进行分析. 本章根据加权平均法对评价结果进行计算, 给出模糊事件的综合评价.

(2) 为进一步找出模糊事件评价结果无效的原因, 为模糊事件的调控提供改进的信息, 下面介绍模糊事件有效度量分析的步骤.

步骤 1 将模糊事件所有指标相应的值代入模型 (FD) 中进行求解.

步骤 2 根据模型 (FD) 的最优解计算出模糊对象的投影.

步骤 3 通过上一步求出的投影, 计算出指标的无效程度度量值, 并根据情况分析个体和整体的不足, 从而进行改进.

16.3 应用算例

为了进一步说明本章方法与原有方法相比的改进结果, 以下采用文献 [11] 中 8 个实验室的有关数据进行分析. 在评价过程中, 实验室的评价因素集为 $U=\{$人力财力, 运行管理, 实验科研, 资源共享$\}$, 其中人力财力是由人数、资金投入、委托检验收入组成的量化指标, 运行管理、实验科研、资源共享为非量化指标. 决策者决定各因素的权重集为

$$A=\{a_0,a_1,a_2,a_3\}=\{0.375,0.250,0.250,0.125\},$$

评价集为

$$V=\{v_0,v_1,v_2\}=\{\text{优},\text{良},\text{差}\}=\{1,0.75,0.5\},$$

文献 [11, 12] 给出的评价集与隶属函数的对应关系、指标体系如表 16.1 所示.

表 16.1 各实验室统计数据

实验室	量化指标 (人力财力)			非量化指标		
	人数	资金投入	委托检验收入	运行管理	实验科研	资源共享
1	27	1570	430	(0.4, 0.3, 0.3)	(0.3, 0.5, 0.2)	(0.3, 0.4, 0.3)
2	119	5248	1945	(0.4, 0.5, 0.1)	(0.4, 0.4, 0.2)	(0.3, 0.5, 0.2)
3	40	580	361	(0.6, 0.3, 0.1)	(0.5, 0.3, 0.2)	(0.4, 0.4, 0.2)
4	81	4232	290	(0.4, 0.3, 0.3)	(0.3, 0.4, 0.3)	(0.3, 0.5, 0.2)
5	31	3161	177.97	(0.6, 0.4, 0.0)	(0.5, 0.4, 0.1)	(0.4, 0.5, 0.1)
6	18	381	51	(0.4, 0.6, 0.0)	(0.3, 0.5, 0.2)	(0.3, 0.5, 0.2)
7	60	180	40.8963	(0.5, 0.3, 0.2)	(0.3, 0.4, 0.3)	(0.3, 0.3, 0.4)
8	69	2052	1788.23	(0.4, 0.5, 0.1)	(0.4, 0.4, 0.2)	(0.3, 0.4, 0.3)

16.3.1 实验室评估的模糊综合评判

(1) 按照 DEA 交叉评价的步骤计算各实验室的指标人力财力的交叉效率, 其中人数、资金投入为输入指标, 委托检验收入为输出指标, 再将效率值模糊化为隶属度, 结果如表 16.2 所示 (数据来源文献 [12]).

表 16.2 量化指标的交叉效率值及评价的隶属函数

实验室	人力财力指标隶属函数	
	平均交叉效率值	优 良 差
1	0.496	(0.000, 0.992, 0.008)
2	0.553	(0.106, 0.894, 0.000)
3	0.485	(0.000, 0.970, 0.030)
4	0.116	(0.000, 0.232, 0.768)
5	0.163	(0.000, 0.326, 0.674)
6	0.126	(0.000, 0.252, 0.748)
7	0.114	(0.000, 0.228, 0.772)
8	1.000	(1.000, 0.000, 0.000)

(2) 根据表 16.2 中的量化指标的隶属度及表 16.1 中非量化指标的隶属度, 应用传统的模糊综合评判方法对各实验室进行综合评价, 这里采用加权平均法计算各个实验室的综合评价值, 其结果如表 16.3 所示.

表 16.3 实验室综合评价结果

实验室	1	2	3	4	5	6	7	8
综合值	0.762	0.794	0.803	0.687	0.759	0.714	0.693	0.875

从表 16.3 的计算结果看, 综合评价值最高的是实验室 8, 评价值为 0.875, 评价值最低的是实验室 4, 评价值为 0.687. 其中实验室 1, 2, 3, 5, 6, 8 的评价值大于 0.7, 评价结果介于良与优之间; 实验室 4, 7 的评价值小于 0.7, 但大于 0.5, 评价结果介于差与良之间.

16.3.2 实验室的无效原因分析

根据模糊综合评价结果, 领导决定对评估结果较差的实验室进行分析, 作为重点资助对象. 对评价结果低于 0.75 的实验室找出总体原因, 采用集体帮扶. 为了找出实验室模糊综合评判结果较差的原因, 应用本章给出的方法可作如下分析.

(1) 实验室个体的无效原因分析.

以下应用 $\Delta f(\boldsymbol{P}^{(j_0)})$ 的计算公式对重点资助对象——实验室 4、实验室 7 进行计算, 结果如图 16.3 所示. 其中

$$\Delta f(\boldsymbol{P}^{(4)}) = (0.034, 0.123, 0.098, 0.048), \quad \Delta f(\boldsymbol{P}^{(7)}) = (0.048, 0.071, 0.096, 0.096),$$

从表 16.3 和图 16.3 可以看出: 实验室 4 的模糊综合评价结果为 0.687, 该实验室的资源共享方面评价较好, 但在运行管理和实验管理方面还需要较大的提高; 实验室 7 的模糊综合评价结果为 0.693, 该实验室运行管理评价较高, 但在实验管理和资源共享方面则需要较大的提高.

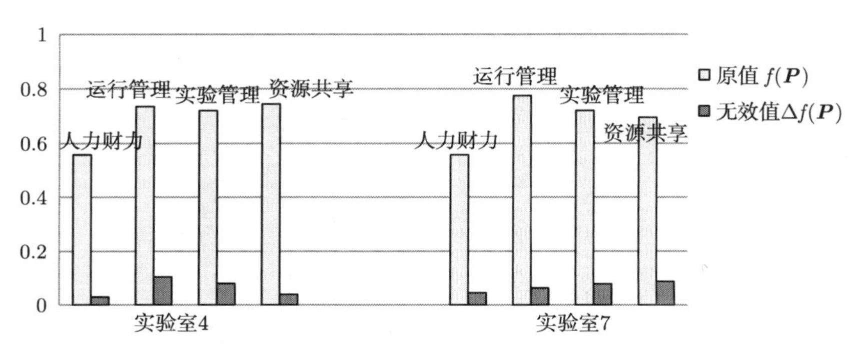

图 16.3　实验室的无效原因分析

(2) 实验室群体的无效原因分析.

对评价结果低于 0.75 的实验室应用 $\Delta \boldsymbol{F}_Q$ 的计算公式可得

$$\Delta \boldsymbol{F}_Q=(0.038, 0.081, 0.089, 0.064),$$

从计算结果看, 评价结果低于 0.75 的实验室的问题是资源共享、运行管理、实验管理及人力财力方面均存在一定差距, 其中实验管理、运行管理较为明显.

16.3.3　实验室改进策略的发现方法

针对存在的问题, 为了进一步发现实验室有效的改进策略, 以下应用本章给出的方法作出分析.

(1) 实验室个体的改进策略分析.

以下应用 $\Delta \boldsymbol{P}^{(j_0)}$ 的计算公式对重点改进对象——实验室 4、实验室 7 进行计算, 计算结果如表 16.4 所示.

表 16.4　基于模型 (FD) 的个体改进策略信息

实验室	指标	人力财力			运行管理			实验科研			资源共享		
		优	良	差	优	良	差	优	良	差	优	良	差
		c_{10}	c_{11}	c_{12}	r_{10}	r_{11}	r_{12}	r_{20}	r_{21}	r_{22}	r_{30}	r_{31}	r_{32}
4	$\boldsymbol{P}^{(4)}$	0.000	0.232	0.768	0.400	0.300	0.300	0.300	0.400	0.300	0.300	0.500	0.200
	$\Delta\boldsymbol{P}^{(4)}$	0.000	0.137	−0.137	0.200	0.093	−0.293	0.200	−0.007	−0.193	0.100	−0.007	−0.093
7	$\boldsymbol{P}^{(7)}$	0.000	0.228	0.772	0.500	0.300	0.200	0.300	0.400	0.300	0.300	0.300	0.400
	$\Delta\boldsymbol{P}^{(7)}$	0.000	0.191	−0.191	0.100	0.086	−0.186	0.200	−0.014	−0.186	0.100	0.186	−0.286

从上面的分析看, 由于实验室 4 人数较多, 资金投入较多, 但委托检验收入不高. 基于表 16.4 的计算结果可以给出实验室 4 的基于目前经验数据的努力目标和改进策略如下:

(i) 在人力财力方面, 将良评提高 0.137, 并消除差评, 使人力财力方面到达中等以上水平;

(ii) 在运行管理方面, 将优评提高 0.2, 良评提高 0.093, 并消除差评, 进而大幅提高优评的结果;

(iii) 在实验科研方面, 将优评提高 0.2, 努力消除差评, 使实验科研的优评提高;

(iv) 在资源共享方面, 将优评提高 0.1, 还需要继续努力消除差评, 使资源共享整体达到优秀水平.

这样的目标对于实验室 4 而言是十分可行的参考. 通过这样的努力, 实验室 4 就可以使自身达到较好水平.

由于实验室 7 人数居中, 资金投入较少, 委托检验收入不高, 基于表 16.4 的计算结果, 实验室 7 的努力目标是:

(i) 在人力财力方面, 将良评提高 0.191, 并消除差评, 进而大幅提高优评的结果;

(ii) 在运行管理方面, 将优评提高 0.1, 良评提高 0.086, 并消除差评, 进而大幅提高优评的结果;

(iii) 在实验科研方面, 将优评提高 0.2, 积极消除差评, 使实验科研的评价结果提高;

(iv) 在资源共享方面, 将优评提高 0.1, 良评提高 0.186, 作出更多的努力消除差评, 资源共享整体达到优秀水平.

这样的目标对于实验室 7 而言是十分可行的参考. 通过这样的努力, 实验室 7 就可以使自身达到较好水平.

(2) 实验室群组的改进策略分析.

以下应用 $\Delta \boldsymbol{P}_Q$ 的公式进行计算, 可得出评价结果低于 0.75 的实验室指标值 $\boldsymbol{P}^{(j)}(\in Q)$ 的平均值 $\boldsymbol{P}_Q$ 及其可行有效调控量 $\Delta \boldsymbol{P}_Q$ 如表 16.5 所示.

表 16.5 基于模型 (FD) 的群组改进策略信息

指标	人力财力			运行管理			实验科研			资源共享		
	优 (c_{10})	良 (c_{11})	差 (c_{12})	优 (r_{10})	良 (r_{11})	差 (r_{12})	优 (r_{20})	良 (r_{21})	差 (r_{22})	优 (r_{30})	良 (r_{31})	差 (r_{32})
$\boldsymbol{P}$	0.000	0.237	0.763	0.433	0.400	0.167	0.300	0.433	0.267	0.300	0.433	0.267
$\Delta\boldsymbol{P}$	0.000	0.151	−0.151	0.167	−0.010	−0.157	0.200	−0.043	−0.157	0.100	0.057	−0.157

从表 16.5 可以看出, 对评价结果低于 0.75 的实验室:

(i) 在人力财力方面, 将差评减少 0.151, 良评提高 0.151, 进而大幅提高优评的结果;

(ii) 在运行管理方面, 使优评值再提高 0.167, 积极消除差评;

(iii) 在实验科研方面, 将优评提高 0.2, 努力消除差评, 提高评价结果;

(iv) 在资源共享方面, 将优评提高 0.1, 良评提高 0.057, 作出更多的努力降低差评.

通过这样的努力可以大幅提升落后实验室的整体水平, 进而达到全面发展的目标.

本章针对量化指标与非量化指标同时存在的多属性决策问题, 给出了模糊评价可能集及模糊有效性的概念, 并构造了相应的数学模型, 该模型不仅能找出模糊对象有效性的程度, 发现评价结果无效的原因, 而且还能为模糊对象的调控提供许多改进的信息.

参考文献

[1] Charnes A, Cooper W W, Rhodes E. Measuring the efficiency of decision making units[J]. European Journal of Operational Research, 1978, 2(6): 429-444

[2] 马占新. 数据包络分析方法的研究进展[J]. 系统工程与电子技术, 2002, 24(3): 42-46

[3] 马占新. 数据包络分析 (第一卷): 数据包络分析模型与方法[M]. 北京: 科学出版社, 2010

[4] 马占新, 马生昀, 包斯琴高娃. 数据包络分析 (第三卷): 数据包络分析及其应用案例[M]. 北京: 科学出版社, 2013

[5] Sengupta J K. A fuzzy systems approach in data envelopment analysis[J]. Computers & Mathematics With Applications, 1992, 24(8/9): 259-266

[6] Sengupta J K. Measuring efficiency by a fuzzy statistical approach[J]. Fuzzy Sets and Systems, 1992, 46(1): 73-80

[7] Triantis K, Girod O. A mathematical programming approach for measuring technical efficiency in a fuzzy environment[J]. Journal of Productivity Analysis, 1998, 10(1): 85-102

[8] Kao C, Liu S T. Fuzzy efficiency measures in data envelopment analysis[J]. Fuzzy Sets and Systems, 2000, 113(3): 427-437

[9] 彭煜. 基于多目标规划的模糊 DEA 有效性[J]. 系统工程学报, 2004, 19(5): 548-552

[10] 马占新, 任慧龙, 戴仰山. 基于模糊综合评判方法的 DEA 模型[J]. 模糊系统与数学, 2001, 15(3): 61-67

[11] 柳顺, 杜树新. 基于数据包络分析的模糊综合评价方法[J]. 模糊系统与数学, 2010, 24(2): 93-98

[12] 郭清娥, 王雪青, 位珍. 不确定环境下基于交叉评价的模糊综合评价方法[J]. 模糊系统与数学, 2012, 26(2): 105-111

[13] 郭清娥, 王雪青, 位珍. 基于 DEA 交叉评价的模糊综合评价模型及其应用[J]. 控制与决策, 2012, 27(4): 575-578

[14] 马占新, 斯琴. 基于模糊综合评判的改进策略及优化方法[J]. 系统工程与电子技术, 2018, 40(9): 2016-2025

[15] Sexton T R, Silkman R H, Hogan A J. Data envelopment analysis: critique and extensions[M]. Silkman R H. Measuring Efficiency: An Assessment of Data Envelopment Analysis. San Francisco, CA: Jossey-Bass, 1986: 73-105

[16] Doyle J, Green R. Efficiency and cross-efficiency in DEA: derivations, meanings and uses[J]. Journal of the Operational Research Society, 1994, 45(5): 567-578

[17] 王洁方, 刘思峰, 刘牧远. 不完全信息下基于交叉评价的灰色关联决策模型[J]. 系统工程理论与实践, 2010, 30(4): 732-737